2.8.1 制作火鸡的头部动作动画1

2.8.1 制作火鸡的头部动作动画2

2.8.1 制作火鸡的头部动作动画3

2.8.1 制作火鸡的头部动作动画4

2.8.1 制作火鸡的头部动作动画5

2.8.1 制作火鸡的头部动作动画6

2.8.7 制作随风飘落的花瓣动画1

2.8.7 制作随风飘落的花瓣动画2

2.8.7 制作随风飘落的花瓣动画4

2.8.8 制作城堡动画1

2.8.8 制作城堡动画2

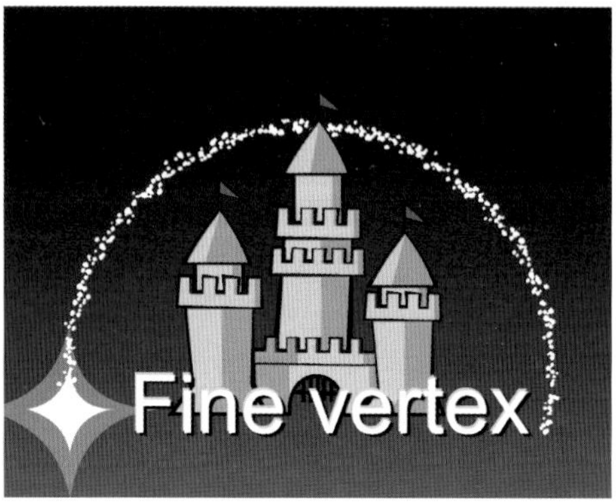

2.8.8 制作城堡动画3

3.5.2 制作电话铃响的效果1

3.5.2 制作电话铃响的效果2

3.5.2 制作电话铃响的效果3

4.8.2 制作跳转画面效果1

4.8.2 制作跳转画面效果2

4.8.2 制作跳转画面效果3

8.3 制作“能源与环境”公益广告动画1

8.3 制作“能源与环境”公益广告动画2

8.3 制作“能源与环境”公益广告动画3

8.3 制作“能源与环境”公益广告动画4

8.3 制作“能源与环境”公益广告动画5

8.3 制作“能源与环境”公益广告动画6

8.3 制作“能源与环境”公益广告动画7

8.3 制作“能源与环境”公益广告动画8

高等院校计算机规划教材·多媒体系列

Flash CS3中文版应用教程

张　凡　郭开鹤　等编著

设计软件教师协会 审

中国铁道出版社
CHINA RAILWAY PUBLISHING HOUSE

内 容 简 介

本书属于实例教程类图书。全书分为 Flash CS3 基础知识，基础动画，图像、声音与视频，交互动画，行为，模板与组件，动画发布和综合实例 8 章。

本套教材定位准确，教学内容新颖，深度适当。由于在编写形式上完全按照教学规律编写，因此非常适合实际教学。本套教材理论和实践的比例恰当，教材、光盘两者之间互相呼应，相辅相成，为教学和实践提供了极其方便的条件。特别适合高等教育注重实际能力的培养目标，具有很强的实用性。

本书编写层次分明、语言流畅、图文并茂，融入了大量的实际教学经验。配套光盘与教材结合紧密，内含书中用到的全部素材和结果，以及大量高清晰度的教学视频文件，设计精良，结构合理，强调了应用技巧。本书配套光盘中包含全书基础知识的电子课件。为教学水平的提高、学生应用能力的培养创造了良好条件。

本书适合作为高等院校相关专业师生或社会培训班的教材，也可作为平面设计爱好者的自学和参考用书。

图书在版编目（CIP）数据

Flash CS3 中文版应用教程 / 张凡等编著. —北京：中国铁道出版社，2008.11

高等院校计算机规划教材.多媒体系列

ISBN 978-7-113-09386-0

Ⅰ.F… Ⅱ.张… Ⅲ.动画－设计－图形软件，Flash CS3－高等学校－教材 Ⅳ.TP391.41

中国版本图书馆 CIP 数据核字（2008）第 175325 号

书　　名：Flash CS3 中文版应用教程

作　　者：张　凡　郭开鹤　等编著

策划编辑：秦绪好　王春霞　　　编辑部电话：（010）63583215

责任编辑：翟玉峰　　　编辑助理：徐盼欣

封面设计：付　巍

责任印制：李　佳

出版发行：中国铁道出版社（北京市宣武区右安门西街 8 号　　邮政编码：100054）

印　　刷：北京新魏印刷厂

版　　次：2008 年 12 月第 1 版　　2008 年 12 月第 1 次印刷

开　　本：787mm×1092mm　1/16　印张：21　插页：2　字数：494 千

印　　数：5 000 册

书　　号：ISBN 978-7-113-09386-0/TP・3026

定　　价：38.00 元（附赠光盘）

前言

FOREWORD

Flash是目前世界公认的权威性的网页多媒体制作软件，具有矢量绘图与动画编辑功能，可以简易地制作连续动画、互动按钮。目前应用最广的版本为Adobe Flash CS3 中文版。此软件功能完善，性能稳定，使用方便，是多媒体课件制作、手机游戏、网站制作、动漫等领域不可或缺的工具。

本书属于实例教程类图书，全书分为8章，每章前面为基础知识讲解，后面为具体实例应用。其主要内容如下：

第1章 Flash CS3基础知识。主要讲解了利用Flash提供的多种工具来绘制和编辑矢量图形的方法。

第2章 基础动画。讲解了在Flash CS3中制作基础动画的方法。

第3章 图像、声音与视频。讲解了在Flash CS3中导入多种格式的图像、声音和视频的方法。

第4章 交互动画。讲解了在Flash CS3中制作交互动画的方法。

第5章 行为。讲解了利用行为方便地对视频、声音、媒体以及影片剪辑进行交互的方法。

第6章 模板与组件。讲解了利用模板创建出各类动画，利用组件快速创建滚动条、按钮、窗口等元素的方法。

第7章 动画发布。讲解了在Flash动画制作完成后，根据播放环境的需要将其输出为多种格式的方法。

第8章 综合实例。综合利用前面各章的知识，通过3个实例，讲解了利用Flash CS3制作网站和动画的方法。

本书是“设计软件教师协会”推出的系列教材之一，本书实例内容丰富、结构清晰、实例典型、讲解详尽、富于启发性。全部实例都是由多所院校（中央美术学院、北京师范大学、清华大学美术学院、北京电影学院、中国传媒大学、天津美术学院、天津师范大学艺术学院、首都师范大学、河北职业艺术学院）具有丰富教学经验的知名教师和一线优秀设计人员从长期教学和实际工作中总结出来的，每个实例都包括制作要点和操作步骤两部分。为了便于读者学习，每章最后还有课后练习，同时配套光盘中含有大量高清晰度的教学视频文件。

参与本书编写的人员有：张凡、郭开鹤、李岭、于元青、李建刚、程大鹏、李波、肖立邦、顾伟、宋兆锦、冯贞、王世旭、李羿丹、关金国、郑志宇、许文开、宋毅、孙立中、于娥、张锦、王浩、韩立凡、王上、张雨薇、李营、田富源。

本书适合作为高等院校相关专业师生或社会培训班的教材，也可作为平面设计爱好者的自学和参考用书。

目录

CONTENTS

第1章 Flash CS3基础知识

本章重点

Flash CS3是一款优秀的二维动画制作软件，在学习之前，应掌握其界面的基本布局和基本文档操作。而矢量图形是Flash动画的基本元素之一，Flash提供了多种工具来绘制和编辑矢量图形。通过本章学习应掌握以下内容：

- 位图与矢量图的关系
- Flash CS3的界面构成
- 基本文档操作
- 在Flash中绘制图形
- 描边和填色
- 其他编辑工具的使用

1.1 位图与矢量图

根据生成原理的不同，计算机中的图形可以分为位图和矢量图两种。

1. 位图

位图是由像素构成的，单位面积内的像素数量决定位图的最终质量和文件大小。位图放大时，放大的只是像素点，位图图像的四周会出现马赛克，如图1-1所示。位图与矢量图相比，具有色彩非常丰富的特点。位图中单位面积内的像素越多，图像的分辨率越高，图像表现越细腻，但文件所占的空间也就越大，计算机处理速度越慢。因此，要根据实际需要来制作位图。

(a) 放大前

(b) 放大后

图1-1　位图放大前后比较

2. 矢量图

矢量图是由数学公式所定义的直线和曲线组成的，内容以色块和线条为主，如一条直线的数据只需要记录两个端点的位置、直线的粗细和颜色等，因此矢量图所占的空间比较小。矢量图的清晰度与分辨率无关，对矢量图进行放大、缩小和旋转等操作时，图形对象的清晰度和光滑度不会发生任何偏差，如图 1－2 所示。

(a) 放大前　　(b) 放大后

图 1－2　矢量图放大前后比较

Flash 动画采用了矢量图形技术，制作出的动画文件体积特别小。凭借这一特色，Flash 动画在网络中占有着不可替代的位置。

1.2　Flash CS3 的界面构成

启动 Flash　CS3，首先显示图 1－3 所示的启动界面。

图 1－3　启动界面

启动界面中部的主体部分列出了一些常用的任务。其中左边栏是打开最近的项目，中间栏是创建各种类型的新项目，右边栏是从模板创建各种动画文件。

下面来打开一个动画文件。方法：单击左边栏下方的 打开... 按钮，在弹出的“打开”对话框中选择配套光盘“素材及结果\创建沿路径补间动画.fla”文件，如图 1–4 所示。单击“打开”按钮，即可进入该文件的工作界面，如图 1－5 所示。

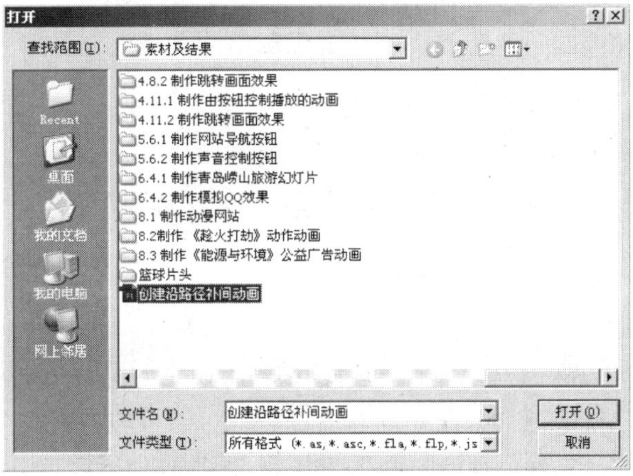

图 1–4　选择要打开的文件

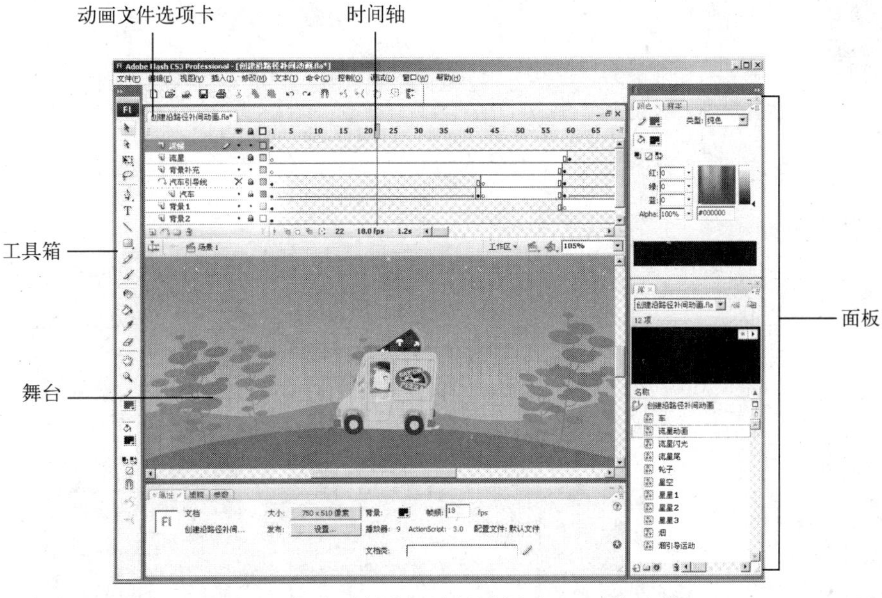

图 1–5　打开“创建沿路径补间动画.fla”文件

Flash　CS3 工作界面主要分为动画文件选项卡、工具箱、时间轴、舞台和面板几部分。下面分别进行具体讲解。

1．动画文件选项卡

动画文件选项卡中显示了当前打开的文件名称。如果此时打开了多个文件，可以通过单击相应的文件名称来实现文件之间的切换。

2．工具箱

工具箱中包含了多种常用的绘制图形工具和辅助工具，具体使用方法参见“1.4 在Flash中绘制图形”。这里需要说明的是单击工具箱最顶端的小图标，可将工具箱由长单条变为短双条结构，此时小图标会变为形状，如图1－6所示。

3．时间轴

时间轴用于组织和控制一定时间内的图层和帧中的文档内容。时间轴左边为图层，右边为帧，动画从左向右逐帧进行播放，如图1－7所示。

4．舞台

舞台又称工作区域，是Flash工作界面中最广阔的区域。在这里可以摆放图片、文字、按钮、动画等。

5．面板

面板位于工作界面右侧，利用它们，可以为动画添加非常丰富的特殊效果。Flash CS3中的面板现在以方便的、自动调节的停靠方式进行排列，单击顶端的小图标，可以将面板缩小为图标，如图1－8所示。在这种情况下，单击相应的图标，会显示出相关的面板，如图1－9所示。这样可以使软件界面极大简化，同时保持必备工具可以访问。

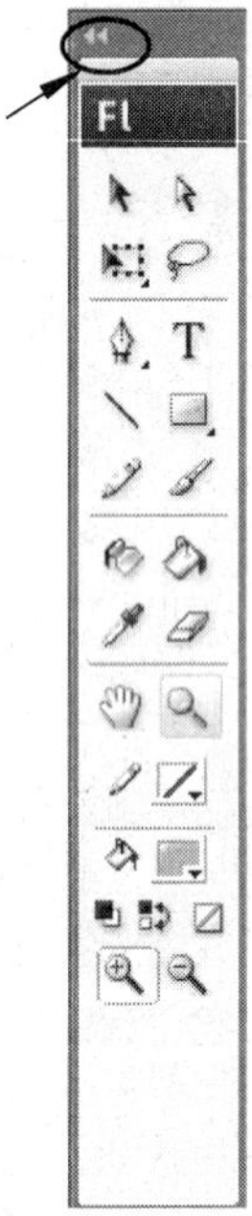

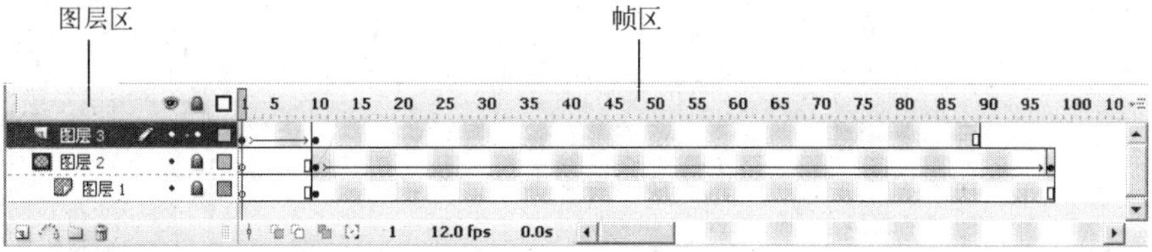

图1－7 时间轴

图1－6 工具箱　　图1－8 缩小后的面板　　图1－9 显示相应的面板

工具箱和各种面板位置调整到位之后，可以将这个调整后的工作区布局进行保存。方法：执行菜单中的“窗口”｜“工作区”｜“保存当前”命令，在弹出的图1－10所示的对话框中输入名称，单击“确定”按钮，即可保存当前工作区。

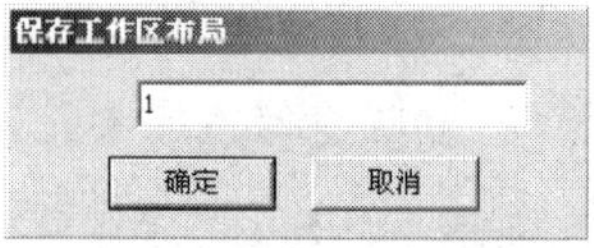

图1－10 “保存工作区布局”对话框

1.3 基本文档操作

在熟悉了Flash CS3的界面构成后，下面来学习在制作动画过程中需要频繁使用的基本文档操作方法。

1.3.1 创建新文档

创建新文档有两种方法：一是启动Flash CS3，弹出启动界面，单击“新建”栏下的“Flash文件（ActionScript 2.0）”或者“Flash文件（ActionScript 3.0）”选项，即可创建一个默认名称为“未命名-1”的Flash文件，如图1-11所示；二是执行菜单中的“文件”|“新建”命令，在弹出的图1-12所示的“新建文档”对话框中选择“Flash文件（ActionScript 2.0）”或者“Flash文件（ActionScript 3.0）”选项，单击“确定”按钮。

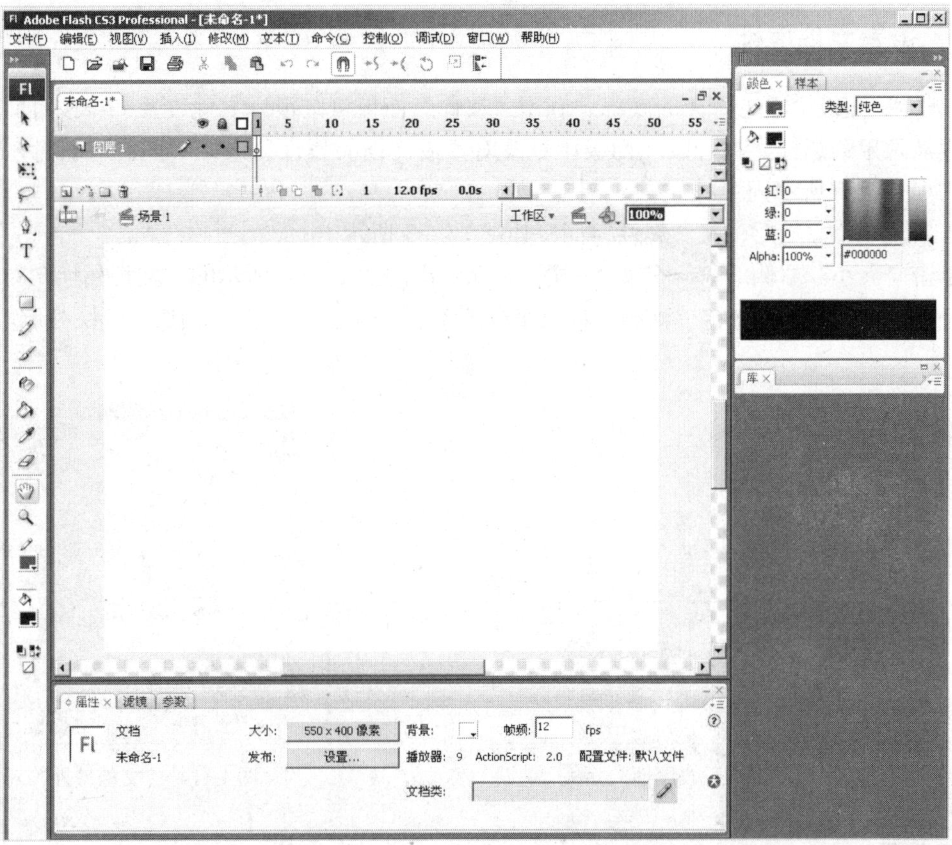

图1-11 默认名称为“未命名-1”的Flash文件

提示

在“新建文档”对话框中也可以选择其他类型的Flash文档，如“Flash幻灯片演示文稿”、“Flash表单应用程序”及从模板创建等。

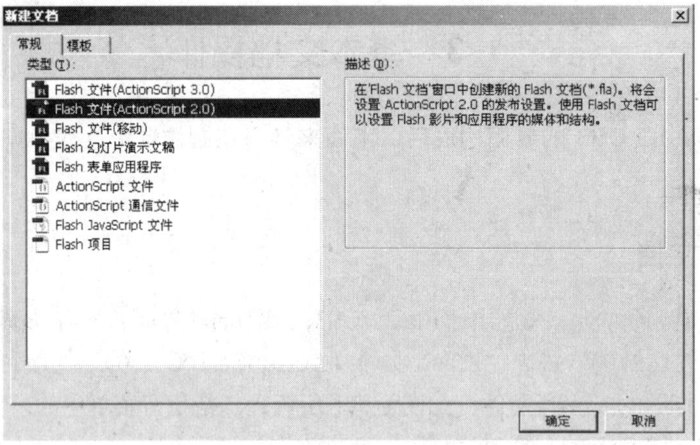

图 1-12 “新建文档”对话框

1.3.2 设置文档属性

“属性”面板位于工作区的底部。利用“属性”面板可以很容易地设置舞台或时间轴上当前选项最常用的属性，也可以在面板中更改对象或文档的属性。选择不同的对象时，面板中显示的项目会有所不同。

当新建一个文档后，其“属性”面板如图 1－13 所示。

单击“大小”右侧的 550 x 400 像素 按钮，在弹出的图 1－14 所示的“文档属性”对话框中可以对文档尺寸、背景颜色、帧频、标尺单位等参数进行设置，设置完成后单击“确定”按钮即可。

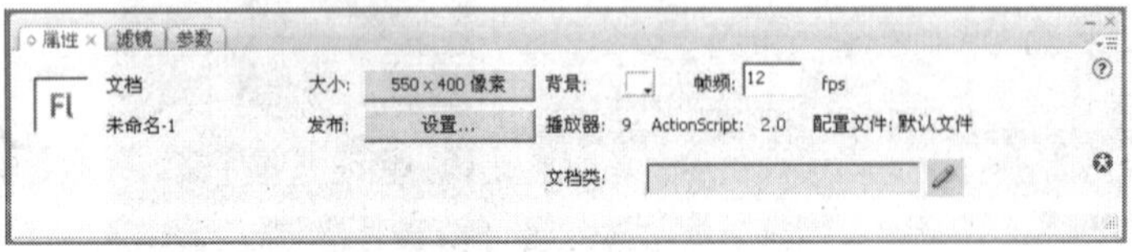

图 1-13 “属性”面板

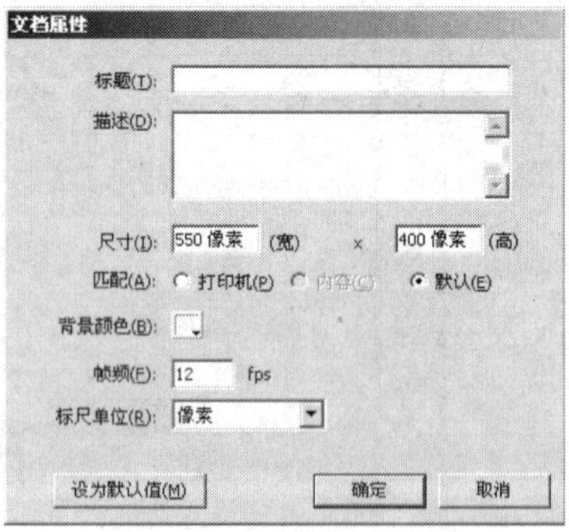

图 1-14 “文档属性”对话框

提示

执行菜单中的“修改”｜“文档”（快捷键【Ctrl+J】）命令，也可以弹出“文档属性”对话框。

1.3.3 保存文档

为了避免意外丢失文档，在文档属性设置好后，一定要及时保存文档。保存文档的具体

操作步骤为：执行菜单中的“文件”|“保存”命令，在弹出的图 1-15 所示的“另存为”对话框中单击“保存在”下拉列表框右面的下拉按钮，选择要保存文档的文件夹；在“文件名”文本框中输入要保存文件的名称，然后单击“确定”按钮。接着在后面的工作中，通过单击工具栏中的 ▣（保存）按钮，对工作内容进行随时保存。

图 1-15 “另存为”对话框

1.3.4 测试影片

Flash 动画在制作完成后，接下来就是进行播放测试。执行菜单中的“控制”|“测试影片”（快捷键【Ctrl+Enter】）命令，即可测试影片。

此外，也可以在播放状态下观赏动画效果，具体操作步骤为：将播放头▮定位在第 1 帧上，然后按【Enter】键，动画就会从第 1 帧播放到最后一帧并停止播放。

如果想循环播放动画，可以执行菜单中的“控制”|“循环播放”命令，此时该命令呈选中状态，如图 1-16 所示。然后按【Enter】键即可循环播放。

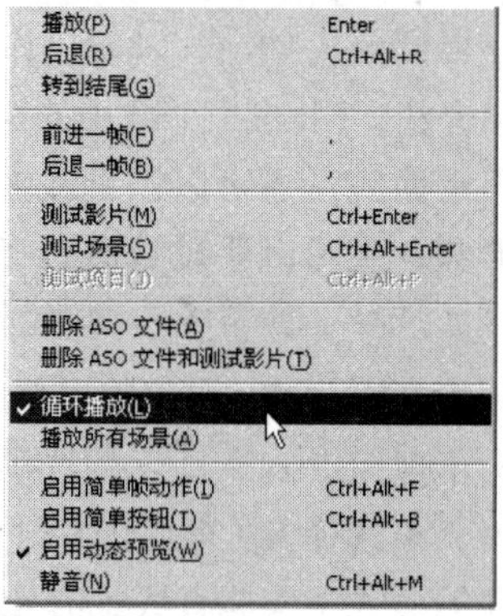

图 1-16 选择“循环播放”命令

1.3.5 发布影片

在保存完动画后，按【Ctrl+Enter】组合键进行播放，即可在同一目录下将其自动发布为名称与保存的文件相同、但扩展名为.swf 的文件，如图 1-17 所示。这种动画可以直接插入到网页中（如 Dreamweaver）。

此外，还可以根据需要将影片发布为 MOV、AVI 等格式的视频格式。具体参见“第 7 章 动画发布”。

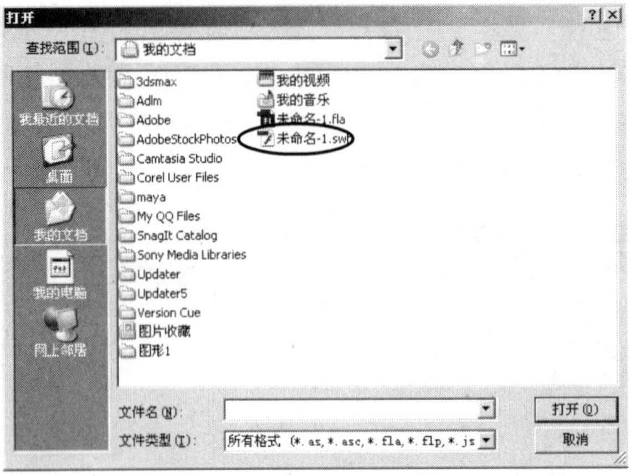

图 1-17　自动生成的动画文件

1.4　在 Flash 中绘制图形

在 Flash 的工具箱中包含多种绘制图形的工具，下面就来具体讲解这些工具的使用方法。

1.4.1　利用铅笔工具绘制曲线

（铅笔工具）用于在场景中指定帧上绘制线和形状，它的效果就好像用真正的铅笔画画一样。帧是 Flash 动画创作中的基本单元，也是所有动画及视频的基本单元，将在后面的章节中介绍。Flash CS3 中的铅笔工具有些属于自己的特点，它可以在绘图的过程中拉直线条或者平滑曲线，还可以识别或者纠正基本几何形状。另外，还可以使用铅笔工具修正来创建特殊形状，也可以手动修改线条和形状。

选择工具箱中的（铅笔工具）时，在工具箱下部的选项部分将显示图 1-18 所示的选项。其中左侧为（对象绘制）按钮，用于绘制互不干扰的多个图形，单击右侧下的小三角形，会出现图 1-19 所示的选项。这 3 个选项是铅笔工具的 3 种绘图模式。

● 选择（直线化）时，系统会将独立的线条自动连接，接近直线的线条将自动拉直，摇摆的曲线将实施直线式的处理，效果如图 1-20 所示。

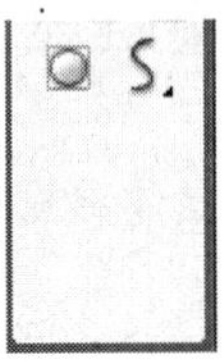

图 1-18　铅笔工具选项栏

图 1-19　下拉选项

图 1-20　直线化效果

● 选择（平滑）时，将缩小Flash自动进行处理的范围。在平滑选项模式下，线条拉直和形状识别都被禁止。绘制曲线后，系统可以进行轻微的平滑处理，端点接近的线条彼此可以连接，效果如图1-21所示。

● 选择（墨水）选项时，将关闭Flash自动处理功能。画的是什么样，就是什么样，不做任何平滑、拉直或连接处理，效果如图1-22所示。

图1-21 平滑效果

图1-22 墨水效果

选择（铅笔工具）的同时，在"属性"面板中也会出现图1-23所示的选项，包括笔触颜色、笔触宽度、笔触样式、自定义、端点类型和接合类型等。

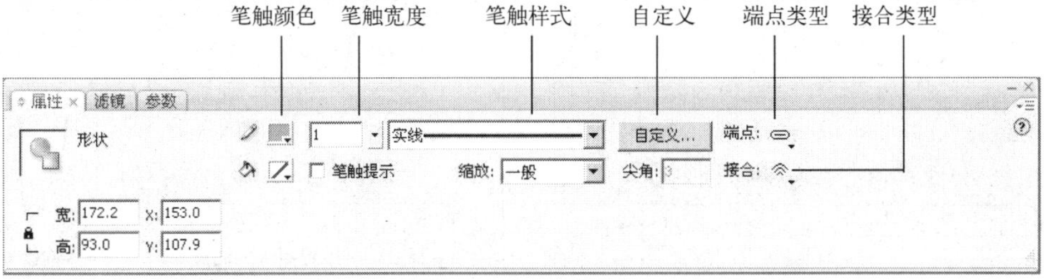

图1-23 铅笔工具"属性"面板

单击颜色框，会弹出Flash自带的Web颜色系统，如图1-24所示，从中可以定义所需的笔触颜色；单击笔触宽度文本框，用户可以自由设置线条的宽度；单击笔触样式下拉按钮，用户可以在弹出的下拉列表中选择所需要的线条样式，如图1-25所示；单击自定义...按钮，用户也可以在弹出的"笔触样式"对话框中设置线条样式，如图1-26所示。

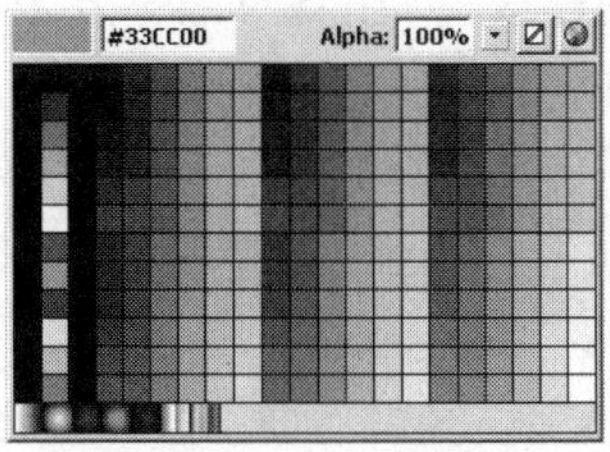

图1-24 Web颜色系统

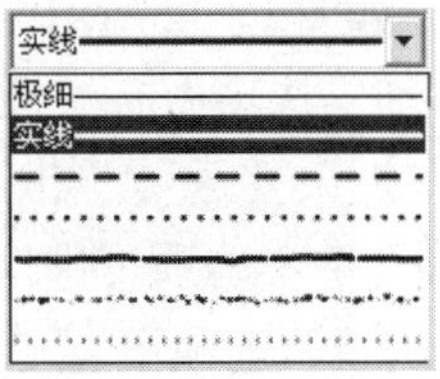

图1-25 线条样式

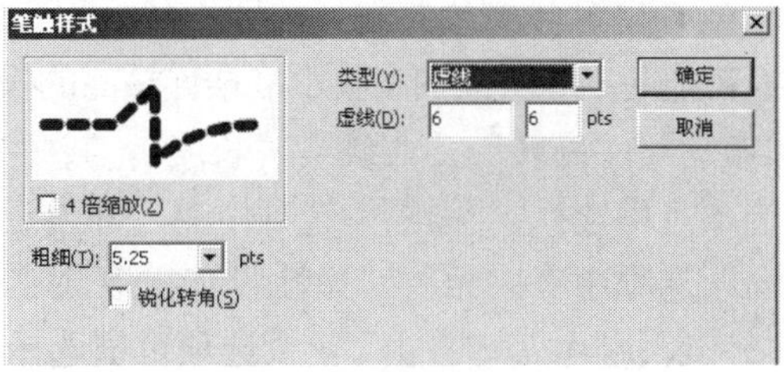

图1-26 "笔触样式"对话框

在“笔触样式”对话框中可以设置为 6 种线条类型，下面分别进行简单的介绍。

● 实线：这是最适合于 Web 中使用的线型。此线型的设置可以通过“粗细”和“锐化转角”两项来设置，如图 1－27 所示。

● 虚线：这是带有均匀间隔的实线。短线和间隔的长度是可以调整的，如图 1－28 所示。

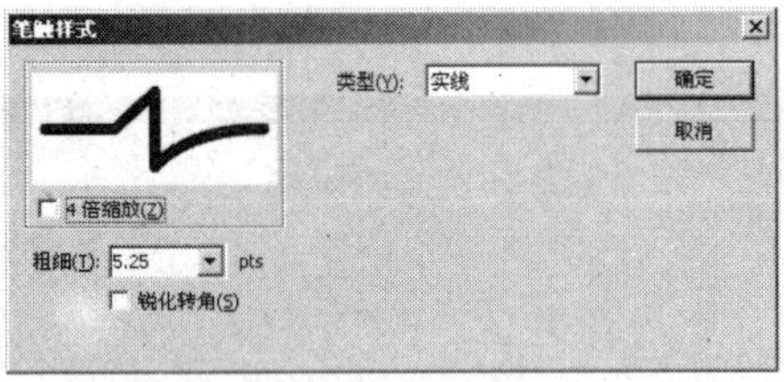

图 1－27　实线

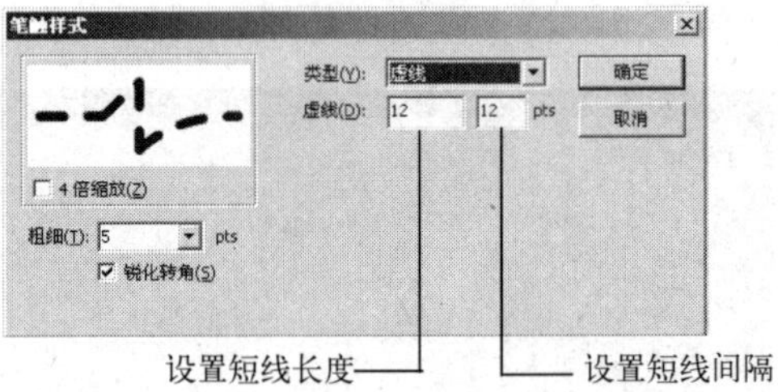

图 1－28　虚线

● 点状线：绘制的直线由间隔相等的点组成。同虚线有些相似，但只有点的间隔距离可调整，如图 1－29 所示。

● 锯齿状：绘制的直线由间隔相等的粗糙短线构成。其粗糙程度可以通过“图案”、“波高”和“波长”3 个选项来进行调整，如图 1－30 所示。在“图案”选项中有“实线”、“简单”、“随机”、“点状”、“随机点状”、“三点状”、“随机三点状”7 种样式可供选择；在“波高”选项中有“平坦”、“起伏”、“剧烈起伏”、“强烈”4 个选项可供选择；在“波长”选项中有“非常短”、“短”、“中”、“长”4 个选项可供选择。

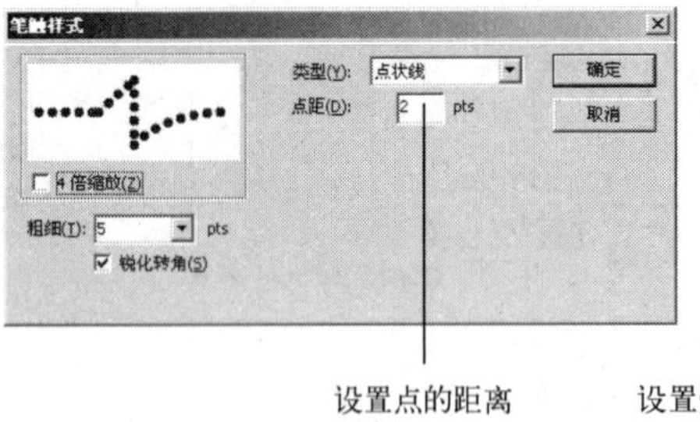

图 1－29　点状线

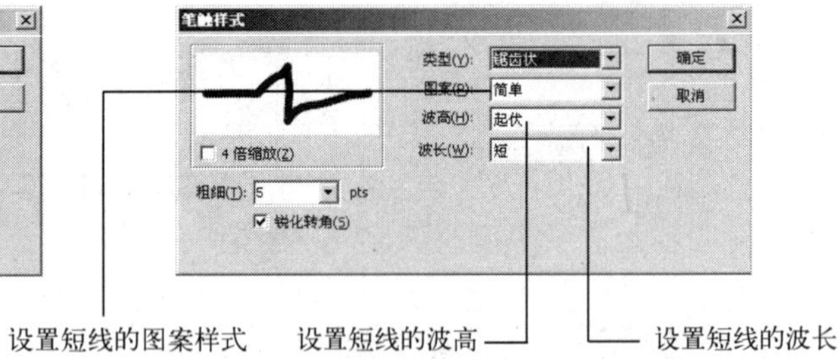

图 1－30　锯齿状线

● 点描：绘制的直线可用来模拟艺术家手刻的效果。点描的品质可通过“点大小”、“点变化”、“密度”来调整，如图 1－31 所示。在“点大小”选项中有“很小”、“小”、“中”、“大”4 个选项可供选择；在“点变化”选项中有“同一大小”、“微小变化”、“不同大小”、“随机大小”4 个选项可供选择；在“密度”选项中有“非常密集”、“密集”、“稀疏”、“非常稀疏”4 个选项可供选择。

● 斑马线：绘制复杂的阴影线，可以精确模拟艺术家手画的阴影线，产生各种阴影效果，这可能是 Flash 绘图工具中复杂性最高的操作，如图 1－32 所示。它的参数有“粗细”、“间隔”、“微动”、“旋转”、“曲线”、“长度”。其中“粗细”选项中有“极细”、“细”、“中”、“粗”4 个选项可供选择；“间隔”选项中有“非常近”、“近”、“远”、“非常远”4 个选项可供选择；“微动”选项中有“无”、“弹性”、“松散”、“强烈”4 个选项可供选择；“旋转”选项中有“无”、“轻微”、“中”、“自由”4 个选项可供选择；“曲线”选项中有“直线”、“轻微弯曲”、“中等弯曲”、“强烈弯曲”4 个选项可供选择；“长度”选项中有“等于”、“轻微变化”、“中等变化”、“随机”4 个选项可供选择。

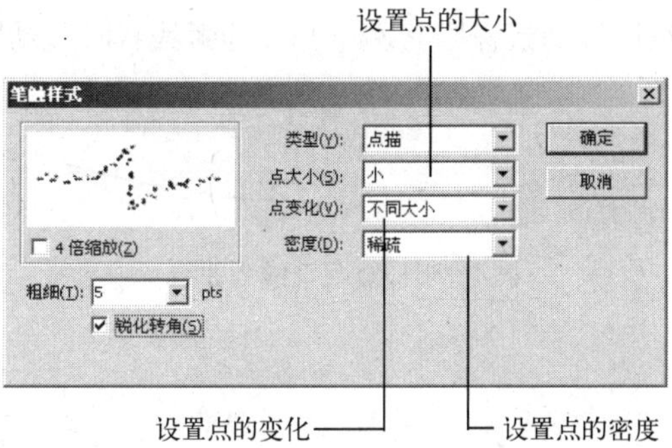

图 1－31　点描

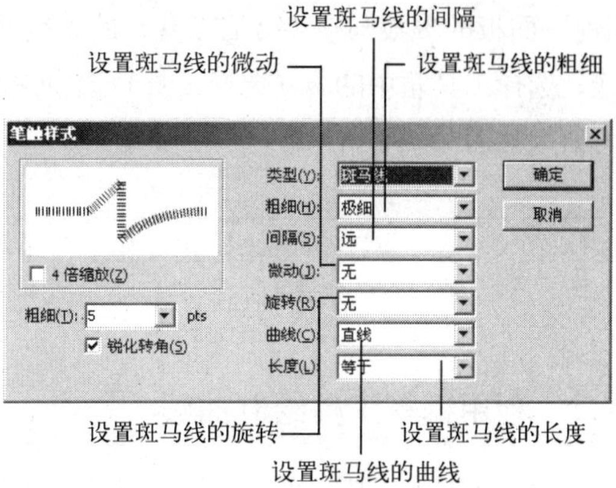

图 1－32　斑马线

“端点”和“接合”选项用于设置线条的线段两端和拐角的类型，如图 1－33 所示。

端点类型包括“无”、“圆角”和“方形”3 种，效果分别如图 1－34 所示。可以在绘制线条以前设置好线条属性，也可以在绘制完成以后重新修改线条的这些属性。

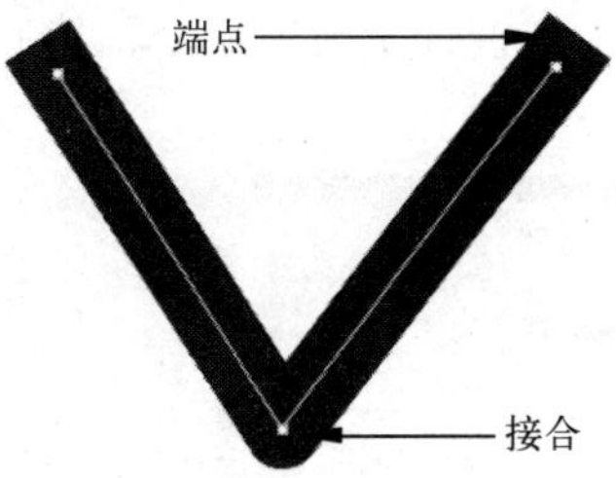

图 1－33　端点和接合位置说明

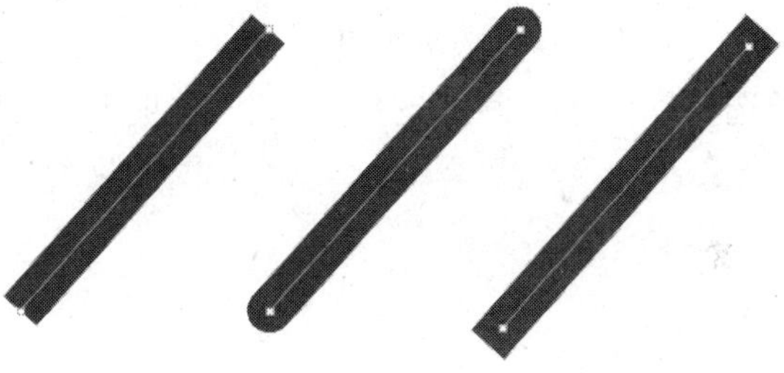

(a) 无　(b) 圆角　(c) 方形

图 1－34　端点类型

接合指的是在线段的转折处也就是拐角处线段以何种方式呈现拐角形状。有“尖角”、“圆角”和“斜角”3 种方式可供选择，效果分别如图 1－35 所示。

当选择接合为“尖角”的时候，左侧的尖角限制文本框会变为可用状态，如图 1－36 所示。在这里可以指定尖角限制数值的大小，数值越大，尖角就越趋于尖锐；数值越小，尖角会被逐渐削平。

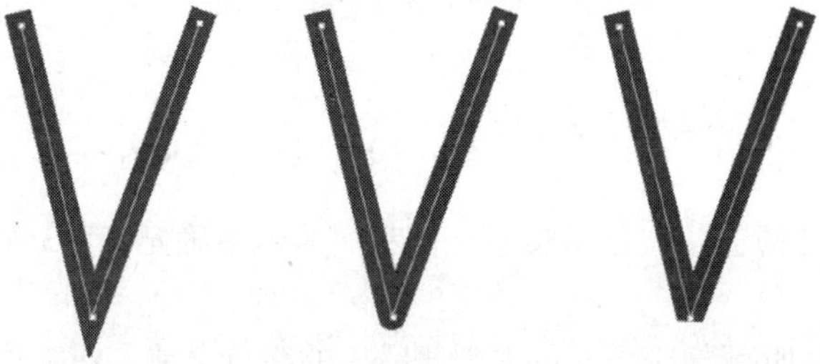

(a) 尖角　(b) 圆角　(c) 斜角

图 1－35　接合类型

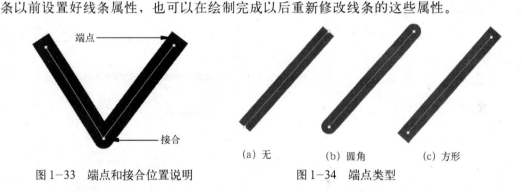

(a) 效果　(b) 选项

图 1－36　尖角选项

1.4.2　利用线条工具绘制曲线

使用 Flash 中的（线条工具）可以直接绘制出从起点到终点的直线，如图 1－37 所示。其

“属性”面板的参数与（铅笔工具）的参数基本一致，这里不再重复。如果要将直线修改为曲线，选择工具箱中的（选择工具）选中它，然后移动鼠标当其右下角变为弧线状时拖动即可，效果如图 1－38 所示。

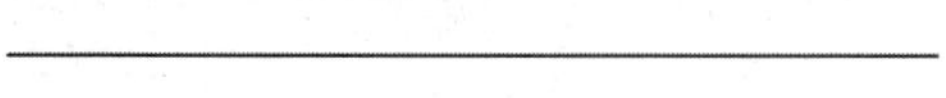

图 1－37 绘制的直线

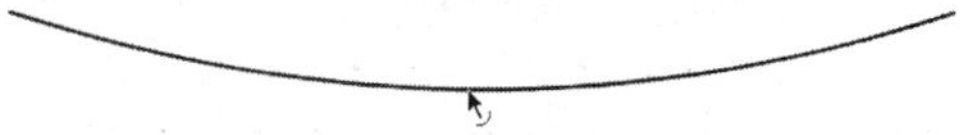

图 1－38 修改直线为曲线

1.4.3 利用钢笔工具绘制曲线

使用（钢笔工具）可以绘制精确的路径，如直线或者平滑流畅的曲线，并可调整直线段的角度和长度以及曲线段的斜率。图 1－39 所示为使用（钢笔工具）绘制的画面效果。

用户可以指定钢笔工具指针外观的首选参数，以便在画线段时进行预览，或者查看选定锚点的外观。

1. 设置钢笔工具首选参数

选择工具箱中的（钢笔工具），执行菜单中的“编辑”｜“首选参数”命令，然后在弹出的“首选参数”对话框中选择“绘画”选项卡，如图 1－40 所示。

图 1－39 使用（钢笔工具）绘制的画面效果

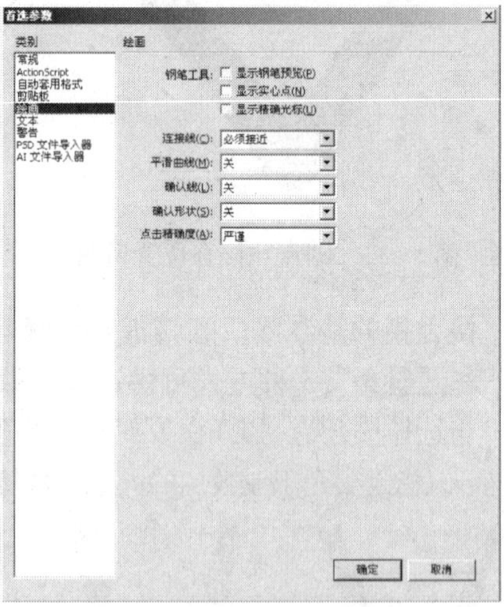

图 1－40 “绘画”选项卡

在“钢笔工具”选项组中有“显示钢笔预览”、“显示实心点”和“显示精确光标”3 个选项，分别介绍如下：

- 显示钢笔预览：选中该项，可在绘画时预览线段。单击创建线段的终点之前，在工作区周围移动指针时，Flash 会显示线段预览。如果未选择该选项，则在创建线段终点之前，Flash 不会显示该线段。
- 显示实心点：选中该项，将选定的锚点显示为空心点，并将取消选定的锚点显示为实心点。如果未选择此选项，则选定的锚点为实心点，而取消选定的锚点为空心点。
- 显示精确光标：选中该项，钢笔工具指针将以十字准线指针的形式出现，而不是以默认的钢笔工具图标的形式出现，这样可以提高线条的定位精度。如果未选择此选项，则会显示默认的钢笔工具图标来代表钢笔工具。

提示

工作时按【Caps Lock】键可在十字准线指针和默认的钢笔工具图标之间进行切换。

2．使用钢笔工具绘制直线路径

使用钢笔工具绘制直线路径的具体操作步骤如下：

（1）选择工具箱中的（钢笔工具），然后在“属性”面板中选择笔触和填充属性。

（2）将鼠标指针定位于工作区中直线开始的位置，然后单击定义第一个锚点。

（3）在直线的第一条线段结束的位置再次进行单击。按住【Shift】键单击可以将线条限制为倾斜 45° 的倍数。

（4）继续单击以创建其他直线段，如图 1－41 所示。

（5）要以开放或闭合形状完成此路径，应执行以下操作之一：

● 结束开放路径的绘制。方法：双击最后一个点，然后选择工具栏中的钢笔工具，或按住【Ctrl】键（Windows）或【Command】键（Macintosh）单击路径外的任何地方。

● 封闭开放路径。方法：将钢笔工具放置到第一个锚点上。如果定位准确，就会在靠近钢笔尖的地方出现一个小圆圈，单击或拖动，即可闭合路径，如图 1－42 所示。

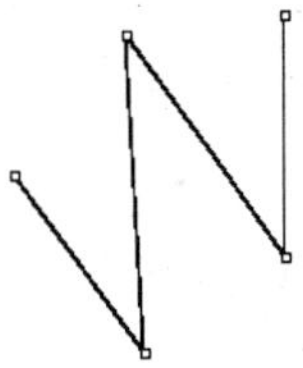

图 1－41　继续单击创建其他直线段

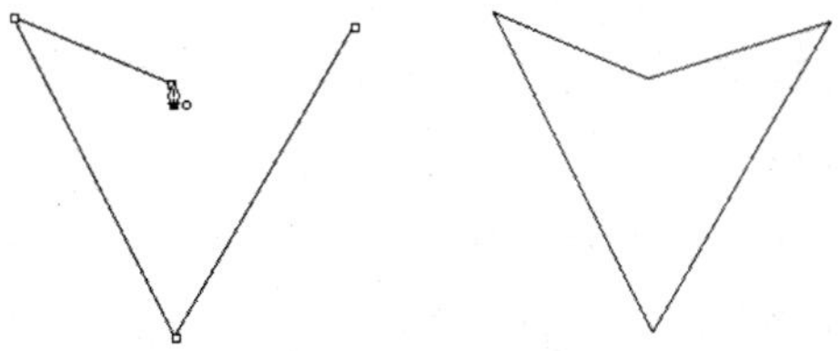

图 1－42　闭合路径

3．使用钢笔工具绘制曲线路径

使用钢笔工具绘制曲线路径的具体操作步骤如下：

（1）选择工具箱中的（钢笔工具）。

（2）将钢笔工具放置在工作区中曲线开始的位置并单击，此时出现第一个锚点，并且钢笔尖变为箭头。

（3）向想要绘制曲线段的方向拖动鼠标。按住【Shift】键拖动鼠标可以将该工具限制为倾斜 45° 的倍数。随着拖动，将会出现曲线的切线手柄。

（4）释放鼠标，此时切线手柄的长度和斜率决定了曲线段的形状。可以在以后移动切线手柄来调整曲线。

（5）将指针放在想要结束曲线段的位置并单击，然后朝相反的方向拖动，并按下【Shift】键，会将该线段限制为倾斜 45° 的倍数，如图 1－43 所示。

（6）要绘制曲线的下一段，可以将指针放置在想要下一线段结束的位置上，然后拖动该曲线即可。

4．调整路径上的锚点

在使用（钢笔工具）绘制曲线时，创建的是曲线点，即连续的弯曲路径上的锚点。在绘制直线段或连接到曲线段的直线时，创建的是转角点，即在直线路径上或直线和曲线路径接合处的锚点。

要将线条中的线段由直线段转换为曲线段或者由曲线段转换为直线段，可以将转角点转换为曲线点或者将曲线点转换为转角点。

可以移动、添加或删除路径上的锚点。还可以使用工具箱中的（部分选择工具）来移动锚点从而调整直线段的长度、角度及曲线段的斜率。也可以通过轻推选定的锚点来进行微调，如图 1–44 所示。

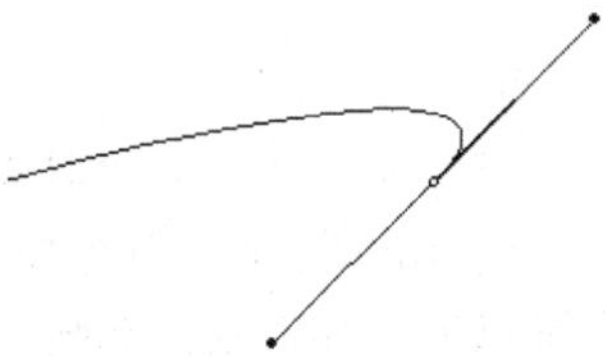

图 1–43　将该线段限制为倾斜 45°的倍数

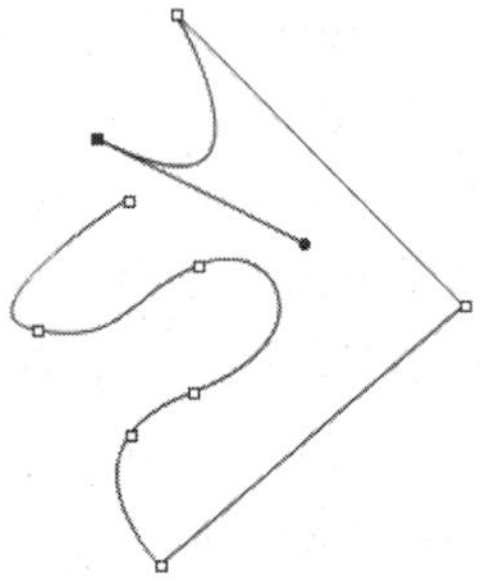

图 1–44　微调锚点的位置

5．调整线段

用户可以调整直线段以更改线段的角度或长度，或者调整曲线段以更改曲线的斜率和方向。移动曲线点上的切线手柄时，可以调整该点两边的曲线。移动转角点上的切线手柄时，只能调整该点的切线手柄所在的那一边的曲线。

1.4.4　利用刷子工具绘制曲线

利用（刷子工具）可以绘制出刷子般的特殊笔触（包括书法效果），就好像在涂色一样。另外，在使用（刷子工具）时还可以选择刷子大小和形状。图 1–45 所示为使用（刷子工具）绘制的画面效果。

（a）效果一　　（b）效果二

图 1–45　使用（刷子工具）绘制的画面效果

提示

与（铅笔工具）相比，（刷子工具）创建的是填充形状，笔触宽度为 0。填充可以是单色、渐变色或者用位图填充。而（铅笔工具）创建的只是单一的实线。另外，（刷子工具）允许用户以非常规方式着色，可以选择在原色的前面或后面绘图，也可以选择只在特定的填充区域中绘图。

选择工具箱中的（刷子工具），在工具箱下部的选项部分将显示图 1－46 所示的选项。这里共有 5 个选项：“对象绘制”、“刷子模式”、“锁定填充”、“刷子大小”和“刷子形状”。

（对象绘制）用于绘制互不干扰的多个图形。

在（刷子模式）选项中有“标准绘画”、“颜料填充”、“后面绘画”、“颜料选择”和“内部绘画”5 种模式可供选择，如图 1－47 所示。图 1－48 所示为使用这 5 种刷子模式绘制图形的效果比较。

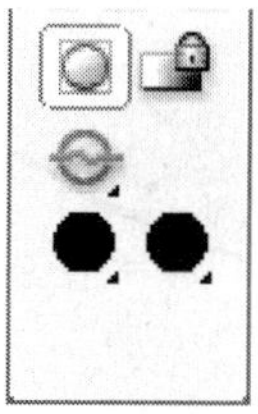

图 1－46 刷子工具选项

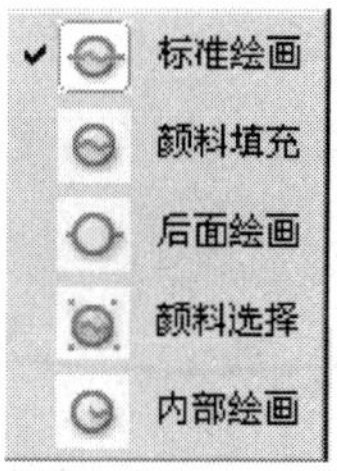

图 1－47 刷子模式

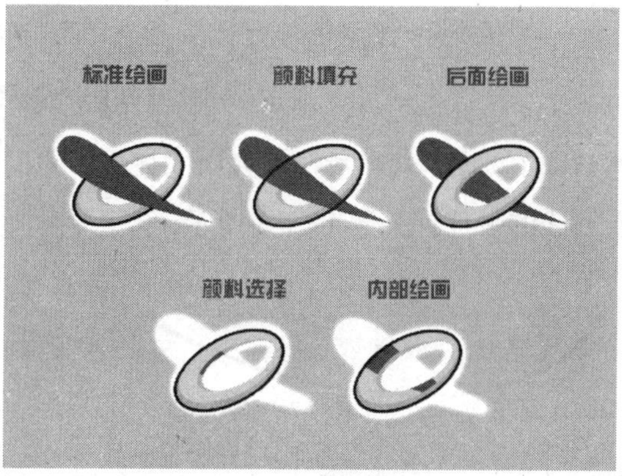

图 1－48 使用各种刷子模式绘制图形的效果比较

如果选择了（锁定填充）按钮，将不能再对图形进行填充颜色的修改，这样可以防止错误操作而使填充色被改变。

在“刷子大小”选项中共有从细到粗的 8 种刷子可供选择，如图 1－49 所示。在“刷子形状”选项中共有 9 种不同类型的刷子可供选择，如图 1－50 所示。

图 1－49 刷子大小

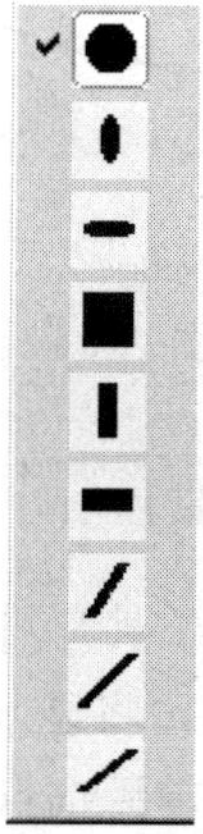

图 1－50 刷子形状

1.4.5　利用选择和部分选择工具编辑曲线

利用（选择工具）和（部分选择工具）可以对创建的线条进行再次编辑。下面进行具体讲解。

1.（选择工具）

当使用（选择工具）拖动线条上的任意点时，鼠标指针会根据不同情况而改变形状。当将（选择工具）放在曲线的端点处时，鼠标指针变为形状，此时拖动鼠标，可以延长或缩短该线条，如图1－51所示。

（a）原线条　　（b）延长后线条

图1－51　利用（选择工具）延长线条

当将（选择工具）放在曲线中的任意一点时，鼠标指针变为形状，此时拖动鼠标，可以改变曲线的弧度，如图1－52所示。

（a）原线条　　（b）改动弧度后线条

图1－52　利用（选择工具）改变曲线的弧度

当将（选择工具）放在曲线中的任意一点，并按住【Ctrl】键进行拖动时，可以在曲线上创建新的转角点，如图1－53所示。

（a）原线条　　（b）创建新的转角点后的线条

图1－53　利用（选择工具）在曲线上创建新的转角点

2.（部分选择工具）

利用（部分选择工具）可以对路径上的锚点进行选取和编辑。选择工具箱中的（部分选择工具）并单击路径，将显示出路径上的锚点，如图1－54所示。然后选择其中一个锚点，此时该锚点以及相邻的前后锚点就会出现切线手柄，如图1－55所示。接着拖动切线手柄，即可改变曲线的形状，如图1－56所示。

图 1-54　显示出路径上的锚点

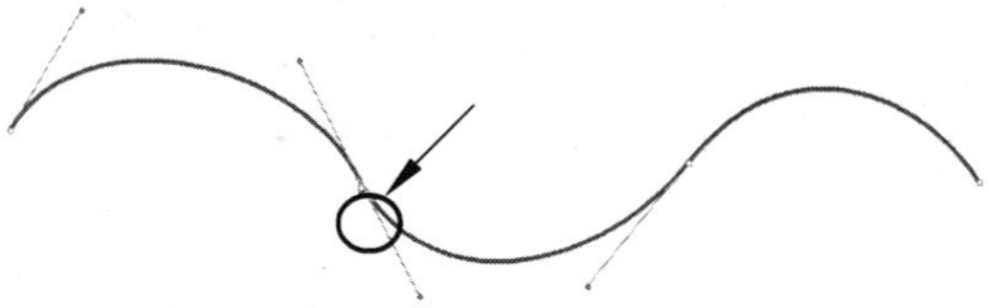

图 1-55　显示出切线手柄

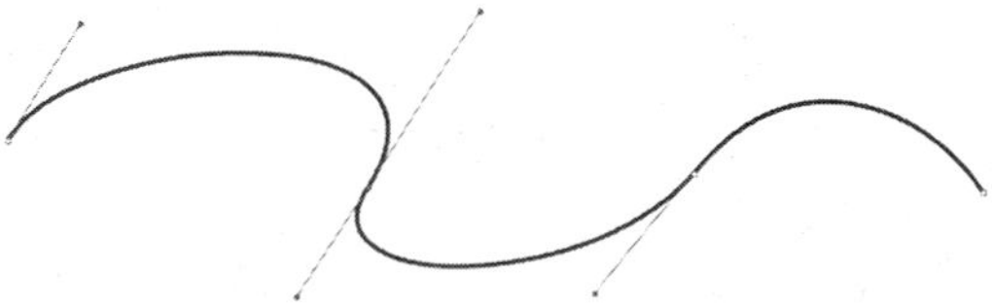

图 1-56　拖动切线手柄来改变曲线的形状

1.4.6　利用图形工具绘制几何图形

Flash CS3 的工具箱中包括（矩形工具）、（椭圆工具）、（基本矩形工具）、（基本椭圆工具）和（多角星形工具）5 种工具，如图 1-57 所示。利用这 5 种工具可以快速绘制出相关几何图形。图 1-58 所示为使用图形工具绘制的画面效果。下面具体讲解这些图形工具的使用方法。

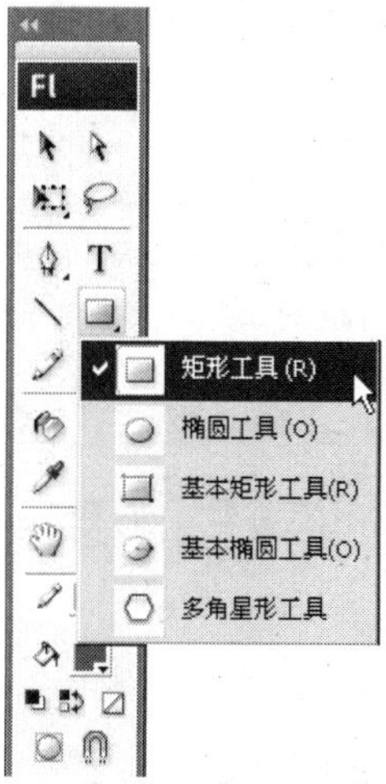

图 1-57　图形工具

图 1-58　使用图形工具绘制的画面效果

1. 椭圆工具

利用（椭圆工具）可以绘制出光滑的椭圆。在绘制椭圆时，按住【Shift】键然后在工作区中拖动可以绘制出正圆形。此外，在选择了（椭圆工具）绘制椭圆之前，还可以在“属性”面板中设置一些特殊参数，如图 1-59 所示。

- 起始角度和结束角度：用于指定椭圆的起始点和结束点的角度。使用这两个选项可以轻松地将椭圆和圆形的形状修改为扇形、半圆形及其他形状。

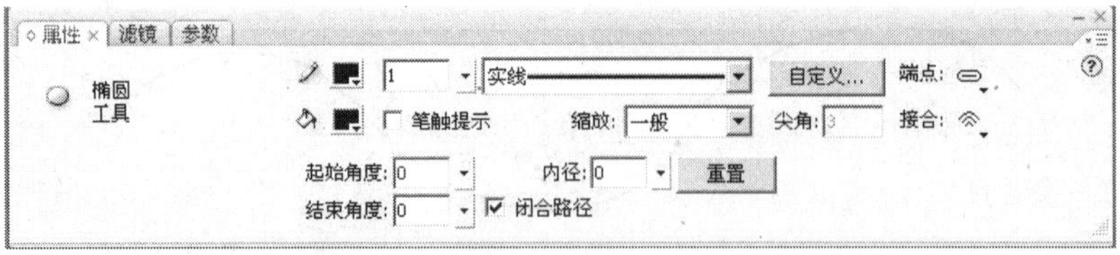

图 1-59　椭圆工具“属性”面板

● 内径：用于指定椭圆的内径（即内侧椭圆）。用户可以在文本框中输入内径的数值，或单击滑块相应地调整内径的大小。允许输入的内径数值范围为 0～99，表示要删除的椭圆填充的百分比。

● 闭合路径：用于指定椭圆的路径（如果指定了内径，则有多个路径）是否闭合。如果指定了一条开放路径，但未对生成的形状应用任何填充，则仅绘制笔触。默认情况下选择闭合路径。

● 重置：将重置所有“基本椭圆”工具控件，并将在舞台上绘制的基本椭圆形状恢复为原始大小和形状。

图 1-60 所示为设置不同参数后绘制的椭圆形。

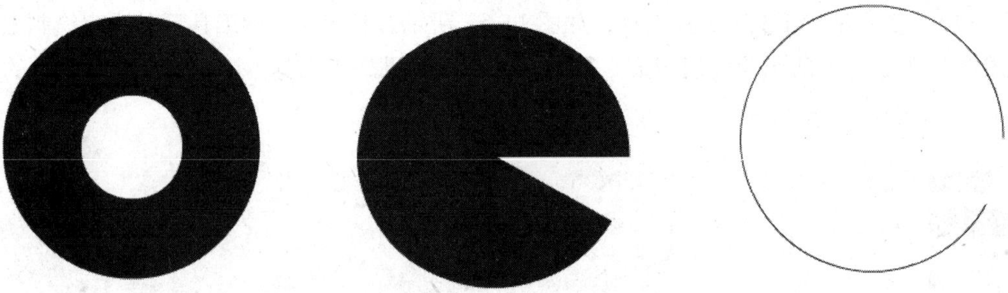

（a）闭合路径，内径为 40　　（b）闭合路径，起始角度为 30　　（c）未闭合路径，起始角度为 30

图 1-60　设置不同参数后绘制的椭圆形

提示

在绘制了椭圆后，可以对其填充和线条属性进行相应修改，但不能再对“内径”等参数进行更改。

2. 矩形工具

利用（矩形工具）可以绘制出标准的矩形。在绘制矩形时，按住【Shift】键然后在工作区中拖动可以绘制出正方形。此外，在选择了（矩形工具）绘制矩形之前，还可以在“属性”面板中设置一些特殊参数，如图 1-61 所示。

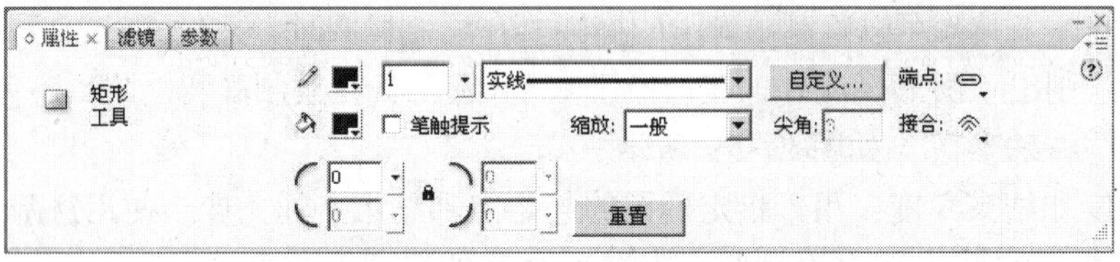

图 1-61　矩形工具“属性”面板

● 和（矩形角半径）：用于指定矩形的角半径。用户可以在文本框中输入角半径的数值，或单击滑块相应地调整角半径的大小。如果输入负值，则创建的是反半径。还可以取消选择限制角半径图标，然后分别调整每个角半径。

● 重置：将重置所有“基本矩形”工具控件，并将在舞台上绘制的基本矩形形状恢复为原始大小和形状。

图 1－62 所示为设置不同参数后绘制的矩形。

（a）矩形角半径为 0　　（b）矩形角半径为 20

图 1－62　设置不同参数后绘制的矩形

提示

在绘制了矩形后，可以对其填充和线条属性进行相应修改，但不能再对和矩形角半径参数进行更改。

3．多角星形工具

利用（多角星形工具）可以绘制出标准的多边形和星形。（多角星形工具）“属性”面板如图 1－63 所示。单击“选项”按钮，在弹出的图 1－64 所示对话框中可以选择“样式”为“多边形”或“星形”，设置完毕后，单击“确定”按钮，即可进行绘制。

图 1－65 所示为绘制的五边形和五角星效果。

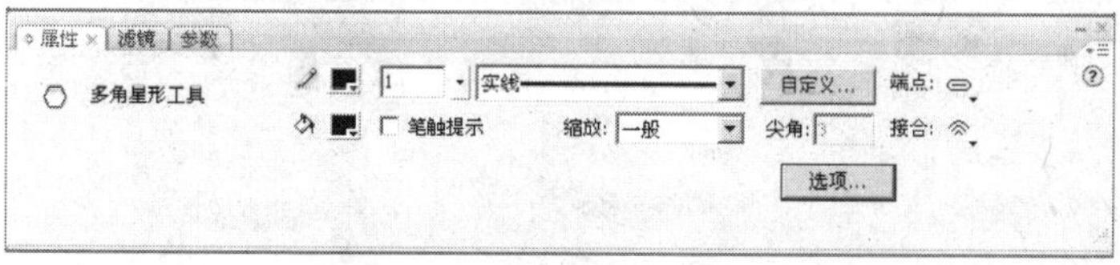

图 1－63　多角星形工具“属性”面板

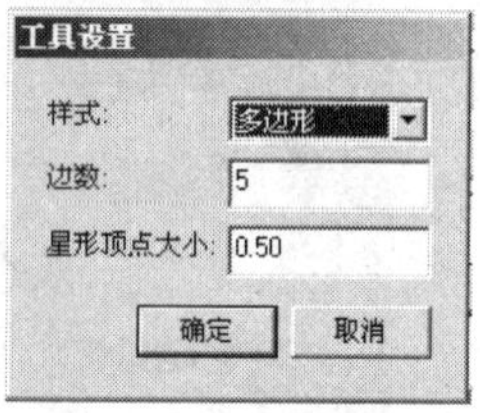

图 1－64　设置样式

（a）五边形　　（b）五角星

图 1－65　绘制的五边形和五角星效果

4．基本椭圆工具和基本矩形工具

使用（基本椭圆工具）或（基本矩形工具）创建椭圆或矩形时，不同于使用对象绘制模式创建的形状。前者在绘制完毕后还可以对椭圆的起始角度、结束角度和内径以及矩形的角半径进行再次设置；后者只是将形状绘制为独立的对象，绘制完毕后只能对填充、线条、端点接合参数进行调整。

1.5 描边和填色

在Flash CS3 中可以对图形的描边和填充属性进行各种设置，从而得到所需的效果。

1.5.1 利用墨水瓶工具进行描边

利用（墨水瓶工具）可以改变现有直线的颜色、线型和宽度，这个工具通常与（滴管工具）连用。

选择工具箱中的（墨水瓶工具），在“属性”面板中就会出现图1－66所示的参数选项。这些参数选项与铅笔工具中的参数选项基本是一样的，这里不再赘述。

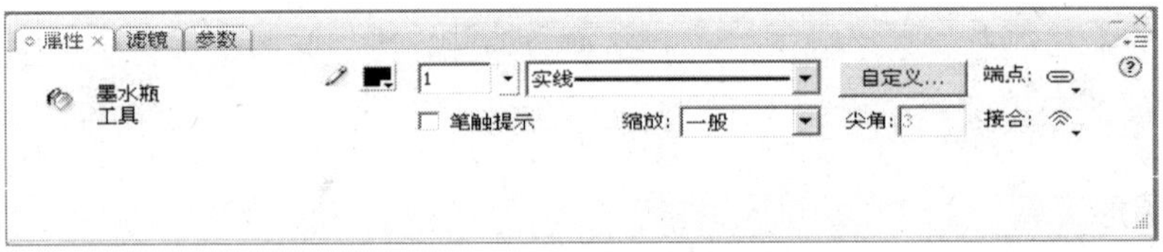

图1－66　墨水瓶工具“属性”面板

图1－67所示为设置（墨水瓶工具）不同线宽的效果比较。

图1－67　设置（墨水瓶工具）不同线宽的效果比较

1.5.2 利用颜料桶工具进行填色

利用（颜料桶工具）可以对封闭的区域、未封闭的区域以及闭合形状轮廓中的空隙进行颜色填充。填充的颜色可以是纯色也可以是渐变色。图 1-68 所示为使用（颜料桶工具）对绘制的图形进行纯色填充效果。图 1-69 所示为使用（颜料桶工具）对绘制的图形进行渐变色填充效果。

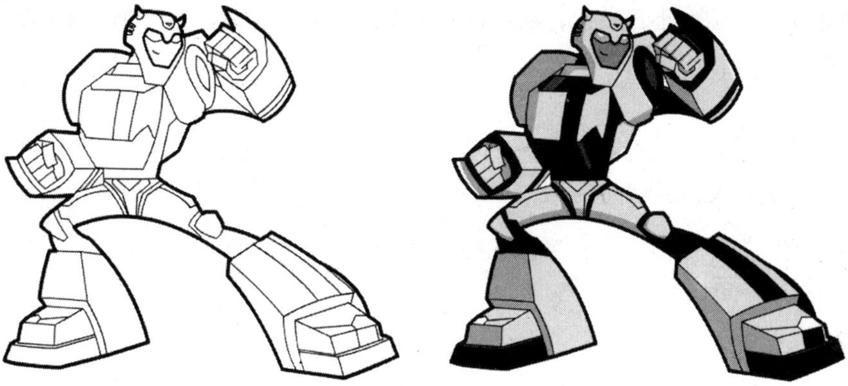

（a）填充前效果　　（b）纯色填充效果

图 1-68　对绘制的图形进行纯色填充效果

图 1-69　对绘制的图形进行渐变色填充效果

选择工具箱中的（颜料桶工具），在工具箱下部的选项部分将显示图 1-70 所示的选项。这里共有两个选项："空隙大小"和"锁定填充"。

在（空隙大小）选项中有"不封闭空隙"、"封闭小空隙"、"封闭中等空隙"、"封闭大空隙"4 个选项可供选择，如图 1-71 所示。

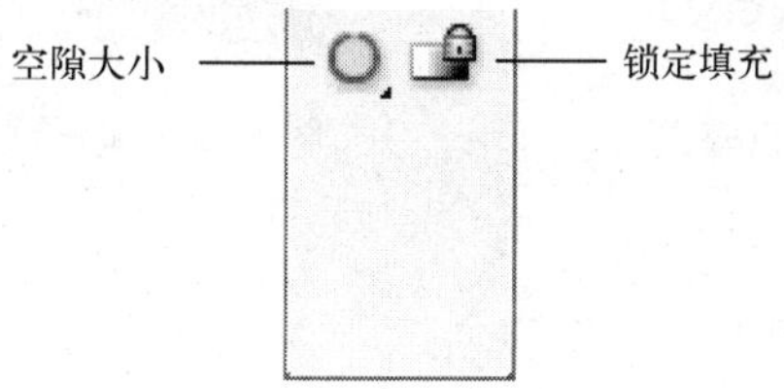

图 1-70　颜料桶工具选项

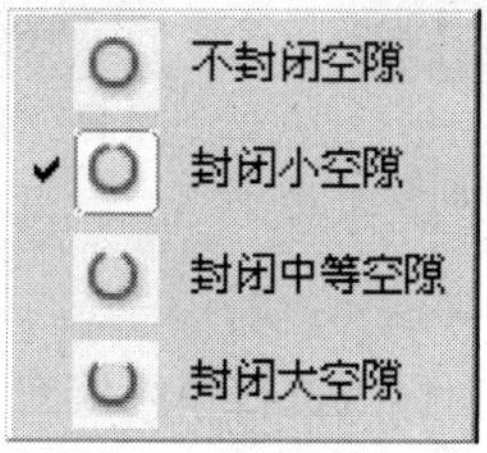

图 1-71　空隙大小选项

如果选择了（锁定填充）按钮，将不能再对图形进行填充颜色的修改，这样可以防止错误操作而使填充色被改变。

颜料桶工具的使用方法：首先在工具箱中选择（颜料桶工具），然后选择填充颜色和样式。接着单击（空隙大小）按钮，从中选择一个空隙大小选项，最后单击要填充的形状或者封闭区域，即可填充。

提示

如果要在填充形状之前手动封闭空隙，请选择（不封闭空隙）按钮。对于复杂的图形，手动封闭空隙会更快一些；如果空隙太大，则用户必须手动封闭它们。

1.5.3 利用颜色面板设置颜色

利用“颜色”面板可以在RGB或HSB模式下选择颜色，还可以通过指定Alpha值来定义颜色的透明度。

执行菜单中的“窗口”|“颜色”命令，弹出“颜色”面板，如图1－72所示。如果要选择其他模式显示，可以单击右上角的按钮，从弹出的列表中选择RGB（默认设置）或HSB选项，如图1－73所示。

对于RGB模式，可以在“红”、“绿”和“蓝”文本框中输入颜色值；对于HSB模式，则可输入“色相”、“饱和度”和“亮度”值，此外还可以输入一个Alpha值来指定透明度，其取值范围在0%（表示完全透明）～100%（表示完全不透明）之间。

单击按钮，可以设置笔触颜色；单击按钮，可以设置填充颜色。单击按钮，可以恢复到默认的黑色笔触和白色填充；单击按钮，可以将笔触或填充设置为无色；单击按钮，可以交换笔触和填充的颜色。

在“类型”下拉列表中有“无”、“纯色”、“线性”、“放射状”和“位图”5种类型可供选择，如图1－74所示。

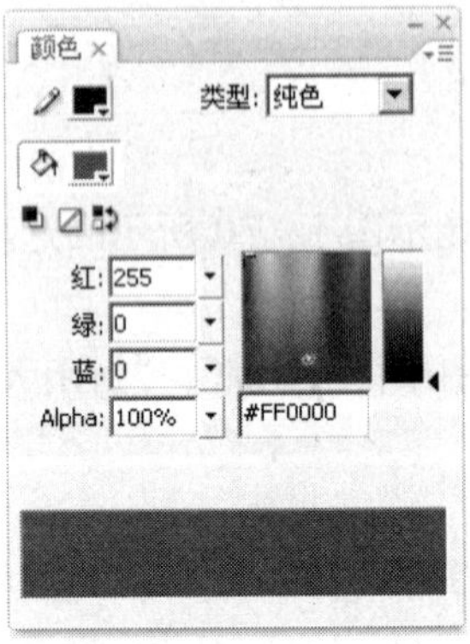

图1－72 “颜色”面板

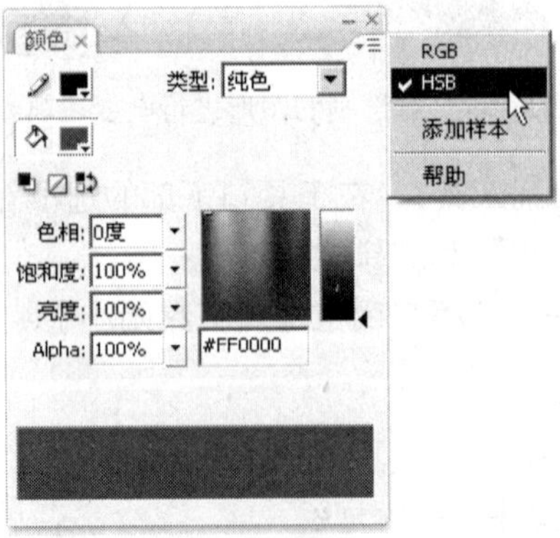

图1－73 选择颜色模式

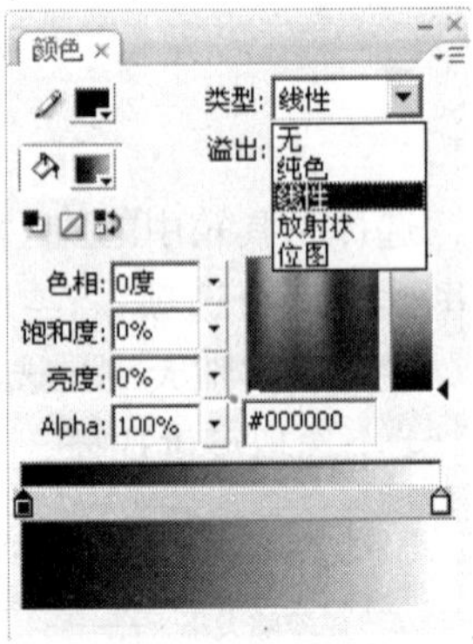

图1－74 选择不同类型

- 无：表示对区域不进行填充。
- 纯色：表示对区域进行单色填充，效果如图1－75所示。
- 线性：表示对区域进行线性填充，效果如图1－76所示。单击颜色条中的和按钮，可以在其上方设置相关渐变颜色。

● 放射状：表示对区域进行从中心处向两边扩散的球状渐变填充，效果如图 1－77 所示。单击颜色条中的和按钮，可以在其上方设置相关渐变颜色。

图 1–75 纯色

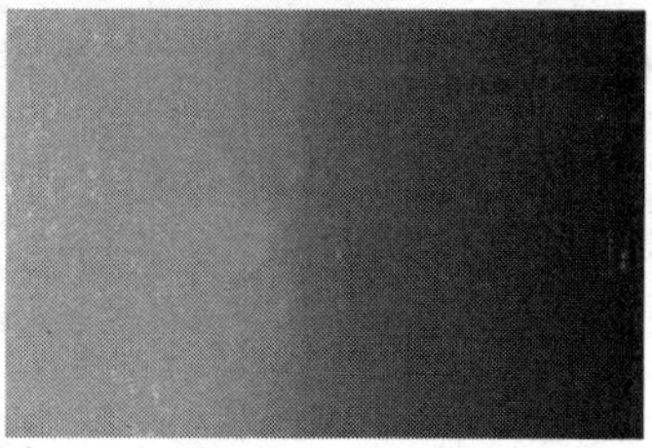
图 1–76 线性

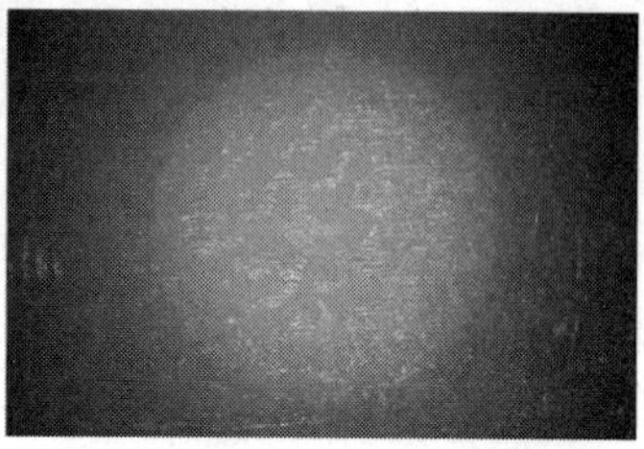
图 1–77 放射状

● 位图：表示对区域进行从外部导入的位图填充。

1.5.4 利用渐变变形工具调整颜色渐变

利用（渐变变形工具）可以调整填充的色彩变化。下面通过创建一个水滴来说明（渐变变形工具）的使用方法，具体操作步骤如下：

（1）为了便于观看效果，执行菜单中的“修改”|“文档”命令，在弹出的对话框中将背景色调为深蓝色（＃000066），如图 1－78 所示，单击“确定”按钮。

（2）选择工具箱中的（椭圆工具），设置笔触颜色为白色，填充颜色为（无色），然后配合【Shift】键绘制一个正圆形，如图 1－79 所示。

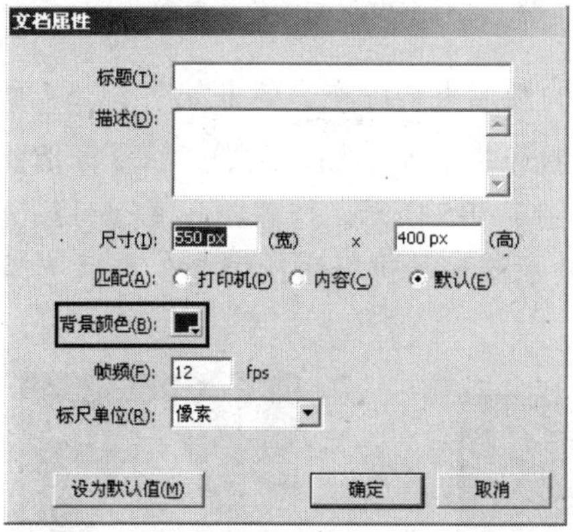

图 1–78 将“背景颜色”设为深蓝色

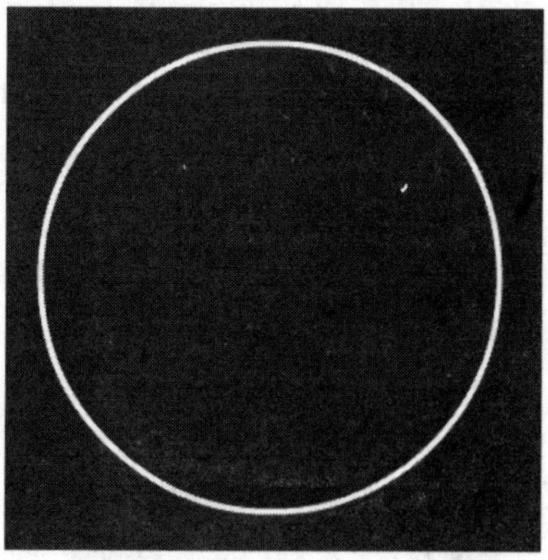
图 1–79 绘制正圆形

（3）执行菜单中的“窗口”|“颜色”命令，弹出“颜色”面板，然后单击“类型”下拉按钮，此时会显示所有的填充类型，如图 1－80 所示。

（4）选择“放射状”选项，如图 1－81 所示。在“混色器”面板上有一颜色条，颜色条的下方有一些定位标志，称为“色标”，通过对色标颜色值和位置的设置，可定义出各种填充色。下面单击颜色条左侧色标，然后在其上面设置颜色如图 1－82 所示。再单击颜色条右侧色标，在其上面设置颜色如图 1－83 所示。

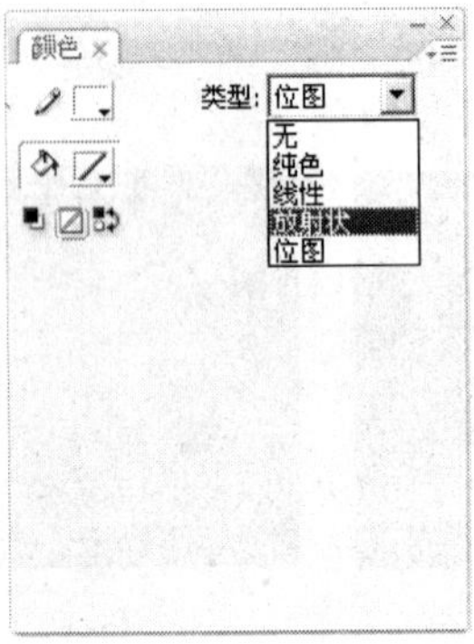

图 1-80　填充类型

图 1-81　选择“放射状”类型

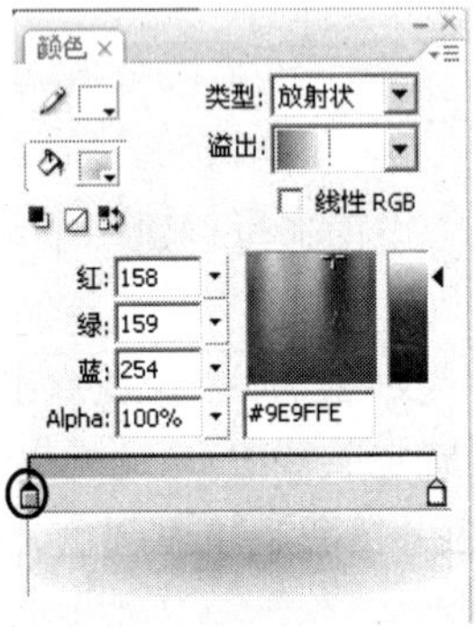

图 1-82　设置左侧色标颜色

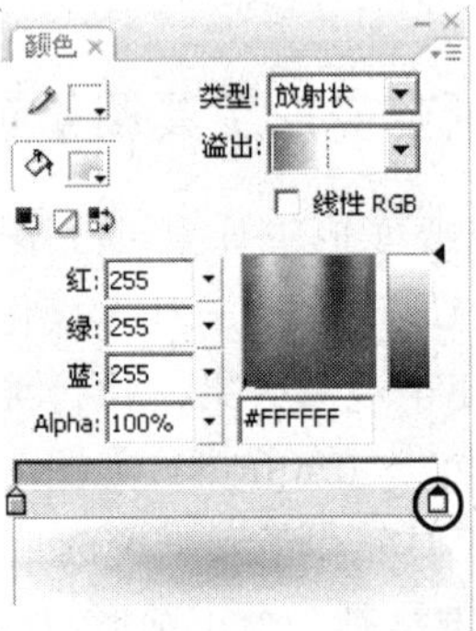

图 1-83　设置右侧色标颜色

（5）选择工具箱中的（颜料桶工具），对绘制的圆形进行填充，效果如图 1-84 所示。

（6）将正圆形调整为水滴的形状。方法：选择工具箱中的（选择工具），将鼠标指针放置到圆的顶部，然后按住【Ctrl】键向上拖动，效果如图 1-85 所示。接着松开【Ctrl】键对圆形进行两次处理，并用（颜料桶工具）对调整好的水滴形状进行再次填充。最后选择白色边线并按【Delete】键删除，效果如图 1-86 所示。

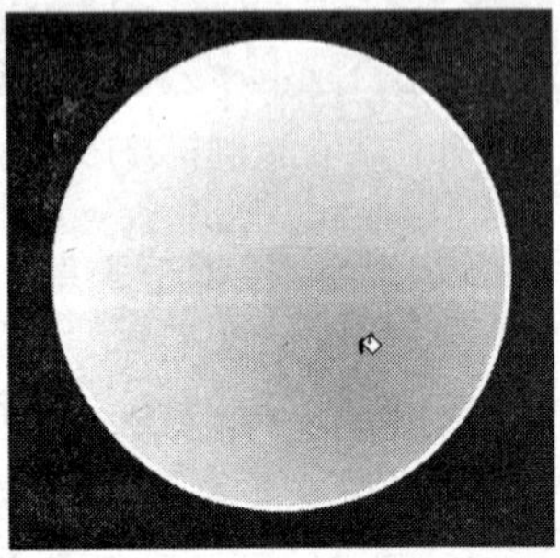

图 1-84　填充圆形

图 1-85　调整水滴顶部

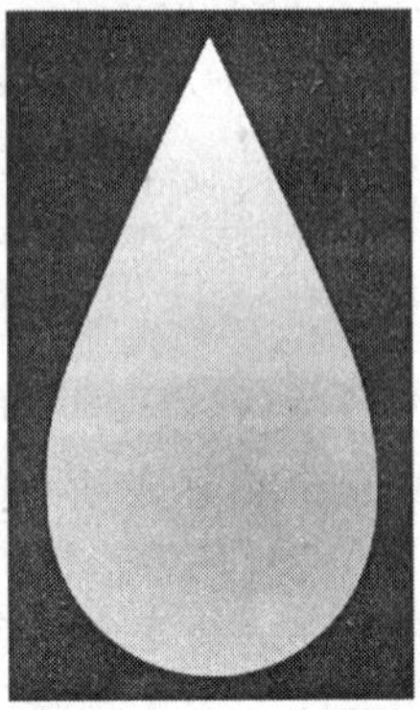

图 1-86　水滴最终形状

（7）水滴填充后的效果缺乏立体通透感，下面通过（渐变变形工具）来解决这个问题。方法：选择工具箱中的（渐变变形工具），单击水滴，效果如图 1-87 所示。然后选择图 1-88 所示的形状，向圆形内部移动，从而缩小渐变区域，达到立体通透感的效果。

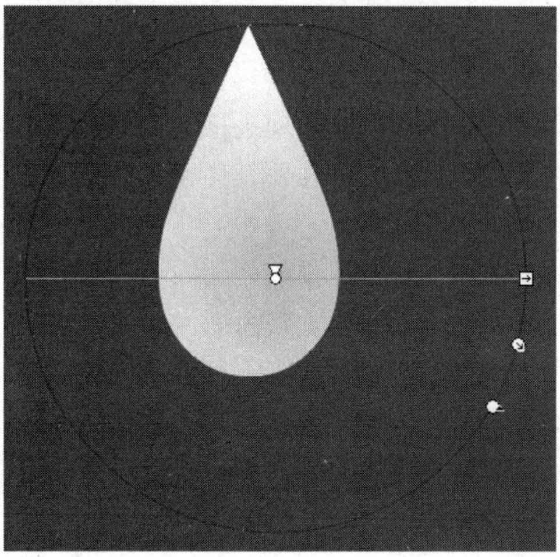

图 1–87　使用（渐变变形工具）选中水滴

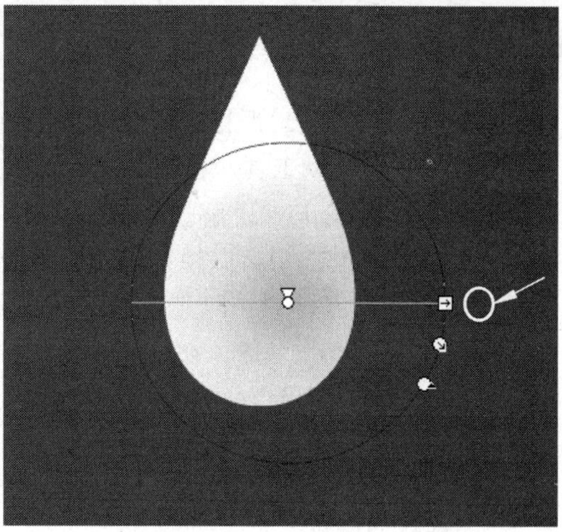

图 1–88　缩小渐变区域

1.6　其他编辑工具

Flash　CS3 工具箱中除了以上工具外还提供了其他常用的工具，下面分别进行具体介绍。

1.6.1　利用滴管工具获取颜色

（滴管工具）用于从现有的钢笔线条、画笔描边或者填充上取得（或者复制）颜色和风格信息。滴管工具没有任何参数。

当滴管工具不是在线条、画笔描边或者填充的上方时，其光标显示为，类似于工具箱中的滴管工具图标；当滴管工具位于直线上方时，其光标显示为，即在标准滴管工具光标右下方显示一个小的铅笔；当滴管位于填充上方时，其光标显示为，即在标准滴管工具光标右下方显示一个小的刷子。

当滴管工具位于直线、画笔描边或者填充上方时，按住【Shift】键，其光标显示为，即在标准滴管工具光标的右下方显示倒转的“U”字形状。在这种模式下，使用（滴管工具）可以将被单击对象的编辑工具的属性改变为被单击对象的属性。利用【Shift＋单击功能键】可以取得被单击对象的属性并立即改变相应编辑工具的属性，例如墨水瓶工具、铅笔工具或者文本工具。滴管工具还允许用户从位图图像取样用作填充。

用滴管工具单击可以取得被单击直线或者填充的所有属性（包括颜色、渐变、风格和宽度)。但是，如果内容不是正在编辑，那么组的属性不能用这种方式获取。

如果被单击对象是直线，（滴管工具）将自动更换为墨水瓶工具的设置，以便于将所取得的属性应用到其他直线。与此类似，如果单击的是填充，吸管工具自动更换为油漆桶工具的属性，以便于将所取得的填充属性应用到其他填充。

当滴管工具用于获取通过位图填充的区域的属性时，滴管工具自动更换为（颜料桶工具）的光标显示，位图图片的缩略图将显示在填充颜色修正的当前色块中。

1.6.2 利用橡皮擦工具擦除图形

尽管 (橡皮擦工具)严格来说既不是绘图工具也不是着色工具，但是橡皮擦工具作为绘图和着色工具的主要辅助工具，在整个Flash绘图中有着不可替代的作用，所以我们把它放在了图形制作这一节中给大家讲解。

使用 (橡皮擦工具)可以快速擦除笔触段或填充区域等工作区中的任何内容。用户还可以自定义橡皮擦工具以便只擦除笔触、只擦除数个填充区域或单个填充区域。

选择 (橡皮擦工具)后，在工具箱的下方会出现图1－89所示的参数选项。

橡皮擦形状选项中共有圆、方两种类型从细到粗的10种形状，如图1－90所示。

橡皮擦模式控制并限制了橡皮擦工具进行擦除时的行为方式。橡皮擦模式选项中共有5种模式："标准擦除"、"擦除填色"、"擦除线条"、"擦除所选填充"和"内部擦除"，如图1－91所示。

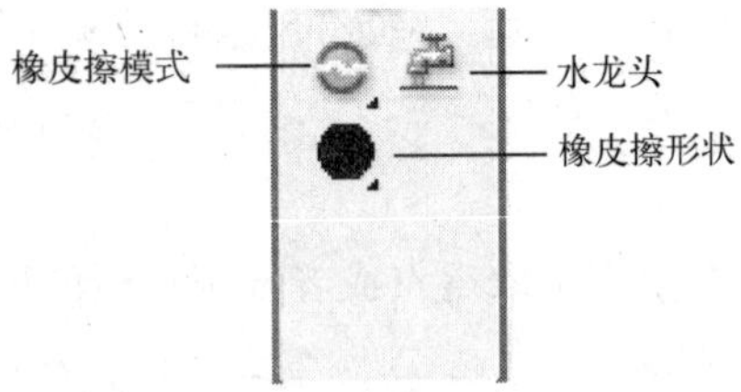

图1－89 橡皮擦工具选项

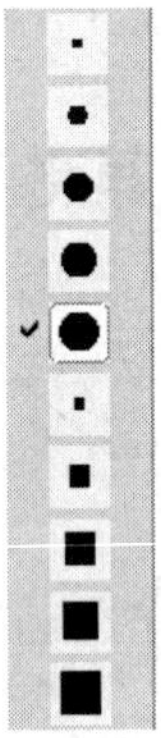
图1－90 橡皮擦形状

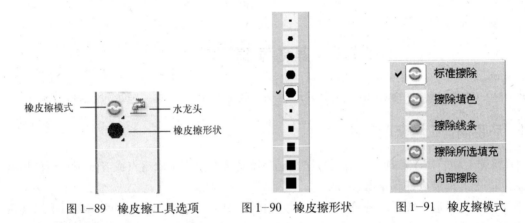

图1－91 橡皮擦模式

- 标准擦除：只要这些线条或者填充位于当前图层中，这时橡皮擦工具就像普通的橡皮擦一样，将擦除所经过的所有线条和填充。
- 擦除填色：这时橡皮擦工具只擦除填充色，而保留线条。
- 擦除线条：与擦除填色模式相反，这时橡皮擦工具只擦除线条，而保留填充色。
- 擦除所选填充：这时橡皮擦工具只擦除当前选中的填充色，保留未被选中的填充以及所有的线条。
- 内部擦除：只擦除橡皮擦笔触开始处的填充。如果从空白点开始擦除，则不会擦除任何内容。以这种模式使用橡皮擦并不影响笔触。

水龙头选项主要用于删除笔触段或填充区域。

1.6.3 利用任意变形工具调整图形的形状

利用 (任意变形工具) 可以对图形对象进行旋转、缩放、扭曲、封套变形等操作。

选择工具箱中的 (任意变形工具)，然后选择要变形的图形，此时图形四周会被一个带有8个控制点的方框所包围，如图1－92所示。工具箱的下方也会出现相应的5个选项按钮，如

图 1－93 所示。这 5 个按钮的功能如下：

● （贴紧至对象）：激活该按钮，拖动图形时可以进行自动吸附。

● （旋转与倾斜）：激活该按钮，然后将鼠标指针移动到外框的控制柄上，鼠标指针变为形状，此时拖动即可对图形进行旋转，如图 1－94 所示；将鼠标指针移动到中间的控制柄上，鼠标指针变为形状，此时拖动可以将对象进行倾斜，如图 1－95 所示。

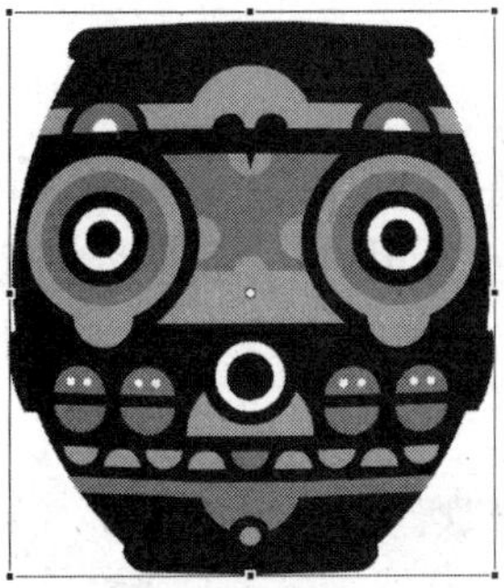

图 1－92 选择要变形的图形

图 1－93 选项按钮

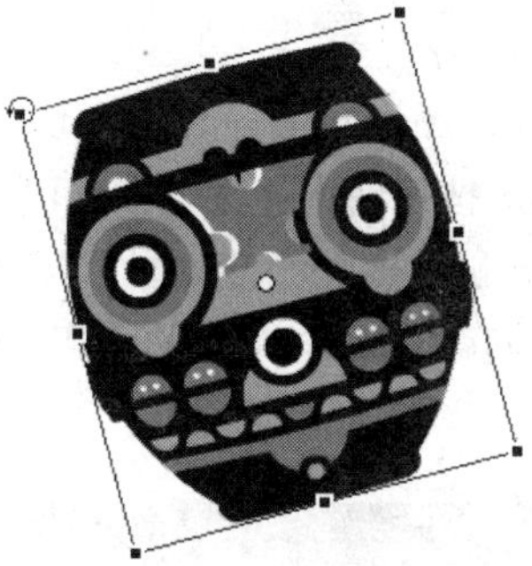

图 1－94 旋转效果

图 1－95 倾斜效果

● （缩放）：激活该按钮，然后将鼠标指针移动到外框的控制柄上，鼠标变为双向箭头形状，此时拖动可以改变图形的尺寸大小。

● （扭曲）：激活该按钮，然后将鼠标指针移动到外框的控制柄上，鼠标指针变为形状，此时拖动可以对图形进行扭曲变形，如图 1－96 所示。

● （封套）：激活该按钮，此时图形的四周会出现很多控制柄，如图 1－97 所示。拖动这些控制柄，可以使图形进行更细微的变形，如图 1－98 所示。

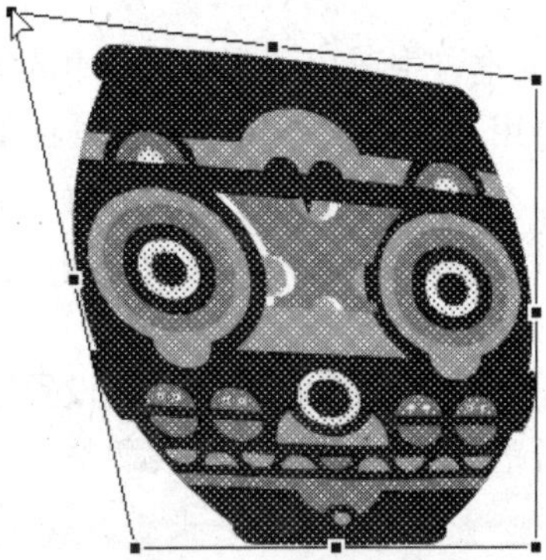

图 1－96 扭曲变形效果

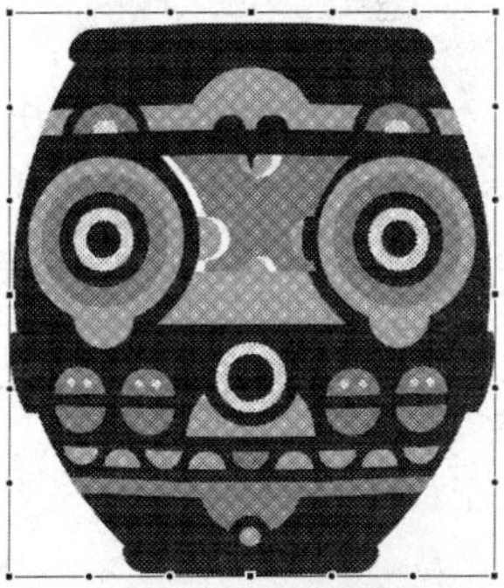

图 1－97 图形四周出现很多控制柄

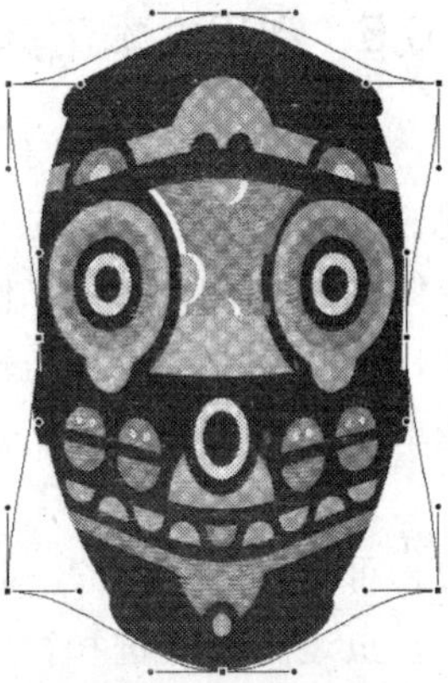

图 1－98 封套变形效果

提示

如果选中的是没有分离的图形，那么（扭曲）和（封套）按钮为灰色不可用状态。

1.6.4　利用套索工具选择对象

（套索工具）是一种选取工具，使用它可以勾勒任意形状的范围来进行选择。该工具主要用于处理位图。

选择工具箱中的（套索工具），工具箱的下方会出现相应的3个选项按钮，如图1-99所示。这3个按钮的功能如下：

- （魔术棒）：用于选取位图中的同一色彩区域。
- （魔术棒设置）：单击该按钮将弹出图1-100所示的对话框。在该对话框中“阈值”用于定义所选区域内相邻像素的颜色接近程度，数值越高，包含的颜色范围越广，如果数值为0，表示只选择与所单击像素的颜色完全相同的像素；“平滑”用于定义所选区域边缘的平滑程度，有4个选项可供选择，如图1-101所示。

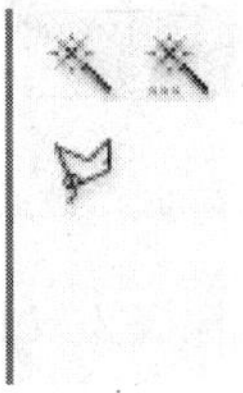

图1-99　套索工具选项按钮

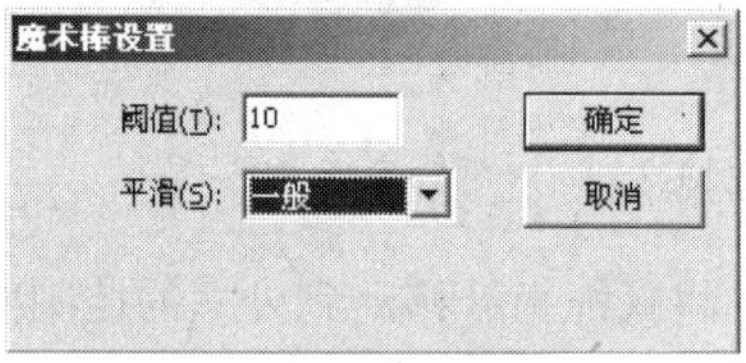

图1-100　“魔术棒设置”对话框

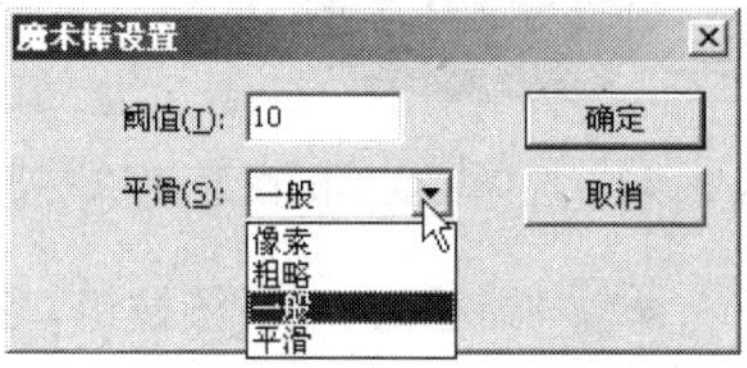

图1-101　“平滑”选项

- （多边形模式）：激活该按钮，可以绘制多边形区域作为选择对象。单击设置多边形选择区域起始点，然后将鼠标指针放在第一条线要结束的地方单击。同理，继续设置其他线段的结束点。如果要闭合选择区域，双击即可。

1.6.5　利用文本工具输入文本

Flash CS3提供了3种文本类型。第1种文本类型是静态文本，主要用于制作文档中的标题、标签或其他文本内容；第2种文本类型是动态文本，主要用于显示根据用户指定条件而变化的文本，例如可以使用动态文本字段来添加存储在其他文本字段中的值（如两个数字的和）；第3种文本类型是输入文本，通过它可以实现用户与Flash应用程序间的交互，例如，在表单中输入用户的姓名或者其他信息。

选择工具箱中的T（文本工具），在“属性”面板中就会显示图1-102所示的参数设置选项。可以设置文本的下列属性：字体、磅值、样式、颜色、间距、字距调整、基线调整、对齐、页边距、缩进和行距等。

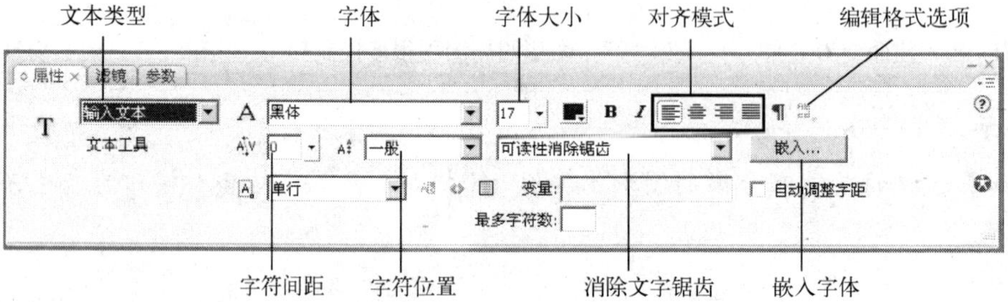

图1-102　文本工具“属性”面板

1. 创建不断加宽的文本块

用户可以定义文本块的大小，也可以使用加宽的文字块以适合所书写文本。

创建不断加宽的文本块的具体操作步骤如下：

（1）选择工具箱中的 T（文本工具），然后在文本工具“属性”面板中设置参数，如图 1-103 所示。

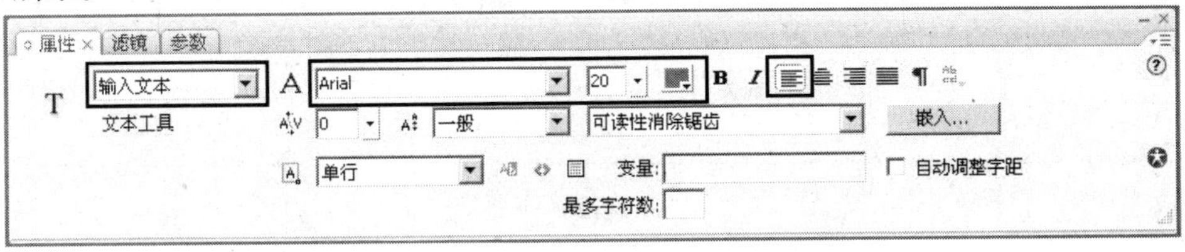

图 1-103　设置文本属性

（2）确保未在工作区中选中任何时间帧或对象，在工作区中的空白区域单击，然后输入文字 www.Chinadv.com.cn，此时在可加宽的静态文本块右上角会出现一个圆形的控制块，如图 1-104 所示。

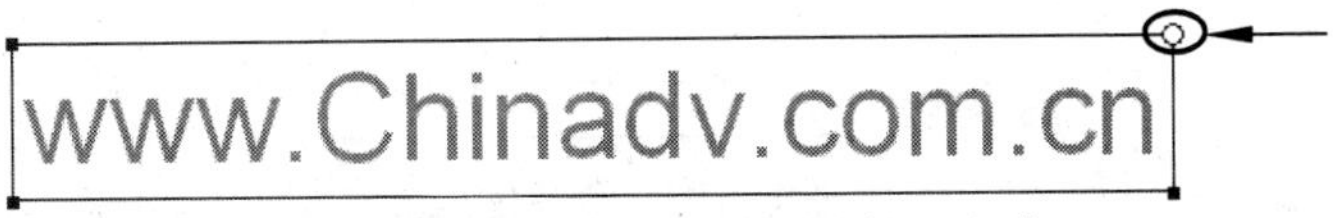

图 1-104　在不断加宽的文本块区域输入文本

2. 创建宽度固定的文本块

除了能创建一行在输入时不断加宽的文本以外，用户还可以创建宽度固定的文本块。向宽度固定的文本块中输入的文本在块的边缘会自动换到下一行。

创建宽度固定的文本块的具体操作步骤如下：

（1）选择工具箱中的 T（文本工具），然后在文本工具“属性”面板中设置参数，如图 1-103 所示。

（2）在工作区中拖动确定固定宽度的文本块区域，然后输入文字 www.chinadv.com.cn，此时在宽度固定的静态文本块右上角会出现一个方形的控制块，如图 1-105 所示。

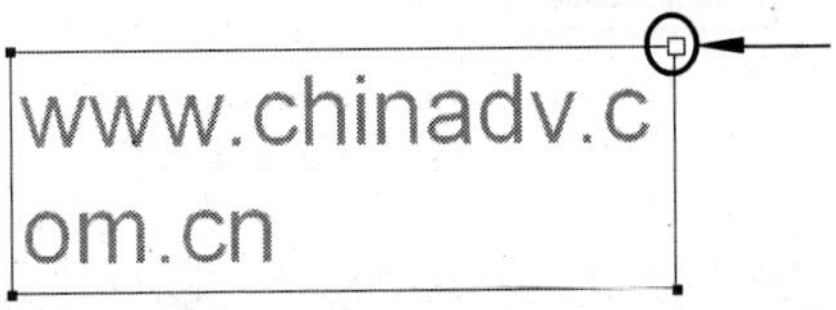

图 1-105　在固定宽度的文本块区域输入文本

提示

可以通过拖动文本块的方形控制块来更改它的宽度。另外，可通过双击方形控制块来将其转换为圆形扩展控制块。

3. 创建输入文本字段

使用输入文本字段可以使用户与 Flash 应用程序进行交互。例如，使用输入文本字段，可以方便地创建表单。

在后面的章节中，我们将讲解如何使用输入文本字段将数据从 Flash 发送到服务器。下面将添加一个可供用户在其中输入名字的文本字段，创建的具体操作步骤如下：

（1）选择工具箱中的 T（文本工具），然后在文本工具“属性”面板中设置参数，如图 1－106 所示。

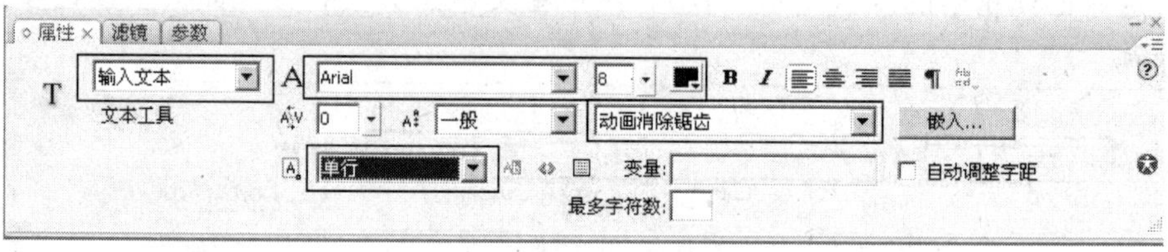

图 1－106　设置文本属性

提示

激活▢（在文本周围显示边框）按钮，可用可见边框标明文本字段的边界。

（2）在工作区中单击，即可创建输入文本，如图 1－107 所示。

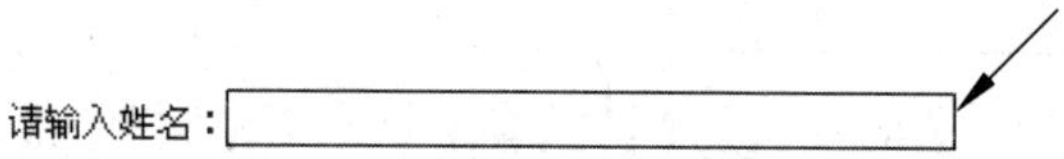

图 1－107　创建输入文本

4．创建动态文本字段

在运行时，动态文本可以显示外部来源中的文本。下面创建一个链接到外部文本文件的动态文本字段。假设要使用的外部文本文件的名称是 chinadv.com.cn.txt。创建的具体操作步骤如下：

（1）选择工具箱中的 T（文本工具），然后在文本工具“属性”面板中设置参数，如图 1－108 所示。

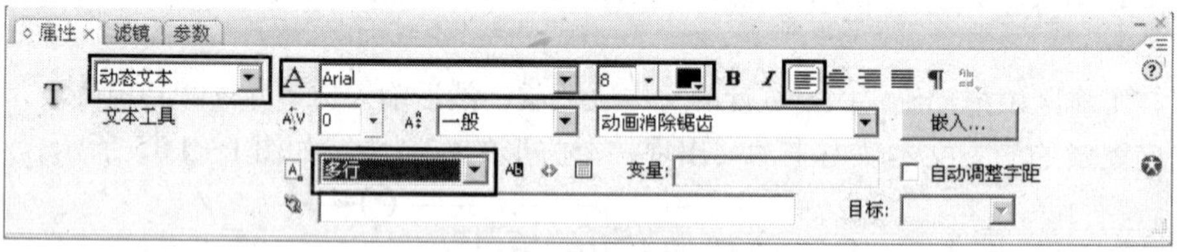

图 1－108　设置文本属性

（2）在工作区两条水平隔线之间的区域中拖动，以创建文本字段，如图 1－109 所示。

（3）在“属性”面板的“实例名称”文本框中，将该动态文本字段命名为 chinadv.com.cn，如图 1－110 所示。

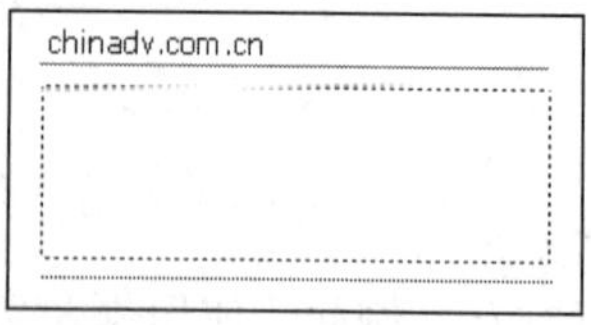

图 1－109　创建文本字段

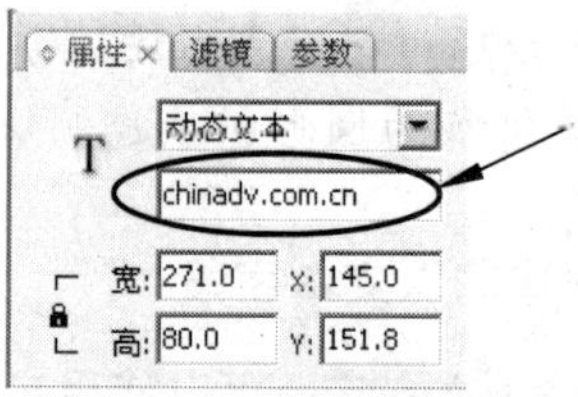

图 1－110　输入实例名

5. 创建分离文本

创建分离文本的具体操作步骤如下：

（1）选择工具箱中的（选择工具），然后单击工作区中的文本块。

（2）执行菜单中的“修改”｜“分离”（快捷键【Ctrl+B】）命令。选定文本中的每个字符会被放置在一个单独的文本块中。文本依然在舞台的同一位置上，如图1-111所示。

图1-111　分离文本

（3）再次执行菜单中的“修改”｜“分离”(快捷键【Ctrl+B】)命令，从而将舞台上的字符转换为形状。

提示

分离命令只适用于轮廓字体，如TrueType字体。当分离位图字体时，它们会从屏幕上消失。

1.7 实 例 讲 解

本节将通过“制作人脸图形”、“制作线框文字”、“制作彩虹文字”、“制作铬金属文字”、“制作眼睛”和“制作闪烁的烛光动画”6个实例来讲解Flash的绘画在实际工作中的具体应用。

1.7.1 制作人脸图形

要点

本例将绘制一个人脸图形，如图1-112所示。通过本例学习应掌握利用（椭圆工具）、（矩形工具）、（选择工具）和（线条工具）绘制图形的方法。

图1-112　人脸图形

操作步骤：

（1）启动Flash CS3，新建一个Flash文件（ActionScript 2.0）。

（2）执行菜单中的“修改”｜“文档”（快捷键【Ctrl+J】）命令，在弹出的“文档属性”对话框中设置如图 1－113 所示，单击“确定”按钮。

（3）选择工具箱中的（椭圆工具），设置笔触颜色为黑色，填充颜色为（无色），然后配合【Shift】键绘制一个正圆形，并在“属性”面板中设置圆形的宽和高为 235，如图 1－114 所示，效果如图 1－115 所示。

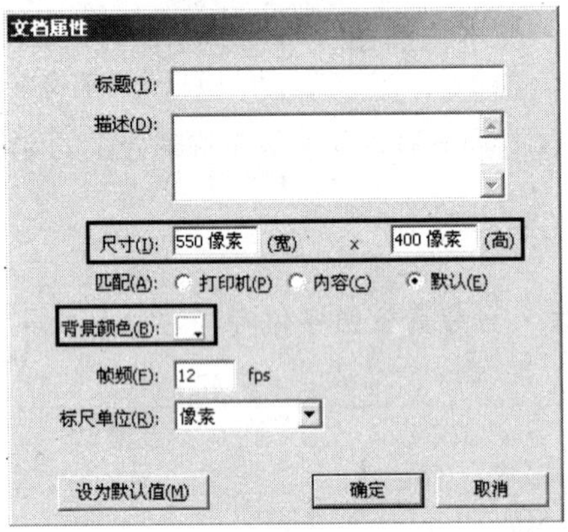

图 1－113　设置文档属性

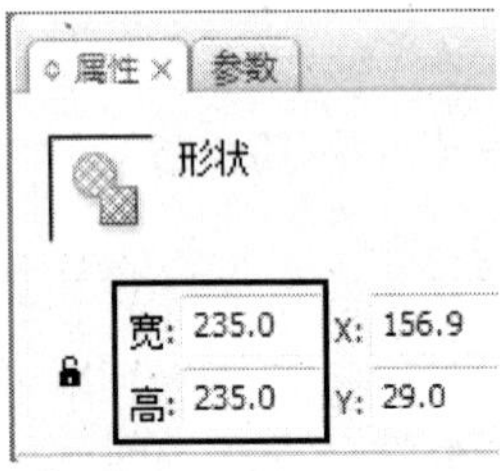

图 1－114　设置圆形参数

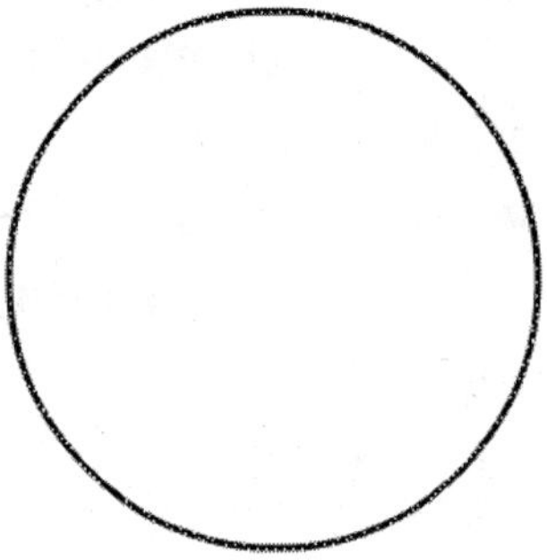

图 1－115　绘制的正圆形

（4）利用工具箱中的（选择工具）选择刚创建的正圆形，然后配合【Alt】键向下复制正圆形，效果如图 1－116 所示。

（5）利用工具箱中的（选择工具）选择两圆相交上半部的弧线，按【Delete】键进行删除，效果如图 1－117 所示。

（6）为了以后便于定位眼睛和鼻子的大体位置，执行菜单中的“视图”|“标尺”命令，调出标尺。然后从水平和垂直标尺处各拖动出一条辅助线，放置位置如图 1－118 所示。

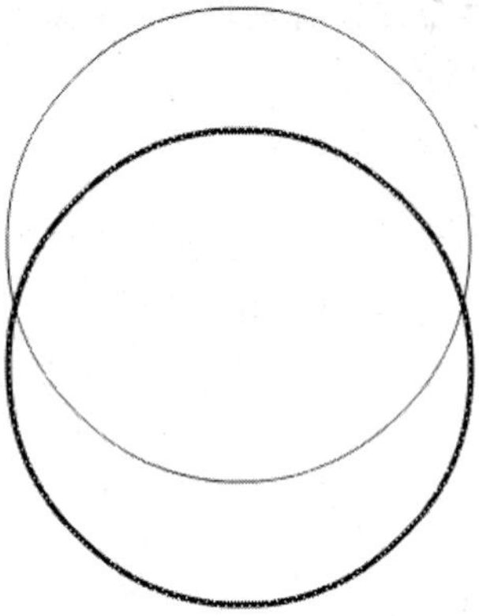

图 1－116　向下复制正圆形

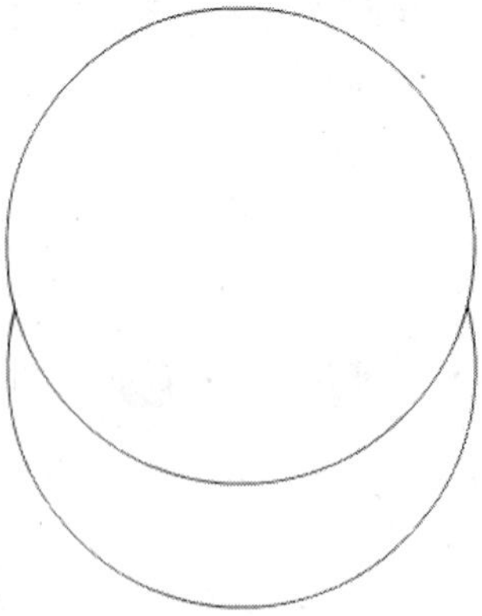

图 1－117　删除多余的弧线

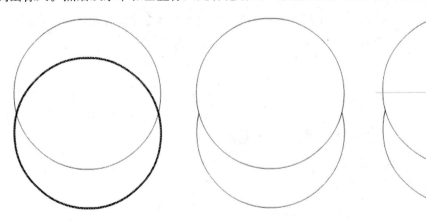

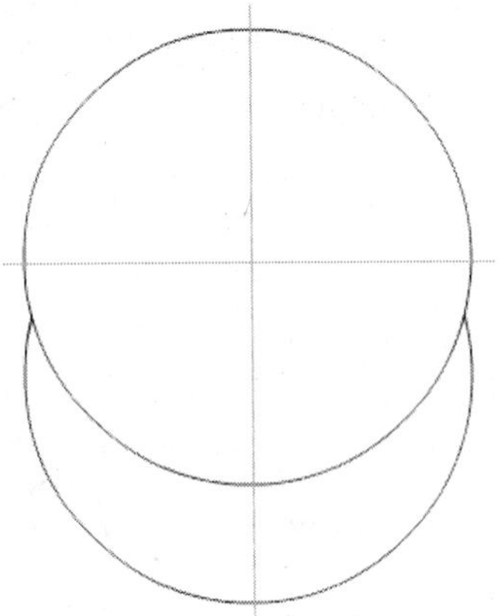

图 1－118　拉出辅助线

（7）绘制耳朵。方法：单击时间轴下方的（插入图层）按钮，新建“图层 2”，然后利用工具箱中的（椭圆工具），绘制一个 35px × 65px 的椭圆，如图 1－119 所示。接着利用工具箱中的（任意变形工具）移动和旋转小椭圆，如图 1－120 所示。最后利用工具箱中的（选择工具）拖动椭圆左上方的曲线，效果如图 1－121 所示。

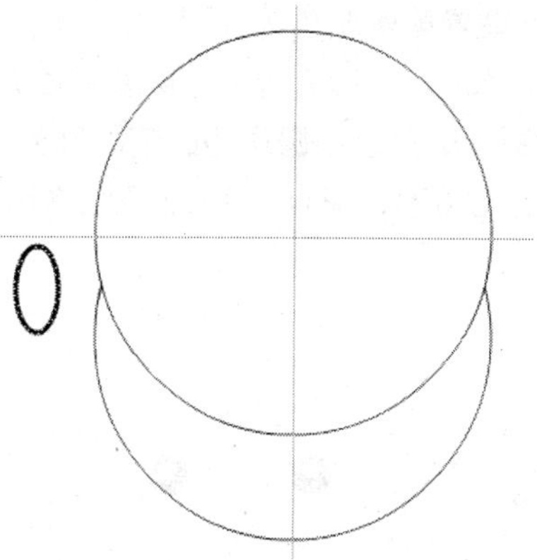

图 1－119　绘制作为耳朵的椭圆

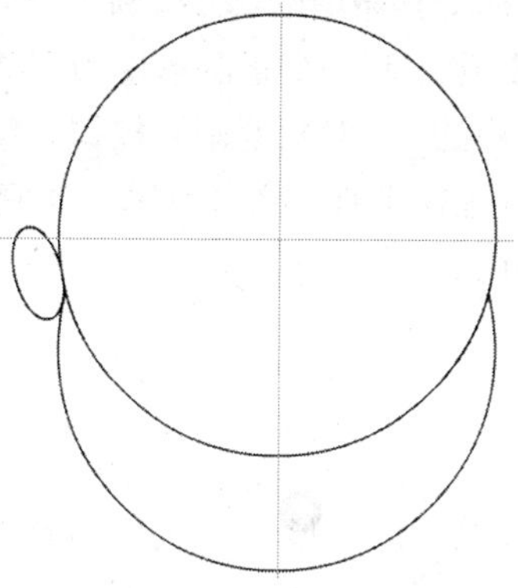

图 1－120　移动并旋转椭圆

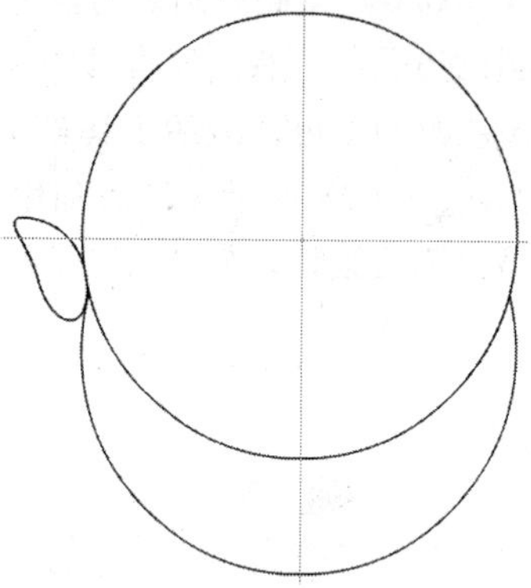

图 1－121　调整椭圆的形状

（8）利用（选择工具）选择耳朵图形，然后配合【Alt】键将其复制到右侧，如图 1－122 所示。接着执行菜单中的“修改”|“变形”|“水平翻转”命令，将复制后的耳朵图形进行水平方向的翻转，再移动到适当位置，效果如图 1－123 所示。

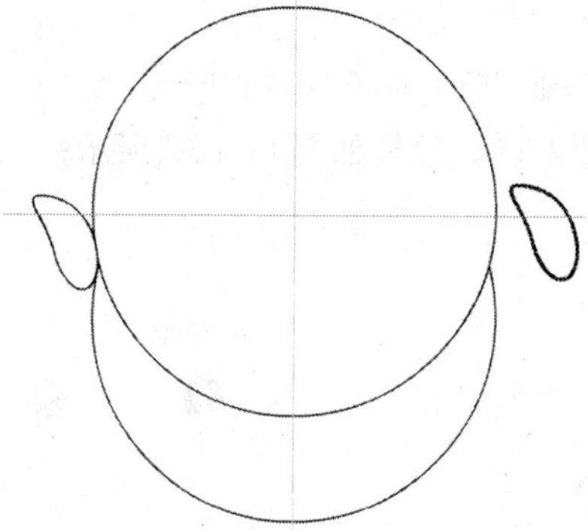

图 1－122　复制耳朵图形

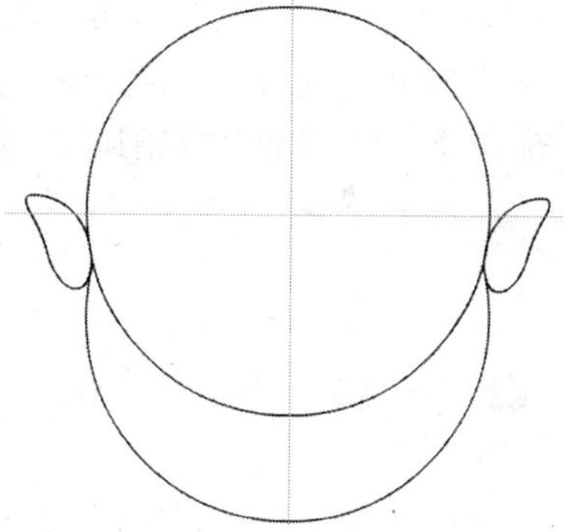

图 1－123　水平翻转耳朵图形

（9）绘制眉毛。方法：利用工具箱中的（矩形工具）在眉毛的大体位置绘制一个矩形，如图 1－124 所示。然后利用（选择工具）调整矩形的形状，如图 1－125 所示。接着配合【Alt】键将其复制到右侧，再执行菜单中的“修改”|“变形”|“水平翻转”命令，将复制后的眉毛图形进行水平方向的翻转，效果如图 1－126 所示。

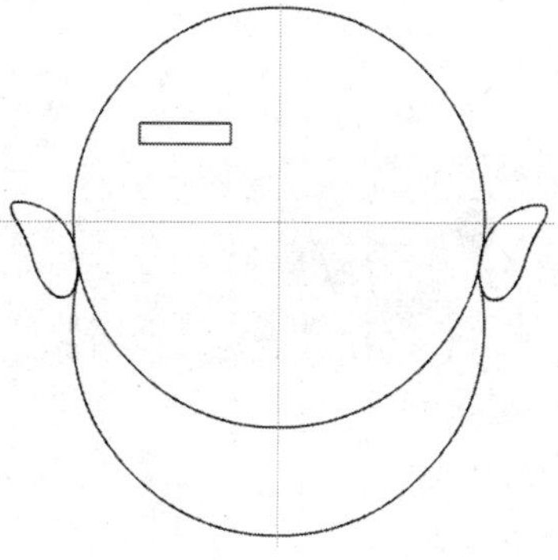

图 1－124　绘制矩形

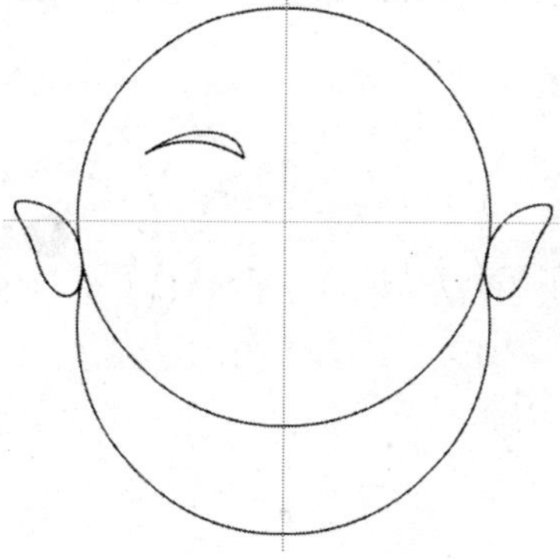

图 1－125　调整矩形的形状

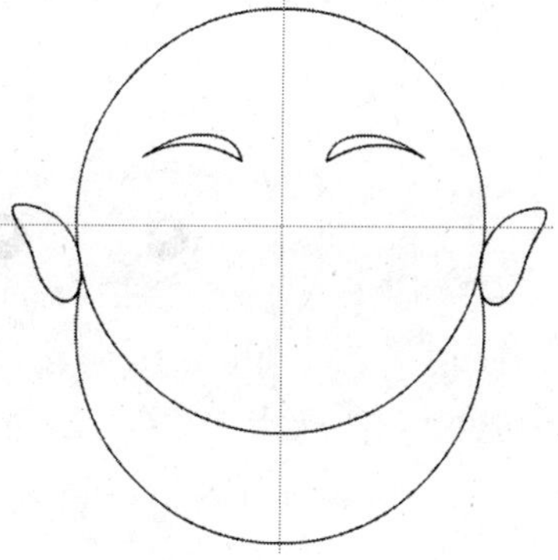

图 1－126　制作出另一侧的眉毛

（10）绘制眼睛。方法：选择工具箱中的 （椭圆工具），设置笔触颜色为 （无色），填充颜色为黑色，然后配合【Shift】键绘制一个正圆形作为眼睛，如图1－127所示。接着将填充颜色改为白色，激活工具箱下方中的 （对象绘制）按钮，绘制一个白色小圆作为眼睛的高光，如图1－128所示。最后利用 （选择工具）选择眼睛及眼睛高光图形，配合【Alt】键复制出另一侧的眼睛，如图1－129所示。

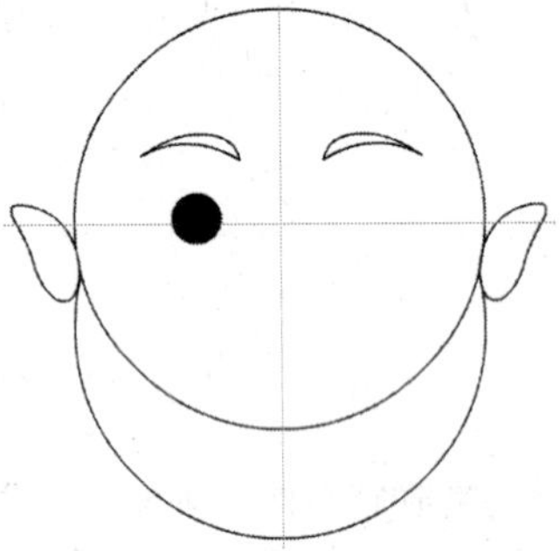
图1－127 绘制眼睛

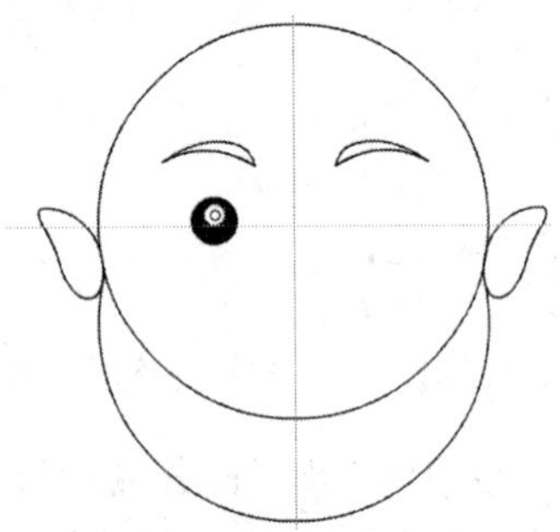
图1－128 绘制眼睛中的高光

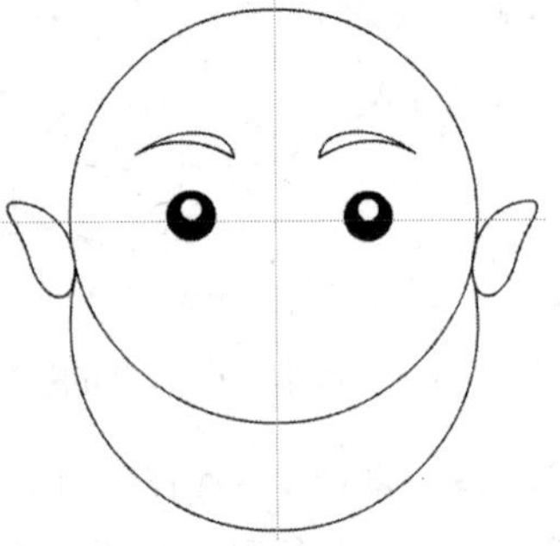
图1－129 制作出另一侧的眼睛

（11）绘制眼部下面的线。方法：取消激活 （对象绘制）按钮。然后利用工具箱中的 （线条工具）绘制一条线段，如图1－130所示。接着利用 （选择工具）调整线段的形状，如图1－131所示。然后配合【Alt】键将其复制到另一侧，并进行水平翻转，效果如图1－132所示。

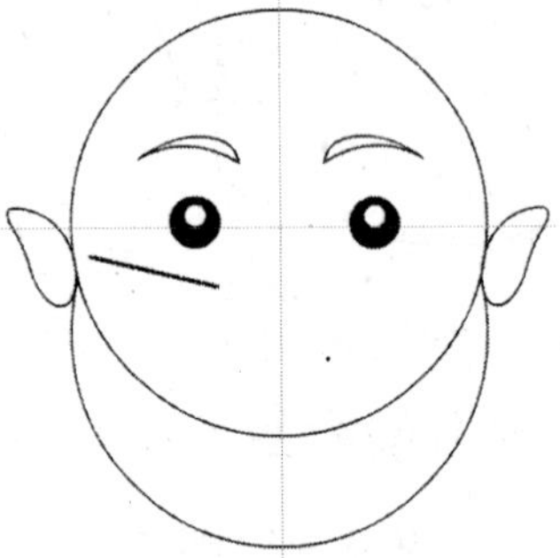
图1－130 绘制线段

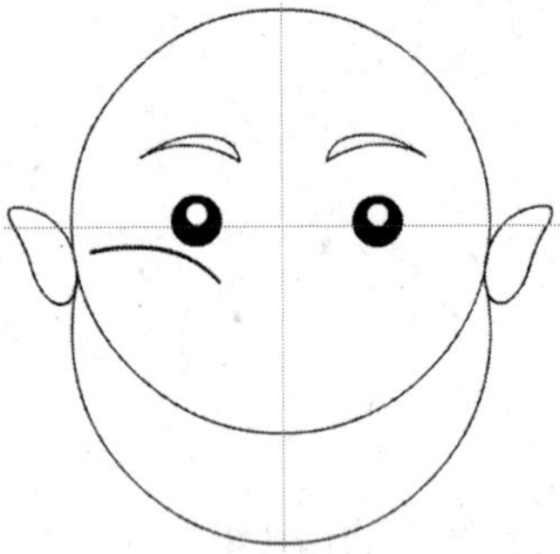
图1－131 调整线段的形状

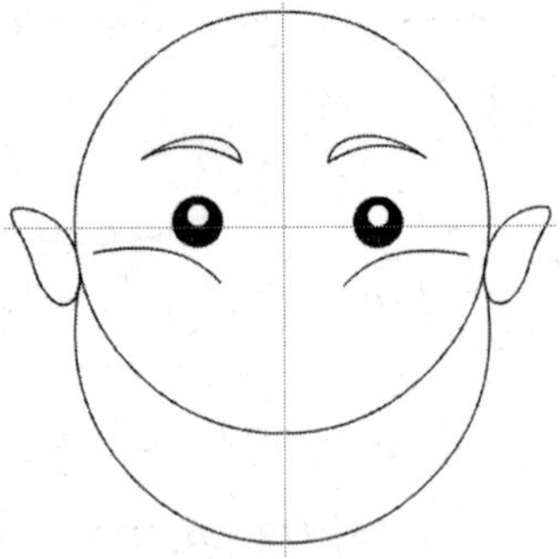
图1－132 复制出另一侧的线段

（12）绘制鼻子。方法：利用工具箱中的 （线条工具）绘制一条线段，如图1－133所示。然后利用 （选择工具）调整线段的形状，如图1－134所示。

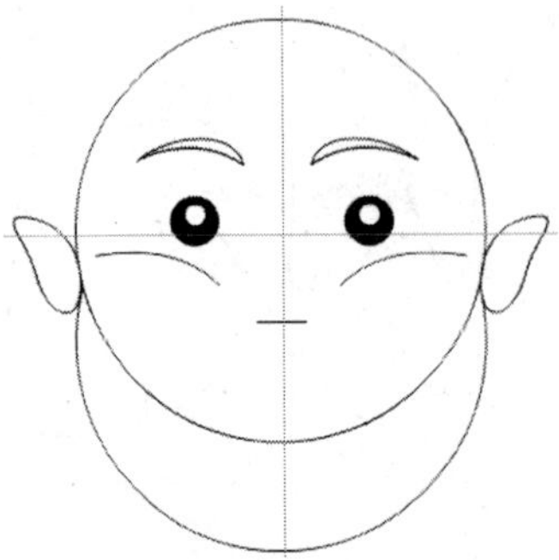
图1－133 绘制线段

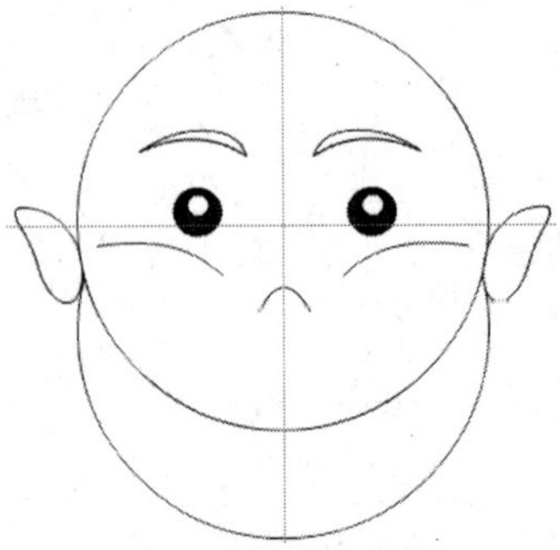
图1－134 调整线段的形状

（13）在后面的操作中辅助线的意义已经不大，因此执行菜单中的“视图”|“辅助线”|“显示辅助线”命令，隐藏辅助线。

（14）绘制嘴巴。方法：单击“时间轴”面板的“图层 1”名称，从而回到“图层 1”，然后选择（线条工具），激活工具箱下方中的（贴紧至对象）按钮后绘制一条线段，如图 1-135 所示。接着分别选择嘴部两侧的弧线，按【Delete】键进行删除，效果如图 1-136 所示。

图 1-135　绘制线段

图 1-136　删除嘴部两侧的弧线

（15）调整脸部图形。方法：利用工具箱中的（直接选择工具）单击头部轮廓线，显示出锚点。然后分别选择图 1-137 所示的两个对称锚点，按【Delete】键进行删除，效果如图 1-138 所示。接着选择最下方的锚点向上移动，如图 1-139 所示，再按住【Alt】键分别调整锚点两侧的控制柄，效果如图 1-140 所示。

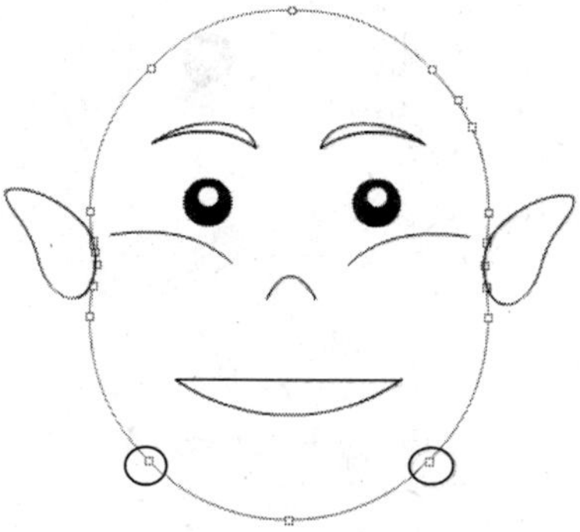

图 1-137　分别选择锚点

图 1-138　删除锚点效果

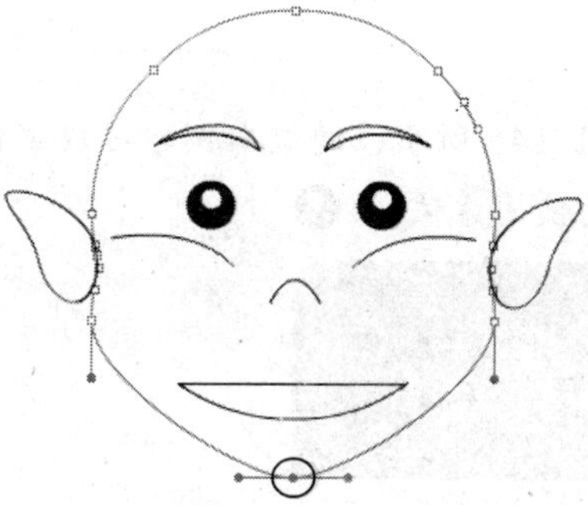

图 1-139　将最下方的锚点向上移动

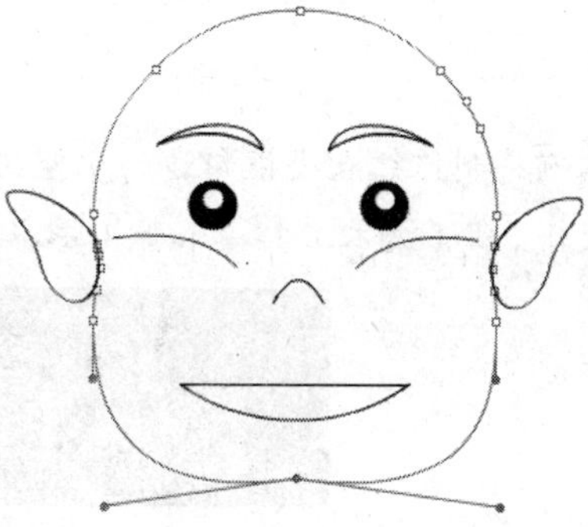

图 1-140　调整锚点两侧的控制柄

（16）利用（直接选择工具）分别选择图1－141所示的锚点，然后按【Delete】键进行删除。接着配合【Delete】键分别调整脸部两侧对称锚点的下方控制柄的形状，效果如图1－142所示。

图1－141　分别选择锚点

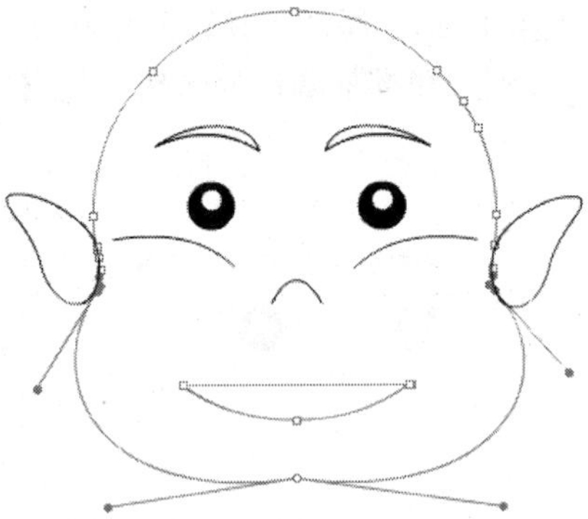

图1－142　调整控制柄的形状

（17）调整嘴部的形状。方法：分别选择嘴两侧的锚点向内移动，然后再将嘴下部的锚点向上移动并调整其两侧控制柄的形状，效果如图1－143所示。

（18）至此，整个人脸图形制作完毕，最终效果如图1－144所示。

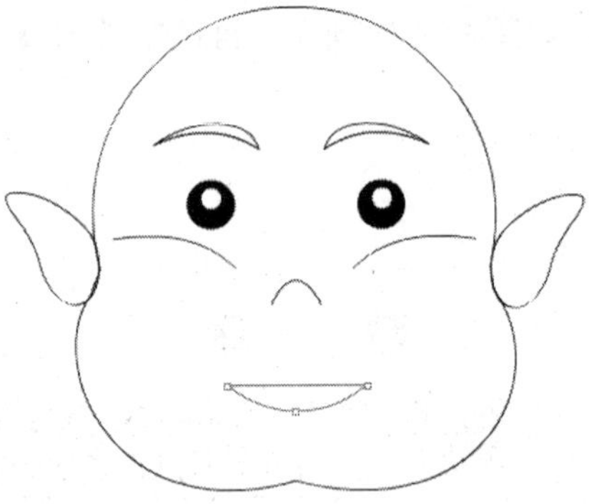

图1－143　调整嘴部的形状

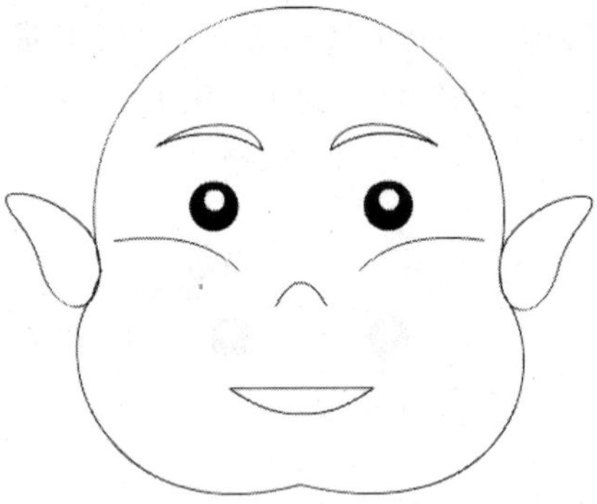

图1－144　最终效果

1.7.2　制作线框文字

要点

本例将制作红点线框勾边的中空文字，如图1-145所示。通过本例学习应掌握改变文档大小、T（文本工具）和（墨水瓶工具）的使用方法。

图1－145　线框文字

操作步骤：

（1）启动 Flash CS3，新建一个 Flash 文件（ActionScript 2.0）。

（2）改变文档大小。方法：执行菜单中的“修改”|“文档”（快捷键【Ctrl+J】）命令，在弹出的“文档属性”对话框中将背景色设置为蓝色（#000066），文档的尺寸为 300px × 75px，如图 1-146 所示，然后单击“确定”按钮。

（3）选择工具箱中的 T（文本工具），设置参数如图 1-147 所示，然后在工作区中单击，输入文字 Flash。

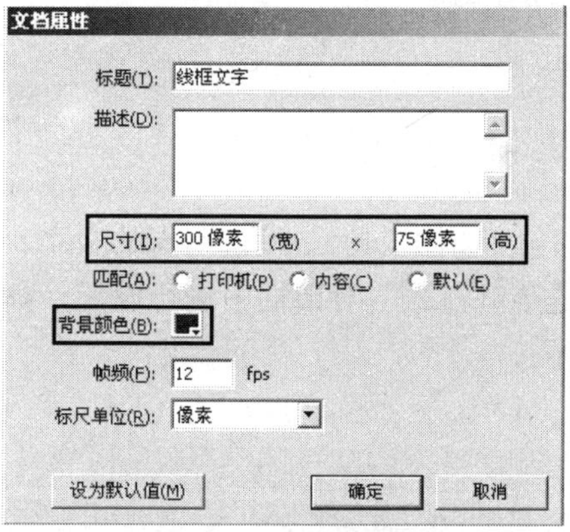

图 1-146　设置文档属性

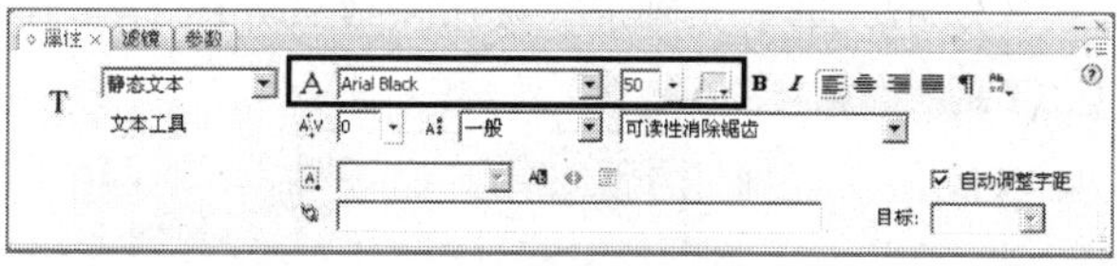

图 1-147　设置文本属性

（4）单击工具栏中的（对齐）按钮，调出“对齐”面板，然后单击（相对于舞台）按钮，接着单击（水平中齐）和（垂直中齐）按钮，如图 1-148 所示。将文字中心对齐，效果如图 1-149 所示。

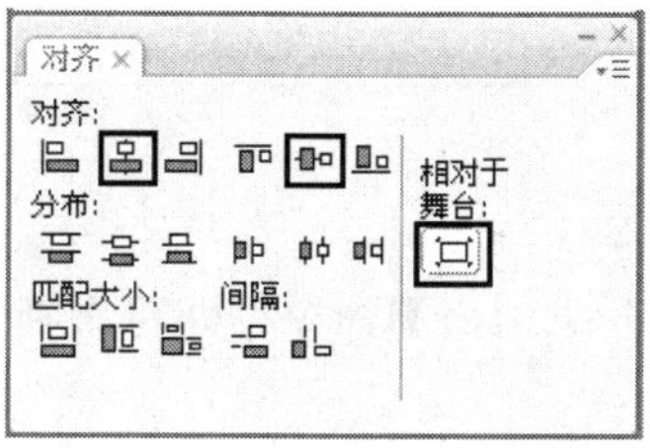

图 1-148　设置对齐参数

图 1-149　对齐效果

（5）执行菜单中的“修改”|“分离”（快捷键【Ctrl+B】）命令两次，将文字分离为图形。

提示

第 1 次执行“分离”命令，将整体文字分离为单个字母，如图 1-150 所示；第 2 次执行“分离”命令，将单个字母分离为图形，如图 1-151 所示。

图 1-150　将整体文字分离为单个字母

图 1-151　将单个字母分离为图形

（6）对文字进行描边处理。方法：选择工具箱中的（墨水瓶工具），然后将颜色设为绿色（#00CC00），接着对文字进行描边。最后按【Delete】键删除填充区域，效果如图1-152所示。

图1-152　对文字描边后删除填充区域

提示

字母a的内边界也要单击，否则内部边界将不会加上边框。

（7）对描边线段进行处理。方法：选择工具箱中的（选择工具），框选所有的文字，然后在“属性”面板中单击“自定义”按钮，在弹出的“笔触样式”对话框中进行设置，如图1-153所示，单击“确定”按钮，效果如图1-154所示。

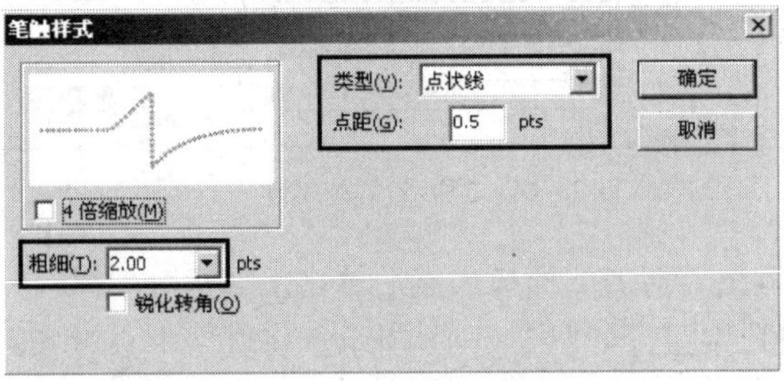

图1-153　对描边线段进行处理

图1-154　描边效果

提示

通过改变笔触类型可以得到多种不同线型的边框。

（8）执行菜单中的“控制”|“测试影片”（快捷键【Ctrl+Enter】）命令，即可看到效果。

1.7.3　制作彩虹文字

要点

本例将制作色彩渐变的文字，如图1-155所示。通过本例学习应掌握改变背景颜色、T（文本工具）和（颜料桶工具）的使用方法。

图1-155　彩虹文字

操作步骤：

（1）启动Flash CS3，新建一个Flash文件（ActionScript 2.0）。

（2）改变文档大小。方法：执行菜单中的“修改”|“文档”(快捷键【Ctrl+J】)命令，在弹出的“文档属性”对话框中将背景色设置为蓝色（#000066），文档的尺寸为450px × 75px，如图1－156所示，然后单击“确定”按钮。

提示

如果需要以后新建的文件背景色继承蓝色属性，可以单击“设为默认值”按钮。

（3）选择工具箱中的 T（文本工具），设置参数如图1－157所示，然后在工作区中单击，输入文字“超级模仿秀”。

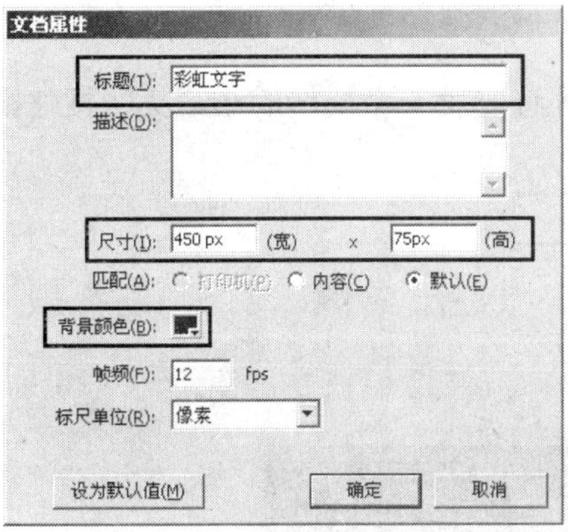

图1－156　设置文档属性

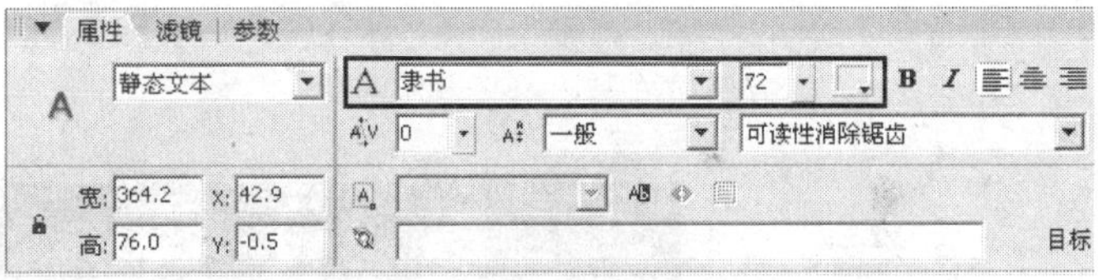

图1－157　设置文本属性

（4）利用“对齐”面板，将文字中心对齐，效果如图1－158所示。

图1－158　将文字中心对齐

（5）执行菜单中的“修改”|“分离”（快捷键【Ctrl+B】）命令两次，将文字分离为图形。

（6）选择工具箱中的（颜料桶工具），填充色设为，对文字进行填充，效果如图1－159所示。

图1－159　填充文字

（7）此时填充是针对每一个字母进行的，这是不正确的。为了解决这个问题需要选择（颜料桶工具）对文字进行再次填充，效果如图1－160所示。

图1-160　对文字进行再次填充

（8）调整渐变色的方向。方法：选择工具箱中的（渐变变形工具），在工作区中单击文字，这时文字左、右方将出现两条竖线，如图1-161所示。

图1-161　利用（渐变变形工具）调整渐变色

（9）将鼠标拖动到下方横线右端的圆圈处，鼠标指针将变成4个旋转的小箭头，按住鼠标并将它向上方拖动，如图1-162所示。

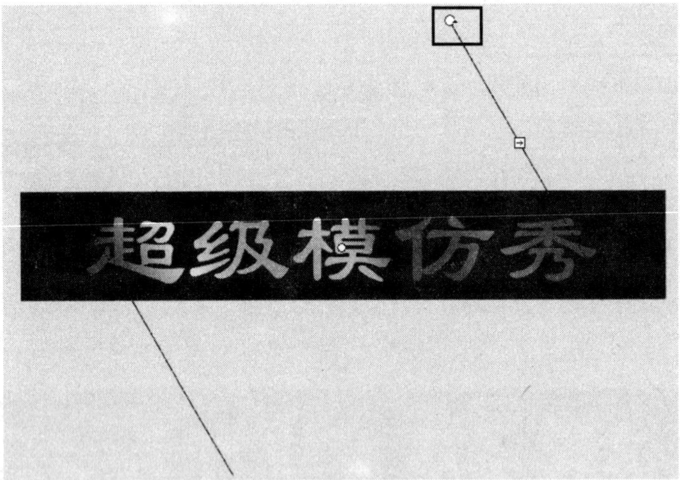

图1-162　调整文字渐变方向

（10）执行菜单中的“控制”|“测试影片”(快捷键【Ctrl+Enter】)命令，即可看到效果。

1.7.4　制作铬金属文字

要点

本例将制作边线和填充具有不同填充色的铬金属文字，如图1-163所示。通过本例学习应掌握对文字边线和填充施加不同渐变色的方法。

图1-163　铬金属文字

操作步骤：

（1）启动Flash CS3，新建一个Flash文件（ActionScript 2.0）。

（2）执行菜单中的“修改”|“文档”（快捷键【Ctrl+J】）命令，在弹出的“文档属性”对话框中将背景色设置为蓝色（#000066），然后单击“确定”按钮。

（3）选择工具箱中的 T（文本工具），设置参数如图1－164所示，然后在工作区中单击，输入文字CHROME。

（4）调出“对齐”面板，将文字中心对齐，效果如图1－165所示。

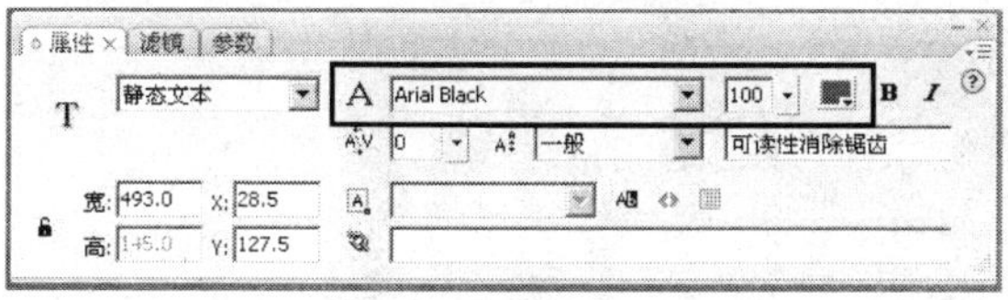

图1－164　设置文本属性

图1－165　输入并对齐文字

（5）执行菜单中的“修改”|“分离”（快捷键【Ctrl+B】）命令两次，将文字分离为图形。

（6）对文字进行描边处理。方法：选择工具箱中的（墨水瓶工具），将笔触颜色设置为，依次单击文字边框，此时文字周围将出现黑白渐变边框，如图1－166所示。

图1－166　对文字进行描边处理

（7）此时选中的为文字填充部分，为了便于对文字填充和线条区域分别进行操作，下面将填充区域转换为元件。方法：执行菜单中的“修改”|“转换为元件”（快捷键【F8】）命令，在弹出的“转换为元件”对话框中输入元件名称fill，如图1－167所示，单击“确定”按钮，进入fill元件的影片剪辑编辑模式，如图1－168所示。

图1－167　输入元件名称

图1－168　转换为元件

（8）对文字边框进行处理。按【Delete】键删除fill元件，然后利用（选择工具）框选所有的文字边框，在“属性”面板中将笔触高度改为5，效果如图1－169所示。

提示

由于将文字填充区域转换为了元件，因此虽然暂时删除了它，但以后还可以从库中随时调出fill元件。

图 1-169　将笔触高度改为 5

（9）此时黑－白渐变是针对每一个字母的，这是不正确的。为了解决这个问题，下面选择工具箱中的（墨水瓶工具），在文字边框上单击，从而对所有的字母边框进行统一的黑－白渐变填充，如图 1-170 所示。

图 1-170　对字母边框进行统一渐变填充

（10）此时渐变方向为从左到右，而我们需要的是从上到下。为了解决这个问题，需要选择工具箱中的（渐变变形工具）处理渐变方向，效果如图 1-171 所示。

图 1-171　调整文字边框渐变方向

（11）对文字填充部分进行处理。方法：执行菜单中的“窗口”|“库”(快捷键【Ctrl+L】)命令，调出“库”面板，如图 1-172 所示。然后双击 fill 元件，进入影片剪辑编辑状态。接着选择工具箱中的（颜料桶工具），填充色设为，对文字进行填充，如图 1-173 所示。

（12）利用工具箱中的（颜料桶工具）对文字进行统一渐变颜色填充，如图 1-174 所示。

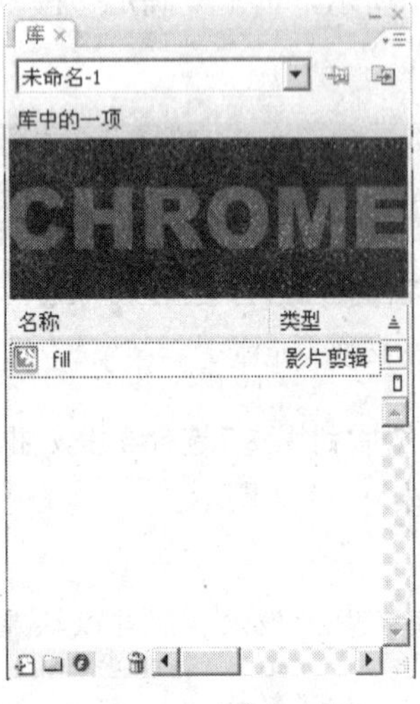

图 1-172　“库”面板

图 1-173　对文字进行填充

图 1-174　对文字进行统一渐变颜色填充

（13）利用工具箱中的 （渐变变形工具），处理文字渐变如图1-175所示。

图1-175　调整填充渐变方向

（14）单击时间窗口上方的 场景1 按钮（快捷键【Ctrl+E】），返回场景编辑模式。

（15）将库中的fill元件拖动到工作区中。

（16）选择工具箱中的 （选择工具），将调入的fill元件拖动到文字边框的中间，效果如图1-176所示。

图1-176　将文字填充和边框部分进行组合

（17）执行菜单中的“控制”|“测试影片”（快捷键【Ctrl+Enter】）命令，即可看到效果。

1.7.5　制作眼睛

要点：

本例将绘制一个栩栩如生的人的眼睛，如图1-177所示。通过本例学习应掌握 （椭圆工具）、 （线条工具）、 （颜料桶工具）和 （渐变变形工具）的综合应用。

图1-177　眼睛

操作步骤：

1. 绘制眼睛图形

（1）启动Flash CS3，新建一个Flash文件（ActionScript 2.0）。

（2）绘制眉毛和上眼眶。方法：选择工具箱中的 （线条工具）绘制出眉毛和上眼眶的轮廓线，然后利用 （选择工具）对轮廓线进行调整，从而塑造出眉毛和上眼眶的基本造型，如图1-178所示。

（3）绘制眼球和下眼眶。方法：选择工具箱中的（椭圆工具）绘制出一个笔触颜色为黑色、填充颜色为（无色）的正圆形作为人物的眼球，然后使用（线条工具）绘制出下眼眶，如图 1-179 所示。

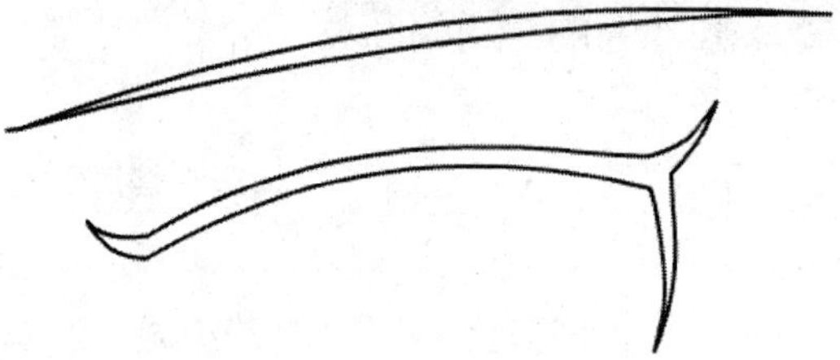

图 1-178　绘制出眉毛和上眼眶

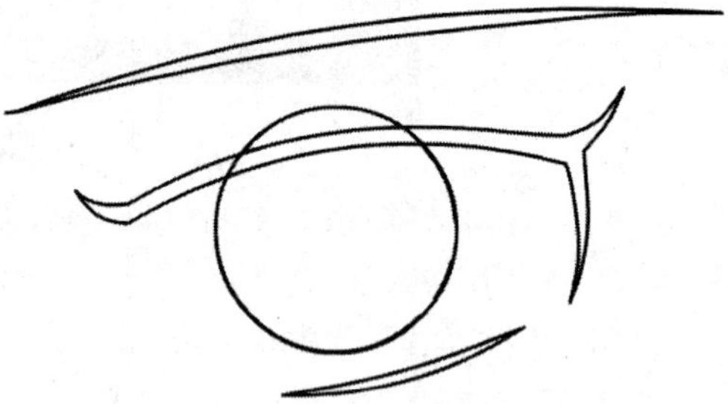

图 1-179　绘制出眼球和下眼眶

（4）绘制出眼白。方法：利用（线条工具）绘制出眼白的轮廓线，然后利用（选择工具）对轮廓线进行调整，如图 1-180 所示。

（5）利用（选择工具）选中眼球的多余部分，按【Delete】键进行删除，效果如图 1-181 所示。

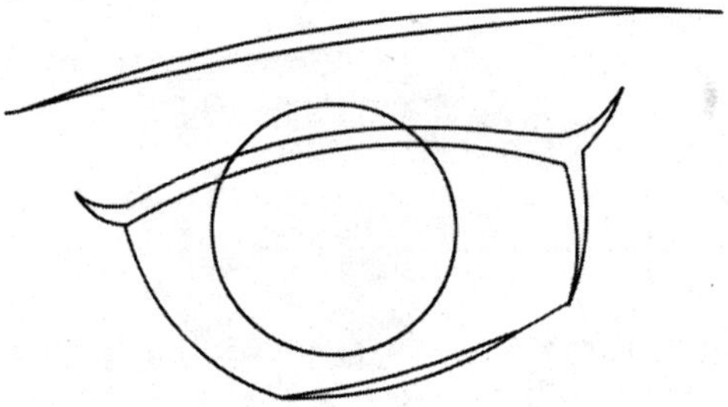

图 1-180　绘制出眼白

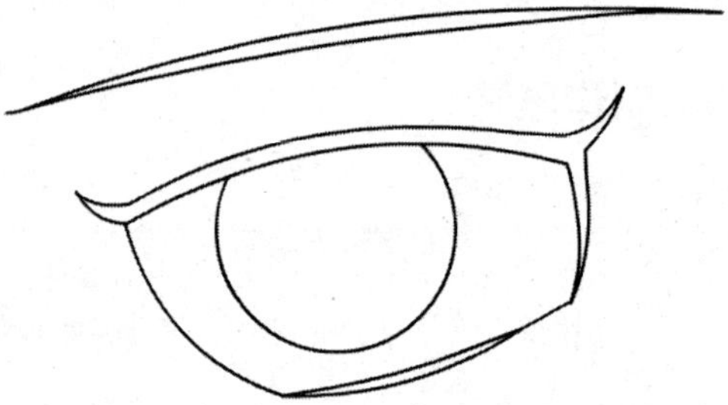

图 1-181　删除眼球中的多余部分

2．对眼睛上色

（1）对眼眶和眉毛进行填充，填充颜色为黑色，效果如图 1-182 所示。

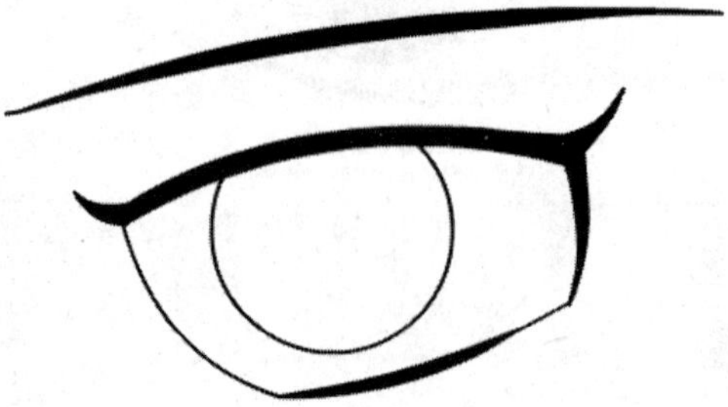

图 1-182　将眼眶和眉毛填充为黑色

（2）执行菜单中的“窗口”|“颜色”命令，调出“颜色”面板，然后设置一种放射状的填充色，如图 1-183 所示。接着选择工具箱中的（颜料桶工具）对眼球进行填充，效果如图 1-184 所示。

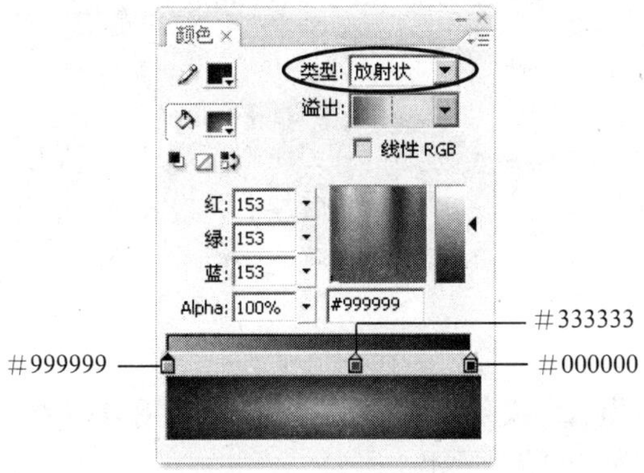

图 1−183　设置眼球渐变色

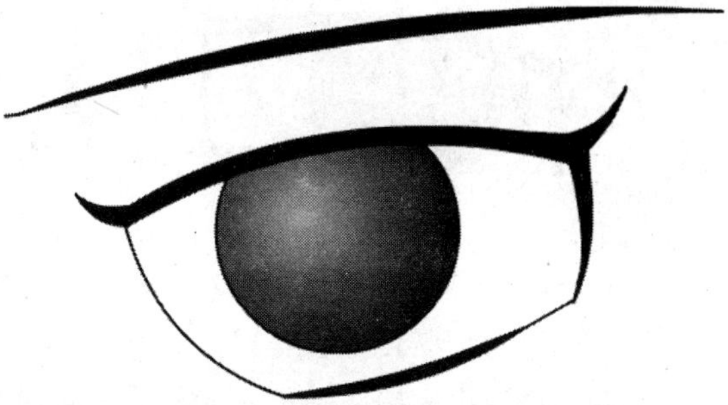

图 1−184　对眼球填充后的效果

（3）对眼白进行填充。方法：在“颜色”面板中设置一种线性渐变色，如图 1−185 所示，然后利用（颜料桶工具）对眼白部分进行填充，效果如图 1−186 所示。

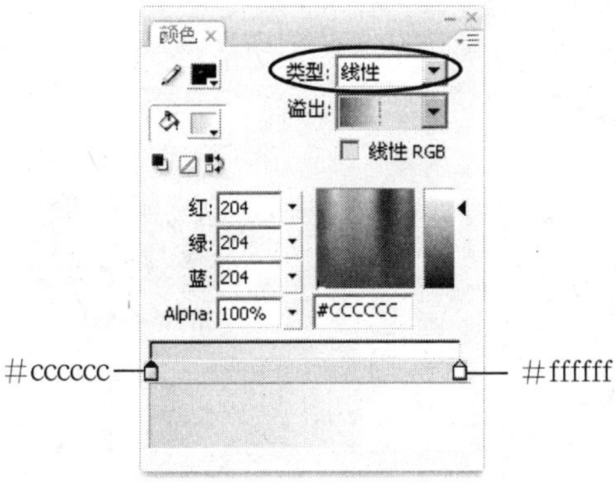

图 1−185　设置眼白渐变色

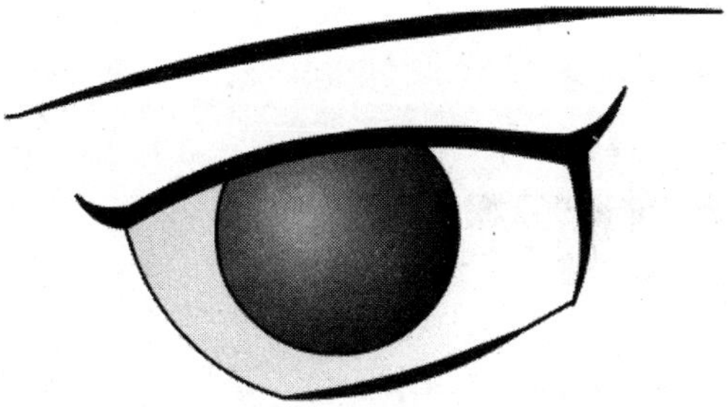

图 1−186　对眼白填充后的效果

（4）调整眼白渐变填充的方向。方法：利用工具箱中的（渐变填充工具）单击眼白部分，如图 1−187 所示，然后旋转渐变方向，如图 1−188 所示。接着收缩渐变范围，如图 1−189 所示。最后向上移动渐变的位置，如图 1−190 所示。

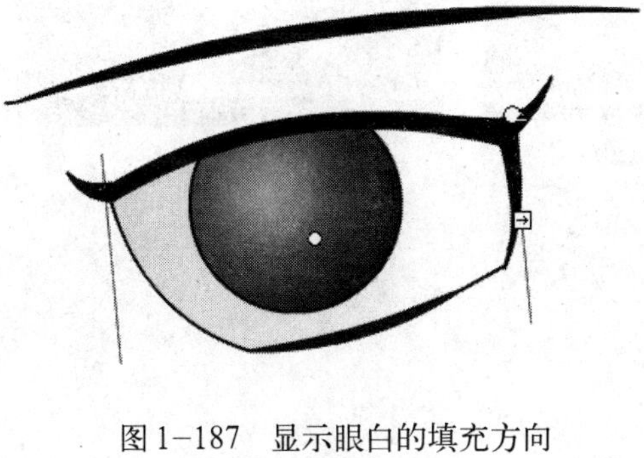

图 1−187　显示眼白的填充方向

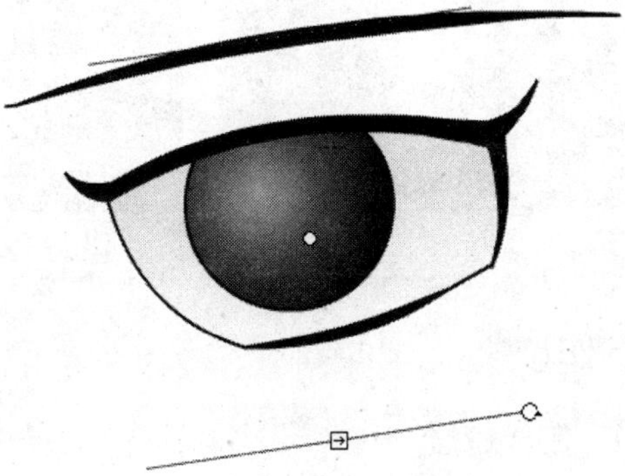

图 1−188　旋转渐变方向

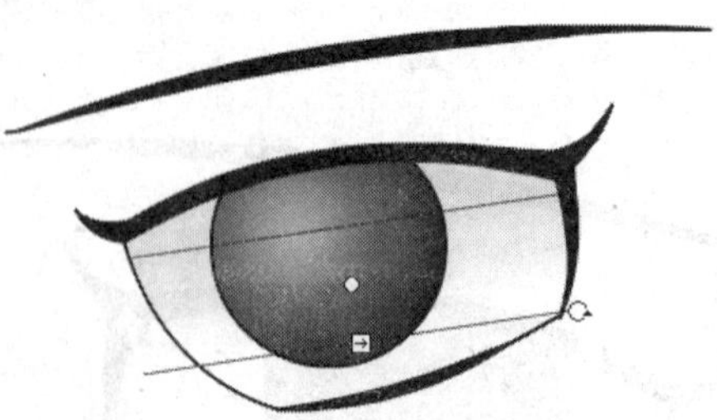

图 1-189　收缩渐变范围

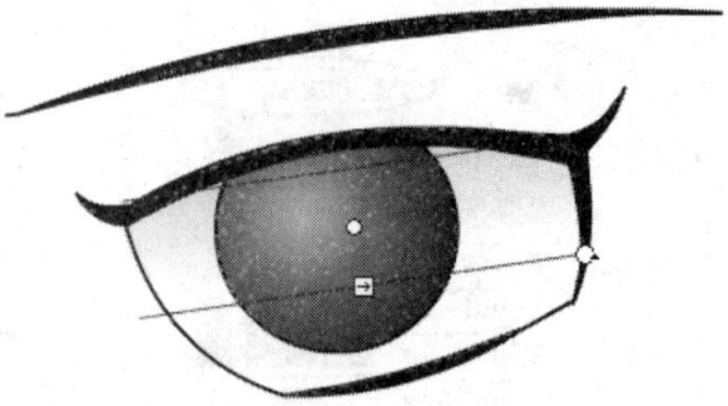

图 1-190　向上移动渐变的位置

（5）为了更加生动，删除眼白轮廓线，然后利用 ╲（线条工具）绘制出一些睫毛，接着利用 ◯（椭圆工具）绘制出眼睛的高光部分，效果如图 1-191 所示。

图 1-191　最终效果

1.7.6　制作闪烁的烛光动画

要点

本例展示的是蜡烛燃烧发光并且蜡滴逐渐流下的动画效果，如图 1-192 所示。通过本例应掌握渐变色和变形动画的应用。

图 1-192　闪烁的烛光

制作步骤：

1．制作蜡烛

（1）启动 Flash CS3，新建一个 Flash 文件（ActionScript 2.0）。

（2）执行菜单中的"修改"｜"文档"（快捷键【Ctrl+J】）命令，在弹出的"文档属性"对话框中设置如图 1-193 所示，单击"确定"按钮。

（3）执行菜单中的“插入”|“新建元件”（快捷键【Ctrl+F8】）命令，在弹出的“创建新元件”对话框中设置如图 1－194 所示，然后单击“确定”按钮，进入 L1 的图形编辑状态。

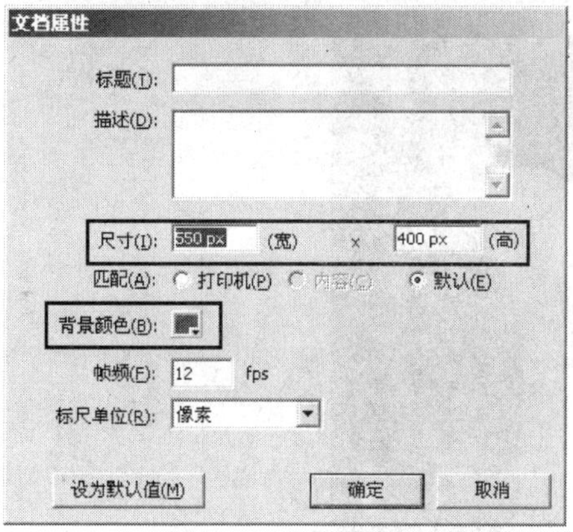

图 1－193　设置文档属性

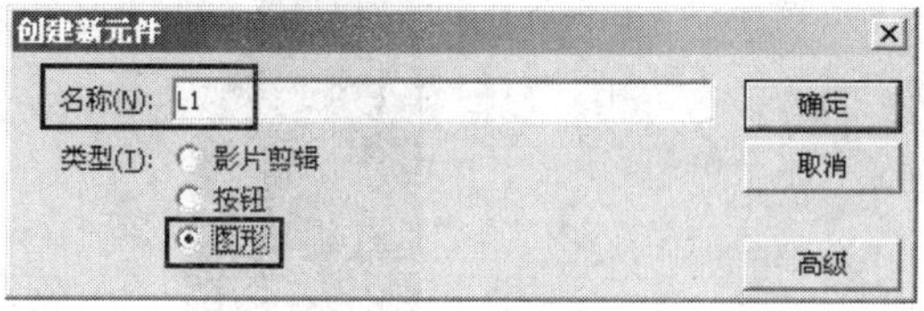

图 1－194　创建元件

（4）选择工具箱中的（铅笔工具），设置笔触颜色为白色，在“选项”面板中选择（平滑）选项，如图 1－195 所示，然后在舞台中绘制蜡烛的轮廓，效果如图 1－196 所示。

（5）选择工具箱中的（颜料桶工具），在“颜色”面板中设置如图 1－197 所示。

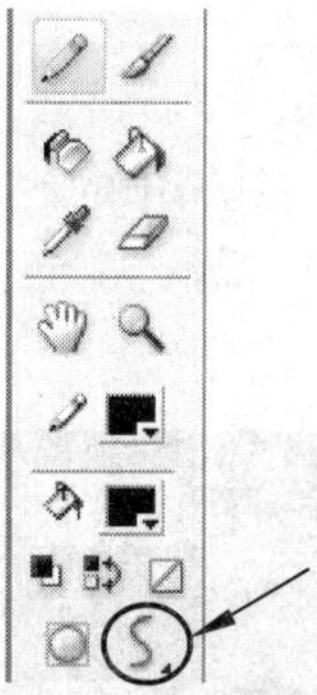

图 1－195　选择“平滑”

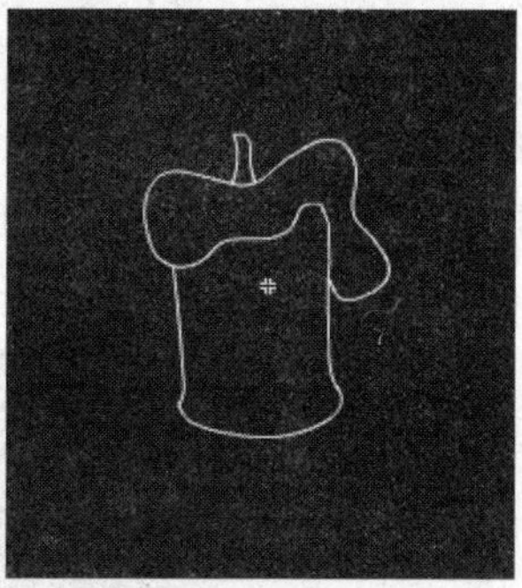

图 1－196　绘制蜡烛轮廓

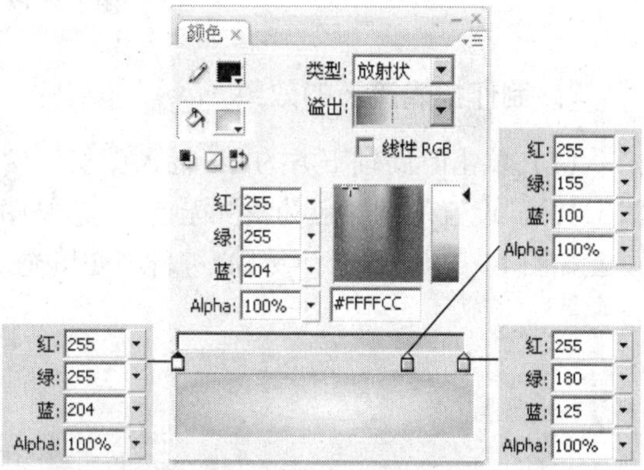

图 1－197　设置渐变填充

（6）对所绘制的蜡烛轮廓进行填充，并利用工具箱中的（渐变变形工具）对所填充的颜色进行调整，如图 1－198 所示。

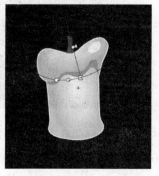

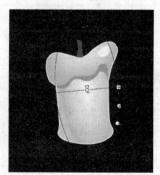

（a）填充渐变色　　（b）调整渐变色

图 1－198　填充并调整渐变色

(7) 选择工具箱中的 (选择工具)，双击白色的边缘线，按【Delete】键将其删除，如图 1-199 所示。

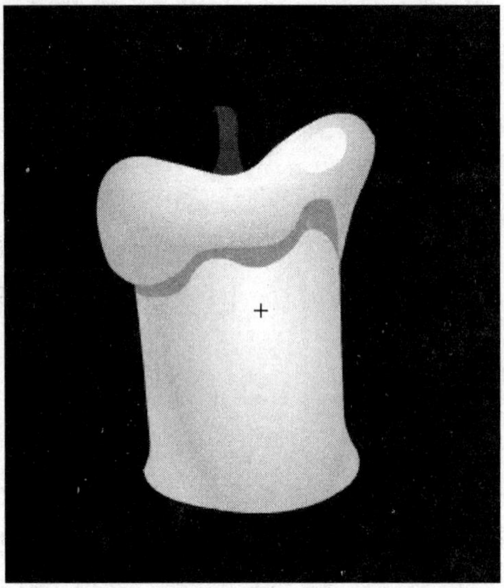

图 1-199　删除轮廓线

2．制作蜡滴流下的效果

(1) 单击时间轴下方的 (插入图层) 按钮，新建“图层 2”，然后选择工具箱中的 (椭圆工具)，设置笔触颜色为 (无色)，绘制图形，作为蜡滴初始形状。接着在“颜色”面板中设置如图 1-200 所示，对蜡滴进行渐变填充，效果如图 1-201 所示。

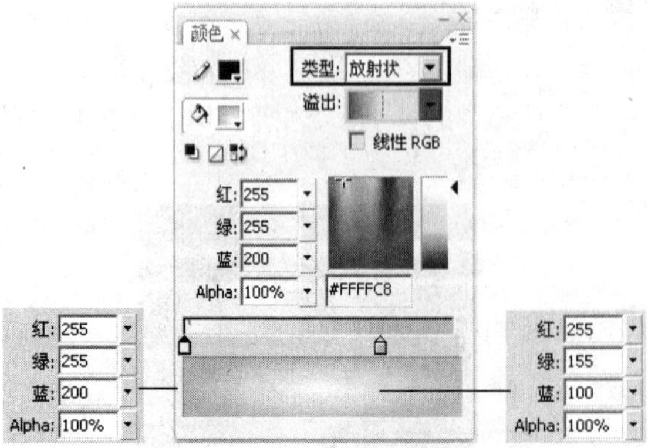

图 1-200　绘制并填充蜡滴

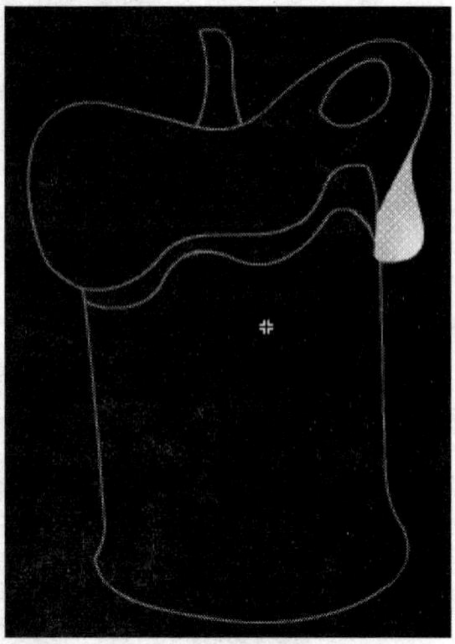

图 1-201　设置填充色

(2) 分别在“图层 2”的第 15 帧、第 50 帧和第 70 帧按【F6】键插入关键帧，并逐帧调整蜡滴形状，如图 1-202 所示。

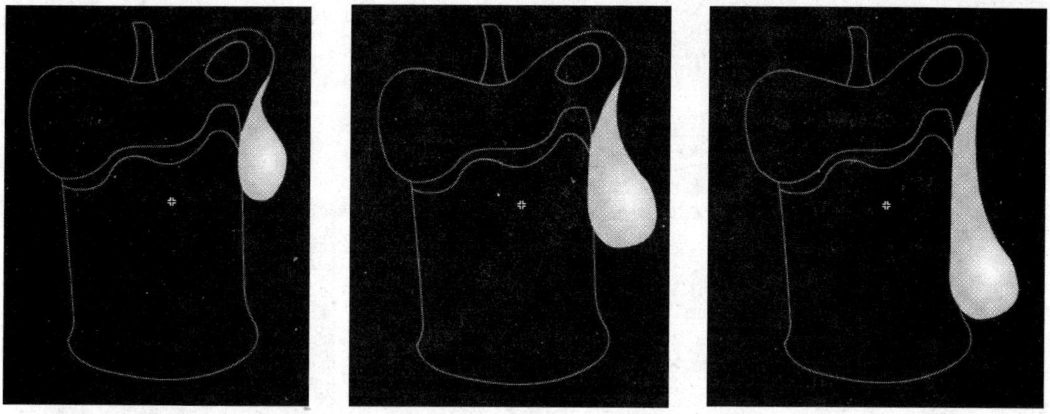

(a) 第 15 帧　　(b) 第 50 帧　　(c) 第 70 帧

图 1-202　调整不同帧蜡滴的形状

(3) 选择"图层 2"，在"属性"面板中设置"补间"为"形状"，如图 1-203 所示。

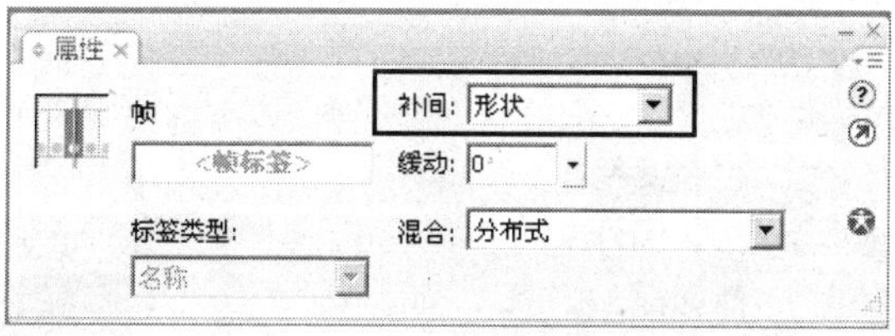

图 1-203　设置"补间"为"形状"

(4) 同时选择"图层 1"和"图层 2"，在第 90 帧按【F5】键插入普通帧，此时时间轴分布如图 1-204 所示。

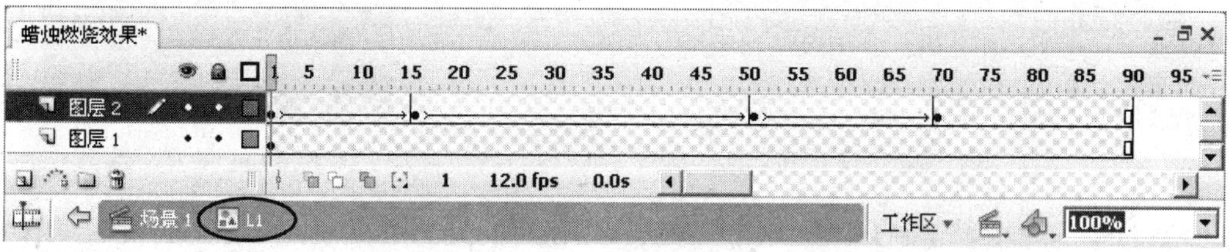

图 1-204　时间轴分布

(5) 按【Enter】键，即可看到蜡滴流下的效果。

3. 制作闪烁的光芒效果

(1) 执行菜单中的"插入" | "新建元件"（快捷键【Ctrl+F8】）命令，在弹出的对话框中设置如图 1-205 所示，单击"确定"按钮。

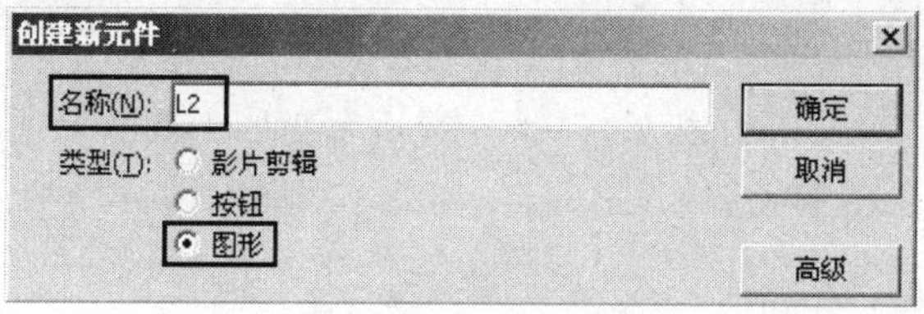

图 1-205　创建新元件

（2）选择工具箱中的○（椭圆工具），设置笔触颜色为▨（无色），填充色如图 1-206 所示，然后在舞台中按【Alt+Shift】组合键绘制一个正圆形，如图 1-207 所示。

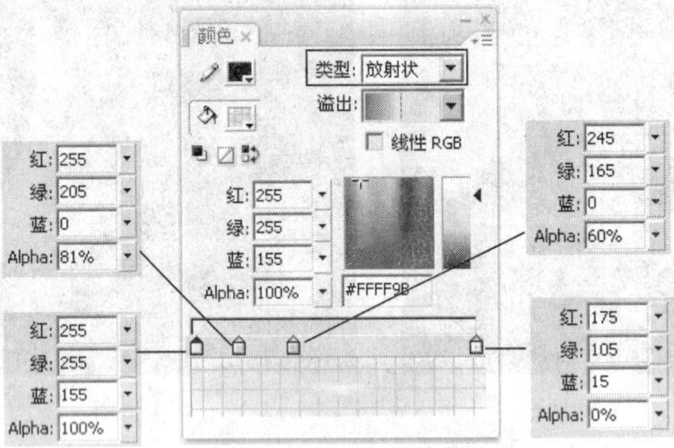

图 1-206　设置填充色

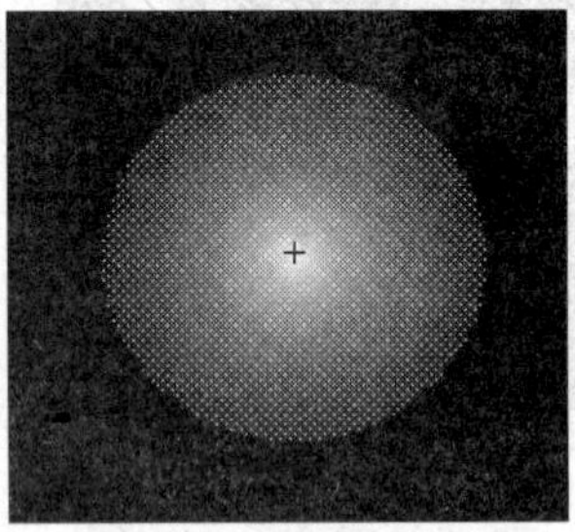

图 1-207　绘制正圆

（3）单击时间轴的第 10 帧，按【F6】键插入关键帧，并改变圆形的填充，填充色设置如图 1-208 所示，填充效果如图 1-209 所示。

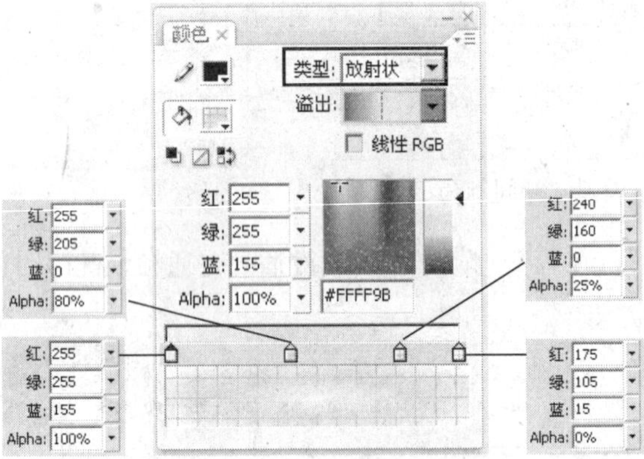

图 1-208　设置填充色

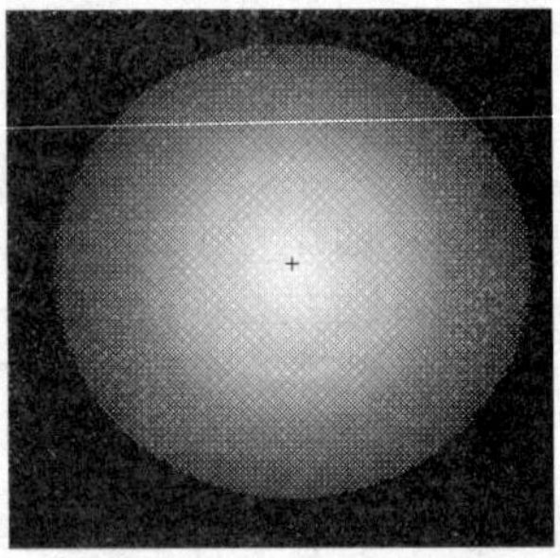

图 1-209　填充后效果

（4）将第 1 帧图形复制到第 20 帧。方法：右击时间轴的第 1 帧，从弹出的快捷菜单中选择“复制帧”（快捷键【Ctrl+C】）命令，复制当前帧，然后右击 20 帧，从弹出的快捷菜单中选择“粘贴帧”（快捷键【Ctrl+Alt+V】）命令即可。

（5）选择“图层 1”，在“属性”面板中设置“补间”为“形状”，然后按【Enter】键，即可看到光芒闪烁的效果。

4．制作火苗闪动的效果

（1）在元件编辑状态下新建“图层 2”，然后选择工具箱中的✎（铅笔工具），设置笔触颜色为白色，在舞台中绘制出火苗的区域。接着设置填充色如图 1-210 所示，再选择工具箱中的♪（颜料桶工具）对其进行填充，并用▣（填充变形工具）对所填充的颜色进行调整，效果如图 1-211 所示。

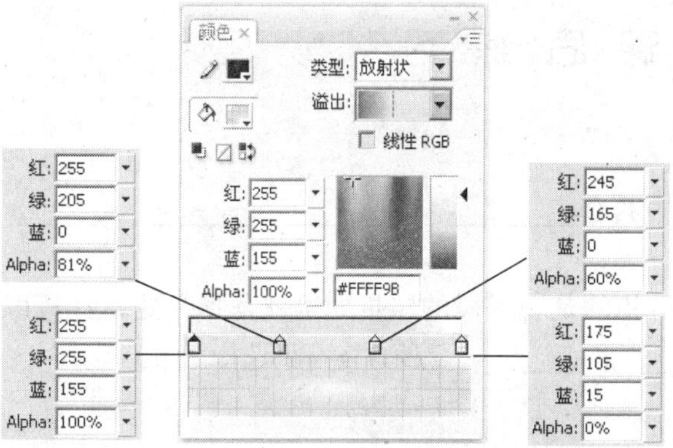

图 1-210　设置填充色

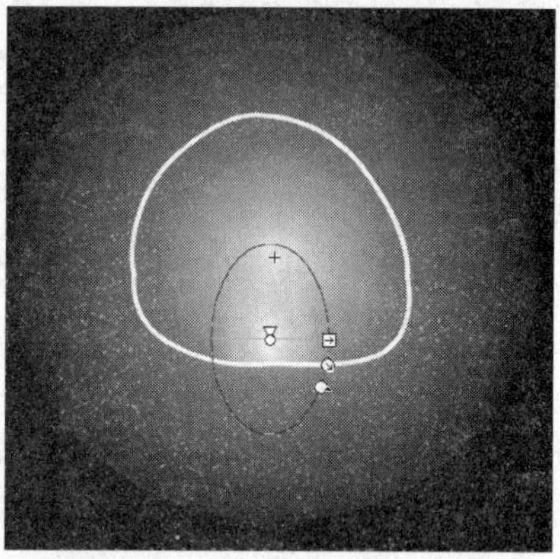

图 1-211　填充火苗

（2）选择火苗白色边缘，按【Delete】键删除，效果如图 1-212 所示。

（3）单击时间轴的第 10 帧，按【F6】键插入关键帧，并用（渐变变形工具）对所填充的颜色进行调整，效果如图 1-213 所示。

图 1-212　删除火苗轮廓线

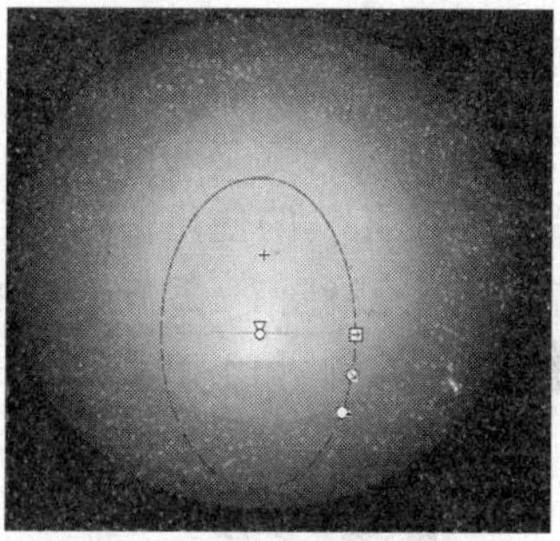

图 1-213　调整填充色

（4）将第 1 帧图形复制到第 20 帧。方法：右击时间轴的第 1 帧，从弹出的快捷菜单中选择“复制帧”（快捷键【Ctrl+C】）命令，复制当前帧，然后右击第 20 帧，从弹出的快捷菜单中选择“粘贴帧”（快捷键【Ctrl+Alt+V】）命令即可。

（5）选择“图层 1”，在“属性”面板中设置“补间”为“形状”，然后按【Enter】键，即可看到火苗闪动的效果。此时时间轴分布如图 1-214 所示。

（6）单击时间轴上方的 场景 1（快捷键【Ctrl+E】）按钮，切换到场景编辑状态。然后执行菜单中的“窗口”|“库”（快捷键【Ctrl+L】）命令，调出“库”面板，将其中的 L1 和 L2 元件拖动到舞台中央，效果如图 1-215 所示。

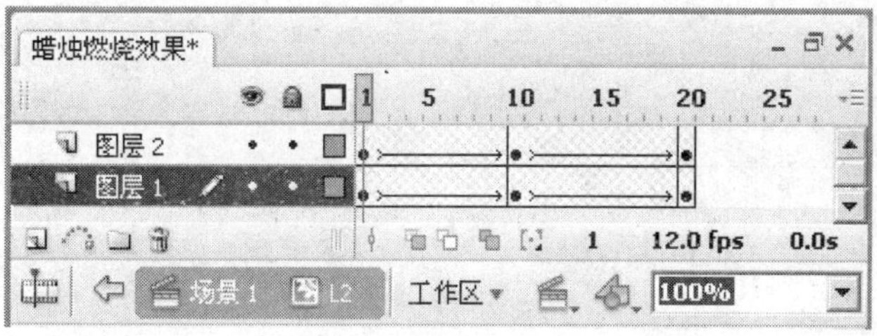

图 1-214　时间轴分布

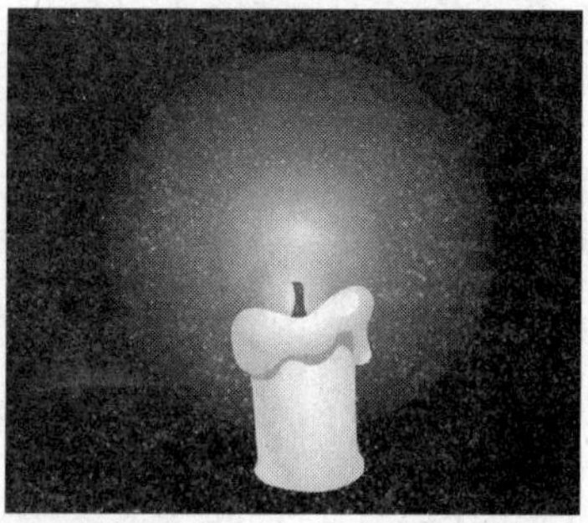

图 1-215　将 L1 和 L2 元件拖动到舞台中央

1.8 课后练习

一、填空题

（1）橡皮擦工具进的橡皮擦模式选项中共有________、________、________、________和________5种模式可供选择。

（2）铅笔工具“属性”面板中的接合指的是在线段的转折处也就是拐角处，线段以何种方式呈现拐角形状，有________、________和________3种方式可供选择。

二、选择题

（1）在Flash CS3 中可以对图形进行（　　）填充。

A．纯色　　B.放射状　　C．位图　　D.线性

（2）利用（任意变形工具）可以对图形对象进行（　　）操作。

A．缩放　　B.扭曲　　C．封套变形　　D.旋转与倾斜

三、问答题／上机题

（1）简述位图和矢量图的区别。

（2）简述钢笔工具的使用方法。

（3）练习1：绘制图1-216所示的图形效果。

（4）练习2：绘制图1-217所示的樱桃效果。

图1-216　练习1效果

图1-217　练习2效果

第2章 基础动画

本章重点

前一章讲解了Flash CS3的相关基础知识，本章将具体讲解在Flash CS3中制作基础动画的方法。通过本章学习应掌握以下内容：

- 动画的原理和“时间轴”面板
- 使用帧
- 使用图层
- 使用场景
- 创建动画
- 滤镜与混合

2.1 动画的原理和时间轴面板

2.1.1 动画的原理

提到动画，大家一定会联想到小时候看的卡通影片。这些精彩的卡通影片，都是事先绘制好一帧一帧的连续动作的图片，然后让它们连续播放，利用人的“视觉暂留”特性，在大脑中形成动画效果。

Flash动画的制作原理也一样，它是把绘制出来的对象放到一个个帧中，然后进行播放，从而产生动画效果。

2.1.2 时间轴面板

在Flash中“时间轴”面板位于舞台的正上方，如图2-1所示。它是进行Flash作品创作的核心部分，主要用于组织动画各帧中的内容，并可以控制动画在某一段时间内显示的内容。时间轴从形式上看分为两部分：左侧的图层控制区和右侧的帧控制区。

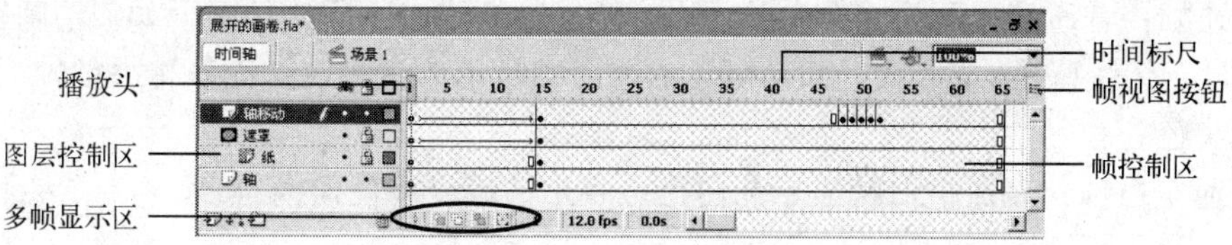

图2-1 “时间轴”面板

2.2 使 用 帧

帧是形成动画最基本的时间单位，不同的帧对应着不同的时刻。在逐帧动画中，需要在每一个帧上创建一个画面，画面随着时间的推移而连续出现，形成动画；补间动画只需确定动画起点帧和终点帧的画面，而中间部分的画面由 Flash 根据两帧的内容自动生成。

2.2.1 播放头

“播放头”以红色矩形表示，用于指示当前显示在舞台中的帧。使用鼠标沿着时间轴左右拖动播放头，可以预览动画。

2.2.2 改变帧视图

在时间轴上，每 5 帧有一个“帧序号”标识，单击时间轴右上角的（帧视图）按钮，会弹出图 2－2 所示的下拉列表，通过选择列表中不同的选项可以改变时间轴中帧的显示模式。

2.2.3 帧类型

Flash 中帧分为空白关键帧、关键帧、普通帧、普通空白帧 4 种，它们的显示状态如图 2－3 所示。

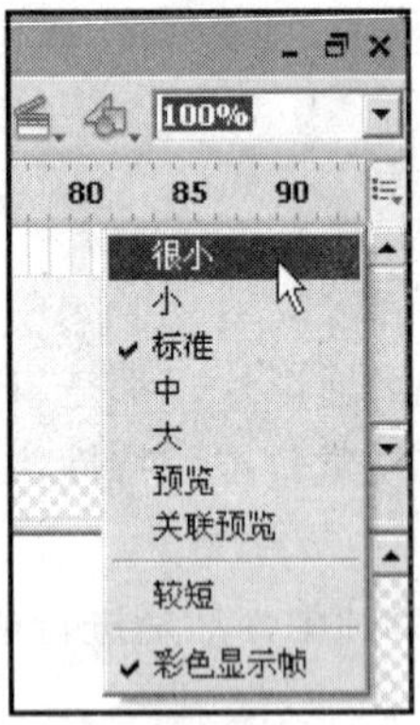

图 2–2 下拉列表

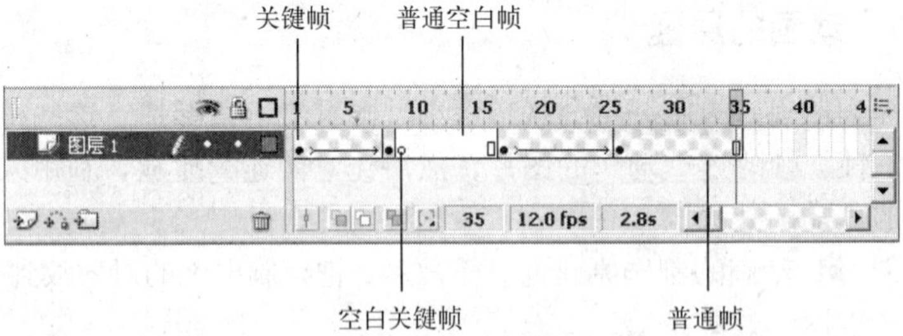

图 2–3 不同帧的显示状态

- 空白关键帧：空白关键帧显示为空心圆，可以在上面创建内容。一旦创建了内容，空白关键帧就变成了关键帧。
- 关键帧：关键帧显示为实心圆点，用于定义动画的变化环节。逐帧动画的每一帧都是关键帧，而补间动画则在动画的重要位置创建关键帧。
- 普通帧：普通帧显示为一个个单元格，不同颜色代表不同的动画，如“动画补间动画”的普通帧显示为浅蓝色；“形状补间动画”的普通帧显示为浅绿色；而静止关键帧后面的普通帧显示为灰色。
- 普通空白帧：普通空白帧显示为白色，表示该帧没有任何内容。

2.2.4 编辑帧

编辑帧的操作是制作动画时使用频率最高、最基本的操作，主要包括插入帧、删除帧等，这些操作都可以通过帧的快捷菜单命令来实现，调出快捷菜单的具体操作步骤如下：选中需要编辑的帧并右击，从弹出的图 2－4 所示的快捷菜单中选择相关命令即可。

编辑关键帧除了快捷菜单外，在实际工作中还经常使用快捷键，下面是常用的编辑帧的快捷键：

“插入帧”的快捷键为【F5】；

“删除帧”的快捷键为【Shift+F5】；

“插入关键帧”的快捷键为【F6】；

“插入空白关键帧”的快捷键为【F7】；

“清除关键帧”的快捷键为【Shift+F6】。

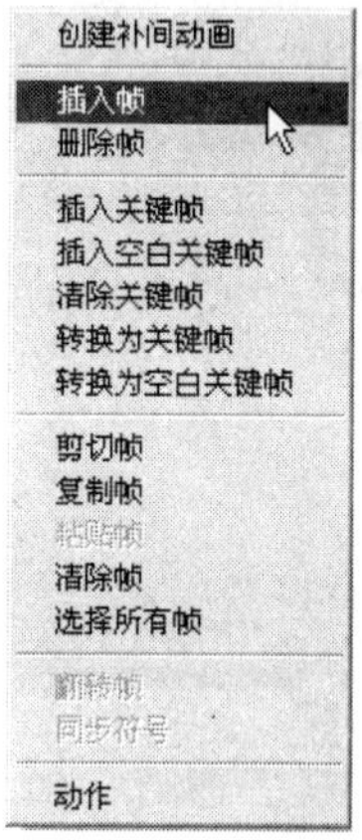

图 2–4 编辑帧的快捷菜单

2.2.5 多帧显示

通常在 Flash 工作区中只能看到一帧的画面，如果使用了多帧显示，则可同时显示或编辑多个帧的内容，从而便于对整个影片中的对象进行定位。多帧显示包括（滚动到播放头）、（绘图纸外观）、（绘图纸外观轮廓）、（编辑多个帧）和（修改绘图纸标志）5 个按钮，如图 2–5 所示。

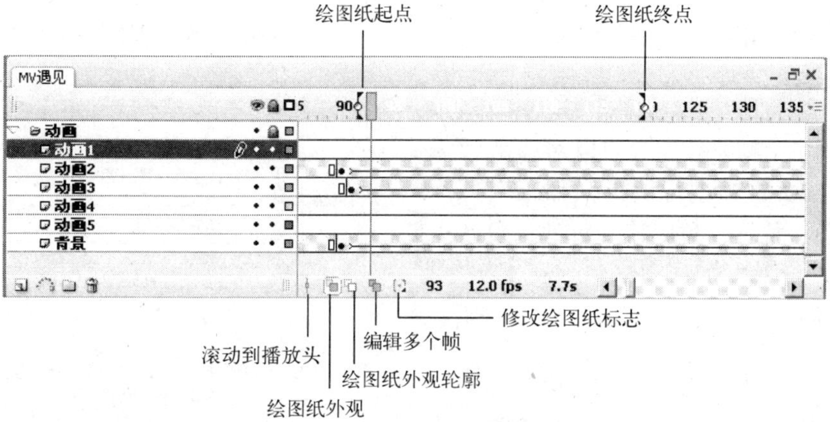

图 2–5 多帧显示区的按钮

1．滚动到播放头

单击（滚动到播放头）按钮，可以将播放头标记的帧在帧控制区中居中显示，如图 2－6 所示。

2．绘图纸外观

单击（绘图纸外观）按钮，在播放头的左右会出现绘图纸的起始点和终止点，位于绘图纸之间的帧在工作区中由深至浅显示出来，当前帧的颜色最深，如图 2－7 所示。

3．绘图纸外观轮廓

单击（绘图纸外观轮廓）按钮，可以只显示对象的轮廓线，如图 2－8 所示。

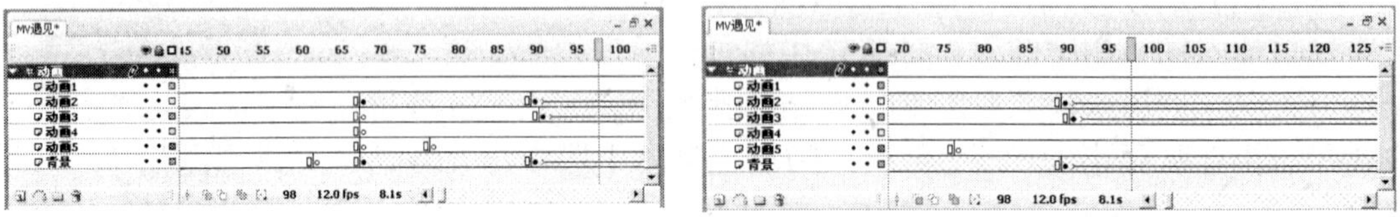

（a）单击前　　（b）单击后

图 2–6　单击（滚动到播放头）按钮前后效果比较

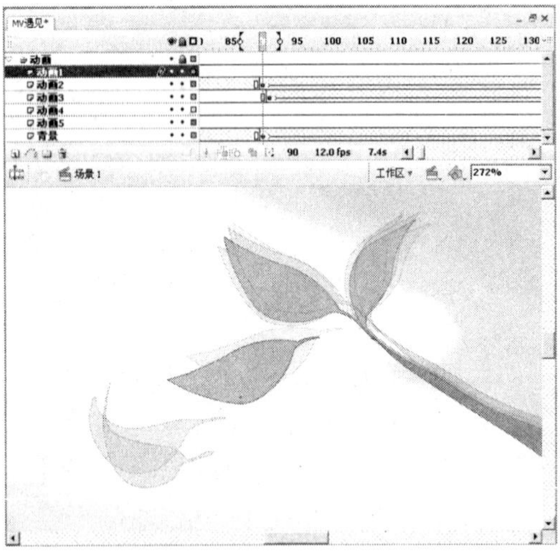

图 2–7　单击（绘图纸外观）按钮效果

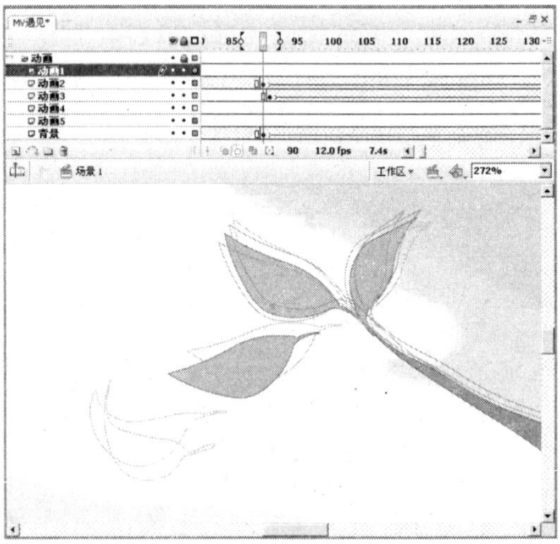

图 2–8　单击（绘图纸外观轮廓）按钮效果

4．编辑多个帧

单击（编辑多个帧）按钮，可以对选定为绘图纸区域中的关键帧进行编辑，如改变对象的大小、颜色、位置、角度等，如图 2–9 所示。

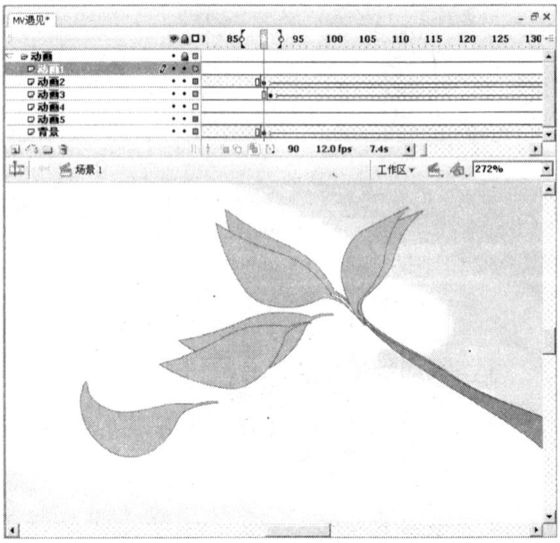

图 2–9　单击（编辑多个帧）按钮效果

5．修改绘图纸标志

（修改绘图纸标志）按钮的主要功能是修改当前绘图纸的标记。通常情况下，移动播放头的位置，绘图纸的位置也会随之发生相应的变化。单击该按钮，会弹出图 2–10 所示的快捷菜单。

- 总是显示标记：选中该选项，无论是否启用绘图纸模式，绘图纸标记都会显示在时间轴上。

- 锁定绘图纸：选中该选项，时间轴中的绘图纸标记将锁定在当前位置，不再随着播放头的移动而发生位置上的改变。
- 绘图纸2：在当前帧左右两侧各显示2帧。
- 绘图纸5：在当前帧左右两侧各显示5帧。
- 绘制全部：显示当前帧两侧的所有帧。

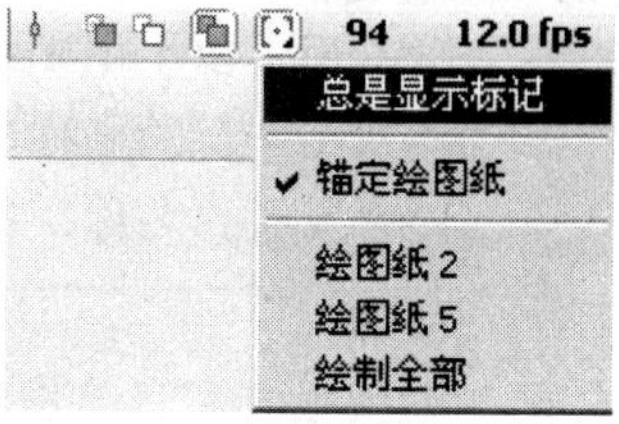

图2−10 (修改绘图纸标志）按钮的快捷菜单

2.3 使用图层

时间轴中的“图层控制区”是对图层进行各种操作的区域，在该区域中可以创建和编辑各种类型的图层。

2.3.1 创建图层

创建图层的具体方式可分为以下几种：

- 单击“时间轴”面板下方的(插入图层）按钮，可新增一个图层。
- 单击“时间轴”面板下方的(添加运动引导层）按钮，可新增一个运动引导层，关于引导层的应用将在“2.6.5 创建引导层动画”中详细讲解。
- 单击“时间轴”面板下方的(插入图层文件夹）按钮，可新增一个图层文件夹，其中可以包含若干个图层，如图2−11所示。

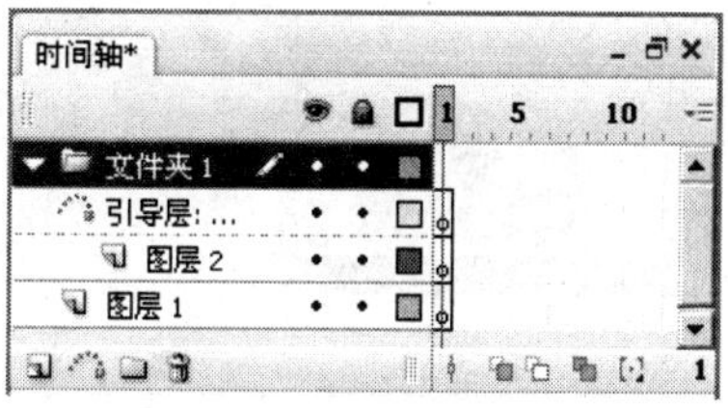

图2−11 新增图层和图层文件夹

2.3.2 删除图层

当不再需要某个图层时，可以将其进行删除，具体操作步骤如下：

（1）选择想要删除的图层。

（2）单击“时间轴”面板左侧图层控制区下方的(删除图层）按钮，如图2−12所示，即可将选中的图层进行删除，如图2−13所示。

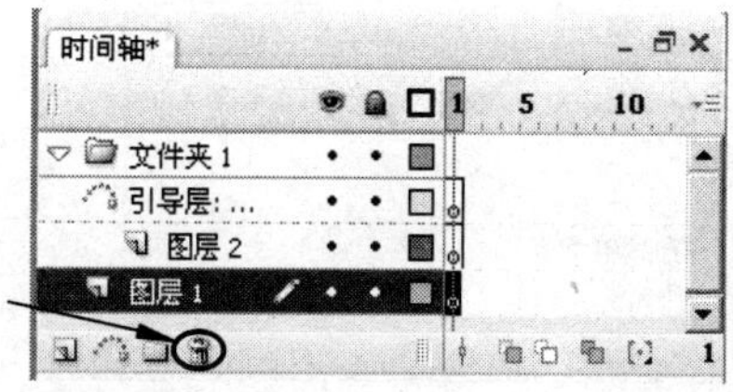

图2−12 单击(删除图层）按钮

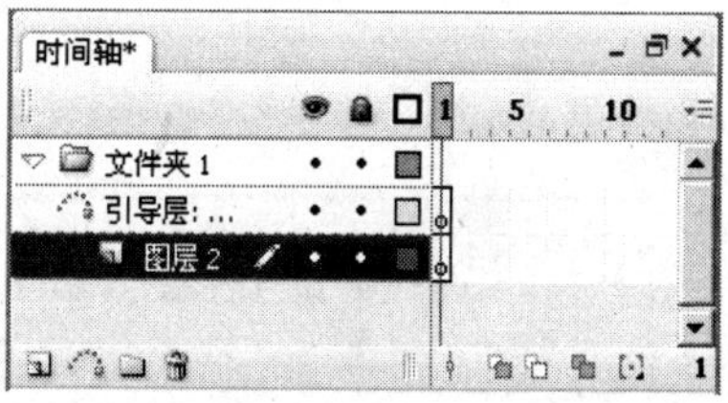

图2−13 删除图层后效果

2.3.3 重命名图层

根据创建图层的先后顺序，新图层的默认名称为“图层2”、“图层3”、“图层4”、……在实际工作中为了便于识别经常会对图层进行重命名。重命名图层的具体操作步骤如下：

（1）双击图层的名称，进入名称编辑状态，如图 2－14 所示。

（2）输入新的名称，按【Enter】键确认，即可对图层进行重新命名，如图 2－15 所示。

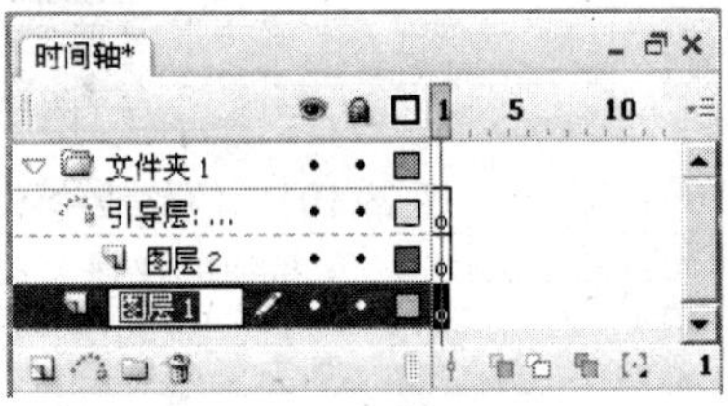

图 2－14　进入名称编辑状态

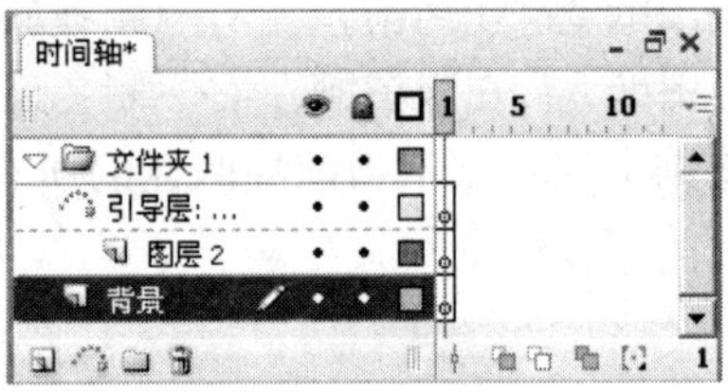

图 2－15　重命名图层

2.3.4　调整图层的顺序

图层中的内容是相互重叠的关系，上面图层中的内容会覆盖下面图层中的内容。在实际制作过程中，可以调整图层之间的位置关系，具体操作步骤如下：

（1）单击需要调整位置的图层（如选择“图层 4”），从而选中它，如图 2－16 所示。

（2）拖动图层到需要调整的相应位置，此时会出现一个灰色的线条，如图 2－17 所示。接着释放鼠标，图层的位置就调整好了，如图 2－18 所示。

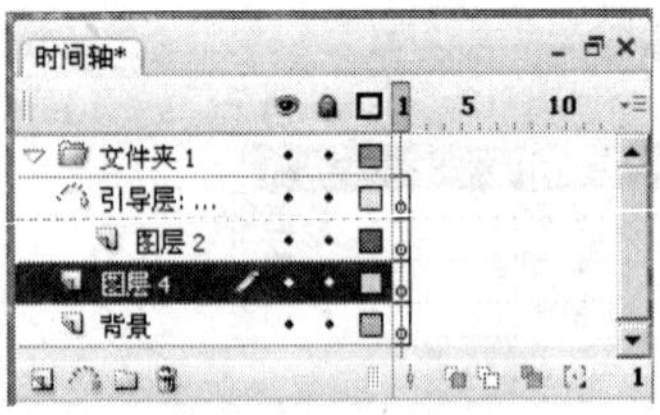

图 2－16　选择图层

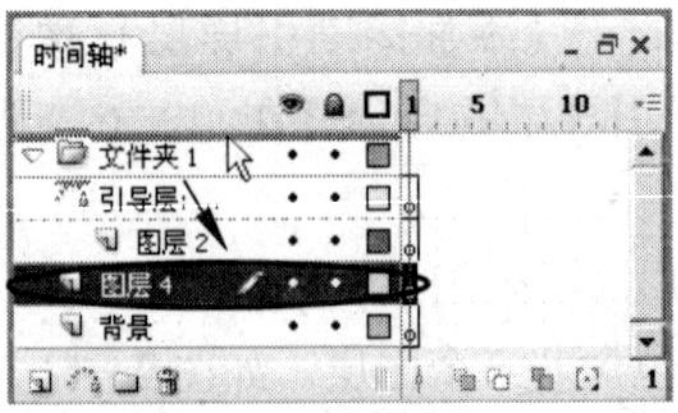

图 2－17　拖动图层到适当位置

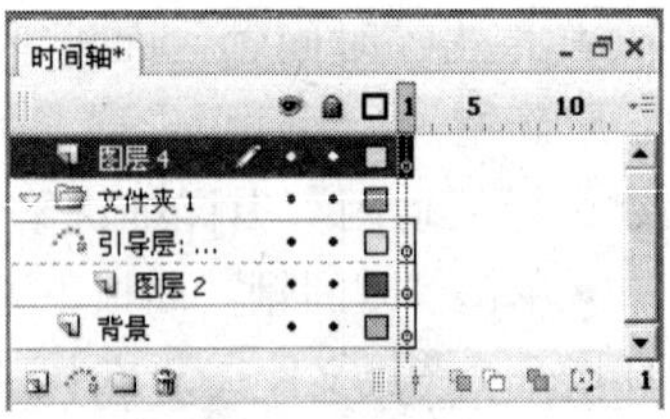

图 2－18　改变图层位置后效果

2.3.5　设置图层的属性

图层的属性包括图层的名称、类型、显示模式和轮廓颜色等，这些属性的设置可以在“图层属性”对话框中完成。双击图层名称右边的图标（或右击图层名称，从弹出的快捷菜单中选择“属性”命令），弹出“图层属性”对话框，如图 2－19 所示。

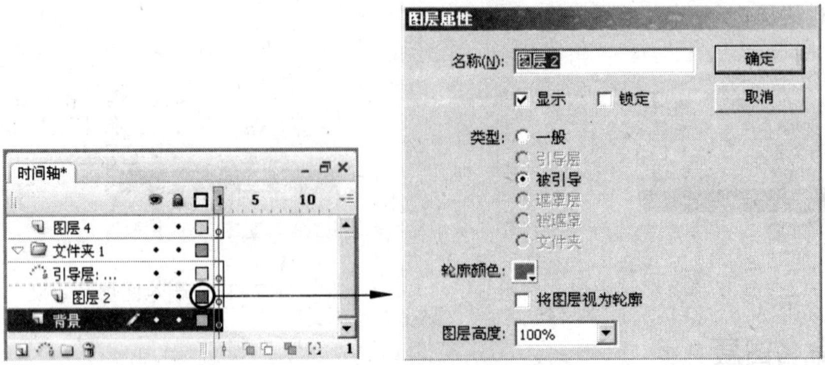

（a）单击图标　　（b）打开对话框

图 2－19　打开“图层属性”对话框

- 名称：在该文本框中可输入图层的名称。
- 显示：选中该复选框，可使图层处于显示状态。
- 锁定：选中该复选框，可使图层处于锁定状态。
- 类型：用于选择图层的类型，包括"一般"、"引导层"、"被引导"、"遮罩层"、"被遮罩"和"文件夹"6个选项。
- 轮廓颜色：选中下方的"将图层视为轮廓"复选框，可将图层设置为轮廓显示模式，并可通过单击"颜色框"按钮对轮廓的颜色进行设置。
- 图层高度：在其右边的下拉列表框中可设置图层的高度。

2.3.6 设置图层的状态

时间轴的"图层控制区"最上方有3个图标，👁用于控制图层中对象的可视性，单击它，可隐藏所有图层中的对象，再次单击可将所有对象显示出来；🔒用于控制图层的锁定，图层一旦被锁定，图层中的所有对象将不能被编辑，再次单击它可以取消对所有图层的锁定；□用于控制图层中的对象是否只显示轮廓线，单击它，图层中的对象的填充将被隐藏，以便编辑图层中的对象，再次单击可恢复到正常状态。图2-20所示为图层轮廓显示前后比较。

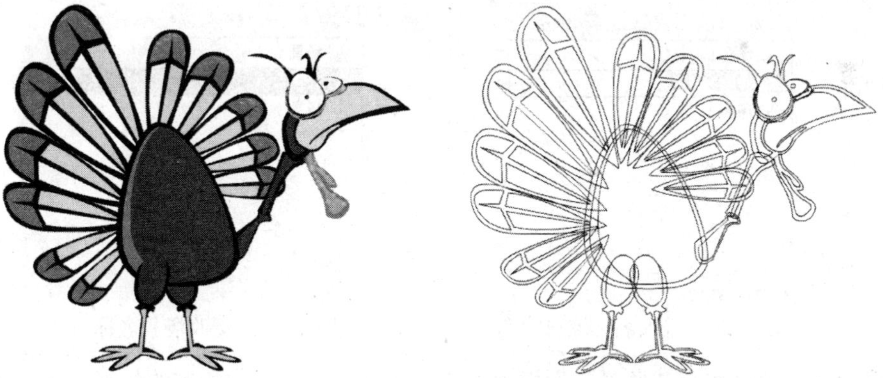

(a) 正常状态　　　　　　　　　(b) 只显示轮廓线状态

图2-20 轮廓显示前后比较

2.4 使用场景

在制作比较复杂的动画时，可以将动画分为若干个场景，然后再进行组合，Flash会根据场景的先后顺序进行播放。此外，还可以利用动作脚本实现不同场景间的跳转。

执行菜单中的"窗口"|"其他面板"|"场景"命令，可以调出"场景"面板，如图2-21所示，在"场景"面板中可以进行下列操作：

图2-21 "场景"面板

● 复制场景：选中要复制的场景，然后单击“场景”面板下方的（直接复制场景）按钮，即可复制出一个原来场景的副本，如图 2-22 所示。

● 添加场景：单击“场景”面板下方的（添加场景）按钮，可以添加一个新场景，如图 2-23 所示。

图 2-22　复制场景

图 2-23　添加场景

● 删除场景：选中要删除的场景，单击“场景”面板下方的（删除场景）按钮，即可将选中的场景删除。

● 更改场景名称：在“场景”面板中双击场景名称，进入名称编辑状态，如图 2-24 所示。然后输入新名称，按【Enter】键即可，如图 2-25 所示。

图 2-24　进入名称编辑状态

图 2-25　更改场景名称

● 更改场景顺序：在“场景”面板中按住场景名称并拖动到相应的位置，如图 2-26 所示，然后释放鼠标即可，如图 2-27 所示。

图 2-26　拖动场景

图 2-27　拖动后效果

● 转换场景：在“场景”面板中单击要转换的场景名称，即可转换到相应场景中。

2.5 元件的创建与编辑

元件是一种可重复使用的对象，重复使用它不会增加文件的大小，另外，元件还简化了文档的编辑，当编辑元件时，该元件的所有实例都相应地更新以反映编辑结果。元件的另一个好处是使用它们可以创建完善的交互性。

2.5.1 元件的类型

元件共分为3种：图形、按钮和影片剪辑，如图2-28所示。

图2-28 元件类型

- 图形：图形元件可用于静态图像，并可用来创建连接到主时间轴的可重用动画片段。图形元件与主时间轴同步运行。交互式控件和声音在图形元件的动画序列中不起作用。
- 按钮：用于创建交互式按钮。按钮有不同的状态，每种状态都可以通过图形、元件和声音来定义。一旦创建了按钮，就可以对其影片或者影片片断中的实例赋予动作。
- 影片剪辑：使用影片剪辑元件可以创建可重用的动画片段。影片剪辑拥有其独立于主时间轴的多帧时间轴。可以将影片剪辑看做是主时间轴内的嵌套时间轴，其包含交互式控件、声音甚至其他影片剪辑实例；也可以将影片剪辑元件放在按钮元件的时间轴内，以创建动画按钮。

2.5.2 创建元件

可以通过工作区中选定的对象来创建元件；也可以创建一个空元件，然后在元件编辑模式下制作或导入相应的内容；还可以在 Flash 中创建字体元件。元件可以拥有在 Flash 中创建的所有功能，包括动画。

通过使用包含动画的元件，用户可以在很小的文件中创建包含大量动作的 Flash 应用程序。如果有重复或循环的动作，如鸟的翅膀上下翻飞这种动作，应该考虑在元件中创建动画。

1. 将选定元素转换为元件

将选定元素转换为元件的具体操作步骤如下：

（1）在工作区中选择一个或多个元素，然后执行菜单中的“修改”|“转换为元件”（快捷键【F8】）命令；或者右击选中的对象，从弹出的快捷菜单中选择“转换为元件”命令。

（2）在“转换为元件”对话框中，输入元件名称并选择“图形”、“按钮”或“影片剪辑”类型，然后在“注册”网格中单击，以便放置元件的注册点，如图2-29所示。

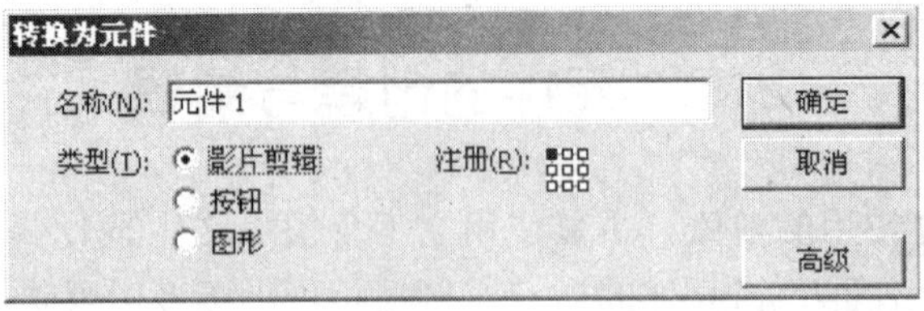

图 2-29 “转换为元件”对话框

(3) 单击“确定”按钮。

提示

此时工作区中选定的元素将变成一个元件。如果要对其进行再次编辑，可以双击该元件进入编辑状态。

2. 创建一个新的空元件

创建一个新的空元件的具体操作步骤如下：

(1) 确保未在舞台上选定任何内容，然后执行菜单中的“插入”|“新建元件”(快捷键【Ctrl+F8】)命令；或者单击“库”面板左下角的(新建元件)按钮；或者从“库”面板右上角的库选项菜单中选择“新建元件”命令。

(2) 在“创建新元件”对话框中，输入元件名称并选择元件类型，然后单击“确定”按钮。

提示

此时 Flash 会将该元件添加到库中，并切换到元件编辑模式。在元件编辑模式下，元件的名称将出现在舞台左上角的上面，并由一个十字线表明该元件的注册点。

3. 创建影片剪辑元件

影片剪辑是位于影片中的小影片。可以在影片剪辑片段中增加动画、动作、声音、其他元件及其他的影片片断。影片剪辑有自己的时间轴，其运行独立于主时间轴。与图形元件不同，影片剪辑只需要在主时间轴中放置单一的关键帧就可以启动播放。

创建影片剪辑元件的具体操作步骤如下：

(1) 执行菜单中的“插入”|“新建元件”(快捷键【Ctrl+F8】)命令，在弹出的“创建新元件”对话框中输入名称，然后选择“影片剪辑”类型。

(2) 单击“确定”按钮，即可进入影片剪辑的编辑模式。

4. 创建按钮元件

按钮实际上是 4 帧的交互影片剪辑。当为元件选择按钮行为时，Flash 会创建一个 4 帧的时间轴。前 3 帧显示按钮的 3 种可能状态，第 4 帧定义按钮的活动区域。此时的时间轴实际上并不播放，它只是对指针运动和动作做出反应，跳到相应的帧。

创建按钮元件的具体操作步骤如下：

(1) 执行菜单中的“插入”|“新建元件”(快捷键【Ctrl+F8】)命令，在弹出的“创建新元件”对话框中输入名称 button，并选择“按钮”类型，然后单击“确定”按钮，进入按钮元件的编辑模式。

（2）在按钮元件中有4个已命名的帧：弹起、指针经过、按下和点击。分别代表了鼠标的4种不同的状态，如图2－30所示。

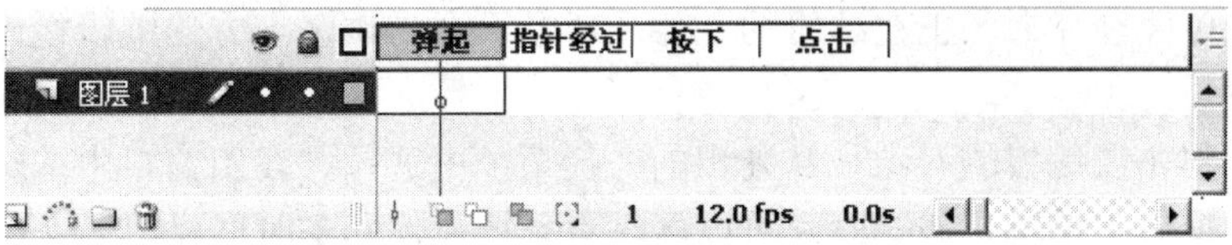

图2－30 创建按钮元件

● 弹起帧。在弹起帧中可以绘制图形，也可以使用图形元件、导入图形或者位图。

● 指针经过帧。这一帧将在鼠标位于按钮之上时显示。在这一帧中可以使用图形元件、位图或者影片剪辑。

● 按下帧。这一帧将在按钮被按下时显示。如果不希望按钮在被单击时发生变化，在这里只插入普通帧即可。

● 点击帧。这一帧定义了按钮的有效点击区域。如果在按钮上只是使用文本，这一帧尤其重要。因为如果没有点击状态，那么有效的点击区域就只是文本本身，这将导致点中按钮非常困难。因此，可以在这一帧中绘制一个形状来定义点击区域。由于这个状态永远都不会被用户实际看到，因此其形状如何并不重要。

5．创建图形元件

图形元件是一种最简单的Flash元件。使用这种元件来处理静态图片和动画。注意，图形元件中的动画是受主时间轴控制的。同时，动作和声音在图形元件中不能正常工作。

（1）将所选的对象转换为图形元件。将所选的对象转换为图形元件的具体操作步骤如下：

① 选中希望包含到元件中的一个或多个对象。

② 执行菜单中的“修改”|“转换为元件”（快捷键【F8】）命令，在弹出“转换为元件”对话框中输入元件名称，然后选择“图形”类型，接着单击“确定”按钮即可。

（2）创建新的图形元件。创建新的图形元件的具体操作步骤如下：

① 执行菜单中的“插入”|“新建元件”（快捷键【Ctrl+F8】）命令。

② 在弹出的“创建新元件”对话框中输入名称，然后选择“图形”类型，如图2－31所示。

③ 单击“确定”按钮，即可进入图形元件的编辑模式。

图2－31 创建图形元件

2.5.3 编辑元件

编辑元件时，Flash 会更新文档中该元件的所有实例。Flash 提供了3种方式来编辑元件。

第 1 种：右击要编辑的对象，从弹出的快捷菜单中选择“在当前位置编辑”命令，即可在该元件和其他对象在一起的工作区中编辑它。此时其他对象以灰显方式出现，从而将其和正在编辑的元件区别开来。正在编辑的元件名称显示在工作区上方的编辑栏内，位于当前场景名称的右侧。

第 2 种：右击要编辑的对象，从弹出的快捷菜单中选择“在新窗口中编辑”命令，即可在一个单独的窗口中编辑元件。此时可以同时看到该元件和主时间轴。正在编辑的元件名称会显示在工作区上方的编辑栏内。

第 3 种：双击工作区中的元件，进入其元件编辑模式。此时正在编辑的元件名称会显示在舞台上方的编辑栏内，位于当前场景名称的右侧。

当用户编辑元件时，Flash 将更新文档中该元件的所有实例，以反映编辑结果。编辑元件时，可以使用任意绘图工具、导入介质或创建其他元件的实例。

1．在当前位置编辑元件

在当前位置编辑元件的具体操作步骤如下：

（1）执行以下操作之一：

- 在工作区中双击该元件的一个实例。

提示

一个元件中可以包含多个实例。

- 右击工作区中该元件的一个实例，从弹出的快捷菜单中选择“在当前位置编辑”命令。
- 在工作区中选择该元件的一个实例，执行菜单中的“编辑”|“在当前位置编辑”命令。

（2）根据需要编辑该元件。

（3）如果要更改注册点，可拖动工作区中的元件。此时十字准线指示注册点的位置。

（4）要退出“在当前位置编辑”模式并返回到场景编辑模式，可执行以下操作之一：

- 单击工作区上方编辑栏左侧的 场景 1 按钮。
- 执行菜单中的“编辑”|“编辑文档”命令。

2．在新窗口中编辑元件

在新窗口中编辑元件的具体操作步骤如下：

（1）右击工作区中该元件的一个实例，然后从弹出的快捷菜单中选择“在新窗口中编辑”命令。

（2）根据需要编辑该元件。

（3）如果要更改注册点，可拖动工作区中的元件。此时十字准线指示注册点的位置。

（4）单击右上角的 × 按钮关闭新窗口，然后在主文档窗口内单击以返回到编辑主文档状态。

3．在元件编辑模式下编辑元件

在元件编辑模式下编辑元件的具体操作步骤如下：

（1）执行以下操作之一来选择元件：

- 双击“库”面板中的元件图标。

● 右击工作区中该元件的一个实例，从弹出的快捷菜单中选择“编辑”命令。

● 在工作区中选中该元件的一个实例，然后执行菜单中的“编辑”|“编辑元件”命令。

● 在“库”面板中选择该元件，然后从库选项菜单中选择“编辑”命令，或者右击“库”面板中的该元件，然后从弹出的快捷菜单中选择“编辑”命令。

（2）根据需要在舞台上编辑该元件。

（3）如果要更改注册点，可拖动工作区中的元件。此时十字准线指示注册点的位置。

（4）要退出元件编辑模式并返回到文档编辑状态，可执行以下操作之一：

● 单击舞台上方编辑栏左侧的“返回”按钮。

● 执行菜单中的“编辑”|“编辑文档”命令。

4．将元件加到工作区中

将元件加到工作区中的具体操作步骤如下：

（1）执行菜单中的“窗口”|“库”（快捷键【Ctrl+L】）命令，调出“库”面板，如图2－32所示。

（2）利用库找到并选中希望加入到影片中的元件。

（3）将元件拖动到工作区中。

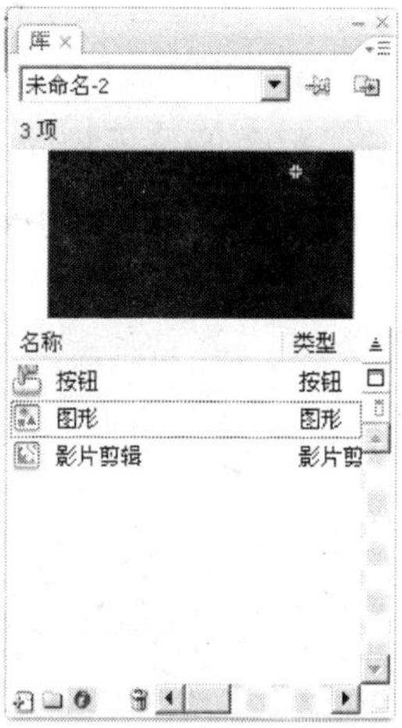

图2－32 “库”面板

5．元件属性

每个元件都有独立于该元件的自己的属性。可以更改元件的色调、透明度和亮度；可以重新定义元件的行为（如把图形更改为影片剪辑）；还可以设置动画在图形实例内的播放形式；也可以倾斜、旋转或缩放元件。

此外，可以为影片剪辑或按钮实例命名，这样就可以使用动作脚本更改它的属性。

如果编辑元件或将某个元件重新链接到其他元件，则任何已经改变的元件属性仍然适用于该元件。

6．更改元件的颜色和透明度

每个元件都可以有自己的色彩效果。要设置元件的颜色和透明度选项，可使用“属性”面板。在“属性”面板中的设置也会影响放置在元件内的位图。

当在特定帧内改变元件的颜色和透明度时，Flash会在播放该帧时立即进行更改。要进行渐变颜色更改，必须使用补间动画。这将在以后的章节中做具体的讲解。当补间颜色时，要在实例的开始关键帧和结束关键帧输入不同的效果设置，然后补间这些设置，以便让实例的颜色随着时间逐渐变化。

提示

如果对包括多帧的影片剪辑元件应用色彩效果，Flash会将效果应用于该影片剪辑元件的每一帧。

更改元件颜色和透明度的具体操作步骤如下：

（1）在工作区中选择该元件，然后执行菜单中的“窗口”|“属性”|“属性”（快捷键【Ctrl+F3】）命令。

（2）从“属性”面板中的“颜色”下拉列表框中选择以下选项之一：

● 亮度：用于调节图像的相对亮度或暗度，调整范围为从黑（-100%）到白（100%）。调节时，可以单击数值右侧小三角形并拖动滑块或在文本框中输入一个值，如图 2-33 所示。

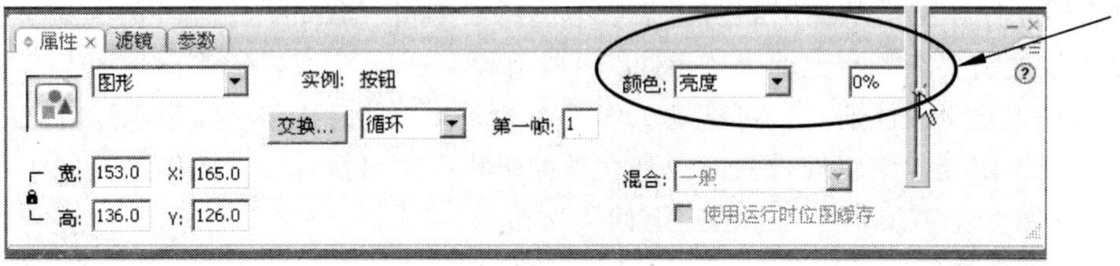

图 2-33　调节“亮度”

● 色调：用相同的色相为元件着色。可使用“属性”检查器中的色调滑块设置色调百分比，调整范围从透明（0%）到完全饱和（100%）。要选择颜色，可以在各自的文本框中输入红、绿和蓝色的值，或单击颜色框并从弹出列表中选择一种颜色，如图 2-34 所示。

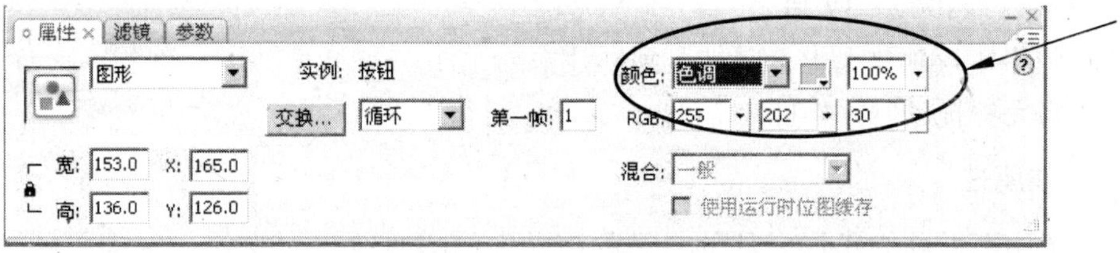

图 2-34　调节“色调”

● Alpha：用来调节元件的透明度，它的调整范围从透明（0%）到完全饱和（100%）。调节时，可以单击数值右侧小三角形并拖动滑块或在文本框中输入一个值。如图 2-35 所示。

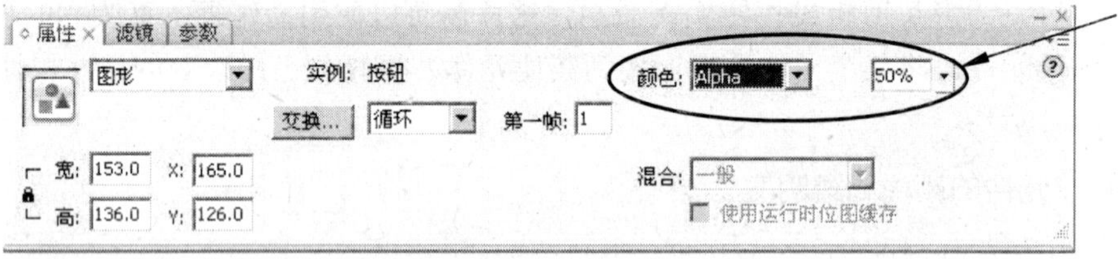

图 2-35　调节 Alpha 值

● 高级：用来分别调节元件的红、绿、蓝和 Alpha 的值，如图 2-36 所示。对于在诸如位图这样的对象上创建和制作具有微妙色彩效果的动画时，该选项非常有用。单击“设置”按钮，会弹出图 2-37 所示的“高级效果”对话框。左侧的选项使用户可以按指定的百分比降低颜色或透明度的值。右侧的选项使用户可以按常数值降低或增大颜色或 Alpha 的值。当前的红、绿、蓝和 Alpha 的值都乘以百分比值，然后加上右列中的常数值，会产生新的颜色值。例如，如果当前红色值是 100，此时把左侧的滑块设置到 50% 并把右侧滑块设置到 100，就会产生一个新的红色值 150（[100 × .5]+100=150）。

7．将一个元件与另一个元件交换

可以给实例指定不同的元件，从而在工作区中显示不同的实例，并保留所有的原始元件属性（如色彩效果或按钮动作）。

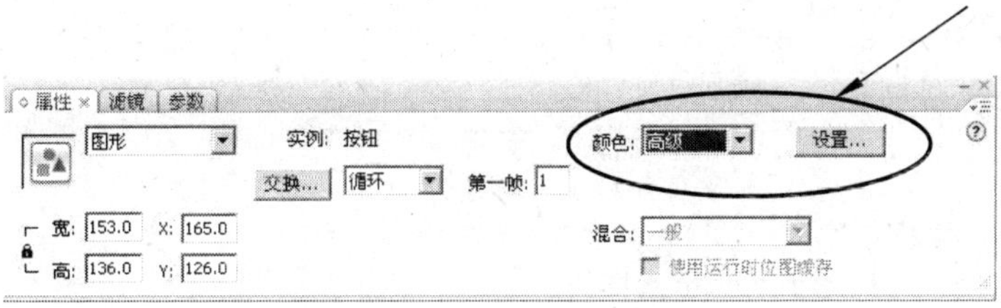

图 2-36　调节“高级”

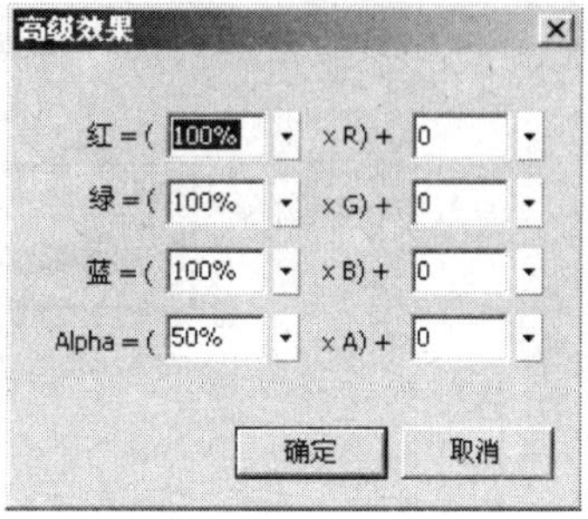

图 2-37　“高级效果”对话框

例如，假定用户正在使用 rat 元件创建一个卡通形象作为影片中的角色，但决定将该角色改为 cat。此时用户可以用 cat 元件替换 rat 元件，并让更新的角色出现在所有帧中大致相同的位置上。

给实例指定不同的元件的具体操作步骤如下：

（1）在工作区中选择该元件，然后执行菜单中的“窗口”|“属性”|“属性”（快捷键【Ctrl+F3】命令，调出“属性”面板。

（2）在“属性”面板中单击“交换”按钮，如图 2-38 所示。

（3）在弹出的“交换元件”对话框中，选择一个元件，然后单击“确定”按钮，该元件即可替换当前元件。如果要复制选定的元件，可单击在对话框底部的（直接复制元件）按钮，如图 2-39 所示。

（4）单击“确定”按钮。

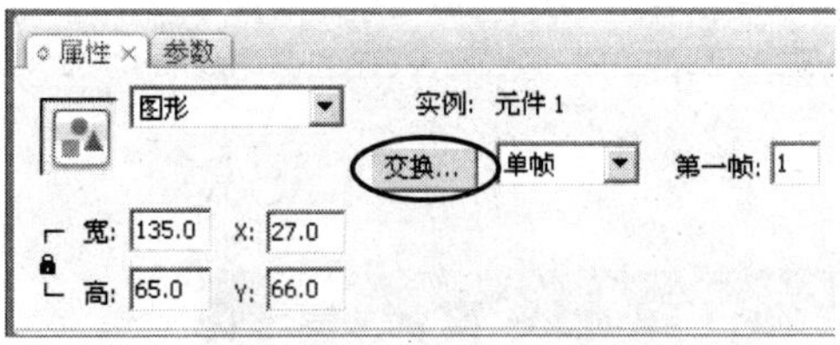

图 2-38　单击“交换”按钮

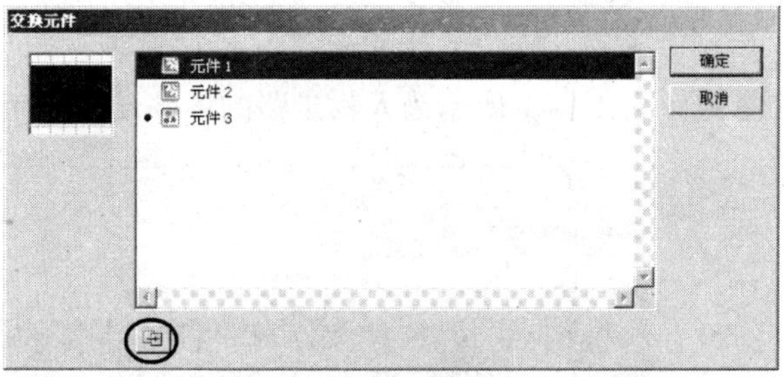

图 2-39　“交换元件”对话框

提示

在制作几个具有细微差别的元件时，复制可以在库中现有元件的基础上建立一个新元件，并将复制工作减到最少。

8．更改元件的类型

可以改变元件的类型来重新定义它在 Flash 应用程序中的行为。例如，如果一个图形元件包含想要独立于主时间轴播放的动画，可以将该图形元件重新定义为影片剪辑元件。

更改元件类型的具体操作步骤如下：

（1）在工作区中选择该元件，然后执行菜单中的“窗口”|“属性”|“属性”（快捷键【Ctrl+F3】命令，调出“属性”面板。

（2）从“属性”面板左上角的下拉列表中选择相应的元件类型，如图 2－40 所示。

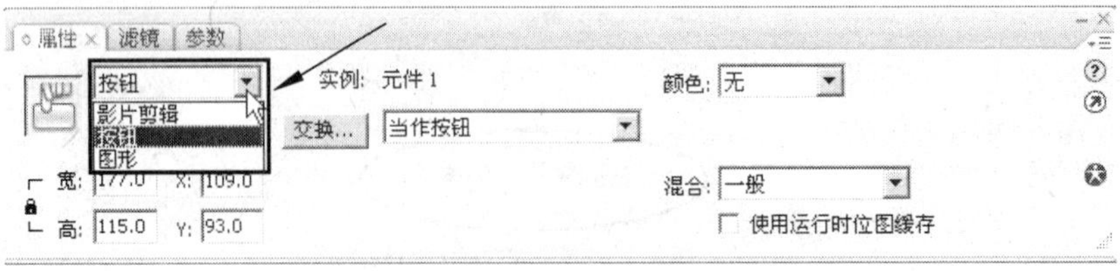

图 2-40　选择相应的元件类型

2.6　创建动画

Flash 是一个制作动画的软件，通过它可以轻松地制作出各种炫目的动画效果。Flash 中的动画可以分为逐帧动画、动画补间动画、形状补间动画、遮罩动画、引导层动画和时间轴特效动画 6 种类型，下面具体讲解它们的使用方法。

2.6.1　创建逐帧动画

1．逐帧动画的特点

逐帧动画是一种常见的动画形式，其原理是在连续的关键帧中分解动画动作，需要更改每一帧中的舞台内容，它最适合于每一帧中的图像都有改变，而且并非仅仅简单地在舞台上移动、淡入淡出、色彩变换、旋转的复杂动画。

制作逐帧动画的方法非常简单，只需要一帧一帧地绘制即可，关键在于动作设计及节奏的掌握。图 2－41 所示为人物走路的逐帧动画的画面分解图。

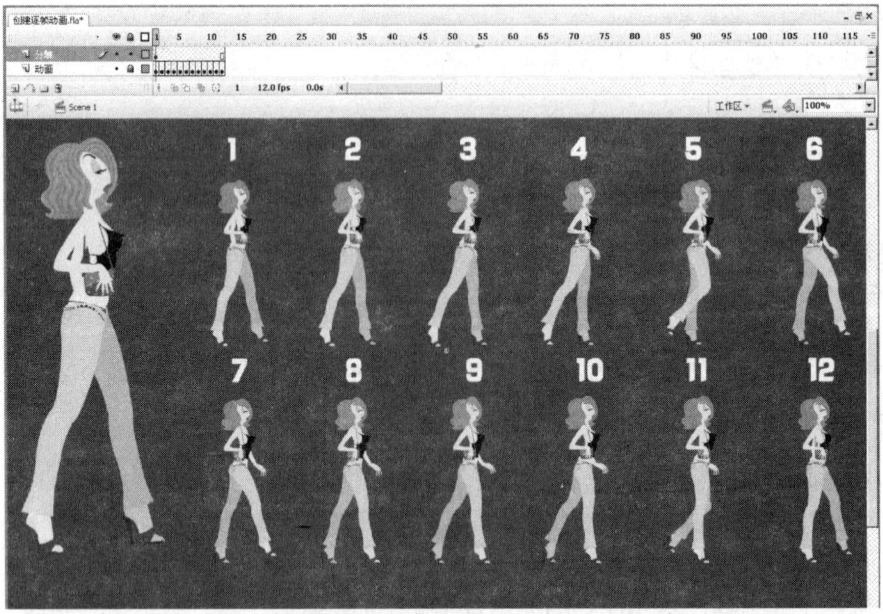

图 2-41　人物走路的逐帧动画的画面分解图

由于逐帧动画每一帧的内容都不一样，因此制作时非常烦琐，而且最终输出的文件也很大。但它也有自己的优势，它具有非常大的灵活性，几乎可以表现任何想表现的内容，很适于表现细腻的动画，如动画片中的人物走路、转身以及做各种动作。

2．创建逐帧动画的方法

创建逐帧动画的方法有以下 4 种：

● 导入静态图片：分别在每帧中导入静态图片，建立逐帧动画，静态图片的格式可以是 JPG、PNG 等。

● 绘制矢量图：在每个关键帧中，直接用 Flash 的绘图工具绘制出每一帧中的图形，图 2-41 所示的“逐帧动画.fla”就采用了这种方法。

● 导入序列图像：直接导入 JPG、GIF 序列图像。序列图像中包含多个帧，导入到 Flash 中后，将会把动画中的每一帧自动分配到每一个关键帧中。

● 导入 SWF 动画：直接导入已经制作完成的 SWF 动画也可以创建逐帧动画，或者可以导入第三方软件（如 swish、swift 3D 等）产生的动画序列。

2.6.2　创建形状补间动画

1．形状补间的特点

形状补间动画也是 Flash 中非常重要的动画之一，利用它可以制作出各种奇妙的变形效果，如动物之间的转变、文本之间的变化等。

形状补间适用于图形对象，可以在两个关键帧之间制作出变形效果，即让一种形状随时间变化变为另外一种形状，还可以对形状的位置、大小和颜色进行渐变。

Flash 可以对放置在一个图层上的多个形状进行形变，但通常一个图层上只放一个形状会产生较好的效果。利用形状提示点还可以控制更为复杂和不规则形状的变化。

2．创建形状补间的方法

下面通过一个字母变形的实例来讲解形状补间的创建方法，具体操作步骤如下：

（1）按【Ctrl+N】组合键，新建 Flash 文档。

（2）执行菜单中的“修改”|“文档”（快捷键【Ctrl+J】）命令，在弹出的“文档属性”对话框中将背景色设置为白色（#FFFFFF），文档尺寸设置为 500px × 500px，单击“确定”按钮。

（3）选择工具箱中的 T（文本工具），在“属性”面板中设置文本颜色为红色(#FF0000)，字号为 300，如图 2-42 所示。然后在舞台中输入文本 A。

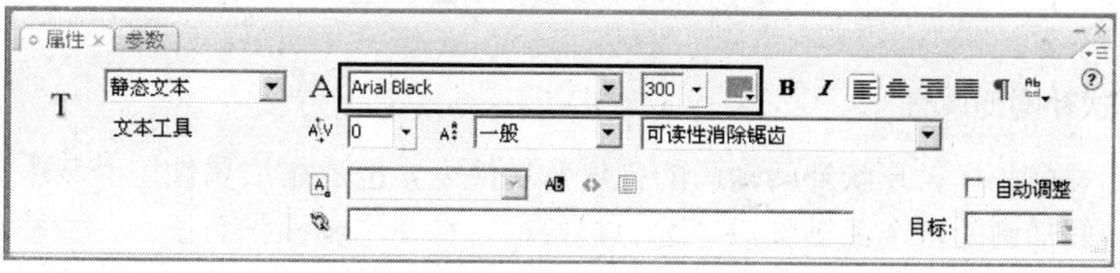

图 2-42　设置文本属性

（4）利用“对齐”面板，将文本居中对齐，如图2－43所示。然后执行菜单中的“修改”|“分离”（快捷键【Ctrl+B】）命令，将文本分离为图形，如图2－44所示。

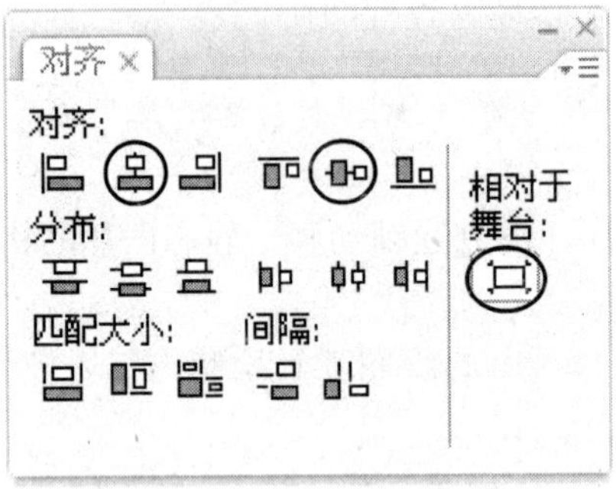

图2－43　将文字居中对齐

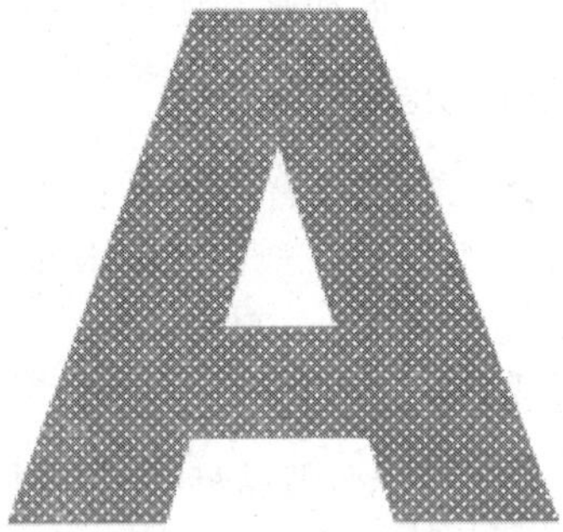

图2－44　将文本A分离为图形

（5）在第10帧按【F7】键插入空白关键帧，然后输入文本B，字色设为蓝色（#0000FF），然后执行菜单中的“修改”|“分离”（快捷键【Ctrl+B】）命令，将文本分离为图形，如图2－45所示。

（6）同理，分别在第20帧、第30帧按【F7】键插入空白关键帧，分别输入文本C和D，并设置为不同颜色，然后将文本分离为图形，如图2－46所示。

图2－45　将文本B分离为图形

(a) 文本C　(b) 文本D

图2－46　将文本C和D分离为图形

（7）在第40帧按【F7】键插入空白关键帧。然后右击第1帧，在弹出的快捷菜单中选择“复制帧”命令，接着右击第40帧，在弹出的快捷菜单中选择“粘贴帧”命令，从而将第1帧的内容原地粘贴到第40帧。

（8）选中“图层1”，然后在“属性”面板中设置“补间”为“形状”，如图2－47所示。

（9）执行菜单中的“控制”|“测试影片”（快捷键【Ctrl+Enter】）命令，即可看到文字从A过渡到B、然后从B过渡到C，接着从C过渡到D，最后从D过渡到A的效果，如图2－48所示。

3．形状补间的属性

与动画补间一样，形状补间动画的创建及属性设置也是在“属性”面板中完成的。当创建好形状补间动画的两个关键帧后，选中起始帧，打开“属性”面板，在“补间”下拉列表中选择“形状”选项。可以看到，形状补间动画的“属性”只有两个参数，如图2－49所示。

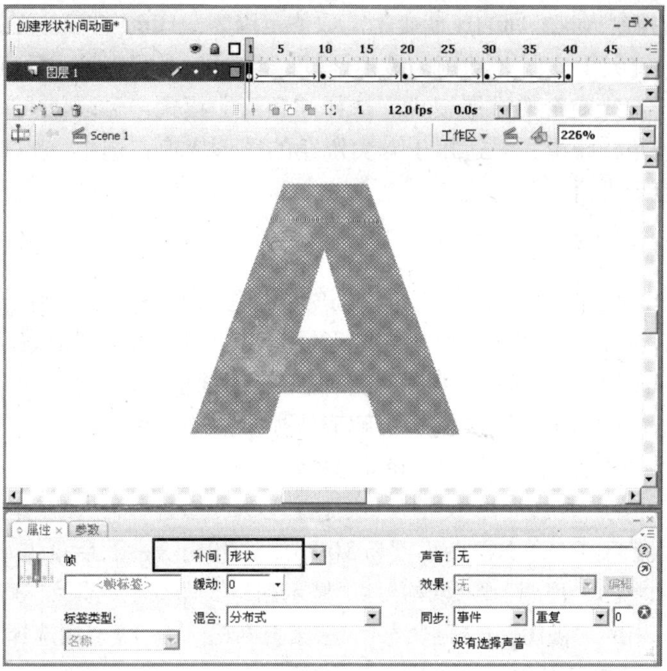

图 2−47　设置“图层 1”的“补间”为“形状”

图 2−48　字母变形效果

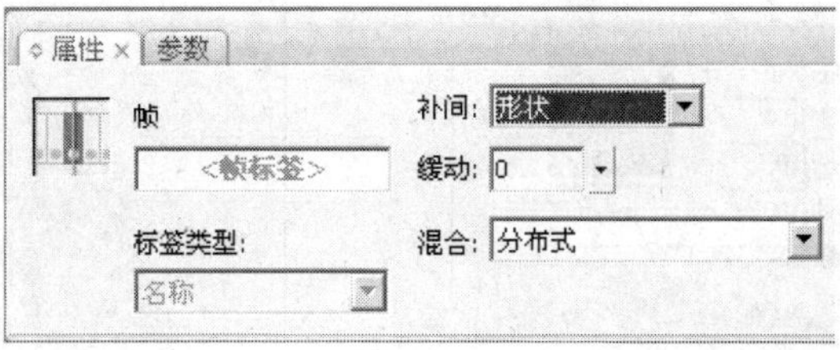

图 2−49　形状补间的“属性”面板

● 缓动：用于控制形状补间的速度变化。取值范围为 −100～100。当数值小于 0 时，动画为加速运动；当数值大于 0 时，动画为减速运动；当数值等于 0 时，动画为匀速运动。

● 混合：用于选择变形的过渡模式。选择“角形”模式，可以使中间帧的过渡形状保持关键帧上图形的棱角，此模式只适用于有尖锐角的图形变换；选中“分布式”模式，可以使中间帧的形状过渡更光滑、更随意。

4．形状提示点的应用

在以上介绍的形状补间动画中，图形之间的变形过渡是随机的。利用 Flash 的形状提示点，可以控制图形对应位置的精确变形。变形提示点用字母的小圆圈表示，英文字母表示部位的名称，最多可以用 26 个英文字母来代表图形上的部位。

下面通过一个旋转的三角锥实例来讲解形状提示点的使用方法，具体操作步骤如下：

（1）按【Ctrl+N】组合键，新建 Flash 文档。

（2）执行菜单中的“修改”|“文档”（快捷键【Ctrl+J】）命令，在弹出的“文档属性”对话框中将背景色设置为白色，文档大小设为 300px × 300px，然后单击“确定”按钮。

（3）执行菜单中的“视图”|“网格”|“显示网格”命令，结果如图 2−50 所示。

（4）执行菜单中的“视图”|“贴紧”|“贴紧至网格”命令，然后选择工具箱中的（直线工具），在工作区中绘制三角锥，如图 2−51 所示。

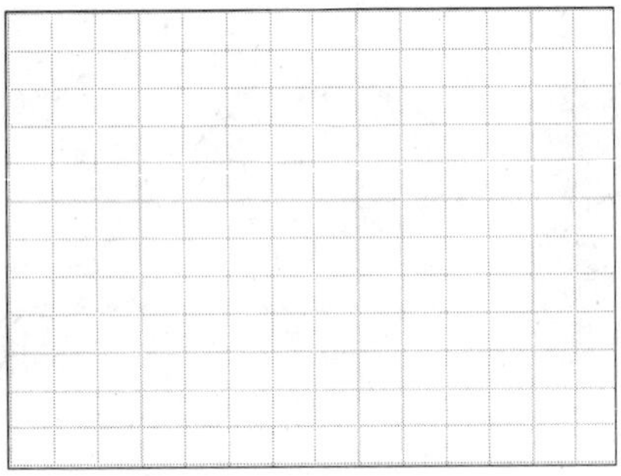

图 2−50　显示出网格

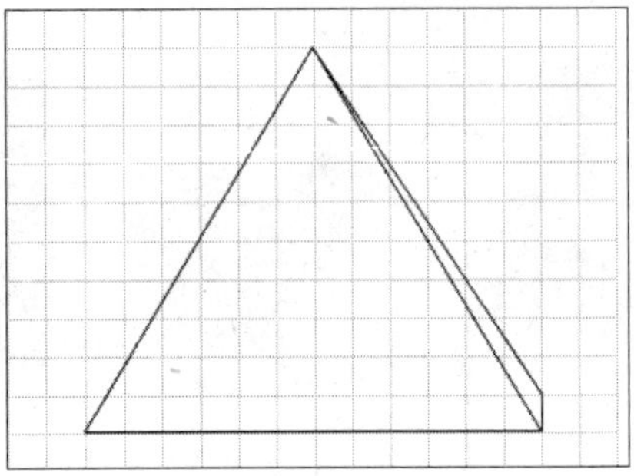

图 2−51　绘制三角锥

（5）选择工具箱中的（颜料桶工具），填充色设置成浅黄色到深黄色的线性渐变色，如图 2−52 所示，其中浅黄色的 RGB 值为（240，160，10）；深黄色的 RGB 值为（120，60，20），填充三角锥正面，效果如图 2−53 所示。

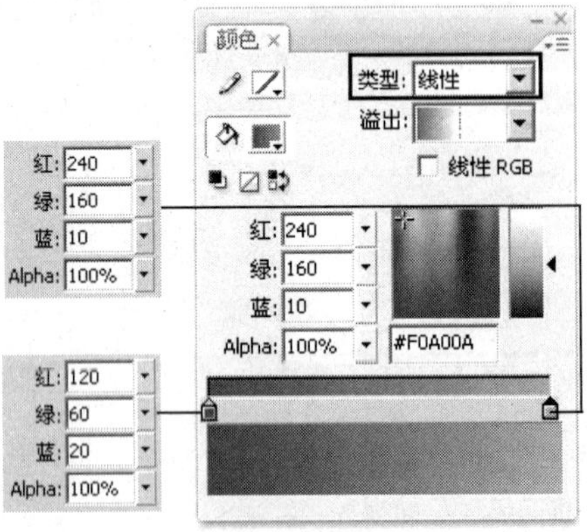

图 2−52　设置渐变色

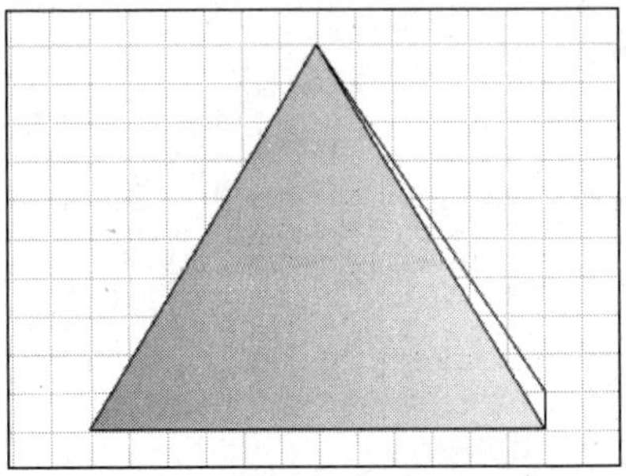

图 2−53　填充三角锥正面

（6）将填充色设置成深黄色到暗黄色的线性渐变色，其中深黄色的RGB值为（240，160，10）；暗黄色的RGB值为（120，70，20），填充三角锥的侧面，效果如图2－54所示。

（7）选择工具箱中的（选择工具），在工作区中双击三棱锥的轮廓线，将所有轮廓线选中，然后按【Delete】键删除，效果如图2－55所示。

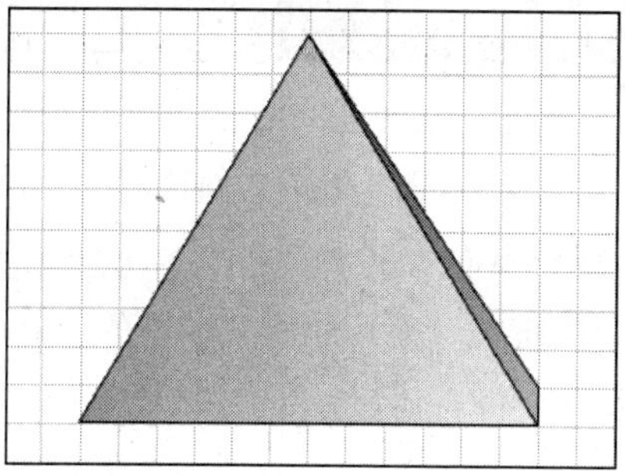
图2－54 填充三角锥侧面

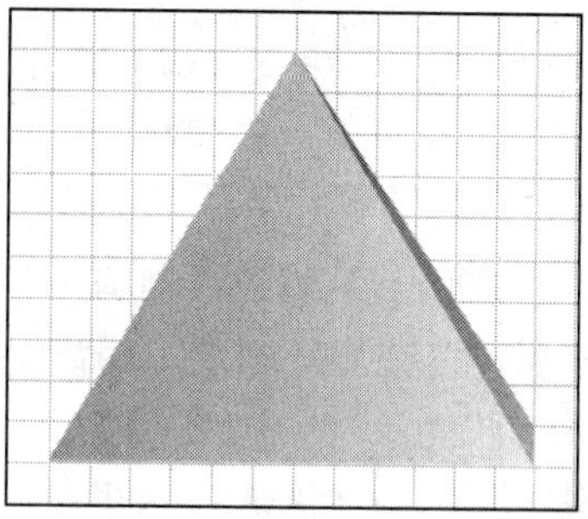
图2－55 删除黑色轮廓线

（8）调整渐变色的方向。方法：选择工具箱中的（填充变形工具），在工作区中单击三棱锥正面，然后调节渐变方向，如图2－56所示。

（9）同理，调节三棱锥的侧面渐变方向，如图2－57所示。

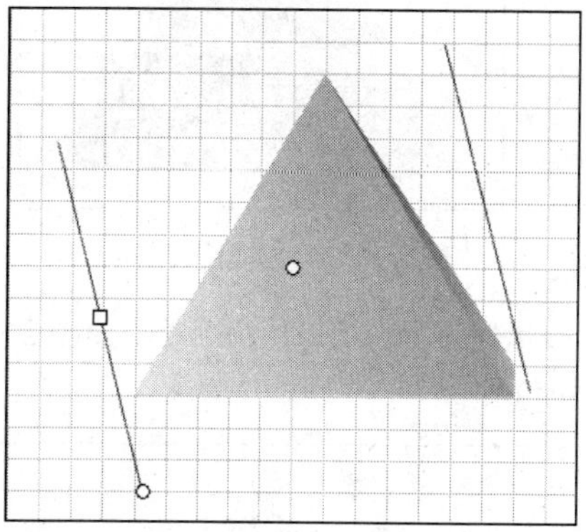
图2－56 调节正面渐变方向

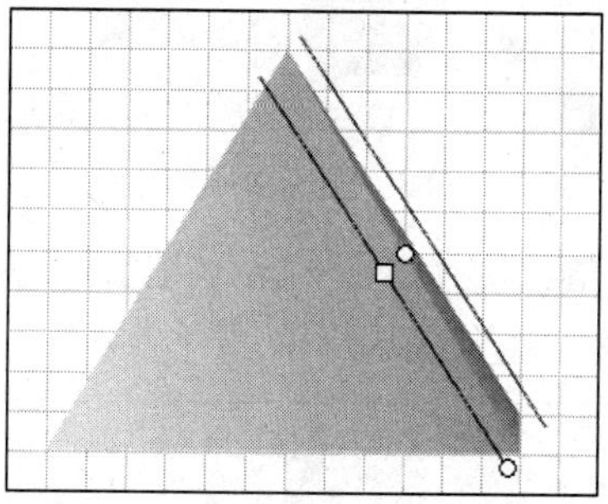
图2－57 调节侧面渐变方向

（10）在图层 1的第20帧右击，在弹出的快捷菜单中选择“插入关键帧”（快捷键【F6】）命令，在第20帧插入一个关键帧，如图2－58所示。

（11）选择工具箱中的（选择工具），单击工作区中三棱锥的右侧面。然后执行菜单中的“修改”|“变形”|“水平翻转”命令，接着将水平翻转后的右侧面移动到三棱锥左侧的位置，如图2－59所示。

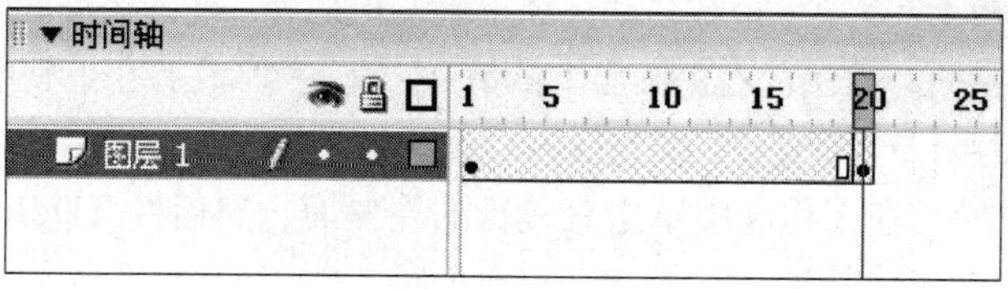

图2－58 插入关键帧

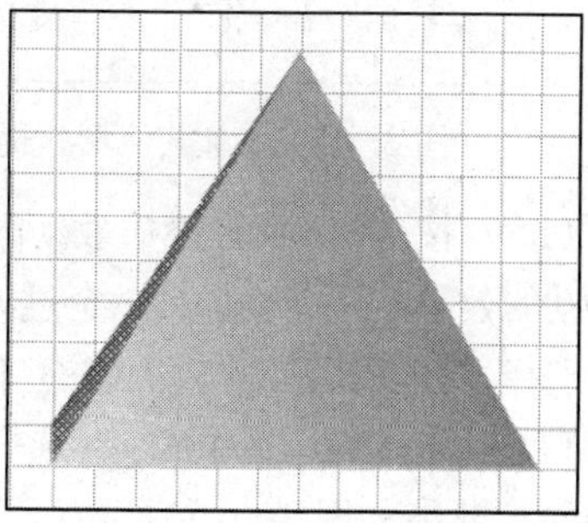
图2－59 水平翻转三棱锥侧面图形

（12）右击时间轴中的任意一帧，在“属性”面板中设置如图 2－60 所示，此时时间轴如图 2－61 所示。

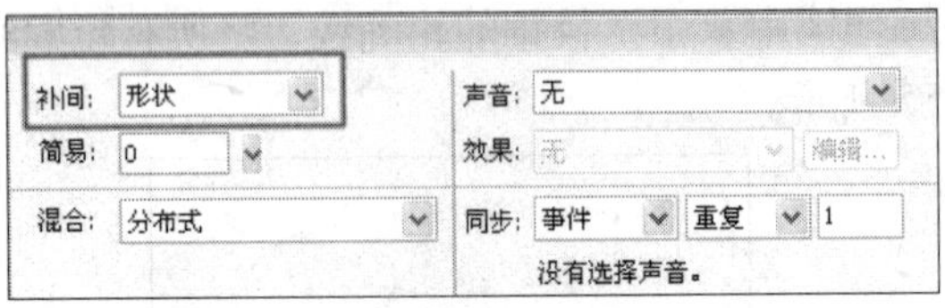

图 2－60　设置“补间”为“形状”

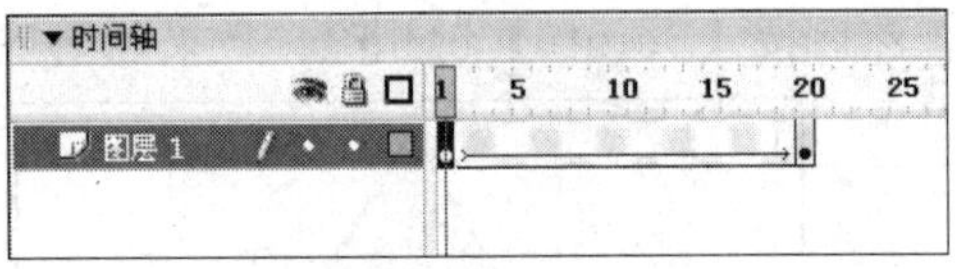

图 2－61　时间轴分布

（13）按【Enter】键播放动画，可以看到三棱锥的变形不正确，如图 2－62 所示。为此需要设置控制变形的基点。方法：选择图层 1 的第 1 个关键帧，然后执行菜单中的“修改”|“形状”|“添加形状提示”（快捷键【Ctrl+Shift+H】）命令，这时将在工作区中出现一个红色的圆圈，圆圈里面有一个字母 a，如图 2－57 所示。

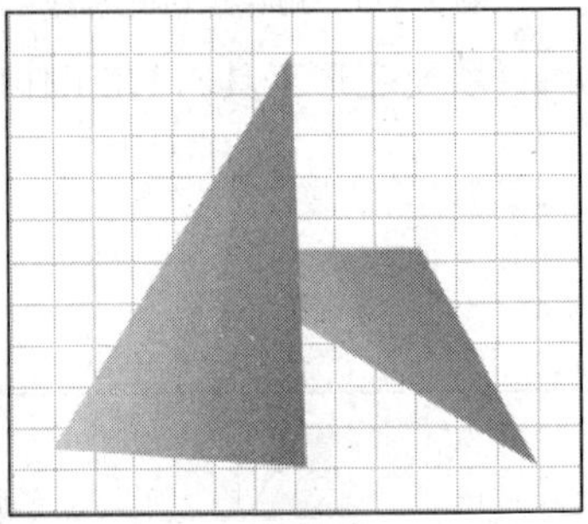

图 2－62　变形错误的效果

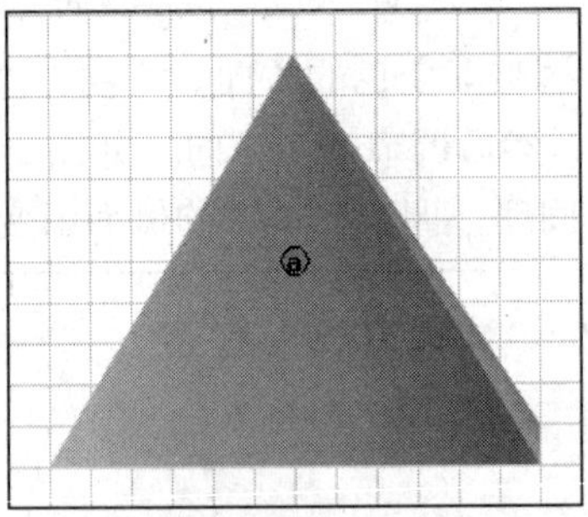

图 2－63　添加形状提示点 a

（14）继续按【Ctrl+Shift+H】组合键，添加形状提示 b、c、d、e 和 f，如图 2－64 所示。然后利用（选择工具）将它们移到图 2－65 所示的位置。

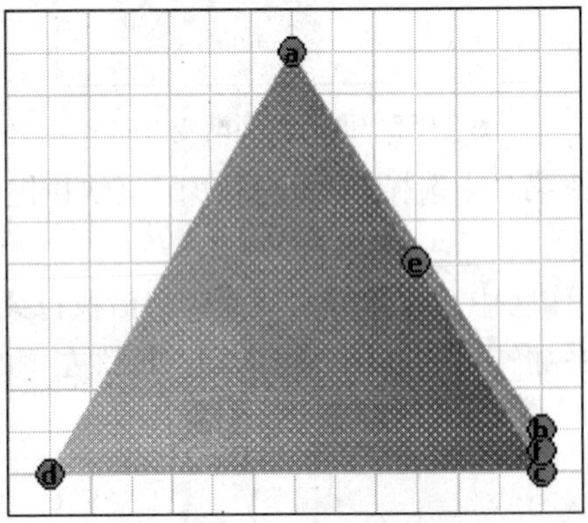

图 2－64　添加其他形状提示点

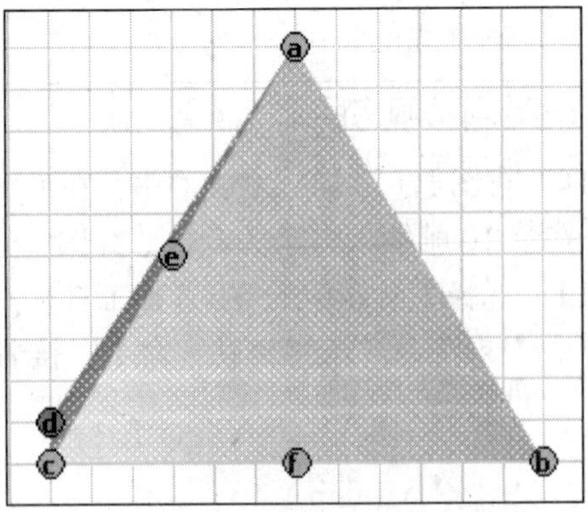

图 2－65　调整形状提示点的位置

（15）按【Enter】键播放动画，此时会发现三棱锥转动已经正确，但是为了使三棱锥产生连续转动的效果，还需要加入一个过渡关键帧。方法：右击图层 1 的第 21 帧，然后在弹出的快捷菜单中选择“插入关键帧”（快捷键【F6】）命令，在第 21 帧处插入一个关键帧。

（16）选择工具箱中的（选择工具），在工作区中单击三棱锥的左侧面。然后按【Delete】键删除，效果如图 2－66 所示。

（17）选择时间轴中图层 1 的第 22 帧，按【F5】键使图层 1 的帧数增至 22 帧，如图 2-67 所示。

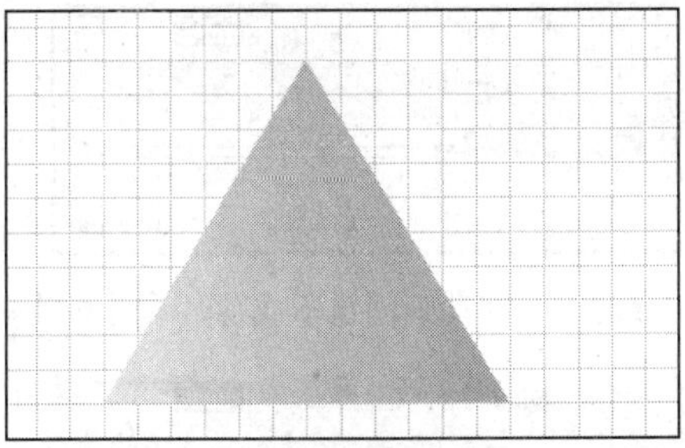

图 2-66 删除侧面图形

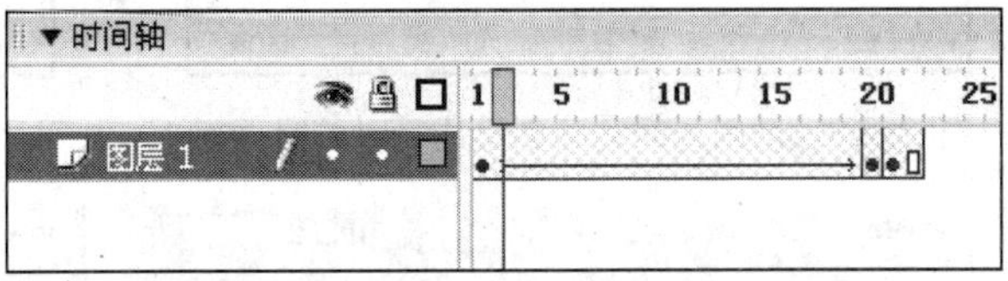

图 2-67 在图层 1 的第 22 帧添加普通帧

（18）执行菜单中的“控制”|“测试影片”（快捷键【Ctrl+Enter】)命令，即可看到三棱锥的旋转动画，如图 2-68 所示。

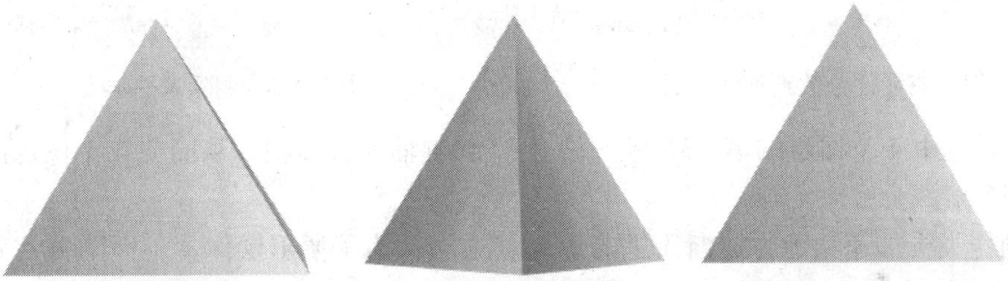

（a）第 1 帧 （b）第 10 帧 （c）第 21 帧

图 2-68 旋转的三角锥

2.6.3 创建动画补间动画

1．动画补间的特点

动画补间动画实际上就是给一个对象的两个关键帧分别定义不同的属性，如位置、颜色、透明度、角度等，并在两个关键帧之间建立一种变化关系，即补间动画关系。

构成动画补间的元素为元件或成组对象，而不能为形状，只有将形状组合或者转换成元件后才可以成功制作“动画补间动画”。

动画补间动画创建后，时间帧的背景色变为淡紫色，在起始帧和结束帧之间有一个长长的箭头，如图 2-69 所示。如果动画补间动画没有创建成功，在两个关键帧之间会呈现一条虚线，表示补间不完整或者错误，如图 2-70 所示。

2．创建动画补间的方法

下面通过一个实例来讲解动画补间的创建方法，具体操作步骤如下：

（1）执行菜单中的“文件”|“打开”命令，打开配套光盘“素材及结果\2.6.3 创建动画补间动画\飞行 - 素材.fla”文件。

（2）从“库”面板中将“背面”、“侧面”、“正面”和“天空”元件拖入舞台，然后同时在舞台中选择这 4 个元件，右击并从弹出的快捷菜单中选择“分散到图层”命令，此时 4 个元件会被分散到 4 个不同的图层，并根据元件的名称自动命名其所在图层，如图 2-71 所示。

（3）删除多余的“图层 1”。方法：选择“图层 1”，单击 按钮，即可将其删除，此时时间轴分布如图 2-72 所示。

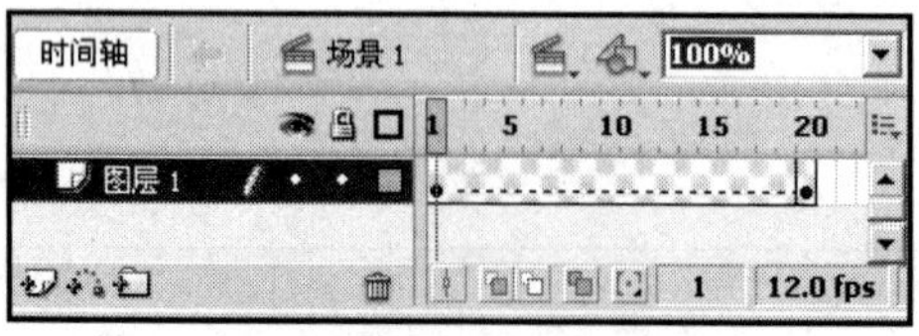

图 2-69　动画补间动画创建成功时的时间轴

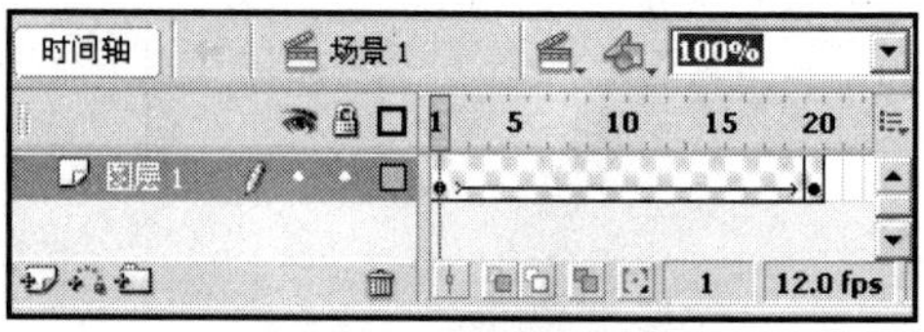

图 2-70　动画补间动画创建不成功时的时间轴

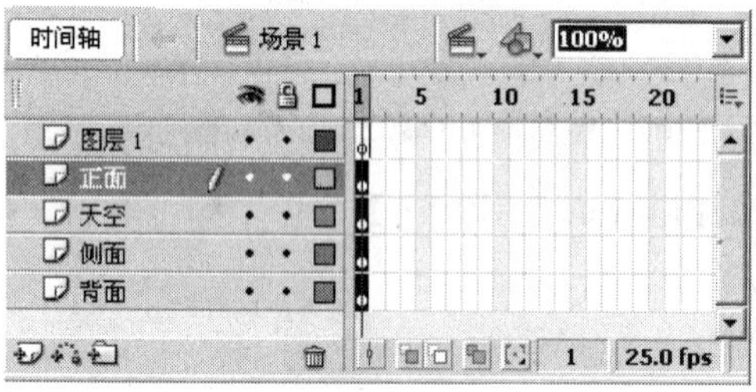

图 2-71　将元件分散到不同图层

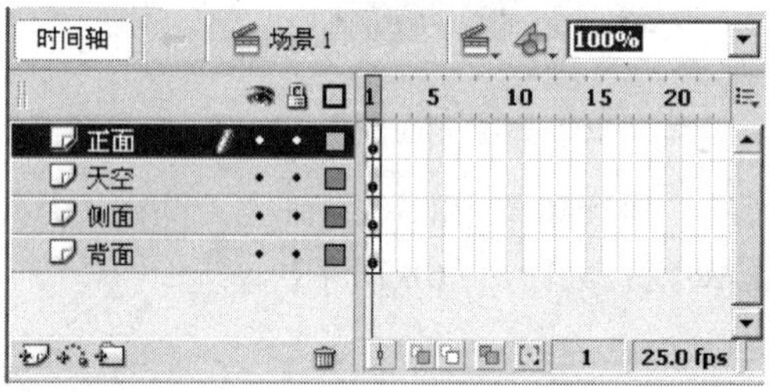

图 2-72　删除“图层 1”

（4）同时选中 4 个图层的第 135 帧，按【F5】键插入普通帧，从而使 4 个图层的总长度延长到第 135 帧。

（5）制作飞机加速从远方逐渐飞进的效果。方法：为了便于操作，下面隐藏“背面”和“正面”图层。然后在“侧面”图层的第 70 帧按【F6】键插入关键帧。再在第 1 帧将舞台中的“侧面”元件移动到舞台左上角，并适当缩小，如图 2-73（a）所示。接着在第 70 帧将舞台中的“侧面”元件移动到舞台右侧中间部分，并适当缩小和旋转一定角度，如图 2-73（b）所示。再单击“侧面”图层第 1～70 帧之间的任意一帧，在“属性”面板中将“补间”设为“动画”，“缓动”设为“-100”，最后在“侧面”层的第 71 帧按【F7】键插入空白关键帧。此时时间轴分布如图 2-74 所示。

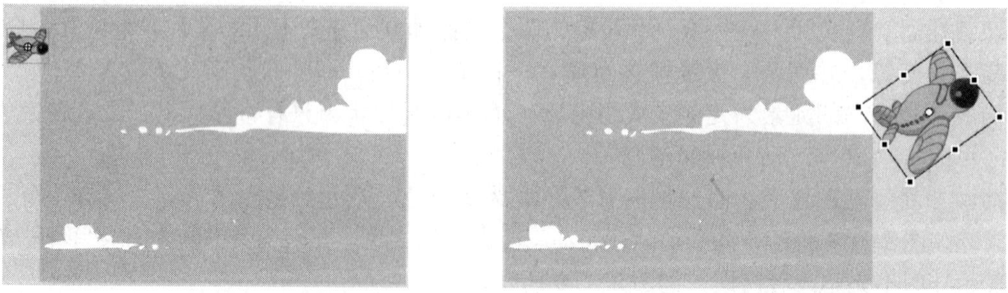

（a）第 1 帧　　　　（b）第 70 帧

图 2-73　“侧面”元件的位置和大小

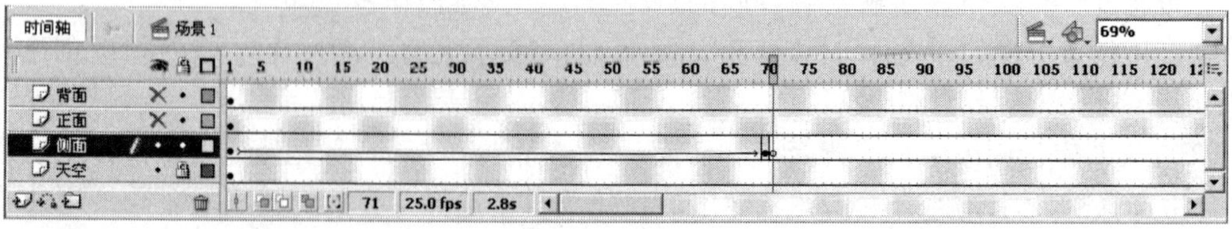

图 2-74　时间轴分布

（6）制作飞机旋转着冲向镜头的效果。方法：显现“正面”图层，然后将“正面”图层的第1帧移动到第75帧，再调整“正面”元件的位置和大小如图2-75（a）所示。接着在第95帧按【F6】键插入关键帧，再调整“正面”元件的位置和大小如图2-75（b）所示。最后在“正面”层的第96帧按【F7】键插入空白关键帧。此时时间轴分布如图2-76所示。

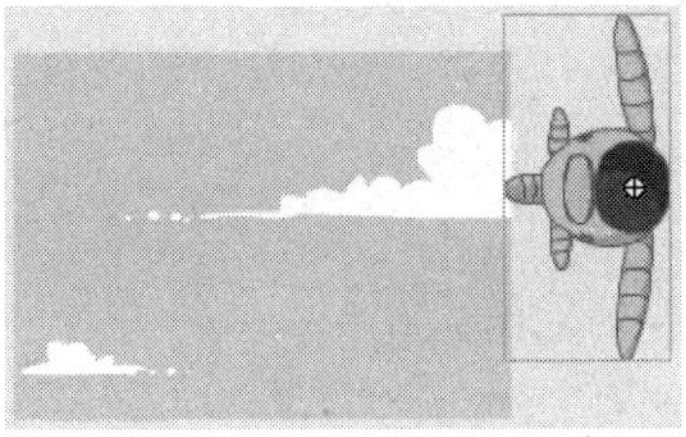

（a）第75帧

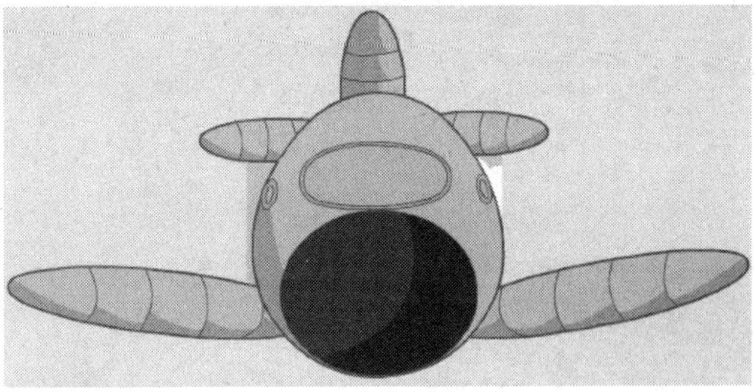

（b）第95帧

图2-75 “正面”元件的位置和大小

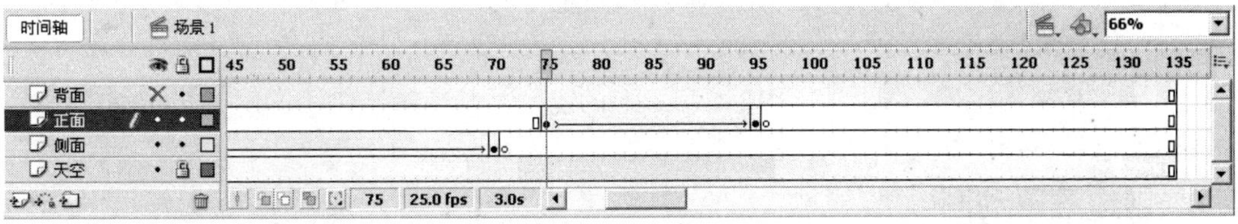

图2-76 时间轴分布

（7）制作飞机掉头逐渐飞远的效果。方法：显现“背面”图层，然后将“背面”图层的第1帧移动到第96帧，再调整“背面”元件的位置和大小如图2-77（a）所示。接着在第135帧按【F6】键插入关键帧，再调整“背面”元件的位置和大小如图2-77（b）所示。此时时间轴分布如图2-78所示。

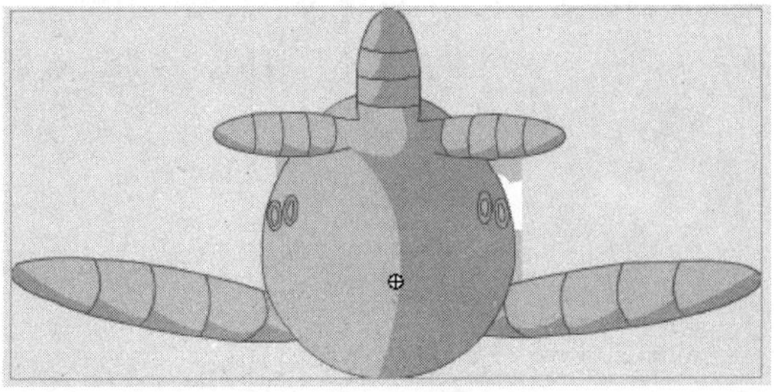

（a）第1帧

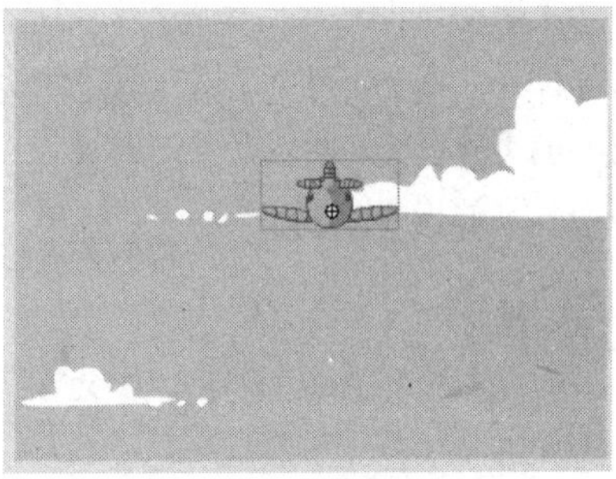

（b）第135帧

图2-77 “背面”元件的位置和大小

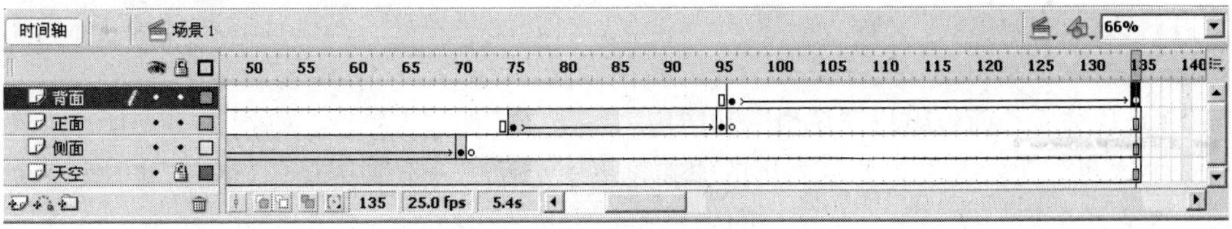

图2-78 时间轴分布

(8) 执行菜单中的“控制”|“测试影片”(快捷键【Ctrl+Enter】)命令，就可以看到飞机从左上方飞入舞台，然后旋转着冲向镜头，再掉头逐渐飞远的效果，如图2-79所示。

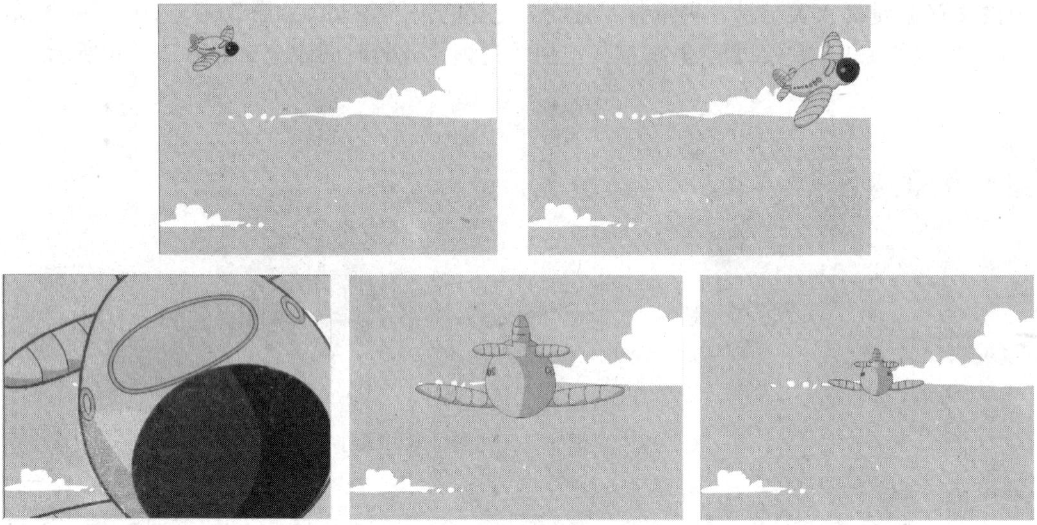

图2-79　飞行的镜头效果

2.6.4　创建遮罩动画

1. 遮罩动画的特点

在Flash中，图层分为好几种，其中一种就是遮罩图层。想象一下，假设现在正透过窗户观看窗外的美景，我们所能看到的只是窗户这个范围而已，其他的景物都被墙壁遮住了。Flash中的遮罩与此现象非常类似。

遮罩动画是通过遮罩层来完成的。遮罩的原理就是将某层作为遮罩，遮罩层下的一层是被遮罩层，而只有遮罩层中填充色块下面的内容可见，色块本身是不可见的。作为遮罩层的对象可以是填充的形状、文字对象、图形元件和影片剪辑元件。图2-80所示为遮罩层和被遮罩层的图解说明。

提示

按钮元件是不可以作为遮罩对象的。

2. 创建遮罩动画的方法

下面通过一个实例来讲解遮罩动画的创建方法，具体操作步骤如下：

(1) 执行菜单中的“文件”|“打开”命令，打开配套光盘“素材及结果\2.6.4 创建遮罩动画\寄信－素材.fla”文件。

(2) 从“库”面板中将“信封”和“信箱”两个元件拖入舞台，如图2-81所示。然后同时选中这两个元件，右击并从弹出的快捷菜单中选择“分散到图层”命令，此时两个元件会被分配到两个新的图层中，且图层的名称和元件的名称相同，如图2-82所示。

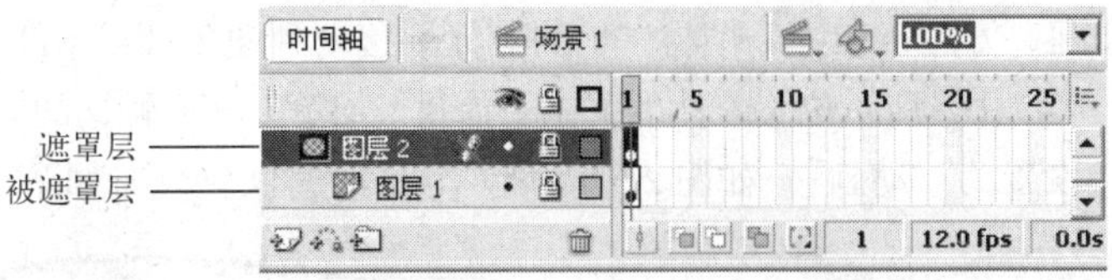

（a）“时间轴”面板

（b）遮罩层中的对象

（c）被遮罩层中的对象

（d）遮罩后效果

图 2–80　遮罩层和被遮罩层的图解说明

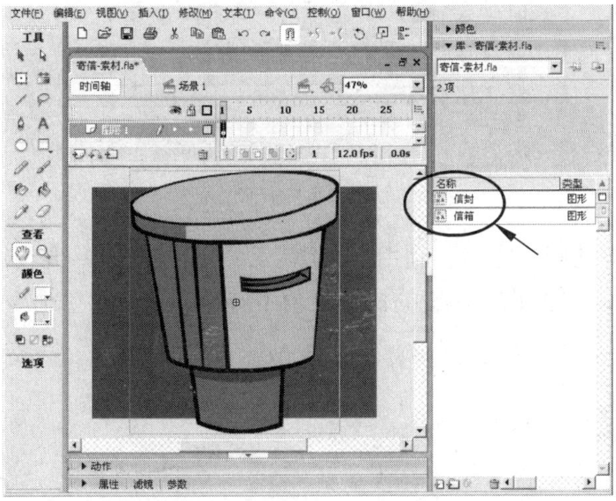

图 2–81　将元件拖入舞台

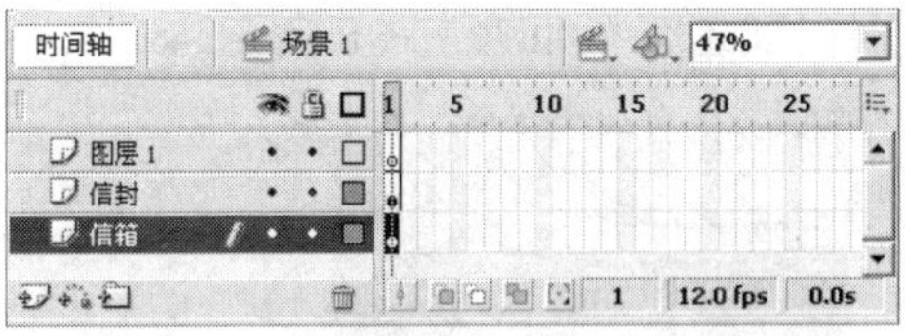

图 2–82　将元件分散到不同图层

（3）同时选择 3 个图层，在第 30 帧按【F5】键插入普通帧，从而使这 3 个图层的总长度延长到第 30 帧。然后在“信封”层的第 30 帧按【F6】键插入关键帧，此时时间轴分布如图 2–83 所示。

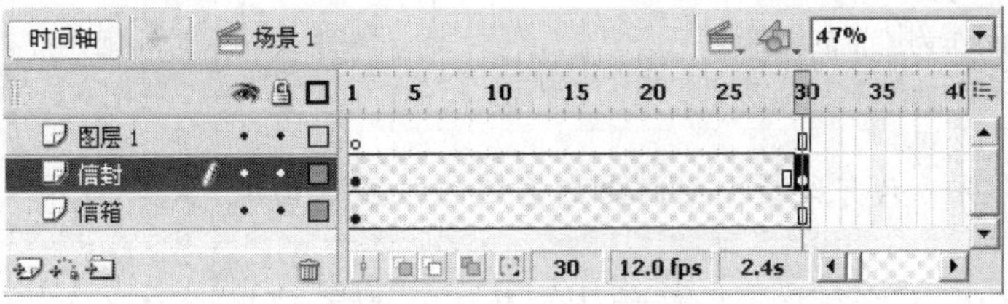

图 2–83　时间轴分布

（4）制作信封移动动画。方法：在第1帧将“信封”元件移动到图2-84（a）所示位置，在第30帧将信封移动到图2-84（b）所示位置。然后单击“信封”层第1～30帧之间的任意一帧，在“属性”面板中将“补间”设置为“动画”，如图2-85所示，此时时间轴分布如图2-86所示。

（a）第1帧

（b）第30帧

图2-84 “信封”元件的位置

图2-85 “补间”设置为“动画”

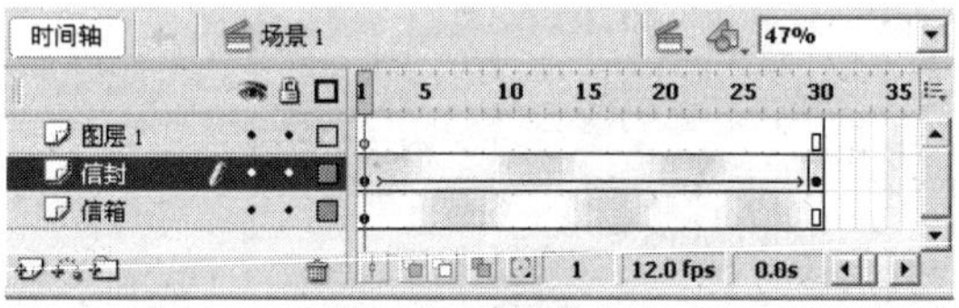

图2-86 时间轴分布

（5）利用遮罩制作信封进入信箱后消失动画。方法：利用（钢笔工具）绘制图形并调整形状，如图2-87所示。然后选择“图层1”，右击并从弹出的快捷菜单中选择“遮罩层”命令，此时时间轴分布如图2-88所示。

图2-87 绘制作为遮罩的图形

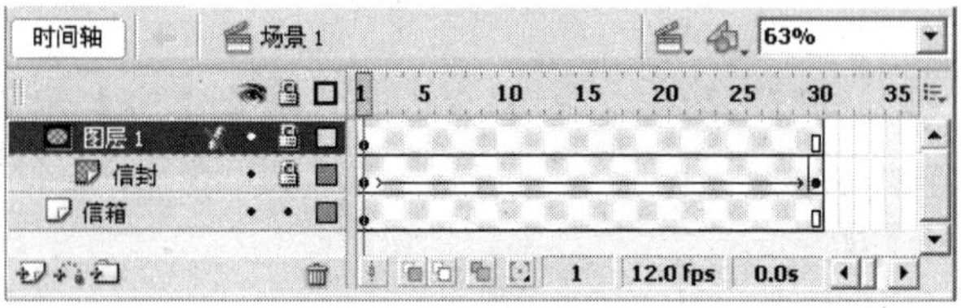

图2-88 时间轴分布

提示

使用遮罩层后只有遮罩图形以内的区域能被显示出来。

（6）执行菜单中的“控制”|“测试影片”(快捷键【Ctrl+Enter】)命令，即可看到信封进入邮箱后消失的动画，如图2-89所示。

图 2-89 寄信动画效果

2.6.5 创建引导层动画

1. 引导层动画的特点

前面讲解了多种类型的动画效果，大家一定注意到了，这些动画的运动轨迹都是直线。可是在实际中，有很多运动轨迹是圆形的、弧形的，甚至是不规则曲线的，如围绕太阳旋转的行星运动轨迹等。在 Flash 中可以通过引导层动画来实现此类动画效果。

要制作引导层动画至少需要两个图层，一是引导层，在这个图层中有一条辅助线作为运动路径，引导层中的对象在动画播放时是看不到的；二是被引导层，用于放置沿路径运动的动画。图 2-90 所示为引导层和被引导层的图解说明。

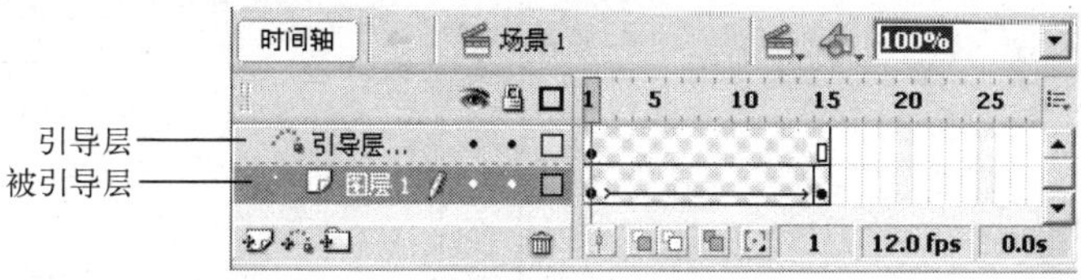

（a）“时间轴”面板

（b）被引导层中的对象

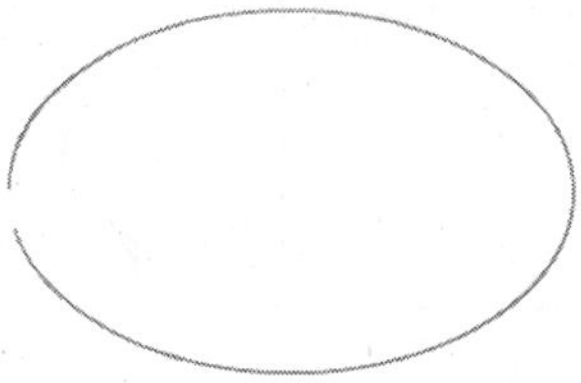

（c）引导层中的对象

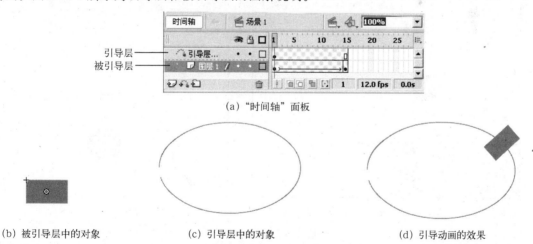

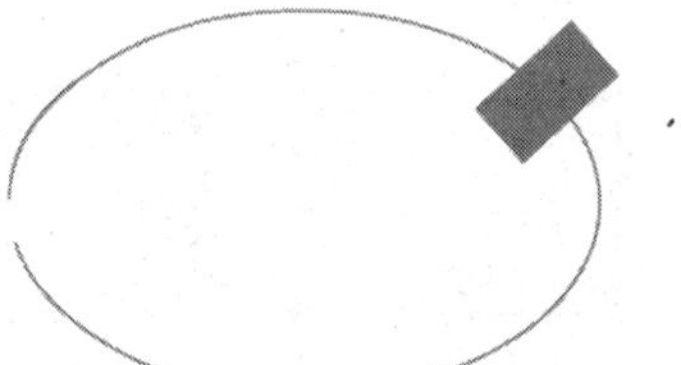

（d）引导动画的效果

图 2-90 引导层和被引导层的图解说明

2. 创建引导层动画的方法

下面通过一个实例来讲解引导层动画的创建方法，具体操作步骤如下：

（1）按【Ctrl+N】组合键，新建 Flash 文档。

（2）选择工具箱中的（椭圆工具），在笔触颜色选项中选择，填充颜色选项中选择，然后在舞台中绘制正圆形。

（3）执行菜单中的“修改”|“转换为元件”（快捷键【F8】）命令，在弹出的“转换为元件”对话框中设置如图 2-91 所示，然后单击“确定”按钮。

（4）在时间轴的第 30 帧按【F6】键插入一个关键帧。然后右击第 1 帧，在弹出的快捷菜单中选择“创建补间动画”命令，此时“时间轴”面板如图 2－92 所示。

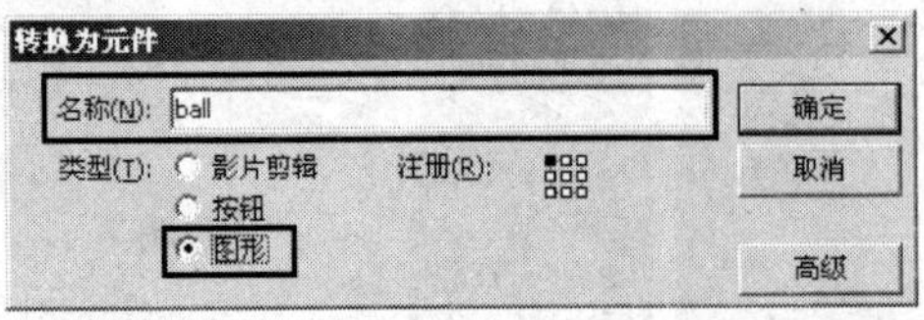

图 2－91 “转换为元件”对话框

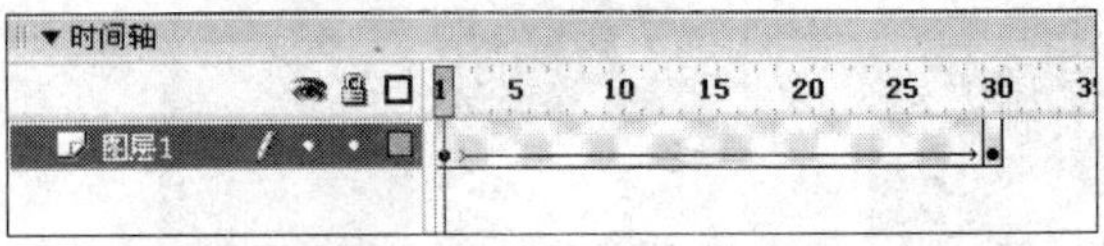

图 2－92 创建补间动画

（5）单击“时间轴”面板左下方的（添加运动引导层）按钮，添加导引层如图 2－93 所示。

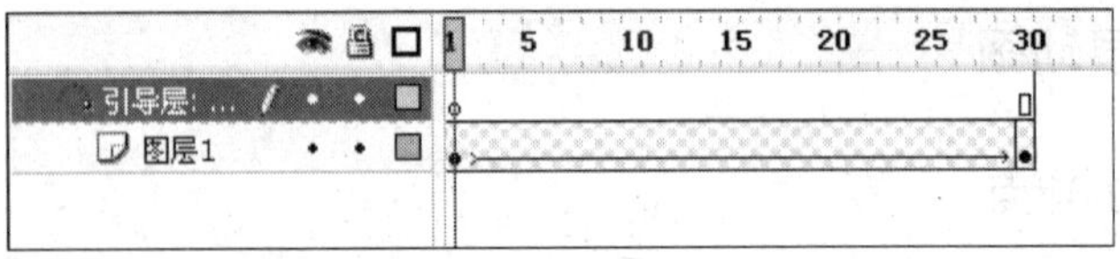

图 2－93 添加引导层

（6）选择工具箱中的（椭圆工具），笔触颜色设为，填充颜色设为，然后在工作区中绘制椭圆形，效果如图 2－94（a）所示。

（7）选择工具箱中的（选择工具），框选椭圆的下半部分，按【Delete】键删除，效果如图 2－94（b）所示。

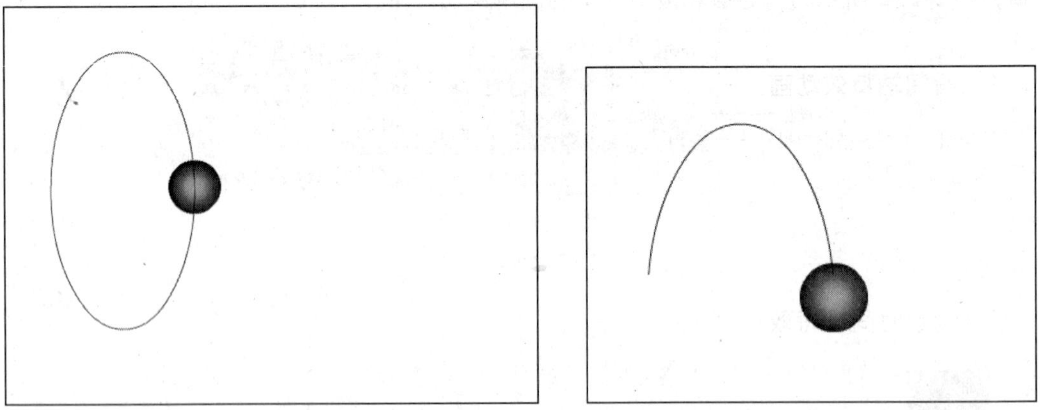

（a）绘制椭圆　　（b）删除椭圆下半部分

图 2－94 绘制路径

（8）同理，绘制其余的 3 个椭圆并删除下半部分。

（9）利用工具箱中的（选择工具）将 4 个圆相接。然后回到“图层 1”，在第 1 帧时放置小球如图 2－95（a）所示；在第 30 帧放置小球如图 2－95（b）所示。

提示

每两个椭圆间只能有一个点相连接，如果相接的不是一个点而是线，小球则会沿直线运动而不是沿圆形路径运动。

（10）执行菜单中的“控制”|“测试影片”(快捷键【Ctrl+Enter】)命令，即可看到小球依次沿 4 个椭圆运动的效果。

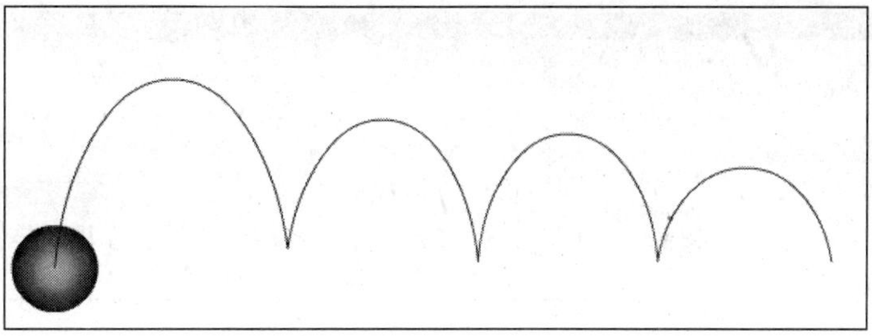

(a) 第1帧

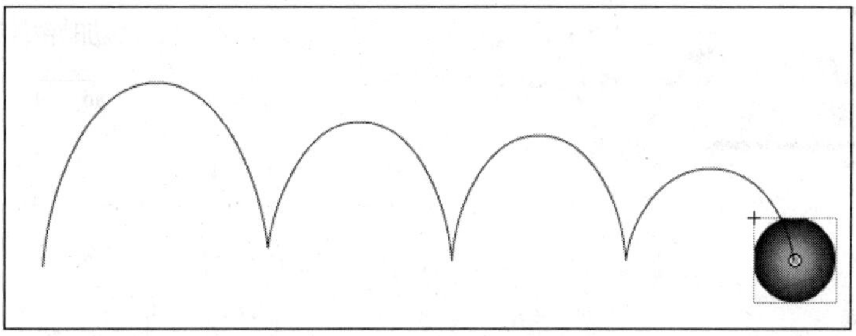

(b) 第30帧

图2-95 放置小球位置

2.6.6 创建时间轴特效动画

1．时间轴特效动画的特点

Flash CS3的时间轴特效将Flash动画中一些常用的效果制作成简单的命令，使用户只要选中动画的对象再执行相关命令即可。从而省去了大量重复、机械的操作，提高了动画开发效率。时间轴特效的应用对象有文本、图形（包括矢量图、组合对象和元件）、位图以及按钮元件等。

2．创建时间轴特效动画的方法

Flash CS3的时间轴特效有“变形”、“转换”、“复制到网格”、“分散式直接复制”、“分离”、“展开”、“投影”和“模糊”8种。下面分别说明这几种特效的参数及其设置方法。

（1）变形。使用“变形”特效可以调整对象的位置、缩放比例、旋转角度、透明度和色彩值，从而制作出淡入/淡出、飞进/飞出、膨胀/收缩和左旋/右旋的效果。

设置“变形”时间轴特效的具体操作步骤如下：

① 按【Ctrl+N】组合键，新建Flash文档。

② 利用工具箱中的（矩形工具）在舞台中绘制一个笔触颜色为红色、填充为（无色）的矩形。接着单击工具栏中的（对齐）按钮调出“对齐”面板，将矩形居中对齐，如图2-96所示。

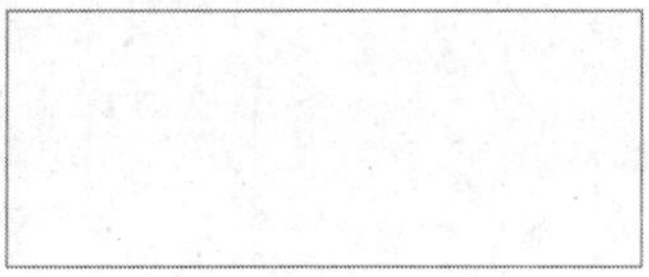

图2-96 绘制矩形

③ 执行菜单中的“插入”|“时间轴特效”|“变形/转换”|“变形”命令，弹出图2-97所示的对话框。

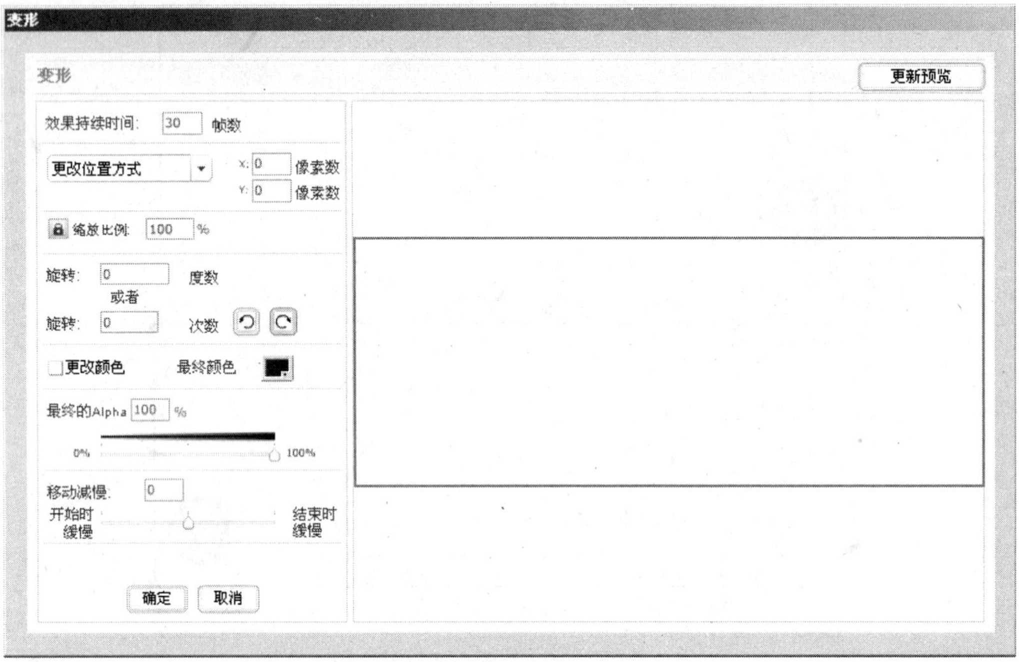

图 2-97 “变形”对话框

它的具体参数含义如下：

● 效果持续时间：用于设置变形特效持续的时间。

● 更改位置方式：设置 x 和 y 轴方向的偏移量。

● 缩放比例：锁定时，x 和 y 轴使用相同的比例缩放；解锁时，可以分别设置 x 和 y 轴的缩放比例。

● 旋转（度数）：设置对象的旋转角度。

● 旋转（次数）：设置对象的旋转次数。

● 更改颜色：选择此复选框将改变对象的颜色；取消选择此复选框将不改变对象的颜色。

● 最终颜色：单击此颜色框可以指定对象最终的颜色。

● 最终的 Alpha：设置对象最终的透明度。

● 移动减慢：用于设置旋转运动的加速或减速变化。

④ 此处将“效果持续时间”设为 30 帧，“最终颜色”设为黄色，“旋转（次数）”设为 2，“缩放比例”设为 20%，单击“确定”按钮。

⑤ 按【Enter】键播放动画，即可看到矩形旋转变小且颜色由红色变为黄色的动画，如图 2-98 所示。

图 2-98 变形效果

（2）转换。使用“变形”特效可以对对象进行擦除、淡入淡出处理，或二者的组合处理，从而产生逐渐过渡的效果。

设置“转换”时间轴特效的具体操作步骤如下：

① 按【Ctrl+N】组合键，新建Flash文档。

② 执行菜单中的“文件”|“打开”命令，打开配套光盘“素材及结果\2.6.6 创建时间轴特效动画\变形.fla”文件，如图2-99所示。

③ 执行菜单中的“插入”|“时间轴特效”|“变形/转换”|“转换”命令，弹出图2-100所示的对话框。

图2-99 打开文件

图2-100 “转换”对话框

它的具体参数含义如下：

● 效果持续时间：用于设置转换特效持续的时间。

● 方向：通过选择“入”或“出”可以设置过渡特效的方向。

● 淡化：选择此复选框和“入”单选按钮，获得淡入效果；选择此复选框和“出”单选按钮，获得淡出效果；取消选择复选框，则取消淡入淡出效果。

● 涂抹：选择此复选框和“入”单选按钮，获得擦入效果；选择此复选框和“出”单选按钮，获得擦出效果；取消选择复选框，则取消涂抹效果。

● 移动减慢：用于设置淡入淡出或擦除运动的加速或减速变化。

④ 此处将“效果持续时间”设为30帧，选择“淡化”复选框，选择“入”单选按钮，然后单击“确定”按钮。

⑤ 按【Enter】键播放动画，即可看到花的淡入动画，如图 2−101 所示。此时时间轴分布如图 2−102 所示。

图 2−101　花的淡入效果

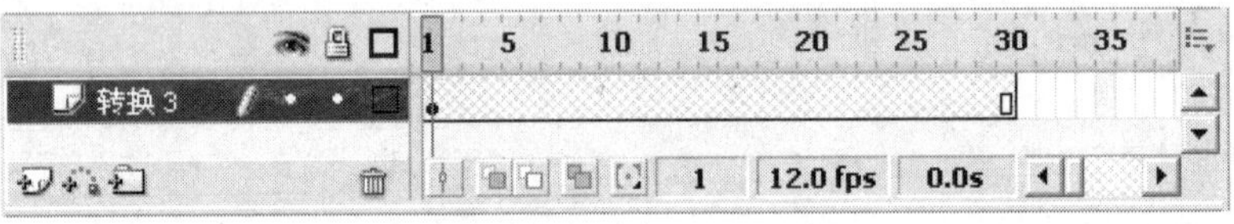

图 2−102　时间轴分布

（3）复制到网格。使用“复制到网格”特效可以按列数复制选定的对象，然后按照“列数×行数”创建该元素的副本。

设置“复制到网格”时间轴特效的具体操作步骤如下：

① 按【Ctrl+N】组合键，新建 Flash 文档。

② 执行菜单中的“文件”|“打开”命令，打开配套光盘“素材及结果\2.6.6 创建时间轴特效动画\复制到网格.fla”文件，如图 2−103 所示。

图 2−103　打开文件

③ 执行菜单中的“插入”|“时间轴特效”|“帮助”|“复制到网格”命令，弹出图 2−104 所示的对话框。

它的具体参数含义如下：

● 网格尺寸：网格尺寸中的“行数”用于设置网格的行数；“列数”用于设置网格的列数。

● 网格间距：网格间距中的“行数”用于设置行间距（以像素为单位）；“列数”用于设置列间距（以像素为单位）。

④ 此处将所有参数均设为 3，单击“确定”按钮，效果如图 2−105 所示。

（4）分散式直接复制。“分散式直接复制”特效可以根据设置的次数复制选定对象。

设置“分散式直接复制”时间轴特效的具体操作步骤如下：

① 按【Ctrl+N】组合键，新建 Flash 文档。

② 执行菜单中的“文件”|“打开”命令，打开配套光盘“素材及结果\2.6.6 创建时间轴特效动画\分散式直接复制.fla”文件，如图 2−106 所示。

③ 执行菜单中的“插入”|“时间轴特效”|“帮助”|“分散式直接复制”命令，弹出图 2−107 所示的对话框。

图 2–104　“复制到网格”对话框

图 2–105　复制到网格效果

图 2–106　打开文件

图 2–107　“分散式直接复制”对话框

它的具体参数含义如下：

- 副本数量：用于设置副本的个数。
- 偏移距离：偏移距离中的 X 用于设置 x 方向的偏移量；Y 用于设置 y 方向的偏移量。
- 偏移旋转：用于设置偏移旋转的角度。
- 偏移起始帧：用于设置偏移开始的帧编号。
- 缩放比例：用于设置缩放的方式和比例。
- 更改颜色：选择此复选框将改变副本的颜色；取消选择此复选框将不改变副本的颜色。
- 最终颜色：单击此颜色框可以指定副本最终的颜色。
- 最终 Alpha：用于设置最终副本的 Alpha 透明度百分数。

④ 此处将“副本数量”设为 3，“偏移距离”中 X 设为 80，Y 设为 30，“缩放比例”设为 80%，单击“确定”按钮，效果如图 2–108 所示。

图 2-108　分散式直接复制效果

（5）分离。使用“分离”命令可以使文本或复杂组合对象（元件、矢量图或视频剪辑）产生打散、旋转和向外抛撒的效果。

设置“分离”时间轴特效的具体操作步骤如下：

① 按【Ctrl+N】组合键，新建 Flash 文档。

② 执行菜单中的“文件”|“导入”|“导入到舞台”命令，导入配套光盘“素材及结果\2.6.6　创建时间轴特效动画\背景.jpg”文件。

③ 将舞台大小与“背景.jpg”相匹配。方法：将图片左上角移动到舞台左上角，然后执行菜单中的“修改”|“文档”命令，在弹出的对话框中选择“内容”单选按钮，如图 2-109 所示，单击“确定”按钮。效果如图 2-110 所示。

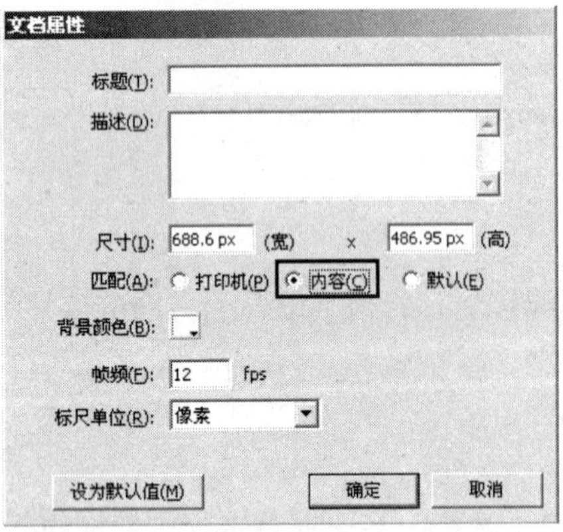

图 2-109　选择“内容”单选按钮

图 2-110　将舞台大小与“背景.jpg”相匹配

④ 执行菜单中的“插入”|“时间轴特效”|“效果”|“分离”命令，弹出图 2-111 所示的对话框。

它的具体参数含义如下：

- 效果持续时间：用于设置分离特效持续的时间。

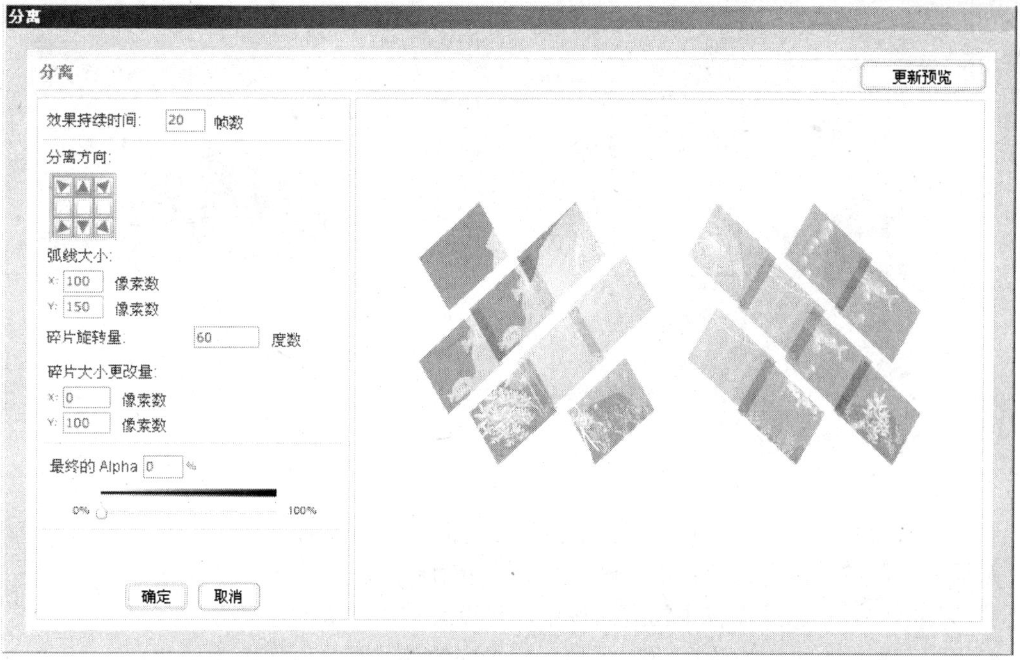

图 2-111 “分离”对话框

- 分离方向：单击此图标中的方向按钮，可选择分离时元素的运动方向。
- 弧线大小：用于设置 x 和 y 方向的偏移量(以像素为单位)。
- 碎片旋转量：用于设置碎片的旋转角度。
- 碎片大小更改量：设置碎片的大小（以像素为单位）。
- 最终的 Alpha：用于设置分离效果最后一帧的透明度。

⑤ 保持默认参数，单击“确定”按钮。

⑥ 按【Enter】键播放动画，即可看到图片分离的动画效果，如图 2-112 所示。

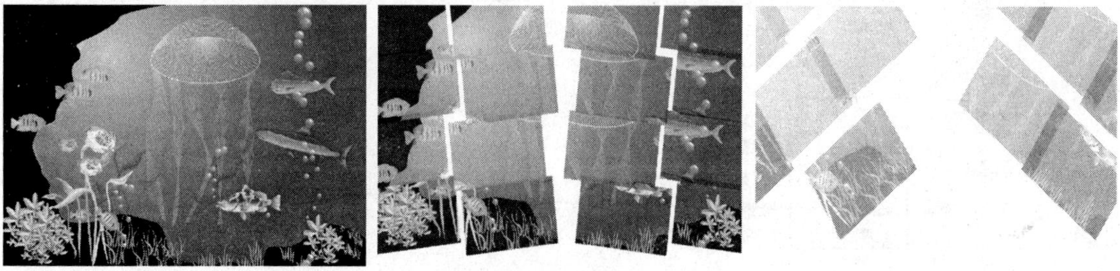

图 2-112 分离效果

（6）展开。“展开”命令用于扩展、收缩对象。

设置“展开”时间轴特效的具体操作步骤如下：

① 按【Ctrl+N】组合键，新建 Flash 文档。

② 执行菜单中的“文件”|“打开”命令，打开配套光盘“素材及结果\2.6.6 创建时间轴特效动画\展开.fla”文件，如图 2-113 所示。

③ 执行菜单中的“插入”|“时间轴特效”|“效果”|“展开”命令，弹出图 2-114 所示的对话框。

图 2-113　打开文件

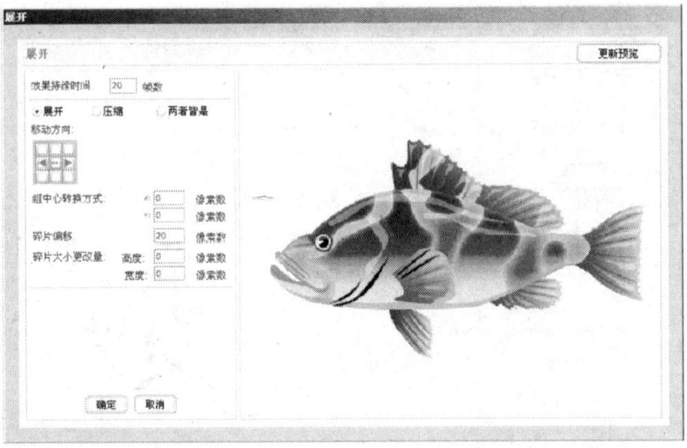

图 2-114　“展开”对话框

它的具体参数含义如下：

- 效果持续时间：用于设置展开特效持续的时间。
- 展开、压缩、两者皆是：用于设置特效的运动形式。
- 移动方向：单击此图标中的方向按钮，可设置扩展特效的运动方向。
- 组中心转换方式：设置运动在 x 和 y 轴方向的偏移量（以像素为单位）。
- 碎片偏移：设置碎片（如文本中的每个中文字或字母）的偏移量。
- 碎片大小更改量：用于改变碎片的高度和宽度。

④ 此时设置参数如图 2-115 所示，单击“确定”按钮。

⑤ 按【Enter】键播放动画，即可看到鱼从左上角运动到右下角、由小变大的动画效果，如图 2-116 所示。

图 2-115　设置参数

图 2-116　展开效果

（7）投影。使用“投影”命令可以使选定的对象产生投影效果。

设置“投影”时间轴特效的具体操作步骤如下：

① 按【Ctrl+N】组合键，新建 Flash 文档。

② 执行菜单中的“文件”|“打开”命令，打开配套光盘“素材及结果\2.6.6　创建时间轴特效动画\投影.fla”文件，如图 2-117 所示。

③ 执行菜单中的“插入”|“时间轴特效”|“效果”|“投影”命令，弹出图 2-118 所示的对话框。

图2-117 打开文件

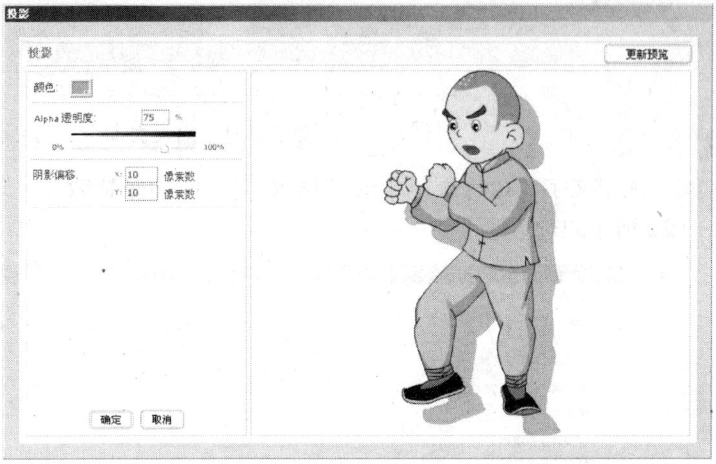

图2-118 “投影”对话框

它的具体参数含义如下：

- 颜色：单击此颜色框，可以设置阴影的颜色。
- Alpha 透明度：用于设置阴影的 Alpha 透明度百分数。
- 阴影偏移：用于设置阴影在 x 和 y 轴方向的偏移量。

④ 此处将“Alpha 透明度”设为30，单击“确定”按钮，效果如图2－119所示。

（8）模糊。使用“模糊”命令可以改变对象的 Alpha 值、位置及缩放比例，从而创建出运动模糊特效。

设置“模糊”时间轴特效的具体操作步骤如下：

① 按【Ctrl+N】组合键，新建 Flash 文档。

② 执行菜单中的“修改”|“文档”（快捷键【Ctrl+J】）命令，在弹出的“文档属性”对话框中设置参数如图2－120所示，然后单击“确定”按钮。

图2-119 投影效果

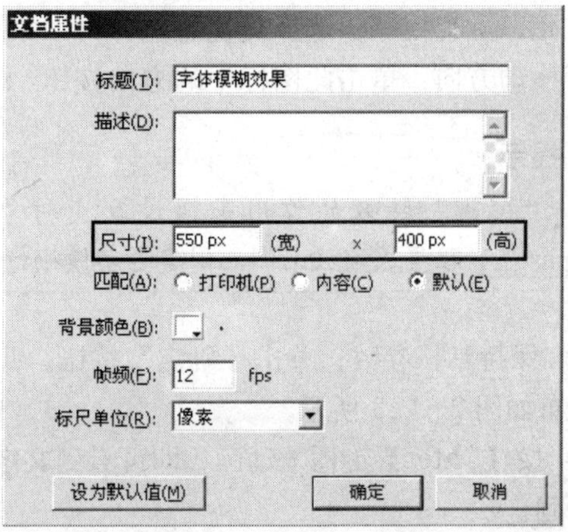

图2-120 设置文档属性

③ 选择工具箱中的 T（文本工具），在工作区中输入文字“中国数码视频网”，字体为“隶书”，字体大小为45，字体颜色为橘黄色（#FF9900），然后将文字居中对齐，如图2－121所示。

图 2–121　输入文本

④ 选中文字，执行菜单中的“插入”|“时间轴特效”|“效果”|“模糊”命令，弹出图 2–122 所示的对话框。

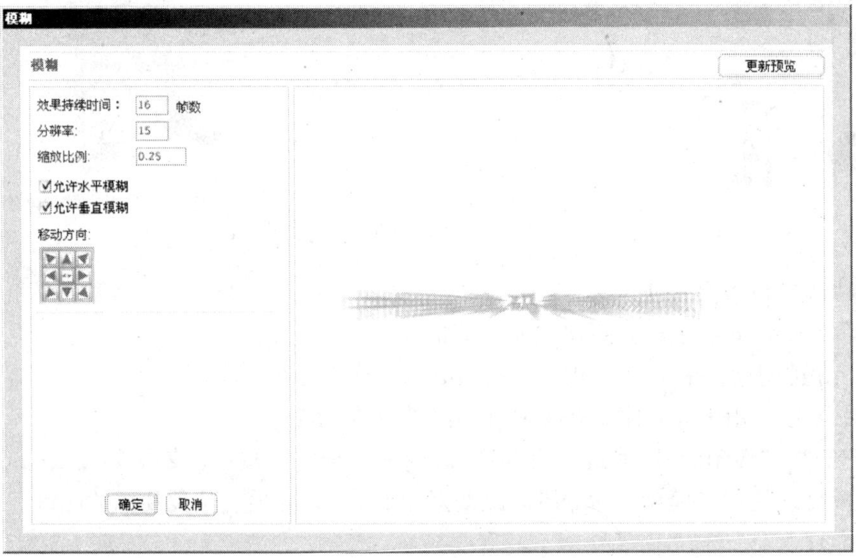

图 2–122　“模糊”对话框

它的具体参数含义如下：

- 效果持续时间：用于设置模糊特效持续的时间。
- 允许水平模糊：选择此复选框，可以设置在水平方向产生模糊效果。
- 允许垂直模糊：选择此复选框，可以设置在垂直方向产生模糊效果。
- 移动方向：单击此图标中的方向按钮，可以设置运动模糊的方向。

提示

“模糊”特效的作用是通过改变对象的Alpha值、位置或缩放比例，创建运动模糊特效。

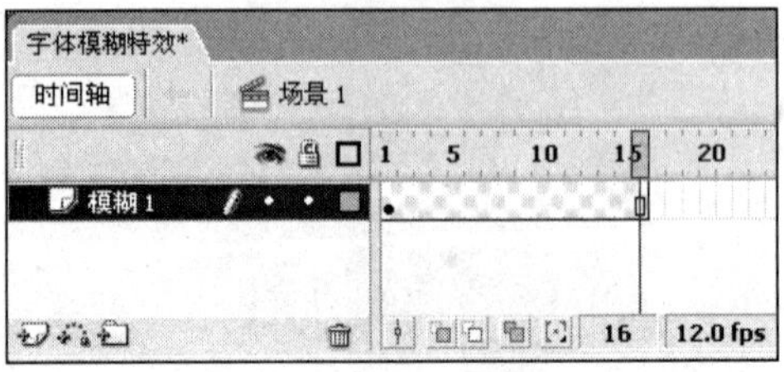

图 2–123　时间轴分布

⑤ 保持默认参数，单击“确定”按钮，此时时间轴分布如图 2–123 所示。

⑥ 按【Enter】键播放动画，即可看到文字逐渐模糊动画。

提示 1

当对时间轴特效不满意时，可以选择要编辑特效的对象，单击“属性”面板中的“编辑”按钮，对动画进行修改，如图 2-124 所示。

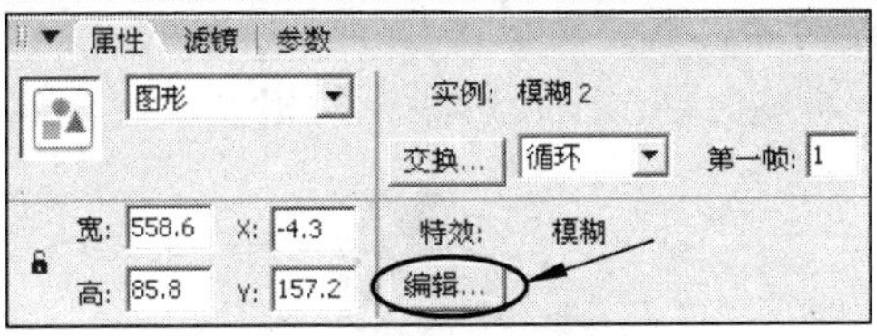

图 2-124 单击“编辑”按钮

提示 2

时间轴特效中的“模糊”效果与字体滤镜中的“模糊”效果是不同的，前者可以直接产生动画，而后者不能直接产生动画。

2.7 滤镜与混合

利用滤镜和混合能更加丰富动画效果，本节将具体讲解它们的应用方法。

2.7.1 滤镜的应用

利用滤镜可以为文本、按钮和影片剪辑元件增添视觉效果，从而增强对象的立体感和逼真性。

1．初识滤镜效果

Flash 提供了投影、模糊、发光、斜角、渐变发光、渐变斜角和调整颜色 7 种滤镜，这些滤镜的作用如下：

- 投影：为对象添加一个表面投影的效果。
- 模糊：用来柔化对象的边缘和细节。可使对象看起来好像位于其他对象的后面，或者使对象看起来好像是运动的。
- 发光：为对象的整个边缘应用颜色。
- 斜角：为对象应用加亮效果，使其看起来凸出于背景表面。可以创建内斜角、外斜角或者完全斜角。
- 渐变发光：用于在发光表面产生带渐变颜色的发光效果中。
- 渐变斜角：用于产生一种凸起效果，使得对象看起来好像从背景上凸起，且斜角表面有渐变颜色。
- 调整颜色：用于调整所选对象的亮度、对比度、色相和饱和度。

图 2-125 所示为 7 种滤镜的效果比较。

2．为对象添加滤镜效果

为对象添加滤镜效果的具体操作步骤如下：

（1）选中能被添加效果的文本、影片剪辑或按钮元件。

（2）在“属性”面板中单击“滤镜”标签，切换到“滤镜”面板，如图 2-126 所示。

（3）单击 ✚（添加滤镜）按钮，从弹出的图 2-127 所示的下拉列表中选择要应用的滤镜种类，此处选择“投影”滤镜，即可看到对象被添加了投影效果。此时“滤镜”面板左侧会显示出添加的投影滤镜名称，右侧会显示出投影滤镜的相关参数，如图2-128所示。

（a）未使用滤镜前

（b）投影

（c）模糊

（d）发光

（e）斜角

（f）渐变发光

（g）渐变斜角

（h）调整颜色

图2-125　滤镜的效果比较

图2-126　“滤镜”面板

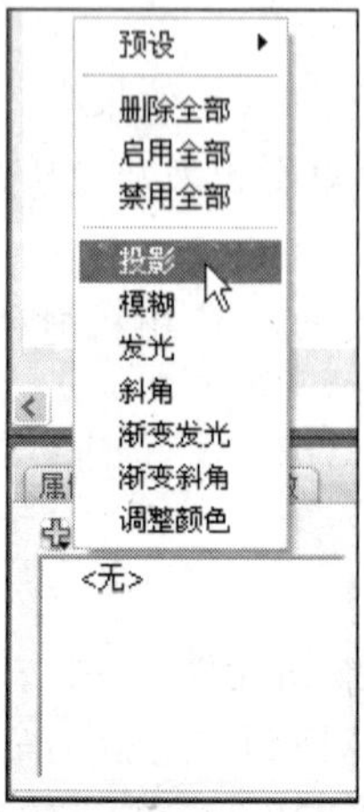

图2-127　选择“投影”滤镜

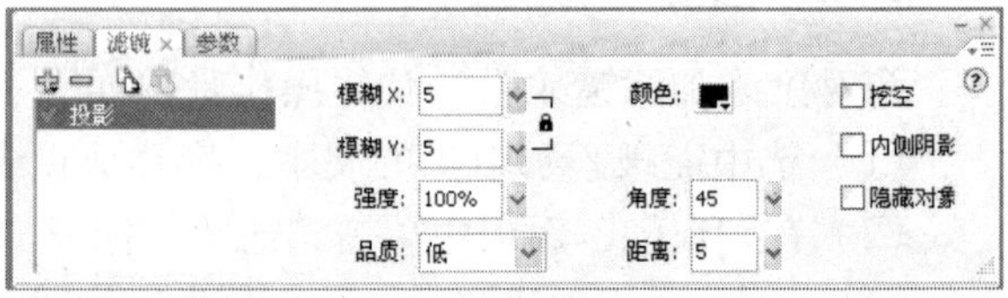

图2-128　“投影”滤镜的相关参数

（4）当需要将当前滤镜添加到其他文本、影片剪辑或按钮元件上时，可以选中当前已添加滤镜的元件，然后单击“滤镜”面板中的（复制过滤器）按钮，复制滤镜效果。接着选中要添加滤镜效果的元件，单击“滤镜”面板中的（粘贴过滤器）按钮，粘贴滤镜效果。

（5）当不需要滤镜效果时，可以先选中应用了滤镜效果的对象，然后在“滤镜”面板中选择要删除的滤镜，单击上方的（删除滤镜）按钮，即可将所选滤镜删除。

3．保存自定义滤镜

除了软件自带的7种滤镜外，Flash还允许用户将自己定义好的数个滤镜一起保存为自定义滤镜，当再次使用时，只要选择自定义的滤镜就能创建符合滤镜的效果。

保存和应用自定义滤镜的具体操作步骤如下：

（1）保存自定义滤镜。方法：在“滤镜”面板中选择已使用的滤镜，单击（添加滤镜）按钮，然后在弹出的下拉列表中选择“预设”|“另存为”选项，接着在弹出的图2–129所示的“将预设另存为”对话框中输入要定义的滤镜名称，单击“确定”按钮。

（2）应用自定义滤镜。方法：选中需要应用自定义滤镜的文本、影片剪辑或按钮元件，然后单击“滤镜”面板中的（添加滤镜）按钮，在弹出的图2–130所示的下拉列表中选择刚才定义的滤镜名称，即可应用自定义滤镜。

图2–129 “将预设另存为”对话框

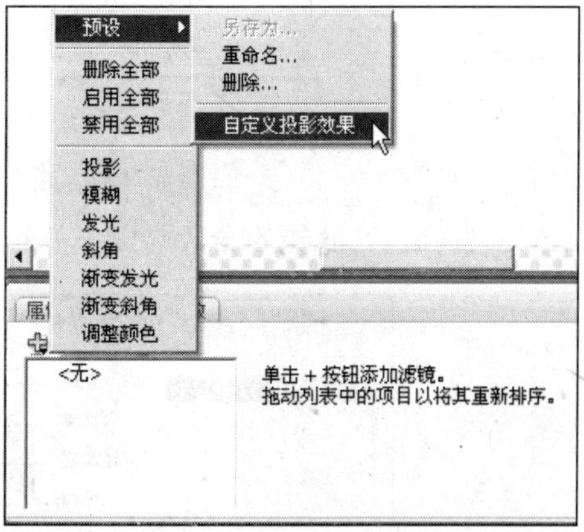

图2–130 选择刚才定义的滤镜名称

4．设置滤镜的参数

每种滤镜都自带有一些参数，修改这些参数会产生各种不同的画面效果，下面以“投影”滤镜为例来说明这些参数的作用。投影“滤镜”面板如图2–128所示，其各项具体功能如下：

- 模糊：拖动“模糊 X”和“模糊 Y”右侧的按钮，可设置模糊的宽度和高度。
- 强度：用于设置阴影暗度，数值越大，阴影就越暗。
- 品质：选择投影的质量级别。将“品质”设置为“高”时近似于高斯模糊。建议将“品质”设置为“低”，以实现最佳的回放性能。
- 颜色：单击“颜色”右侧按钮，在弹出的“颜色”面板中可设置阴影颜色。
- 距离：用于设置阴影与对象之间的距离。拖动滑块可调整阴影与实例之间的距离。
- 角度：用于设置阴影的角度。
- 挖空：选择该复选框，将挖空源对象（即从视觉上隐藏），并在挖空图像上只显示投影。

- 内侧阴影：选择该复选框，将在对象边界内应用投影。
- 隐藏对象：选择该复选框，将只显示其投影，从而可以更轻松地创建出逼真的阴影。

“模糊”、“发光”、“斜角”、“渐变发光”和“渐变斜角”这几种滤镜的参数与“投影”滤镜大致相同，“渐变发光”和“渐变斜角”除了上述参数外，还有“渐变定义栏”，用于调整渐变色的颜色，如图 2-131 所示。利用“渐变定义栏”最多可以添加 15 个颜色色标，其中图中标记的色标“Alpha（透明度）”值为 0%。

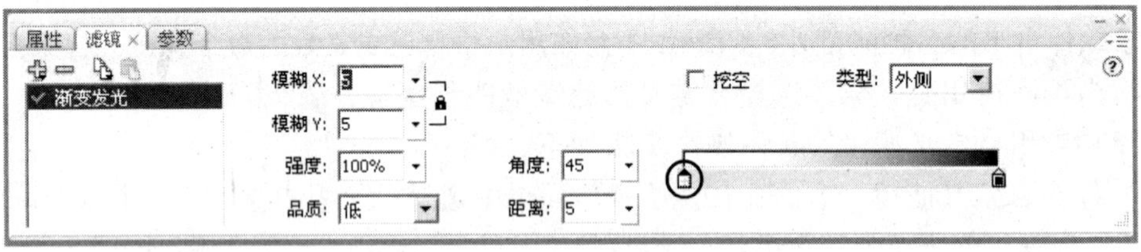

（a）渐变发光

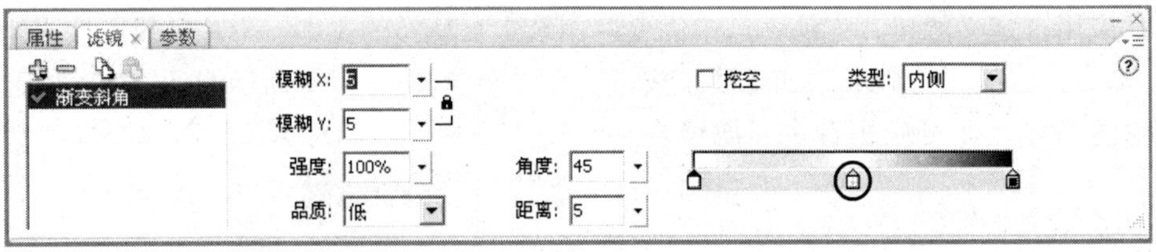

（b）渐变斜角

图 2-131　渐变发光和渐变斜角“滤镜”面板

“调整颜色”滤镜的参数与以上滤镜都不相同，如图 2-132 所示。

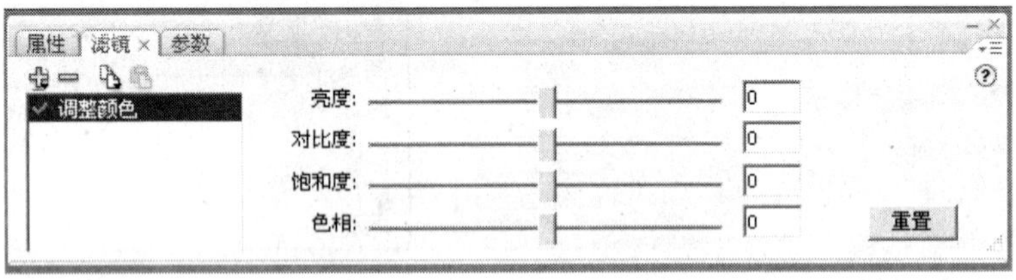

图 2-132　调整颜色“滤镜”面板

通过拖动要调整的颜色滑块或者在相应的文本框中输入数值即可设置具体参数。其各项具体功能介绍如下：

- 亮度：用来调整图像的亮度。取值范围为 -100～100。
- 对比度：用来调整图像的加亮、阴影及中调，取值范围为 -100～100。
- 饱和度：用来调整颜色的强度，取值范围为 -100～100。
- 色相：用来调整颜色的深浅，取值范围为 -180～180。
- 重置：单击该按钮，则可以将所有的颜色调整重置为 0，从而使对象恢复到原来的状态。

2.7.2　混合的应用

混合模式是改变两个或两个以上重叠对象的透明度或者相互的颜色关系的过程，这个功能只能作用于影片剪辑元件和按钮元件。使用这个功能，可以创建复合图像，可以混合重叠影片的剪辑或者按钮的颜色，从而创造出独特的效果。

对影片剪辑应用混合模式的具体操作步骤如下：

（1）在舞台中选中要应用混合模式的影片剪辑元件。

（2）在“属性”面板中，在“颜色”下拉列表中调整影片剪辑的颜色和透明度，在“混合”下拉列表中选择影片剪辑的混合模式，如图2-133所示。

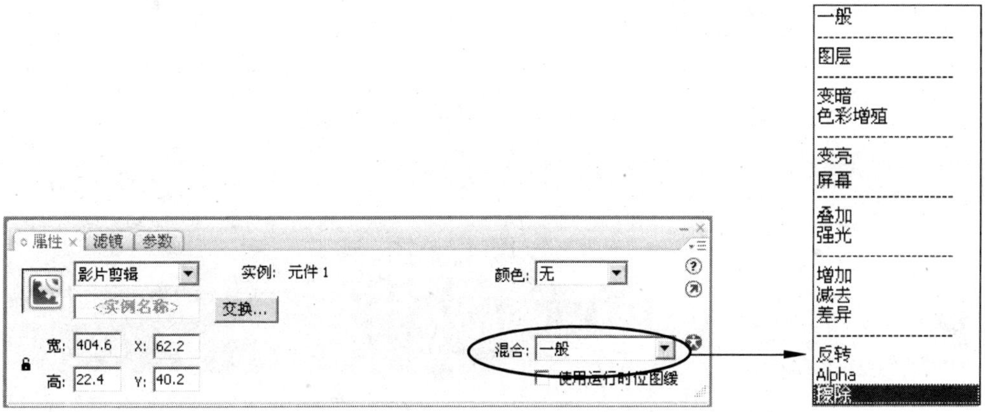

(a)“属性”面板　　(b)“混合”下拉列表

图2-133　选择影片剪辑的混合模式

各混合模式的功能如下：

- 一般：正常应用颜色，不与基准颜色有相互关系。
- 图层：可以层叠各个影片剪辑，而不影响其颜色。
- 变暗：只替换比混合颜色亮的区域，比混合颜色暗的区域不变。
- 色彩增值：将基准颜色复合以混合颜色，从而产生较暗的颜色。
- 变亮：只替换比混合颜色暗的像素，比混合颜色亮的区域不变。
- 屏幕：将混合颜色的反色复合以基准颜色，从而产生漂白效果。
- 叠加：用于进行色彩增值或滤色中，具体情况取决于基准颜色。
- 强光：用于进行色彩增值或滤色中，具体情况取决于混合模式的颜色，其效果类似于用点光源照射对象。
- 增加：在基准色中增加下面图像的颜色。
- 减去：在基准色中减去下面图像的颜色。
- 差异：从基准颜色减去混合颜色，或者从混合颜色减去基准颜色，具体情况取决于哪个的亮度值较大，其效果类似于彩色底片。
- 反转：取基准颜色的反色。
- Alpha：应用Alpha遮罩层，此模式要求应用于父级影片剪辑，不能将背景剪辑更改为Alpha并应用它，因为该对象是不可见的。
- 擦除：删除所有基准颜色像素，包括背景图像中的基准颜色像素，不能应用于背景剪辑。

图2-134（a）所示为导入到Flash CS3中的一幅图片，图2-134（b）所示为一个圆形的影片剪辑，图2-135所示为二者使用不同的混合模式产生的效果。

(a) 导入的位图

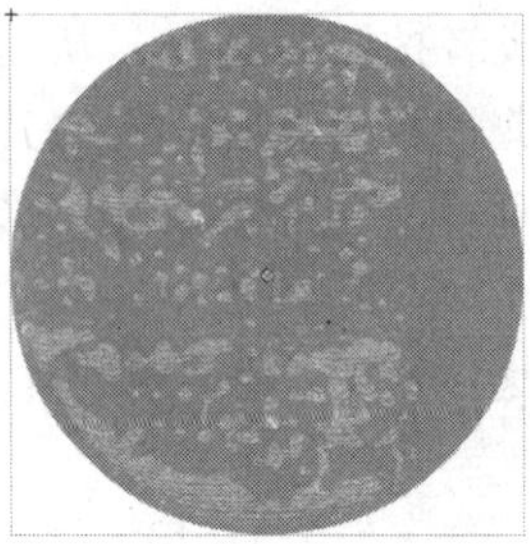

(b) 图形影片剪辑

图 2-134 导入的位图和圆形影片剪辑

(a) 图层

(b) 变暗

(c) 色彩增值

(d) 变亮

(e) 屏幕

(f) 叠加

(g) 强光

(h) 增加

(i) 减去

(j) 差异

(k) 反转

(l) 擦除

图 2-135 使用不同的混合模式产生的效果

2.8 实例讲解

本节将通过“制作火鸡的头部动作动画”、“制作元宝娃娃的诞生动画”、“制作颤动着行驶的汽车动画”、“制作广告条动画”、“制作展开的画卷动画”、“制作旋转的地球动画”、“制作随风飘落的花瓣动画”、“制作城堡动画”、“制作‘请点击’按钮”、“制作水滴落水动画”、“制作闪闪的红星动画”等11个实例来讲解Flash的基础动画在实践中的应用。

2.8.1 制作火鸡的头部动作动画

要点

本例将制作火鸡头部上下运动和扭头的效果，如图2-136所示。通过本例学习应掌握“复制帧”、“粘贴帧”、“交换元件”和“水平翻转”命令的使用，以及在同一图层上调整不同元件的前后顺序和利用组合元件来制作逐帧动画的方法。

图2-136 火鸡的头部动作

操作步骤：

（1）打开配套光盘“素材及结果\2.8.1 制作火鸡的头部动作动画\火鸡－素材.fla”文件。

（2）组合元件。方法：执行菜单中的“插入”|“新建元件”（快捷键【Ctrl+F8】）命令，在弹出的对话框中设置如图2－137所示，单击“确定”按钮。

（3）从“库”面板中将“羽毛”、“身体”、“腿”、“脖子1”、“脖子2”和“头1”拖入舞台，并进行组合，如图2－138所示。

图 2-137　新建“火鸡”元件

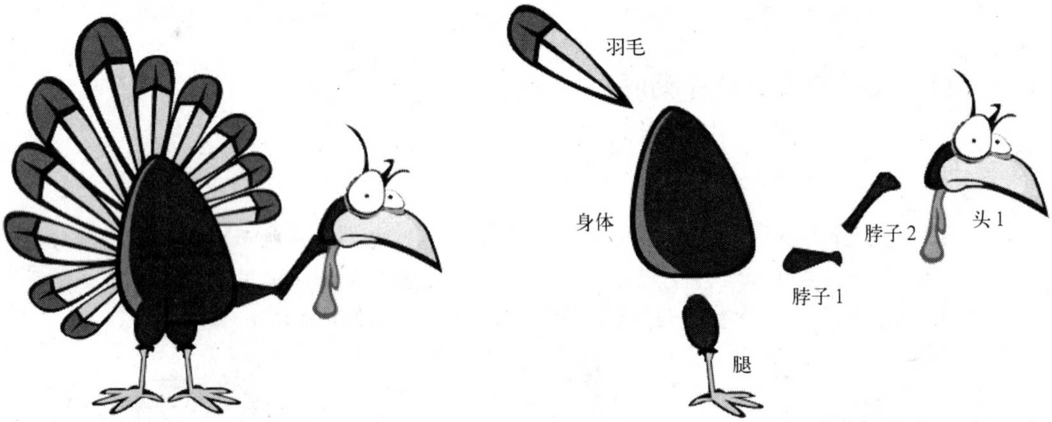

图 2-138　组合元件

提示

火鸡的另一条腿是通过工具箱中的 (选择工具) 配合【Shift】键进行复制，然后执行菜单中的“修改”|“变形”|“水平翻转”命令得到的。火鸡的其余羽毛是通过先复制，再利用工具箱中的 (任意变形工具) 进行旋转得到的。

(4) 选择“图层 1”的第 5 帧，执行菜单中的“插入”|“时间轴”|“关键帧”(快捷键【F6】) 命令，插入关键帧，然后调整形状，使火鸡形成向下探身的效果，如图 2-139 所示。接着在第 9 帧按【F6】键插入关键帧，调整形状，使火鸡形成向上抬头的效果，如图 2-140 所示。

图 2-139　在第 5 帧调整形状

图 2-140　在第 9 帧调整形状

（5）选择“图层 1”的第 13 帧，执行菜单中的“插入”|“时间轴”|“关键帧”（快捷键【F6】）命令，插入关键帧。然后右击舞台中的“头 1”元件，从弹出的快捷菜单中选择“交换元件”命令，接着在弹出的对话框中选择“头 2”元件，如图 2－141 所示，单击“确定”按钮，从而将“头 1”元件替换为“头 2”元件，效果如图 2－142 所示。

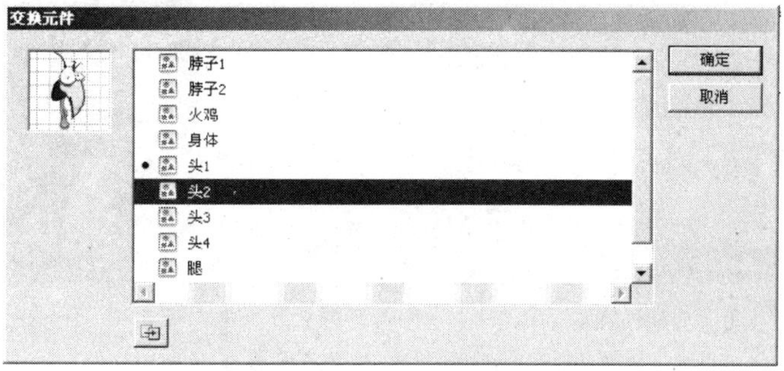

图 2－141　选择“头 2”元件

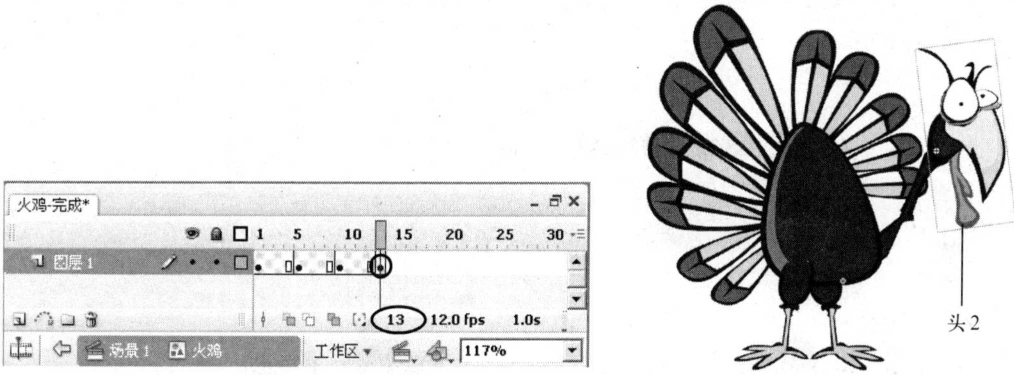

(a) 时间轴效果　　　　(b) 工作区效果

图 2－142　在第 13 帧交换元件后效果

（6）右击第 1 帧，从弹出的快捷菜单中选择“复制帧”命令。然后右击第 17 帧，从弹出的快捷菜单中选择“粘贴帧”命令，从而将第 1 帧复制到第 17 帧。接着利用“交换元件”命令将第 17 帧舞台中的“头 1”元件替换为“头 4”元件，最后调整形状，使火鸡形成向用户扭头的效果，如图 2－143 所示。

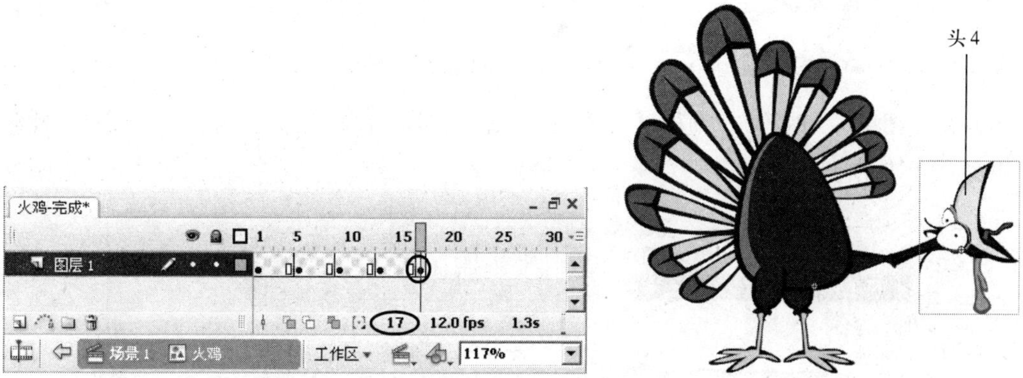

(a) 时间轴效果　　　　(b) 工作区效果

图 2－143　在第 17 帧交换元件后效果

（7）同理，将第 9 帧分别复制到第 21 帧和第 25 帧。并将第 25 帧舞台中的“头 1”元件交换为“头 3”元件，从而使火鸡形成向另一侧扭头的效果，效果如图 2-144 所示。

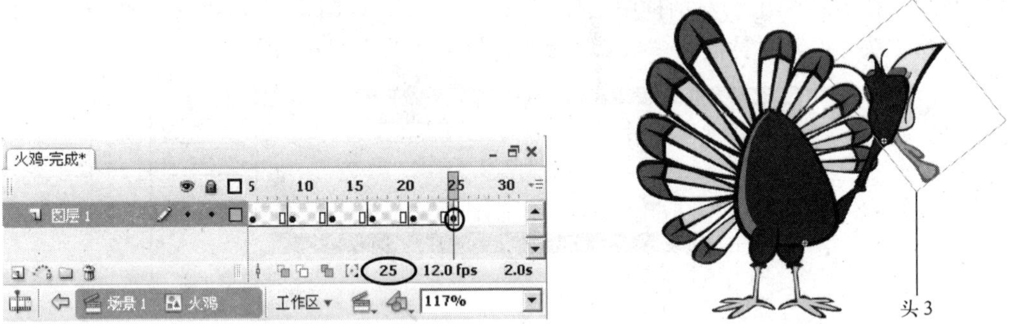

（a）时间轴效果　　（b）工作区效果

图 2-144　在第 25 帧交换元件后效果

（8）同理，将第 21 帧分别复制到第 28 帧和第 32 帧，并调整火鸡头部形状，效果如图 2-145 所示。

图 2-145　分别调整第 28 帧和第 32 帧的形状

（9）在“图层 1”的第 35 帧按【F5】键，从而使时间轴的总长度延长到第 35 帧，此时时间轴如图 2-146 所示。

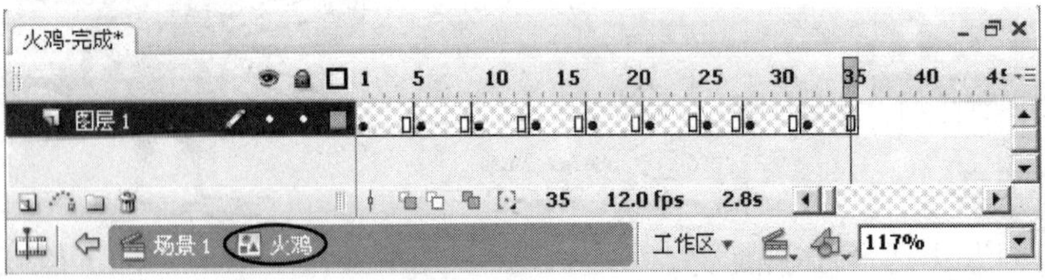

图 2-146　“火鸡”元件时间轴分布

（10）单击 场景1 按钮，回到“场景 1”，然后从“库”面板中将“火鸡”元件拖入舞台并放置到适当位置。在时间轴的第 70 帧按【F5】键插入普通帧，从而使时间轴的总长度延长到第 70 帧，此时时间轴分布如图 2－147 所示。

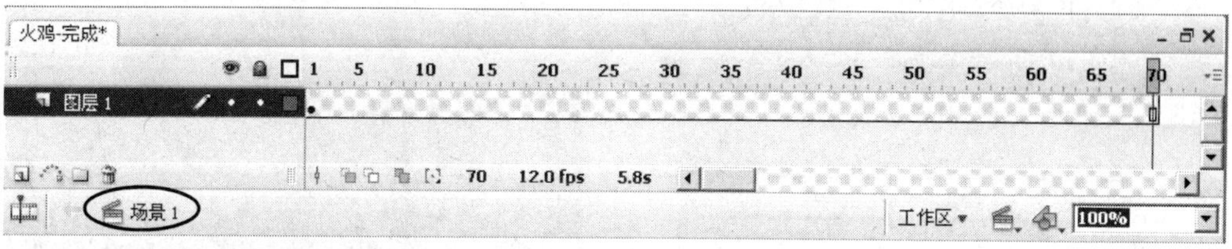

图 2－147　“场景 1”时间轴分布

（11）至此，整个动画制作完毕，下面执行菜单中的“控制”|“测试影片”（快捷键【Ctrl+Enter】）命令，打开播放器窗口，即可看到火鸡头部上下运动和扭头的效果。

提示

使用组合元件的方式创建逐帧动画是制作 Flash 逐帧动画的基本功。这样创建出的动画比通过逐帧手绘制作出的逐帧动画文件小得多。

2.8.2　制作元宝娃娃的诞生动画

要点

本例将制作元宝娃娃的诞生动画，如图 2-148 所示。通过本例学习应掌握在 Flash 中将位图转换为矢量图和形状补间动画的制作方法。

图 2－148　元宝娃娃的诞生

操作步骤：

1．制作元宝

（1）启动 Flash CS3，新建一个 Flash 文件（ActionScript 2.0）。
（2）执行菜单中的“修改”|“文档”（快捷键【Ctrl+J】）命令，在弹出的“文档属性”对

话框中设置如图 2-149 所示，单击“确定”按钮。

（3）使用工具箱中的（矩形工具）在舞台中绘制一个矩形，如图 2-150 所示。

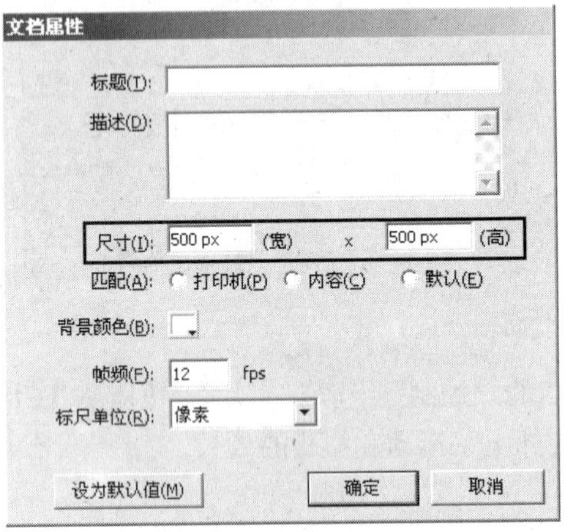

图 2-149　设置文档属性

图 2-150　绘制一个矩形

（4）利用工具箱中的（选择工具）将矩形下部的两个角向内移动，效果如图 2-151 所示。然后再将矩形上下两条边向下移动，从而形成曲线，效果如图 2-152 所示。

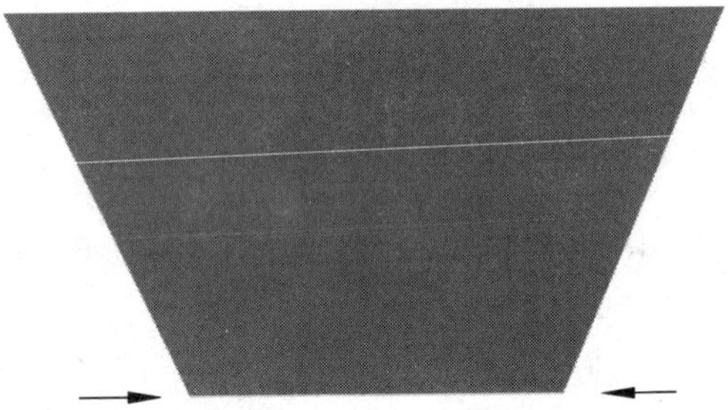
图 2-151　将矩形下部的两个角向内移动

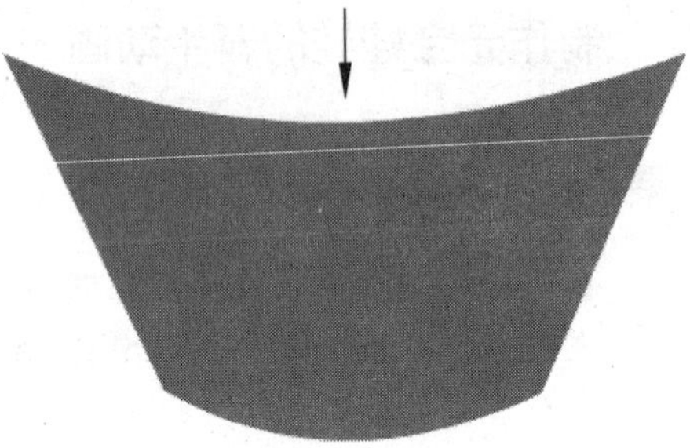
图 2-152　将矩形上下两条边向下移动

（5）利用“对齐”面板，将元宝居中对齐，如图 2-153 所示。

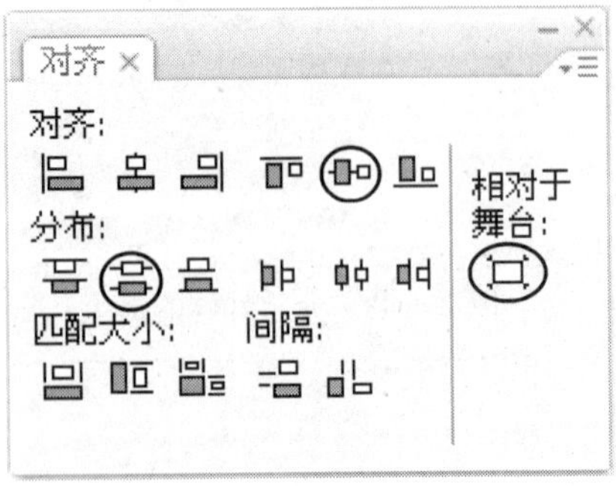

图 2-153　将元宝居中对齐

（6）选择元宝外形，执行菜单中的“窗口”|“颜色”命令，调出“颜色”面板。然后设置颜色如图 2-154 所示，效果如图 2-155 所示。

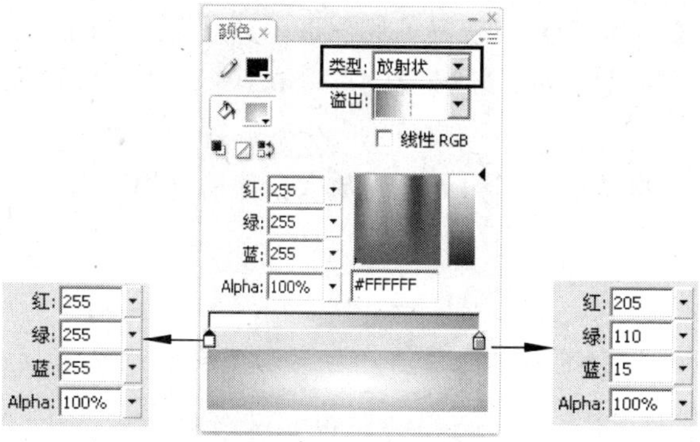

图 2-154　调整颜色

图 2-155　填充后的效果

2. 制作元宝娃娃

（1）新建“图层 2”，然后执行菜单中的“文件”|“导入”|“导入到舞台”命令，导入配套光盘“素材及结果\2.8.2　制作元宝娃娃的诞生动画\图片.jpg”文件，如图 2-156 所示。

（2）将“图层 2”移动到“图层 1”的下方作为参照，然后使用工具箱中的（钢笔工具）在“图层 1”中根据导入的图片绘制出元宝娃娃的外形，填充颜色为金黄色（#F5D246），如图 2-157 所示。

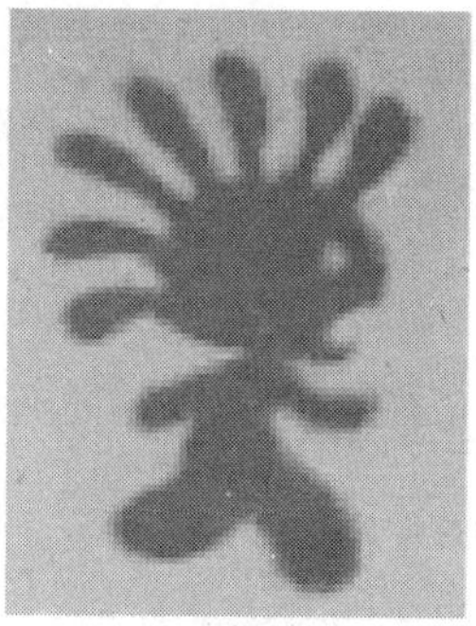

图 2-156　导入位图

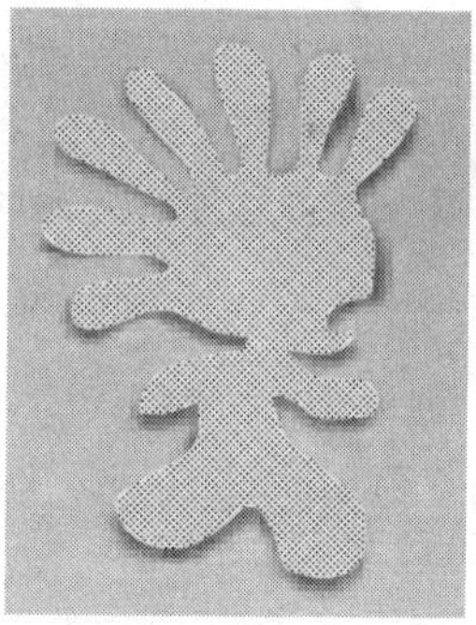

图 2-157　绘制出元宝娃娃

提示 1

为了防止错误操作，下面可以锁定“图层 2”，如图 2-158 所示。

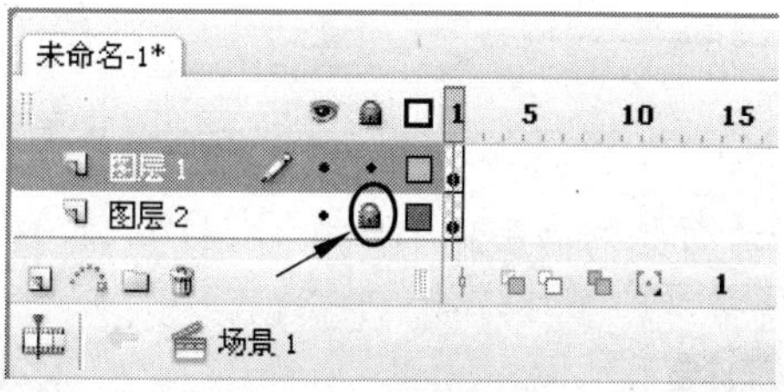

图 2-158　锁定“图层 2”

提示 2

元宝和元宝娃娃不要重叠在一起，避免两个图形合并在一起，移动时会出现错误。

（3）选择绘制的好元宝娃娃的图形，按【Ctrl+X】组合键剪切图形，然后删除“图层 2”。接着在“图层 1”的第 16 帧按【F7】键插入空白关键帧，再按【Ctrl+Shift+V】组合键,原地粘贴图形。

（4）利用工具箱中的（任意变形工具），将粘贴后的图形适当放大，然后利用“对齐”面板将图形居中对齐。

提示

使用（钢笔工具）绘制出的图形为矢量图形，这种图形放大后不会影响清晰度。

3．生成变形动画

（1）在第 1～15 帧之间的任意一帧单击，然后在“属性”面板中设置“补间”为“形状”，如图 2–159 所示，此时时间轴分布如图 2–160 所示。

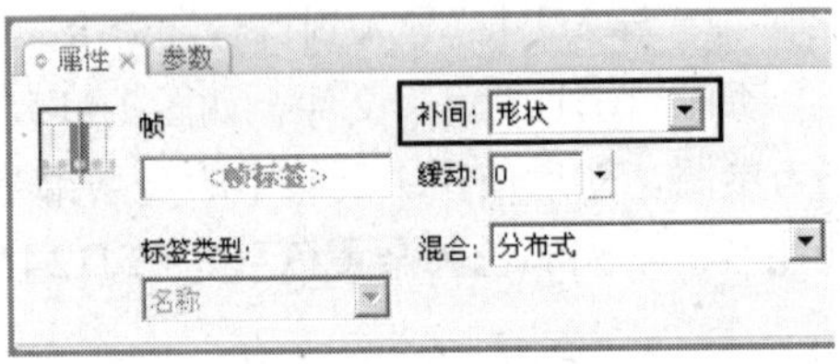

图 2–159　设置“补间”为“形状”

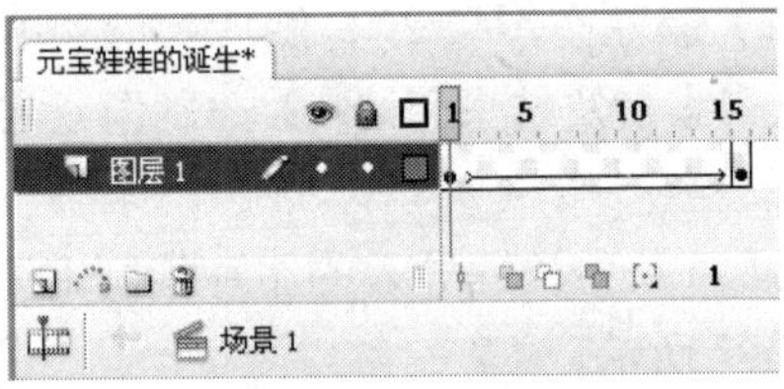

图 2–160　时间轴分布

（2）为了使动画播放完后能停留在第 15 帧一段时间后再重新播放，下面在时间轴的第 30 帧按【F5】键插入普通帧，此时时间轴分布如图 2–161 所示。

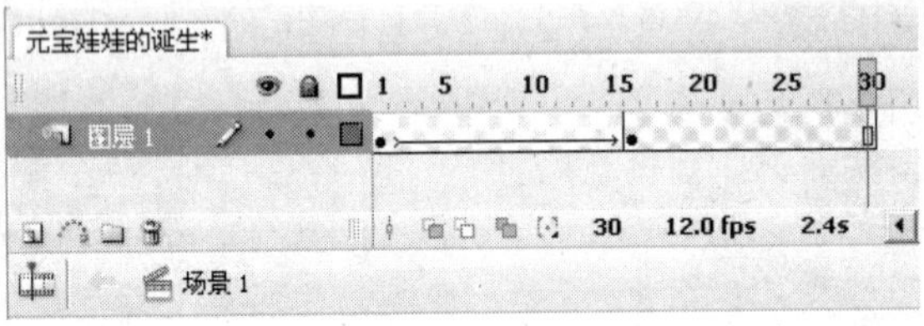

图 2–161　时间轴分布

（3）执行菜单中“控制”|“测试影片”(快捷键【Ctrl+Enter】)命令，即可看到效果。

2.8.3　制作颤动着行驶的汽车动画

要点

本例将制作颤动着行驶的汽车效果，如图 2-162 所示。通过本例学习应掌握动画补间中旋转动画和位移动画的制作方法。

图 2–162　颤动着行驶的汽车

操作步骤：

（1）打开配套光盘“素材及结果\2.8.3 制作颤动着行驶的汽车效果\汽车－素材.fla”文件。

（2）制作颤动的车体效果。方法：双击“库”面板中的“车体”元件，进入“本体”元件编辑状态，如图 2−163 所示。然后选择“图层 1”的第 3 帧，执行菜单中的“插入”|“时间轴”|“关键帧”（快捷键【F6】）命令，插入关键帧。接着利用工具箱中的（任意变形工具），适当旋转舞台中的元件，如图 2−164 所示。最后在第 4 帧按【F5】键，从而使时间轴的总长度延长到第 4 帧。

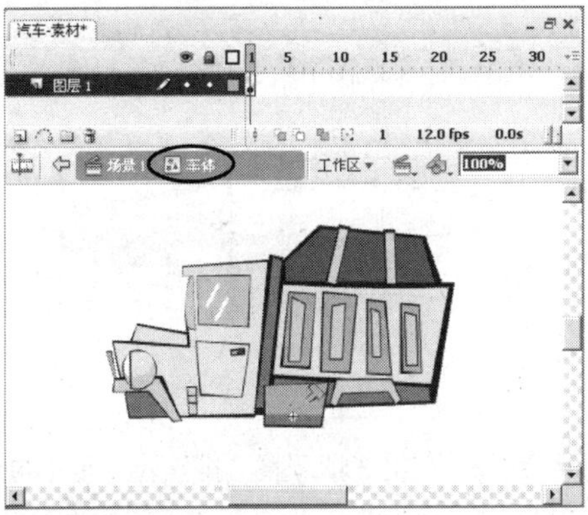

图 2−163 “车体”元件编辑状态

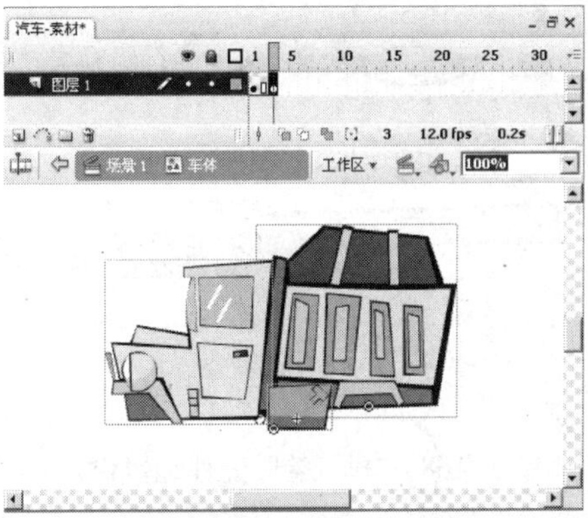

图 2−164 在第 3 帧旋转元件

（3）制作转动的车轮效果。方法：执行菜单中的“插入”|“新建元件”（快捷键【Ctrl+F8】）命令，在弹出的对话框中设置如图 2−165 所示，单击“确定”按钮。然后从“库”面板中将“轮胎”元件拖动入舞台，并利用“对齐”面板将其中心对齐，如图 2−166 所示。接着在“轮胎－转动”元件的第 4 帧按【F6】键插入关键帧。最后选择第 1 帧和第 4 帧的任意一帧，在“属性”面板中将“补间”设置为“动画”，如图 2−167 所示。此时按【Enter】键，即可看到车轮原地的转动效果。

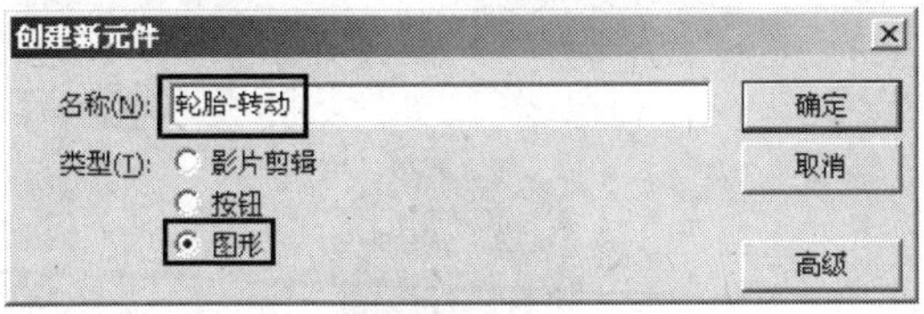

图 2−165 新建“轮胎－转动”元件

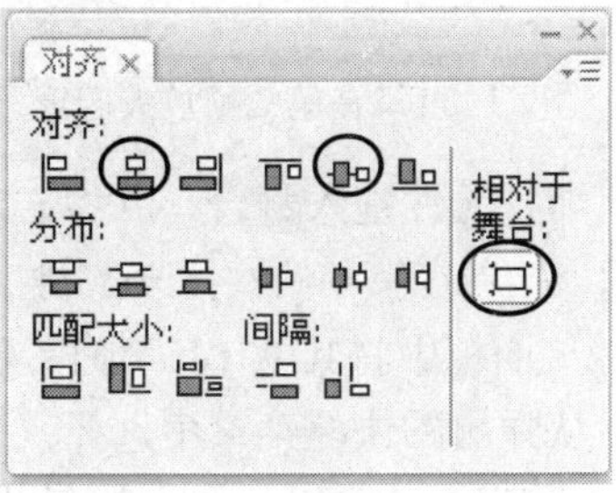

图 2−166 设置对齐参数

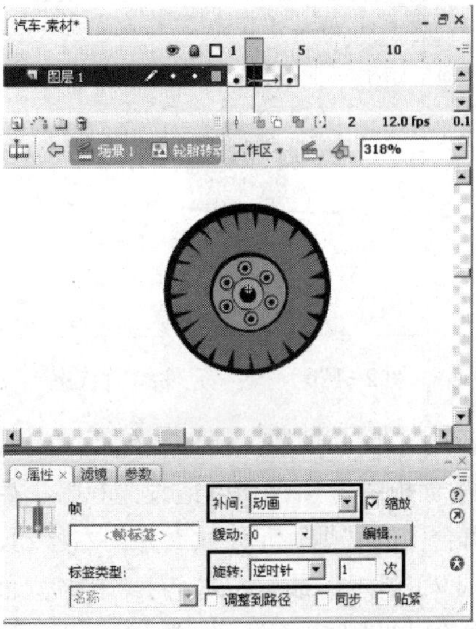

图 2−167 设置轮胎旋转参数

（4）制作排气管的变形颤动的动画。方法：双击“库”面板中的“排气管”元件，进入“排气管”元件编辑状态，如图 2-168 所示。然后选择“图层 1”的第 3 帧，执行菜单中的“插入”|“时间轴”|“关键帧”（快捷键【F6】）命令，插入关键帧。接着利用工具箱中的（任意变形工具），单击（封套）按钮，在舞台中调整排气管的形状，如图 2-169 所示。最后在第 4 帧按【F5】键，从而使时间轴的总长度延长到第 4 帧。此时按【Enter】键，即可看到排气管的变形颤动的效果。

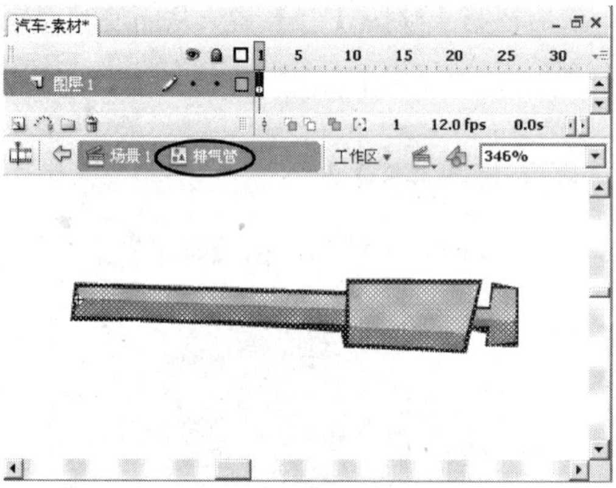

图 2-168 “排气管”元件编辑状态

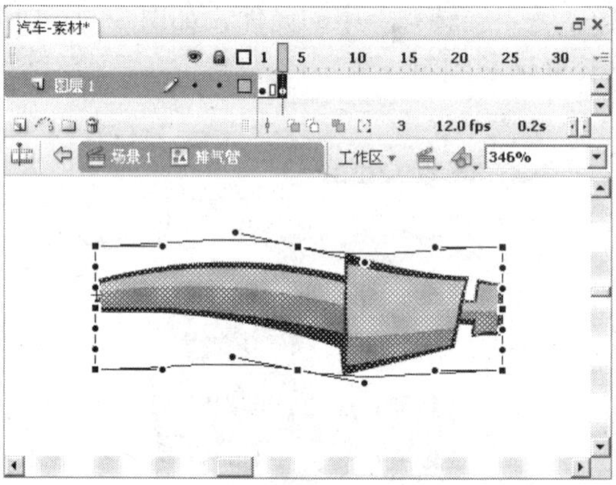

图 2-169 在第 3 帧调整“排气管”元件的形状

（5）制作排气管排放的尾气动画。方法：新建“烟”图形元件，然后利用工具箱中的（椭圆工具），设置笔触颜色为（无色），填充颜色为黑色，再在舞台中绘制圆形，并中心对齐，效果如图 2-170 所示。接着在第 2 帧按【F6】键插入关键帧，并将圆形适当放大，效果如图 2-171 所示。

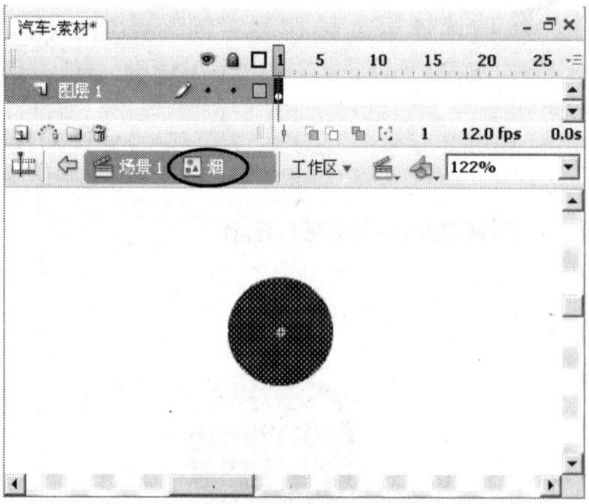

图 2-170 “烟”元件编辑状态

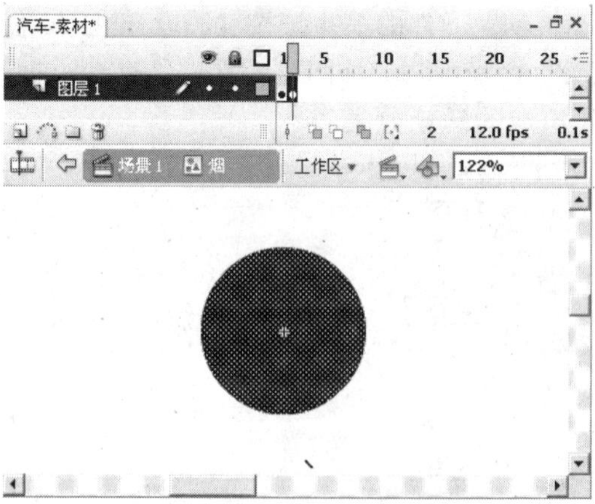

图 2-171 在第 2 帧放大圆形

新建“烟－扩散”元件，然后从“库”面板中将“烟”元件拖入舞台，并中心对齐，再在“属性”面板中将其 Alpha 值设为60%，如图 2-172 所示。接着在第 6 帧按【F6】键插入关键帧，再将舞台中的“烟”元件放大并向右移动，同时在“属性”面板中将其 Alpha 值设为 20% ，如图 2-173 所示。最后右击第 1～6 帧之间的任意一帧，从弹出的快捷菜单中选择“创建补间动画”命令。此时按【Enter】键，即可看到尾气从左向右移动并逐渐放大消失的效果。

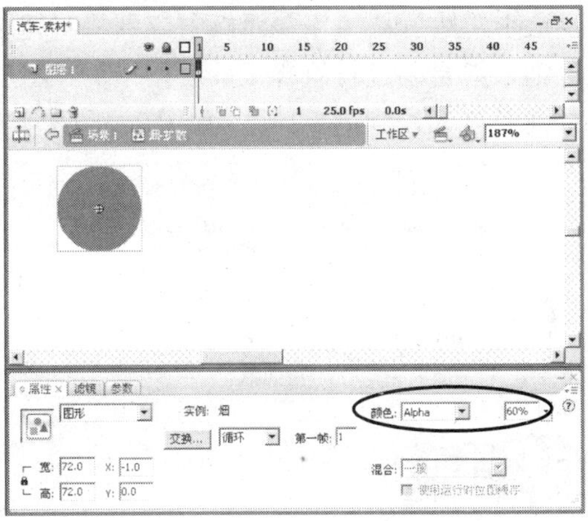

图 2-172　将 Alpha 值设为 60%

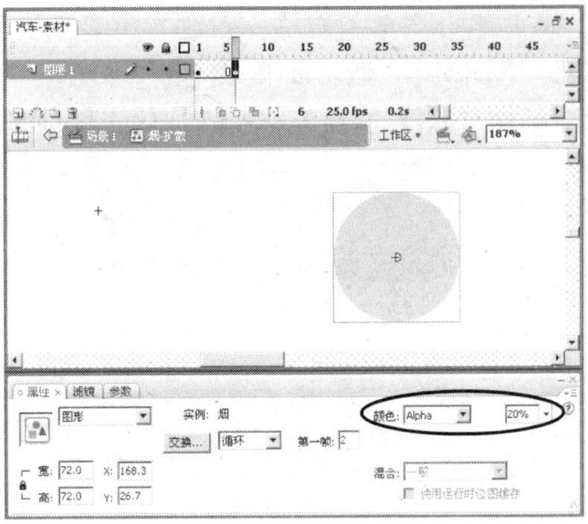

图 2-173　将 Alpha 值设为 20%

复制尾气烟雾。方法：单击时间轴下方的 (插入图层) 按钮，新建“图层 2”、“图层 3”和“图层 4”，然后同时选择这 3 个图层，按【Shift+F5】组合键，删除这 3 个图层的所有帧。接着右击“图层 1”的时间轴，从弹出的快捷菜单中选择“复制帧”命令。最后分别右击“图层 2”的第 3 帧、“图层 3”的第 5 帧和“图层 4”的第 7 帧，从弹出的快捷菜单中选择“粘贴帧”命令，此时时间轴分布如图 2-174 所示。

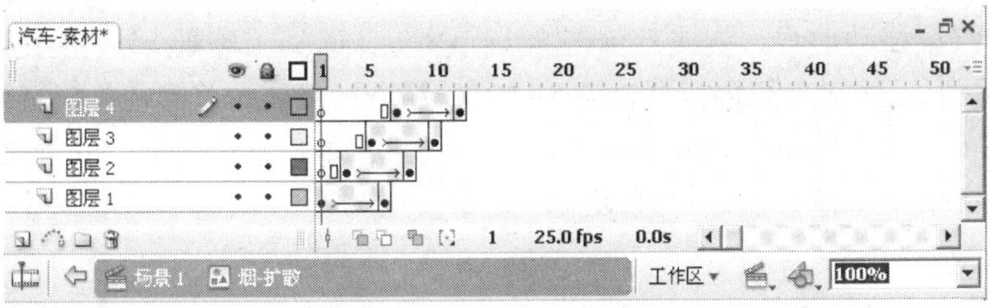

图 2-174　时间轴分布

此时按【Enter】键播放动画，会发现尾气自始至终朝着一个方向移动，并没有发散效果。这是错误的，下面就来解决这个问题。方法：分别选择 4 个图层的最后一帧，将舞台中的“烟”元件向上或向下适当移动，如图 2-175 所示。

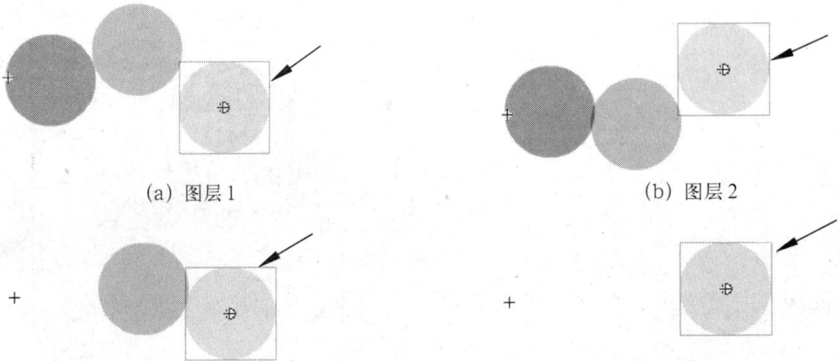

(a) 图层 1　(b) 图层 2

(c) 图层 3　(d) 图层 4

图 2-175　4 个图层最后 1 帧位置

（6）组合汽车。方法：新建“小卡车”图形元件。然后从“库”面板中分别将“轮胎－转动”、“车体”、“烟－扩散”、和“排气管”元件拖入舞台并进行组合，最后在“车”图层的第 12 帧按【F5】键插入普通帧，从而将时间轴的总长度延长到第 12 帧，如图 2－176 所示。

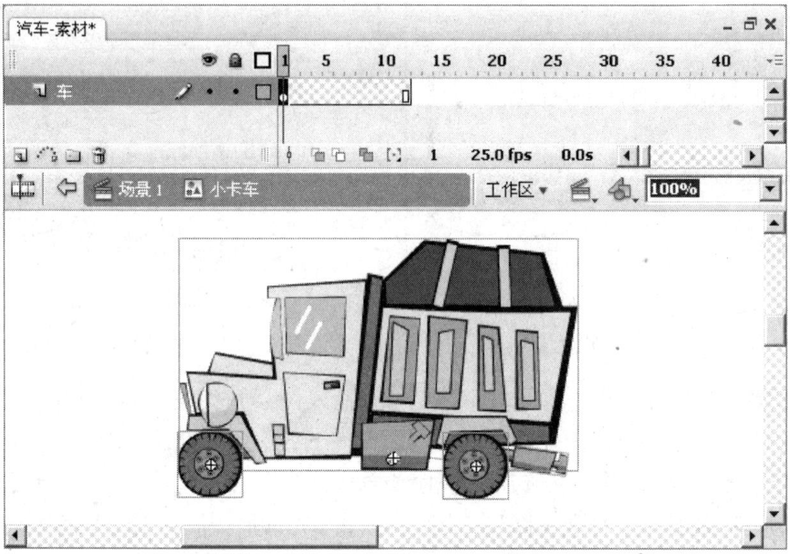

图 2－176　组合元件

（7）制作汽车移动动画。方法：单击“场景 1”按钮，回到“场景 1”，然后从“库”面板中将“小卡车”图形元件拖入舞台。再在第 60 帧按【F6】键插入关键帧。接着分别在第 1 帧和第 60 帧调整“小卡车”的位置，效果如图 2－177 所示。最后右击第 1～60 帧之间的任意一帧，从弹出的快捷菜单中选择“创建补间动画”命令。

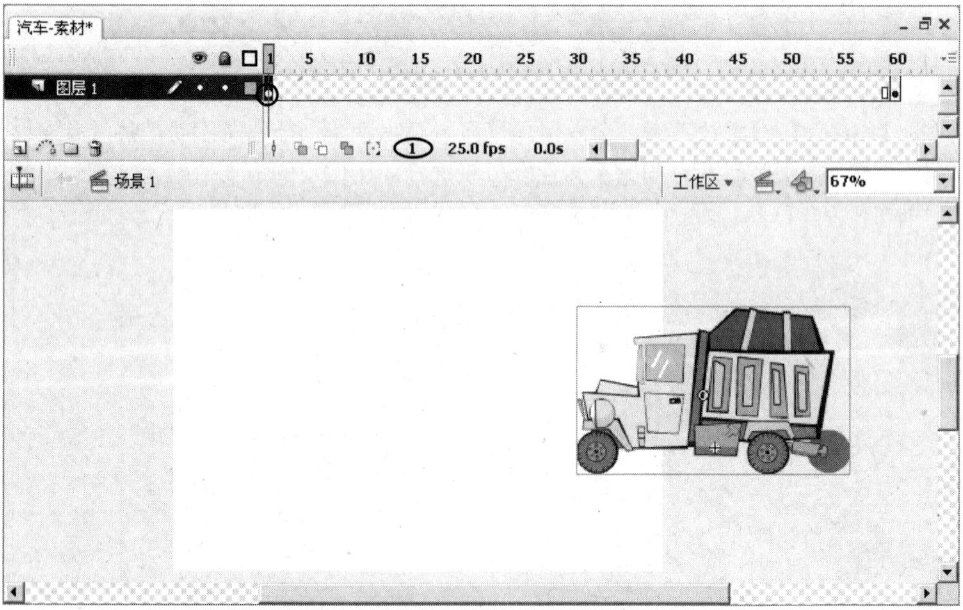

（a）第 1 帧

图 2－177　不同帧的“小卡车”元件位置

(b) 第60帧

图2-177 不同帧的“小卡车”元件位置（续）

(8) 至此，整个动画制作完毕。下面执行菜单中的“控制”|“测试影片”（快捷键【Ctrl+Enter】）命令，打开播放器窗口，即可看到颤动着行驶的汽车效果。

2.8.4 制作广告条动画

要点

本例将制作一个大小为700px × 60px的网页广告条，效果如图2-178所示。通过本例学习应掌握利用“模糊”滤镜和Alpha值制作网页广告条的方法。

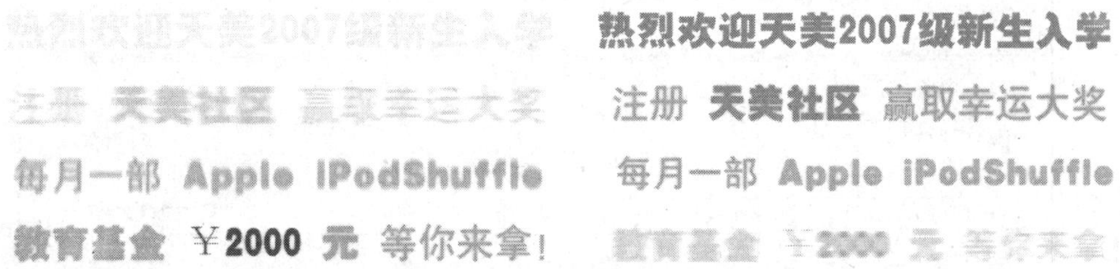

图2-178 广告条效果

操作步骤：

1. 制作文字“热烈欢迎天美2007级新生入学”的效果

(1) 启动Flash CS3，新建一个Flash文件（ActionScript 2.0）。

（2）设置文档大小。方法：单击“属性”面板中的“大小”右侧的按钮，在弹出的“文档属性”对话框中设置文档的尺寸为 700px × 60px，并将背景颜色设置为白色（#FFFFFF），如图 2−179 所示，单击“确定”按钮。

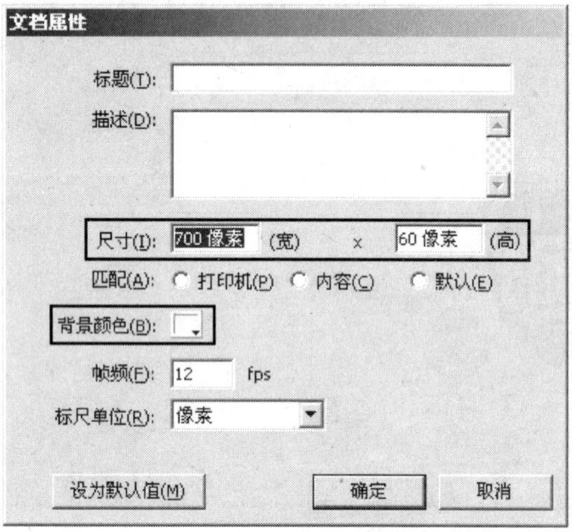

图 2−179 设置文档属性

提示

执行菜单中的“修改”|“文档”（快捷键【Ctrl+J】）命令，同样可以调出“文档属性”对话框。

（3）选择工具箱中的 T（文本工具），并在“属性”面板中设置相关参数，然后在工作区中单击并输入文字，将其居中对齐，效果如图 2−180 所示。接着按【F8】键，在弹出的对话框中设置如图 2−181 所示，单击“确定”按钮，从而将其转换为“元件 1”影片剪辑元件。

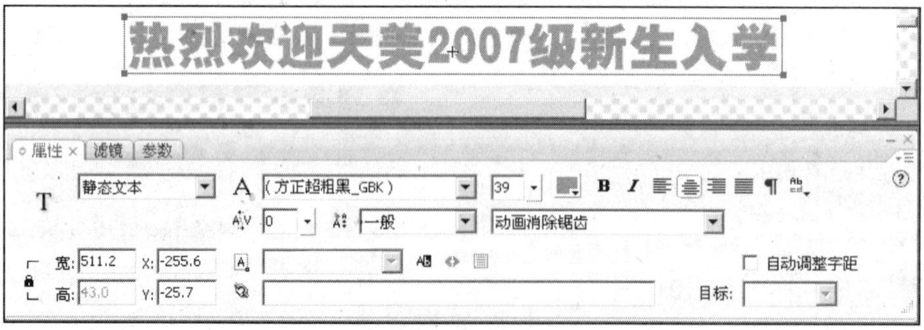

图 2−180 输入文字

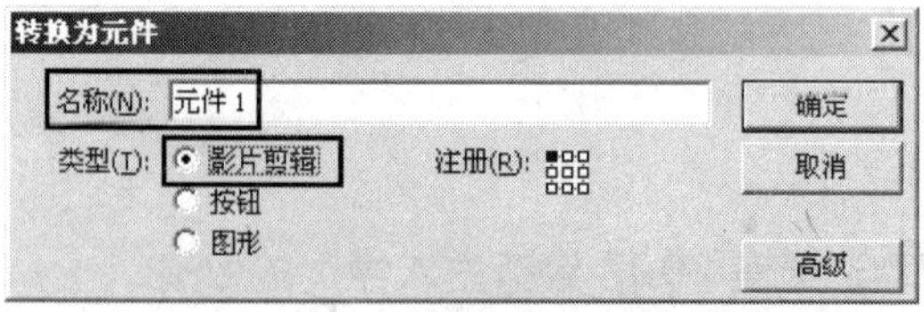

图 2−181 将文字转换为“元件 1”元件

（4）分别在“图层1”的第6帧、第40帧和第46帧按【F6】键插入关键帧。然后分别单击第1帧和第46帧，将舞台中的“元件1”的Alpha值设为0%，如图2-182所示。接着分别在第1～6帧、第40～46帧之间创建补间动画，此时时间轴分布如图2-183所示。最后按【Enter】键播放动画，即可看到文字淡入后再淡出的效果，如图2-184所示。

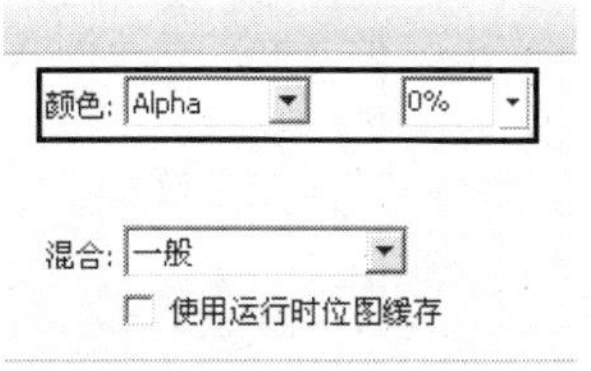

图2-182　将Alpha值设置为0%

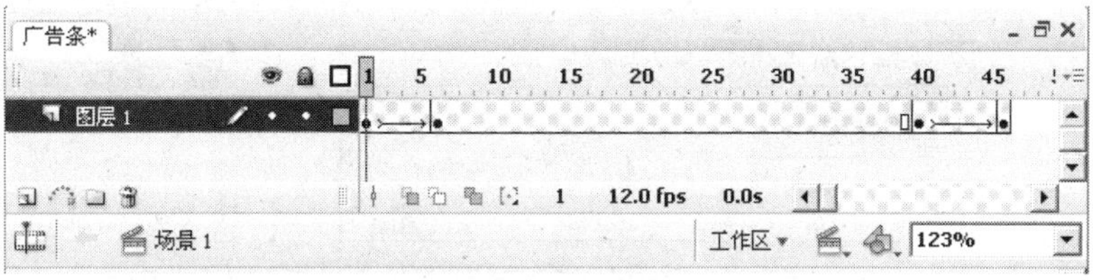

图2-183　时间轴分布

图2-184　文字淡入后再淡出的效果

2．制作文字“注册 天美社区 赢取幸运大奖”的效果

（1）输入并对齐文字。方法：单击时间轴下方的（插入图层）命令，新建“图层2”。然后在“图层2”的第47帧按【F7】键插入空白关键帧。然后选择工具箱中的T（文本工具），设置字号为39，输入文字“注册　天美社区　赢取幸运大奖”，并中心对齐。接着为文字指定不同的颜色，效果如图2-185所示。

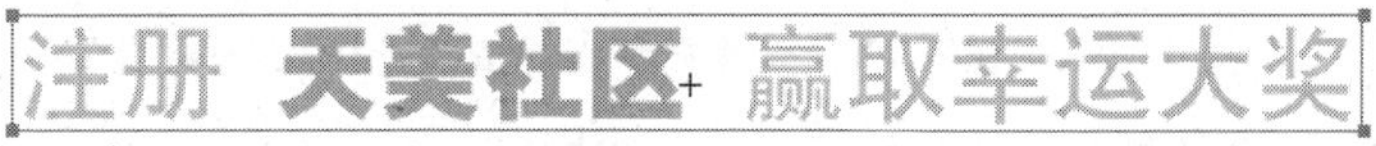

图2-185　输入文字

（2）制作文字发光效果。方法：选择舞台中的文字，然后在“滤镜”面板中单击按钮，从弹出的下拉列表中选择“发光”选项，接着设置参数如图2-186所示，效果如图2-187所示。

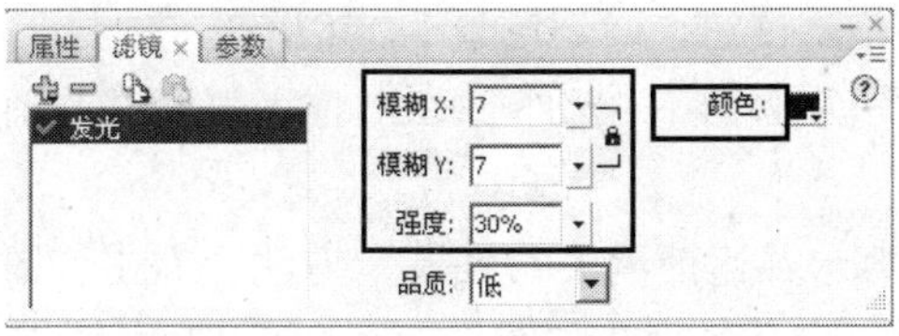

图2-186　设置“发光”参数

图2-187　发光效果

（3）制作文字模糊效果。方法：选择文字，按【F8】键，在弹出的对话框中设置如图 2−188 所示，单击“确定”按钮，从而将其转换为“元件 2”影片剪辑元件。然后在“滤镜”面板中单击按钮，从弹出的下拉列表中选择“模糊”选项，接着设置参数如图 2−189 所示，效果如图 2−190 所示。

图 2−188　将文字转换为“元件 2”元件

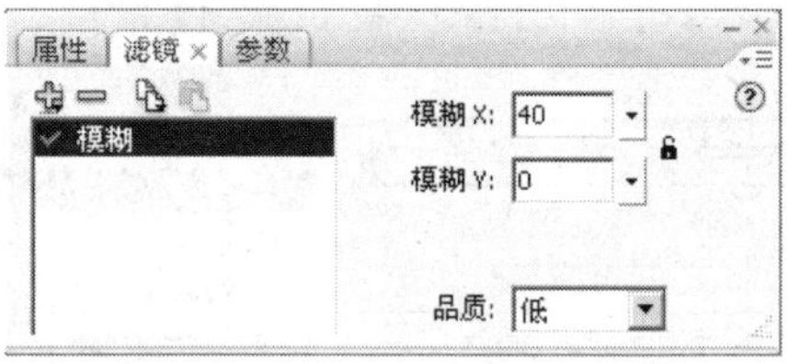

图 2−189　设置“模糊”参数

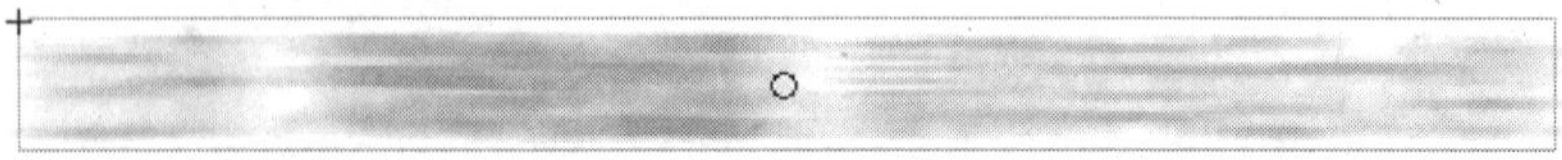

图 2−190　模糊效果

（4）制作文字从舞台右侧向左运动到舞台中央，且由模糊到清晰的渐显效果。方法：在“图层 2”的第 51 帧按【F6】键插入关键帧，并将该帧的“模糊 X”设为 0（即第 51 帧没有模糊效果）。然后在第 47 帧选择舞台中的文字，在“属性”面板中将其 Alpha 值设为 0%，接着将其移动到舞台右侧，如图 2−191 所示。最后在“图层 2”的第 47～51 帧之间创建补间动画。

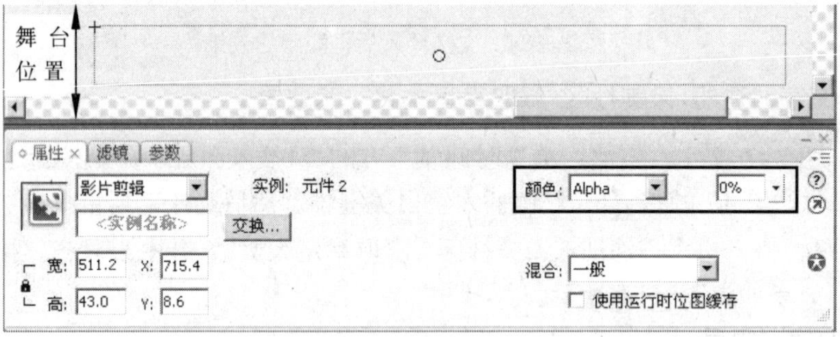

图 2−191　在第 47 帧设置文字 Alpha 值为 0% 并移动位置

（5）制作文字抖动效果。方法：按【Ctrl+F8】组合键，在弹出的对话框中设置如图 2−192 所示，单击“确定”按钮，进入“元件 2−2”的编辑状态。然后从“库”面板中将“元件 2”拖入舞台并中心对齐，接着分别在“元件 2−2”中“图层 1”的第 2～5 帧按【F6】键，插入关键帧。并将第 2 帧的文字坐标设为 x、y（0.0，−2.0）；第 3 帧的文字坐标设为 x、y（0.0，2.0）；第 3 帧的文字坐标设为 x、y（−2.0，0.0）；第 4 帧的文字坐标设为 x、y（2.0，0.0），此时时间轴分布如图 2−193 所示。最后单击场景 1 按钮，回到场景 1。然后在“图层 2”的第 52 帧按【F7】键插入空白关键帧。接着从“库”面板中将“元件 2−2”拖入舞台并与前一帧的文字中心对齐。

（6）制作文字抖动后向右略微移动后再向左移出舞台并逐渐消失的效果。方法：右击“图层 2”的第 51 帧，从弹出的快捷菜单中选择“复制帧”命令，再在“图层 2”的第 82 帧右击，从弹出的快捷菜单中选择“粘贴帧”命令。然后在“图层 2”的第 85 帧按【F6】键插入关键帧，并将该帧舞台中的文字向右移动，将文字坐标设为 x、y（423.0，30.0）。接着在“图层 2”的第89帧按【F6】键插入关键帧，将文字向左移动出舞台，并将该帧的Alpha值设为0%，如图2-194所示。最后在“图层2”的第82～89帧之间创建动画补间动画，此时时间轴分布如图2-195所示。

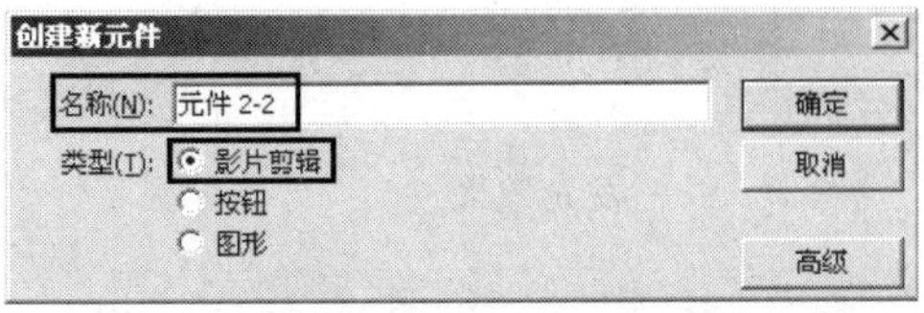

图2-192 创建“元件2-2”元件

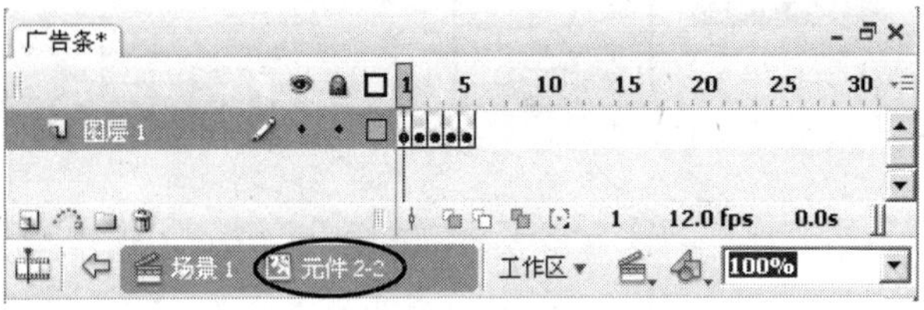

图2-193 元件2-2的时间轴分布

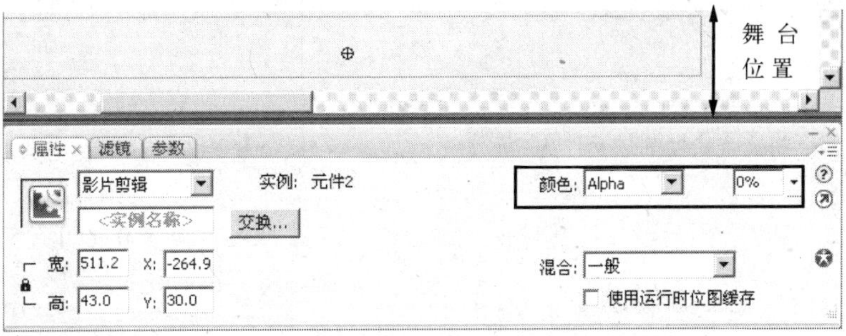

图2-194 在第89帧将文字向左移出舞台并将Alpha值设为0%

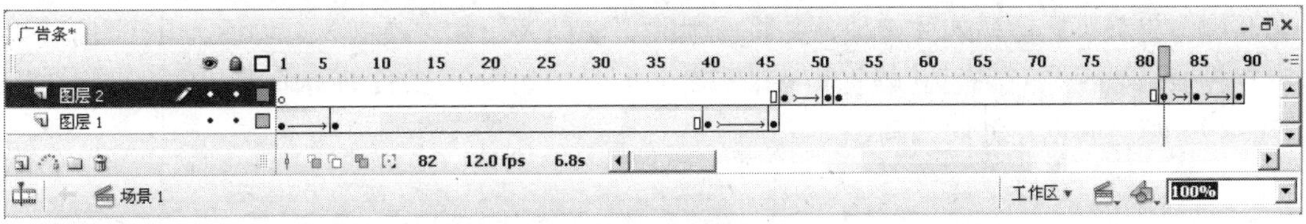

图2-195 时间轴分布

3. 制作文字“每月一部 Apple iPodShuffle”的效果

（1）输入并对齐文字。方法：单击时间轴下方的（插入图层）命令，新建“图层3”。然后在“图层3”的第90帧按【F7】键插入空白关键帧。然后选择工具箱中的T（文本工具），设置字号为39，输入文字“每月一部 Apple iPodShuffle”，并中心对齐。接着为文字指定不同的颜色，效果如图2-196所示。

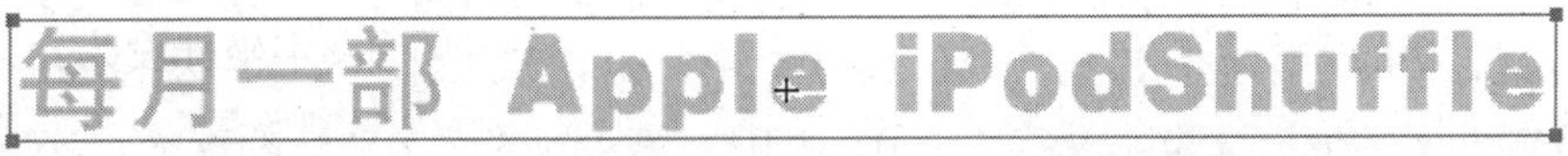

图2-196 输入文字

（2）制作文字发光效果。方法：选择舞台中的文字，然后在“滤镜”面板中单击按钮，从弹出的下拉列表中选择“发光”选项，接着设置参数如图2-197所示，效果如图2-198所示。

（3）制作文字模糊效果。方法：选择文字，按【F8】键，在弹出的对话框中设置如图2-199所示，单击“确定”按钮，从而将其转换为“元件3”影片剪辑元件。然后在“滤镜”面板中单击按钮，从弹出的下拉列表中选择“模糊”选项，接着设置参数如图 2-200 所示，效果如图 2-201 所示。

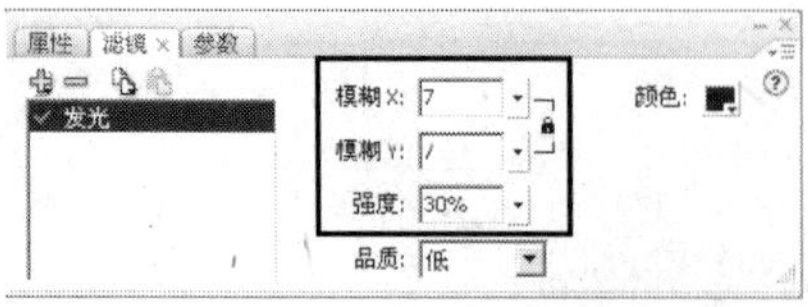

图 2-197　设置“发光”参数

图 2-198　发光效果

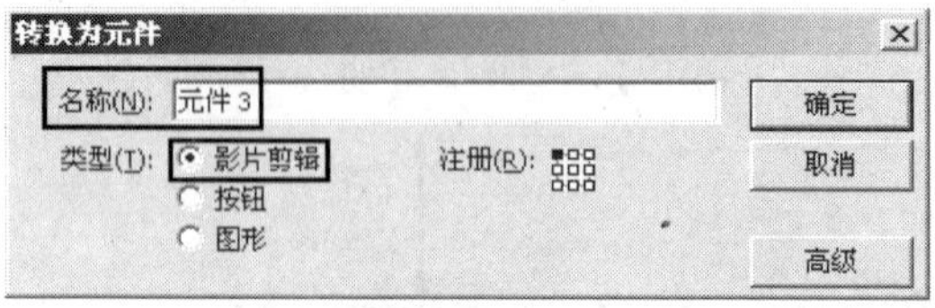

图 2-199　将文字转换为“元件 3”元件

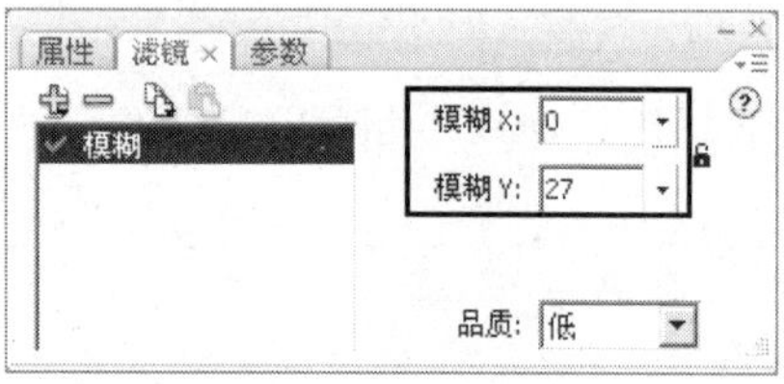

图 2-200　设置“模糊”参数

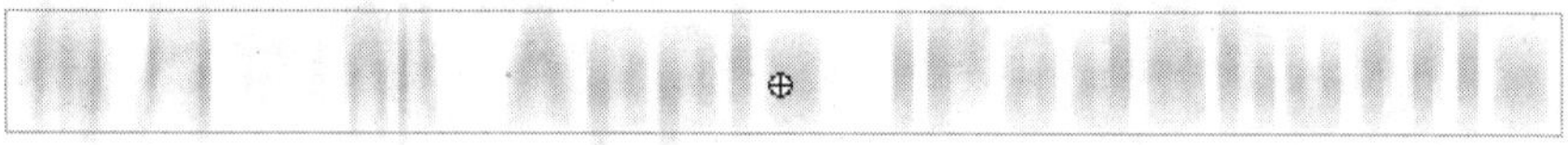

图 2-201　模糊效果

（4）制作文字从舞台上方运动到舞台中央，且由模糊到清晰的效果。方法：在“图层 2”的第 94 帧按【F6】键插入关键帧，并将该帧的“模糊 X”和“模糊 Y”均设为 0（即第 94 帧没有模糊效果）。接着在第 90 帧将其移动到舞台上方，如图 2-202 所示。最后在“图层 3”的第 90～94 帧之间创建补间动画。

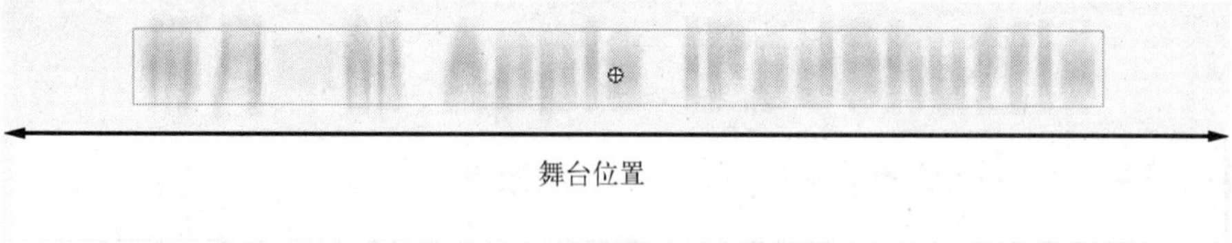

图 2-202　在“图层 2”的第 90 帧将文字移动到舞台上方

（5）制作文字抖动效果。方法：按【Ctrl+F8】组合键，在弹出的对话框中设置如图 2-203 所示，单击“确定”按钮，进入“元件 3-3”的编辑状态。然后从“库”面板中将“元件 3”拖入舞台并中心对齐，接着分别在“元件 3-3”中“图层 1”的第 2～5 帧按【F6】键，插入关键帧。并将第 2 帧的文字坐标设为 x、y（0.0，-2.0）；第 3 帧的文字坐标设为 x、y（0.0，2.0）；第 3 帧的文字坐标设为 x、y（-2.0，0.0）；第 4 帧的文字坐标设为 x、y（2.0，0.0），此时时间轴分布如图 2-204 所示。最后单击场景 1 按钮，回到场景 1。然后在“图层 3”的第 95 帧按【F7】键插入空白关键帧。接着从“库”面板中将“元件 3-3”拖入舞台并与前一帧的文字中心对齐。

（6）制作文字抖动后向上略微移动后再向下移出舞台的效果。方法：右击“图层 3”的第 94 帧，从弹出的快捷菜单中选择“复制帧”命令，再在“图层 2”的第 125 帧右击，从弹出的快捷菜单中选择“粘贴帧”命令。然后在“图层 3”的第 128 帧按【F6】键，插入关键帧，并将该帧舞台中的文字向上移动，将文字坐标设为 x、y（350.0，16.0）。接着在“图层3”的第132帧按【F6】键，插入关键帧，将文字向下移动出舞台，并在“滤镜”面板中将“模糊X”设为0，“模糊Y”设为27，效果如图2−205所示。最后在“图层2”的第125～132帧之间创建动画补间动画，此时时间轴分布如图2−206所示。

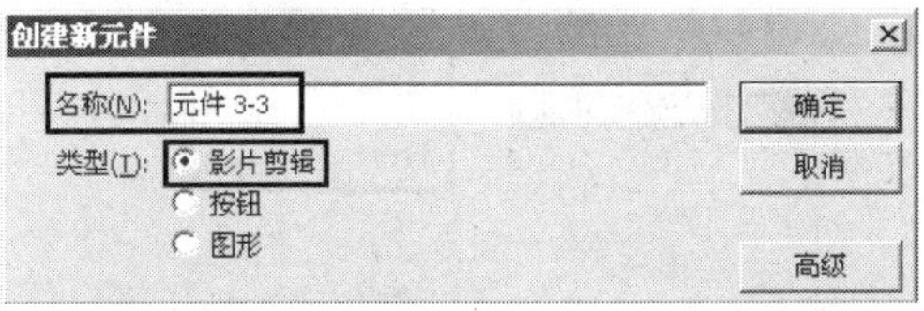

图2−203 创建“元件3−3”元件

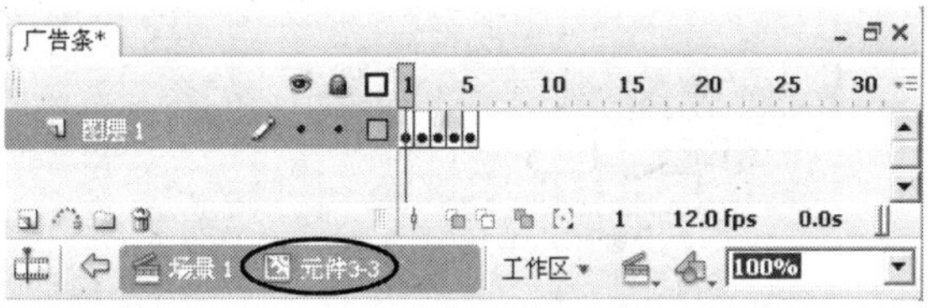

图2−204 “元件3−3”时间轴分布

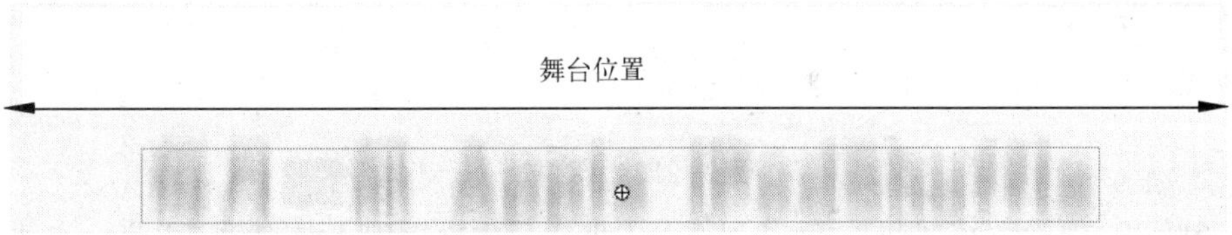

图2−205 在第132帧将文字向下移出舞台并调整模糊数值

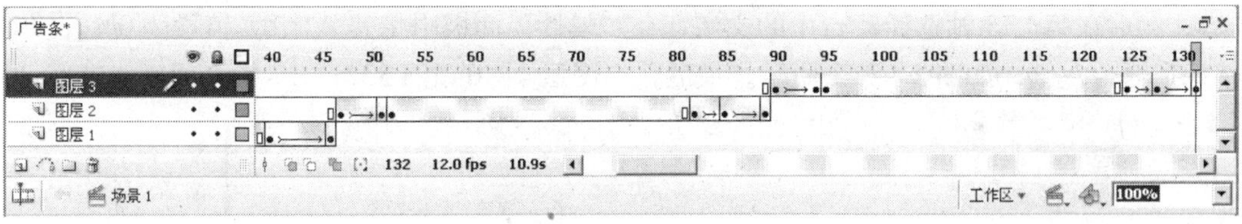

图2−206 时间轴分布

4．制作文字“教育基金 ￥2000 元 等你来拿！”的效果

（1）输入并对齐文字。方法：单击时间轴下方的 (插入图层) 命令，新建“图层4”。然后在“图层4”的第133帧按【F7】键插入空白关键帧。然后选择工具箱中的 T（文本工具），设置字号为39，输入文字“教育基金 ￥2000 元 等你来拿！”，并中心对齐。接着为文字指定不同的颜色，效果如图2−207所示。

图2−207 输入文字

（2）制作文字发光效果。方法：选择舞台中的文字，然后在“滤镜”面板中单击 按钮，从弹出的下拉列表中选择“发光”选项，接着设置参数如图2−208所示，效果如图2−209所示。

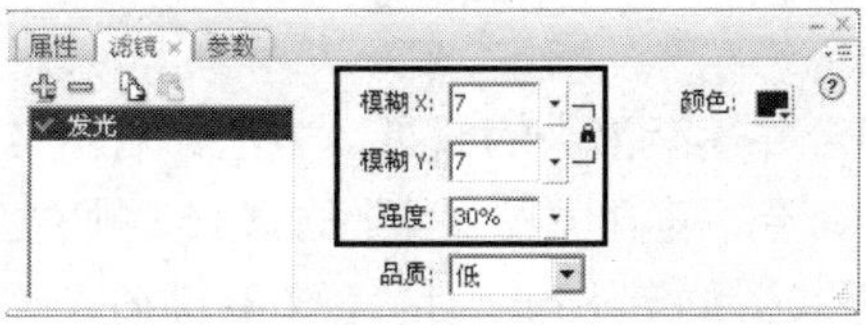

图2−208 设置“发光”参数

图2−209 发光效果

（3）制作文字模糊效果。方法：选择文字，按【F8】键，在弹出的对话框中设置如图 2-210 所示，单击“确定”按钮，从而将其转换为“元件 4”影片剪辑元件。然后在“滤镜”面板中单击按钮，从弹出的下拉列表中选择“模糊”选项，接着设置参数如图 2-211 所示，效果如图 2-212 所示。

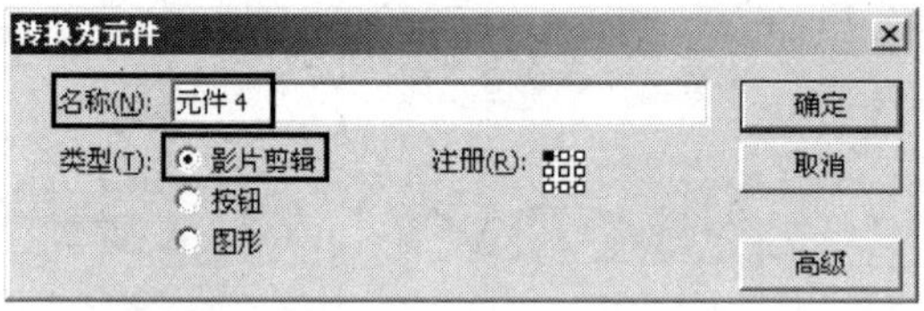

图 2-210　将文字转换为“元件 4”元件

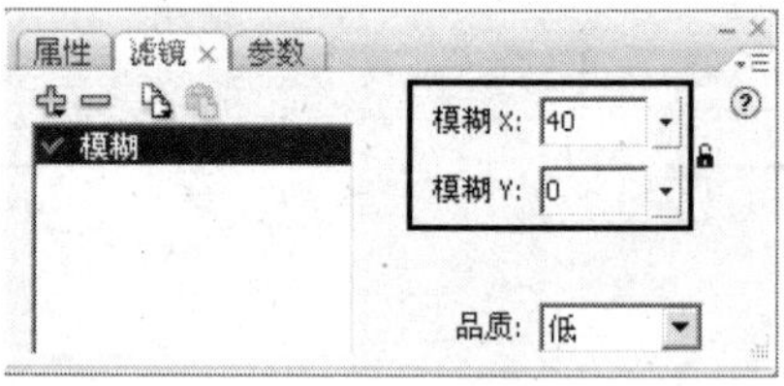

图 2-211　设置“模糊”参数

图 2-212　模糊效果

（4）制作文字从舞台左侧向右运动到舞台中央，且由模糊到清晰的渐显效果。方法：在“图层 4”的第 137 帧按【F6】键插入关键帧，并将该帧的“模糊 X”设为 0（即第 137 帧没有模糊效果）。然后在第 133 帧选择舞台中的文字，在“属性”面板中将其 Alpha 值设为 0%。接着将其移动到舞台左侧，如图 2-213 所示。最后在“图层 4”的第 133～137 帧之间创建补间动画。

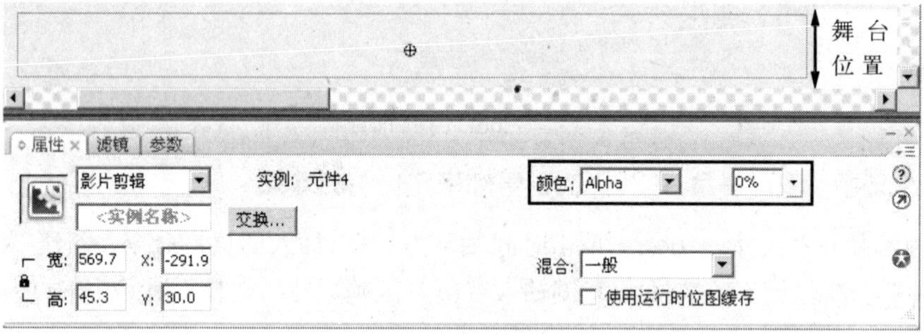

图 2-213　在第 133 帧设置文字 Alpha 值为 0% 并移动位置

（5）制作文字抖动效果。方法：按【Ctrl+F8】组合键，在弹出的对话框中设置如图 2-214 所示，单击“确定”按钮，进入“元件 4-4”的编辑状态。然后从“库”面板中将“元件 4”拖入舞台并中心对齐，接着分别在“元件 4-4 中“图层 1”的第 2～5 帧按【F6】键插入关键帧。并将第 2 帧的文字坐标设为 x、y（0.0，-2.0）；第 3 帧的文字坐标设为 x、y（0.0，2.0）；第 3 帧的文字坐标设为 x、y（-2.0，0.0）；第 4 帧的文字坐标设为 x、y（2.0，0.0），此时时间轴分布如图 2-215 所示。最后单击 场景 1 按钮，回到场景 1。然后在“图层 4”的第 138 帧按【F7】键插入空白关键帧。接着从“库”面板中将“元件 4-4”拖入舞台并与前一帧的文字中心对齐。

（6）制作文字抖动后向左略微移动后再向右移出舞台并逐渐消失的效果。方法：右击“图层 4”的第 137 帧，从弹出的快捷菜单中选择“复制帧”命令，再在“图层 4”的第 168 帧右击，从弹出的快捷菜单中选择“粘贴帧”命令。然后在“图层 4”的第 171 帧按【F6】键插入关键帧，并将该帧舞台中的文字向左移动，将文字坐标设为 x、y（330.0，30.0）。接着在“图层 4”

的第 175 帧按【F6】键插入关键帧，将文字向右移动出舞台，并将该帧的 Alpha 值设为 0%，如图 2-216 所示。最后在“图层 4”的第 168～175 帧之间创建动画补间动画，此时时间轴分布如图 2-217 所示。

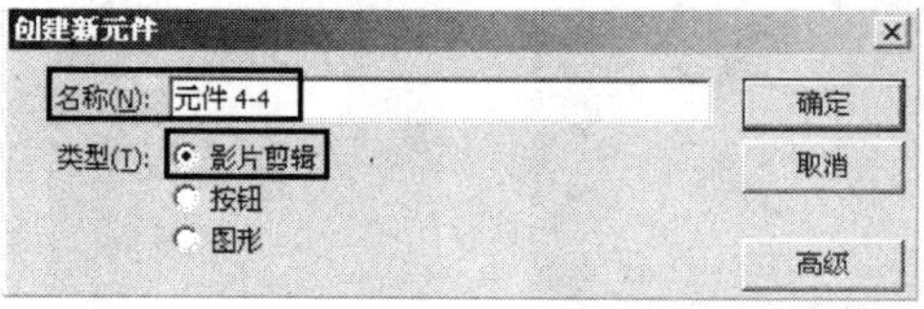

图 2-214　创建“元件 4-4”元件

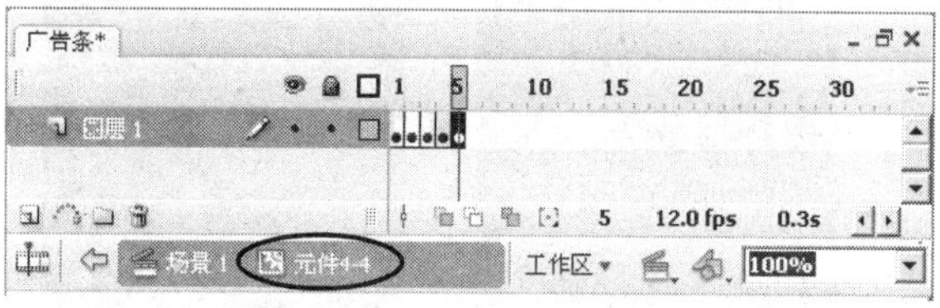

图 2-215　“元件 4-4”时间轴分布

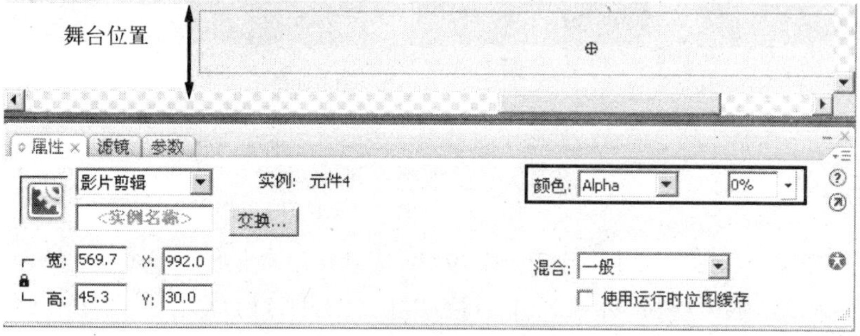

图 2-216　在第 175 帧将文字向右移出舞台并将 Alpha 值设为 0%

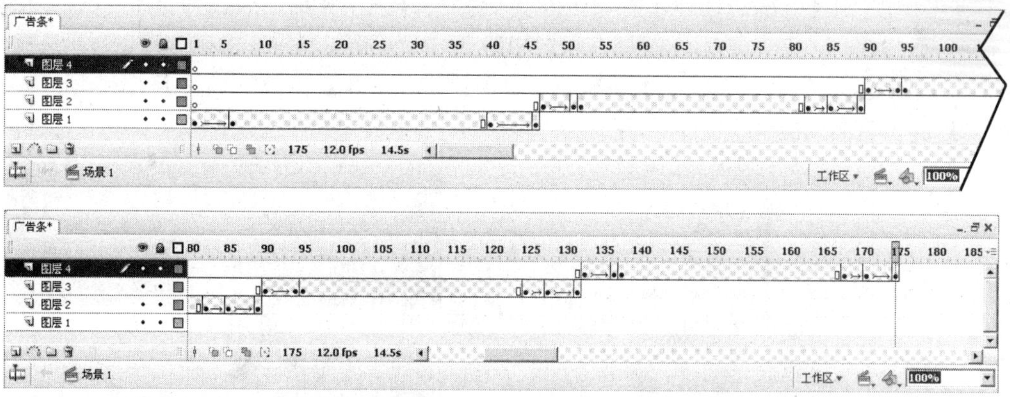

图 2-217　时间轴分布

（7）至此，整个动画制作完毕。下面执行菜单中的“控制”|“测试影片”（快捷键【Ctrl+Enter】）命令，打开播放器窗口，即可看到动画效果。

2.8.5　制作展开的画卷动画

要点

本例将制作画卷逐渐展开的动画效果，如图 2-218 所示。通过本例学习应掌握遮罩层、形状补间和动画补间动画的综合应用。

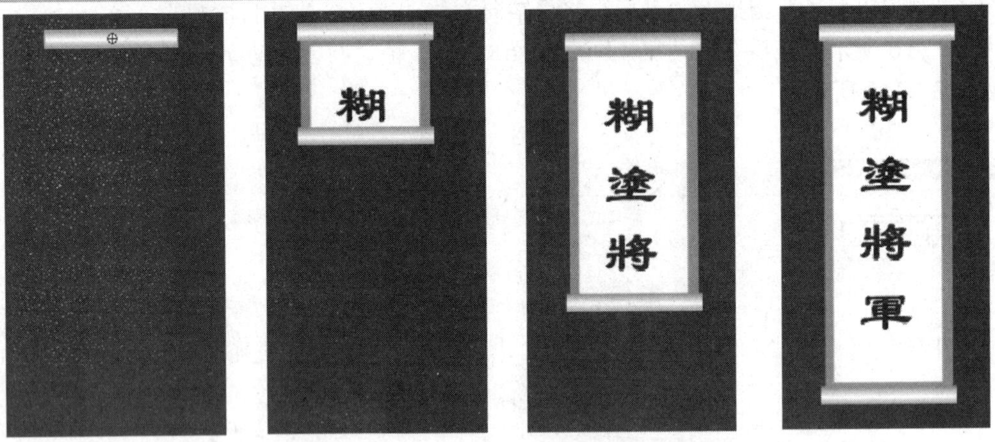

图 2–218　展开的画卷

操作步骤：

（1）启动 Flash CS3，新建一个 Flash 文件（ActionScript 2.0）。

（2）执行菜单中的“修改”|“文档”（快捷键【Ctrl+J】）命令，在弹出的“文档属性”对话框中将背景色设置为深蓝色（#27004E），然后单击“确定”按钮。

（3）绘制画轴。方法：选择工具箱中的（矩形工具），设置边线色为（无色），填充色为线性填充，如图 2–219 所示，然后在舞台中绘制一个矩形，效果如图 2–220 所示。接着利用工具箱中的（填充变形工具）将其渐变方向调整为上下渐变，效果如图 2–221 所示。最后按【F8】键，将其转换为“画轴”元件。

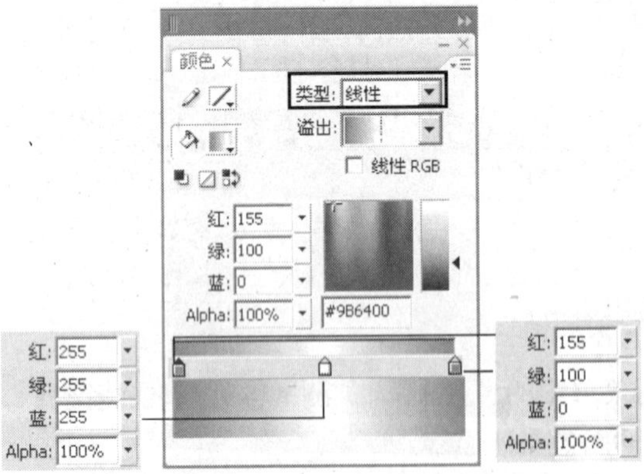

图 2–219　设置线性填充参数

图 2–220　线性填充效果

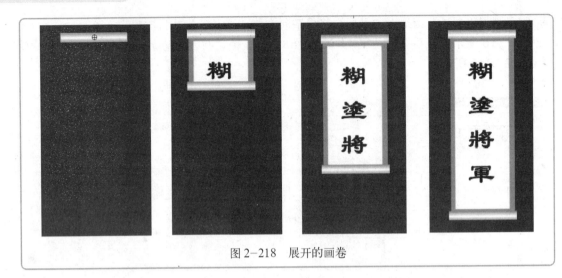

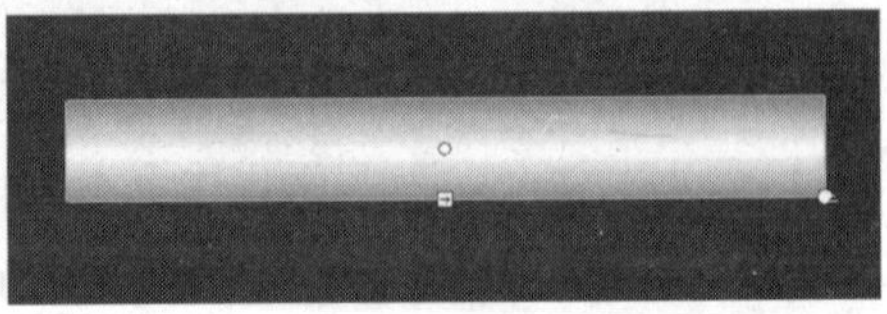

图 2–221　调整渐变方向

（4）绘制画卷。方法：单击时间轴下方的（插入图层）按钮，新建“纸”图层，然后利用（矩形工具）和（文本工具）绘制矩形和输入文字，如图 2–222 所示。

提示

为了防止绘制矩形时互相干扰，可以在“选项”面板中激活（对象绘制）按钮。

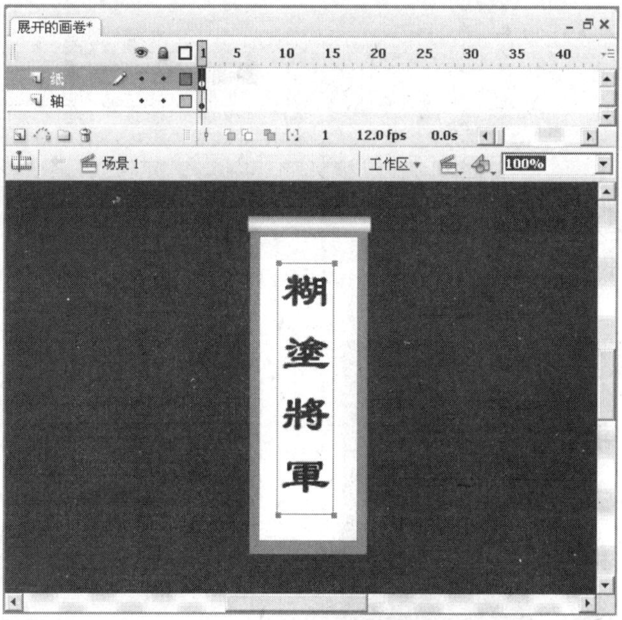

图 2–222 绘制矩形并输入文字

（5）绘制遮罩。方法：选择工具箱中的（矩形工具），设置边线色为（无色），填充色为任意颜色（此处使用的是绿色），然后绘制矩形如图 2–223 所示。接着同时选择 3 个图层的第 15 帧，按【F6】键插入关键帧，效果如图 2–224 所示。

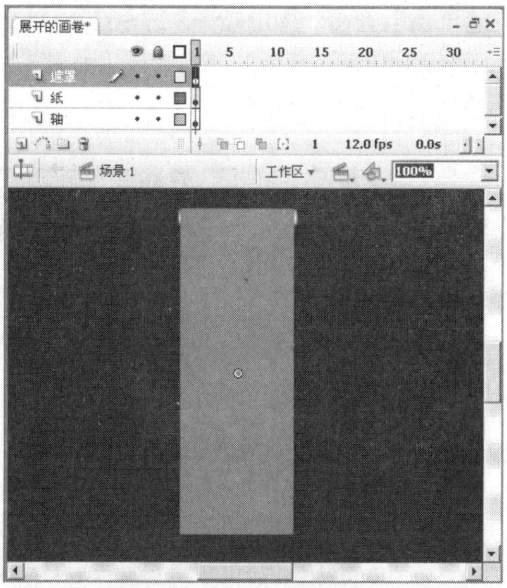

图 2–223 绘制矩形

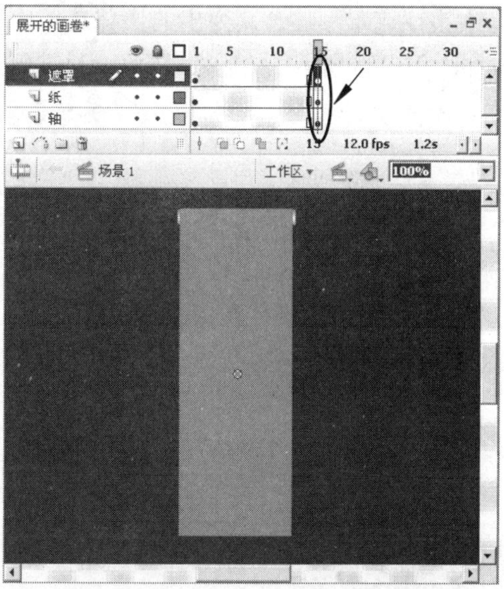

图 2–224 在第 15 帧插入关键帧

（6）制作遮罩动画。方法：选择“遮罩”层的第 1 帧，然后利用工具箱中的（任意变形工具）沿垂直方向缩放矩形，如图 2–225 所示。接着在选择第 1～14 帧之间的任意一帧，在“属性”面板中设置“补间”为“形状”，效果如图 2–226 所示。

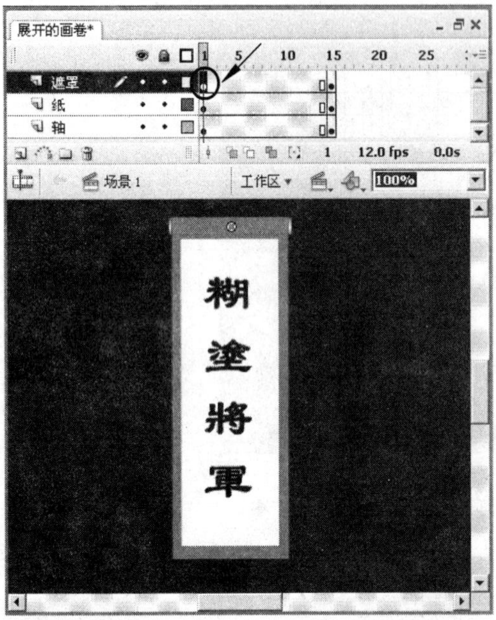

图 2-225　在第 1 帧缩放矩形

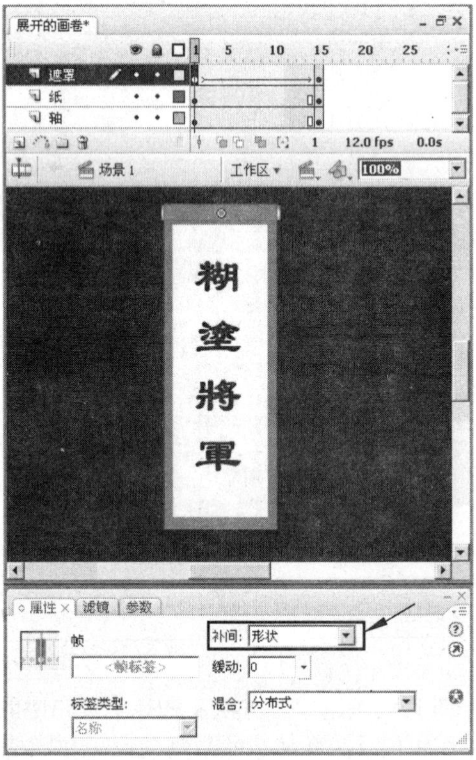

图 2-226　创建形状补间动画

右击“遮罩”层，从弹出的快捷菜单中选择“遮罩层”命令，如图 2-227 所示，此时时间轴如图 2-228 所示。然后按【Enter】键预览动画，可以看到画卷逐渐打开的效果，如图 2-229 所示。

图 2-227　选择“遮罩层”命令

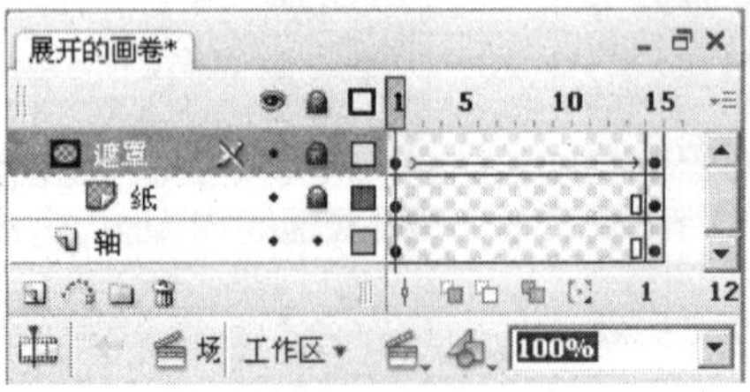

图 2-228　时间轴分布

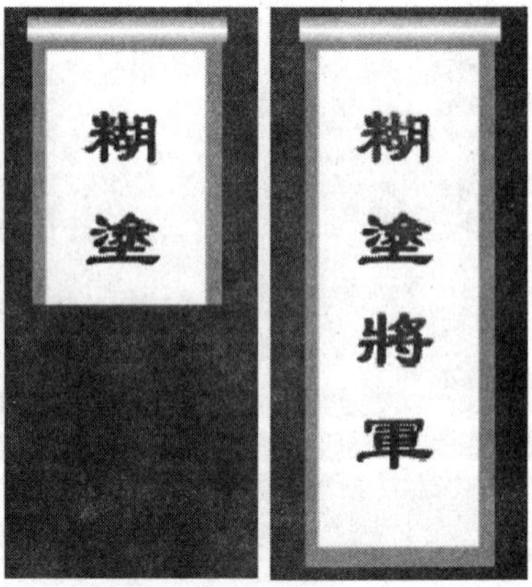

图 2-229　预览效果

（7）制作转轴移动的效果。方法：选择“轴”图层，右击并从弹出的快捷菜单中选择“复制帧”命令，然后单击时间轴下方的（插入图层）按钮，新建“轴转动”图层，接着选中“轴转动”图层，在时间轴中右击，从弹出的快捷菜单中选择“删除帧”（快捷键【Shift+F5】）命令。接着再次右击，从弹出的快捷菜单中选择“粘贴帧”命令。最后单击“轴转动”图层的第 15 帧，在舞台中垂直向下移动“转轴”元件，效果如图 2−230 所示，再在“轴转动”图层的第 1～15 帧之间右击，从弹出的快捷菜单中选择“创建补间动画”命令，此时时间轴如图 2−231 所示。

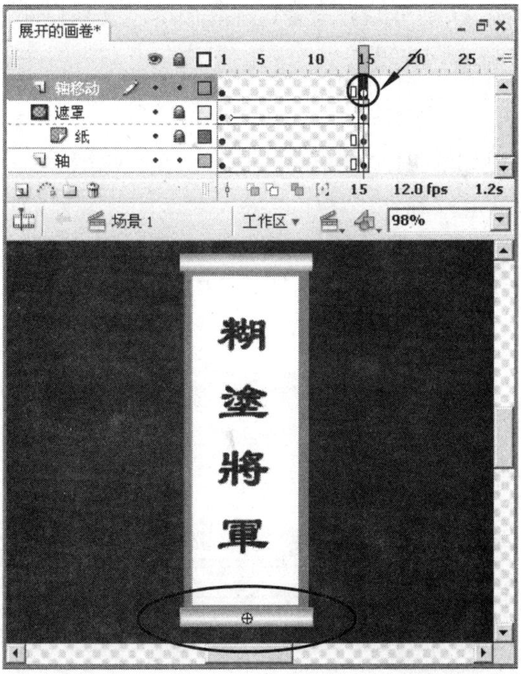

图 2−230　在第 15 帧将“画轴”元件向下移动

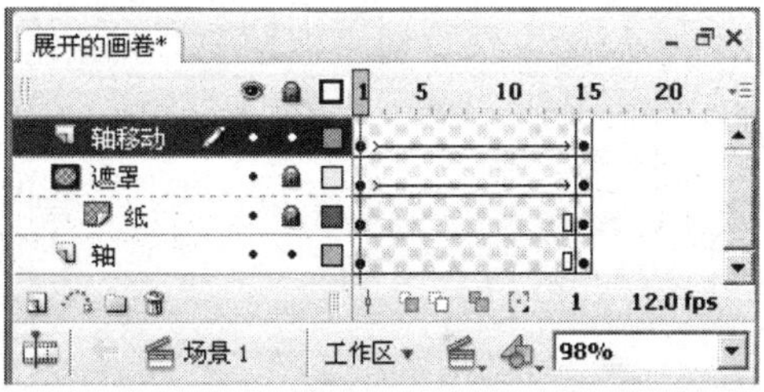

图 2−231　时间轴分布

（8）至此，整个动画制作完毕，下面执行菜单中的“控制”|“测试影片”（快捷键【Ctrl+Enter】）命令，打开播放器窗口，即可看到画卷展开的效果。

2.8.6　制作旋转的地球动画

要点

本例将制作三维旋转的地球效果，如图 2-232 所示。通过本例学习应掌握掌握利用 Alpha 来控制图像的不透明度以及蒙版的应用。

图 2−232　旋转的地球

操作步骤：

（1）启动Flash CS3，新建一个Flash文件（ActionScript 2.0）。

（2）执行菜单中的“修改”|“文档”（快捷键【Ctrl+J】）命令，在弹出的“文档属性”对话框中设置参数如图2-233所示，然后单击“确定”按钮。

1．创建“地图”元件

（1）执行菜单中的“插入”|“新建元件”（快捷键【Ctrl+F8】）命令，在弹出的“创建新元件”对话框中设置如图2-234所示，然后单击“确定”按钮，进入“地图”元件的编辑模式。

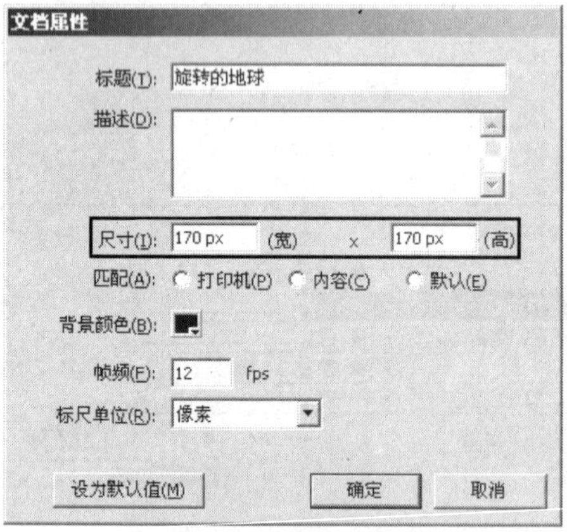

图2-233 设置文档属性

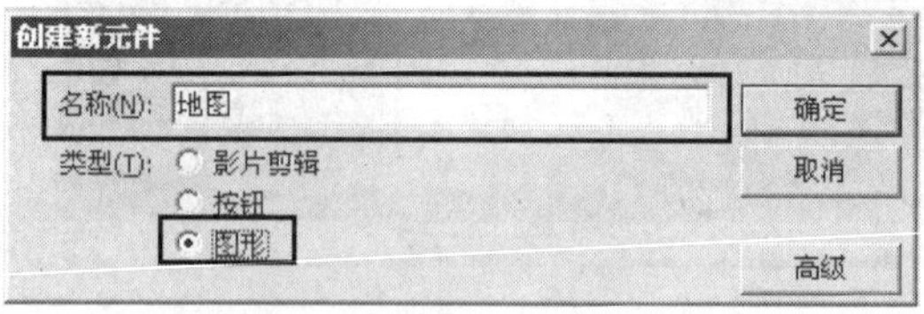

图2-234 创建“地图”元件

（2）在“地图”元件中，使用工具箱中的（刷子工具）绘制图形，效果如图2-235所示。

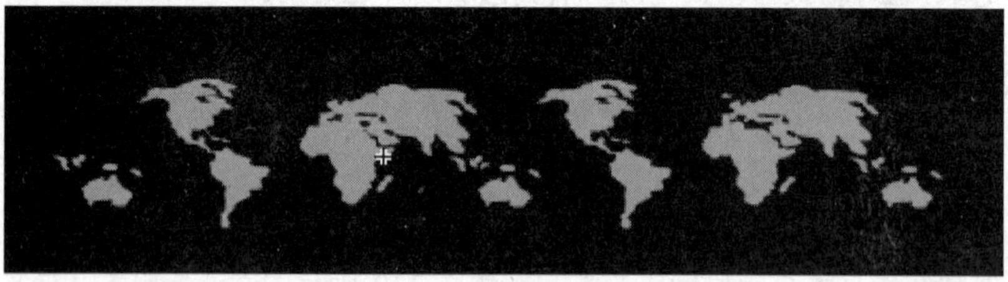

图2-235 绘制图形

2．创建“地球”元件

（1）执行菜单中的“插入”|“新建元件”（快捷键【Ctrl+F8】）命令，在弹出的“创建新元件”对话框中设置如图2-236所示，然后单击“确定”按钮，进入“地球”元件的编辑模式。

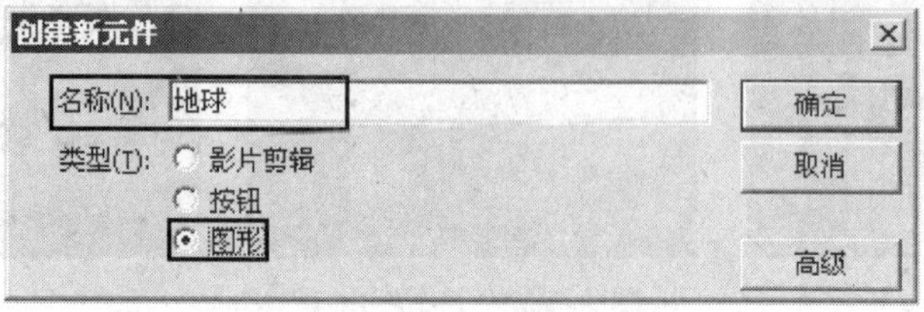

图2-236 创建“地球”元件

（2）在“地球”元件中，选择工具箱中的○（椭圆工具），笔触设为✎☒，在“颜色”面板中设置填充色如图2－237所示。然后按【Shift】键在视图中绘制一个正圆形，参数设置如图2－238所示，效果如图2－239所示。

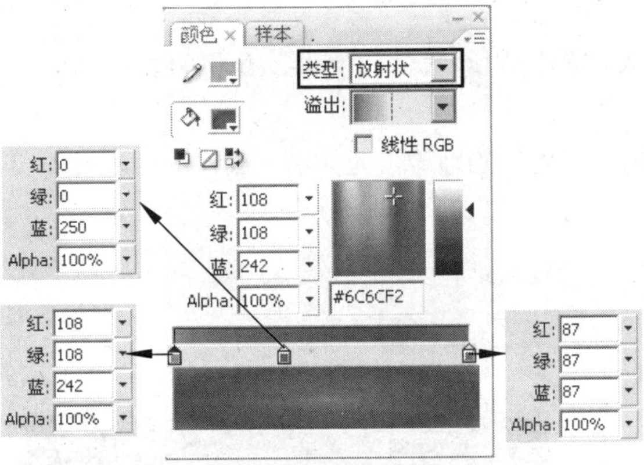

图2－237 设置填充色

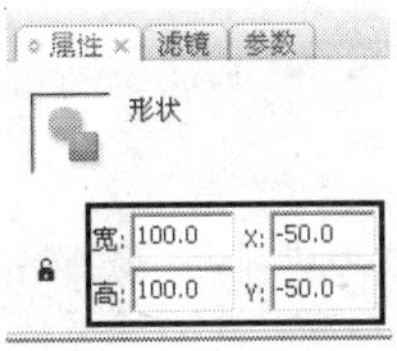

图2－238 设置圆形参数

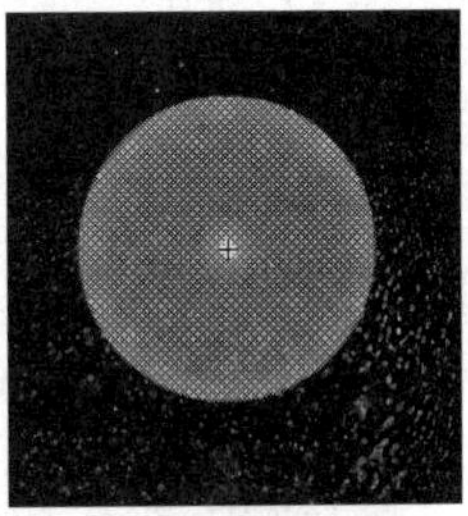

图2－239 圆形效果

（3）选择工具栏中的▣（对齐工具），在弹出的“对齐”面板中单击▭（对齐/相对舞台分布）按钮后再单击▣（垂直中齐）和▣（水平中齐）按钮，如图2－240所示，将正圆形中心对齐。

（4）制作地球立体效果。选择工具箱中的▣（渐变变形工具），单击工作区中的圆形，调整渐变色方向如图2－241所示，从而形成向光面和背光面。

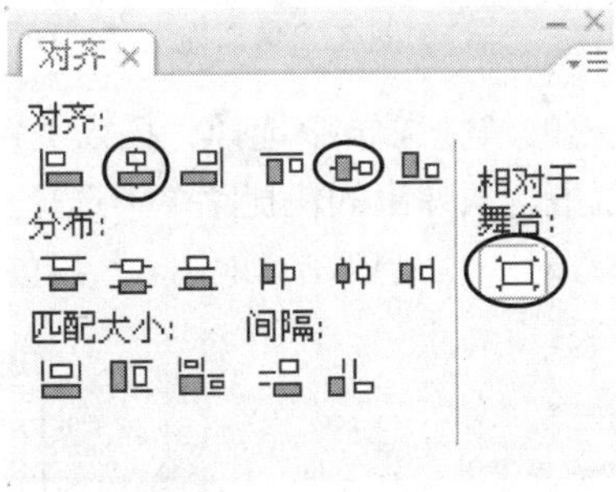

图2－240 将图形中心对齐

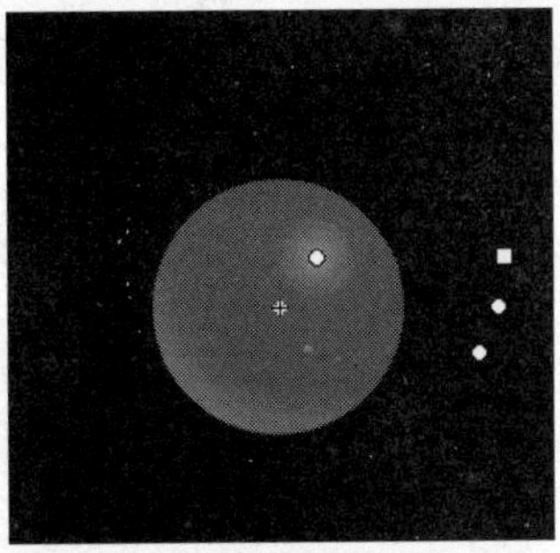

图2－241 调整渐变色方向

3．创建“旋转的地球”元件

（1）执行菜单中的“插入”|“新建元件”（快捷键【Ctrl+F8】）命令，在弹出的“创建新元件”对话框中设置如图2－242所示，然后单击“确定”按钮，进入“旋转的地球”元件的编辑模式。

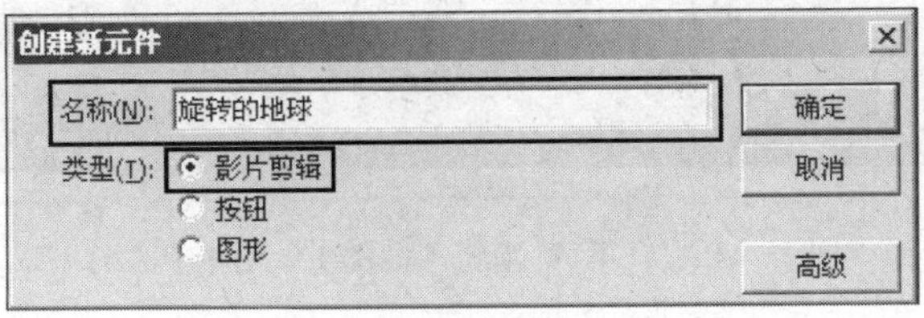

图2－242 创建“旋转的地球”元件

提示

如果此时类型选择“图形”，则在回到“场景 1”后，必须将时间轴总长度延长到第 35 帧，否则不能产生动画效果。

（2）将“库”面板中的“地球”元件拖入“旋转的地球”元件中，并将图层命名为“地球 1”，如图 2–243 所示。

（3）新建“地图 1”层，将“地图”元件拖入“旋转的地球”元件中，放置位置如图 2–244 所示。

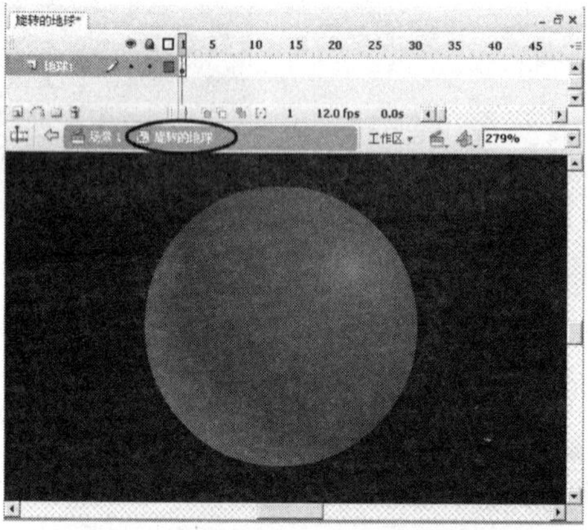

图 2–243　拖入“地球”元件

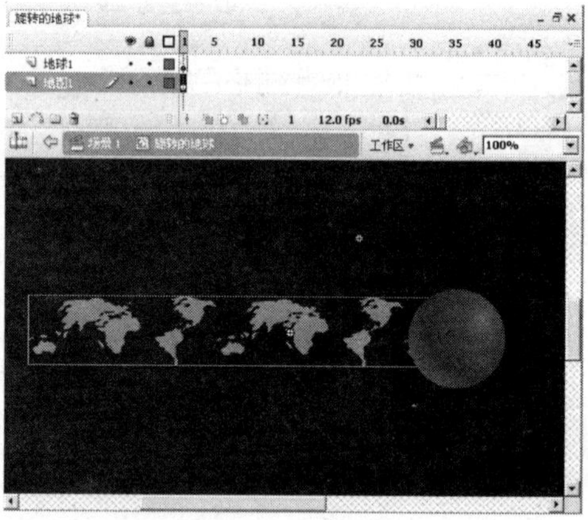

图 2–244　拖入“地图”元件

（4）在“地球 1”层的第 35 帧右击，从弹出的快捷菜单中选择“插入关键帧”（快捷键【F6】）命令。然后在图层“地图 1”的第 35 帧右击，从弹出的快捷菜单中选择“插入关键帧”（快捷键【F6】）命令，接着将“地图 1”元件中心对齐。最后在“地图 1”层创建动画补间动画，效果如图 2–245 所示。

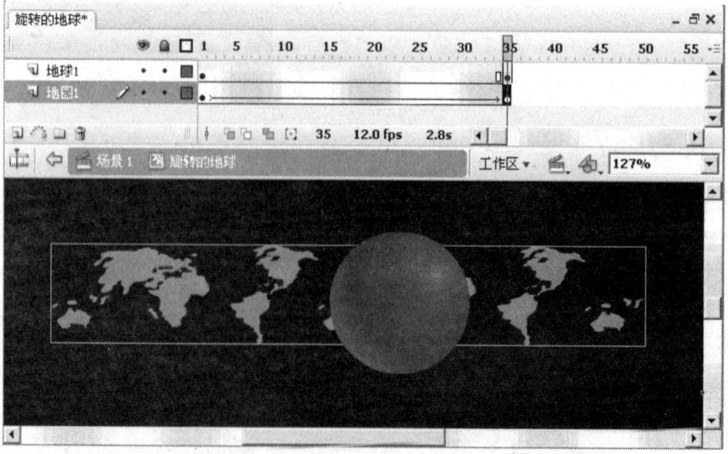

图 2–245　在第 35 帧将“地图 1”元件中心对齐

（5）新建“地球 2”和“地图 2”层，如图 2–246 所示。然后选择“地球 1”层，右击并从弹出的快捷菜单中选择“复制帧”（快捷键【Ctrl+Alt+C】）命令，然后选择“地球 2”层，右击并从弹出的快捷菜单中选择“粘贴帧”（快捷键【Ctrl+Alt+V】）命令，将“地球1”层上的所有帧原地粘贴到“地球2”层上。接着调整“图层2”层上“地图”元件的位置，使其从右往左运动。

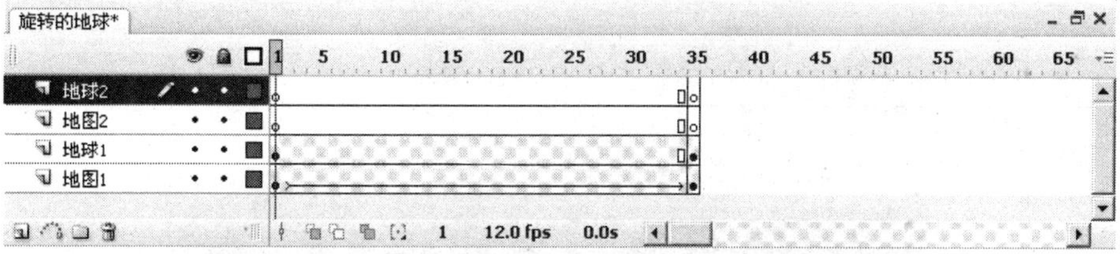

图2-246 新建“地球2”和“地图2”层

（6）同理，将“地图1”层上的所有帧原地粘贴到“地图2”层上，此时时间轴分布如图2-247所示。

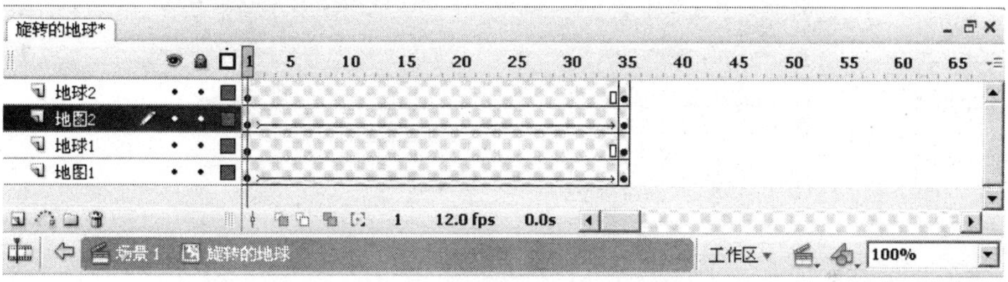

图2-247 时间轴分布

（7）降低地图的不透明度。方法：分别选中“地图1”的第1帧和第35帧，以及“地球2”的第1帧和第35帧，然后将工作区中的“地图”元件的Alpha值设为50%，效果如图2-248所示。

（8）制作遮罩。方法：分别在时间轴的“地球1”和“地球2”的名称上右击，从弹出的快捷菜单中选择“遮罩层”命令，此时时间轴分布如图2-249所示。

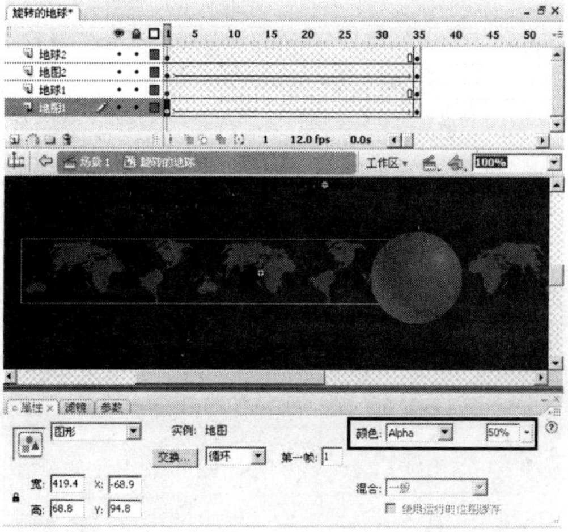

图2-248 将“地图”元件的Alpha值设为50%

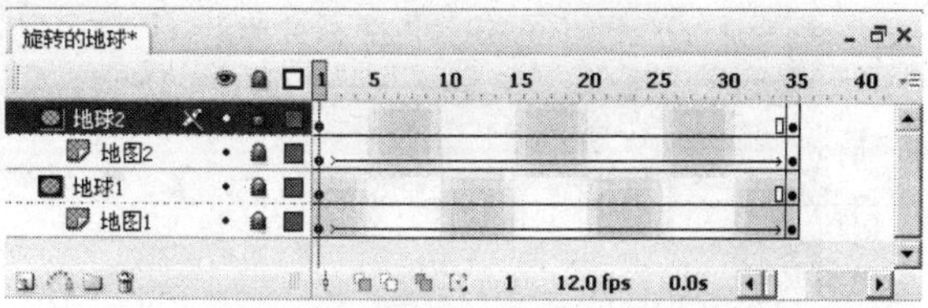

图2-249 时间轴分布

(9) 在“地球1”层的上方新建“地球3”层，然后从“库”面板中将“地球”元件拖入“旋转的地球”元件，并中心对齐，再将其Alpha值设为70%。接着锁定“地球1”层，效果如图2-250所示。至此，“旋转的地球”元件制作完毕。

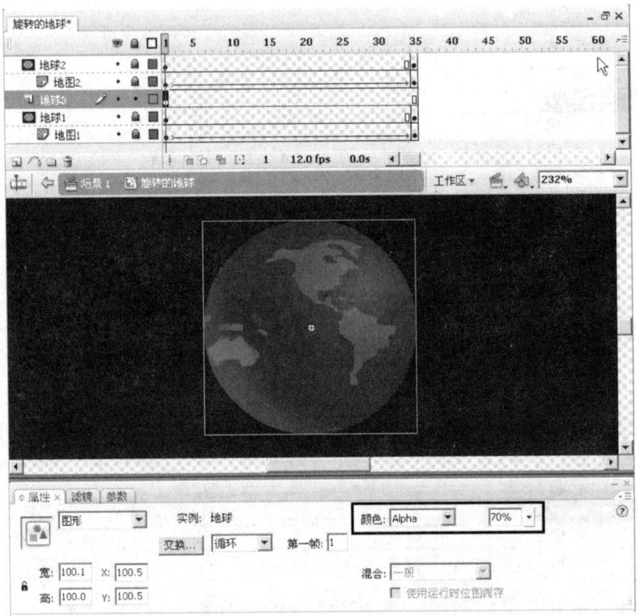

图2-250 “旋转的地球”元件最终效果

4．合成场景

(1) 单击时间轴上方的 场景 1 按钮，回到“场景1”，从“库”面板中将“旋转的地球”元件拖入舞台并中心对齐。

(2) 至此，整个动画制作完成，下面执行菜单中的“控制”|“测试影片”(快捷键【Ctrl+Enter】)命令，打开播放器，即可观看效果。

2.8.7 制作随风飘落的花瓣动画

要点

本例将制作花瓣从花上脱落后被风吹走的效果，如图2-251所示。通过本例学习应掌握“分散到图层”命令和引导层动画的制作方法。

图2-251 随风飘落的花瓣

操作步骤：

（1）打开配套光盘“素材及结果\2.8.7 制作随风飘落的花瓣动画\花瓣－素材.fla”文件。

（2）组合场景。方法：从“库”面板中将“草地”、“花”和“花瓣”元件拖入舞台，并放置到适当位置，效果如图2－252所示。然后选中舞台中的所有元件，右击并从弹出的快捷菜单中选择“分散到图层”命令，从而将不同元件分散到不同图层上，然后删除“图层1”，此时时间轴分布如图2－253所示。

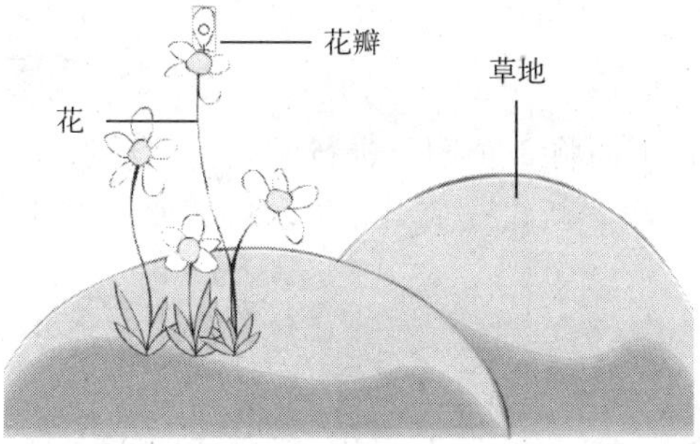

图2－252　组合元件

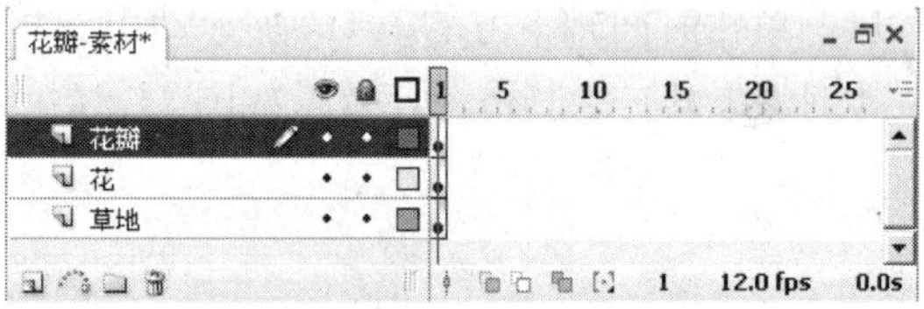

图2－253　时间轴分布

提示

使用“分散到图层”命令，可以将选中的元件分散到不同图层中，且图层名称会与元件名称相同。这是制作Flash动画经常用到的一个命令。

（3）改变背景色。方法：单击“属性”面板中“背景”右侧的颜色框，从弹出的对话框中选择一种蓝色（#0099FF），效果如图2－254所示。

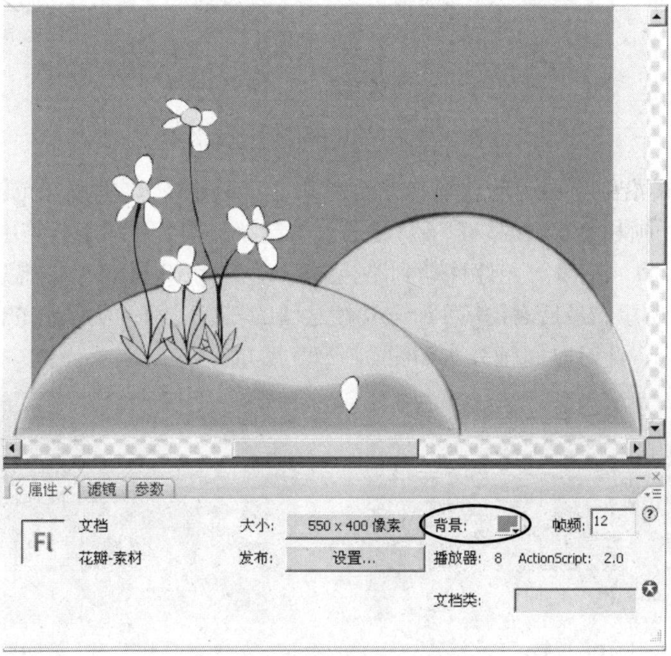

图2－254　改变背景色

（4）同时选择 3 个图层，在第 60 帧按【F5】键插入普通帧，从而将这 3 个图层的总长度延长到第 60 帧，如图 2–255 所示。

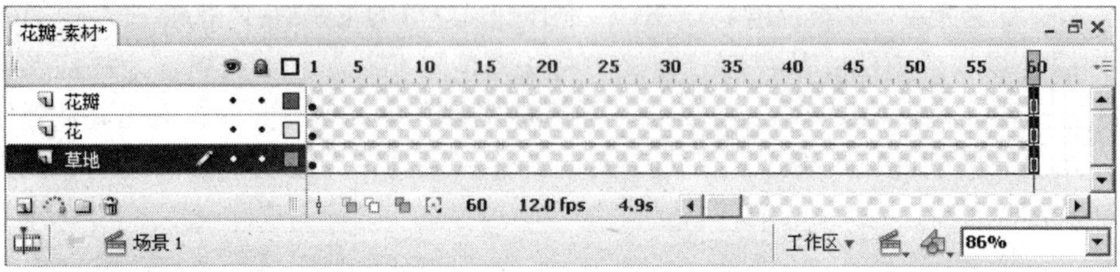

图 2–255　时间轴分布

（5）制作引导层。方法：为了防止错误操作，下面将 3 个图层进行锁定。然后选择“花瓣”层，单击时间轴下方的（添加运动引导层）按钮，新建一个引导层。接着使用工具箱中的（钢笔工具）绘制路径，效果如图 2–256 所示。

图 2–256　在引导层上绘制路径

（6）制作花瓣沿引导层运动动画。方法：锁定“引导层”，解锁“花瓣”层。然后分别在“花瓣”层的第 15 帧和第 60 帧按【F6】键插入关键帧。接着激活工具箱中的（贴紧至对象）按钮，在第 15 帧将“花瓣”元件移动到路径起点，在第 60 帧将“花瓣”元件移动到路径终点，如图 2–257 所示。最后右击第 15～60 帧之间的任意一帧，从弹出的快捷菜单中选择“创建补间动画”命令，此时时间轴分布如图 2–258 所示。

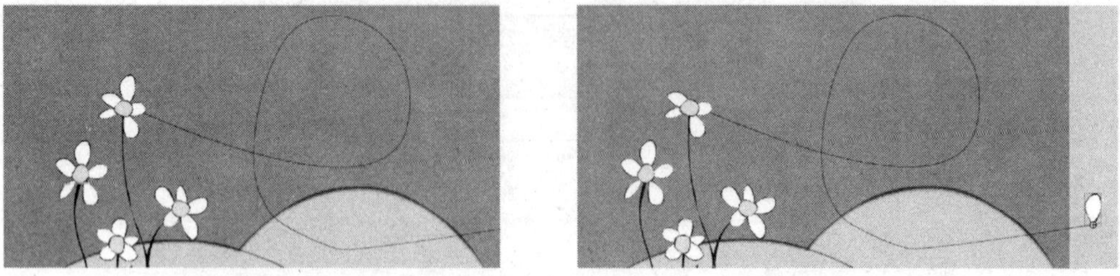

（a）第 15 帧　　（b）第 60 帧

图 2–257　将花瓣贴紧到引导线上

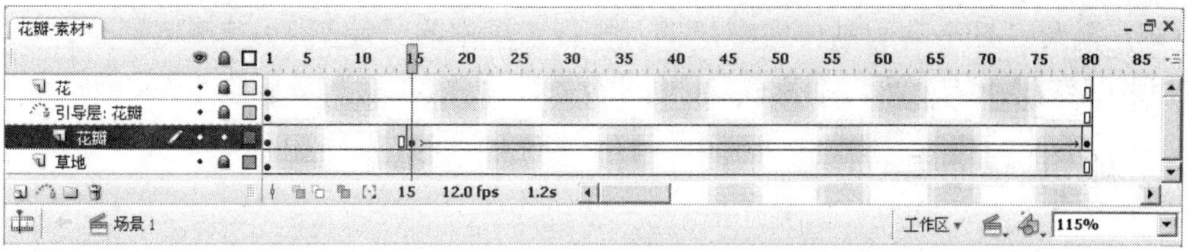

图 2－258　时间轴分布

（7）此时按【Enter】键播放动画，会发现花瓣沿引导层运动时，花瓣本身并不发生任何旋转，且运动为匀速运动。这是不正确的，下面就来解决这两个问题。方法：选择“花瓣”层第15～60帧之间的任意一帧，然后在“属性”面板中设置“旋转”为“顺时针”1次，并将“缓动”设为“100”，如图2－259所示。此时按【Enter】键播放动画，即可看到花瓣在沿引导层减速运动的同时发生了相应的旋转。

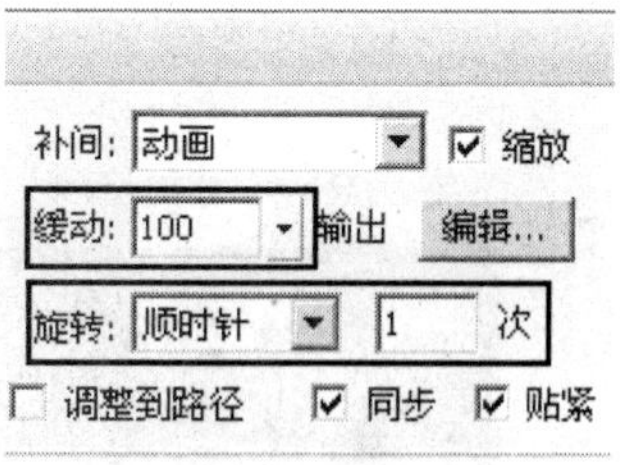

图 2－259　设置参数

提示

如果将“缓动”设为0则为匀速运动；如果将“缓动”设为－100则为加速运动。

（8）制作花瓣在飘落前的摇摆动画。方法：分别在“花瓣”层的第5、7、9、11帧按【F6】键插入关键帧。然后分别对这4个关键帧中的“花瓣”元件进行旋转，效果如图2－260所示。此时时间轴分布如图2－261所示。

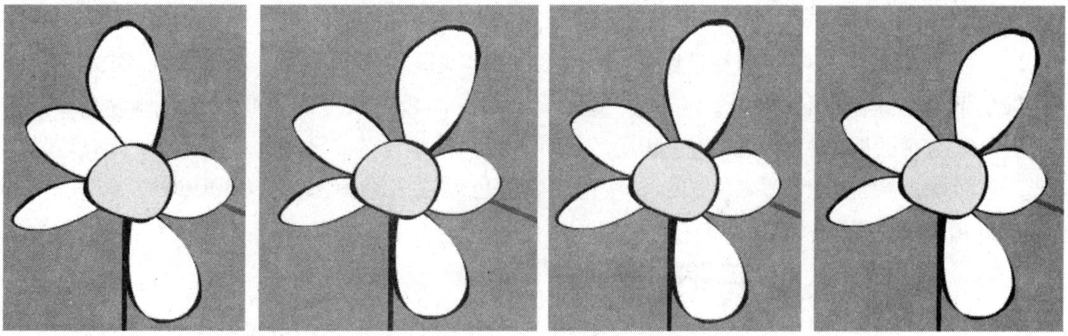

（a）第5帧　（b）第7帧　（c）第9帧　（d）第11帧

图 2－260　在不同帧旋转“花瓣”元件

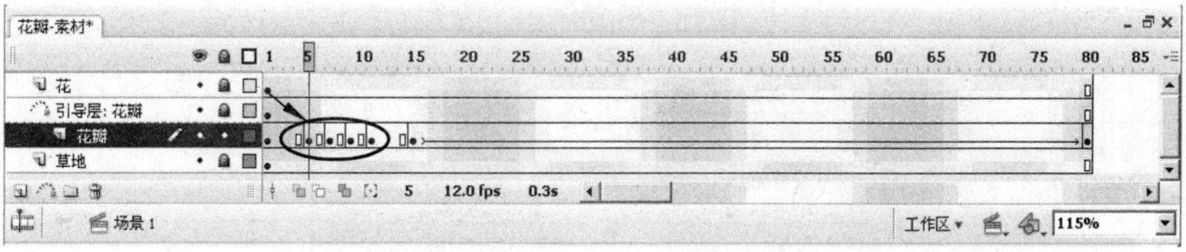

图 2－261　时间轴分布

（9）至此，整个动画制作完毕。下面执行菜单中的“控制”|“测试影片”（快捷键【Ctrl+Enter】）命令，打开播放器窗口，即可看到花瓣从花上脱落后被风吹走的效果。

2.8.8 制作城堡动画

要点

本例将制作类似迪斯尼影片开场时卡通城堡的动画效果，如图 2-262 所示。通过本例学习应掌握利用导引线制作滑过天空的星星、利用 Alpha 值制作城堡阴影随灯光移动而变化和利用遮罩制作星星的拖尾效果。

图 2-262　城堡动画

操作步骤：

1．制作闪烁的星星效果

（1）打开配套光盘中“素材及结果\2.8.8 制作城堡动画\城堡 - 素材.fla”文件。

（2）设置文档的相关属性。方法：单击“属性”面板“大小”右侧的 550 x 400 像素 按钮，然后在弹出的对话框中将大小设为 720px × 576px，帧频设为 25fps。为了与白色的星星进行区别，下面单击“背景颜色”右侧的 按钮，将颜色设置为深蓝色（#000066），如图 2-263 所示，单击“确定”按钮。

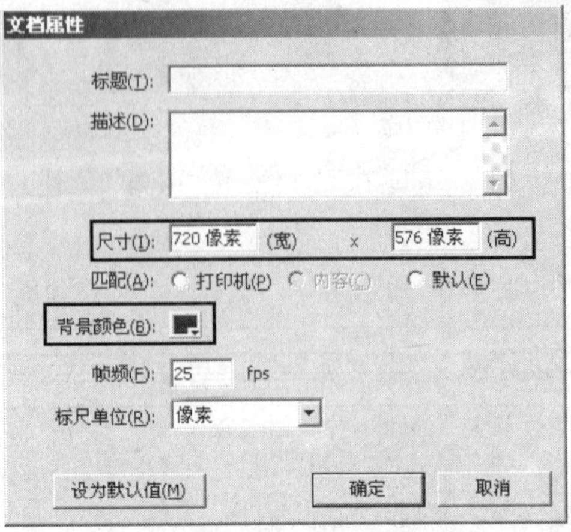

图 2-263　设置文档的属性

（3）执行菜单中的“插入”|“新建元件”（快捷键【Ctrl+F8】）命令，在弹出的对话框中设置如图 2-264 所示，单击“确定”按钮，进入“闪烁”元件的编辑状态。然后从“库”面板中将“星星”元件拖入舞台，如图 2-265 所示。

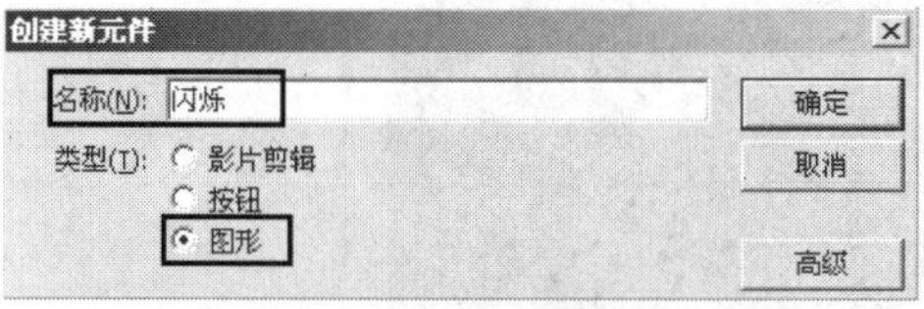

图 2-264　新建“闪烁”元件

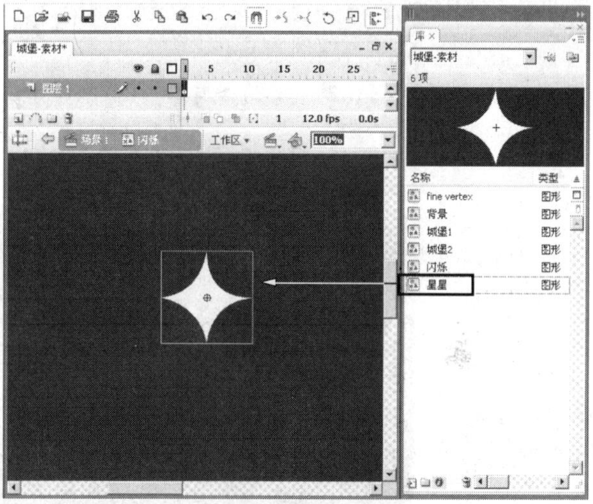

图 2-265　将“星星”元件拖入舞台

（4）在“图层 1”的第 6 帧按【F6】键插入关键帧。然后利用工具箱中的（任意变形工具）将舞台中的星星放大至 200%，接着选中舞台中的星星，在“属性”面板中将 Alpha 值设为 20%，如图 2-266 所示。

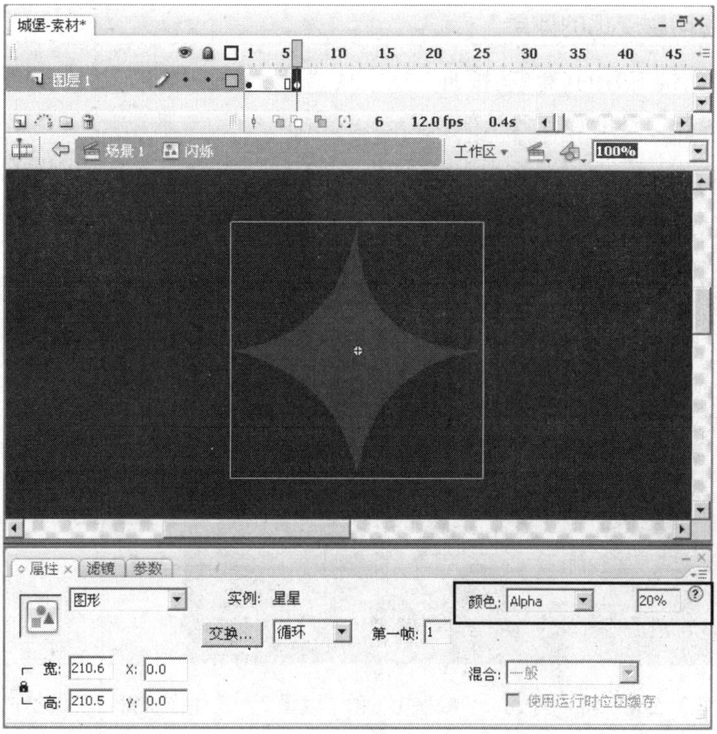

图 2-266　在第 6 帧调整元件大小和不透明度

（5）右击“图层 1”的第 1 帧，从弹出的快捷菜单中选择“复制帧”命令，然后单击时间轴下方的（插入图层）命令，新建“图层 2”。接着右击“图层 2”的第 1 帧，从弹出的快捷菜单中选择“粘贴帧”命令。最后在“图层 1”创建动画补间动画，此时时间轴分布及舞台效果如图 2-267 所示。

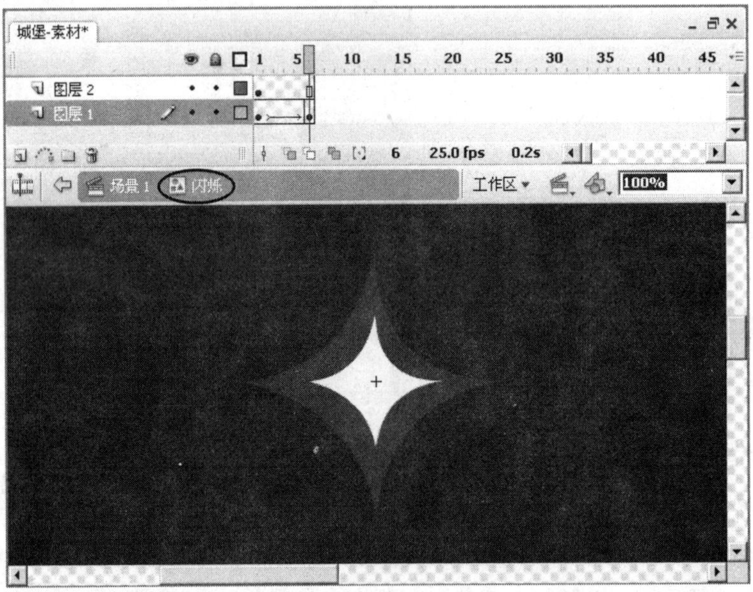

图 2-267 “闪烁”元件的时间轴分布及舞台效果

2．制作城堡阴影变化的效果

（1）单击时间轴下方的场景 1按钮，然后从“库”面板中将“背景”、“城堡 1”和“城堡 2”元件拖入舞台并调整位置，效果如图 2-268 所示。

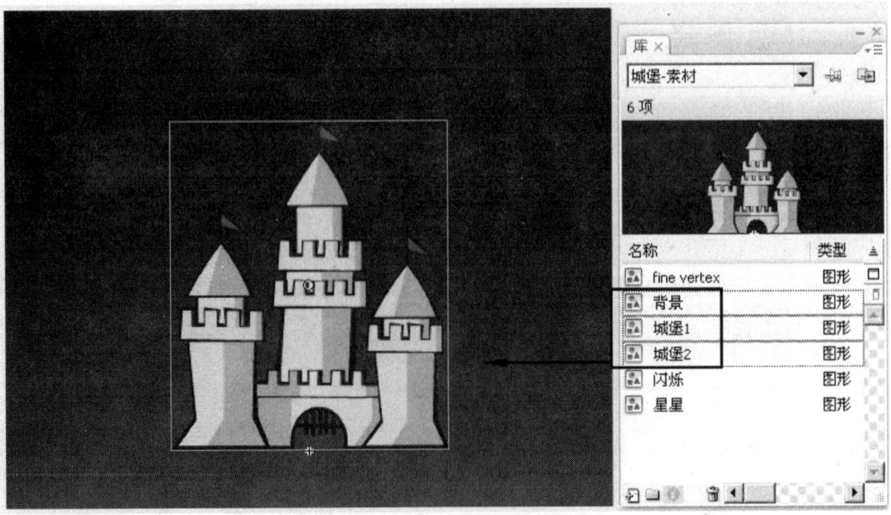

图 2-268 将“背景”、“城堡 1”和“城堡 2”元件拖入舞台并调整位置

（2）将不同元件分散到不同图层。方法：全选舞台中的对象，右击并从弹出的快捷菜单中选择“分散到图层”命令，此时时间轴分布如图 2-269 所示。

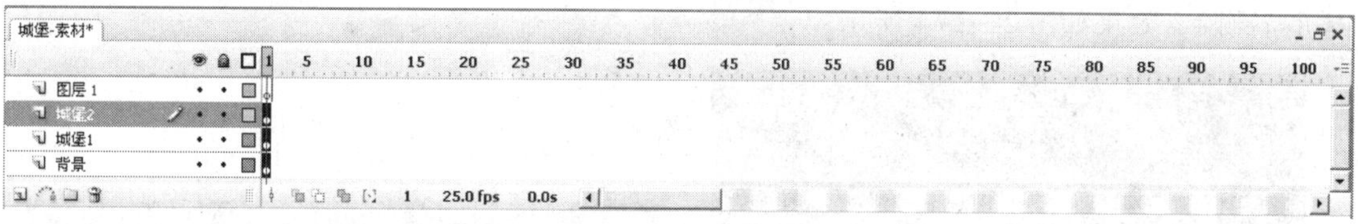

图 2-269 时间轴分布

（3）同时选择 4 个图层的第 100 帧，按【F5】键，从而将这 4 个图层的总帧数增加到 100 帧，如图 2-270 所示。

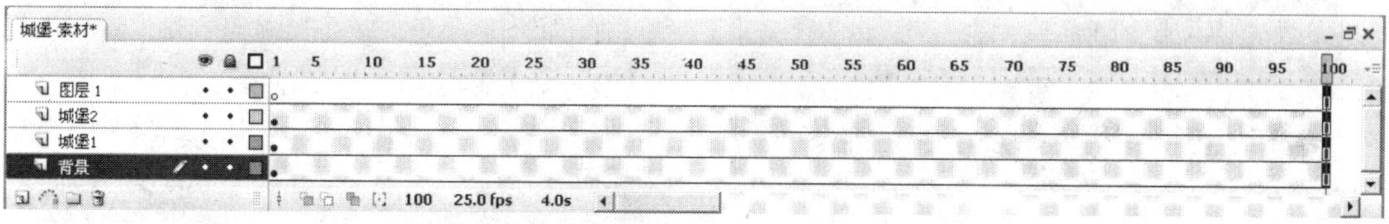

图 2-270 将 4 个图层的总帧数增加到 100 帧

（4）制作“城堡 2”元件的透明度变化动画。方法：将“城堡 2”层的第 1 帧移动到第 6 帧，然后在“城堡 2”的第 60 帧按【F6】键插入关键帧。接着单击“城堡 2”层的第 1 帧，选择舞台中的“城堡 2”元件，在“属性”面板中将其 Alpha 值设为 20%。最后在“城堡 2”的第 6～60 帧之间创建动画补间动画。此时时间轴分布如图 2-271 所示，按【Enter】键播放动画，即可看到城堡阴影从左逐渐到右的效果，如图 2-272 所示。

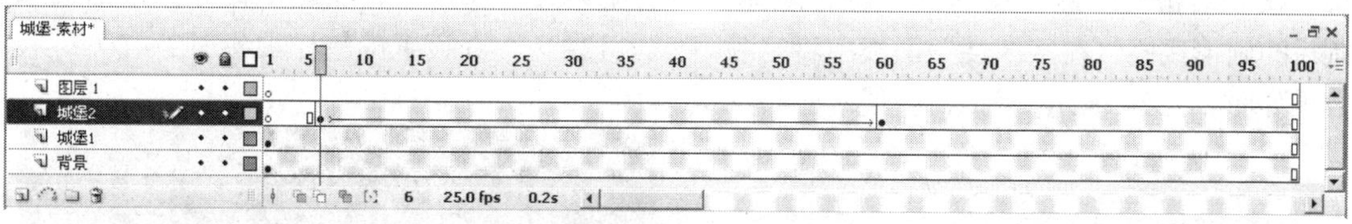

图 2-271 时间轴分布

（a）阴影在左　（b）阴影居中　（c）阴影在右

图 2-272 城堡阴影移动效果

3．制作滑过天空的星星效果

（1）为了便于操作，下面将“图层 1”以外的其余图层进行锁定。

（2）制作星星的运动路径。方法：将“图层 1”命名为“路径”，然后利用工具箱中的

(椭圆工具)绘制一个笔触颜色为任意色(此处选择的是绿色)、填充为的圆形，效果如图 2-273 所示。接着利用工具箱中的(选择工具)框选圆形下半部分，然后按【Delete】键进行删除，效果如图 2-274 所示。

图 2-273 绘制圆形

图 2-274 删除圆形下半部分

(3)制作星星飞过天空时产生的轨迹效果。方法：右击“路径”层的第 1 帧，从弹出的快捷菜单中选择“复制帧”命令，然后单击时间轴下方的(插入图层)按钮，新建“轨迹”层，接着右击“轨迹”层的第 1 帧，从弹出的快捷菜单中选择“粘贴帧”命令。最后选择复制后的圆形线段，在“属性”面板中将笔触颜色改为白色，并设置笔触样式如图 2-275 所示，效果如图 2-276 所示。

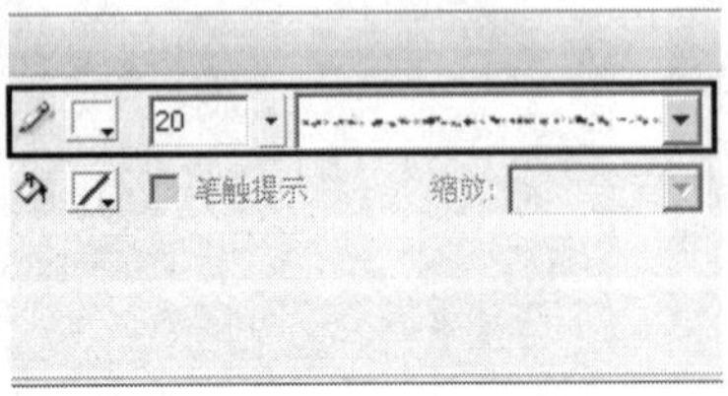

图 2-275 设置笔触样式

图 2-276 星星飞过天空时产生的轨迹效果

(4)制作星星沿路径运动的效果。方法：从“库”面板中将“闪烁”元件拖入舞台，然后右击并从弹出的快捷菜单中选择“分散到图层”命令，将其分散到“闪烁”层。接着在第 1 帧将“闪烁”元件移到弧线左侧端点处，效果如图 2-277 所示。再在“闪烁”层第 60 帧按【F6】键插入关键帧，将“闪烁”元件移到弧线右侧端点处，效果如图 2-278 所示。

图 2−277　在第 1 帧将“闪烁”元件移到左侧端点处

图 2−278　在第 60 帧将“闪烁”元件移到右侧端点处

（5）右击时间轴左侧的“路径”层，从弹出的快捷菜单中选择“引导层”命令，如图 2−279 所示。然后右击时间轴左侧的“闪烁”层，从弹出的快捷菜单中选择“属性”命令，接着在弹出的对话框中选择“被引导”单选按钮，如图 2−280 所示，单击“确定”按钮。

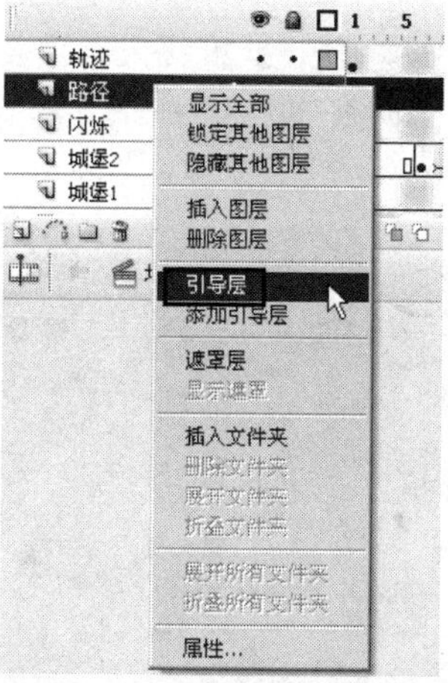

图 2−279　选择“引导层”命令

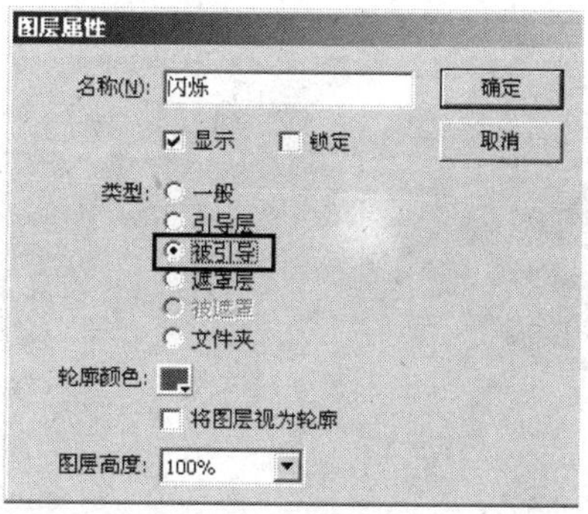

图 2−280　选择“被引导”单选按钮

（6）为了使星星的运动与城堡阴影变化同步，下面将“闪烁”层的第 1 帧移动到第 6 帧，并在“闪烁”层的第 6～60 帧之间创建动画补间动画。此时时间轴分布如图 2−281 所示。

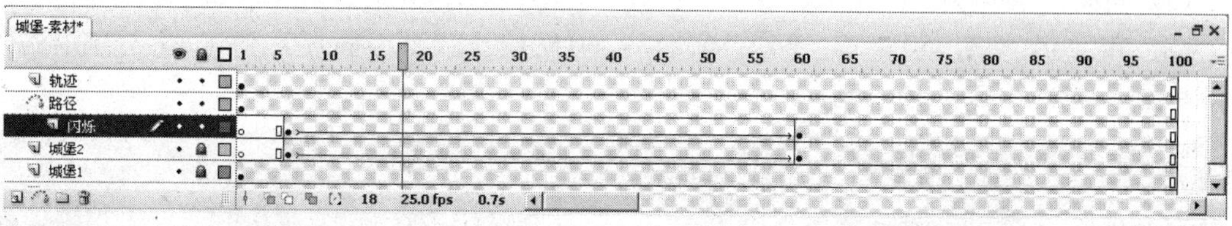

图 2−281　时间轴分布

（7）制作星星沿路径运动的同时顺时针旋转两次的效果。方法：右击“闪烁”层的第 6 帧，然后在“属性”面板中设置如图 2−282 所示即可。

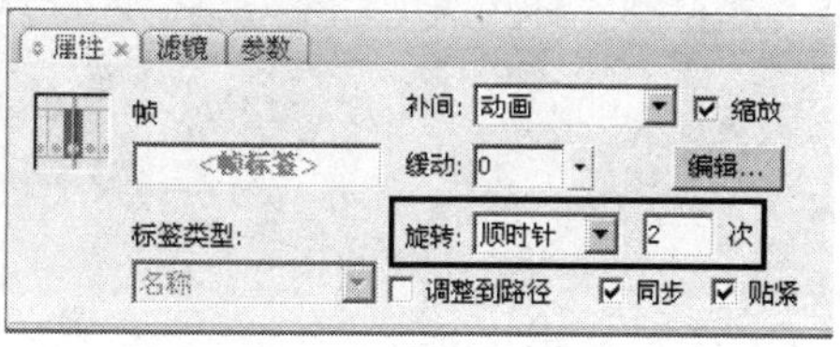

图 2−282　设置旋转属性

4．制作星星滑过天空时的拖尾效果

（1）将“轨迹”以外的层进行锁定，然后将“闪烁”层进行轮廓显示，如图 2−283 所示。

(a) 工作区效果

(b) 时间轴效果

图 2-283 将“闪烁”层进行轮廓显示

(2) 在“轨迹”层上方新建“遮罩”层，然后在第 6 帧按【F7】键插入空白关键帧，利用工具箱中的 (刷子工具) 绘制图形作为遮罩后显示区域，如图 2-284 所示。接着在第 8 帧按【F6】键插入关键帧，绘制图形如图 2-285 所示。

图 2-284 在“遮罩”层第 6 帧绘制效果

图 2-285 在“遮罩”层第 8 帧绘制效果

(3) 同理，分别在第 10、12、14、16、18、20、22、24、26、28、30、32、34、36、38、40、42、44、46、48、50、52、54、56、58、60 帧按【F6】键插入关键帧，并分别沿路径逐步绘制图形。图 2-286 所示为部分帧的效果。

(a) 第 14 帧 (b) 第 40 帧 (c) 第 60 帧

图 2-286 沿路径逐步绘制图形

（4）恢复“闪烁”层正常显示。然后右击“遮罩”层，从弹出的快捷菜单中选择“遮罩层”命令，此时时间轴分布如图 2-287 所示。

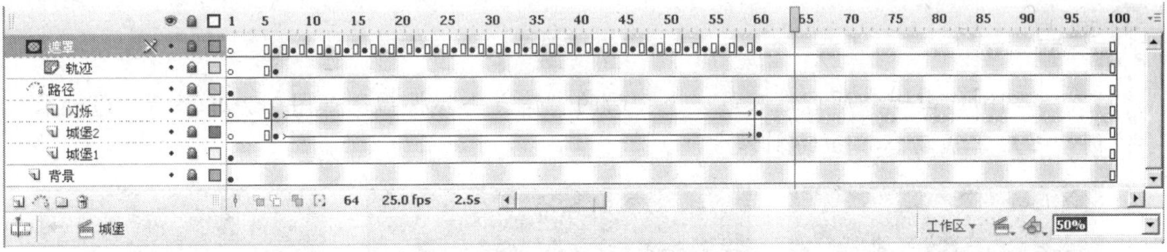

图 2-287　时间轴分布

（5）此时按【Enter】键播放动画，可以看到星星从城堡前面滑过天空的效果，如图 2-288 所示。在时间轴中将“城堡 1”和“城堡 2”层拖动到最上方，从而制作出星星从城堡后面滑过天空的效果，如图 2-289 所示。

图 2-288　星星从城堡前面滑过天空

图 2-289　星星从城堡后面滑过天空

5．制作文字逐渐显现效果

（1）新建“文字”层，然后从“库”面板中将“fine vertex”元件拖入舞台，然后将“文字”层的第 1 帧移动到第 47 帧。

（2）在“文字”层的第 65 帧按【F6】键插入关键帧。然后在“属性”面板中将第 47 帧文字的 Alpha 值设为 0%。

（3）至此，整个动画制作完毕，此时时间轴分布如图 2-290 所示。下面执行菜单中的“控制”|“测试影片”（快捷键【Ctrl+Enter】）命令，打开播放器窗口，即可看到类似迪斯尼影片开场时卡通城堡的动画效果。

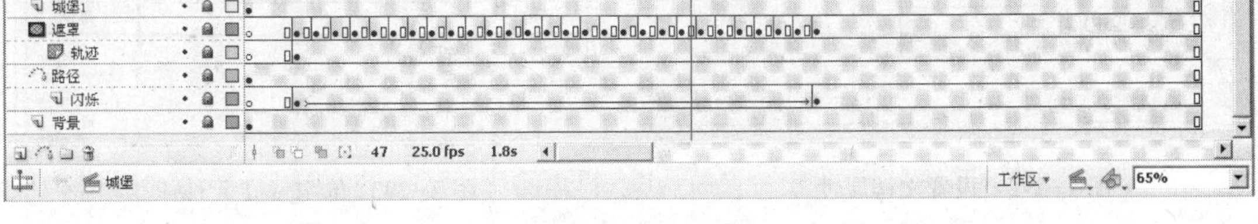

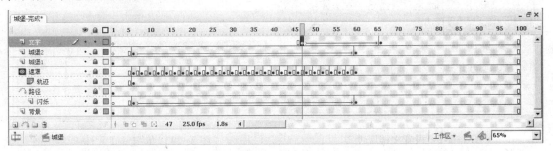

图 2-290　时间轴分布

2.8.9 制作“请点击”按钮

要点

本例制作由一个页面进入另一个页面的“请点击”按钮，如图 2-291 所示。通过本例学习应掌握动态按钮的制作方法。

动态按钮　　　　单击按钮后的页面

图 2-291 “请点击”按钮

操作步骤：

（1）启动 Flash CS3，新建一个 Flash 文件（ActionScript 2.0）。

（2）执行菜单中的“修改”|“文档”（快捷键【Ctrl+J】）命令，在弹出的“文档属性”对话框中设置背景色为蓝色（#000066），将工作区尺寸调整为 550px × 400px，播放速度设置为 12fps，如图 2-292 所示，然后单击“确定”按钮。

（3）执行菜单中的“插入”|“新建元件”（快捷键【Ctrl+F8】）命令，在弹出的“创建新元件”对话框中输入元件名称为 J_1，设置类型为影片剪辑，如图 2-293 所示。然后单击“确定”按钮，进入 J_1 元件的编辑模式。

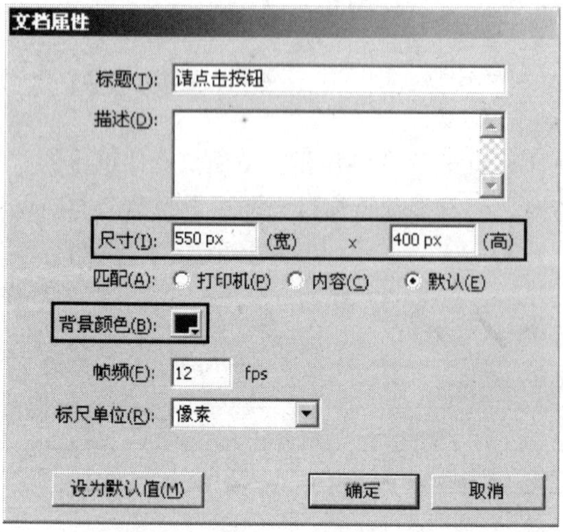

图 2-292 设置文档属性

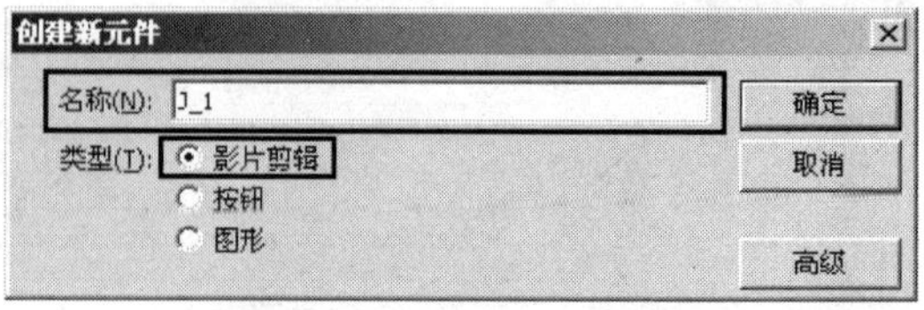

图 2-293 创建 J_1 元件

（4）选择工具箱中的 （矩形工具），在工作区中绘制出矩形图案，然后选择工具箱中的 （选择工具），把矩形图案调整成箭头图案，箭头的正面、受光面和背光面的填充色如图 2–294 所示，最终效果如图 2－295 所示。接着，在第 18 帧按【F5】键插入普通帧，将帧延长至第 18 帧。

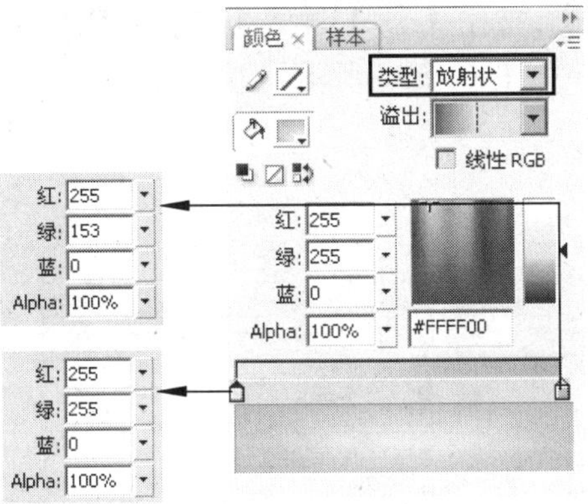

(a) 正面填充色

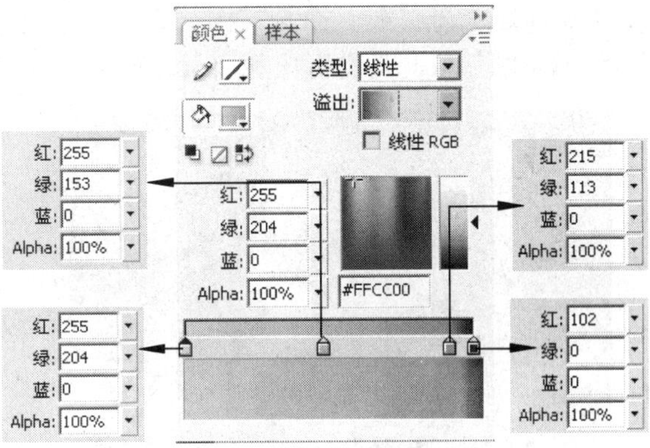

(b) 背光面填充色

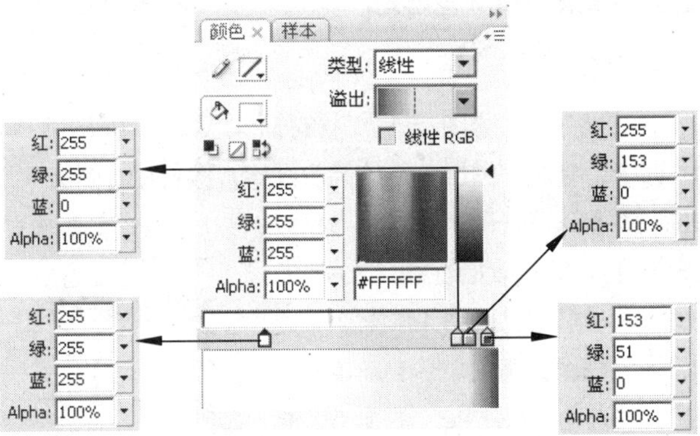

(c) 受光面填充色

图 2–294　设置填充色

（5）新建“图层 2”，然后绘制箭头图案，效果如图 2–296 所示。在第 10 帧按【F6】键插入关键帧。绘制箭头图案，效果如图 2－297 所示。

图 2–295　填充后效果

图 2–296　绘制箭头图案

(6) 选择第 1 帧，然后在“属性”面板上设置形状补间动画，在第 1～10 帧之间创建形状补间动画。

(7) 新建“图层 3”，全选“图层 2”的第 1～10 帧，按住【Alt】键将其拖动到“图层 3”的第 3～12 帧。

(8) 新建“图层 4”，全选“图层 2”的第 1～10 帧，按住【Alt】键将其拖动到“图层 4”的第 5～14 帧。依此类推再增加两层，最后时间轴分布如图 2-298 所示。

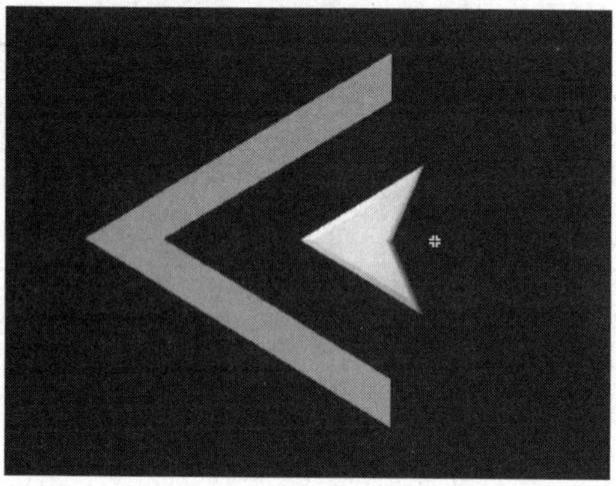

图 2-297 在第 10 帧绘制箭头图案

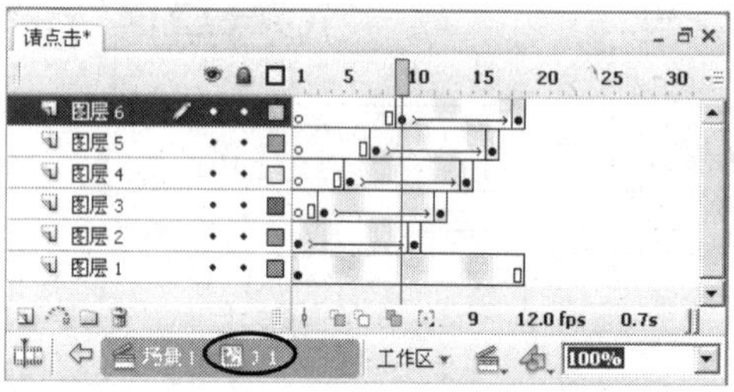

图 2-298 图层 1～图层 6 的时间轴分布

(9) 新建“图层 7”，然后选中“图层 1”中的箭头图案，执行菜单中的“编辑”|“复制”（快捷键【Ctrl+C】）命令，复制“图层 1”的箭头图案，接着在“图层 7”执行菜单中的“编辑”|“粘贴到当前位置”（快捷键【Ctrl+Shift+V】）命令，把箭头图案粘贴到当前位置。最后在第 18 帧按【F5】键插入普通帧，将帧延续到第 18 帧。

(10) 右击“图层 7”，选择快捷菜单中的“遮罩层”命令，使“图层 7”成为遮罩层，“图层 6”成为被遮罩层，并将“图层 2”～“图层 5”拖动到遮罩层的下面，此时时间轴如图 2-299 所示。

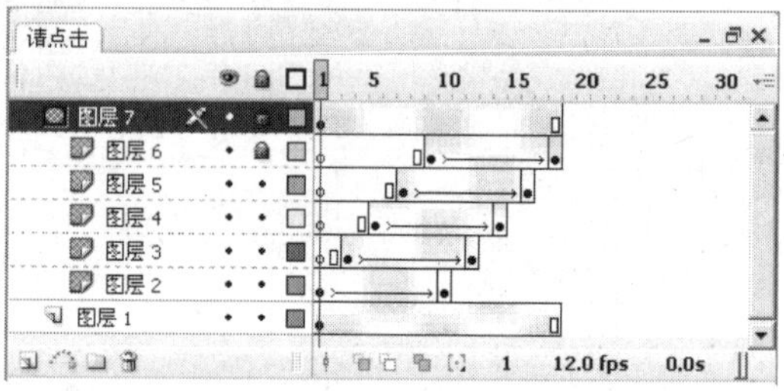

图 2-299 图层 1～图层 7 的时间轴分布

(11) 执行菜单中的“插入”|“新建元件”（快捷键【Ctrl+F8】）命令，在弹出的“创建新元件”对话框中输入元件名称为 J_2，设置元件类型为影片剪辑，单击“确定”按钮，进入元件 J_2 的编辑模式。

(12) 执行菜单中的“窗口”|“库”（快捷键【Ctrl+L】）命令，调出“库”面板，然后将元件 J_1 拖动到工作区。接着分别在第 4 帧、第 8 帧执行菜单中的“插入”|“时间轴”|“关键帧”（快捷键【F6】）命令，插入关键帧。

(13) 在各个关键帧之间创建运动补间动画，并将第 4 帧中的箭头图案向前平行拖动。

(14) 执行菜单中的“插入”|“新建元件”（快捷键【Ctrl+F8】）命令，在弹出的“创建新元件”对话框中输入元件名称为 J_MC，设置元件类型为影片剪辑，然后单击“确定”按钮，进入元件 J_MC 的编辑模式。

(15) 从“库”面板中将影片剪辑 J_2 拖动到工作区，并在第 6 帧、第 9 帧、第 10 帧、第 13 帧执行菜单中的“插入”|“时间轴”|“关键帧”（快捷键【F6】）命令，插入关键帧，并将帧延续到第 25 帧，时间轴分布如图 2-300 所示。

（16）在第6～13帧之间创建动作补间动画，然后将第9帧、第10帧向前移，并选择工具箱中的（任意变形工具）改变形状，效果如图2-301所示。此时时间轴分布如图2-302所示。

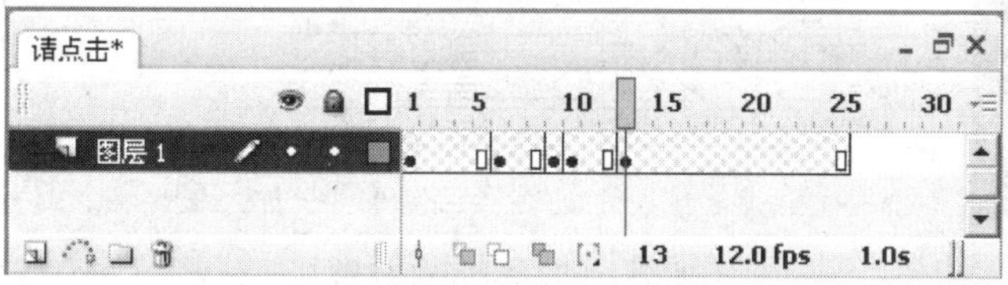

图2-300　时间轴分布

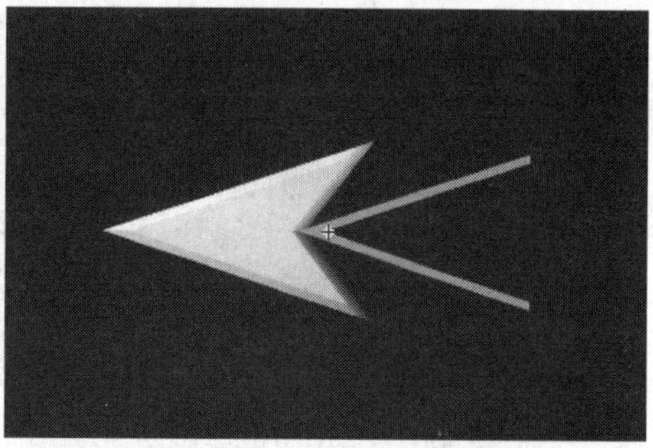

图2-301　改变形状

（17）新建“图层2”，然后从“库”面板中将J_2元件拖动到工作区中，放在“图层1”箭头图案的后面，如图2-303所示。接着分别在第6帧、第8帧按【F6】键，插入关键帧，并在第25帧按【F5】键插入普通帧。

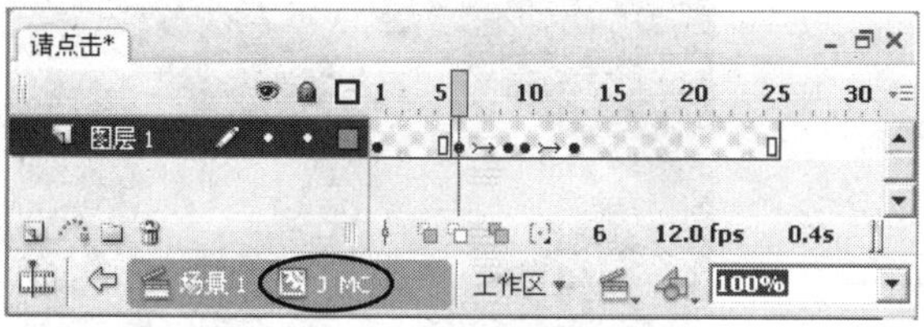

图2-302　时间轴分布

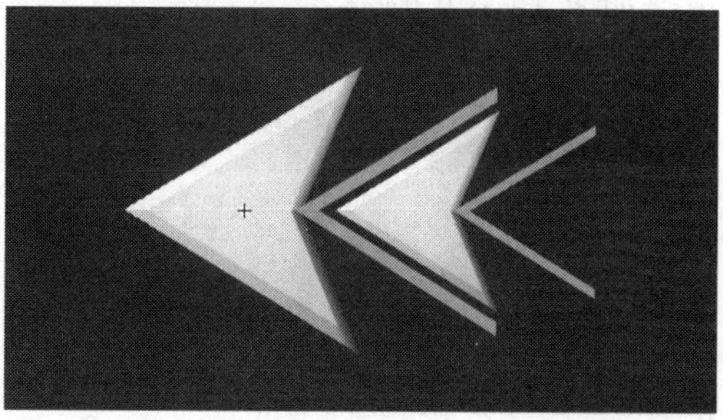

图2-303　将J_2元件放在“图层1”箭头图案的后面

（18）将第6帧的箭头图案向前拖动，并改变形状，效果如图2-304所示。然后在第1～6帧之间创建动作补间动画。此时时间轴分布如图2-305所示。

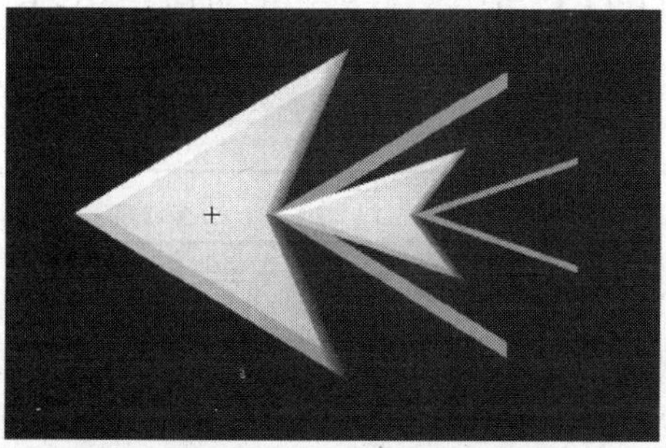

图2-304　在第6帧改变形状

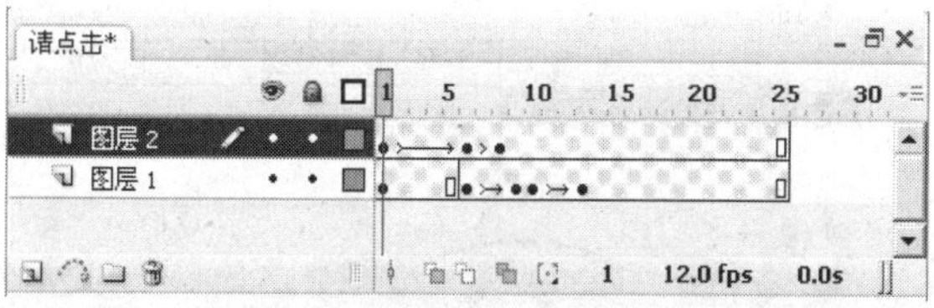

图2-305　时间轴分布

（19）新建“图层3”，然后在第10帧按【F6】键插入关键帧，并绘制图案如图2-306所示。

（20）在第17帧按【F6】键插入关键帧。将箭头图案前移，并在“颜色”面板中设置图案的透明度为0%。

（21）新建“图层 4”，全选“图层 3”的第 10～17 帧，然后按住【Alt】键将其拖动到“图层 4”的第 13～20 帧。依此类推，再增加两层，此时时间轴分布如图 2-307 所示。

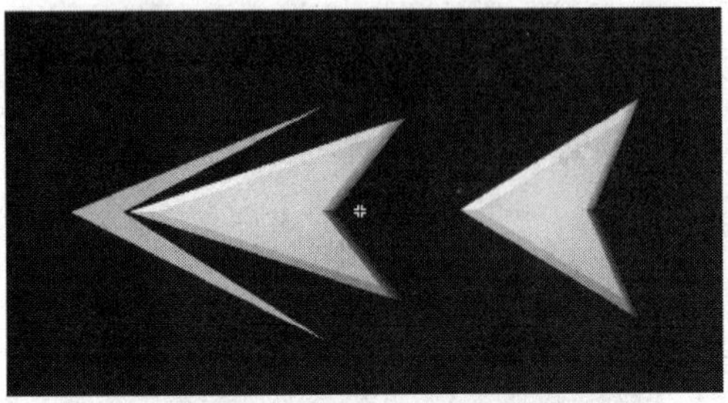

图 2-306 在第 10 帧绘制图案

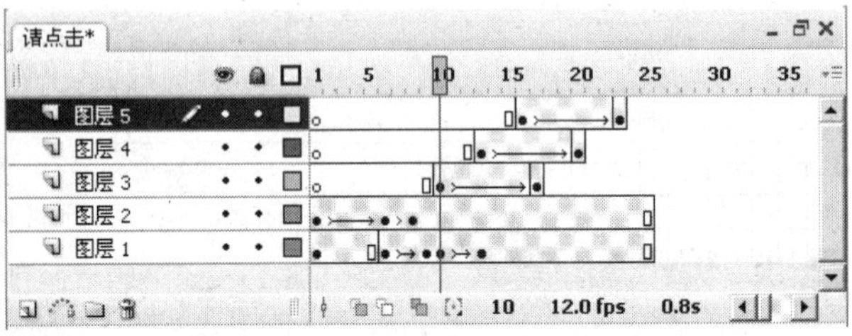

图 2-307 时间轴分布

（22）执行菜单中的“插入”|“新建元件”（快捷键【Ctrl+F8】）命令，在弹出的“创建新元件”对话框中输入元件名称为 J_Button，设置元件类型为按钮，单击“确定”按钮，进入 J_Button 元件的编辑模式。

（23）将 J_MC 元件从“库”面板中拖动到工作区中。此时时间轴分布如图 2-308 所示，效果如图 2-309 所示。

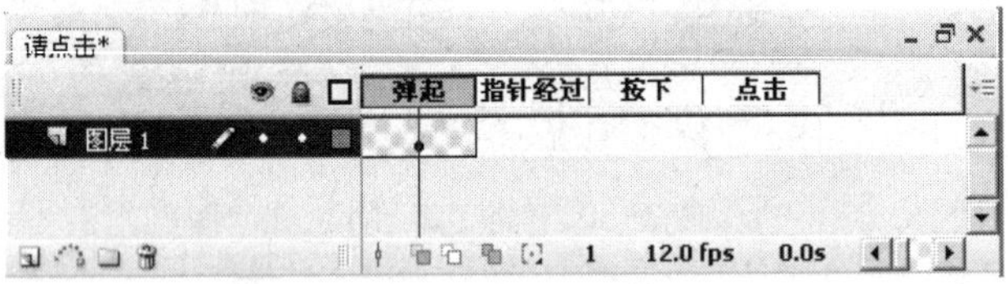

图 2-308 时间轴分布

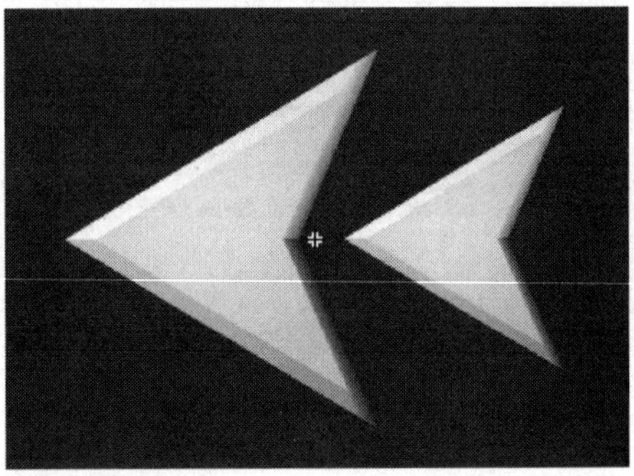

图 2-309 效果

（24） 在“指针经过”帧处按【F6】键插入关键帧，时间轴分布如图 2-310 所示。选中 J_MC 并执行菜单中的“窗口”|“变形”（快捷键【Ctrl+T】）命令，在弹出的对话框中设置参数如图 2-311 所示，将其缩小。

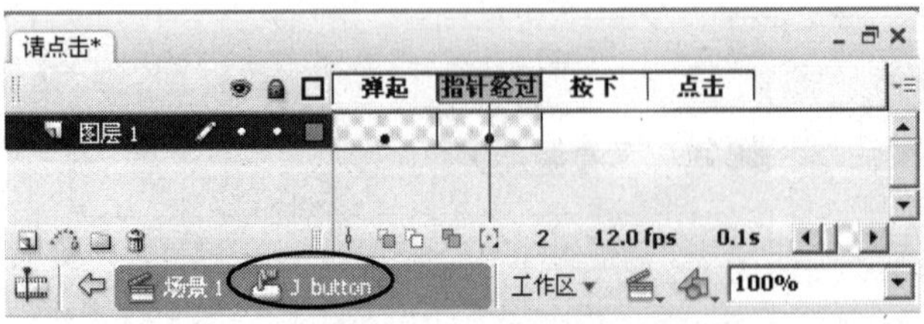

图 2-310 时间轴分布

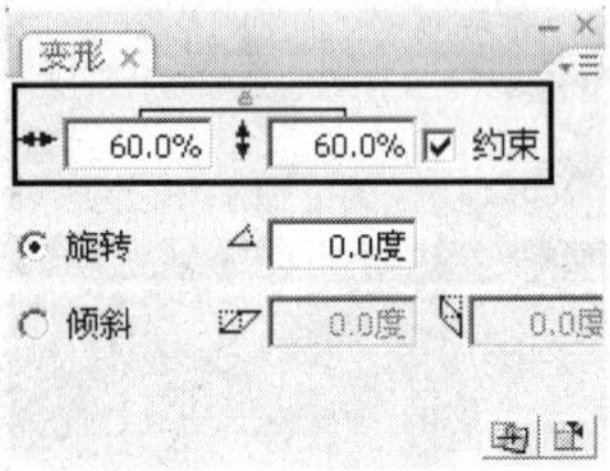

图 2-311 设置变形参数

（25）在“按下”帧处按【F6】键插入关键帧。然后在“点击”帧处按【F6】键插入关键帧，并将已有的图形删除，用矩形工具画出感应区，如图 2-312 所示。

（26）单击 场景 1 按钮， 回到“场景 1”，从“库”面板中将 J_Button 元件拖入工作区。

然后选中它，按【F8】键将其转换为“元件1”影片剪辑元件，然后单击“确定”按钮，进入“元件1”的编辑模式。

(27) 单击第1帧，在“动作”面板中输入：

```
stop();
```

在第2帧按【F6】键插入关键帧，将库中的位图拖动到工作区中，如图2-313所示。

图2-312 用矩形工具画出感应区

图2-313 将库中的位图拖动到工作区中

(28) 单击第1帧，选中工作区中的元件，在“动作”面板中输入：

```
on (release) {
    nextFrame();
}
```

(29) 按【Ctrl+E】组合键，回到“场景1”。然后按【Ctrl+Enter】组合键，打开播放器，即可测试效果。

2.8.10 制作水滴落水动画

要点

本例将制作水滴滴到水面、溅起水花并出现水波纹的效果，如图2-314所示。通过本例学习应掌握利用Alpha值来控制元件的不透明度、将线条转换为填充、柔化填充边缘和加入声音的综合应用。

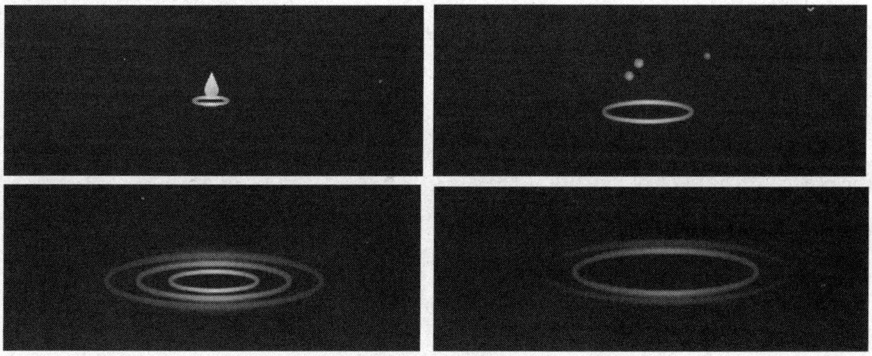

图2-314 水滴落水

操作步骤：

（1）启动Flash CS3，新建一个Flash文件（ActionScript 2.0）。

（2）执行菜单中的“修改”|“文档”（快捷键【Ctrl+J】）命令，在弹出的“文档属性”对话框中将背景色设置为深蓝色（#000099），单击“确定”按钮。

1．制作一圈水波纹扩大的动画

（1）执行菜单中的“插入”|“创建新元件”（快捷键【Ctrl+F8】）命令，在弹出的“创建新元件”对话框中设置参数如图2-315所示，然后单击“确定”按钮，进入bowen元件的编辑模式。

图2-315　创建bowen元件

（2）选择工具箱中的○（椭圆工具），设置笔触高度为2，笔触颜色为蓝－白渐变，填充为无色，如图2-316所示，然后在工作区中绘制一个椭圆。接着在“属性”面板中设置椭圆大小为30px × 6px，效果如图2-317所示。

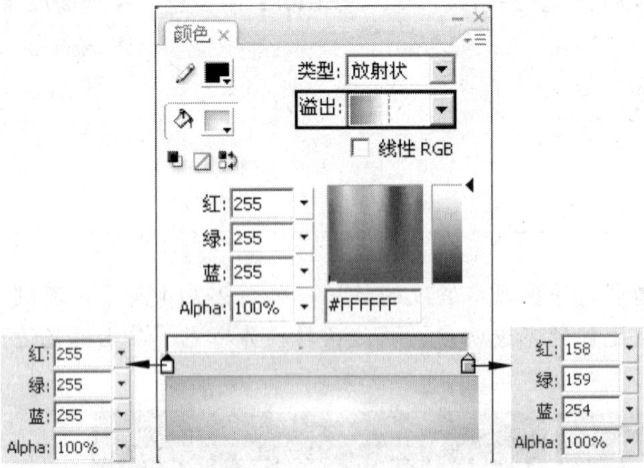

图2-316　设置填充色

图2-317　填充后效果

（3）选中椭圆线条，执行菜单中的“修改”|“形状”|“将线条转换为填充”命令，将其转换为填充区域。然后执行菜单中的“修改”|“形状”|“柔化填充边缘”命令，在弹出的“柔化填充边缘”对话框中设置其参数如图2-318所示，单击“确定”按钮，效果如图2-319所示。

（4）右击时间轴的第30帧，从弹出的快捷菜单中选择“插入空白关键帧”（快捷键【F7】）命令，插入一个空白关键帧。

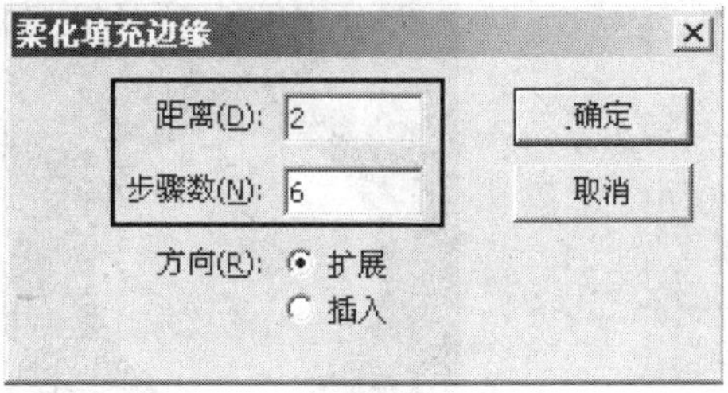

图2-318 设置"柔化填充边缘"参数

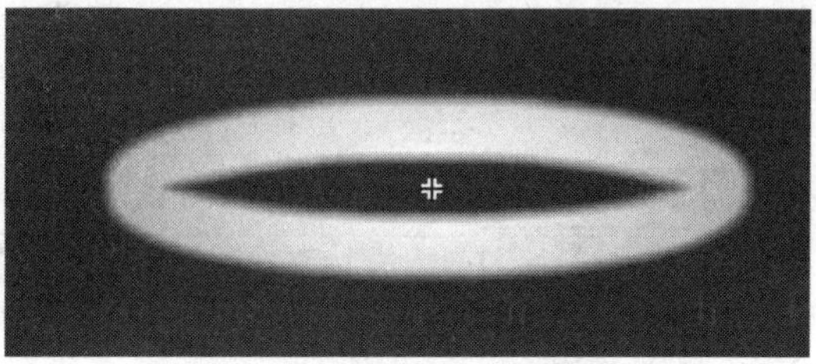

图2-319 "柔化填充边缘"效果

（5）选择工具箱中的 ○（椭圆工具），设置笔触高度为2，填充色为蓝－白渐变，然后在第30帧绘制一个椭圆，接着在"属性"面板中设置椭圆大小为300px × 70px，如图2-320所示。

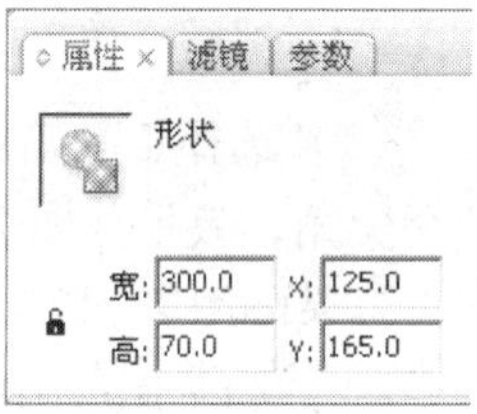

（6）选中第30帧的椭圆线条，执行菜单中的"修改"|"形状"|"将线条转换为填充"命令，将其转换为填充区域。然后执行菜单中的"修改"|"形状"|"柔化填充边缘"命令，在弹出的"柔化填充边缘"对话框中设置其参数如图2-321所示，单击"确定"按钮，效果如图2-322所示。

图2-320 设置椭圆大小

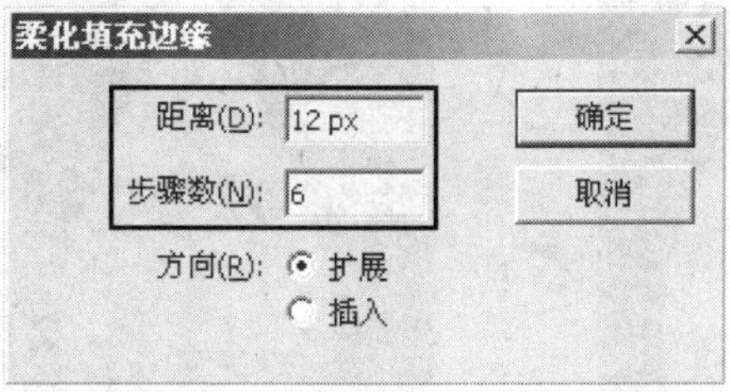

图2-321 设置"柔化填充边缘"参数

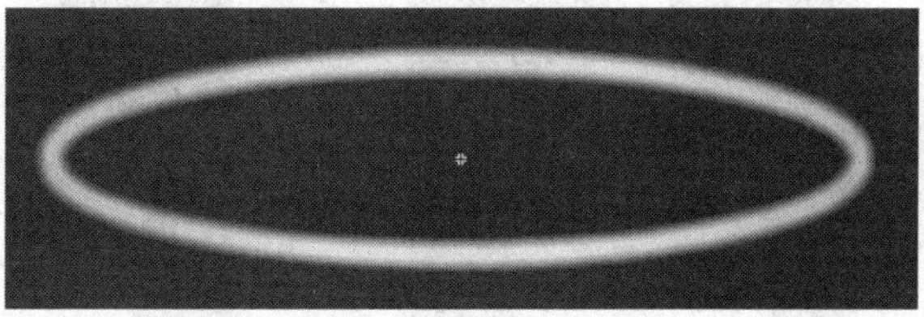

图2-322 "柔化填充边缘"效果

（7）单击第1～30帧中的任意一帧，然后在"属性"面板中选择"形状"补间。

（8）按【Enter】键，即可看到水波由小变大的效果，如图2-323所示。

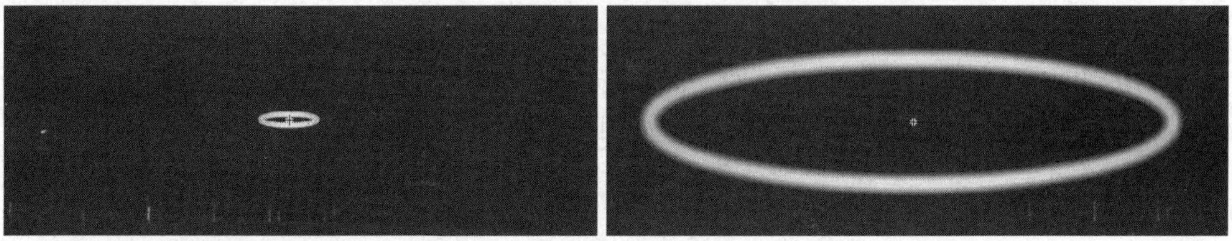

图2-323 水波由小变大的效果

2．制作水滴图形

（1）执行菜单中的"插入"|"创建新元件"（快捷键【Ctrl+F8】）命令，在弹出的"创建新元件"对话框中设置其参数如图2-324所示，然后单击"确定"按钮，进入shuidi元件的编辑模式。

（2）选择工具箱中的 ○（椭圆工具），设置笔触高度为1，笔触颜色为无色，填充为蓝－白放射状渐变，然后按住【Shift】键在工作区中绘制一个正圆形，如图2-325所示。

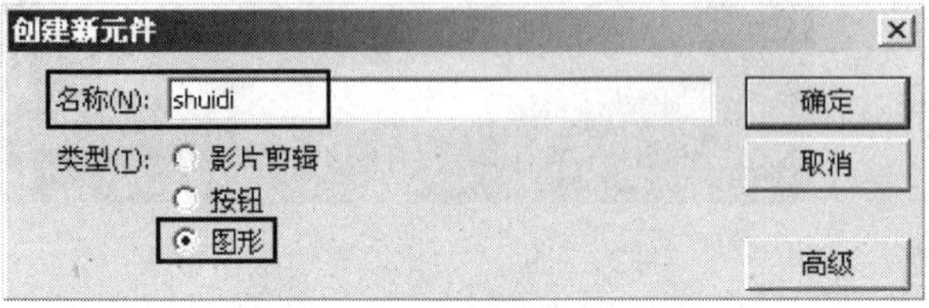

图 2-324　创建 shuidi 元件

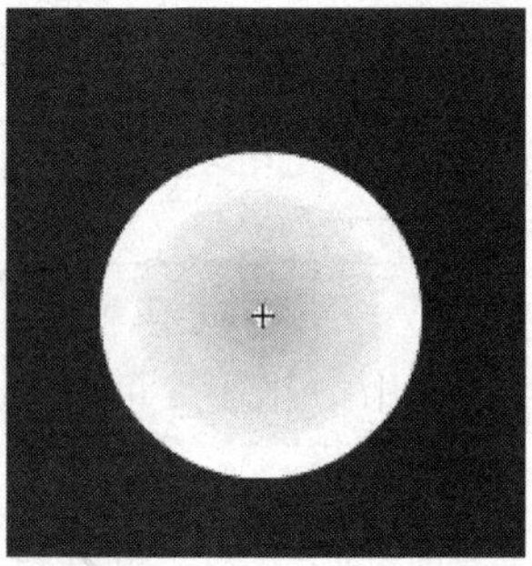

图 2-325　绘制正圆形

（3）选择工具箱中的（选择工具），按住【Ctrl】键在圆形上端拖动，使圆形上方出现一个尖角，效果如图 2-326 所示。释放【Ctrl】键后拖动尖角两侧的弧线，使圆形变为水滴形，效果如图 2-327 所示。

（4）为了使水滴更形象，选择工具箱中的（颜料桶工具），在水滴右侧单击，使颜色渐变偏离中心，效果如图 2-328 所示。至此，水滴制作完毕。

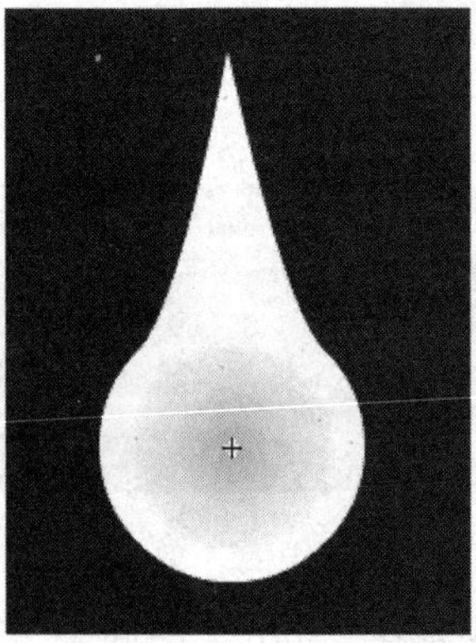

图 2-326　制作出尖角

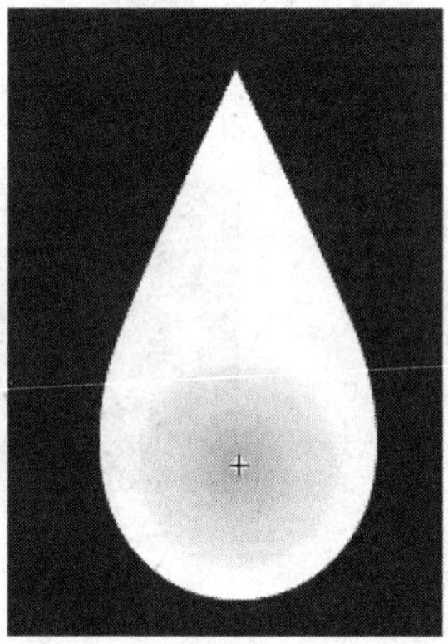

图 2-327　调整为水滴形状

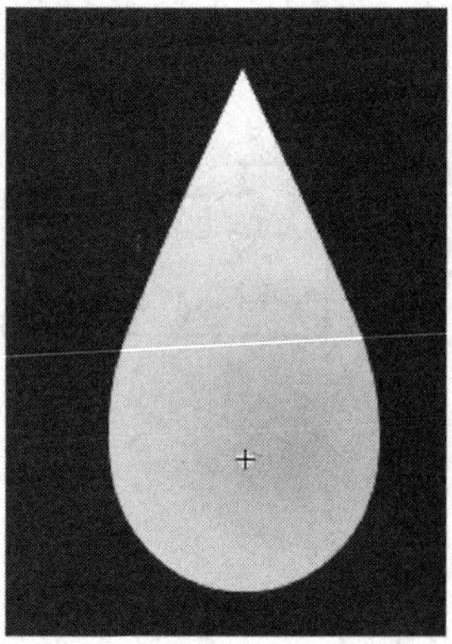

图 2-328　使颜色渐变偏离中心

3．合成场景

（1）单击场景 1 按钮，回到“场景 1”，执行菜单中的“窗口”|“库”命令，调出“库”面板，然后从中将 shuidi 元件拖到工作区中，如图 2-329 所示。

（2）右击第 7 帧，从弹出的快捷菜单中选择“插入关键帧”（快捷键【F6】）命令，插入一个关键帧。然后配合键盘上的【Shift】键，向下拖动 shuidi 元件，如图 2-330 所示。

（3）右击第 1～7 帧的任意一帧，从弹出的快捷菜单中选择“创建补间动画”命令。

（4）单击（插入图层）按钮，新建“图层 2”。然后右击“图层 2”的第 7 帧，从弹出的快捷菜单中选择“插入空白关键帧”（快捷键【F7】）命令。接着从“库”面板中将 bowen 元件拖入工作区，放置位置如图 2-331 所示。

（5）右击“图层 2”的第 36 帧，从弹出的快捷菜单中选择“插入关键帧”（快捷键【F6】）命令，插入一个关键帧。然后单击第 36 帧工作区中的 bowen 元件，在“属性”面板中将 Alpha 值设置为 0%，如图 2-332 所示。

图 2-329　将 shuidi 元件拖到工作区中

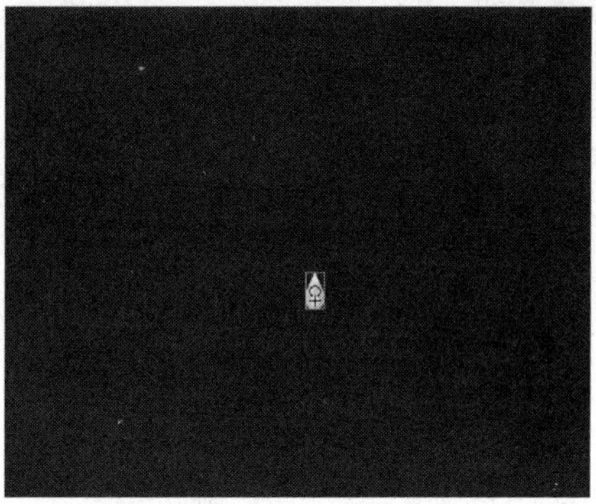

图 2-330　在第 7 帧将 shuidi 元件向下拖动

图 2-331　将 bowen 元件拖入工作区

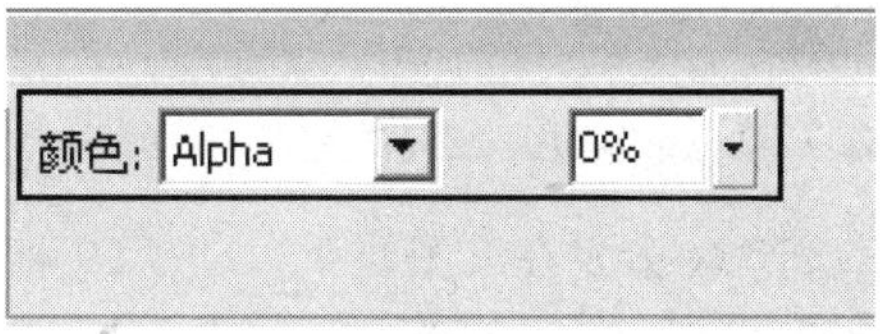

图 2-332　在第 36 帧将 Alpha 值设置为 0%

（6）右击第 7～36 帧的任意一帧，从弹出的快捷菜单中选择“创建补间动画”命令。此时水波在放大的同时将逐渐消失。

提示

由于 bowen 元件中的动画共有 30 帧，所以“图层 2”第 7~36 帧也有 30 帧，这样可以使 bowen 元件的动画正好播完，从而避免在后面的制作中产生水波纹重叠或跳动的现象。

（7）连续单击（插入图层）按钮 4 次，新建 4 个图层。然后按住【Shift】键同时选中这 4 个图层。接着右击并从弹出的快捷菜单中选择“删除帧”（快捷键【Shift+F5】）命令，如图 2-333 所示。

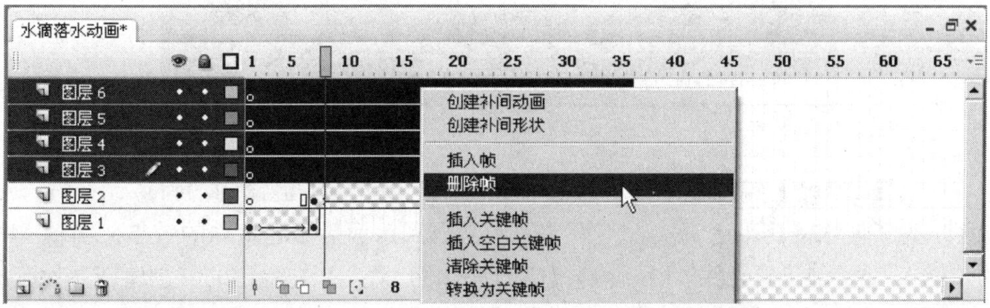

图 2-333　选择“删除帧”命令

提示

此时如果不删除这些帧，在后面复制“图层 2”的第 7~36 帧中的内容后，还要一一删除不必要的帧。因此，最好在这里先将不必要的帧删除。

（8）在“图层 2”的第 7～36 帧拖动，从而选中这 30 帧，如图 2-334 所示。然后右击并从弹出的快捷菜单中选择“复制帧”命令，接着右击“图层 3”的第 13 帧，从弹出的快捷菜单中选择“粘贴帧”命令，效果如图 2-335 所示。

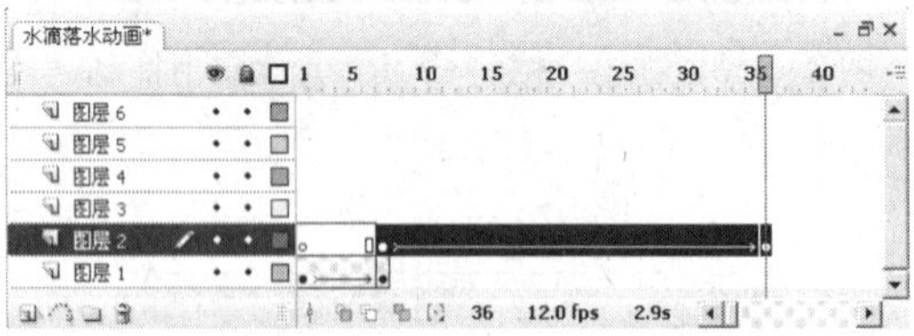

图 2-334　选中“图层 2”的第 7～36 帧

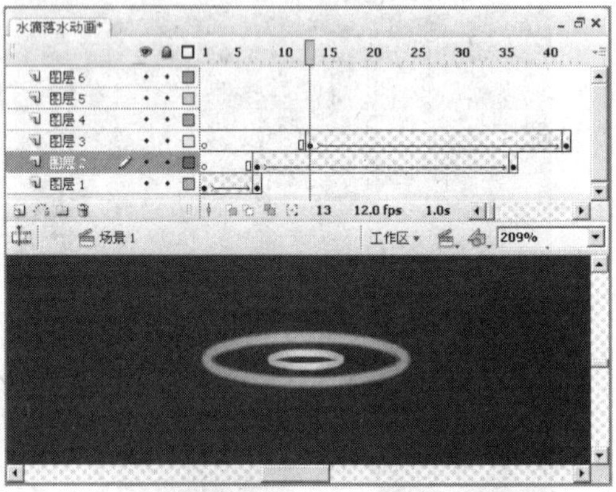

图 2-335　粘贴帧

（9）同理，分别在“图层 4”的第 19 帧、“图层 5”的第 25 帧和“图层 6”的第 31 帧粘贴帧，效果如图 2-336 所示。

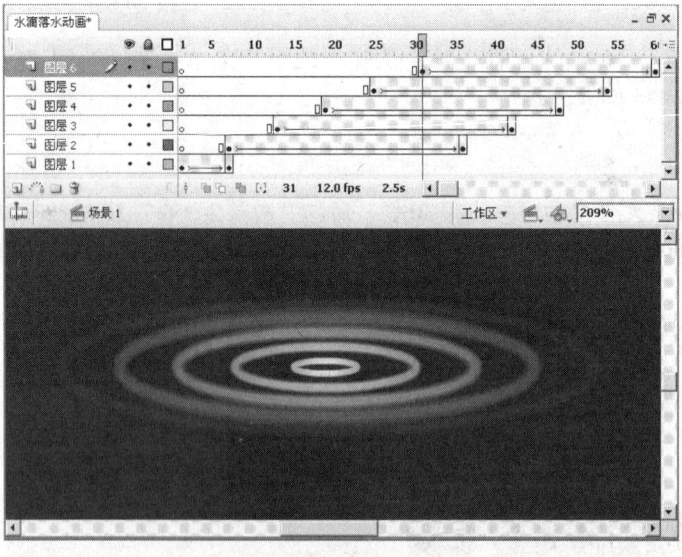

图 2-336　图层分布

（10）按【Enter】键预览动画，即可看到水滴落下并荡开涟漪的动画。

（11）为了使水滴落下更真实，下面制作水滴落到水面后溅起水珠的效果。方法：执行菜单中的“插入”|“创建新元件”（快捷键【Ctrl+F8】）命令，在弹出的“创建新元件”对话框中设置如图 2-337 所示，然后单击“确定”按钮，进入 di 元件的编辑模式。

（12）选择工具箱中的○（椭圆工具），设置笔触颜色为无色，填充为蓝－白放射状渐变，然后配合【Shift】键在工作区中绘制一个正圆形。

（13）单击场景 1 按钮，回到“场景 1”，然后单击（插入图层）按钮，新建“图层 7”，并删除所有帧。接着右击“图层 7”的第 8 帧，从弹出的快捷菜单中选择“插入空白关键帧”（快捷键【F7】）命令，插入一个空白关键帧。最后从“库”面板中将di元件拖动到工作区中，放置位置如图2－338所示。

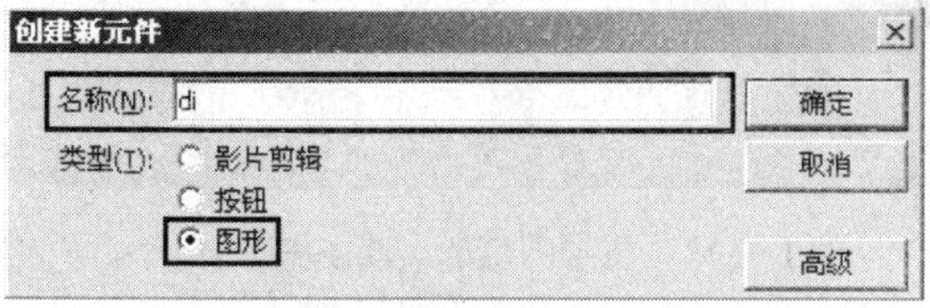

图2－337 创建di元件

图2－338 将di元件拖动到工作区中

（14）分别在“图层7”的第12帧和第14帧按【F6】键插入关键帧。然后单击第12帧，选中工作区中的di元件，在“属性”面板中将Alpha值设置为50%。接着将其向斜上方移动，并利用工具箱中的（任意变形工具）适当放大，效果如图2－339所示。

（15）单击“图层7”的第14帧，选中工作区中的di元件，在“属性”面板中将Alpha值设置为0%。接着将其向斜下方移动，效果如图2－340所示。

图2－339 在第12帧调整di元件

图2－340 在第14帧处将di元件的Alpha值设为0%

（16）分别在“图层7”的第8～12帧和第12～14帧创建补间动画。

（17）单击（插入图层）按钮，新建“图层8”，并删除所有帧。然后右击“图层8”的第8帧，从弹出的快捷菜单中选择“插入空白关键帧”（快捷键【F7】）命令，插入一个空白关键帧。最后从“库”面板中将di元件拖动到工作区中，放置位置如图2－341所示。

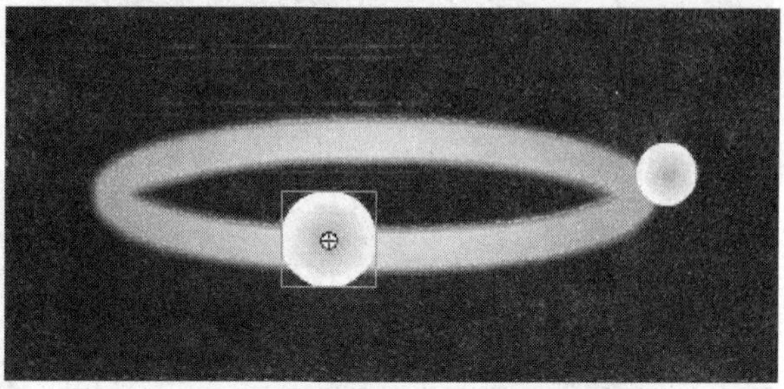

图2－341 将di元件拖动到工作区中

（18）分别在“图层8”的第13帧和第16帧按【F6】键插入关键帧。然后单击第13帧，选中工作区中的di元件，在“属性”面板中将Alpha值设置为50%。接着将其向斜上方移动，并利用工具箱中的（任意变形工具）适当放大，效果如图2－342所示。最后单击“图层8”的第16帧，选中工作区中的di元件，在“属性”面板中将Alpha值设置为0%。接着将其向斜下方移动，效果如图2－343所示。

图 2-342　在“图层 8”的第 13 帧调整 di 元件

图 2-343　将“图层 8”第 16 帧 di 元件的 Alpha 值设为 0%

（19）分别在“图层 8”的第 8～13 帧和第 13～16 帧创建补间动画。

（20）单击 (插入图层）按钮，新建“图层 9”，删除所有帧。接着右击“图层 9”的第 8 帧，从弹出的快捷菜单中选择“插入空白关键帧”（快捷键【F7】）命令，插入一个空白关键帧。最后从“库”面板中将 di 元件拖动到工作区中，放置位置如图 2-344 所示。

图 2-344　将 di 元件拖入“图层 9”的第 8 帧

（21）分别在“图层 9”的第 13 帧和第 16 帧按【F6】键插入关键帧。然后将“图层 9”的第 13 帧 di 元件移动到图 2-345 所示的位置，并将它的 Alpha 值设为 50%，使之半透明。接着将“图层 9”的第 16 帧 di 元件移动到图 2-346 所示的位置，并将它的 Alpha 值设为 0%，使之全透明。

图 2-345　在“图层 9”的第 13 帧调整 di 元件

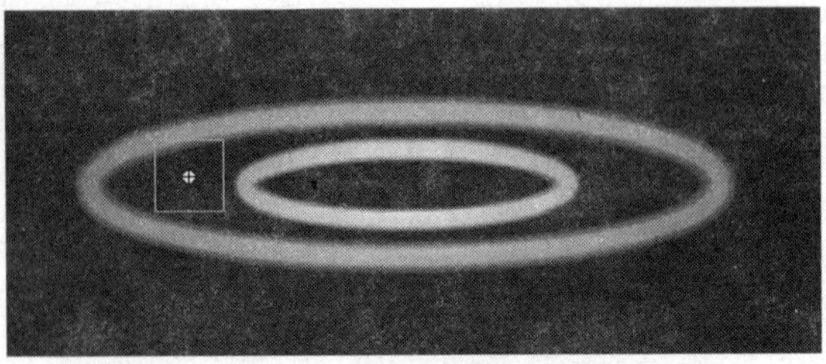

图 2-346　将“图层 9”第 16 帧 di 元件的 Alpha 值设为 0%

（22）分别在“图层 9”的第 8～13 帧和第 3～16 帧创建补间动画，此时时间轴分布如图 2-347 所示。

（23）导入水滴落下时的声音。方法：执行菜单中的“文件”|“导入到库”命令，从弹出的“导入到库”对话框中选择配套光盘“素材及结果\2.8.10　制作水滴落水动画\滴水声\02.wav”

文件，如图 2−348 所示，然后单击“打开”按钮，接着单击“图层 9”的第 9 帧，从“库”面板中将 02.wav 拖入工作区即可，此时时间轴分布如图 2−349 所示。

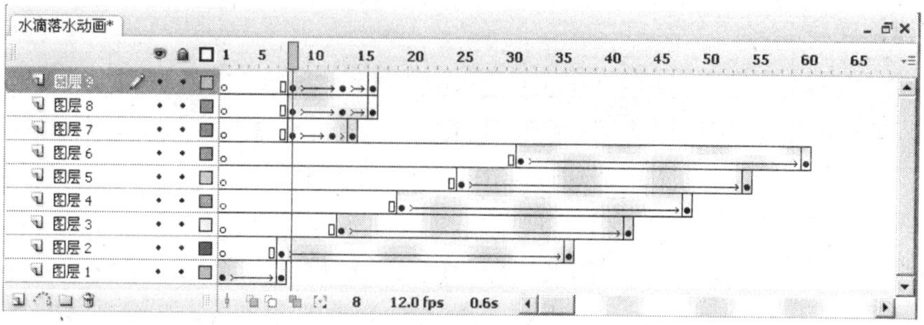

图 2−347 时间轴分布

图 2−348 选择要导入的声音

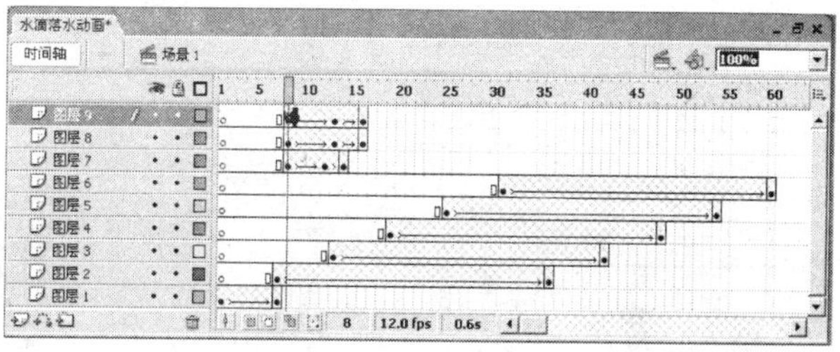

图 2−349 时间轴分布

（24）至此，整个动画制作完成，下面执行菜单中的“控制”|“测试影片”(快捷键【Ctrl+Enter】)命令，打开播放器，即可观看到水滴落下并溅起水花荡开涟漪的动画效果。

2.8.11 制作闪闪的红星动画

要点

本例将制作在屏幕中央的五角星从小变大，然后放射出夺目光芒的效果，如图 2-350 所示。通过本例学习应掌握五角星的绘制、遮罩的设置以及将直线转换为矢量图形的方法。

图 2−350 闪闪的红星

操作步骤：

1．制作五角星

（1）启动Flash CS3，新建一个Flash文件（ActionScript 2.0）。

（2）执行菜单中的“修改”|“文档”（快捷键【Ctrl+J】）命令，在弹出的“文档属性”对话框中设置背景色为黑色(#000000)，其余参数设置如图2-351所示，然后单击“确定”按钮。

（3）执行菜单中的“插入”|“新建元件”（快捷键【Ctrl+F8】）命令，在弹出的“创建新元件”对话框中设置如图2-352所示，然后单击“确定”按钮，进入star元件的编辑模式。

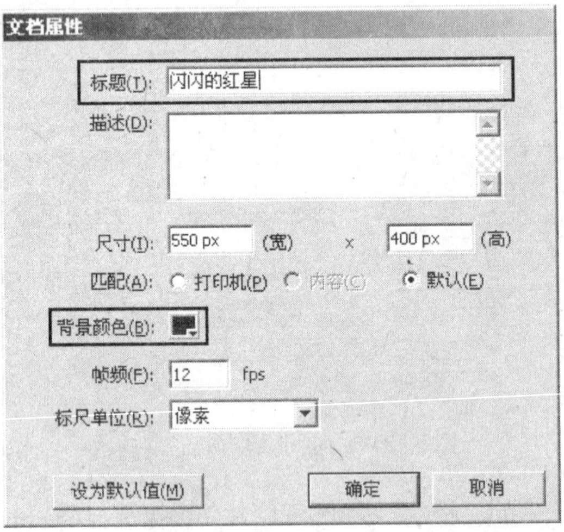

图2-351　设置文档属性

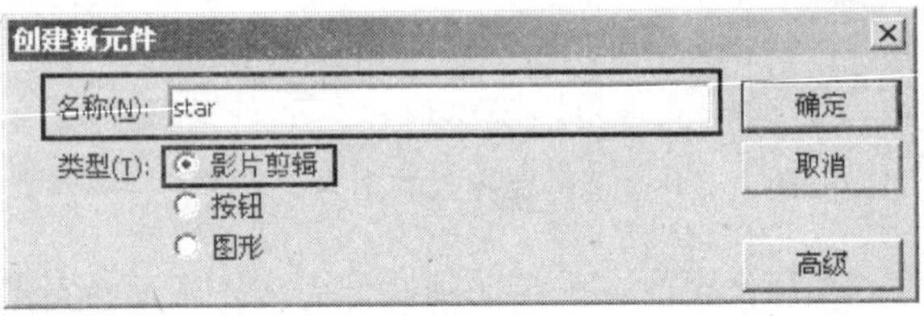

图2-352　新建star元件

（4）执行菜单中的“视图”|“网格”|“显示网格”、“视图”|“贴紧”|“贴紧至网格”和“视图”|“贴紧”|“贴紧至对象”命令。然后选择工具箱中的（矩形工具）。设置矩形填充为，线条为，然后在工作区中绘制矩形如图2-353所示。

（5）选择工具箱中的（选择工具），调整矩形形状如图2-354所示，然后选中三角形底边，按【Delete】键将其删除，效果如图2-355所示。

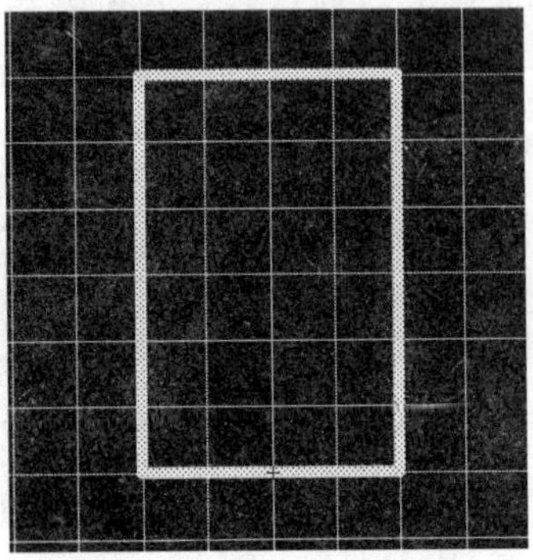

图2-353　绘制矩形

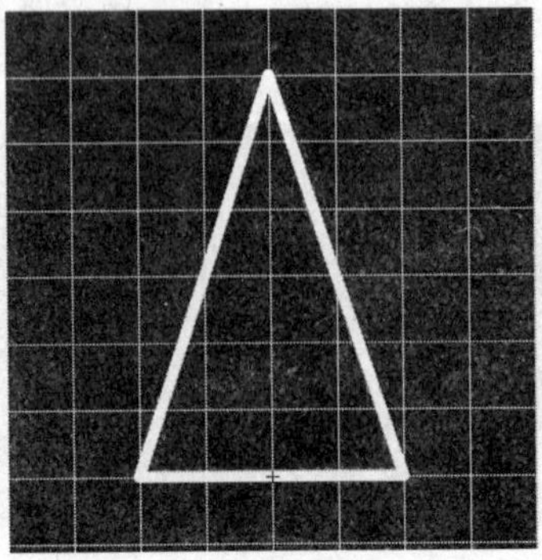

图2-354　调整矩形形状

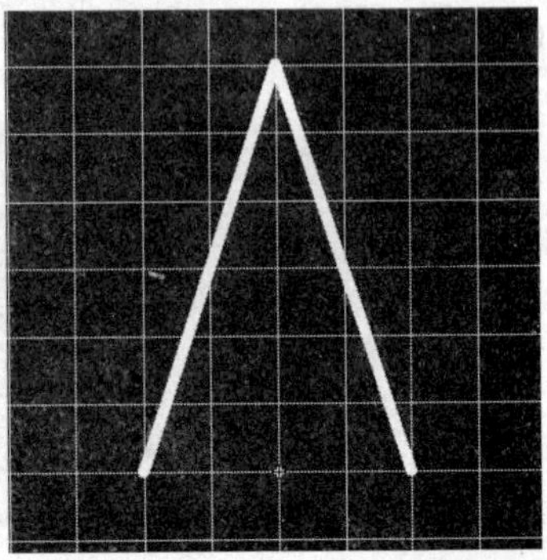

图2-355　删除三角形底边

（6）选择工具箱中的（选择工具）将两条斜边选中，在"变形"面板中设置如图2−356所示，然后单击（复制并应用变形）按钮，效果如图2−357所示。

（7）利用（选择工具）拖动旋转后的两条斜边，使它与原来位置上的斜边相接，效果如图2−358所示。

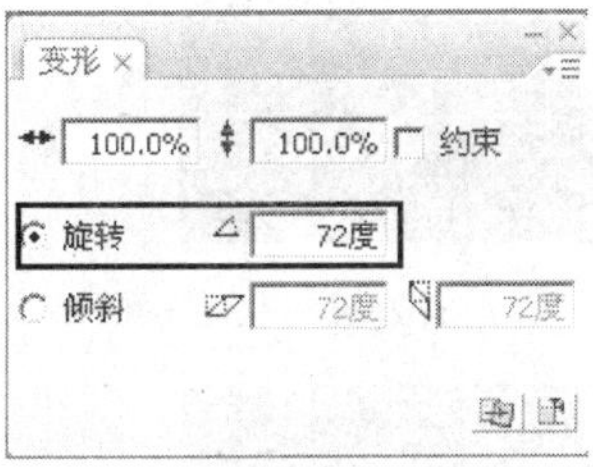

图2−356 设置"变形"参数

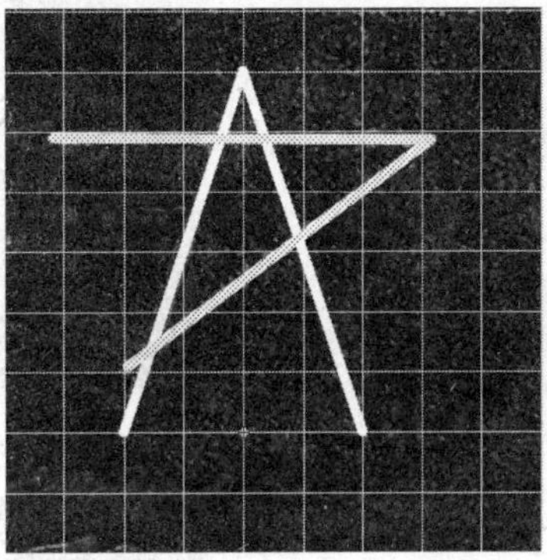

图2−357 复制并应用变形效果

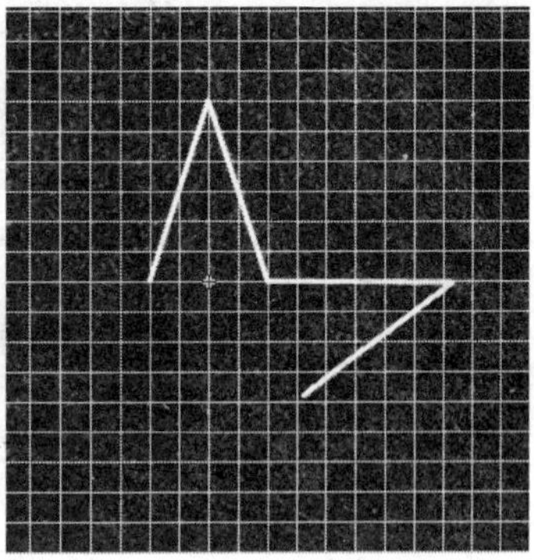

图2−358 连接后效果

（8）再单击（复制并应用变形）按钮3次，复制并旋转出五角星的另外3个角，然后将其放置到适当的位置，效果如图2−359所示。

提示

通过这种方法制作五角星主要是让大家掌握旋转复制和贴紧功能的使用。如果要快速绘制五角星，可以选择工具箱中的（多边形工具），然后在"属性"面板中单击 选项... 按钮，接着在弹出的对话框中选择星形即可。

（9）选择工具箱中的（线条工具），连接五角星上的各个端点，效果如图2−360所示。

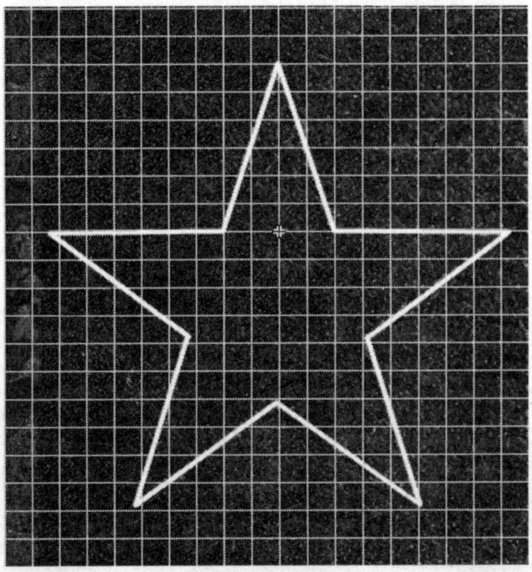

图2−359 复制并旋转出五角星的另外3个角

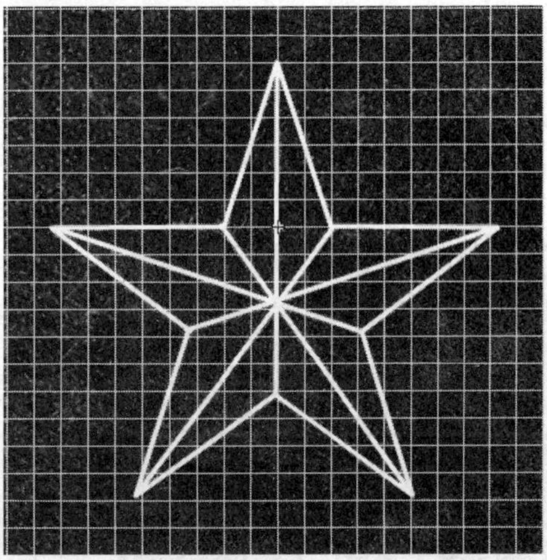

图2−360 用线条连接五角星上的各个端点

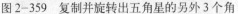

（10）选择工具箱中的（颜料桶工具），设置填充类型和颜色如图2−361所示，填充五角星如图2−362所示。

(11) 同理，设置填充色如图 2-363 所示，对五角星进行填充，效果如图 2-364 所示。

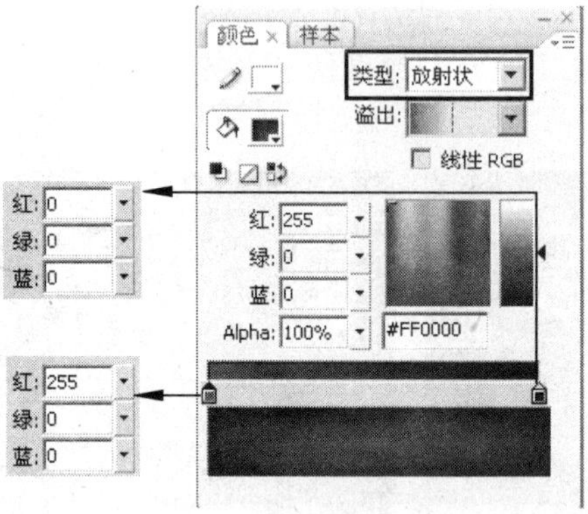

图 2-361　设置填充色

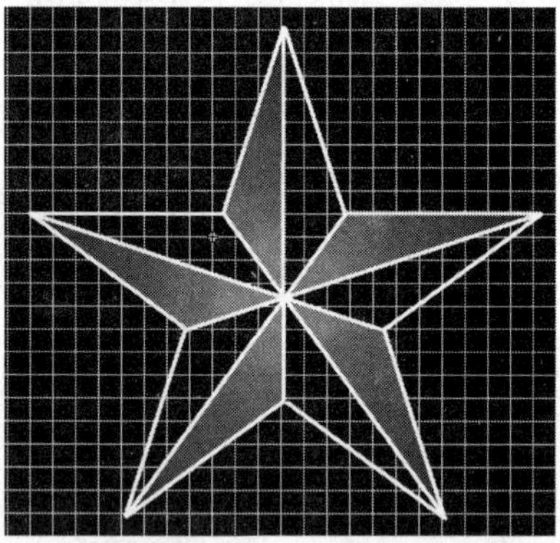

图 2-362　填充后效果

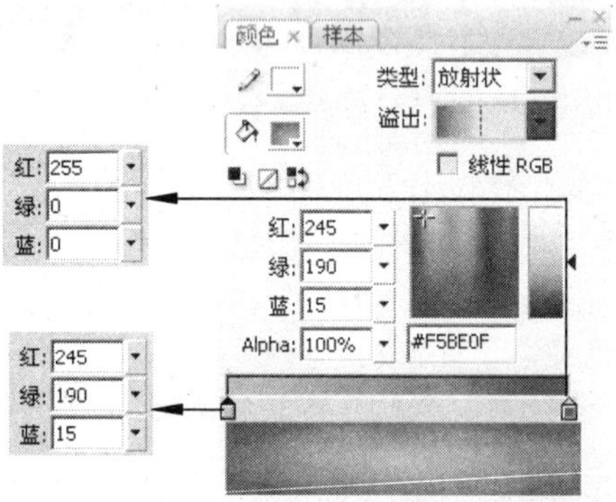

图 2-363　设置填充色

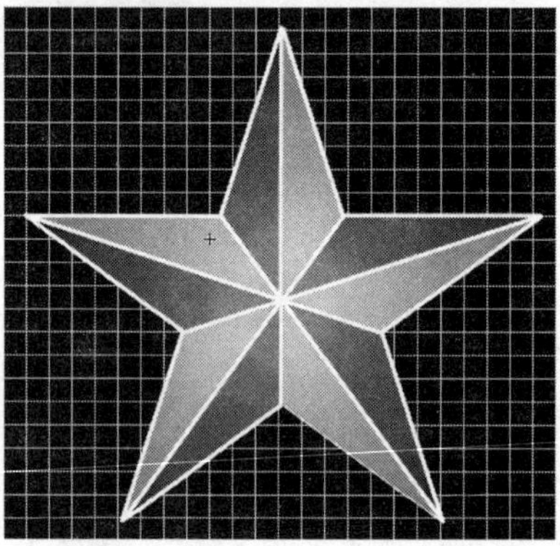

图 2-364　填充后效果

(12) 选择工具箱中的 (选择工具)，选中五角星的所有边线，按【Delete】键删除，效果如图 2-365 所示。

2．制作射线

(1) 执行菜单中的"插入"|"新建元件"(快捷键【Ctrl+F8】)命令，在弹出的"创建新元件"对话框中设置如图 2-366 所示，然后单击"确定"按钮，进入 line 元件的编辑模式。

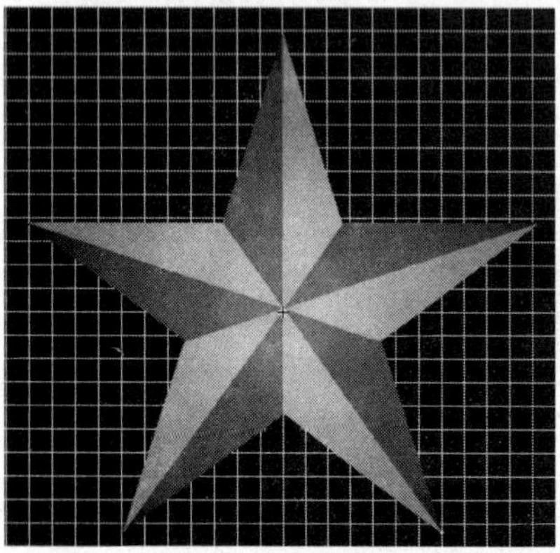

图 2-365　删除边线效果

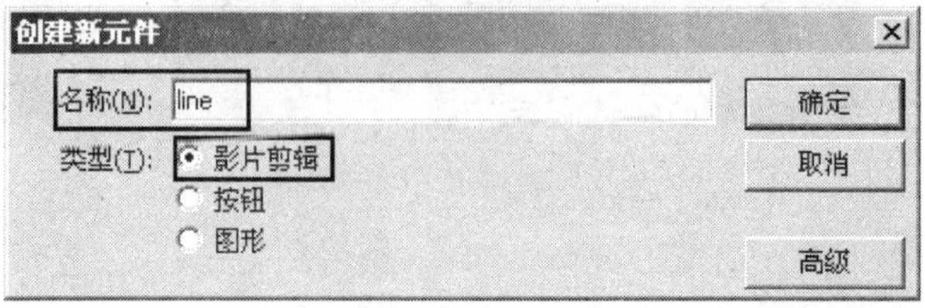

图 2-366　创建 line 元件

(2) 选择工具箱中的 (线条工具)，绘制直线，设置参数如图2-367所示，效果如图2-368所示。

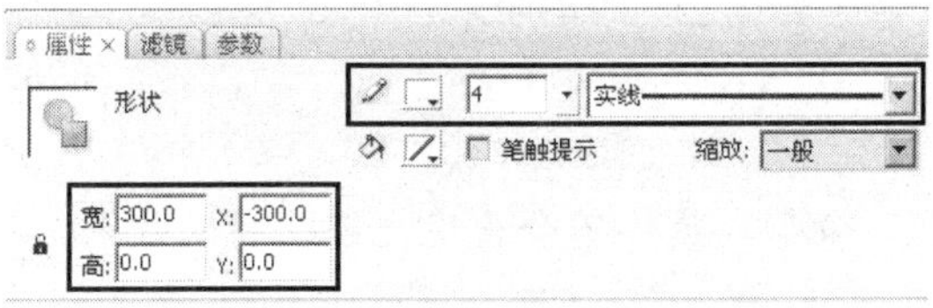

图2-367 设置线条参数

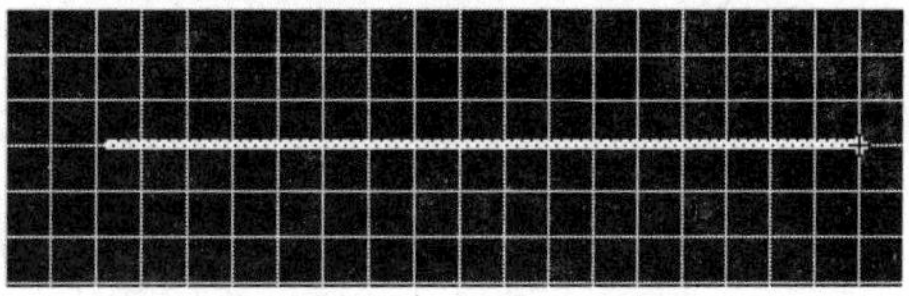

图2-368 绘制线条

(3) 执行菜单中的“插入”|“新建元件”(快捷键【Ctrl+F8】)命令，在弹出的“创建新元件”对话框中设置如图2-369所示，然后单击“确定”按钮，进入line1元件的编辑模式。

图2-369 创建line1元件

(4) 执行菜单中的“窗口”|“库”命令，调出“库”面板。从“库”面板中选择line元件，将其拖入工作区，放置位置如图2-370所示。

(5) 选择工具箱中的 (任意变形工具)，调整line1元件的中心点，使其与工作区的中心点重合，效果如图2-371所示。

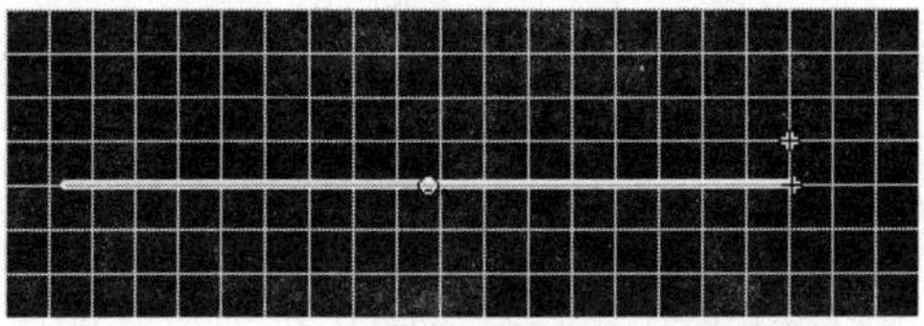

图2-370 将line1元件拖入工作区

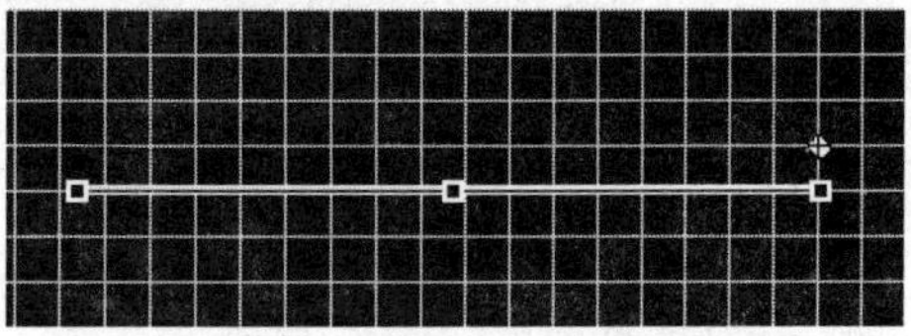

图2-371 调整line1元件的中心点

(6) 执行菜单中的“窗口”|“变形”命令，调出“变形”面板，设置参数如图2-372所示，然后反复单击 (复制并应用变形) 按钮，效果如图2-373所示。

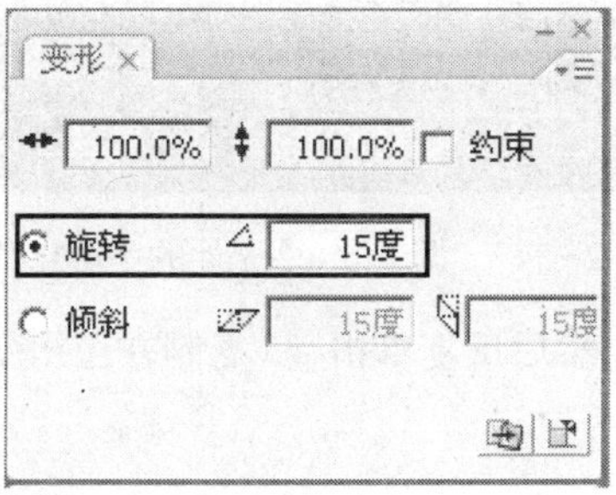

图2-372 设置“变形”参数

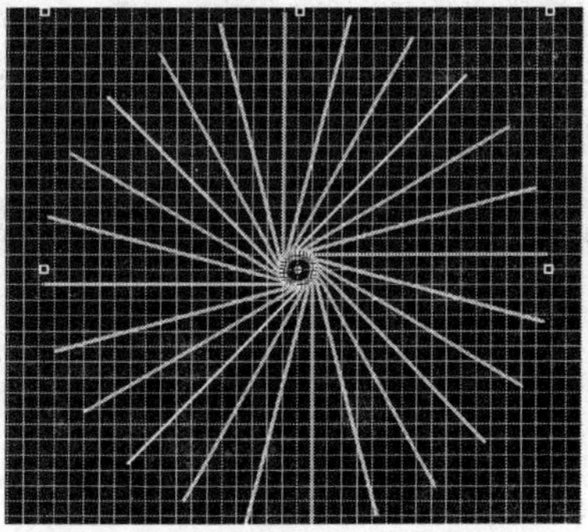

图2-373 复制并应用变形效果

（7）选择工具箱中的 ![icon]（选择工具），框选工作区中的所有线条，然后执行菜单中的“修改”|“分离”命令，将线段分离成为矢量线。接着执行菜单中的“修改”|“形状”|“将线条转换为填充”命令，将矢量线转换为矢量图，效果如图 2-374 所示。

提示

如果此时不执行“将线条转换为填充”命令，最终不会出现光芒四射的效果。

（8）执行菜单中的“插入”|“新建元件”（快捷键【Ctrl+F8】）命令，在弹出的“创建新元件”对话框中设置如图 2-375 所示，然后单击“确定”按钮，进入 line2 元件的编辑模式。

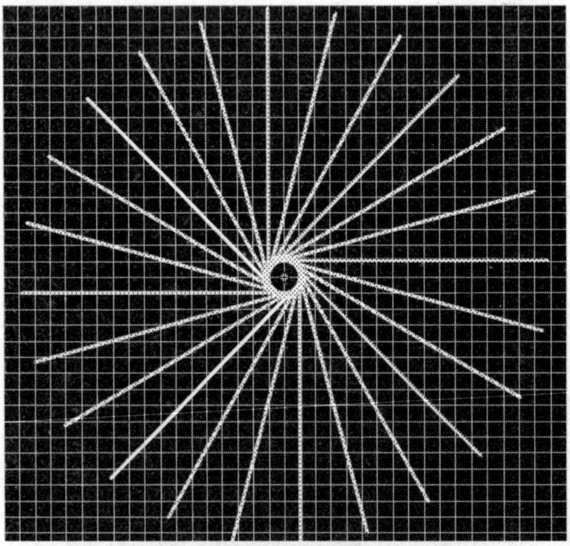

图 2-374　将矢量线转换为矢量图

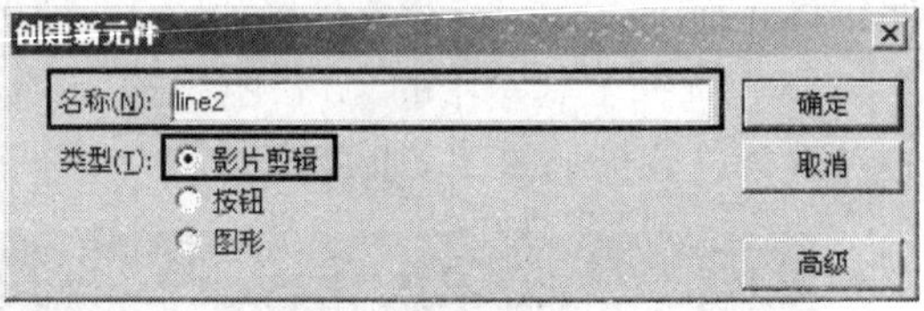

图 2-375　创建 line2 元件

（9）从“库”面板中选择 line2 元件，将其拖入工作区，放置位置如图 2-376 所示。然后选择中工具箱中的 （任意变形工具），调整 line2 的中心点，使其与工作区的中心点重合，效果如图 2-377 所示。

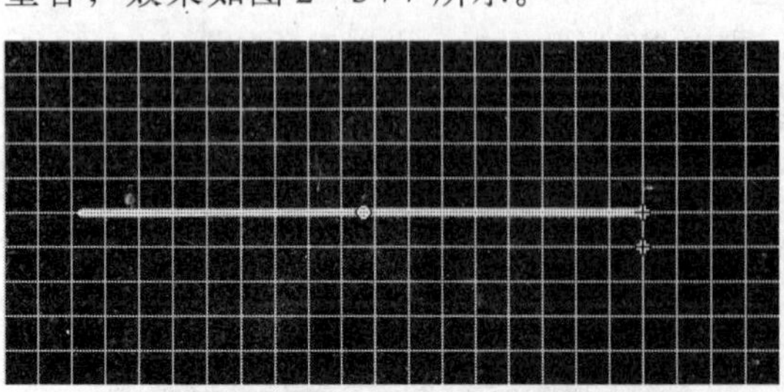

图 2-376　将 line2 元件拖入工作区

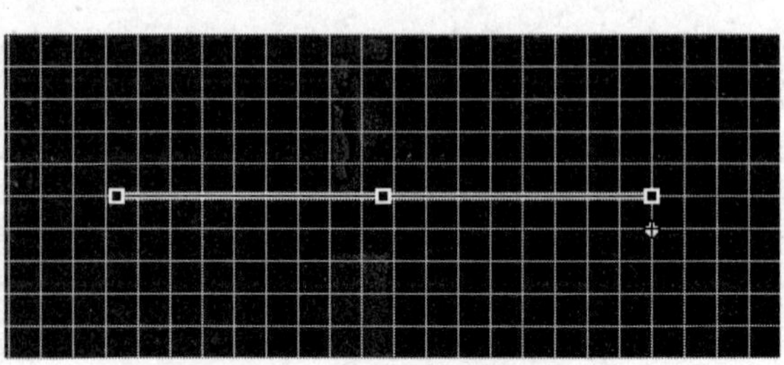

图 2-377　调整 line2 元件的中心点

（10）在“变形”面板中设置参数如图 2-378 所示，然后反复单击 （复制并应用变形）按钮，效果如图 2-379 所示。

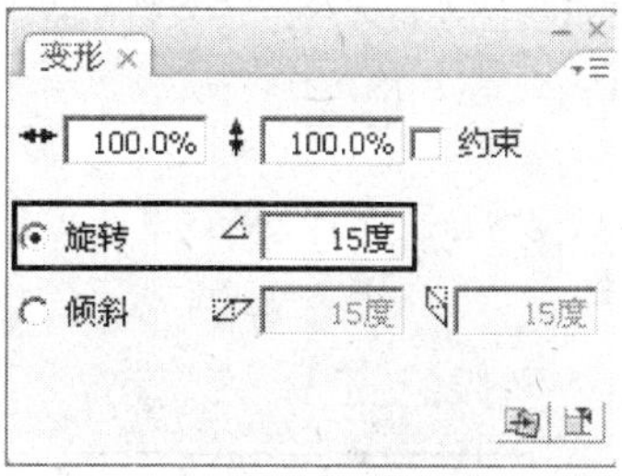

图 2-378　设置“变形”参数

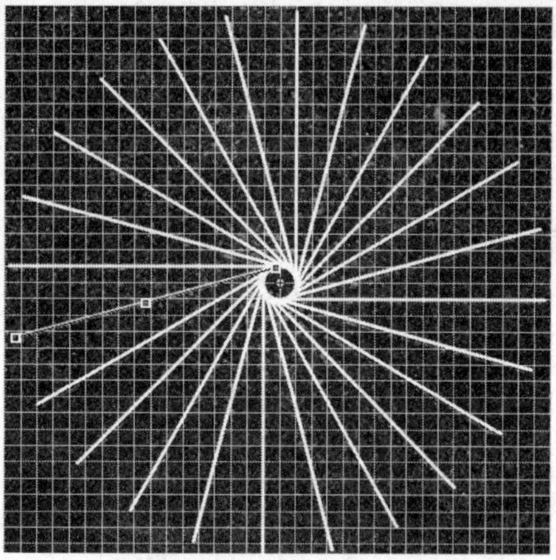

图 2-379　复制并应用变形效果

3．制作运动的射线

（1）回到场景 1(快捷键【Ctrl+E】)，从“库”面板中将 line2 元件拖入“场景 1”。然后执行菜单中的“窗口”|“对齐”（快捷键【Ctrl+K】）命令，调出“对齐”面板，将 line2 中心对齐。接着在“属性”面板中调整颜色如图 2-380 所示，效果如图 2-381 所示。

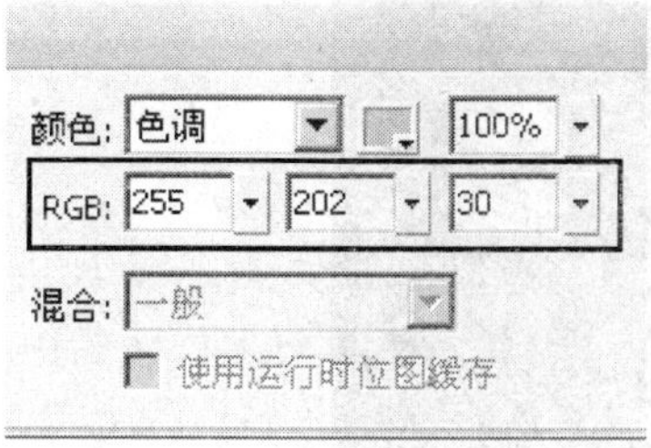

图 2-380　调整色调

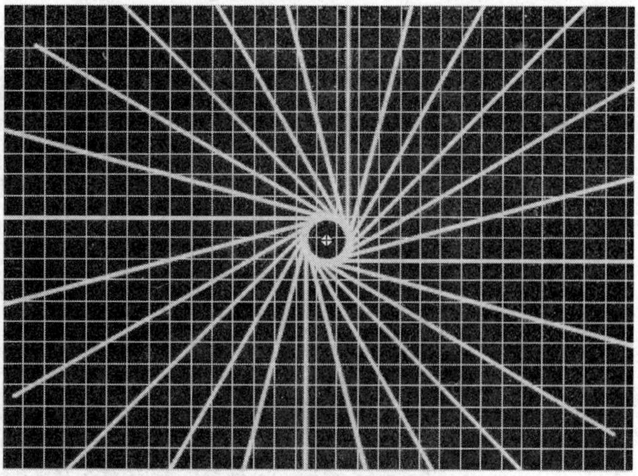

图 2-381　调整色调后效果

（2）单击图层 1 的第 89 帧，按【F5】键插入普通帧，使“图层 1”的长度延长为 89 帧。

（3）单击时间轴下方的（插入图层）按钮，增加一个“图层 2”，然后从“库”面板中将 line1 元件拖入并中心对齐。接着在“图层 2”的第 89 帧按【F6】键插入关键帧，此时时间轴分布如图 2-382 所示。

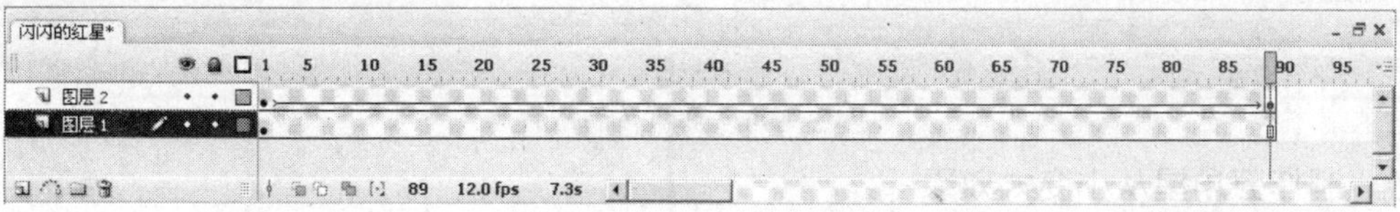

图 2-382　时间轴分布

（4）单击“图层 2”的第 89 帧，在“变形”面板中设置如图 2–383 所示。

提示

由于动画是循环播放的，因此从第 1 帧到 89 帧再到第 1 帧，也就是 90 帧中，line1 应该完成 360° 的旋转，这样就能使 line1 产生连续的旋转变化。对于第 89 帧来说，它与第 1 帧就有 4° 的角度差别。

（5）选择“图层 2”的第 1 帧，在“属性”面板中设置如图 2–384 所示。

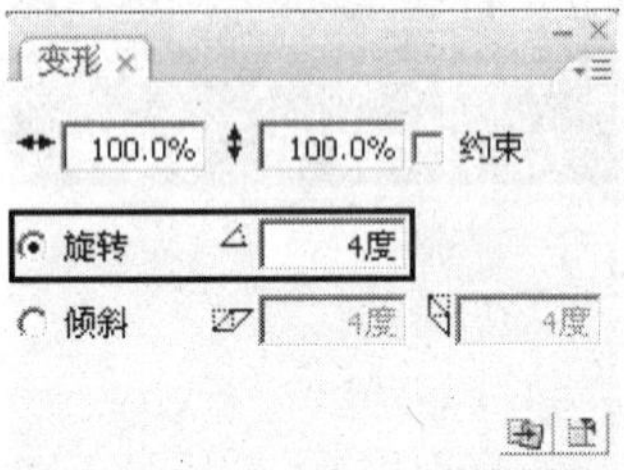

图 2–383　设置变形参数

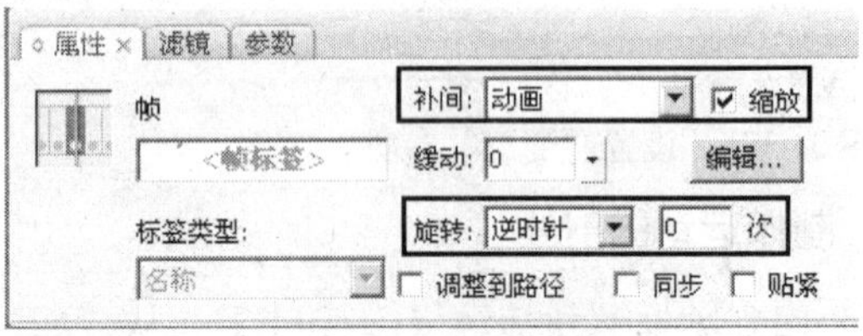

图 2–384　设置参数

（6）右击“图层 2”，从弹出的快捷菜单中选择“遮罩层”命令，效果如图 2–385 所示。此时时间轴分布如图 2–386 所示。

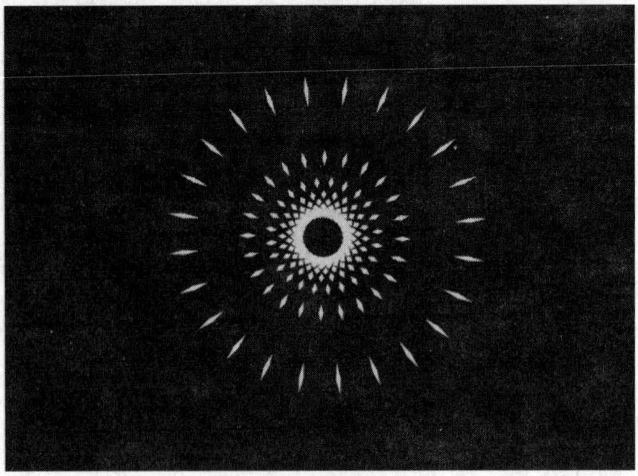

图 2–385　遮罩效果

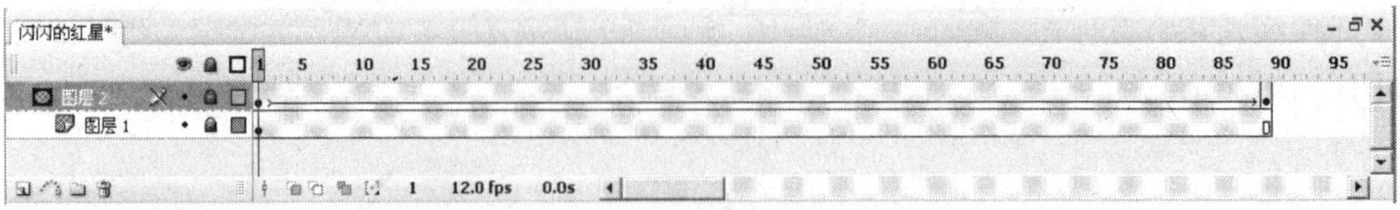

图 2–386　时间轴分布

4．制作五角星从小变大效果

（1）单击时间轴下方的（插入图层）按钮，增加一个“图层 3”，然后从“库”面板中将 star 元件拖入并中心对齐。

（2）单击“图层3”的第10帧，按【F6】键插入关键帧，然后将第1帧的star元件缩放为0%；第10帧的star元件缩放为50%，接着在“图层3”创建补间动画。图2-387所示为第25帧的效果图。

（3）将“图层1”和“图层2”的第1帧移动到第10帧。此时时间轴分布如图2-388所示。

（4）执行菜单中的“控制”|“测试影片”(快捷键【Ctrl+Enter】)命令，就可以看到五角星在第1帧到第10帧从小变大，然后光芒四射的效果。

图2-387　第25帧的效果图

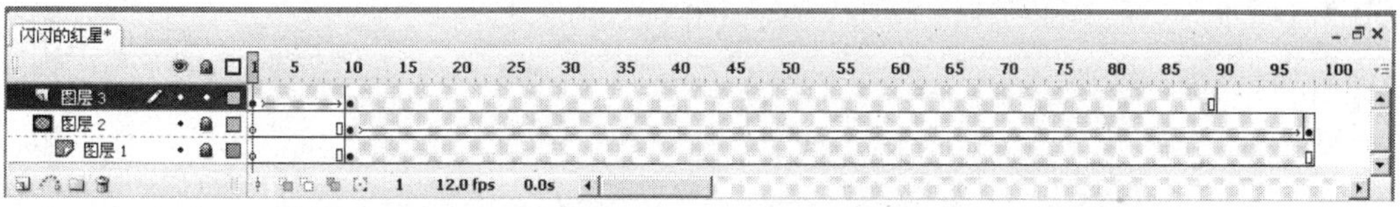

图2-388　时间轴分布

2.9 课后练习

一、填空题

（1）Flash中的元件分为________、________和________3种类型。

（2）在Flash 按钮元件中默认有________、________、________和________4个已命名的帧。

（3）Flash中关键帧分为________、________、________和________4种。

二、选择题

（1）下列（　　）属于在Flash中可以创建的动画类型。

A．三维动画　　B．遮罩动画　　C．动画补间动画　　D．引导层动画

(2) 在Flash 中利用滤镜可以为文本、按钮和影片剪辑元件增添视觉效果，从而增强对象的立体感和逼真性。下列（　　）属于Flash CS3的滤镜类型。

A．投影　　B．模糊　　C．斜角　　D．置换

三、问答题/上机题

（1）简述动画的原理。

（2）简述逐帧动画的特点以及创建逐帧动画的方法。

（3）练习1：制作图2-389所示的动态光影文字效果。

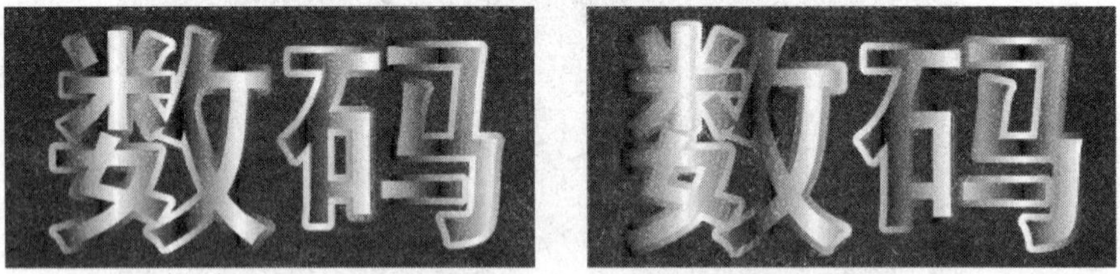

图2-389　练习1效果

（4）练习2：绘制图2-390所示的翻动的书页效果。

图2-390　练习2效果

（5）练习3：制作图2-391所示的舞台动画效果。

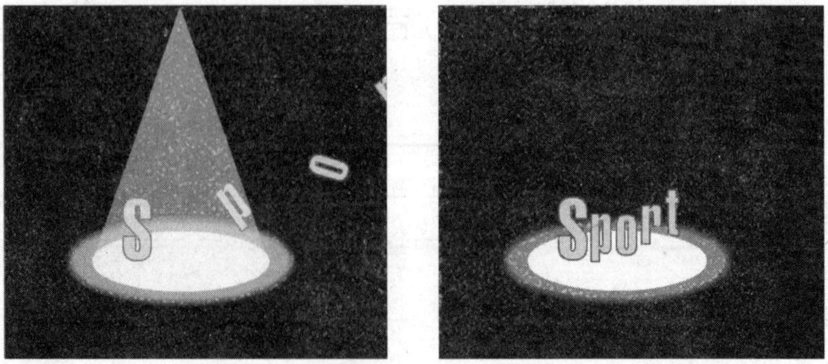

图2-391　练习3效果

第3章 图像、声音与视频

本章重点

Flash 作为著名的多媒体动画制作软件，支持多种格式的图像、声音和视频的导入，并可以对它们进行控制和处理。通过本章学习应掌握以下内容：

- 图像的导入
- 声音的导入和应用
- 视频的导入

3.1 导 入 图 像

在 Flash CS3 中可以很方便地导入其他程序制作的位图图像和矢量图形文件。

3.1.1 导入位图图像

在 Flash 中导入位图图像会增加 Flash 文件的大小，但在“图像属性”对话框中可以对图像进行压缩处理。

导入位图图像的具体操作步骤如下：

（1）执行菜单中的“文件”|“导入”|“导入到舞台”命令。

（2）在弹出的“导入”对话框中选择配套光盘“素材及结果\风景.jpg”位图图像文件，如图 3-1 所示，然后单击 打开(O) 按钮。

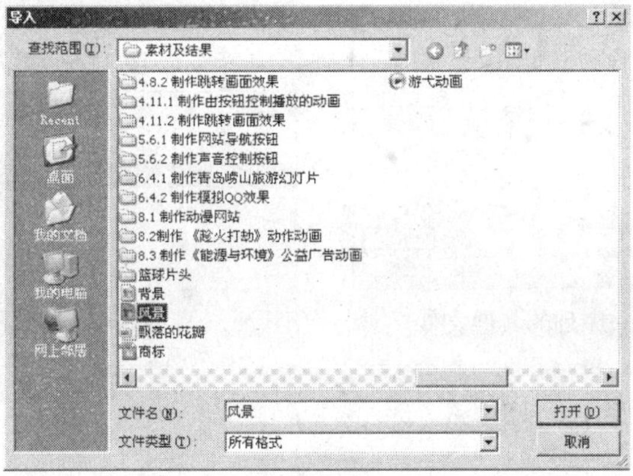

图 3-1 选择要导入的位图图像

（3）在舞台和“库”面板中即可看到导入的位图图像，如图 3－2 所示。

（4）为了减小图像的大小，下面选择“库”面板中的“风景”位图并右击，从弹出的快捷菜单中选择“属性”命令。然后在弹出的对话框中取消选择“使用导入的 JPEG 数据”复选框，如图 3－3 所示，并在“品质”文本框中设定 0～100 的数值来控制图像的质量。输入的数值越高，图像压缩后的质量越高，图像也就越大。设置完毕后，单击“确定”按钮，即可完成图像压缩。

图 3－2　导入位图图像

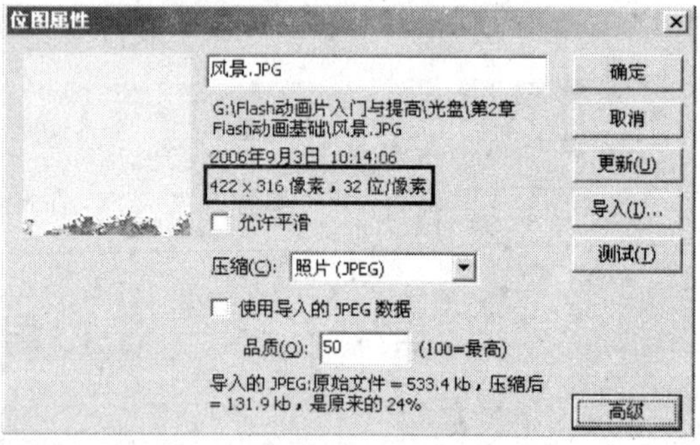

图 3－3　取消选择“使用导入的 JPEG 数据”复选框

提示

如果导入的文件的名字以数字结尾，而且该文件夹中还有同一序列的其他文件，如图 3-4 所示，单击“打开”按钮，就会出现是否导入序列中的所有图像的提示对话框，如图 3-5 所示，单击“是”按钮，将导入全部序列，此时时间轴的每一帧会放置一张序列图片，如图 3-6 所示；单击“否”按钮，则只导入选定文件。

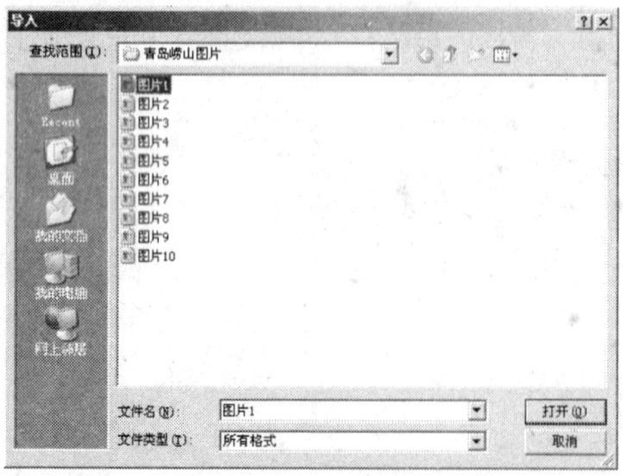

图 3－4　存在同一序列的其他文件

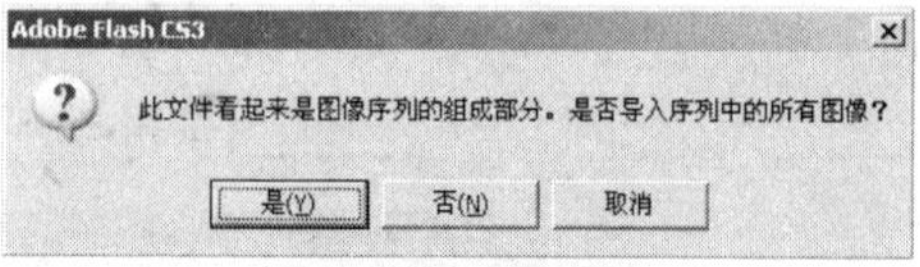

图 3－5　提示对话框

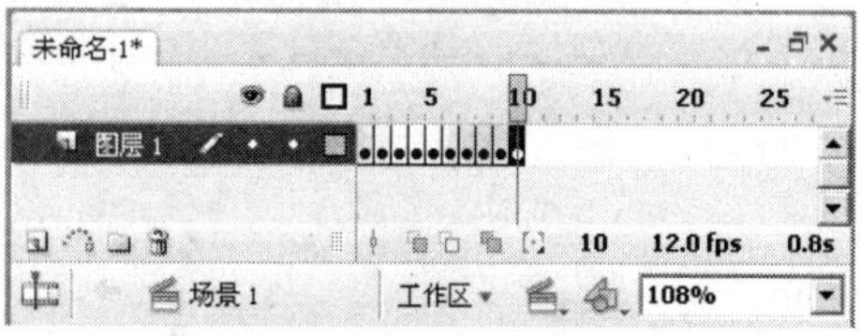

图 3－6　导入全部序列

3.1.2　导入矢量图形

Flash CS3 还可导入其他软件中创建的矢量图形，并可对其进行编辑使之成为生成动画的元素。

导入矢量图形的具体操作步骤如下：

（1）执行菜单中的“文件”|“导入”|“导入到舞台”命令。

（2）在弹出的“导入”对话框中选择配套光盘“素材及结果\商标.ai”矢量图形文件，如图 3-7 所示，然后单击 打开(O) 按钮。

（3）在弹出的“导入选项”对话框中使用默认参数，如图 3-8 所示，单击“确定”按钮。

图 3-7　选择要导入的矢量图形

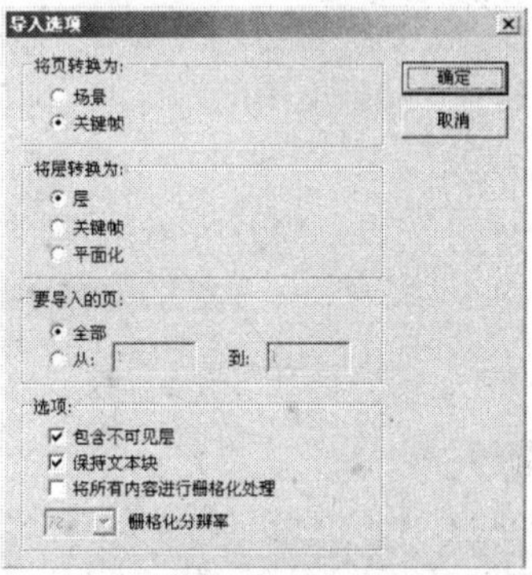

图 3-8　使用默认参数

（4）在舞台和“库”面板中即可看到导入的矢量图形，如图 3-9 所示。

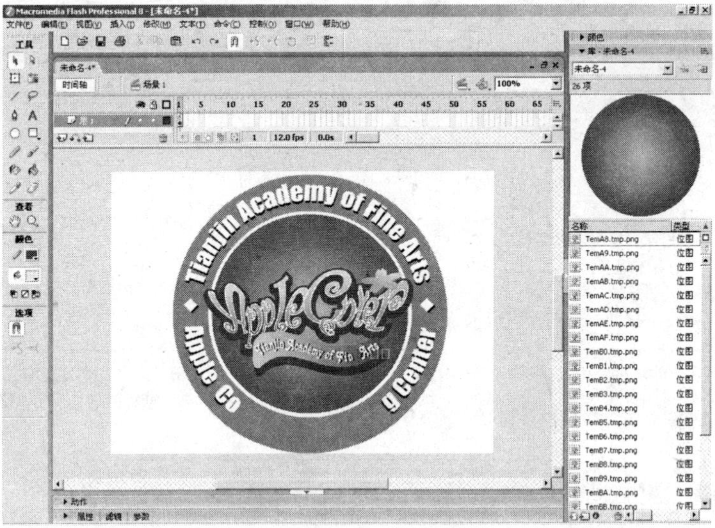

图 3-9　导入矢量图形

3.2　应用声音效果

为动画添加声音效果可以使动画具有更强的感染力。Flash 提供了许多使用声音的方式，可以使动画与声音同步播放，也可以设置淡入淡出效果使声音更加柔美。

打开配套光盘“素材及结果\篮球片头\篮球介绍－完成.fla”文件，然后按【Ctrl+Enter】组合键，测试动画。此时伴随节奏感很强的背景音乐，动画开始播放，最后伴随着动画的结束音乐淡出，最后出现一个“3 WORDS”按钮，当单击按钮时会听到提示声音。

声音效果的产生是因为加入了背景音乐和为按钮加入了音效。下面就来讲解添加声音的方法。

3.2.1 导入声音

（1）执行菜单中的“文件”|“打开”命令，打开配套光盘“素材及结果\篮球片头\篮球介绍－素材.fla”文件。

（2）执行菜单中的“文件”|“导入”|“导入到库”命令，在弹出的对话框中选择配套光盘“素材及结果\篮球片头\背景音乐.wav”和“sound.mp3”声音文件，如图3-10所示，单击 打开(O) 按钮，将其导入到库。

图3-10 导入声音文件

（3）选择“图层8”，然后单击 （插入图层）按钮，在“图层8”上方新建一个图层，并将其重命名为“音乐”，然后从“库”面板中将“背景音乐.wav”拖入该层，此时“音乐”层上出现了“背景音乐.wav”详细的波形，如图3-11所示。

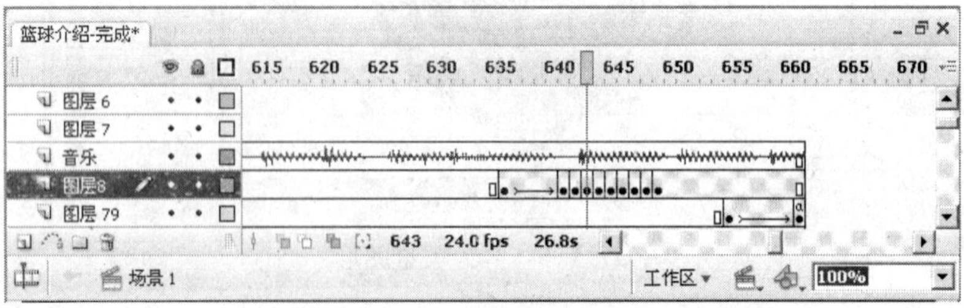

图3-11 将“背景音乐.wav”拖入“音乐”层

（4）按【Enter】键，即可听到音乐效果。

3.2.2 编辑声音

（1）制作主体动画消失后音乐淡出的效果。方法：选择“音乐”层，打开“属性”面板，如图3-12所示。

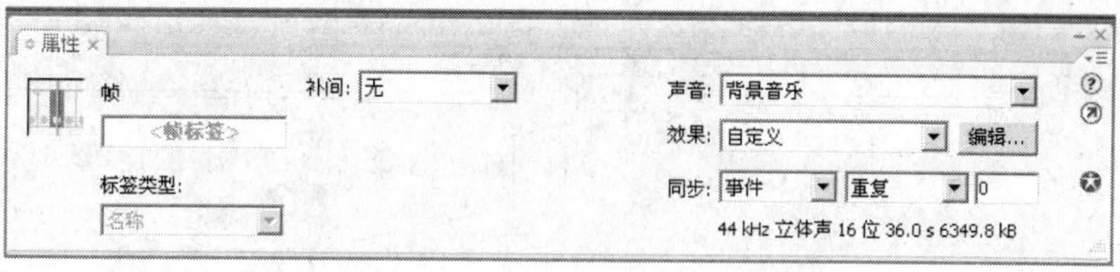

图 3-12　声音的“属性”面板

在“属性”面板中有很多设置和编辑声音对象的参数。

打开“声音”下拉列表，在这里可以选择要引用的声音对象，如图 3-13 所示，只要将声音导入到库中，声音都将显示在下拉列表中，这也是另一种导入库中声音的方法。

打开“效果”下拉列表，从中可以选择一些内置的声音效果，如声音的淡入、淡出等效果，如图 3-14 所示。

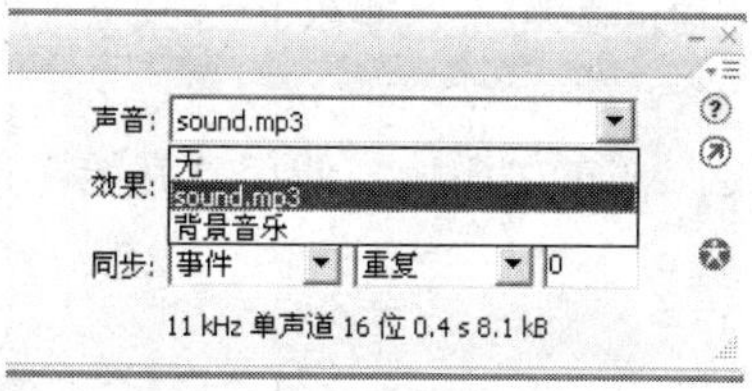

图 3-13　“声音”下拉列表

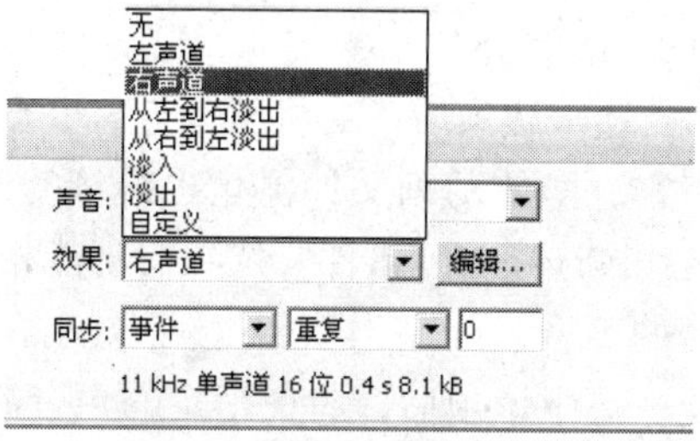

图 3-14　“效果”下拉列表

单击“编辑”按钮，弹出图 3-15 所示的“编辑封套”对话框。

- 放大：单击该按钮，可以放大声音的显示，如图 3-16 所示。

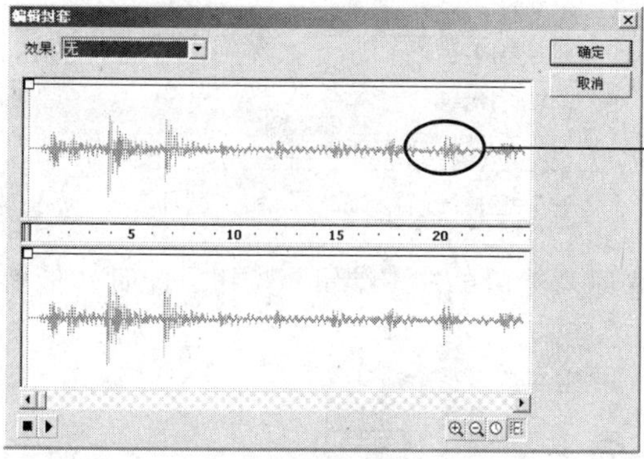

图 3-15　“编辑封套”对话框

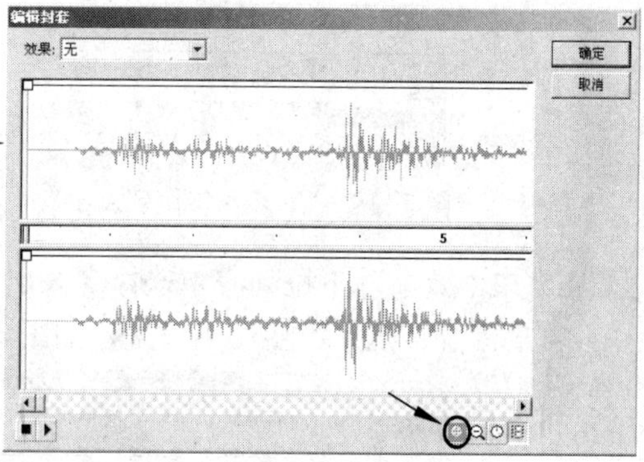

图 3-16　放大后效果

- 缩小：单击该按钮，可以缩小声音的显示，如图 3-17 所示。
- 秒：单击该按钮，可以将声音切换到以秒为单位，如图 3-18 所示。
- 帧：单击该按钮，可以将声音切换到以帧为单位。
- 播放声音：单击该按钮，可以试听编辑后的声音。
- 停止声音：单击该按钮，可以停止正在试听声音的播放。

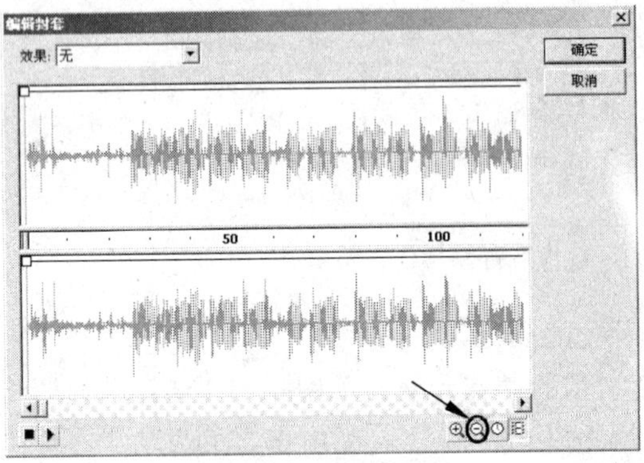

图 3-17　缩小后效果

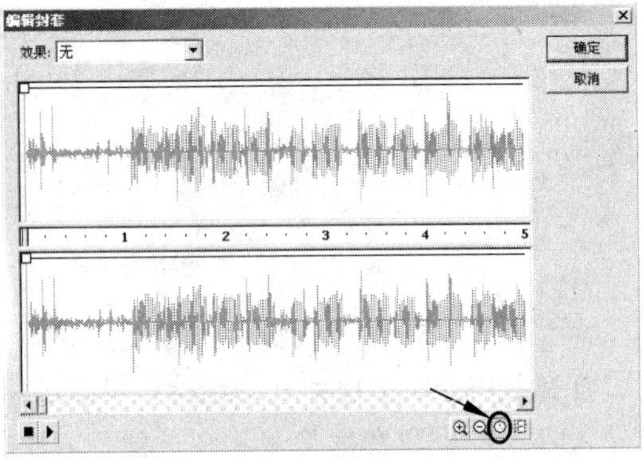

图 3-18　以秒为单位显示效果

打开“同步”下拉列表，这里可以设置“事件”、“开始”、“停止”和“数据流”4 个同步选项，如图 3-19 所示。

● 事件：选中该项后，会将声音与一个事件的发生过程同步起来。事件声音独立于时间轴播放完整声音。即使动画文件停止也继续播放。

● 开始：该选项与“事件”选项的功能相近，但如果声音正在播放，使用“开始”选项则不会播放新的声音。

● 停止：选中该项后，将使指定的声音静音。

● 数据流：选中该项后，将同步声音，强制动画和音频流同步。即音频随动画的停止而停止。

在“同步”后的列表中还可以设置“重复”和“循环”属性，如图 3-20 所示。

图 3-19　“同步”下拉列表

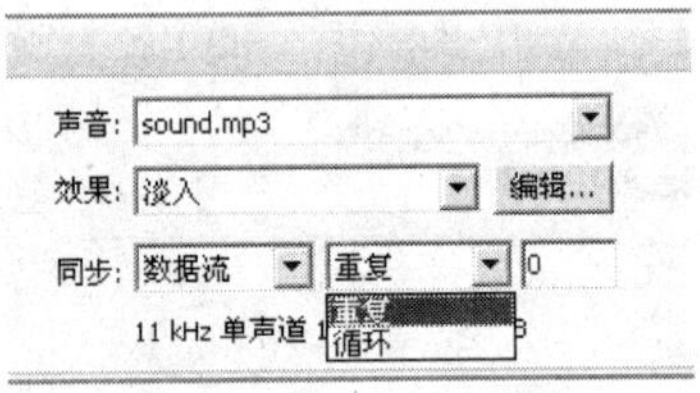

图 3-20　设置“重复”和“循环”

（2）在“效果”下拉列表中选择“淡出”选项，然后单击“编辑”按钮，此时音量指示线上会自动添加节点，产生淡出效果，如图 3-21 所示。

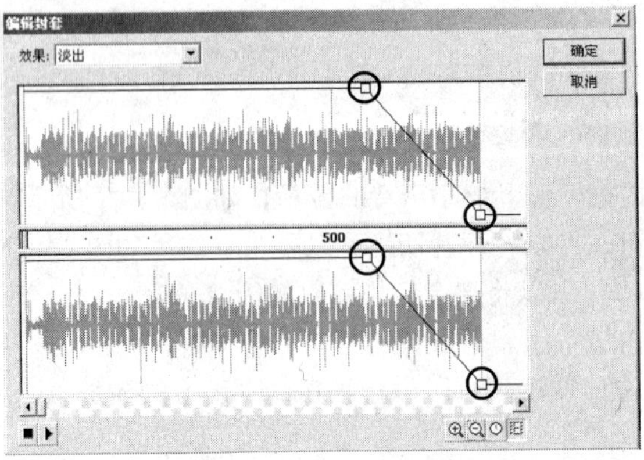

图 3-21　默认淡出效果

（3）这段动画在 600 帧之后就消失了，而后出现为了“3　WORDS”按钮。为了使声音随动画结束而淡出，下面单击 按钮放大视图，如图 3-22 所示，然后在第 600 帧音量指示线上单击，添加一个节点，并向下移动，如图 3-23 所示，单击“确定”按钮。

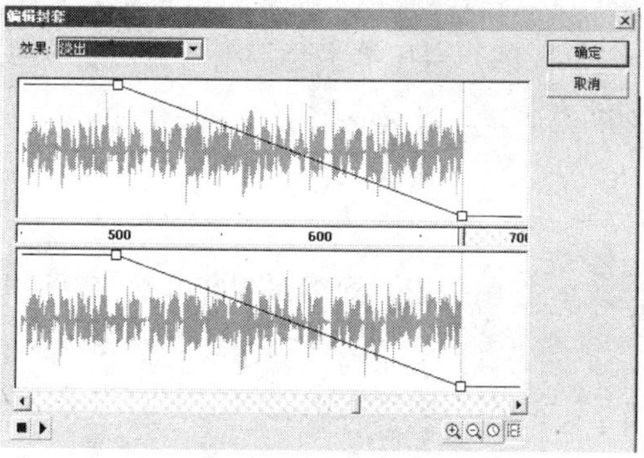

图 3-22　放大视图

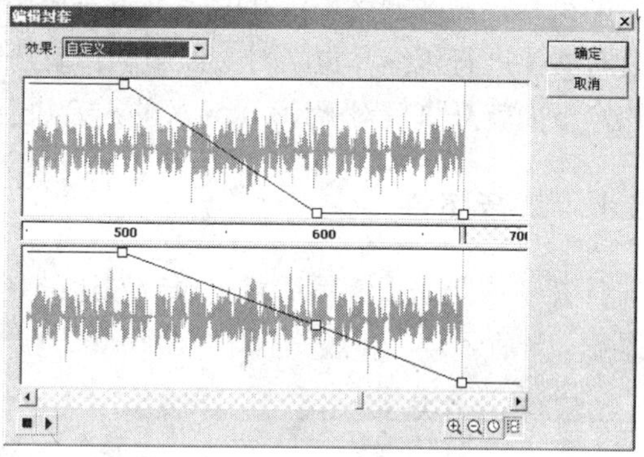

图 3-23　添加并调整节点

3.2.3　为按钮添加声效

（1）在第 661 帧，双击舞台中的“3　WORDS”按钮，如图 3-24 所示，进入按钮编辑模式，如图 3-25 所示。

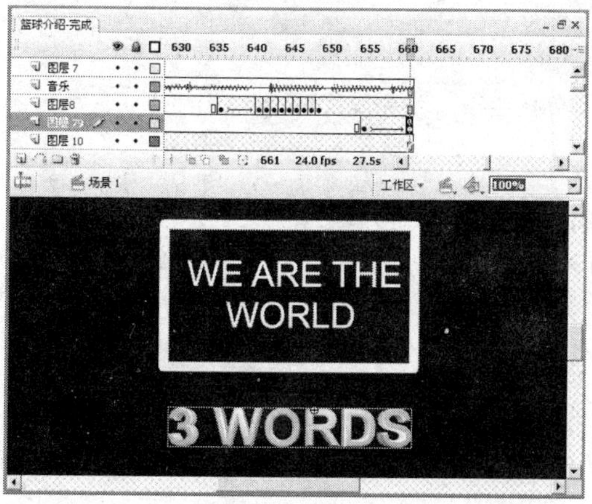

图 3-24　双击舞台中的“3　WORDS”按钮

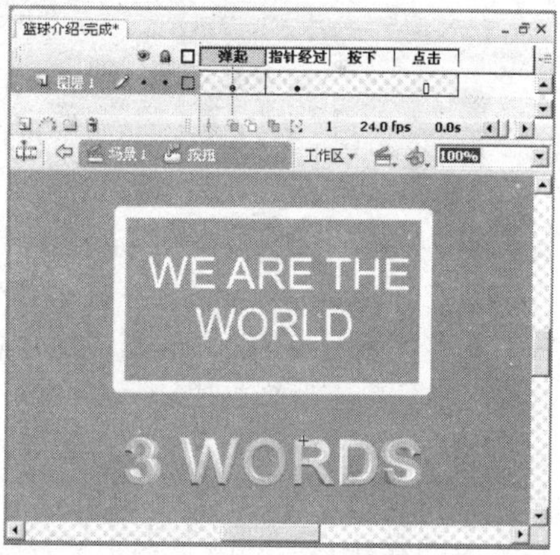

图 3-25　进入按钮编辑模式

（2）单击 （插入图层）按钮，新建“图层 2”，如图 3-26 所示。然后在该层“按下”帧按【F7】键插入空白关键帧，从库中将 sound.mp3 拖入该层，效果如图 3-27 所示。

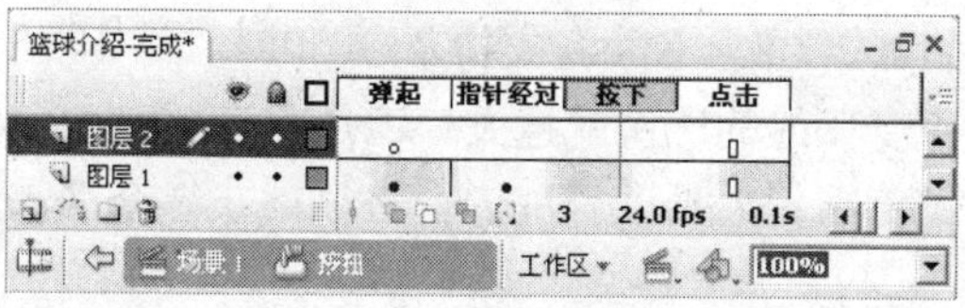

图 3-26　新建“图层 2”

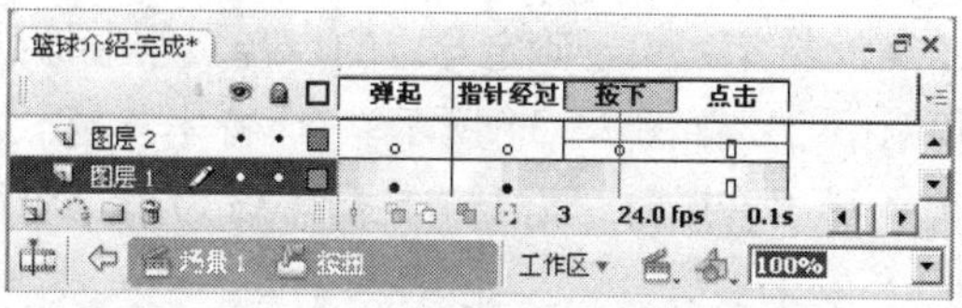

图 3-27　在“按下”帧添加声音

（3）按【Ctrl+Enter】键测试动画，当动画结束按钮出现后，单击按钮就会出现提示音的效果。

3.3 压缩声音

Flash 动画在网络上流行的一个重要原因是它的文件相对比较小，这是因为 Flash 在输出时会对文件进行压缩，包括对文件中的声音压缩。Flash 的声音压缩主要是在“库”面板中进行的，下面就来讲解对 Flash 导入的声音进行压缩的方法。

3.3.1 声音属性

打开“库”面板，然后双击声音左边的图标或单击按钮，弹出“声音属性”对话框，如图 3-28 所示。

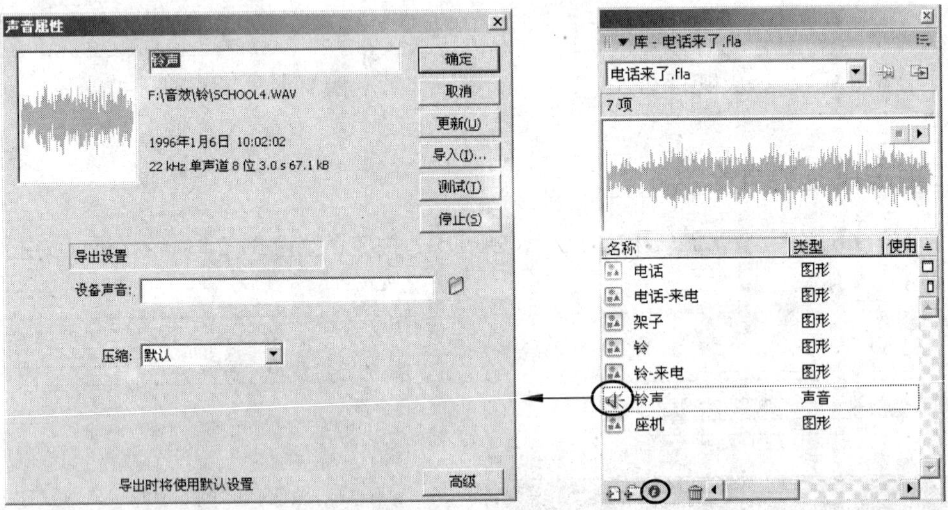

图 3-28 “声音属性”对话框

在“声音属性”对话框中，可以对声音进行“压缩”处理。打开“压缩”下拉列表，其中有“默认”、“ADPCM”、“MP3”、“原始”和“语音”5 种压缩模式，如图 3-29 所示。

在这里，我们重点介绍最为常用的 MP3 压缩选项，通过对它的学习达到举一反三，掌握其他压缩选项的设置。

图 3-29 压缩模式

3.3.2 压缩属性

在“声音属性”对话框中，打开“压缩”列表，选择 MP3 选项，如图 3-30 所示。

● 比特率：用于确定导出的声音文件中每秒播放的位数。Flash 支持 8～160kbit/s（即 8～160kbps），如图 3-31 所示。“比特率”越低，声音压缩的比例就越大，但是在设置时一定要注意，导出音乐时，需要将比特率设为 16kbps 或更高，如果设得过低，将很难获得令人满意的声音效果。

● 预处理：该项只有在选择的比特率为 20kbps 或更高时才可用。选择“将立体声转换为单声道”复选框，表示将混合立体声转换为单声（非立体声）。

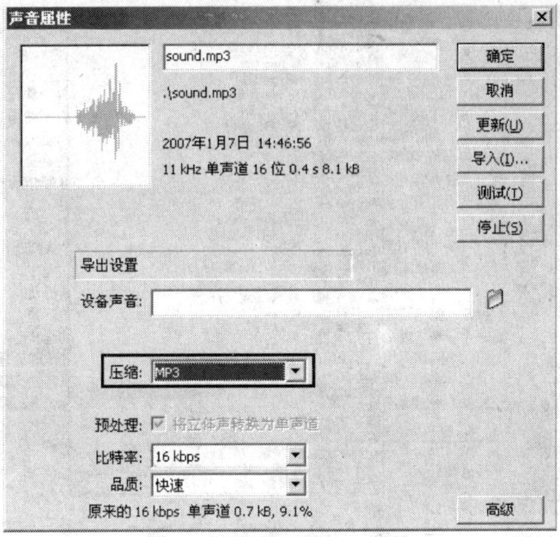

图 3-30　选择 MP3 选项

● 品质：该项用于设置压缩速度和声音品质。它有“快速”、“中”和“最佳”3 个选项可供选择，如图 3－32 所示。“快速”表示压缩速度较快，声音品质较低；“中”表示压缩速度较慢，声音品质较高；“最佳”表示压缩速度最慢，声音品质最高。

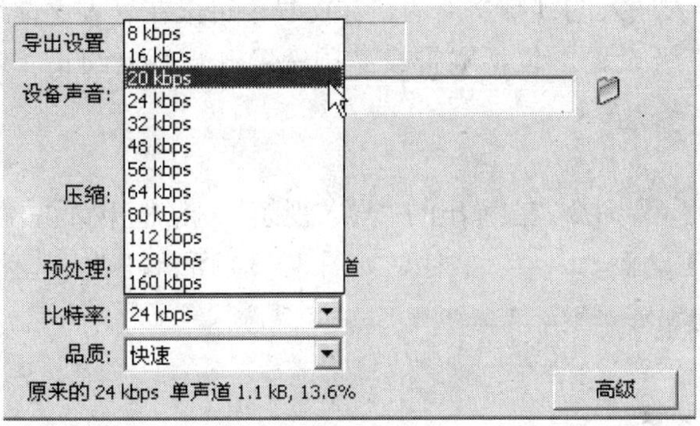

图 3-31　设置比特率

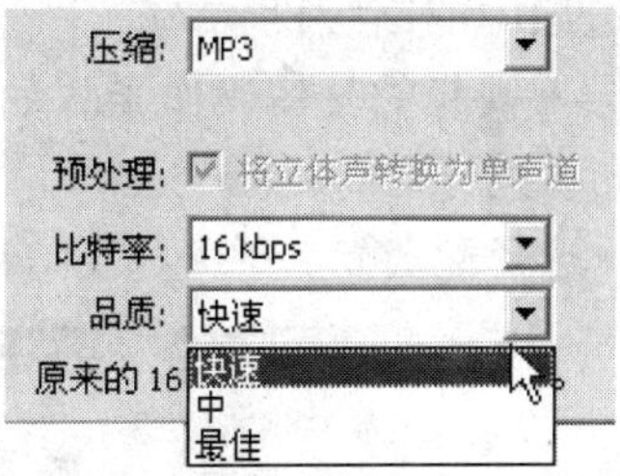

图 3-32　设置品质

3.4　视频的控制

3.4.1　支持的视频类型

Flash 支持很多的视频文件格式，同时也提供了多种在 Flash 中加入视频的方法，可以将 AVI、MOV、MPEG 等视频文件嵌入到动画中。执行菜单中的“文件”|“导入”|“导入到舞台”或“导入到库”命令，在弹出的“导入”对话框中可以看到 Flash 支持的所有视频格式，如图 3-33 所示。

提示

Flash 支持的视频类型会因计算机所安装软件的不同而不同。比如：在计算机中如果已经安装了 QuickTime 4 和 DirectX 以上版本，那么可以导入扩展名为.avi、.dv、.mpg、.mpeg、.mov、.wmv 和.asf 的视频剪辑。

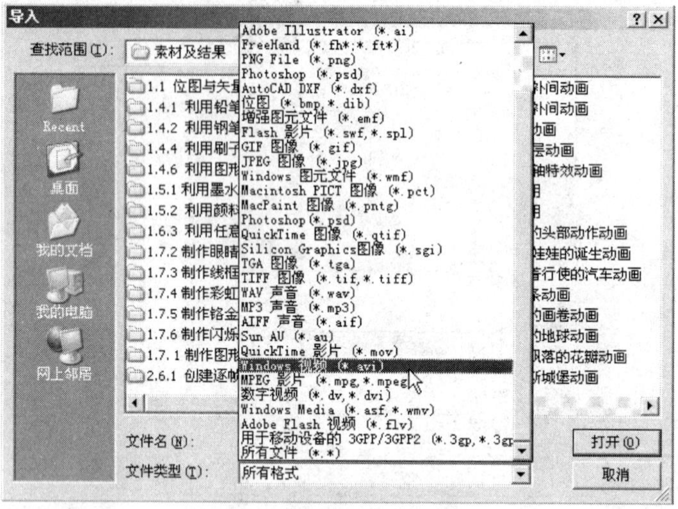

图 3-33　可导入的文件类型

3.4.2　用向导导入视频

Flash 是利用"视频导入"向导导入嵌入的视频文件的。在向导中可以在导入之前编辑视频，也可以应用自定义的压缩设置和高级设置，包括宽带或品质设置以及颜色纠正、裁切和其他选项中的高级设置。

导入视频的具体操作步骤如下：

(1) 执行菜单中的"文件"|"导入视频"命令，在弹出的"导入视频"对话框中单击 浏览... 按钮，选择配套光盘"素材及结果\游弋动画.mpg"文件，如图 3-34 所示。

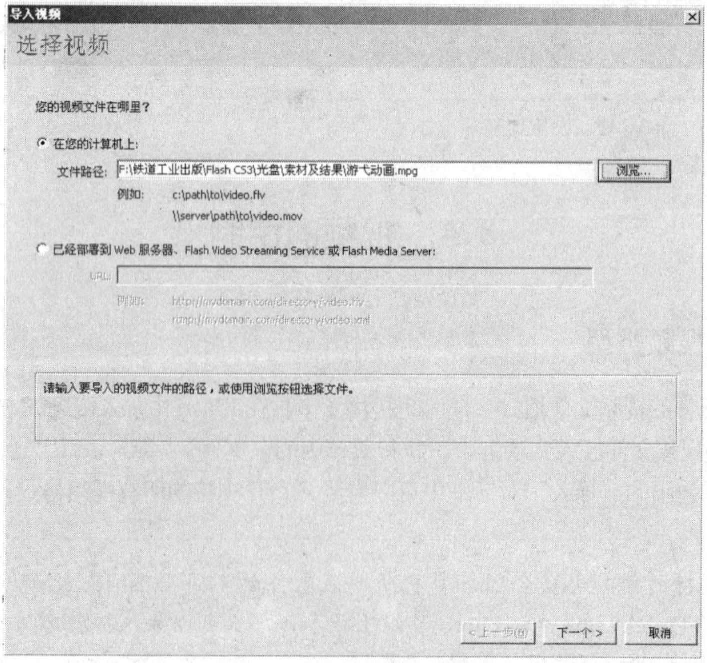

图 3-34　选择要导入的文件

（2）单击 下一个> 按钮，在弹出的对话框中选择“从 Web 服务器渐进式下载”单选按钮，如图 3－35 所示。

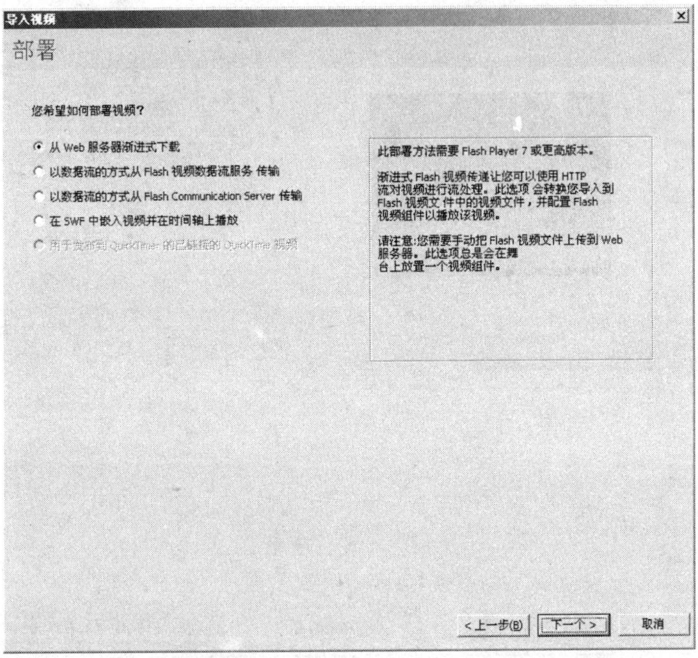

图 3－35　选择“从 Web 服务器渐进式下载”单选按钮

（3）单击 下一个> 按钮，在弹出的对话框中选择一个视频编码配置文件，并在右侧设置导入视频的区域，如图 3－36 所示。

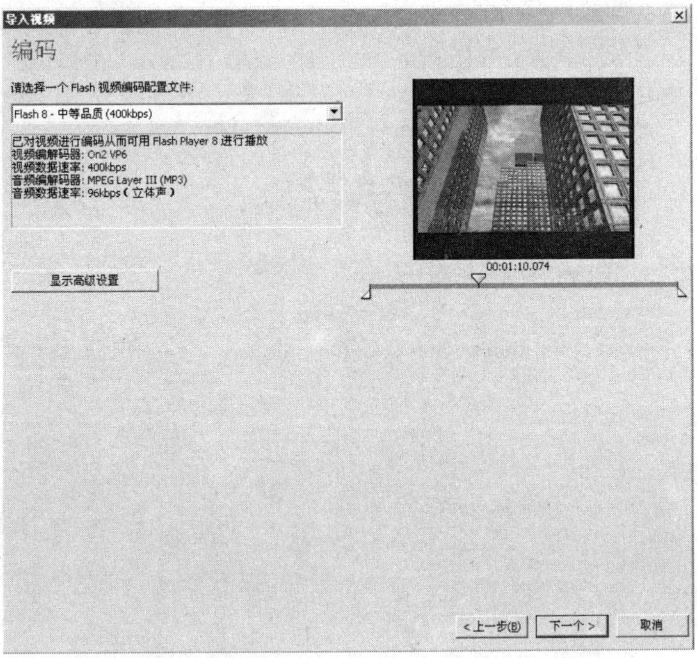

图 3－36　选择视频编码配置文件并设置导入区域

（4）单击 下一个> 按钮，然后从弹出的对话框中选择一种外观，如图 3－37 所示。

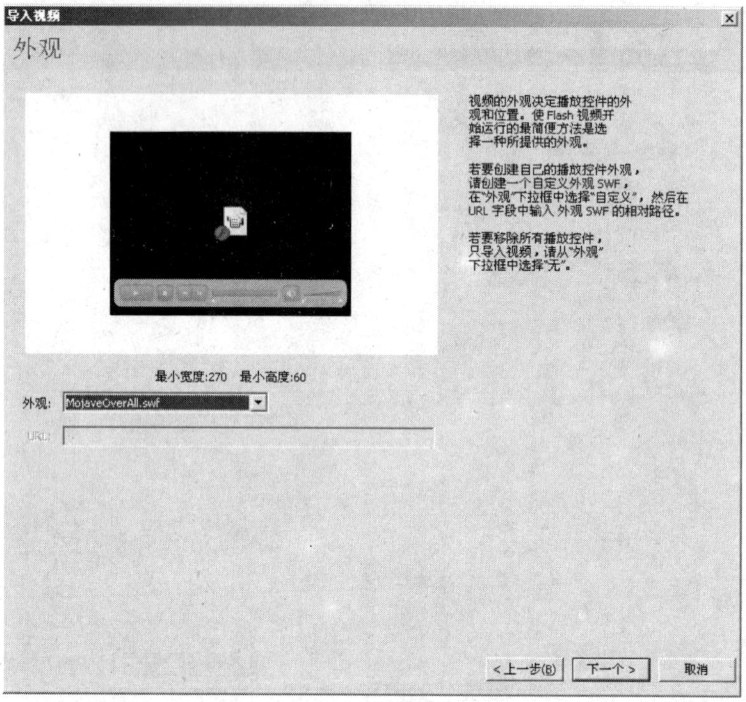

图 3－37 选择外观

（5）单击 下一个> 按钮，此时会显示出要导入的视频文件的相关信息，如图 3－38 所示。

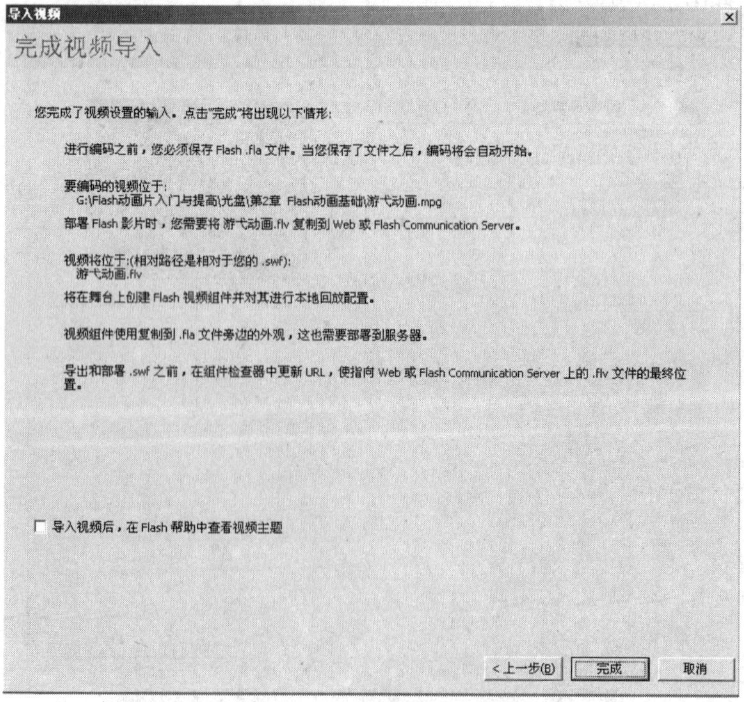

图 3－38 要导入的视频文件的相关信息

（6）单击完成按钮，在弹出的“另存为”对话框中设置要保存的文件名，然后单击“保存”按钮，即可进行视频编码，如图 3－39 所示。

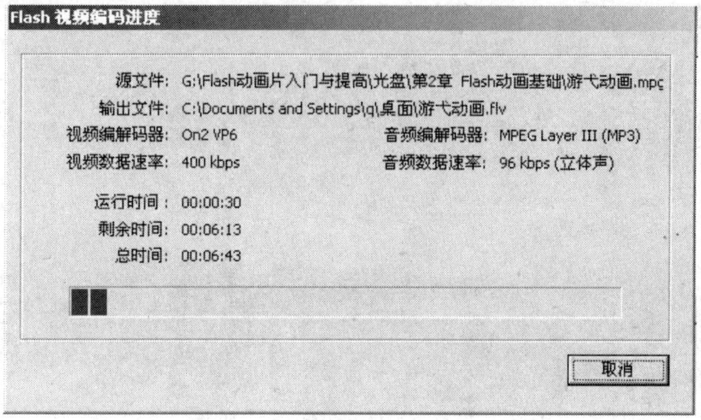

图 3－39 视频编码的过程

3.5 实例讲解

本节将通过“制作声音按钮效果”和“制作电话铃响的效果”两个实例来讲解 Flash 的图像、声音与视频在实践中的应用。

3.5.1 制作声音按钮效果

要点

本例将制作一个经过按钮时会发出清脆声音的效果，如图 3-40 所示。通过本例学习应掌握在按钮中添加声音的方法。

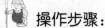

图 3－40 声音按钮效果

操作步骤：

（1）打开配套光盘“素材及结果\3.4.1 制作声音按钮效果\声音按钮－素材.fla”文件，如图 3－41 所示。

（2）执行菜单中的“文件”|“导入到库”命令，导入配套光盘“素材及结果\3.4.1 制作声音按钮效果\bell.wav”文件。

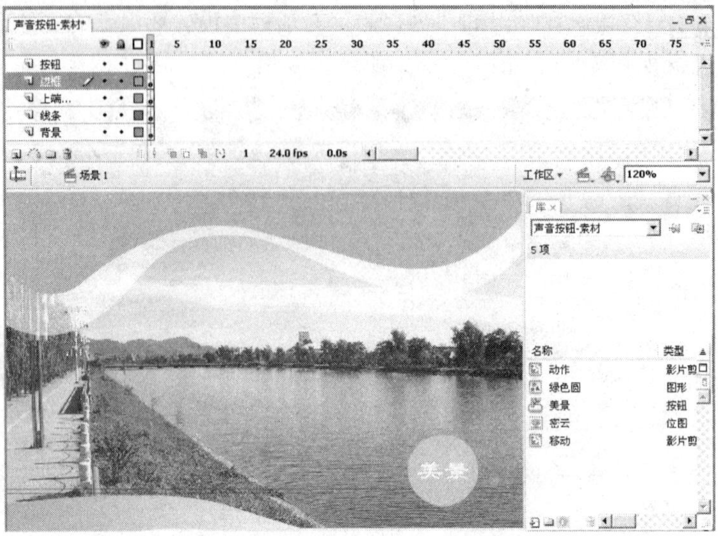

图 3-41　声音按钮－素材.fla

（3）双击舞台中的“美景”按钮，进入按钮编辑模式。然后单击时间轴下方的（插入图层）按钮，新建“图层 3”，如图 3-42 所示。

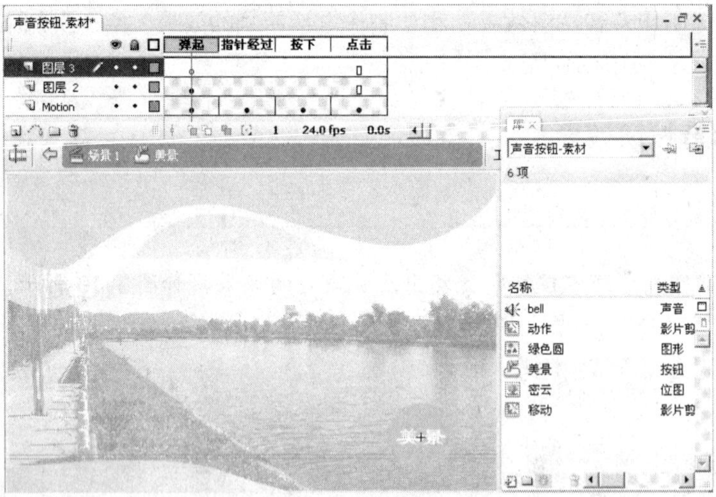

图 3-42　新建“图层 3”

（4）在“图层 3”的“指针经过”帧按【F7】键插入空白关键帧，然后从“库”面板中将前面导入的 bell.wav 文件拖入舞台，此时“指针经过”帧中添加了一段声音，如图 3-43 所示。

（5）在“按下”帧按【F7】键插入空白关键帧，此时时间轴分布如图 3-44 所示。

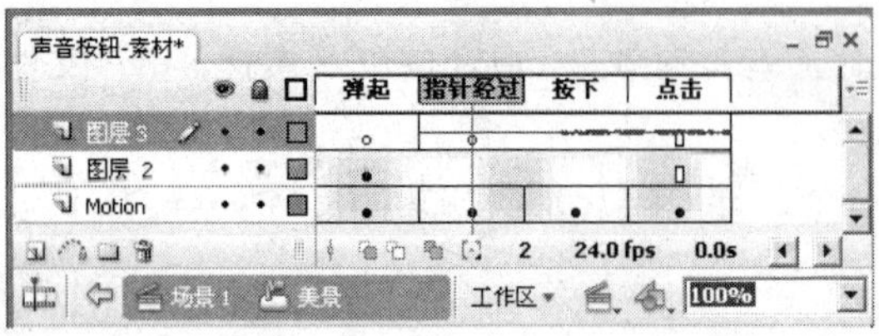

图 3-43　“指针经过”帧中添加了一段声音

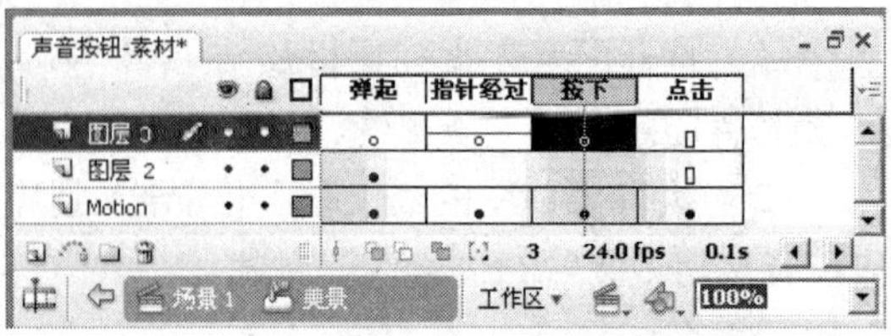

图 3-44　在“按下”帧插入空白关键帧

（6）至此，整个动画制作完毕。下面执行菜单中的“控制”|“测试影片”(快捷键【Ctrl+Enter】)命令，即可测试当鼠标经过按钮时会发出清脆的声音的效果。

3.5.2 制作电话铃响的效果

要点

本例将制作伴随着电话铃响电话不断跳动的夸张效果，如图 3-45 所示。通过本例学习应掌握在 Flash 中添加并处理声音、调用外部库、将不同元件分散到不同图层、复制和交换元件的方法。

图 3-45 电话铃响效果

操作步骤：

1．组合图形

（1）启动Flash CS3，新建一个Flash文件（ActionScript 2.0）。

（2）执行菜单中的“修改”|“文档”（快捷键【Ctrl+J】）命令，在弹出的“文档属性”对话框中设置如图 3−46 所示，单击“确定”按钮。

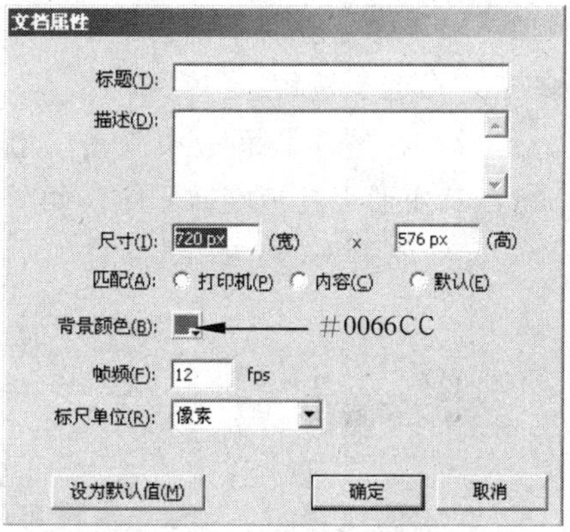

图 3-46 设置文档属性

（3）执行菜单中的“文件”|”导入”|”打开外部库”命令，在弹出的“作为库打开”对话框中选择“配套光盘\3.4.2 制作电话铃响的效果\电话来了.fla”文件，单击“打开”按钮。

（4）从打开的“电话来了.fla”外部库中将“电话”、“架子”、“铃”和“座机”图形元件拖入舞台。此时调用的“电话来了.fla”库中的 4 个元件会自动添加到正在编辑文件的“库”中，如图 3−47 所示。

（5）选中舞台中的所有元件，然后右击并从弹出的快捷菜单中选择“分散到图层”命令，将不同元件分散到不同图层上。接着在舞台中调整各个元件的位置，如图 3−48 所示。

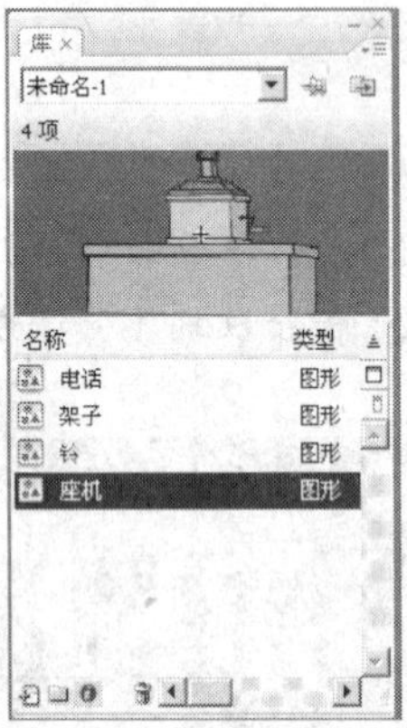

图 3-47 当前文件的“库”面板

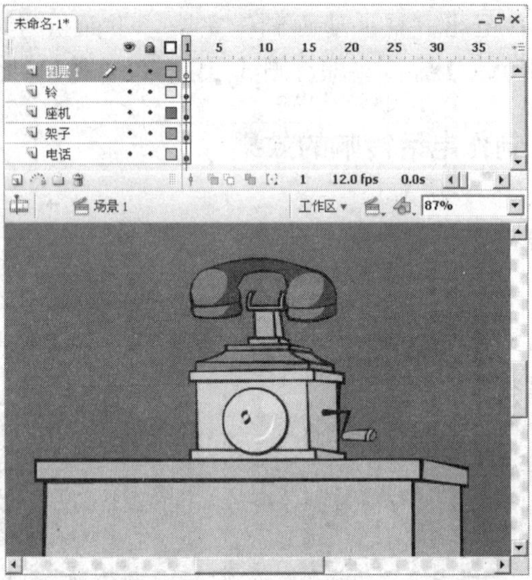

图 3-48 在舞台中调整元件的位置

（6）删除多余的“图层 1”。方法：在时间轴上选中“图层 1”，然后单击 按钮将其删除。

2．制作电话跳动的效果

（1）在“库”面板中右击“电话”元件，从弹出的快捷菜单中选择“直接复制”命令，然后在弹出的“直接复制元件”对话框中设置如图 3-49 所示，单击“确定”按钮。

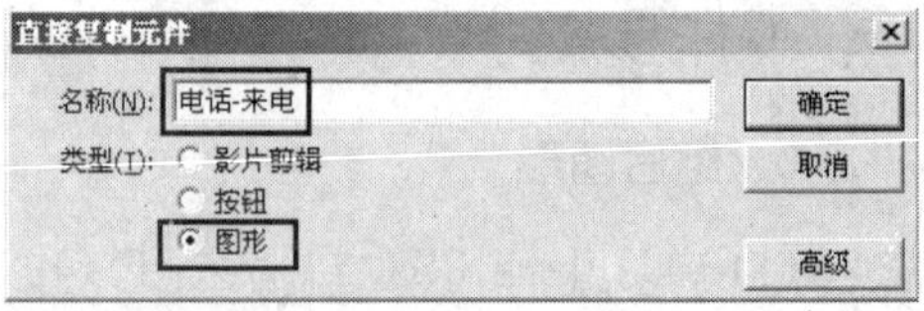

图 3-49 复制元件

（2）在“库”面板中双击“电话－来电”元件，进入编辑状态。然后选择工具箱中的 （任意变形工具）旋转元件，如图 3-50 所示。接着在第 2 帧按【F6】键，插入关键帧，再旋转元件如图 3-51 所示。

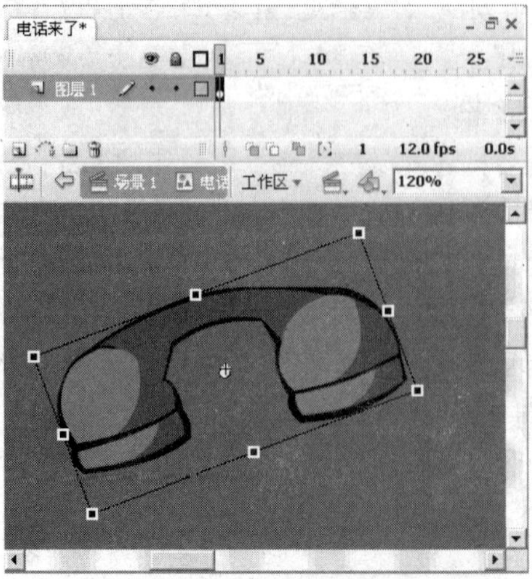

图 3-50 在第 1 帧旋转元件

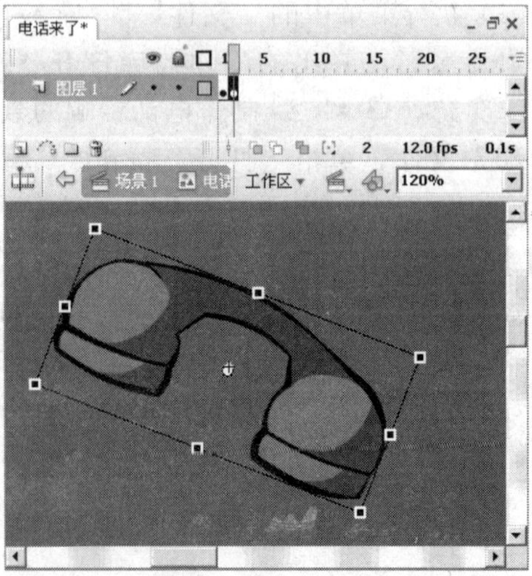

图 3-51 在第 2 帧旋转元件

（3）在第 2 帧，利用工具箱中的（线条工具）绘制并调整线条的形状，然后再进行复制，效果如图 3–52 所示。

图 3–52 绘制线条

3．制作铃跳动的效果

（1）在“库”面板中右击“铃”元件，从弹出的快捷菜单中选择“直接复制”命令，然后在弹出的“直接复制元件”对话框中设置如图 3－53 所示，单击“确定”按钮。

（2）在“库”面板中双击“铃－来电”元件，进入编辑状态。然后在第 2 帧按【F6】键，插入关键帧，利用工具箱中的（任意变形工具）放大元件，再利用工具箱中的（线条工具）绘制并调整线条形状，如图 3－54 所示。

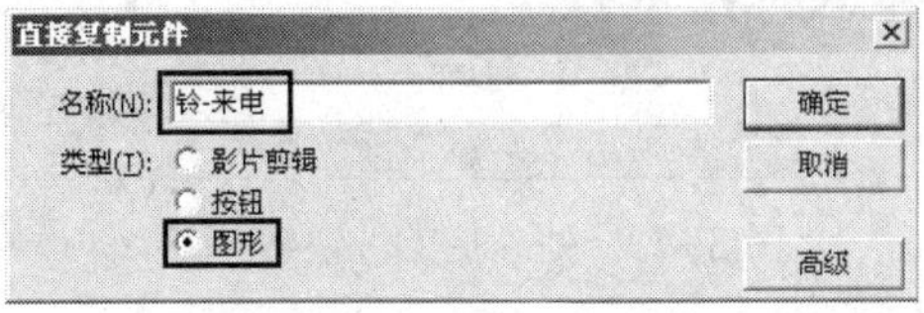

图 3–53 复制元件

图 3–54 放大元件并绘制并调整线条形状

4．添加声音效果

（1）单击时间轴上方的场景 1 按钮，回到“场景 1”，然后同时选择 4 个图层的第 80 帧，按【F5】键插入普通帧。

（2）在“铃”层的第 15 帧按【F6】键插入关键帧。然后在舞台中右击“铃”元件，从弹出的快捷菜单中选择“交换元件”命令。接着在弹出的对话框中选择“铃－来电”元件，如图 3–55 所示，单击“确定”按钮。

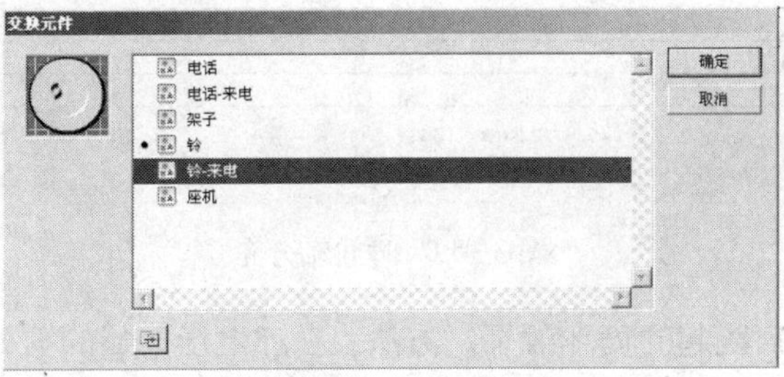

图 3–55 选择“铃－来电”元件

（3）选中“铃”层的第15帧，从“电话来了.fla”外部库中将“铃声.wav”拖入舞台，此时时间轴分布如图3-56所示。

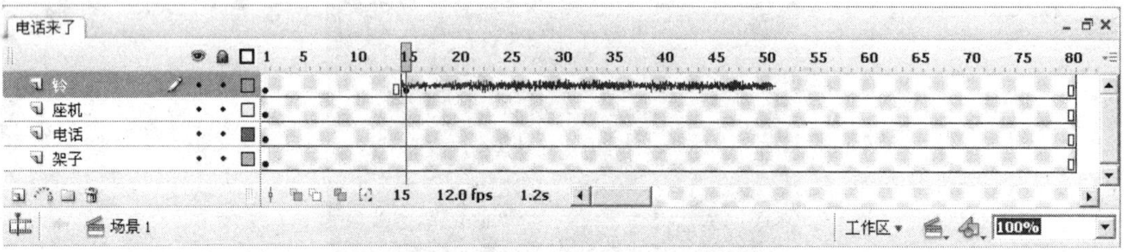

图3-56 调入“铃声.wav”声音文件

（4）此时按【Enter】键播放动画，可以发现铃声响的时间过长，下面就来解决这个问题。方法：在时间轴上单击声音波浪线，此时“属性”面板中将显示出它的属性，然后单击“编辑”按钮，弹出图3-57所示的对话框。接着将35帧以后的声音去除，并创建第33～35帧之间的声音淡出效果，如图3-58所示。

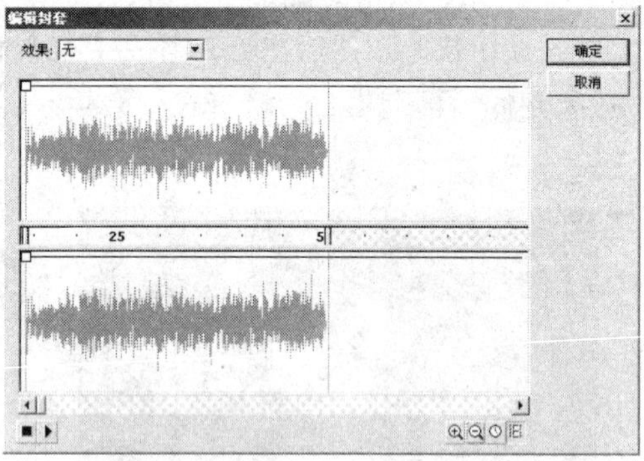

图3-57 “铃声.wav”的波浪线

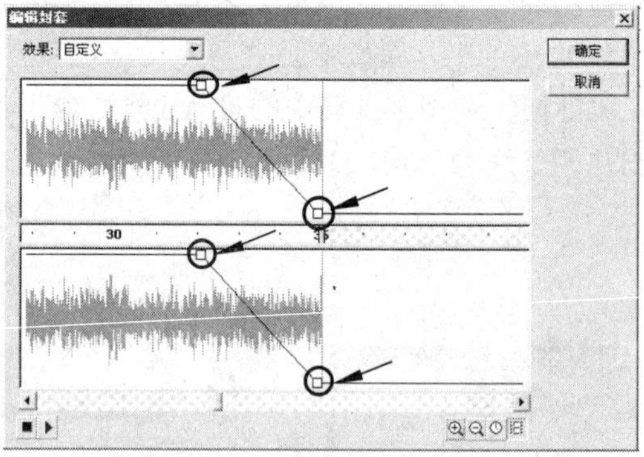

图3-58 处理后的波浪线

5．制作电话和铃的循环效果

（1）制作铃响循环效果。方法：右击“铃”层的第1帧，从弹出的快捷菜单中选择“复制帧”命令，然后右击该层的第36帧，从弹出的快捷菜单中选择“粘贴帧”命令。

（2）同理，将第15帧复制到第45帧，再将第1帧复制到第65帧，此时时间轴分布如图3-59所示。

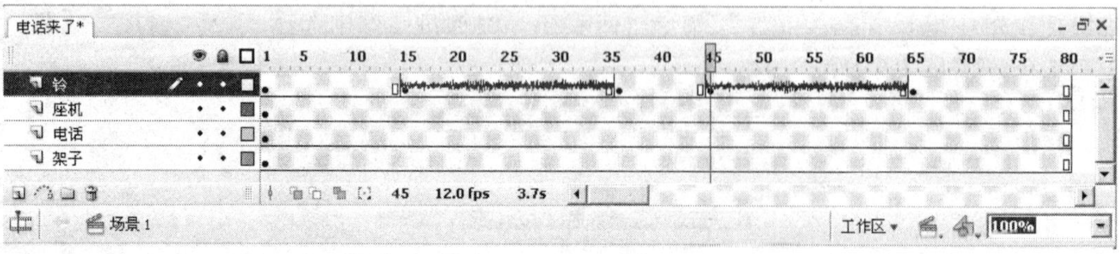

图3-59 时间轴分布

（3）制作电话随铃声跳起的循环效果。方法：在“电话”层的第15帧按【F6】键插入关键帧。然后右击舞台中的“电话”元件，从弹出的快捷菜单中选择“交换元件”命令。接着在弹出的对话框中选择“电话－来电”元件，如图3－60所示，单击“确定”按钮。

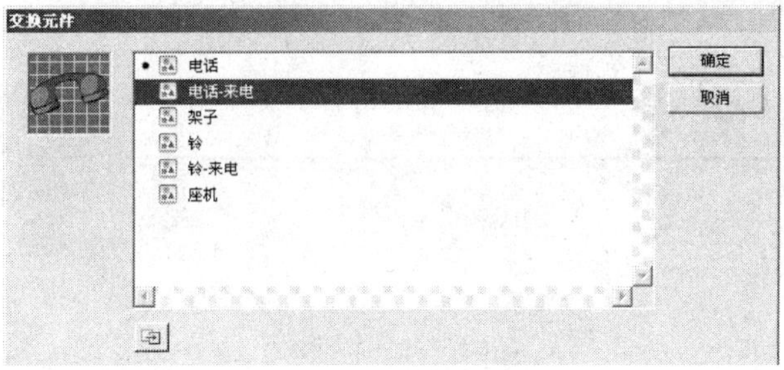

图3－60 替换元件

（4）将“电话”层的第1帧复制到第36帧和第65帧。再将第15帧复制到第45帧，此时时间轴分布如图3－61所示。

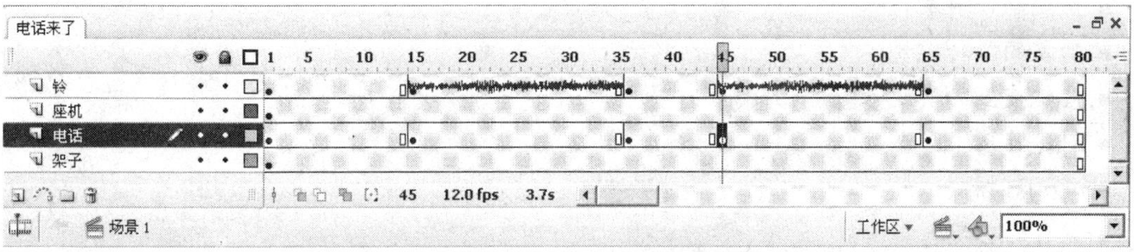

图3－61 时间轴分布

（5）至此，整个动画制作完毕。下面执行菜单中的“控制”｜“测试影片”(快捷键【Ctrl+Enter】)命令，即可看到效果。

3.6 课后练习

一、填空题

（1）在时间轴中选择相关声音后，在其“属性”面板“同步”下拉列表中有________、________、________和________4个同步选项可供选择。

（2）在Flash CS3的“声音属性”对话框中，可以对声音进行“压缩”处理。打开“压缩”下拉列表，其中有________、________、________、________和________5种压缩模式。

二、选择题

（1）下列（　　）属于Flash CS3 支持的视频类型。

A．AVI　　B．MOV　　C．MPEG　　D．MP4

（2）在“编辑封套”对话框中单击下列（　　）按钮，可以以帧为单位显示音频。

A．　　B．　　C．　　D．

三、问答题

（1）简述在Flash CS3中用向导导入视频的方法。

（2）简述在Flash CS3中导入同一序列的其他文件的方法。

第4章 交互动画

本章重点

与许多动画制作工具相比，Flash 动画有一个最大的特点就是具有强大的交互性，浏览者在观赏动画的同时，可以自由控制动画的播放进程。通过本章学习应掌握以下内容：

- 初识动作脚本
- 动画的跳转控制
- 按钮交互的实现
- 创建链接
- 浏览器控制
- 声音的控制
- 影片剪辑的播放和控制
- 键盘控制
- ActionScript 3.0 的应用

4.1 初识动作脚本

动作脚本是 Flash 具有强大交互功能的灵魂所在。它是一种编程语言，Flash CS3 有两种版本的动作脚本语言，分别是 ActionScript 2.0 和 ActionScript 3.0。动画之所以具有交互性，是通过对按钮、关键帧和影片剪辑设置移动的“动作”来实现的，所谓“动作”指的是一套命令语句，当某事件发生或某条件成立时，就会发出命令来执行设置的动作。

执行菜单中的“窗口”|“动作”命令（快捷键【F9】），可以调出“动作”面板，如图4-1所示。

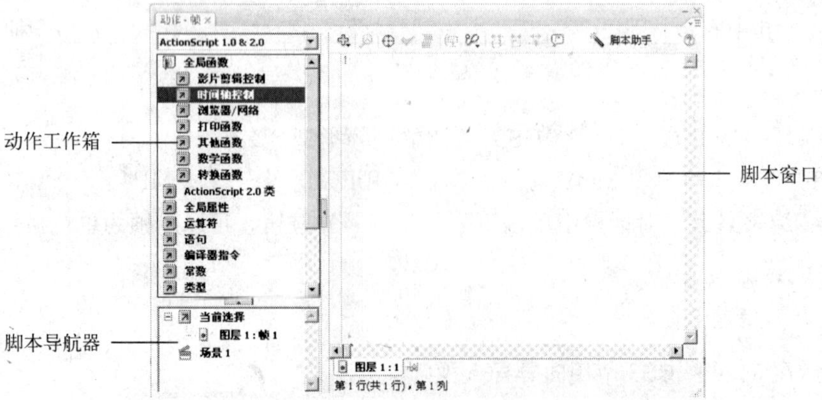

图4-1 “动作”面板

1. 动作工具箱

动作工具箱是浏览 ActionScript 语言元素（函数、类、类型等）的分类列表，包括全局函数、ActionScript 2.0 类、全局属性、运算符、语句、编译器指令、常数、类型、否决的、数据组件、组件、屏幕和索引等，单击它们可以展开相关内容，如图 4－2 所示。双击要添加的动作脚本即可将它们添加到右侧的脚本窗口中，如图 4－3 所示。

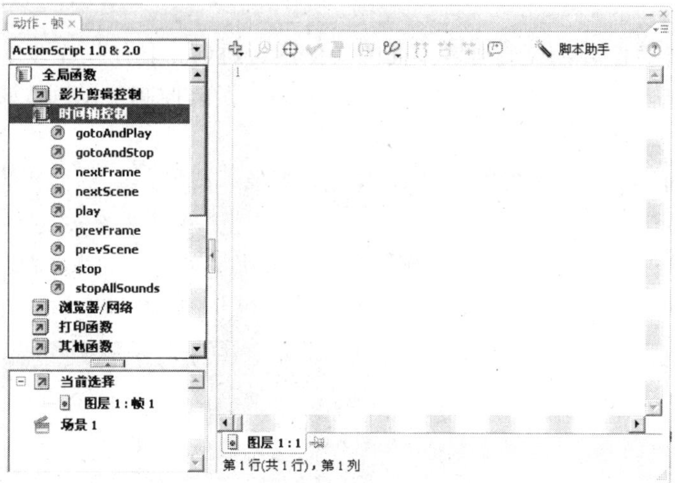

图 4－2 单击展开相关内容

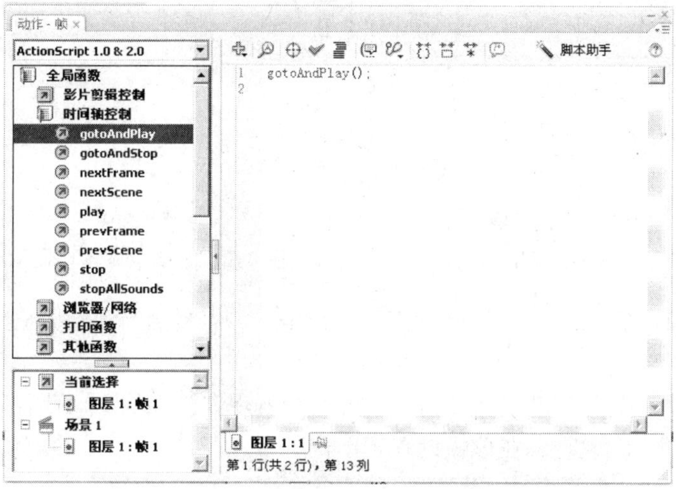

图 4－3 双击将动作脚本添加到右侧的脚本窗口中

2. 脚本导航器

脚本导航器用于显示包括脚本的 Flash 元素（影片剪辑、帧和按钮）的分层列表。使用脚本导航器可在 Flash 文档中的各个脚本之间快速移动。单击脚本导航器中的某一项目，则与该项目相关联的脚本将显示在脚本窗口中，并且播放头将移动到时间轴上的相关位置。双击脚本导航器中的某一项，则该脚本将被固定（就地锁定）。可以通过单击每个选项卡在脚本间移动。

3．脚本窗口

脚本窗口用来输入动作语句，除了可以在动作工具箱中通过双击语句的方式在脚本窗口中添加动作脚本外，还可以在这里直接用键盘进行输入。

4.2　动画的跳转控制

关于动画的跳转控制，我们通过下面的实例进行讲解，具体操作步骤如下：

（1）打开配套光盘中“素材及结果\4.2　动画的跳转控制\动画跳转控制－素材.fla”文件。

（2）单击时间轴下方的 （插入图层）按钮，新建“图层2”。然后在第20帧按【F6】键插入关键帧，如图4－4所示。

（3）执行菜单中的“窗口”|“动作”命令，调出“动作”面板，然后双击“全局函数”下的stop，此时在右侧脚本窗口中显示出脚本“stop();”，如图4－5所示。

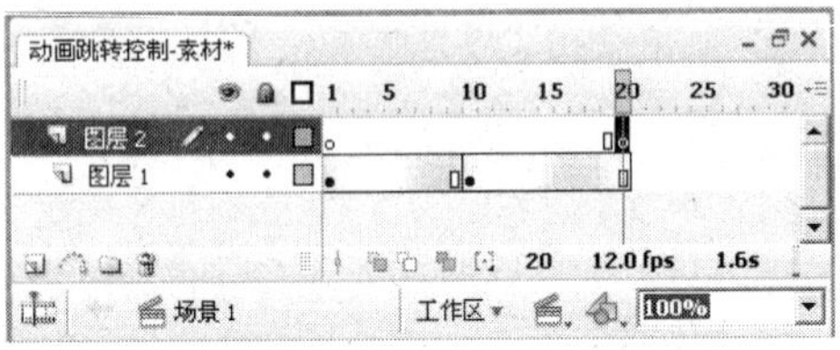

图4－4　在“图层2”的第20帧插入关键帧

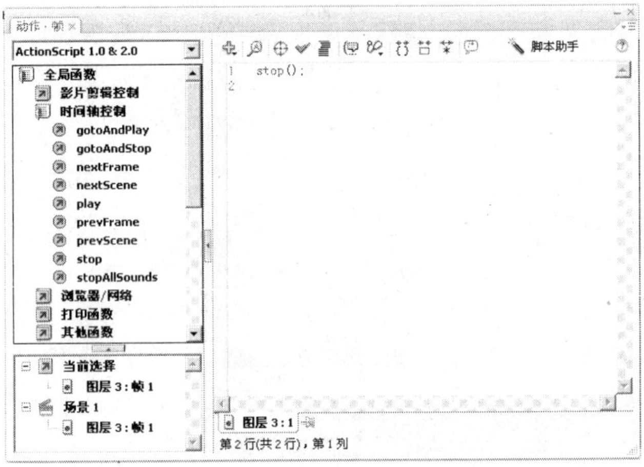

图4－5　右侧脚本窗口显示出“stop();”

（4）执行菜单中的“控制”|“测试影片”命令，即可看到当动画播放到第20帧时，动画停止。

（5）测试完毕后，关闭动画播放窗口，此时会发现在“图层2”的第20帧多出了一个字母a，如图4－6所示，它表示在该帧设置了动作脚本。

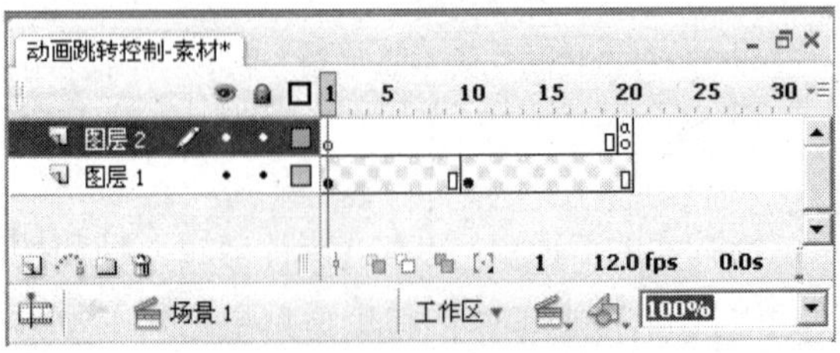

图4－6　在“图层2”的第20帧多出了一个字母a

（6）制作动画播放到结尾再跳转到第1帧循环播放的效果。方法：在“图层2”的第20帧，打开“动作”面板，删除动作脚本stop，然后双击左侧“时间轴控制”类别中的gotoAndPlay，再在右侧窗口的括号中输入 1，如图 4−7 所示。该段脚本表示当动画播放到结尾时，自动跳转到第 1 帧继续播放。

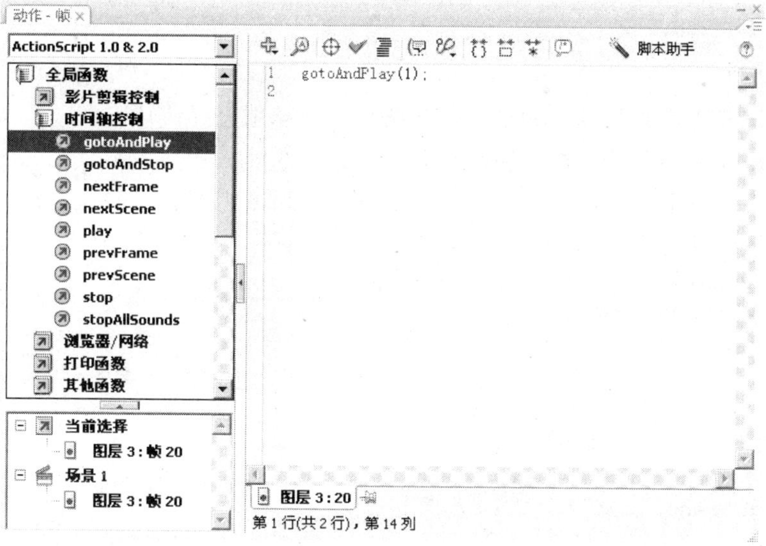

图 4−7　设置动作脚本 gotoAndPlay（1）

（7）制作动画播放到结尾再跳转到第 1 帧并停止播放的效果。方法：在“图层 2”的第 20 帧，打开“动作”面板，删除动作脚本 gotoAndPlay（1），然后双击左侧“时间轴控制”类别中的 gotoAndStop，再在右侧窗口的括号中输入 1，如图 4−8 所示。该段脚本表示当动画播放到结尾时，自动跳转到第 1 帧并停止播放。

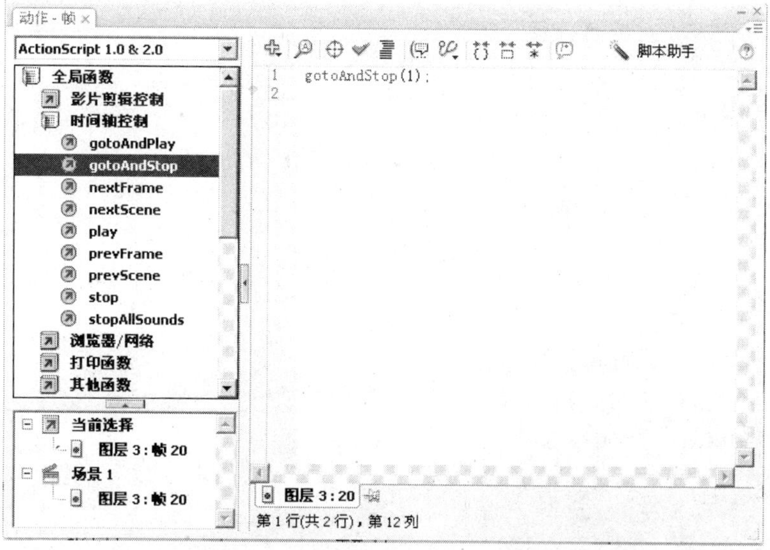

图 4−8　设置动作脚本 gotoAndStop（1）

Flash 中还有许多时间轴控制的动作脚本，它们的用法都是一样的，下面列出了一些常用时间轴控制脚本。

● gotoAndPlay

一般用法：gotoAndPlay（场景，帧数）；

作用：跳转到指定场景的指定帧，并从该帧开始播放，如果要跳转的帧为当前场景，可以不输入“场景”参数。

参数介绍如下：

场景：跳转至场景的名称，如果是当前场景，则不用设置该项。

帧数：跳转到帧的名称（在“属性”面板中设置的帧标签）或帧数。

举例说明：当单击被添加了gotoAndPlay动作脚本的按钮时，动画跳转到当前场景的第15帧，并从该帧开始播放的动作脚本：

```
on (press) {
    gotoAndPlay(15);
}
```

举例说明：当单击被添加了gotoAndPlay动作脚本的按钮时，动画跳转到名称为“动画1”的场景的第15帧，并从该帧开始播放的动作脚本：

```
on (press) {
    gotoAndPlay("动画1",15);
}
```

● gotoAndStop

一般用法：gotoAndStop（场景，帧数）；

作用：跳转到指定场景的指定帧并从该帧停止播放，如果没有指定场景，那么将跳转到当前场景的指定帧。

参数介绍如下：

场景：跳转至场景的名称，如果是当前场景，则不用设置该项。

帧数：跳转至帧的名称或帧数。

● nextFrame

作用：跳转到下一帧并停止播放。

举例说明：单击按钮时，跳转到下一帧并停止播放的动作脚本：

```
on (press) {
    nextFrame( );
}
```

● prevFrame

作用：跳转到前一帧并停止播放。

举例说明：单击按钮时，跳转到前一帧并停止播放的动作脚本：

```
on (press) {
    prevFrame( );
}
```

● nextScene

作用：跳转到下一个场景并停止播放。

● prevScene

作用：跳转到前一个场景并停止播放。

● play

作用：使动画从当前帧开始继续播放。

举例说明：在播放动画时，除非另外指定，否则从第 1 帧开始播放。如果动画播放进程被“跳转”或者“停止”，那么需要使用 play 语句才能重新播放。

● stop

作用：停止当前播放的电影，该动作脚本常用于使用按钮控制影片剪辑。

举例说明：当需要某个影片剪辑在播放完毕后停止而不是循环播放时，可以在影片剪辑的最后一帧附加 stop 动作脚本。这样，当影片剪辑中的动画播放到最后一帧时，播放将立即停止。

● stopAllSounds

作用：当前播放的所有声音停止播放，但是不停止动画的播放。需要注意的是，被设置的流式声音将会继续播放，在“4.6 声音的控制”中将会具体应用。

举例说明：当单击按钮时，影片中的所有声音将停止播放的动作脚本：

```
on (press) {
    stopAllSounds();
}
```

4.3 按钮交互的实现

除在关键帧中可以设置动作脚本外，在按钮中也可以设置动作脚本，从而实现按钮交互动画。下面通过一个实例进行讲解，具体操作步骤如下：

（1）打开配套光盘中“素材及结果\4.3 按钮交互的实现\按钮交互的实现－素材.fla”文件。

提示

该素材的第 1 帧被添加了 stop 动作脚本。因此为静止状态。

（2）创建名称分别为“游戏室内场景”和“游戏室外场景”的两个按钮元件，如图 4－9 所示。

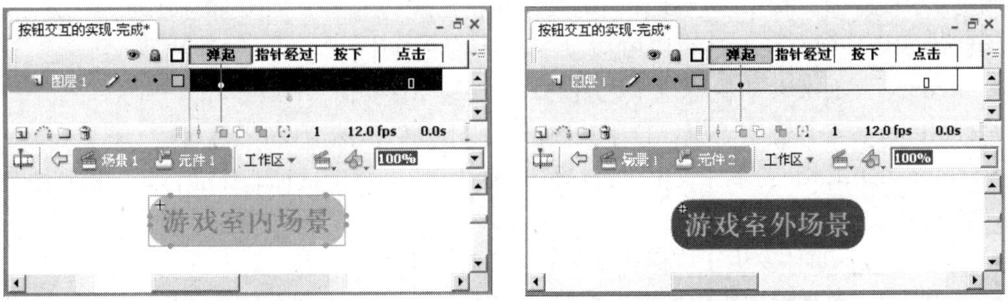

（a）游戏室内场景　　（b）游戏室外场景

图 4－9　创建两个按钮元件

（3）单击时间轴下方的（插入图层）按钮，新建“图层 2”。然后将“库”面板中的“元件 1”按钮拖入舞台，放置位置如图 4－10 所示。接着在“图层 2”的第 10 帧按【F7】键插入空白关键帧，再将“库”面板中的“元件 2”按钮拖入舞台，放置位置如图 4－11 所示。

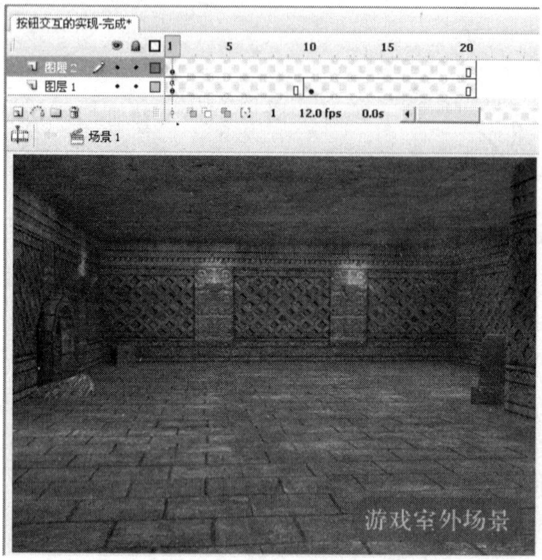

图 4-10 将“元件 1”按钮拖入舞台

图 4-11 将“元件 2”按钮拖入舞台

（4）设置按下“元件 1”（即“游戏室外场景”）按钮的跳转到第 10 帧画面的效果。方法：右击第 1 帧舞台中的“元件 1”按钮，从弹出的快捷菜单中选择“动作”命令，然后在弹出的“动作”面板中设置动作脚本为：

```
on (press) {
    gotoAndStop(10);
}
```

（5）设置按下“元件 2”（即“游戏室内场景”）按钮的跳转到第 1 帧画面的效果。方法：单击第 10 帧舞台中的“元件 2”按钮，然后在“动作”面板中设置动作脚本为：

```
on (press) {
    gotoAndStop(1);
}
```

（6）执行菜单中的“控制”|“测试影片”命令，即可看到按下“游戏室外场景”按钮后跳转到第 10 帧画面，按下“游戏室内场景”按钮后跳转到第 1 帧画面的效果。

按钮除响应按钮事件，还可以响应以下 8 种按键事件：

- press：事件发生于鼠标位于按钮上方，并按下鼠标时。
- release：事件发生于鼠标位于按钮上方按下鼠标，然后松开鼠标时。
- releaseOutside：事件发生于鼠标位于按钮上方并按下鼠标，然后将鼠标移到按钮以外区域，再松开鼠标时。
- rollOver：事件发生于鼠标移到按钮上方时。
- rollOut：事件发生于鼠标移出按钮区域时。
- dragOver：事件发生于按住鼠标不松手，然后将鼠标移到按钮上方时。
- dragOut：事件发生于按住鼠标不松手，然后将鼠标移出按钮区域时。
- keyPress：事件发生于用户按键盘上某个键时，其格式为 keyPress"<键名>"。触发事件列表中列举了常用的键名称，比如：keyPress"<left>"，表示按【←】键时触发事件。

4.4 创建链接

在网页中，我们常常看到“使用帮助”、“与我联系”等文字，单击这些文字可链接到指定的网页，如图4－12所示。本节将具体讲解网站中常见的多种链接的方法。

图4－12 链接页面效果

4.4.1 创建文本链接

对于创建文本链接，我们将通过下面的实例来具体说明，具体操作步骤如下：

（1）打开配套光盘中“素材及结果\4.4 创建链接\创建文本链接－素材.fla”文件。

（2）单击时间轴下方的（插入图层）按钮，新建“文本链接”层。然后选择工具箱中的T（文本工具），在舞台中单击，接着在“属性”面板中设置文本类型为“静态文本”、字体为“幼圆”、字体大小为12，颜色为＃FF0000，再在舞台中输入文字“教学课堂”，如图4－13所示。

图4－13 输入文字“教学课堂”

（3）同理，输入文字“使用帮助”和“联系我们”。

（4）对齐3组文字。方法：选择（选择工具）配合【Shift】键同时选择3组文字，然后按【Ctrl+K】组合键，打开“对齐”面板，单击（左对齐）和（垂直居中对齐）按钮，如图4－14所示，效果如图4－15所示。

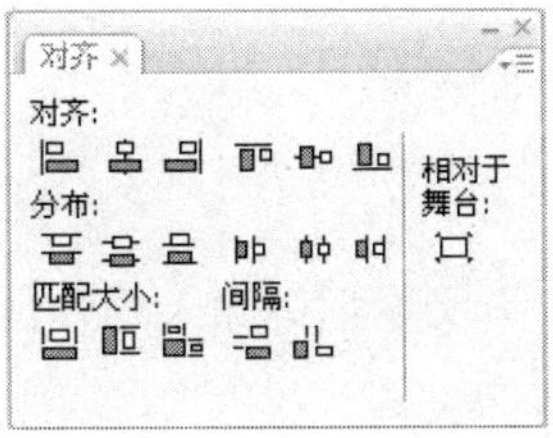

图4－14 设置对齐参数

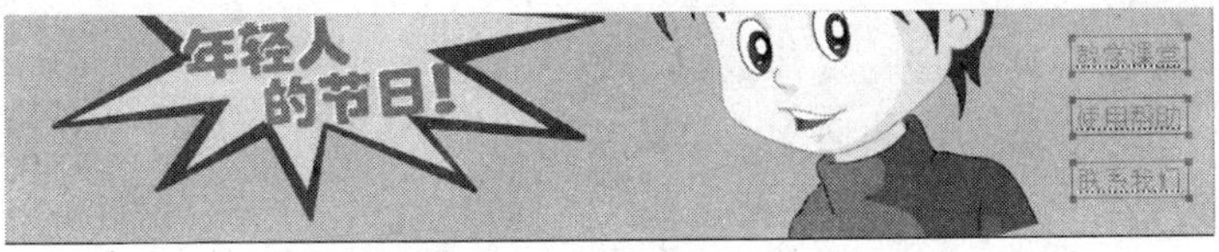

图4－15 对齐后的文字效果

（5）创建文字“教学课堂”的文本链接。方法：在舞台中选择文字“教学课堂”，然后在“属性”面板中的 文本框中输入链接地址，并在“目标”下拉列表框中选择“_blank”选项，如图 4-16 所示。

图 4-16 创建文字“教学课堂”的文本链接

提示

“目标”下拉列表框中有 4 个选项。“_blank”表示在新的浏览器中加载链接的文档；“_parent”表示在父页或包含该链接的窗口中加载链接的文档；“_self”表示将链接的文档加载到自身的窗口中；“_top”表示将在整个浏览器窗口中加载链接的文档。

（6）同理，创建文字“使用帮助”的文本链接，并在“目标”下拉列表框中选择“_blank”选项，如图 4-17 所示。

图 4-17 创建文字“使用帮助”的文本链接

（7）执行菜单中的“控制”|“测试影片”(快捷键【Ctrl+Enter】)命令，打开播放器，即可测试单击“教学课堂”和“使用帮助”文字后跳转到所链接的网站效果。

4.4.2 创建邮件链接

创建邮件链接的具体操作步骤如下：

（1）在舞台中选择文字“联系我们”，然后在“属性”面板中的 文本框中输入邮件链接地址，并在“目标”下拉列表框中选择“_self”选项，如图 4-18 所示。

图 4-18　创建文字“联系我们”的邮件链接

(2) 执行菜单中的“控制”|“测试影片”(快捷键【Ctrl+Enter】)命令，打开播放器，此时单击文字“联系我们”后没有任何效果。这是因为在 SWF 动画中，单击邮件链接是不会有响应的，但并不等于说邮件链接没有做好。下面使用浏览器来预览一下。方法：执行菜单中的“文件”|“发布预览”|“HTML”命令，打开浏览器，然后单击文字“联系我们”，启动 Outlook Express，如图 4-19 所示。接着就可以撰写邮件并发送。

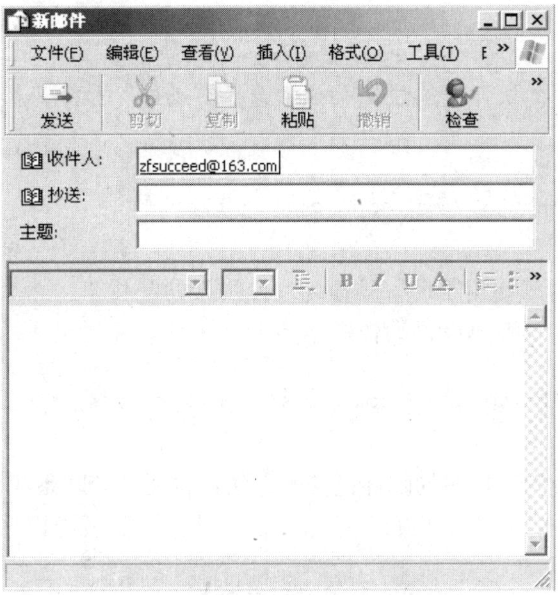

图 4-19　启动 Outlook Express

4.4.3　创建按钮链接

在网站中，导航的对象不一定都是文字，有时候会是图形。在这种情况下就需要将图形转换为按钮，利用 Flash 提供的动作脚本完成网页或邮件的链接。

下面通过一个实例来具体讲解将文字转换为按钮并创建按钮链接的方法，具体操作步骤如下：

（1）删除前面创建的文字“教学课堂”、“使用帮助”和“联系我们”3 组文字的文本链接。

（2）选择舞台中的文字“教学课堂”，然后执行菜单中的“修改”|“转换为元件”（快捷键【F8】）命令，在弹出的“转换为元件”对话框中设置如图 4－20 所示，单击“确定”按钮。

（3）双击舞台中的“教学课堂”按钮元件，进入按钮编辑模式。然后选中“点击”帧，按【F6】键插入关键帧，接着利用（矩形工具）绘制出按钮的响应区域，如图 4－21 所示。

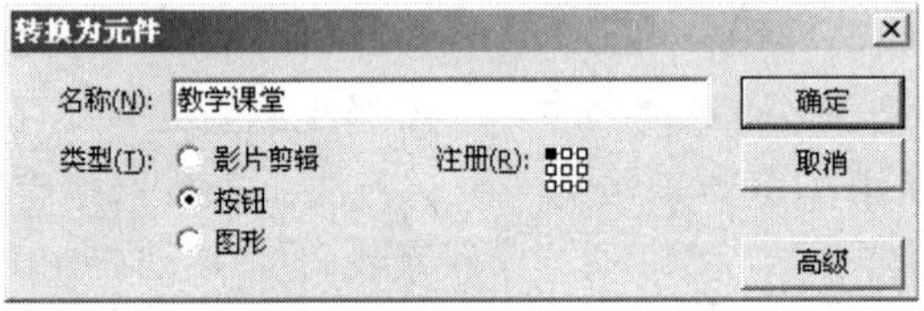

图 4-20　设置“转换为元件”参数

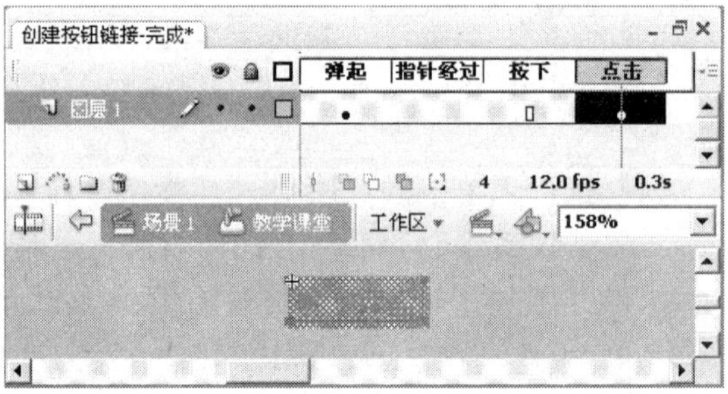

图 4-21　在“点击”帧绘制矩形作为响应区

（4）创建“教学课堂”按钮的链接。方法：单击 场景1 按钮，回到场景 1，然后右击舞台中的“教学课堂”按钮，从弹出的快捷菜单中选择“动作”命令，接着在弹出的“动作”面板中设置动作脚本为：

```
on (release) {
    getURL("http://www.sina.com","_blank");
}
```

（5）同理，将文本“使用帮助”转换为“使用帮助”按钮。然后选择舞台中的“使用帮助”按钮，在“动作”面板中设置动作脚本为：

```
on (release) {
    getURL("http://www.sohu.com","_blank");
}
```

（6）创建“联系我们”按钮的邮件链接。方法：将文本“联系我们”转换为“联系我们”按钮，然后选择舞台中的“联系我们”按钮，在“动作”面板中设置动作脚本为：

```
on (release) {
    getURL("mailto:zfsucceed@163.com");
}
```

（7）执行菜单中的“文件”|“发布预览”|“HTML”命令，打开浏览器，即可测试单击“教学课堂”、“使用帮助”后跳转到链接网站，单击“联系我们”按钮后启动 Outlook Express 的效果。

4.5　浏览器控制

本节将对常用的控制浏览器的方法做具体讲解。

4.5.1　浏览器控制简介

制作完成的动画通常都是在 Flash 播放器中播放的，控制播放器的播放环境及播放效果是经常要解决的问题。比如，如何退出动画、如何使动画全屏幕播放、如何在影片中调用外部程序等。

fscommand 可以实现对动画播放器也就是 Flash Player 的控制，它位于“浏览器／网络”类中，如图 4－22 所示。此外，它可配合 JavaScript 脚本语言，是 Flash 与外界沟通的桥梁。

fscommand 的语法格式为：fscommand（命令，参数），前面的“命令”是可以执行的参数；后面的“参数”是被执行命令的参数，其说明如表 4－1 所示。

图 4－22　“浏览器／网络”类

表 4-1　fscommand 常用命令和参数说明

命　令	参　数	功 能 说 明
quit	true或者false	退出并关闭动画
fullscreen	true或者false	设置是否全屏播放动画。其中true表示全屏播放动画；false表示不对动画进行全屏播放
allowscale	true或者false	设置动画内容是否随着播放器的大小而改变。其中false表示影片画面始终以100%的方式呈现，不会随着播放器窗口的缩放而跟着缩放；true则正好相反
showmenu	true或者false	设置是否显示控制菜单以及右键快捷菜单。其中true表示右击动画画面时可以弹出带所有命令的鼠标右键快捷菜单；false表示右击动画画面时弹出的鼠标右键快捷菜单中只显示About Shockwave信息
exec	应用程序的路径	可以使用绝对路径和相对路径打开外部程序
trapallkeys	true或者false	设置是否锁定键盘的输入，true为是，false为不是。这个命令通常用于Flash全屏幕播放时，避免用户按【Enter】键解除全屏幕播放

4.5.2　退出动画

下面通过一个实例来具体讲解利用 fscommand 语言脚本来退出动画的方法，具体操作步骤如下：

（1）打开配套光盘中“素材及结果\4.5 浏览器控制\退出动画－素材.fla”文件。

（2）执行菜单中的“窗口”|“公用库”|“按钮”命令，调出“库”面板，如图4－23所示。然后将buttons bubble 2文件夹中的bubble 2 orange按钮拖入舞台的左下角。接着双击舞台中的bubble 2 orange按钮，进入按钮编辑模式后，将按钮中的文字改为“退出”，效果如图4－24所示。

图4－23 “库－Buttons”面板

图4－24 更改按钮中的文字

（3）为按钮添加退出动画语言脚本。方法：右击舞台中的按钮，从弹出的快捷菜单中选择“动作”命令，接着在弹出的“动作”面板中设置动作脚本为：

```
on (release) {
    fscommand("quit","");
}
```

（4）执行菜单中的“文件”|“发布”命令，将动画发布。然后切换到文件保存的目录，双击刚发布的SWF动画文件，即可测试单击“退出”按钮后关闭动画的效果。

提示

如果执行菜单中的“控制”|“测试影片”(快捷键【Ctrl+Enter】)命令打开播放器，是不能测试效果的，必须双击发布的SWF动画文件才可以测试效果。

4.5.3 全屏幕播放动画

下面通过一个实例来具体讲解利用fscommand语言脚本来全屏播放动画的方法，具体操作步骤如下：

（1）打开配套光盘中“素材及结果\4.5 浏览器控制\全屏幕播放动画－素材.fla”文件。

（2）执行菜单中的“窗口”|“公用库”|“按钮”命令，调出“库－Buttons”面板，如图4－25所示。然后将buttons bubble 2文件夹中的bubble 2 red按钮拖入舞台的左下角。接着双击舞台中的bubble 2 red按钮，进入按钮编辑模式后，将按钮中的文字改为“全屏播放”，结果如图4－26所示。

图4–25 “库–Buttons”面板

图4–26 更改按钮中的文字

（3）为按钮添加全屏播放动画的语言脚本。方法：右击舞台中的按钮，从弹出的快捷菜单中选择“动作”命令，接着在弹出的“动作”面板中设置动作脚本为：

```
on (release) {
    fscommand("fullscreen","true");
}
```

提示

fullscreen 表示动画全屏幕显示模式，true 表示采用动画全屏幕模式，整段脚本的意思是单击按钮后动画将全屏播放。

（4）执行菜单中的“文件”｜“发布”命令，将动画发布。然后切换到文件保存的目录，双击刚发布的SWF动画文件，即可测试单击“全屏播放”按钮后，全屏播放动画的效果如图4–27和图4–28所示。

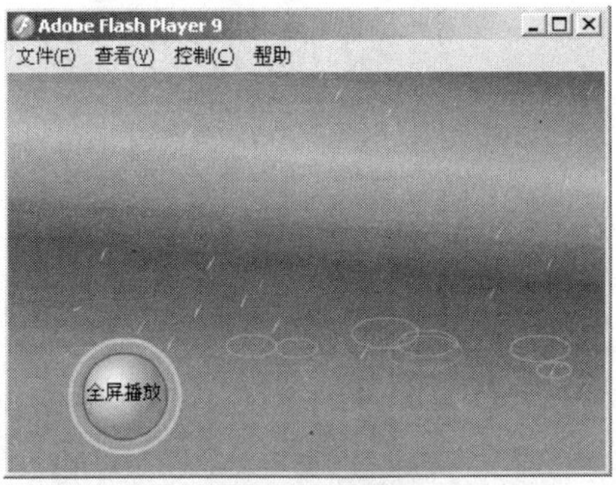

图4–27 单击“全屏播放”按钮前

图4–28 单击“全屏播放”按钮后

提示

如果要退全屏播放模式，可以按【Esc】键。

4.5.4 动画缩放模式的控制

下面通过一个实例来具体讲解利用 fscommand 语言脚本来控制动画缩放模式的方法，具体操作步骤如下：

（1）打开配套光盘中“素材及结果\4.5 浏览器控制\动画缩放模式的控制－素材.fla”文件。

（2）执行菜单中的“窗口”|“公用库”|“按钮”命令，调出“库－Buttons”面板，如图 4－29 所示。然后将 buttons bubble 2 文件夹中的 bubble 2 orange 按钮拖入舞台的左下角。接着双击舞台中的 bubble 2 orange 按钮，进入按钮编辑模式后，将按钮中的文字改为“动画缩放”，效果如图 4－30 所示。

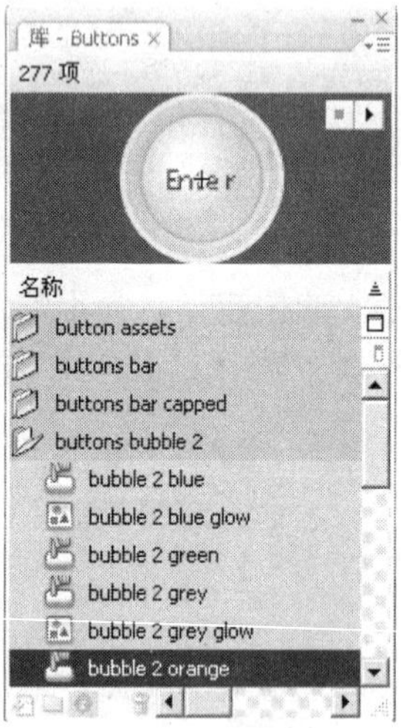

图 4－29 “库－Buttons”面板

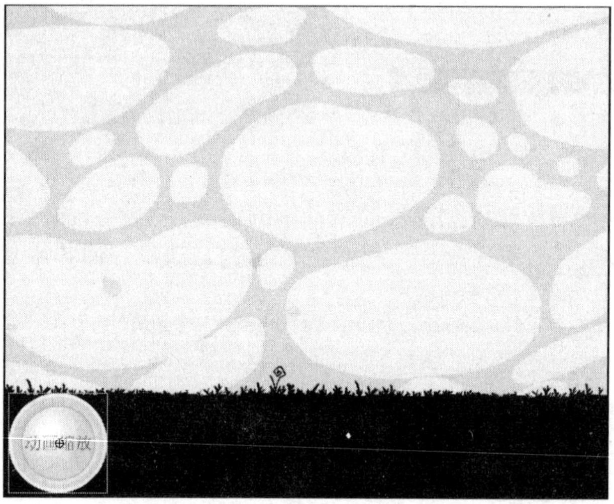

图 4－30 更改按钮中的文字

（3）执行菜单中的“文件”|“发布”命令，将动画发布。然后切换到文件保存的目录，双击刚发布的 SWF 动画文件，此时改变动画的播放窗口，可以看到，动画会随着窗口的缩放而缩放，如图 4－31 所示。

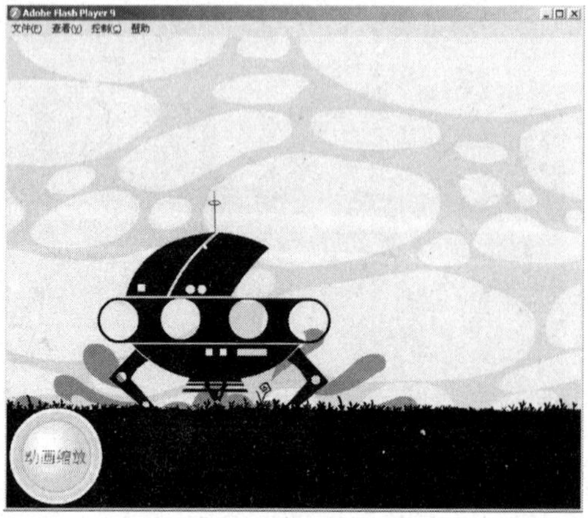

（a）单击“动画缩放”按钮前

（b）单击“动画缩放”按钮后

图 4－31 动画随着窗口的缩放而缩放

（4）为按钮添加退出动画语言脚本。方法：右击舞台中的按钮，从弹出的快捷菜单中选择“动作”命令，接着在弹出的“动作”面板中设置动作脚本为：

```
on (release) {
    fscommand("allowscale","false");
}
```

提示

这里的allowscale表示缩放动画的模式，后面的false表示不管动画播放窗口有多大，动画始终会以100%的方式显现。

（5）执行菜单中的“文件”｜“发布”命令，将动画发布。然后切换到文件保存的目录，双击刚发布的SWF动画文件，即可测试单击“动画缩放”按钮后，无论如何缩放动画，动画始终以100%的方式进行显示的效果，如图4－32所示。

（a）单击“动画缩放”按钮前

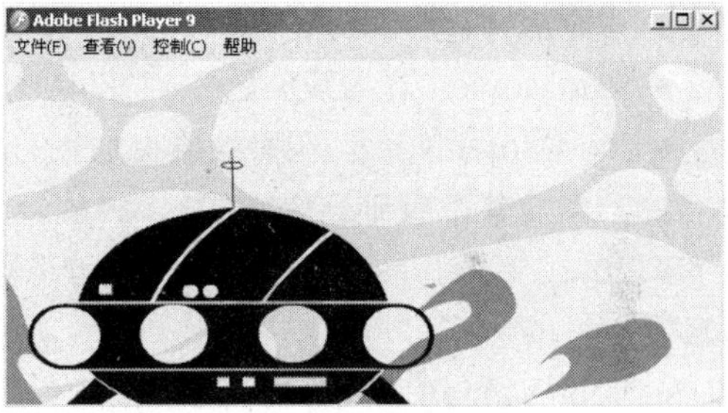

（b）单击“动画缩放”按钮后

图4－32 动画不随窗口的缩放而缩放

4.5.5 动画右键菜单的控制

下面通过一个实例来具体讲解利用fscommand语言脚本来控制右键快捷菜单的方法，具体操作步骤如下：

（1）打开配套光盘中“素材及结果\4.5 浏览器控制\动画右键菜单的控制－素材.fla”文件，然后执行菜单中的“文件”｜“发布”命令，将动画发布。接着切换到文件保存的目录，双击刚发布的SWF动画文件。再右击动画，此时菜单中可以对动画进行许多操作，如图4－33所示。

（2）如果不想让浏览者操作动画，可以通过下面的语言脚本来实现。方法：选中第1帧，然后在“动作”面板中设置动作脚本为：

```
fscommand("showmenu","false");
```

提示

showmenu表示控制动画右键菜单的模式，false表示动画的右键菜单中只包括其版本项。

（3）执行菜单中的“文件”|“发布”命令，将动画发布。接着切换到文件保存的目录，双击刚发布的SWF动画文件。再右击动画，此时菜单中只剩下播放器版本一项，如图4-34所示。

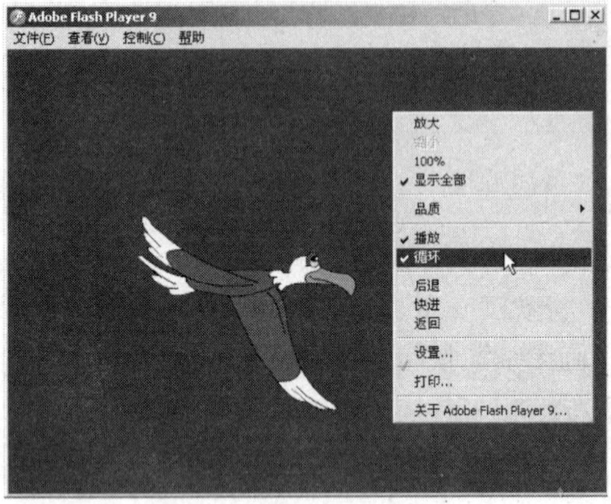

图4-33 动画的右键菜单

图4-34 菜单中只剩下播放器版本项

至此，已经介绍了“浏览器\网络”类中的fscommand和getURL，下面简单介绍一下该类中的其他语句：

- loadMovie：在播放原始SWF动画的同时，将SWF动画或者JPG图像加载到播放器中。
- loadMovieNum：在播放原来加载的SWF动画的同时，将SWF动画或者JPG图像加载到播放器中的某个级别。
- loadVariables：从外部文件中读取数据，如从TXT文件中读取变量值，设置目标影片剪辑中变量的值。
- loadVariablesNum：从外部文件（如文本文件）中读取数据，并设置动画播放器级别中变量的值。此函数可用于使用新值更新活动SWF动画中的变量。
- unloadMovie：从动画播放器中删除通过loadMovie语句加载的影片。
- unloadMovieNum：从动画播放器中删除通过loadMovieNum语句加载的影片。

4.6 声音的控制

在“3.2应用声音效果”中讲解了导入声音的方法，本节将讲解控制声音的方法。下面通过一个实例来具体讲解利用动作脚本控制声音的方法，具体操作步骤如下：

（1）打开配套光盘中“素材及结果\4.6 声音的控制\声音的控制-素材.fla”文件。

（2）执行菜单中的“控制”|“测试影片”（快捷键【Ctrl+Enter】）命令，此时可以看到随着音乐和动画同时播放的效果。

（3）回到动画编辑文件中，选中“音乐”层，然后在“属性”面板中设置“同步”为“事件”，如图4-35所示。

（4）新建“按钮”层，然后执行菜单中的“窗口”|“公用库”|“按钮”命令，调出“库-Buttons”面板，如图4-36所示。接着从中选择两个按钮拖入舞台，并将按钮中的文字更改为“播放”和“停止”，如图4-37所示。

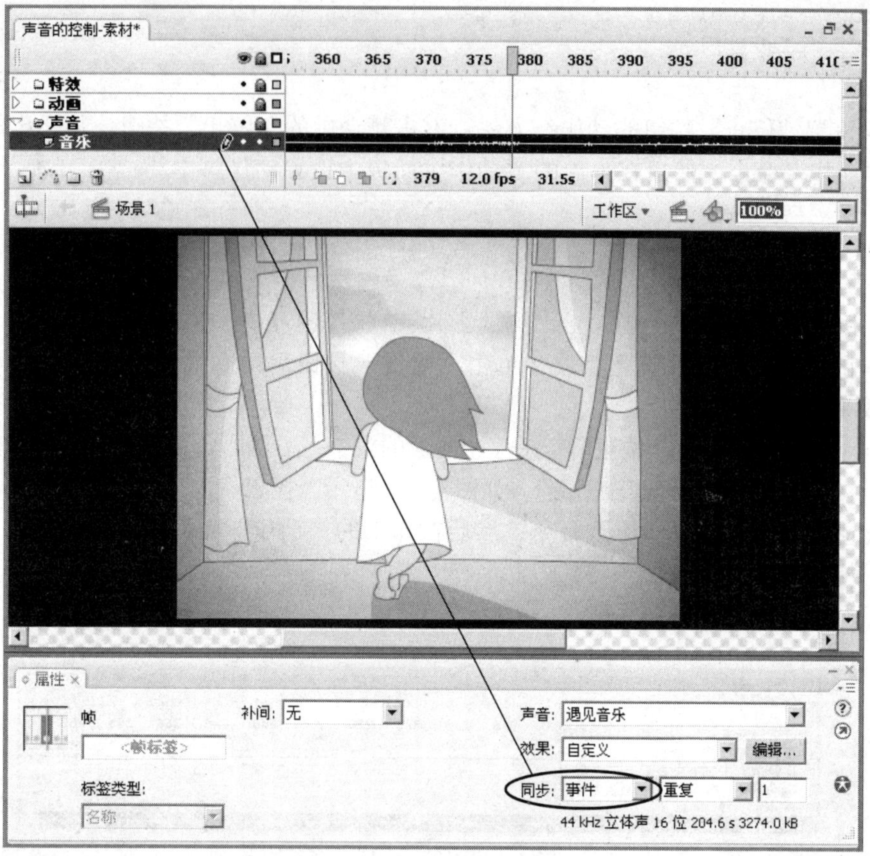

图 4-35　设置声音属性

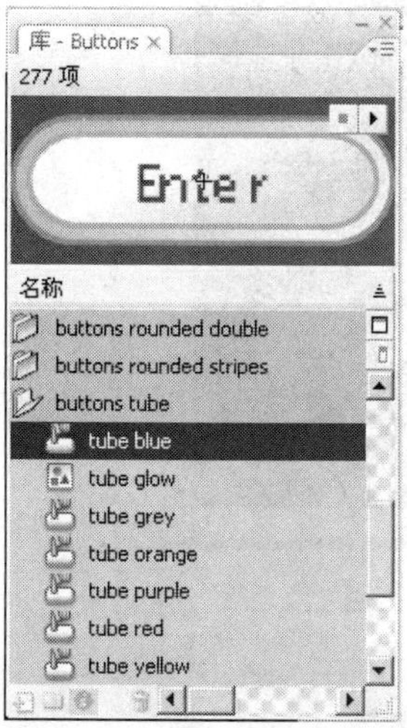

图 4-36　“库-Buttons”面板

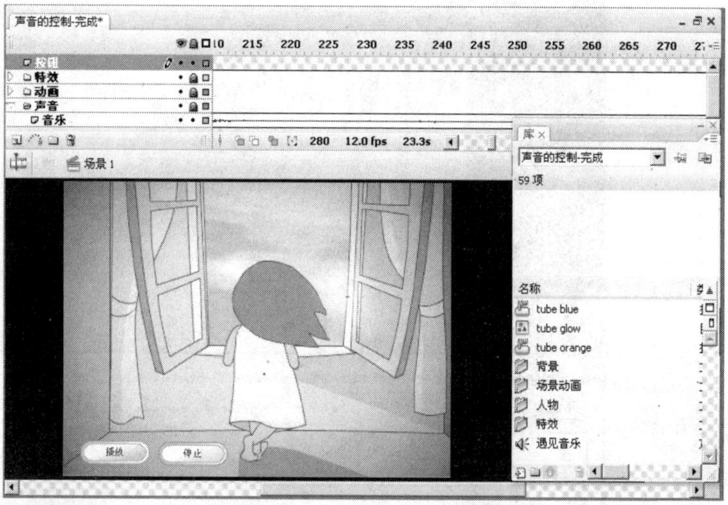

图 4-37　创建“播放”和“停止”两个按钮

（5）设置“播放”按钮的动作。方法：右击舞台中的“播放”按钮，从弹出的快捷菜单中选择“动作”命令，然后在弹出的“动作”面板中设置动作脚本为：

```
on (release) {
    play( );
}
```

（6）设置"停止"按钮的动作。方法：右击舞台中的"停止"按钮，从弹出的快捷菜单中选择"动作"命令，然后在弹出的"动作"面板中设置动作脚本为：

```
on (release) {
    stop( );
}
```

（7）执行菜单中的"控制"｜"测试影片"（快捷键【Ctrl+Enter】）命令，即可测试单击"停止"按钮后动画停止播放，单击"播放"按钮后动画继续播放，而背景音乐始终播放的效果。

（8）制作单击"停止"按钮后音乐停止播放的效果。方法：选中"音乐"层，然后在"属性"面板中设置"同步"为"数据流"，如图4-38所示。接着右击舞台中的"停止"按钮，从弹出的快捷菜单中选择"动作"命令，然后在弹出的"动作"面板中重新设置动作脚本为：

```
on (release) {
    stopAllSounds( );
}
```

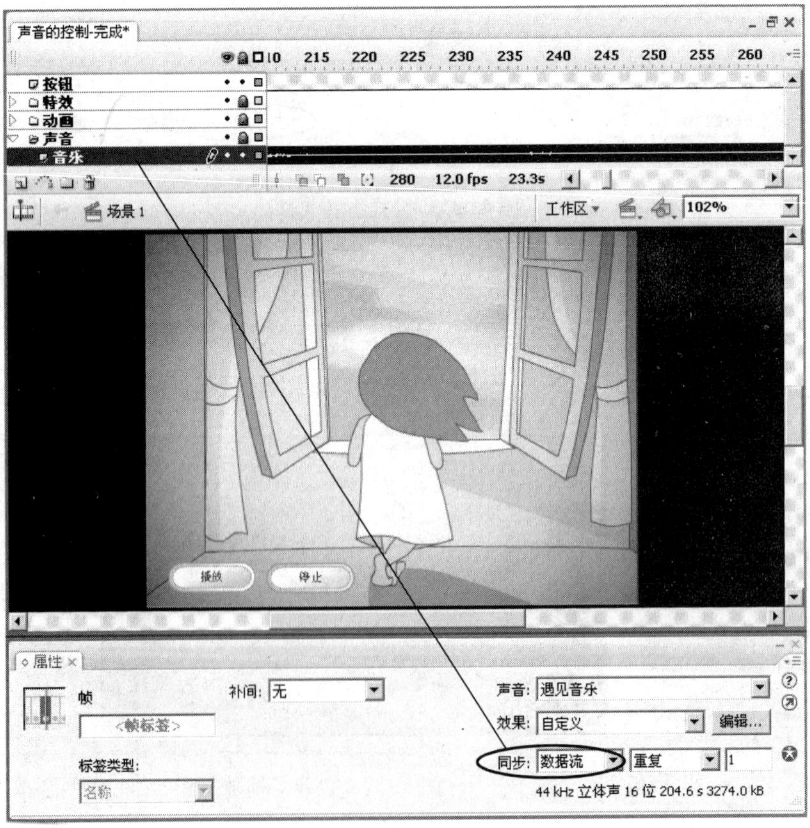

图4-38 设置声音属性

提示

刚才将声音设置为“事件”后，声音是独立于时间轴播放的，用户无法用“时间轴控制”类的脚本语句去控制声音的播放与停止。而将声音设置为“数据流”后，声音是与动画同步的，可以用播放和停止语句去控制声音的播放与停止。

(9) 执行菜单中的“控制” | “测试影片”(快捷键【Ctrl+Enter】) 命令，即可测试单击“停止”按钮后音乐停止播放的效果。

4.7 ActionScript 3.0 的应用

在 Flash CS3 中，允许创建基于时间轴的 ActionScript 3.0 的 FLA 文档，ActionScript 3.0 与 ActionScript 2.0 和 1.0 有本质上的不同，是一门功能强大的、面向对象的、具有业界标准素质的编程语言。ActionScript 3.0 是快速构建 Rich Internet Application 的理想语言。

4.7.1 ActionScript 历史简介

早期的 Flash 3 中的 ActionScript 1.0 语法冗长，其主要应用围绕着帧的导航和鼠标的交互，这种状况一直保持到 Flash 5，到 Flash 5 版本时，ActionScript 已经很像 JavaScript 了。它提供了很强的功能，并为变量的传输提供了点语法。ActionScript 同时也变成了一种 prototyped（原型）语言，允许类似于在 JavaScript 中的简单的 OOP 功能。这些在随后的 Flash MX 版本中得到了增强。

Flash MX 2004 引入了 ActionScript 2.0，它带来了两大改进：变量的类型检测和新的 class 类语法。ActionScript 2.0 的变量类型会在编译时执行强制类型检测。它意味着当用户在发布或是编译影片时任何制定了类型的变量都会从众多的代码中剥离出来，检查是否与现有的代码存在矛盾冲突。如果在编译过程中没有发现冲突，那么 SWF 文件将会被创建，没有任何不可理解变量类型的代码将会运行。尽管这个功能对于 Flash Player 的回放来说没有什么好处，但对于 Flash 创作人员来说，它是一个非常好的工具，可以帮助调试更大更复杂的程序。

在 ActionScript 2.0 中的 class 类语法用来在 ActionScript 2.0 中定义类。它类似于 Java 语言中的定义。尽管 Flash 仍不能超越它自身的原型来提供真正的 class 类，但新的语法提供了一种非常熟悉的风格来帮助用户从其他语言上迁移过来，提供了更多的方法来组织分离出来 AS 文件和包。

接下来进入到 Flash CS3，ActionScript 3.0 有一个全新的虚拟机，ActionScript 1.0 和 ActionScript 2.0 使用的都是 AVM1（ActionScript 虚拟机 1），因此它们在需要回放时本质上是一样的。在 ActionScript 2.0 中增加了强制变量类型和新的类语法，它实际上在最终编译时变成了 ActionScript 1.0，而 ActionScript 3.0 是运行在 AVM2 上，一种新的专门对 ActionScript 3.0 代码的虚拟机。基于上面的原因，ActionScript3.0 影片不能直接与 ActionScript 1.0 和 ActionScript 2.0 的直接通信（ActionScript 1.0 和 ActionScript 2.0 的影片可以直接通信，因为它们使用的是相同的虚拟机。如果需要 ActionScript 对 3.0 影片与 ActionScript 1.0 和 ActionScript 2.0 的影片通信，只能通过 localconnection），但 ActionScript 3.0 的改变具有更深远的意义。

4.7.2 初识 ActionScript 3.0

下面通过一个简单实例来介绍 ActionScirpt 3.0 的使用，具体操作步骤如下：

(1) 启动 Flash CS3，执行菜单中的“文件”|“新建”命令，在弹出的“新建文档”对话框中选择“常规”选项卡下的“Flash 文件（ActionScript 3.0）”选项，如图 4-39 所示，单击“确定”按钮，从而创建一个基于 ActionScript 3.0 的动画文档。

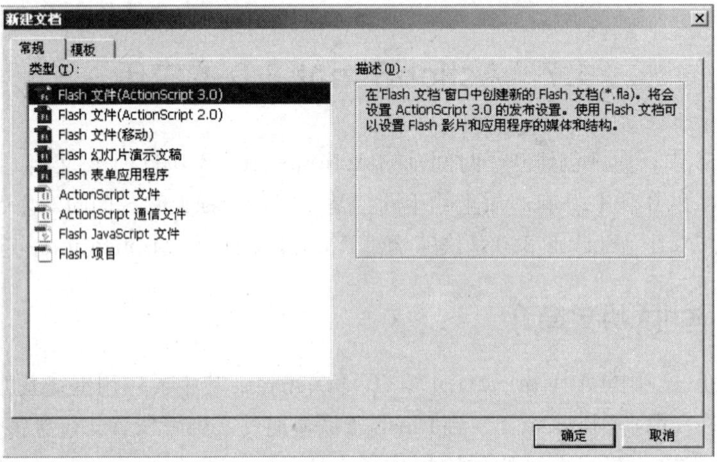

图 4-39 选择“Flash 文件（ActionScript 3.0）”选项

(2) 执行菜单中的“文件”|“导入”|“导入到舞台”命令，导入配套光盘“素材及结果\4.7.2 初识 ActionScript 3.0\素材.jpg”图片。然后按【F8】键，在弹出的对话框中设置如图 4-40 所示，单击“确定”按钮。接着在“属性”面板中将影片剪辑的实例名设为 xmk_mc，如图 4-41 所示。

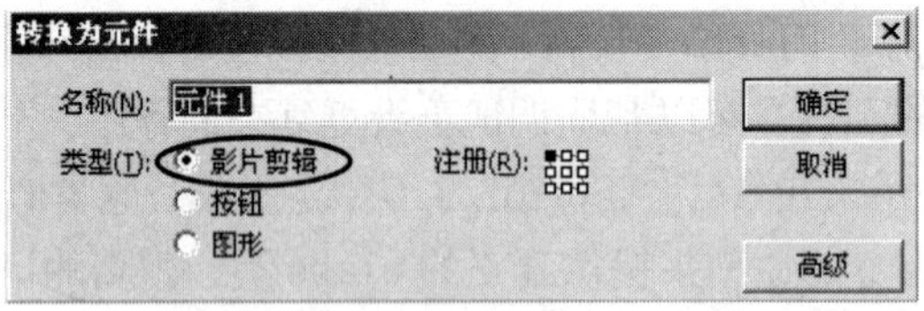

图 4-40 将图片转换为“元件 1”元件

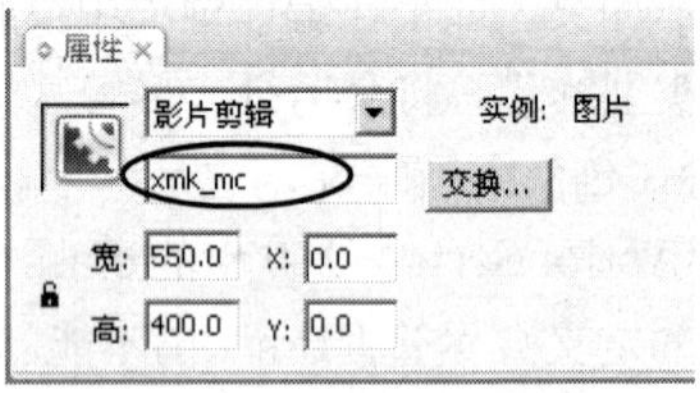

图 4-41 将实例名设为 xmk_mc

(3) 单击时间轴下方的 (插入图层) 按钮，新建 actions 层。然后单击该层的第 1 帧，在“动作”面板中设置动作脚本为：

```
xmk_mc.addEventListener(MouseEvent.CLICK, clickHandler);
function clickHandler(event:MouseEvent):void {
    trace("历史的回忆——山东临淄战国时期的齐国殉马坑！");
}
```

(4) 执行菜单中的“控制”|“测试影片”（快捷键【Ctrl+Enter】）命令，即可测试单击图片后在“输出”面板中显示出在动作脚本中设置的文字信息的效果，如图 4-42 所示。

图 4−42　双击图片后显示出设置的文字信息

从以上脚本中可以得到以下结论：

● 在 ActionScript 2.0 中影片剪辑是不可以加侦听器的，但在 ActionScript 3.0 中则可以。

● 在 ActionScript 3.0 中，要让影片剪辑能够像按钮一样接收 click、rollover 等事件，并使鼠标指针放上去显示手形形状，那么一定要加上如下语句：

```
影片剪辑名称.buttonMode=true;
```

● 在 ActionScript 3.0 中的事件模型与 ActrionScript 2.0 有了很大区别。在 ActionScript 3.0 中，不再直接使用字符串而是使用变量来定义事件名称。使用这种模式可以极大地避免因为手误输入错误的字符串，而花费大量时间找错误，一旦输错，编译器立刻会发现并报告给用户。

下面给出了一些鼠标事件列表，大家可以替换上面源码中的事件类型，进行测试。

```
CLICK:String = "click";                        //鼠标单击事件
DOUBLE_CLICK:String = "DOUBLE_CLICK";          //鼠标双击事件
MOUSE_DOWN:String = "mouseDown";               //鼠标按下事件
MOUSE_LEAVE:String = "mouseLeave";             //鼠标离开事件
MOUSE_MOVE:String = "mouseMove";               //鼠标移动事件
MOUSE_OUT:String = "mouseOut";                 //鼠标移出事件
MOUSE_OVER:String = "mouseOver";               //鼠标移入事件
MOUSE_UP:String = "mouseUp";                   //鼠标按下后释放事件
MOUSE_WHEEL:String = "mouseWheel";             //鼠标滚轮事件
```

提示

在上面的实例中，如果使用的是鼠标双击事件，在使用之前要加上语句“影片剪辑的名称.doubleClickEnabled = true;”，因为默认时，影片剪辑的鼠标双击事件为 false，也就是关闭的。

● 侦听器的不同。在 ActionScript 2.0 中，通常要新建一个对象作为侦听器，也可以像上面例子中一样，用 function 作为侦听器，但是由于 ActionScript 2.0 的设计缺陷，使得 function 中的 this 指向常常给我们带来困扰。而 ActionScript 3.0 中采用了 Traits Object 架构，使得它能记住 this 的指向，因此用户可以放心大胆地使用 function 作为侦听器。

4.7.3 类与绑定

类绑定是ActionScript 3.0代码与Flash CS3结合的重要途径。在ActionScript 3.0中，每一个显示对象都是一个具体类的实例，使用Flash制作的动画也不例外。采用类和库中的影片剪辑绑定，可以使动画具备程序模块式的功能。一旦影片和类绑定后，放进舞台的这些影片就被视为该类的实例。当一个影片和类绑定后，影片中的子显示对象和帧播放都可以被类中定义的代码控制。

类文件有什么含义呢？例如，想让一个影片剪辑对象有很多功能，如支持拖动、支持双击等，那么可以先在一个类文件中写清楚这些实现的方法，然后用这个类在舞台上创建许多实例，此时这些实例全部具有类文件中已经写好的功能。只需写一次，就能使用多次，最重要的是它还可以通过继承来重用代码，为将来制作动画节省时间。

1. 创建类文件

下面就来创建一个类文件。

（1）执行菜单中的“文件”|“新建”命令，在弹出的“新建文档”对话框中选择“常规”选项卡下的“ActionScript文件”选项，如图4-43所示，单击“确定”按钮，从而创建一个ActionScript文件。然后执行菜单中的“文件”|“保存”命令，将文件保存为helfMC.as文件。

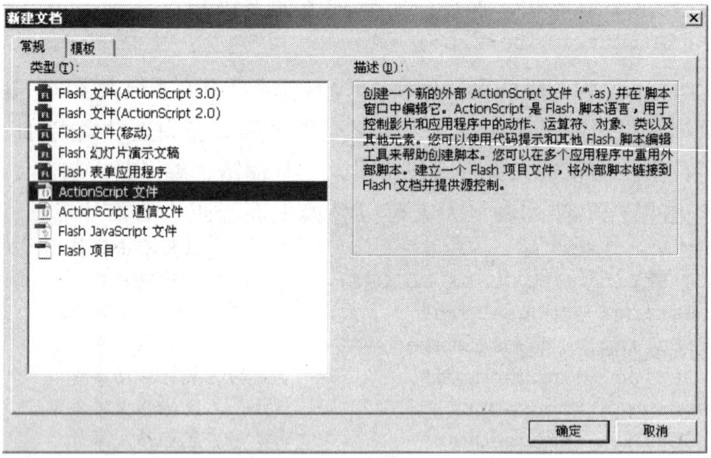

图4-43 选择“ActionScript文件”选项

（2）在新建的文档中输入以下脚本：

```
package {                                          //解释1
   import flash.display.MovieClip;                 //解释2
   import flash.events.MouseEvent;                 //解释3
   public class helfMC extends MovieClip {
       public function helfMC( ) {
           trace("helf created: " + this.name);
           this.buttonMode=true;
           this.addEventListener(MouseEvent.CLICK, clickHandler);
           this.addEventListener(MouseEvent.MOUSE_DOWN, mouseDownListener);
           this.addEventListener(MouseEvent.MOUSE_UP, mouseUpListener);
       }
```

```
        private function clickHandler(event:MouseEvent):void {
            trace("You clicked the picture");
        }
        function mouseDownListener(event:MouseEvent):void {
            this.startDrag( );
        }
        function mouseUpListener(event:MouseEvent):void 6.8
            this.stopDrag( );
        }
    }
}
```

解释1：在ActionScript 2.0中，声明类时在类的名称前包括了类的路径。在ActionScript 3.0中，则把路径提取出来放在package这个关键字后面。本例中的类文件和FLA文件在同一目录下，因此package后面没有内容。如果类文件在org目录下的helf目录里，那么就要写成：

```
package org.helf {
    public class helfMC { }
}
```

解释2：在ActionScript 3.0中，MovieClip类不再像ActionScript 2.0中那样是默认的全局类，要使用MovieClip类一定要写语句导入。下一行的脚本意义是导入鼠标事件类。

解释3：在ActionScript 3.0中，类分为public和internal。public表示这个类可以在任何地方导入使用；internal表示这个类只能在同一个package里面使用。默认为internal。还有一个属性是final，表示这个类不能被继承，继承树到此为止。public、internal和final这3个属性都是用来更加规范地管理类之间的关系，以便将来方便修改。

2．创建影片剪辑元件并将其与上面的类绑定

（1）新建一个ActionScript 3.0的FLA文档，然后导入配套光盘“素材及结果\4.7.3 类与绑定\密云风景.jpg”图片。

（2）在舞台中选中导入的图片，然后按【F8】键，在弹出的对话框中设置如图4-44所示，单击“确定”按钮，从而将其转换为影片剪辑元件。

（3）在“库”面板中，右击刚创建的影片剪辑元件，从弹出的快捷菜单中选择“链接”命令，然后在弹出的“链接属性”对话框中设置如图4-45所示，单击“确定”按钮。

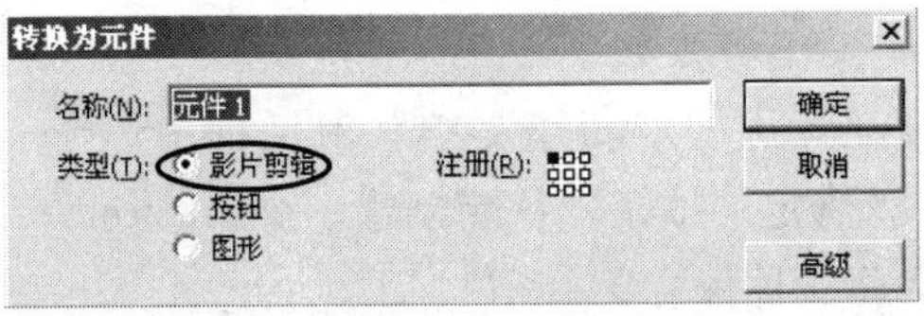

图4-44　将图片转换为“元件1”元件

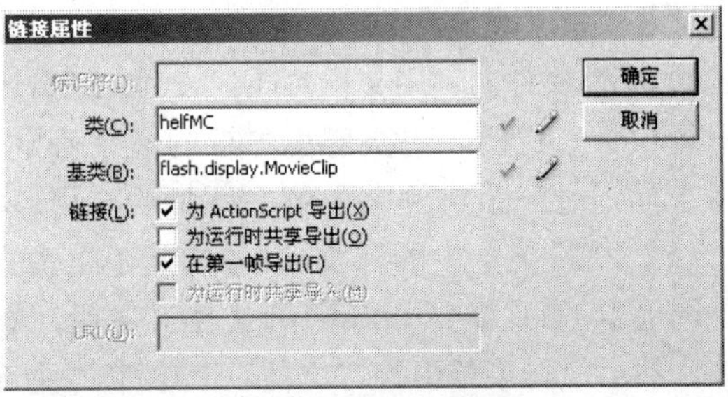

图4-45　设置链接属性

在“链接属性”对话框中，“标识符”为不可用状态，因为在ActionScript 3.0中没有MovieClip.attachMovie、MoveiClip.createEmptyMovieClip、MoveiClip.createTextField语句了，所有在舞台上的可见对象都由new来创建。

例如在本例中，影片剪辑“元件 1”绑定了 helfMC，那么如果要在舞台上创建一个 helfMC，只需设置如下动作脚本：

```
var bl:helf = new helfMC();                    //解释1
addChild(bl);                                  //解释2
```

解释 1：在 ActionScript 2.0 中，创建影片和组件需要使用 createClassObject、createChildAtDepth、createClassChildAtDepth 等语句，这些语句不是很规范，而且比较乱。而在 ActionScript 3.0 中，只需使用 new ClassName 语句即可。

解释 2：addChild 这个函数很重要，只有第一句 new 还不行，那只是告诉 Flash 创建了一个名字为 bl 的 helfMC 要进行显示，当输入 addChild（bl）后，Flash 才会把它显示在舞台上。

这里省略了一个 this，如果有一个名称为 helf1MC 的影片剪辑，希望在这个影片剪辑里面加上一个 helfMC 实例，那么动作脚本需要改成：

```
helfMC.addChild(bl);
```

（4）执行菜单中的“控制”｜“测试影片”（快捷键【Ctrl+Enter】）命令，即可测试在画面上任意拖动图片的效果，如图 4-46 所示。

（a）拖动之前

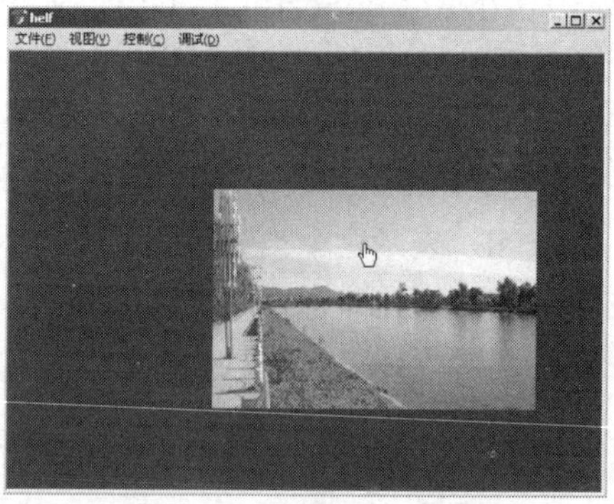

（b）拖动之后

图 4-46 在画面上任意拖动图片的效果

4.7.4 文档类

文档类的英文名称为 Document Class，就是与文档绑在一起的类，文档是与这个类绑在一起的 FLA 文件。利用文档类能把 ActionScript 与 Flash 设计完全剥离，这样可以使 FLA 文件只管设计，逻辑代码全部由外部的类来确定。

下面通过一个实例来讲解文档类的应用，具体操作步骤如下：

（1）执行菜单中的“文件”｜“新建”命令，在弹出的“新建文档”对话框中选择“常规”选项卡下的“ActionScript 文件”选项，单击“确定”按钮，从而创建一个 ActionScript 文件。然后执行菜单中的“文件”｜“保存”命令，将文件保存为 helfMCDocumentClass.as 文件。

提示

helfMCDocumentClass.as 文件与 FLA 文件要在同一目录下。

(2) 在helfMCDocumentClass.as文件中输入如下脚本：

```
package {// 因为在统一目录下，所以package后面没有路径
    import flash.display.MovieClip;
    public class helfMCDocumentClass extends MovieClip {
        private var tempMC:helfMC;   // 临时变量，持有当时创建的helfMC的引用
        private var MAX_MCS:int=10;  // 最多创建的helfMC数目
       // 构造函数，与类同名，在ActionScript 3.0中必须为public
        public function helfMCDocumentClass() {
            var i:int;                  // 新的数据类型int，只要是整数就需用int
            for (i=0; i<MAX_MCS; i++) {
                tempMC=new helfMC ();
                 // 以下两行定义创建的helfMC形状大小，数值为随机的
                tempMC.scaleX = Math.random();
                tempMC.scaleY = tempMC.scaleX;
               // 以下两行定义创建的helfMC在舞台上的位置，数值为随机的
                tempMC.x=Math.round(Math.random()*(this.stage.stageWidth -
                tempMC.width));
                tempMC.y=Math.round(Math.random()*(this.stage.stageHeight -
                tempMC.height));
                addChild(tempMC);
            }
        }
    }
}
```

以上代码的作用为：用以前的helfMC类在舞台上创建10个helfMC实例，大小随机，位置随机。

(3) 打开配套光盘“素材及结果\4.7.4 文档类\helf.fla”文件，然后将其另存为DocunmentClass文件。接着选中舞台中的影片剪辑，在“属性”面板中删除影片剪辑的实例名，再适当缩小影片剪辑的大小，如图4-47所示。

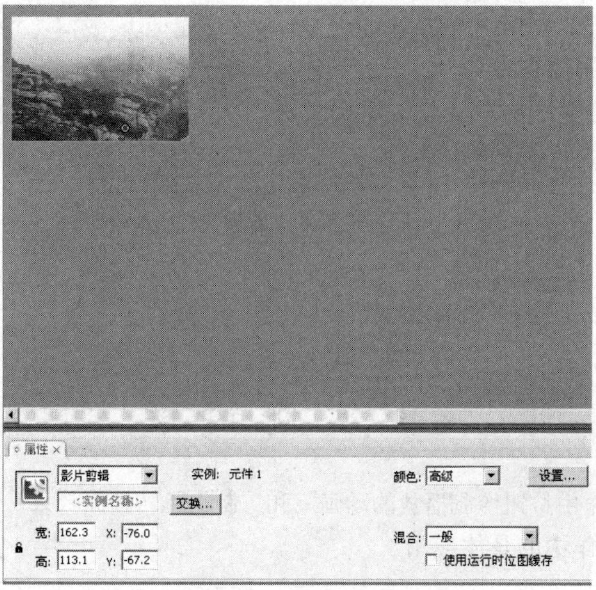

图4-47 删除实例名称

(4) 在“库”面板中，右击“元件 1”影片剪辑，从弹出的快捷菜单中选择“链接”命令，接着在弹出的“链接属性”对话框中设置与类绑定，如图 4－48 所示，单击“确定”按钮。

(5) 在舞台外单击，使“属性”面板显示为文档的属性设置。然后在“文档类”文本框中输入刚刚创建的文档类名称 helfMCDocumentClass，如图 4-49 所示。

图 4-48　设置链接属性

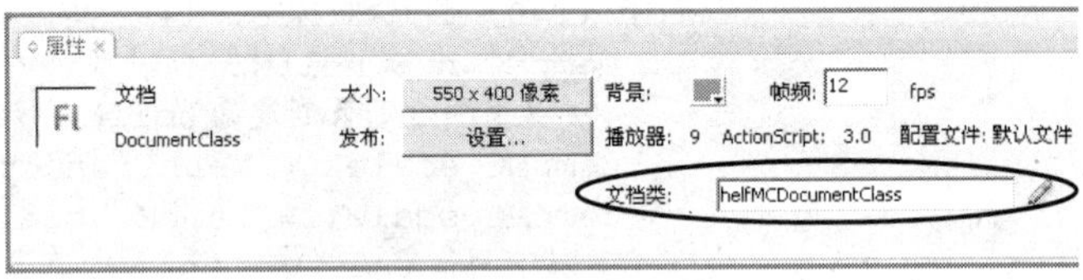

图 4-49　设置文档类

(6) 执行菜单中的“控制” | “测试影片”(快捷键【Ctrl+Enter】) 命令，即可看到画面上被复制出了 10 个大小不同、位置不同的影片剪辑，如图 4－50 所示。

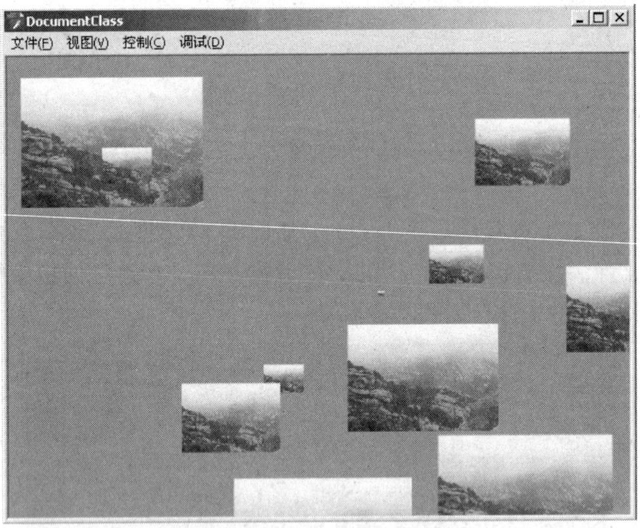

图 4-50　复制出的影片剪辑

(7) 将配套光盘“素材及结果\4.7.3 类与绑定\helfMC.as”文件复制到同一目录中，此时将可以随意拖动舞台上的影片剪辑。

4.8　实例讲解

本节将通过“制作由按钮控制播放的动画”和“制作跳转画面效果”两个实例来讲解 Flash 的交互动画在实践工作中的具体应用。

4.8.1 制作由按钮控制播放的动画

要点

本例将制作一个单击“播放”按钮后开始播放动画，单击“暂停”按钮后暂停播放动画，再次单击“播放”按钮后继续播放动画的效果，如图4-51所示。通过本例学习应掌握运动引导层动画与交互式按钮的综合应用。

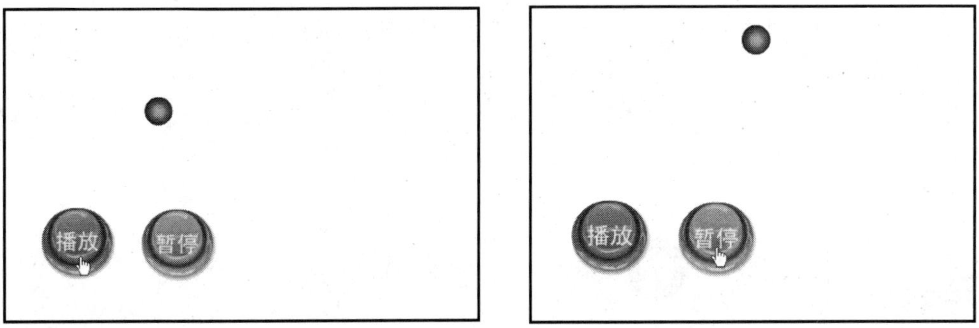

图4-51 由按钮控制播放的动画

操作步骤：

1. 制作小球沿路径运动的动画

（1）启动Flash CS3，新建一个Flash文件（ActionScript 2.0）。

（2）选择工具箱中的（椭圆工具），在笔触颜色选项中选择，在填充颜色选项中选择，然后在工作区中绘制正圆形。

（3）执行菜单中的“修改”|“转换为元件”命令，在弹出的“转换为元件”对话框中设置如图4-52所示，然后单击“确定”按钮。

（4）在时间轴的第30帧右击，从弹出的快捷菜单中选择“插入关键帧”(快捷键【F6】)命令，从而在第30帧插入一个关键帧。然后右击第1帧，在弹出的快捷菜单中选择“创建补间动画”命令，此时时间轴分布如图4-53所示。

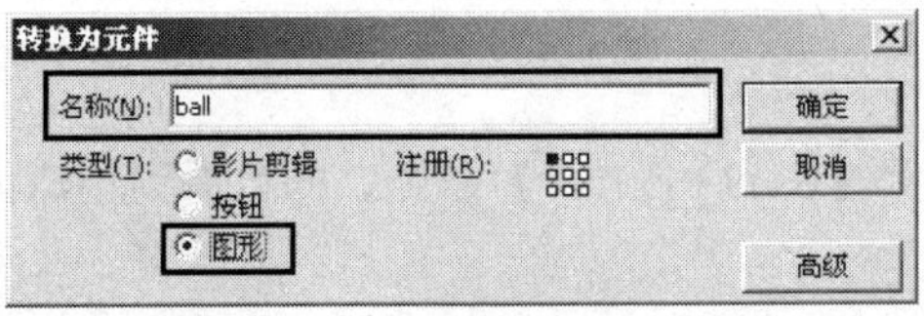

图4-52 将圆转换为ball元件

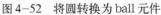

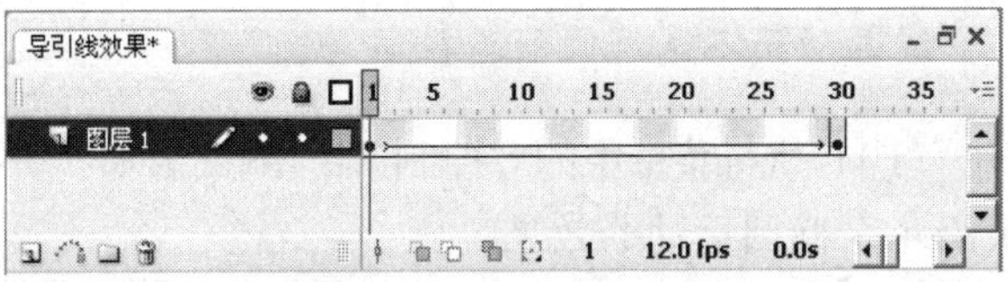

图4-53 时间轴分布

（5）单击时间轴面板左下方的（添加运动引导层）按钮，添加一个引导层，如图4-54所示。

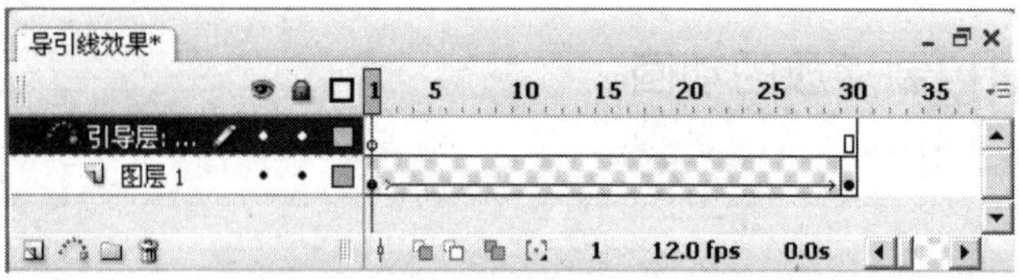

图 4-54　添加引导层

（6）选择工具箱中的（椭圆工具），笔触颜色设为，填充颜色设为，然后在工作区中绘制椭圆形，效果如图 4-55 所示。

（7）选择工具箱中的（选择工具），框选椭圆的下方部分，按【Delete】键删除，效果如图 4-56 所示。

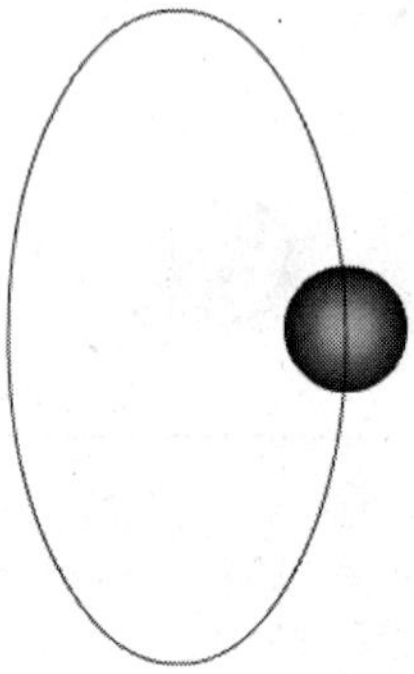

图 4-55　绘制椭圆形

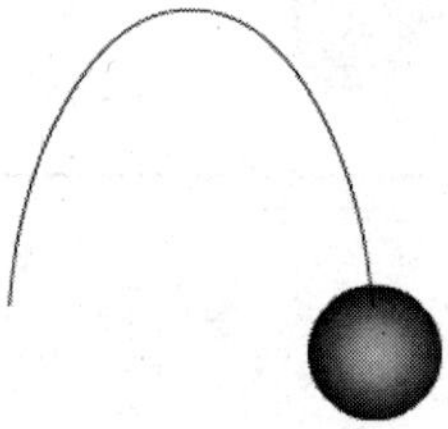

图 4-56　删除椭圆形下方部分

（8）同理，绘制其余的 3 个椭圆并删除下半部分。

（9）利用工具箱中的（选择工具），将 4 个圆相接。然后回到“图层 1”，在第 1 帧放置小球，如图 4-57 所示。接着在第 30 帧放置小球，如图 4-58 所示。

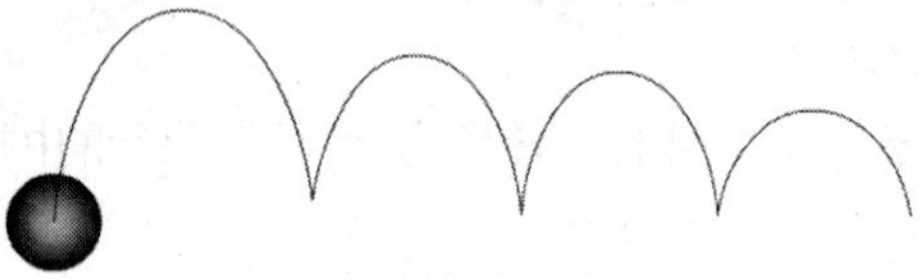

图 4-57　在第 1 帧放置小球

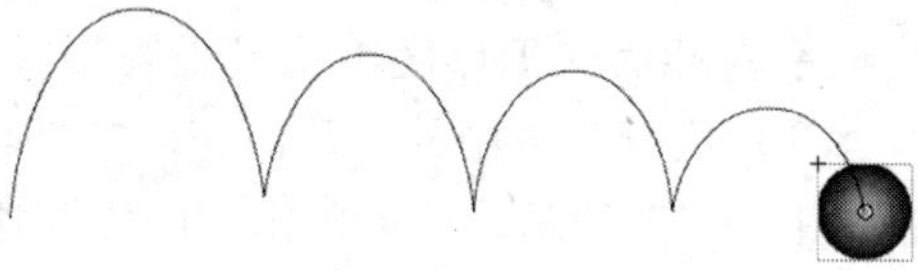

图 4-58　在第 30 帧放置小球

提示

每两个椭圆间只能有一个点相连接，如果相接的不是一个点而是线，则小球会沿直线运动而不是沿圆形路径运动。

（10）执行菜单中的“控制”|“测试影片”(快捷键【Ctrl+Enter】)命令，即可看到小球依次沿 4 个椭圆运动的效果。

2. 制作交互式按钮

（1）执行菜单中的“窗口”|“公用库”|“按钮”命令，调出 Flash CS3 自带的“库-Buttons”面板，如图 4-59 所示。

（2）单击时间轴面板左下方的（新建图层）按钮，新建“图层 3”，然后分别选择“库-Buttons”中 classic buttons 文件夹中的 arcade button-green 和 arcade button-orange 按钮，

如图 4−60 所示，将其拖入舞台，放置位置如图 4−61 所示。

（3）制作按钮上的文字。方法：选择工具箱中的 T（文本工具），在属性面板中设置字体为“黑体”，字号为 25，字色为黄色（#FFFF00），然后分别在按钮上输入文字“播放”和“暂停”，效果如图 4−62 所示。

图 4−59　“库 −Buttons”面板

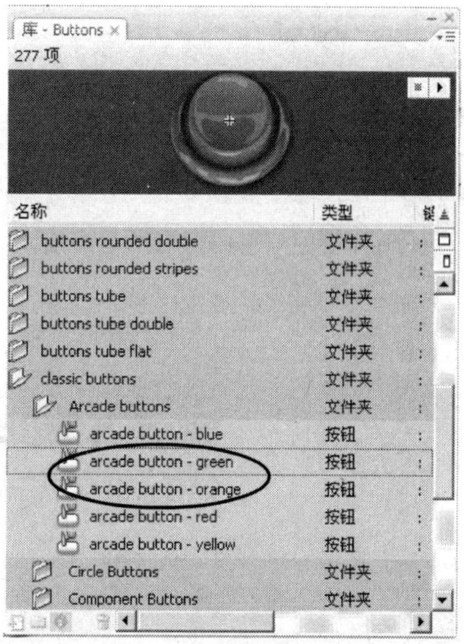

图 4−60　选择按钮

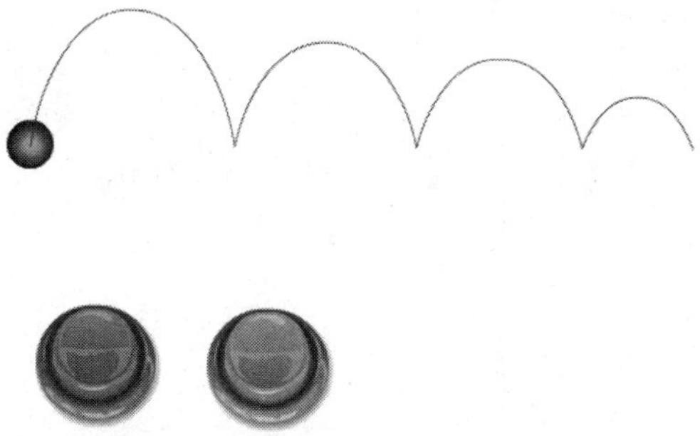

图 4−61　在舞台中放置按钮

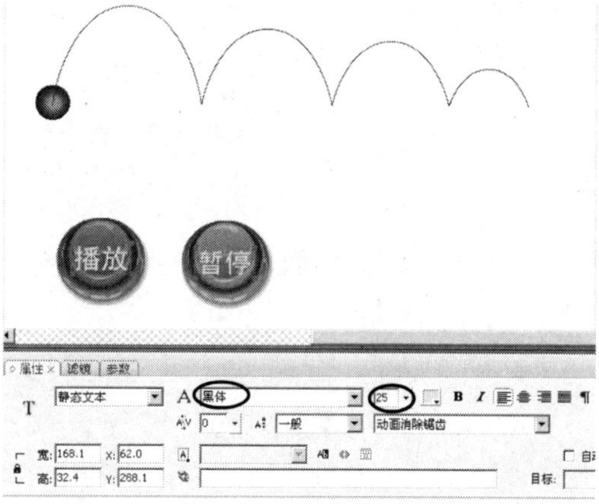

图 4−62　在按钮上输入文字

3. 制作由交互式按钮控制的动画

（1）下面首先制作动画载入后静止的效果。方法：右击“图层 1”的第 1 帧，如图 4−63 所示，然后从弹出的快捷菜单中选择“动作”命令，接着在弹出的“动作 − 帧”面板中输入“stop（）”，如图 4−64 所示，此时时间轴分布如图 4−65 所示。

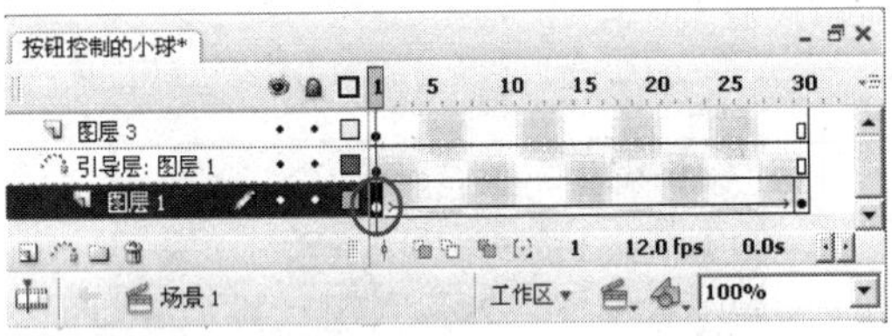

图 4-63　右击“图层 1”的第 1 帧

图 4-64　输入“stop ()”

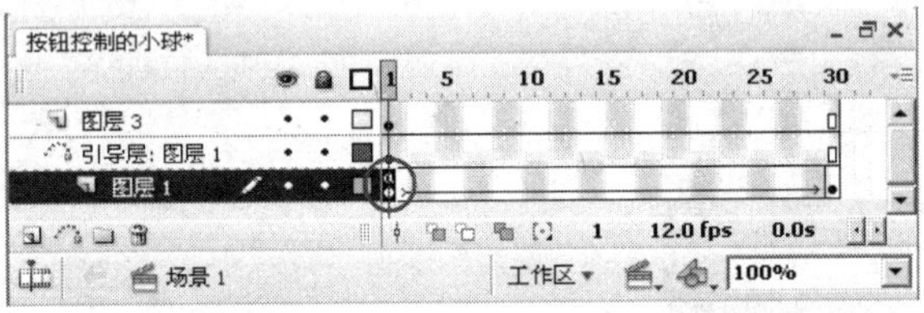

图 4-65　时间轴分布

（2）制作单击“播放”按钮后开始播放动画的效果。方法：右击舞台中“播放”按钮，从弹出的快捷菜单中选择“动作”命令，然后在弹出的“动作 - 按钮”面板中输入图 4-66 所示的语句。

图 4-66　设置“播放”按钮语句

（3）制作单击“暂停”按钮后暂停播放动画的效果。方法：右击舞台中“暂停”按钮，从弹出的快捷菜单中选择“动作”命令，然后在弹出的“动作－按钮”面板中输入图4-67所示的语句。

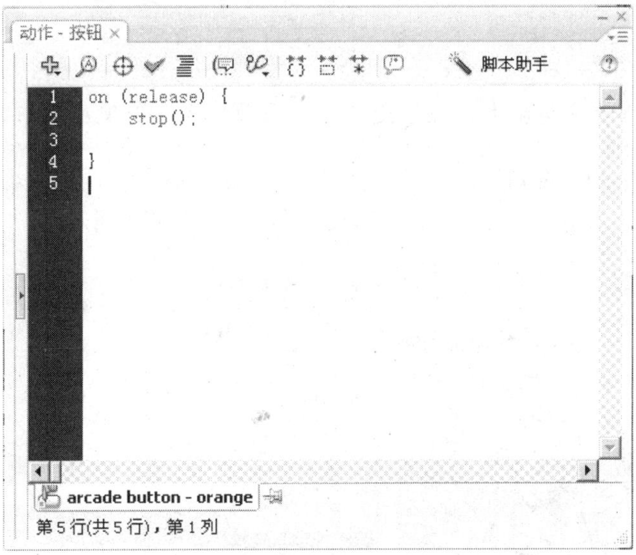

图4-67 设置“暂停”按钮语句

（4）至此，整个动画制作完毕。下面执行菜单中的“控制”｜“测试影片”（快捷键【Ctrl+Enter】）命令，打开播放器窗口，然后单击“播放”和“暂停”按钮即可看到效果。

4.8.2 制作跳转画面效果

要点

本例将制作单击按钮后跳转到不同画面的效果，如图4-68所示。通过本例学习应掌握“按钮”元件的创建方法，以及简单的跳转语句的应用。

图4-68 跳转画面

操作步骤：

1. 创建基本页面

（1）打开配套光盘“素材及结果\4.8.2 制作跳转画面效果\跳转画面－素材.fla”文件。

（2）从“库”面板中将“页面 1”元件拖入舞台，并利用“对齐”面板将其居中对齐，如图 4－69 所示。然后右击时间轴的第 1 帧，从弹出的快捷菜单中选择“动作”命令，调出“动作”面板。接着将左侧的 stop 拖入右侧空白区域，如图 4－70 所示，此时时间轴分布如图 4－71 所示。

提示

将第 1 帧的动作设置为 stop，是为了使画面静止，以便用按钮进行交互控制。

（3）执行菜单中的“窗口”|“其他面板”|“场景”命令，调出“场景”面板，然后单击面板下方的 + 按钮，新建“场景 2”和“场景 3”，如图 4－72 所示。

图 4－69　将“页面 1”元件拖入舞台

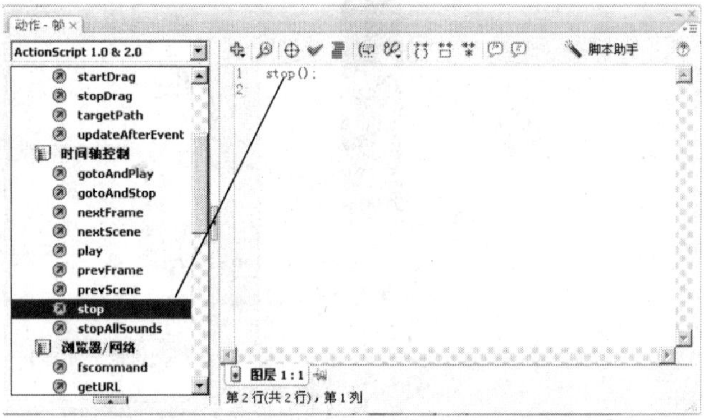

图 4－70　将左侧的 stop 拖入右侧空白区域

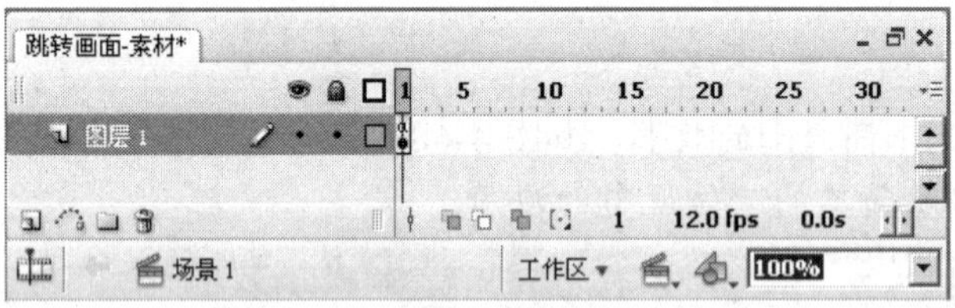

图 4－71　时间轴分布

图 4－72　新建“场景 2”和“场景 3”

（4）在“场景”面板中单击“场景 2”，进入“场景 2”的编辑状态，然后从“库”面板中将“页面 2”拖入舞台并中心对齐。接着单击时间轴的第 1 帧，在“动作”面板中将动作设为 stop，此时画面效果如图 4－73 所示。

（5）同理，从“库”面板中将“页面 3”拖入“场景 3”，并中心对齐。然后单击时间轴的第 1 帧，在“动作”面板中将动作设为 stop，此时画面效果如图 4－74 所示。

图 4-73 “场景 2”画面效果

图 4-74 “场景 3”画面效果

2. 创建按钮

本例包括 next 和 back 两个按钮。

(1) 创建 next 按钮。

① 执行菜单中的“插入”|“新建元件”(快捷键【Ctrl+F8】)命令，在弹出的对话框中设置如图 4-75 所示，单击“确定”按钮。

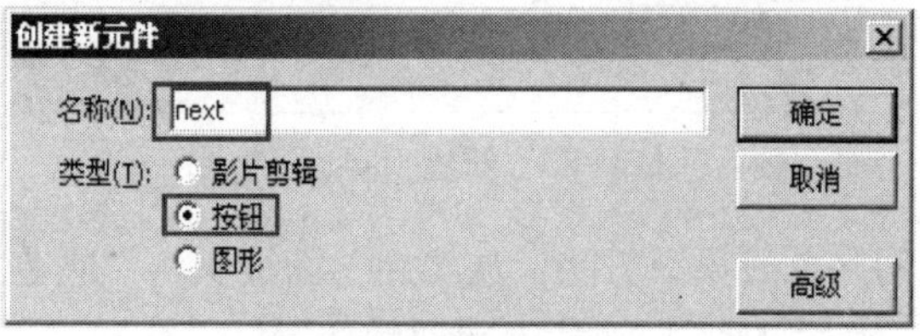

图 4-75 新建 next 元件

② 制作 next 按钮的底色效果。方法：从“库”面板中将“底色 1”元件拖入舞台，并中心对齐，如图 4-76 所示。然后在时间轴“点击”帧按【F5】键插入普通帧，效果如图 4-77 所示。

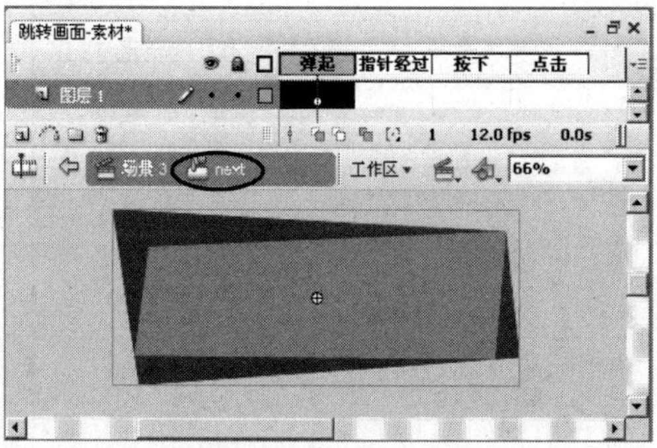

图 4-76 将“底色 1”元件拖入舞台中心对齐

图 4-77 时间轴分布

③ 制作next按钮上的文字效果。方法：单击时间轴下方的（插入图层）按钮，新建“图层2”，然后从“库”面板中将next-text元件拖入舞台并中心对齐，如图4-78所示。为了增加动感，下面分别在“图层2”的“指针经过”、“按下”帧按【F6】键插入关键帧，再将“指针经过”帧的next-text元件旋转一定角度，效果如图4-79所示。

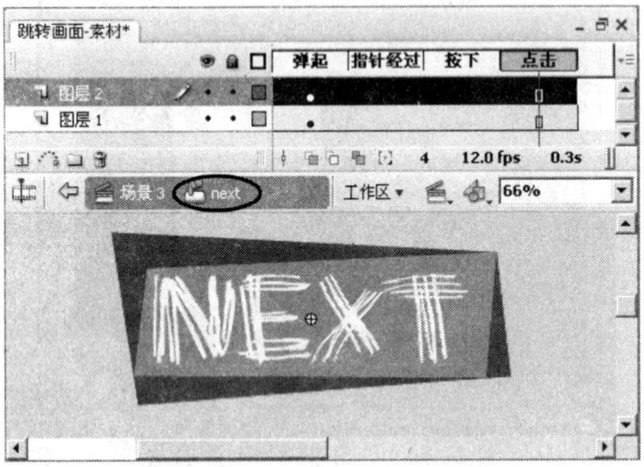

图4-78　将next-text元件拖入next元件并中心对齐

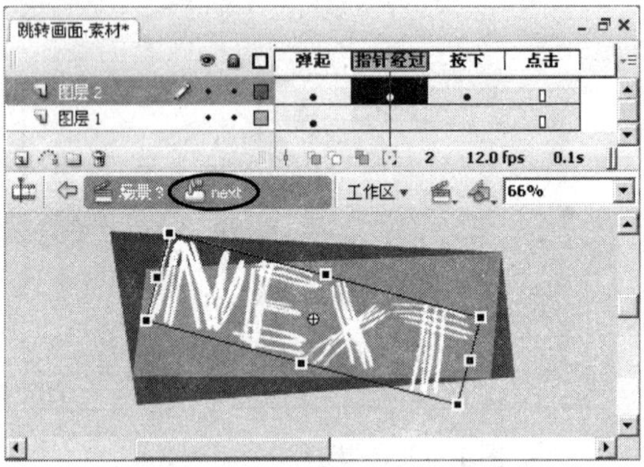

图4-79　将next-text元件旋转一定角度

（2）创建back按钮。

① 执行菜单中的“插入”|“新建元件”（快捷键【Ctrl+F8】）命令，在弹出的对话框中设置如图4-80所示，单击“确定”按钮。

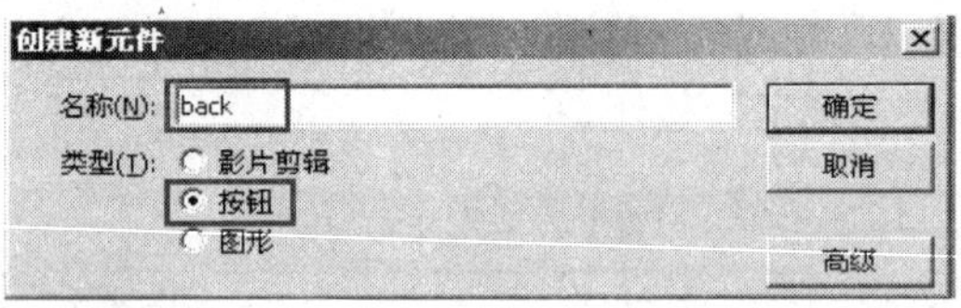

图4-80　新建back元件

② 制作back按钮的底色效果。方法：从“库”面板中将“底色2”元件拖入舞台，并中心对齐，然后在“点击”帧按【F5】键插入普通帧。

③ 制作back按钮上的文字效果。方法：单击时间轴下方的（插入图层）按钮，新建“图层2”，然后从“库”面板中将back-text元件拖入舞台并中心对齐，如图4-81所示。为了增加动感，下面分别在“图层2”的“指针经过”、“按下”帧按【F6】键插入关键帧，再将“指针经过”帧的back-text元件旋转一定角度，效果如图4-82所示。

图4-81　将back-text元件拖入next元件中心对齐

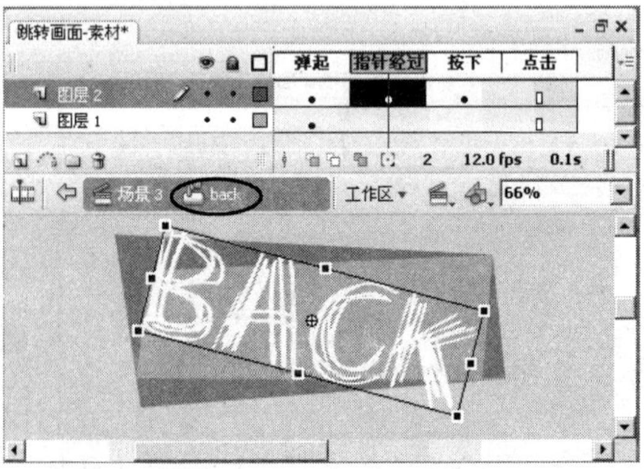

图4-82　将back-text元件旋转一定角度

3. 创建交互

（1）单击时间轴上方的 按钮，从弹出的下拉列表中选择“场景 1”选项，如图 4-83 所示。然后新建 next 层，从“库”面板中将 next 元件拖入舞台，放置位置如图 4-84 所示。

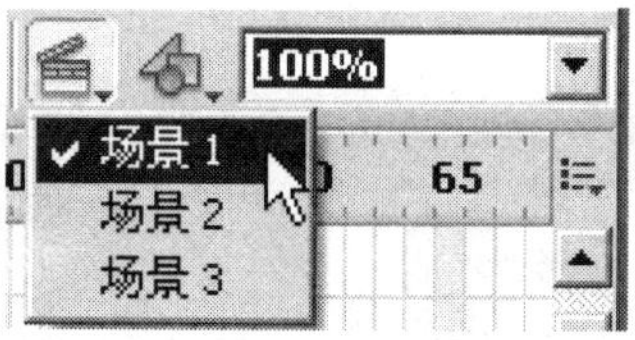

图 4-83 选择“场景 1”

图 4-84 将 next 元件拖入舞台

（2）右击舞台中的 next 元件，从弹出的快捷菜单中选择“动作”命令，然后在“动作”面板右侧输入语句，如图 4-85 所示。

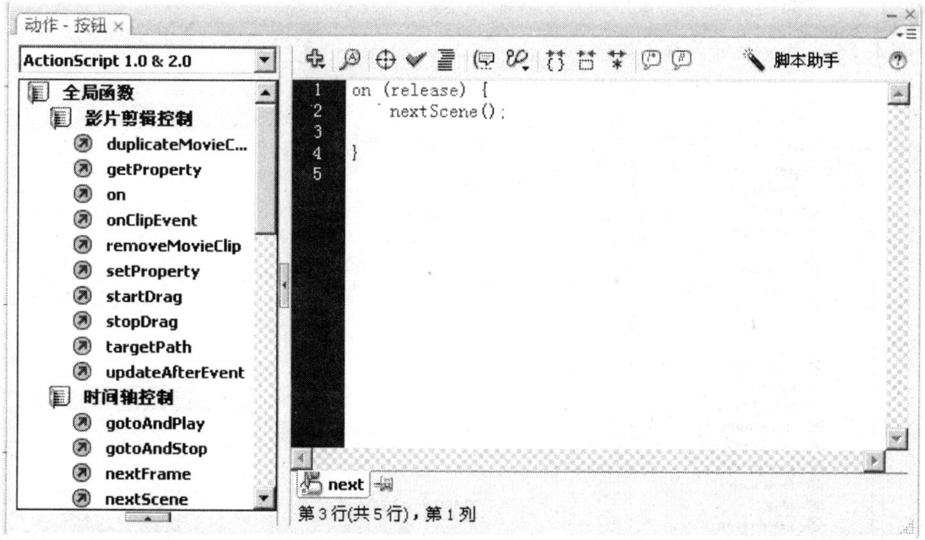

图 4-85 为 next 按钮设置动作

提示

这段语句的作用为单击 next 按钮将跳转到下一个场景。

（3）同理，进入“场景 2”，然后新建“图层 2”，从“库”面板中将 next 元件拖入舞台，放置位置如图 4－86 所示。接着为 next 元件设置与上一步相同的动作。

（4）同理，进入“场景 3”，然后新建 back 层，从“库”面板中将 back 元件拖入舞台，放置位置如图 4－87 所示。接着选择舞台中的 back 元件，在“动作”面板右侧输入语句，如图 4－88 所示，从而使单击该按钮后能够跳转到“场景 1”画面。

（5）至此，整个动画制作完毕。下面执行菜单中的“控制”|“测试影片”（快捷键【Ctrl+Enter】）命令，打开播放器窗口，然后单击不同按钮，即可产生相应的跳转效果。

图 4-86 将 next 元件拖入舞台

图 4-87 将 back 元件拖入舞台

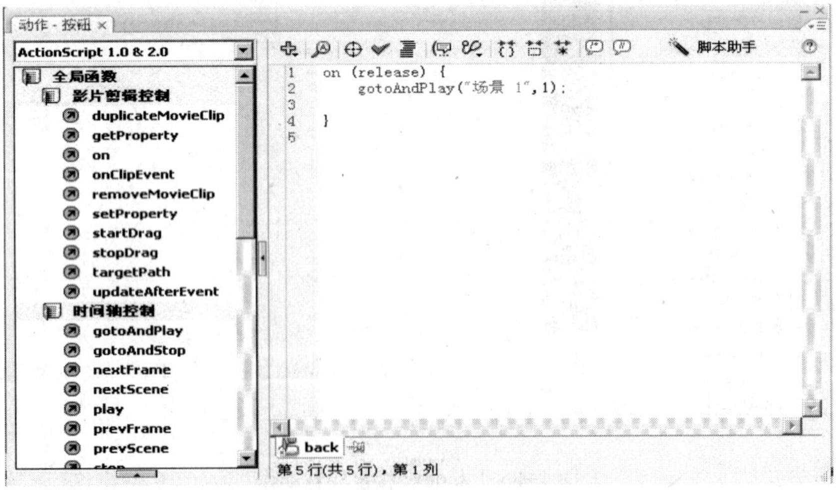

图 4-88 为 back 按钮设置动作

4.9 课 后 练 习

一、填空题

（1）fscommand 语句可以实现对动画播放器也就是 Flash Player 的控制，它位于________类中。

（2）fscommand 语句的语法格式为：fscommand（命令,参数），前面的“命令”是________；后面的“参数”是________。

二、选择题

（1）对于文本链接的文本，其“属性”面板“目标”下拉列表框中有 4 个选项，下列（　　）选项表示在新的浏览器中加载链接的文档。

A．_blank　　B．_parent　　C．_self　　D．_top

（2）下列（　　）方式在 SWF 动画中无法响应。

A．文本链接　　B．邮件链接　　C．按钮链接　　D．超级链接

三、问答题

（1）简述“动作”面板的构成。

（2）简述利用脚本语句来控制退出动画、使动画全屏幕播放的方法。

第5章 行　为

本章重点

行为是预先编写的ActionScript 代码片断，通过它可以方便地对视频、声音、媒体、影片剪辑等进行交互操作，而无需自己创建ActionScript代码。通过本章学习应掌握以下内容：

- 行为的基本概念
- 常用行为的使用方法

5.1 行为概述

行为在构建Flash应用程序时可提供十分方便的操作，使用它可以避免编写ActionScript代码，也可以反过来利用其了解ActionScript在特定情况下的工作方式。

行为只在对Flash文档进行操作时才能够使用，在外部脚本文件中不能使用。通常，可以在文档中选择一个触发对象（影片剪辑或按钮），然后单击“行为”面板中的（添加行为）按钮，显示出可用的行为，从中选择要添加的行为即可。

执行菜单中的“窗口”|“行为”命令可以调出“行为”面板，如图5－1所示。

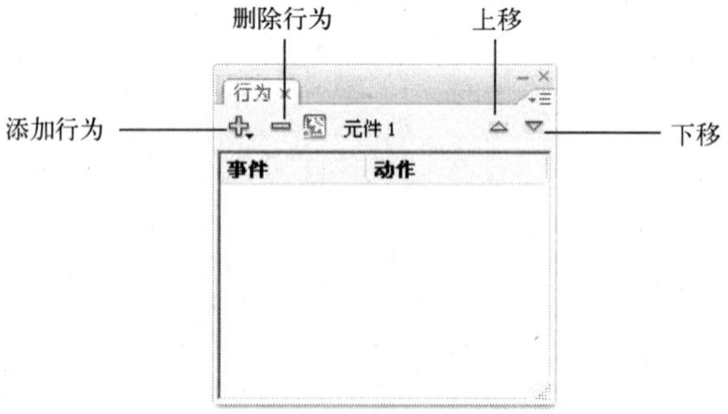

图5－1 “行为”面板

- 添加行为：单击该按钮，可以弹出下拉列表，从中可以选择所要添加的具体行为。
- 删除行为：单击该按钮，可以将选中的行为删除。
- 上移：单击该按钮，可以将选中的行为位置向上移动。
- 下移：单击该按钮，可以将选中的行为位置向下移动。

5.2 网页行为

使用Web（网页）行为可以实现使用GetURL语句到其他Web页的跳转。在“行为”面板中单击 （添加行为）按钮，在弹出的下拉列表中选择Web选项，则会弹出Web的行为菜单，如图5-2所示。选择“转到Web页”选项后会弹出“转到URL”对话框，如图5-3所示。

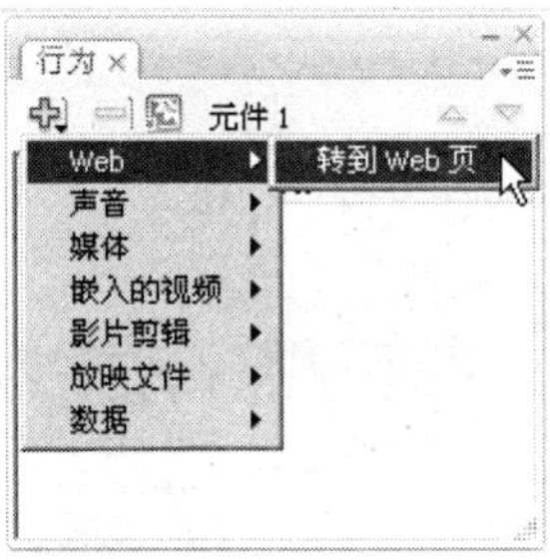

图5-2 网页行为

图5-3 “转到URL”对话框

- URL：用于设置跳转的Web页的URL。
- 打开方式：用于设置打开页面的目标窗口，其中：
  - _blank：将链接的文件载入一个未命名的新浏览器窗口中。
  - _parent：将链接的文件载入含有该链接框架的父框架集或父窗口中。如果含有该链接的框架不是嵌套的，则在浏览器全屏窗口中载入链接的文件。
  - _self：将链接的文件载入该链接所在的同一框架或窗口中。此目标为默认值，因此通常不需要指定。
  - _top：在整个浏览器窗口中载入所链接的文件，因而会删除所有框架。

5.3 声音行为

控制声音的行为比较容易理解。利用它们可以实现播放、停止声音以及加载外部声音、从库面板中加载声音等功能。

在“行为”面板中单击 （添加行为）按钮，在弹出的下拉列表中选择“声音”选项，此时会弹出声音的行为菜单，如图5-4所示。

- 从库加载声音：从“库”面板中载入声音文件。
- 停止声音：停止播放声音。
- 停止所有声音：停止所有播放声音。
- 加载MP3流文件：以流式的方式载入MP3声音文件。
- 播放声音：播放声音文件。

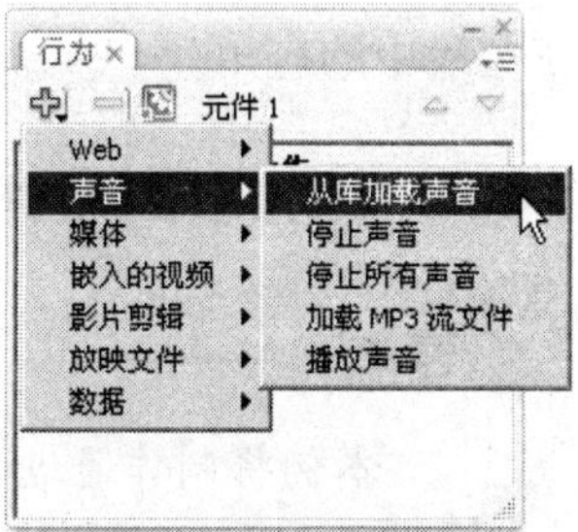

图5-4 声音行为

5.4 影片剪辑行为

在“行为”面板中，有一列行为是专门用来控制影片剪辑元件的。这类行为种类比较多，利用它们可以改变影片剪辑元件叠放层次以及加载、卸载、播放、停止、复制或拖动影片剪辑等功能。

在“行为”面板中单击 (添加行为) 按钮，在弹出的下拉列表中选择“影片剪辑”选项，此时会弹出影片剪辑的行为菜单，如图 5-5 所示。

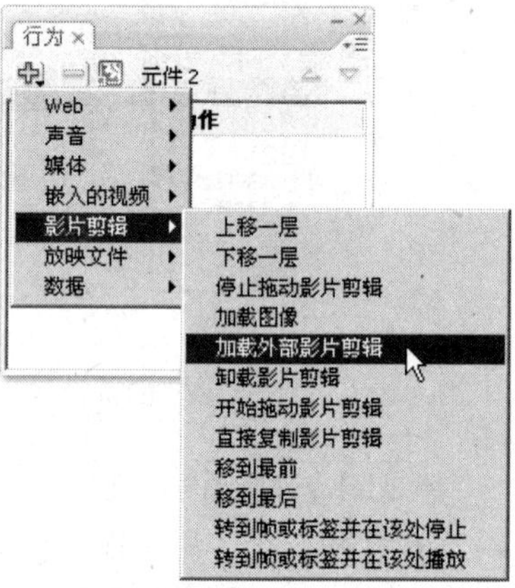

图 5-5 影片剪辑行为

- 上移一层：将目标影片剪辑或屏幕在堆叠顺序中上移一层。
- 下移一层：将目标影片剪辑或屏幕在堆叠顺序中下移一层。
- 停止拖动影片剪辑：停止当前的拖动操作。
- 加载图像：将外部 JPG 文件加载到影片剪辑或屏幕中。
- 加载外部影片剪辑：将外部 SWF 文件加载到目前影片剪辑或屏幕中。
- 卸载影片剪辑：删除使用“加载影片”行为或动作加载的 SWF 文件。
- 开始拖动影片剪辑：开始拖动影片剪辑。
- 直接复制影片剪辑：重制影片剪辑或屏幕。
- 移到最前：将目标影片剪辑或屏幕移到堆叠顺序的顶部。
- 移到最后：将目标影片剪辑或屏幕移到堆叠顺序的底部。
- 转到帧或标签并在该处停止：停止影片剪辑，并根据需要将播放头移到某个特定帧。
- 转到帧或标签并在该处播放：从特定帧播放影片剪辑。

5.5 实 例 讲 解

本节将通过“制作网站导航按钮”和“制作声音控制按钮”两个实例来讲解 Flash 的行为在实践中的应用。

5.5.1 制作网站导航按钮

要点

本例将制作通过单击不同的网站导航按钮跳转到相应网站的效果，如图 5-6 所示。通过本例学习应掌握利用行为制作网站导航按钮的方法。

图 5-6 网站导航按钮

操作步骤：

1. 创建按钮

（1）启动Flash CS3，新建一个Flash文件（ActionScript 2.0）。然后在属性栏中设置文档大小为400px × 100px。

（2）执行菜单中的“窗口”|“公用库”|“按钮”命令，调出“库-Buttons”面板。然后展开buttons rounded文件夹，如图5-7所示，选择rounded blue、rounded orange和rounded green等3个按钮拖入舞台，并依次水平放置。接着利用“对齐”面板将它们进行水平居中分布对齐，如图5-8所示，效果如图5-9所示。

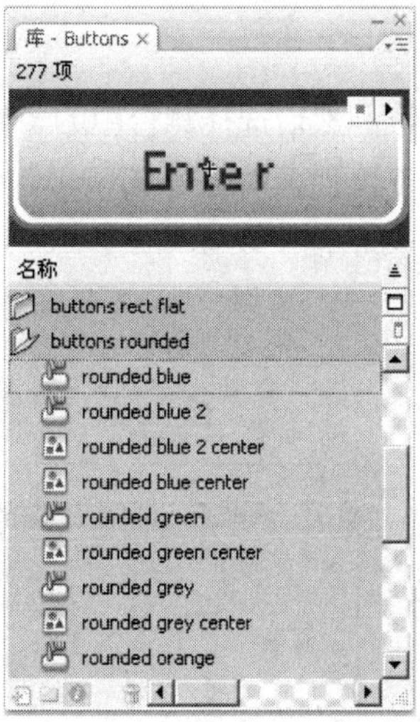

图5-7 展开buttons rounded文件夹

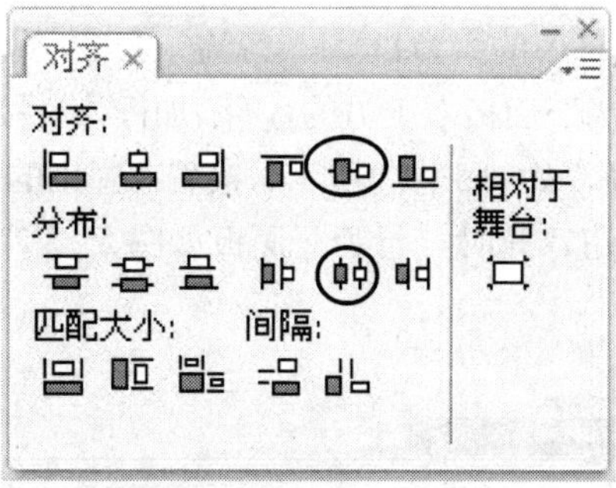

图5-8 设置对齐参数

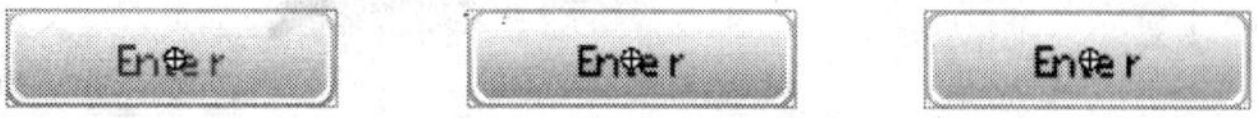

图5-9 对齐后效果

（3）此时按钮中的文字为默认文字，下面将按钮中的文字更换为所需文字。方法：双击最左侧的按钮，进入按钮元件的编辑模式，然后解锁text层，利用工具箱中的T（文本工具）选中文字，如图5-10所示。接着重新输入文字“新浪”，如图5-11所示。

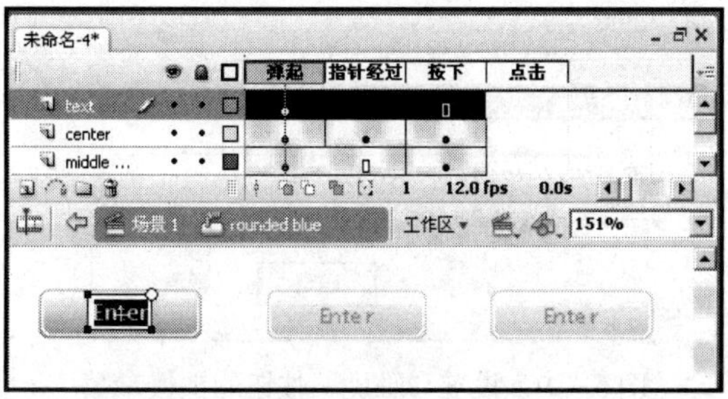

图5-10 选中文字

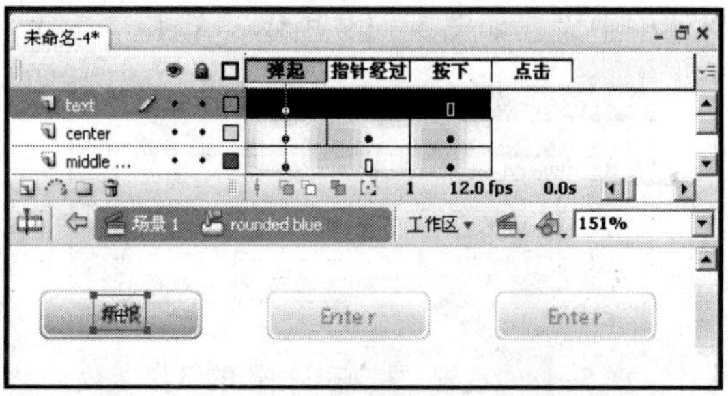

图5-11 输入文字“新浪”

（4）此时文字看上去不是很清楚，这是因为文字具有锯齿的原因，下面去除文字中的锯齿。方法：选择文字，然后在“属性”面板中将“位图文本（未消除锯齿）”更改为“使用设备字体”，如图5-12所示，此时字体就显示正常了，效果如图5-13所示。

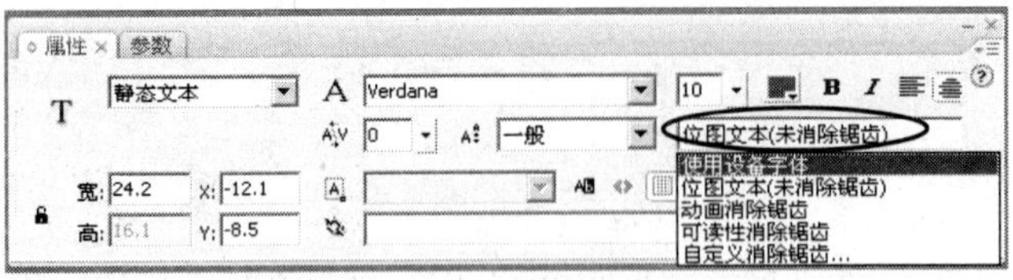

图 5-12　选择“使用设备字体”

图 5-13　正常显示的字体

（5）同理将其余两个按钮中的文字替换为“搜狐”和“雅虎”，效果如图 5-14 所示。

图 5-14　替换按钮中的文字

2．利用行为面板创建按钮的链接

（1）执行菜单中的“窗口”|“行为”命令，调出“行为”面板。然后选择舞台中的“新浪”按钮，单击“行为”面板左上方的（添加行为）按钮，从弹出的下拉列表中选择“Web”|“转到 Web 页”选项，如图 5-15 所示。接着在弹出的“转到 URL”对话框中设置如图 5-16 所示，单击“确定”按钮，此时“行为”面板如图 5-17 所示。

图 5-15　选择“转到 Web 页”命令

图 5-16　设置参数

图 5-17　设置后的“行为”面板

（2）同理，选择舞台中“搜狐”按钮，添加“转到 Web 页”行为，在弹出的“转到 URL”对话框中设置如图 5-18 所示，单击“确定”按钮。

（3）同理，选择舞台中“雅虎”按钮，添加“转到 Web 页”行为，在弹出的“转到 URL”对话框中设置如图 5-19 所示，单击“确定”按钮。

图 5-18　设置“搜狐”按钮的链接参数

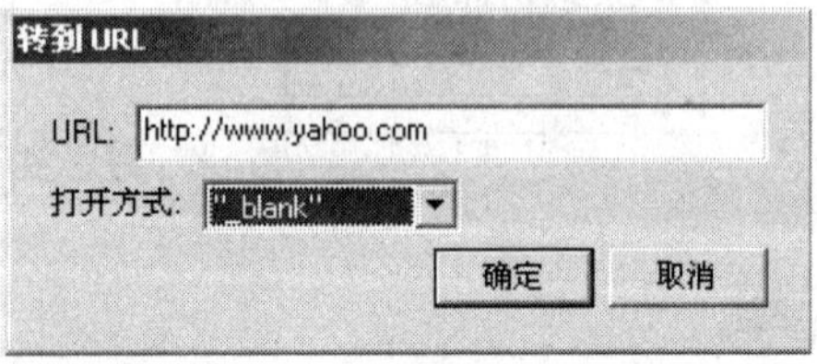

图 5-19　设置“雅虎”按钮的链接参数

（4）至此，整个网站导航按钮制作完毕。下面执行菜单中的“控制”|“测试影片”（快捷键【Ctrl+Enter】）命令，打开播放器窗口，即可测试通过单击不同的网站导航按钮跳转到相应网站的效果。

5.5.2　制作声音控制按钮

要点

本例将制作通过单击相应的声音按钮完成相应音乐控制的效果，如图5-20所示。通过本例学习应掌握利用行为制作声音控制按钮的方法。

图5－20　声音控制按钮

操作步骤：

1．创建按钮

（1）启动Flash CS3，新建一个Flash文件（ActionScript 2.0）。然后在“属性”面板中设置文档大小为200px × 250px。

（2）执行菜单中的“窗口”|“公用库”|“按钮”命令，调出“库－Buttons”面板。然后展开buttons rounded文件夹，如图5－21所示，选择rounded blue、rounded blue 2、rounded green、rounded grey、rounded orange和rounded red等6个按钮拖入舞台，并依次垂直放置。接着利用“对齐”面板将它们分成两组进行垂直居中对齐，如图5－22所示，效果如图5－23所示。

图5－21　展开buttons rounded文件夹

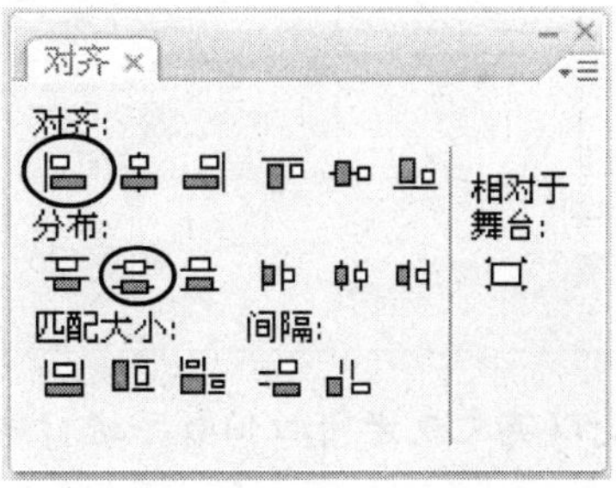

图5－22　设置对齐参数

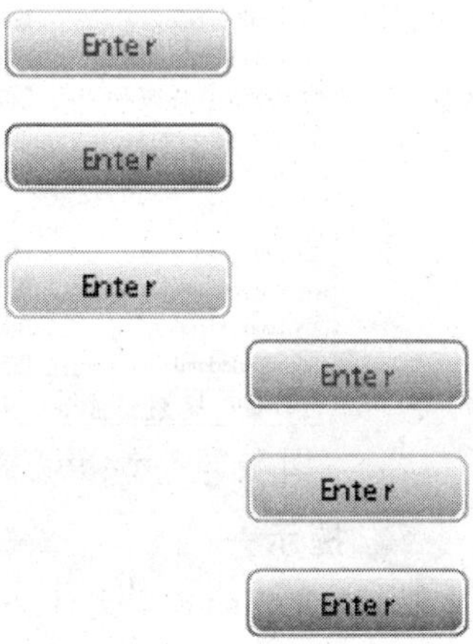

图5－23　对齐后的效果

（3）将默认按钮中的文字替换为所需文字，效果如图 5－24 所示。

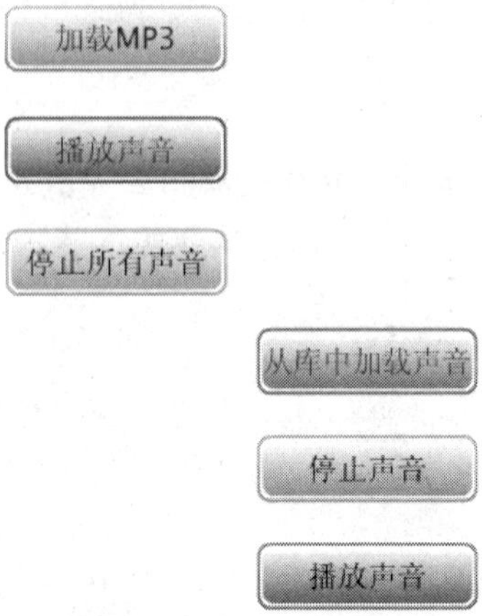

图 5－24　将默认按钮中的文字替换为所需文字

2．利用行为面板创建音乐控制按钮

（1）执行菜单中的“文件”|“导入到库”命令，导入配套光盘“素材及结果\5.6.2 制作声音控制按钮\chunzhige.mp3、liangzhu.mp3”音乐文件，如图 5－25 所示。

（2）分别右击“库”面板中的 chunzhige.mp3、liangzhu.mp3 声音文件，然后从弹出的快捷菜单中选择“链接”命令，接着在弹出的“链接属性”对话框中将它们的标识符设为 chunzhige 和 liangzhu，如图 5－26 所示。

图 5－25　导入声音文件

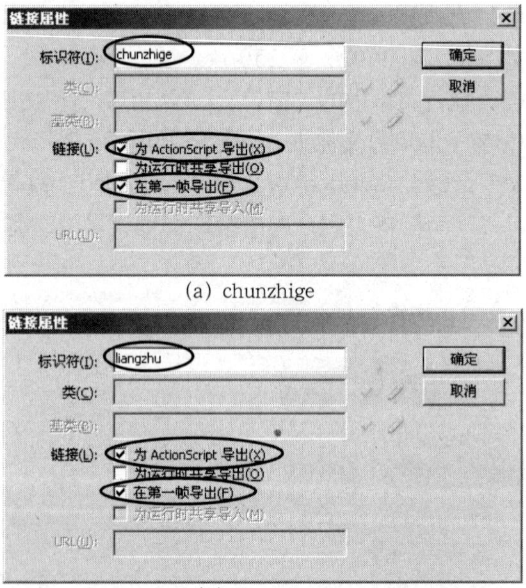

（a）chunzhige

（b）liangzhu

图 5－26　为声音设置标识符

提示

导入的声音文件必须是以英文或者阿拉伯数字进行命名的，如果以中文命名，最终输出会出现错误。

（3）添加“加载MP3”按钮上的行为。方法：执行菜单中的“窗口”|“行为”命令，调出“行为”面板。然后选择舞台中的“加载MP3”按钮，单击“行为”面板左上方的（添加行为）按钮，从下拉列表中选择“声音”|“加载MP3流文件”选项，如图5－27所示。接着在弹出的“加载MP3流文件”对话框中设置如图5－28所示，单击“确定”按钮，此时“行为”面板如图5－29所示。

图5－27　选择“加载MP3流文件”命令

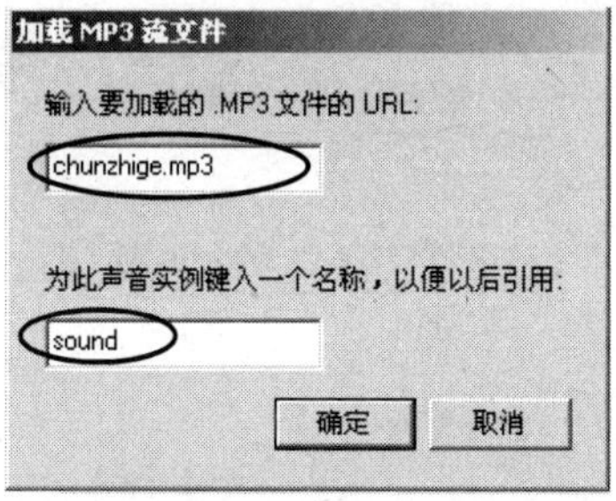

图5－28　设置加载参数

图5－29　设置参数后的“行为”面板

提示

在“加载MP3流文件”对话框“输入要加载的.MP3文件的URL”文本框中输入的chunzhige.mp3必须添加扩展名.mp3。

（4）添加左上方“播放声音”按钮上的行为。方法：选择舞台左上方的“播放声音”按钮，单击“行为”面板左上方的（添加行为）按钮，然后从下拉列表中选择“声音”|“播放声音”选项，如图5－30所示。接着在弹出的“播放声音”对话框中设置如图5－31所示，单击“确定”按钮，此时“行为”面板如图5－32所示。

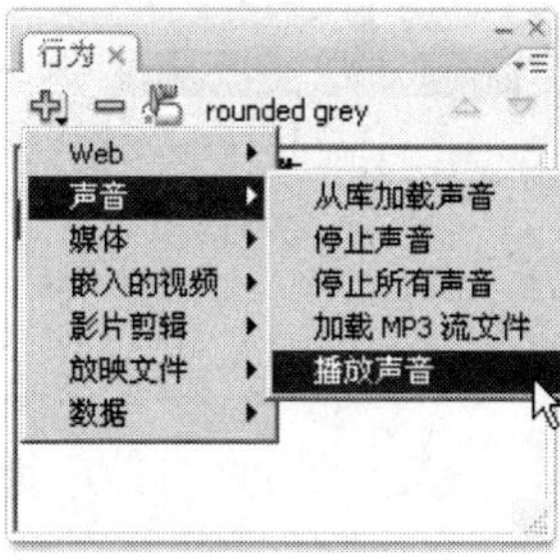

图5－30　选择“播放声音”命令

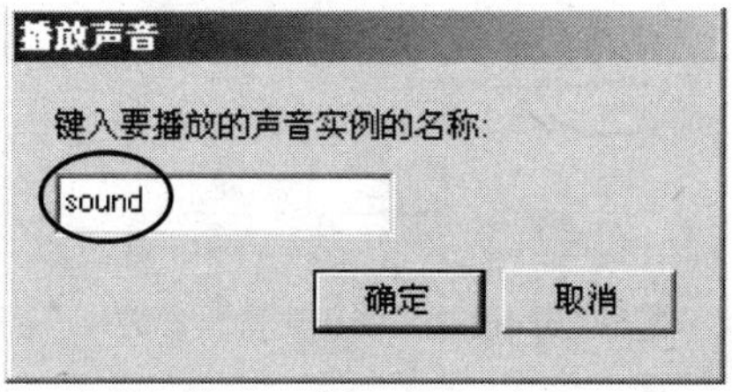

图5－31　设置“播放声音”参数

图5－32　设置参数后的“行为”面板

（5）添加“停止所有声音”按钮上的行为。方法：选择舞台中的“停止所有声音”按钮，单击“行为”面板左上方的（添加行为）按钮，然后从下拉列表中选择“声音”|“停止所有声音”选项，如图5－33所示。接着在弹出的图5－34所示的对话框中单击“确定”按钮，此时“行为”面板如图5－35所示。

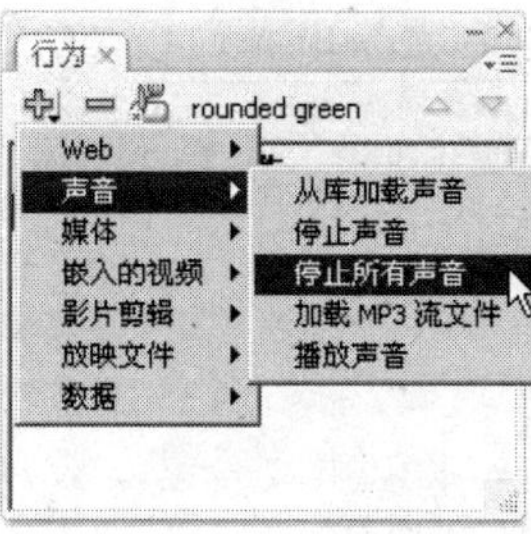

图5－33　选择“停止所有声音”命令

图5－34　“停止所有声音”对话框

图5－35　设置参数后的“行为”面板

（6）添加“从库中加载声音”按钮上的行为。方法：选择舞台中的“从库中加载声音”按钮，单击“行为”面板左上方的（添加行为）按钮，然后从下拉列表中选择“声音”|“从库加载声音”选项，如图 5－36 所示。接着在弹出的图 5－37 所示的对话框中单击“确定”按钮，此时“行为”面板如图 5－38 所示。

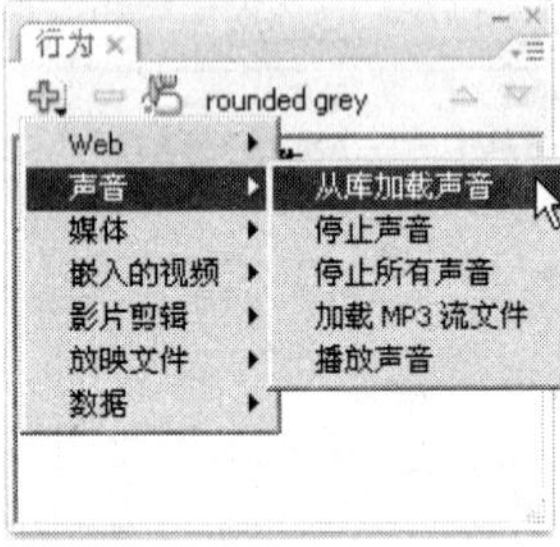

图 5－36　选择“从库加载声音”命令

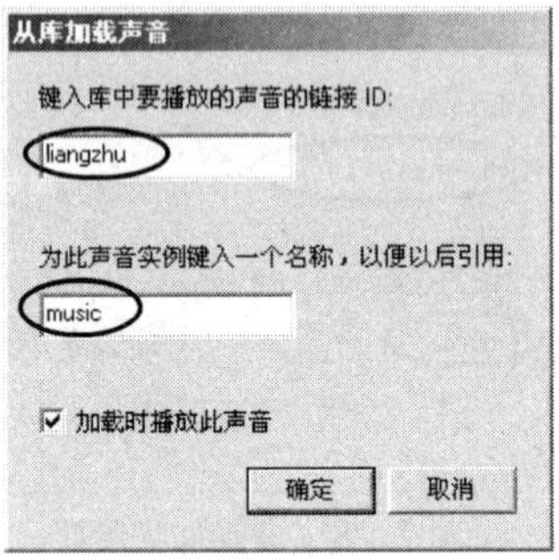

图 5－37　设置“从库加载声音”参数

图 5－38　设置参数后的“行为”面板

（7）添加“停止声音”按钮上的行为。方法：选择舞台中的“停止”按钮，单击“行为”面板左上方的（添加行为）按钮，然后从下拉列表中选择“声音”|“停止声音”选项，如图 5－39 所示。接着在弹出的“停止声音”对话框中设置如图 5－40 所示，单击“确定”按钮，此时“行为”面板如图 5－41 所示。

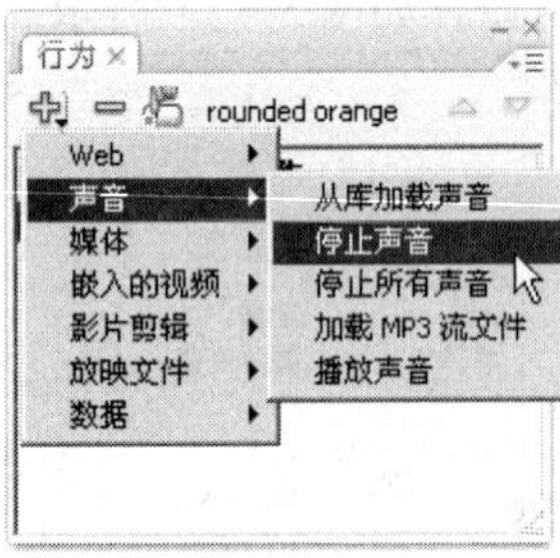

图 5－39　选择“停止声音”命令

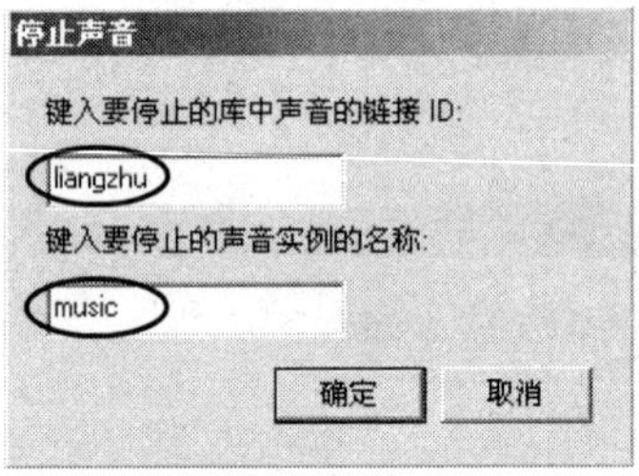

图 5－40　设置“停止声音”参数

图 5－41　设置参数后的“行为”面板

（8）添加右下方“播放声音”按钮上的行为。方法：选择舞台右下方的“播放声音”按钮，单击“行为”面板左上方的（添加行为）按钮，然后从下拉列表中选择“声音”|“播放声音”选项，如图 5－42 所示。接着在弹出的“播放声音”对话框中设置如图 5－43 所示，单击“确定”按钮，此时“行为”面板如图 5－44 所示。

图 5－42　选择“播放声音”命令

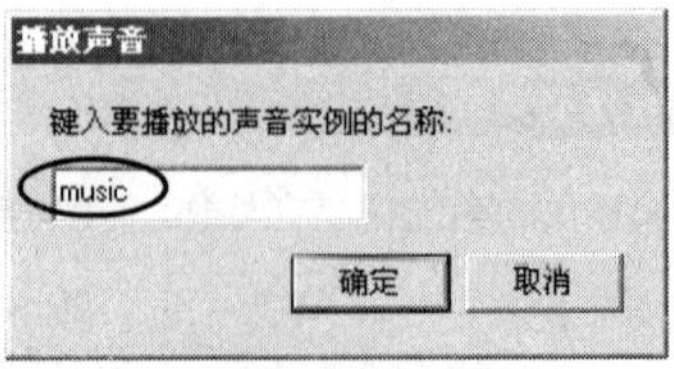

图 5－43　设置“播放声音”参数

图 5－44　设置参数后的“行为”面板

(9) 执行菜单中的“文件”|“保存”命令，将文件进行保存。

提示

保存的文件和导入的声音文件必须位于同一文件夹，否则测试时会出现错误。

(10) 至此，控制声音播放的按钮制作完毕。下面执行菜单中的“控制”|“测试影片”(快捷键【Ctrl+Enter】) 命令，打开播放器窗口，即可测试通过单击相应的声音按钮完成相应音乐控制的效果。

5.6 课后练习

一、填空题

(1) 使用________行为可以实现使用 GetURL 语句到其他 Web 页的跳转。

(2) 在“转到 URL”对话框“打开”下拉列表中有 4 种打开方式，它们分别是________、________、________和________。

二、选择题

(1) 下列（　　）属于在 Flash CS3“行为”面板中可以添加的声音行为。

A．从库加载声音　　B．加载 MP3 流文件

C．停止所有声音　　D．停止声音

(2) 下列（　　）属于在 Flash CS3“行为”面板中可以添加的影片剪辑行为。

A．上移一层　　B．加载图像

C．加载外部影片剪辑　　D．输出影片剪辑

三、问答题

简述“行为”面板的构成。

第6章 模板与组件

本章重点

利用Flash中的模板功能可以快速地创建出各类动画。Flash提供了大量的组件供用户使用，如滚动条、按钮、窗口等。组件实际上是一种特殊的影片剪辑，其中的参数由用户在Flash中创作时进行设置，其中的ActionScript方法、属性和事件可供用户在运行时自定义组件。通过本章学习应掌握以下内容：

- 模板的基础知识
- 照片幻灯片放映模板
- 定制模板
- 组件内容的相关知识

6.1 认识模板

模板是预先设置好的特殊文档，Flash提供了一些实用的系统模板，只要配合实际需要进行一些修改即可将其应用到自己的动画中去，从而大大提高制作动画的效率。

运行Flash后，从启动界面右边的“从模板创建”栏中可以看到模板类型列表，如图6-1所示。

也可执行菜单中的“文件”|“新建”命令，在弹出的“新建文档”对话框中选择“模板”选项卡，此时“类别”列表框中列出了系统自带的模板类别，选中一种类别后，在“模板”列表框中会列出所选类下的所有模板文件，选中后会在对话框的右侧显示出模板的缩略图及描述文本，如图6-2所示。

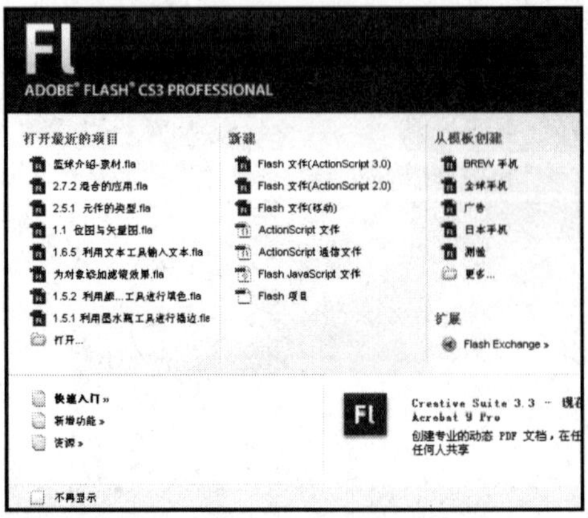

图6-1 模板类型列表

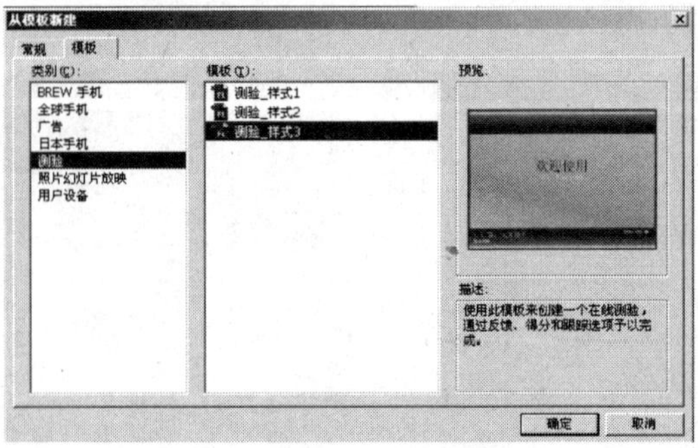

图6-2 “模板”选项卡

6.2　保存和应用模板

保存和应用模板的具体操作步骤如下：

（1）打开配套光盘“素材及结果\2.8.4　制作广告条动画\广告条.fla”文件。

（2）执行菜单中的“文件”|“另存为模板”命令，在弹出的“另存为模板”对话框中设置自定义模板的“名称”、“类别”和“描述”信息，如图 6-3 所示，单击“保存”按钮即可创建模板。

（3）关闭文件后，执行菜单中的“文件”|“新建”命令，在弹出的“从模板创建”对话框中选择“模板”选项卡，然后从左侧“类别”列表框中选择“广告”选项，此时在“模板”列表框中可以看到刚才创建的“广告条”模板，如图 6-4 所示。选择该选项后，单击“确定”按钮，即可以定制模板为基础创建一个新文档。

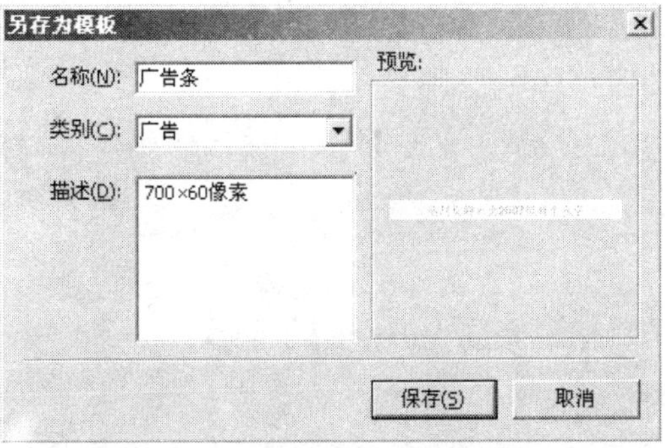

图 6-3　设置“另存为模板”的参数

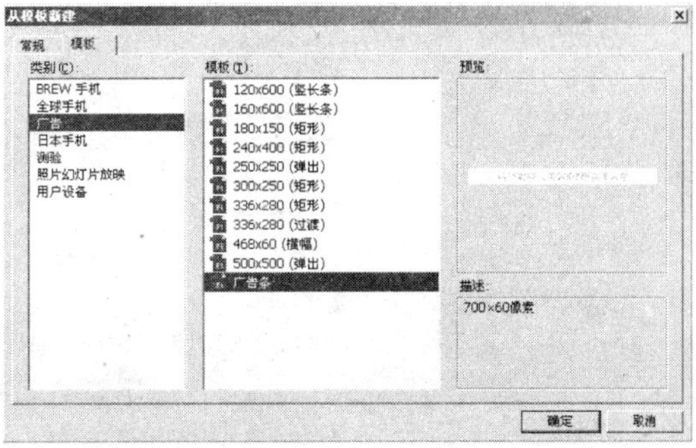

图 6-4　刚才创建的“广告条”模板

6.3　组件内容简介

Flash 提供了大量的组件供用户使用，如滚动条、按钮、窗口等。组件实际上是一种特殊的影片剪辑，其中的参数由用户在 Flash 中创作时进行设置，其中的 ActionScript 方法、属性和事件可供用户在运行时自定义组件。设计这些组件的目的是让开发人员重复使用和共享代码，封装复杂功能，从而使设计人员无须编写 ActionScript 就能够使用和自定义这些功能。组件可以将应用程序的设计过程和编码过程分开。

执行菜单中的“窗口”|“组件”命令，可以调出“组件”面板。ActionScript 2.0 和 ActionScript 3.0 的“组件”面板是不同的，如图 6-5 所示。为了便于读者更好地理解组件，下面以 ActionScript 3.0 的“组件”面板为例具体介绍 User　Interface 组件类中各个组件的含义。

1．Button 组件

Button 组件为一个按钮，如图 6-6 所示。使用按钮可以实现表单提交以及执行某些相关的行为动作。在舞台中添加 Button 组件后，可以通过“参数”面板设置其相关参数，如图 6-7 所示。

- emphasized：用于设置当按钮处于弹起状态时，Button 组件周围是否有边框。

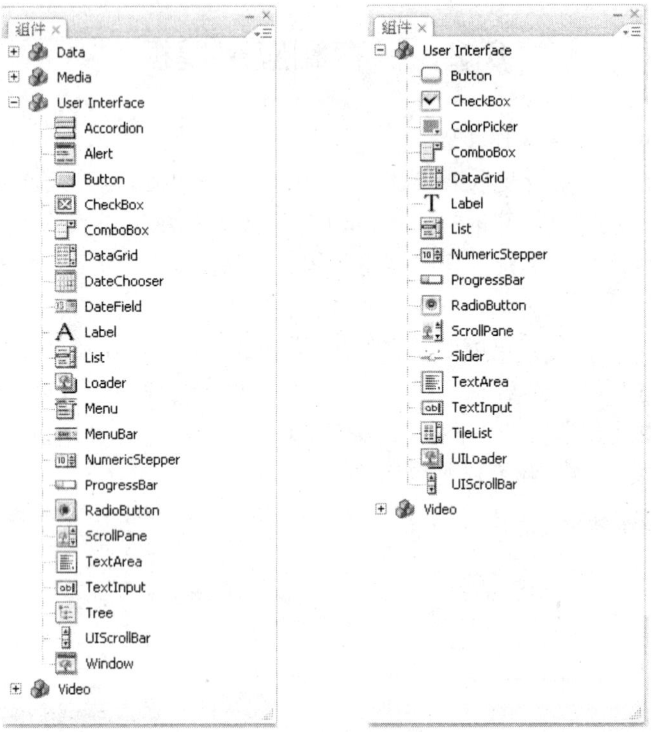

(a) ActionScript 2.0的“组件”面板　(b) ActionScript 3.0的“组件”面板

图 6–5 “组件”面板

图 6–6 Button 组件

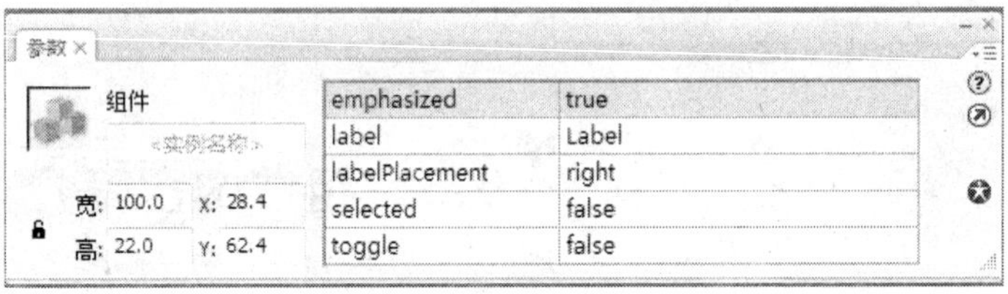

图 6–7 Button 组件的“参数”面板

- label：用于设置按钮上文本的值。
- labelPlacement：用于设置按钮上的文本在按钮图标内的方向。该参数可以是下列 4 个值之一，即 left、right、top 或 buttom，默认为 right。
- selected：该参数指定按钮是处于按下状态(true)还是释放状态(false)，默认值为 false。
- toggle：将按钮为切换开关。如果值为 true，则按钮在单击后保持按下状态，并在再次单击时返回到弹起状态。如果值为 false，则按钮行为与一般按钮相同，默认值为 false。

2. CheckBox 组件

CheckBox 组件为复选框组件，如图 6–8 所示。使用该组件可以在一组复选框中选择多个选项。在舞台中添加 CheckBox 组件后，可以通过“参数”面板设置其相关参数，如图 6–9 所示。

图 6-8　CheckBox 组件

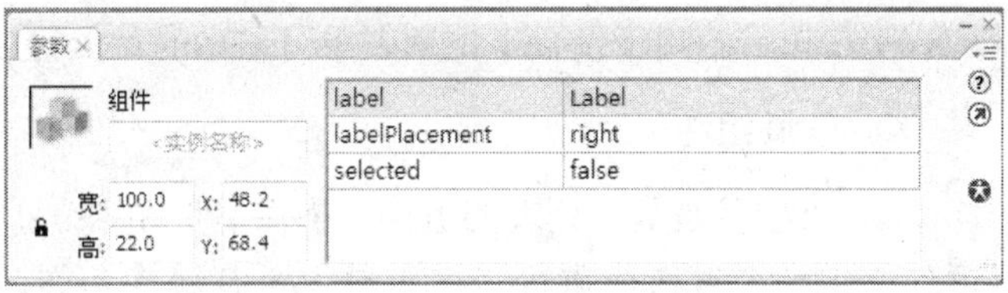

图 6-9　CheckBox 组件的参数面板

● label：用于设置复选框右侧文本的值。

● labelPlacement：用于设置按钮上的文本在按钮图标内的方向。该参数可以是下列 4 个值之一，即 left、right、top 或 bottom，默认为 right。

● selected：用于设置复选框的初始值为被选中或未被选中。被选中的复选框会显示一个对勾，其参数值为 true。如果将其参数值设置为 false 则表示会取消选择该复选框。

3．ColorPicker 组件

ColorPicker 组件为包含一个或多个颜色的调色板，用户可以从中选择颜色，如图 6-10 所示。在舞台中添加 ColorPicker 组件后，可以通过“参数”面板设置其相关参数，如图 6-11 所示。

图 6-10　ColorPicker 组件

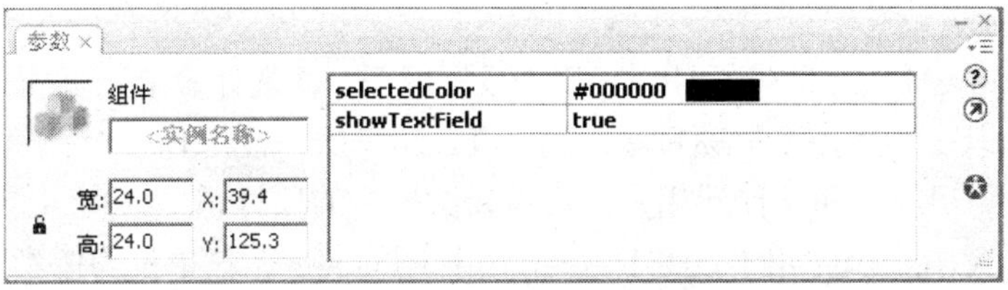

图 6-11　ColorPicker 组件的“参数”面板

● selectedColor：用于设置 ColorPicker 组件的调色板中当前加亮显示的颜色。

● showTextField：用于设置是否显示 ColorPicker 组件中选择颜色的颜色值，其参数为布尔值。

4．ComboBox 组件

ComboBox 组件为下拉列表的形式，如图 6-12 所示。用户可以在弹出的下拉列表中选择其中一项。在舞台中添加 ComboBox 组件后，可以通过“参数”面板设置其相关参数，如图 6-13 所示。

图 6-12　ComboBox 组件

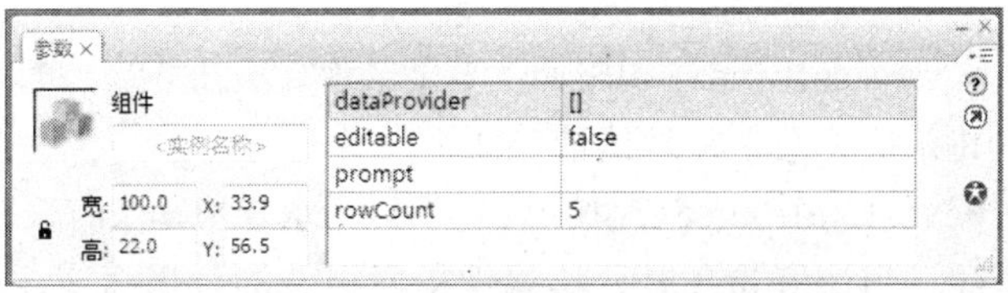

图 6-13　ComboBox 组件的“参数”面板

● dataProvider：用于设置下拉列表中显示的内容，以及传送的数据。

● editable：用于设置下拉列表中显示的内容是否为编辑的状态。

● prompt：用于设置对 ComboBox 组件开始显示时的初始内容。

● rowCount：用于设置下拉列表中可显示的最大行数。

5．DataGrid 组件

DataGrid 组件是基于列表的组件，提供呈行和列分布的网格，如图 6–14 所示。可以在该组件顶部指定一个可选标题行，用于显示所有属性名称。每一行由一列或多列组成，其中每一列表示属于指定数据对象的一个属性。DataGrid 组件用于查看数据，并不适合用作类似于 HTML 表格的布局工具。在舞台中添加 DataGrid 组件后，可以通过“参数”面板设置其相关参数，如图 6–15 所示。

图 6–14　DataGrid 组件

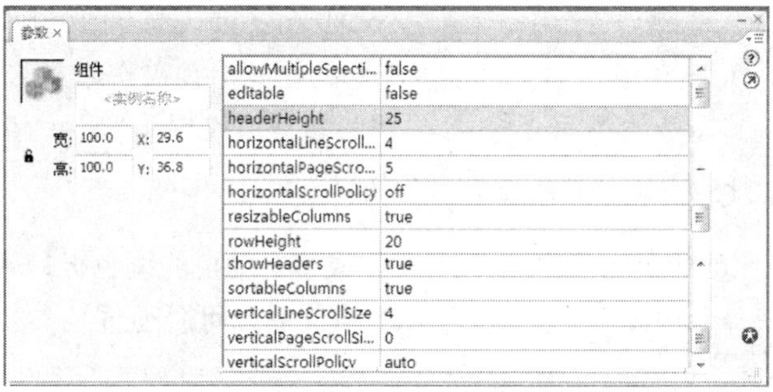

图 6–15　DataGrid 组件的“参数”面板

● allowMultipleSelection：用于设置能否一次选择多个列表项目，其参数为布尔值。true 值表示可以一次选择多个项目；false 值表示一次只能选择一个项目。

● editable：用于设置用户能否编辑数据中的项目。

● rowHeight：用于设置 DataGrid 标题的高度，其单位为像素。

● horizontalLineScrollSize：当显示水平滚动条时，单击滚动箭头按钮时水平滚动条移动的数量。其单位为像素，默认值为 4 。

● horizontalPageScrollSize：当显示水平滚动条时，单击滚动滑块轨道时水平滚动条移动的像素数。当该值为 0 时，该属性检索组件的可用宽度。

● horizontalScrollPolicy：用于设置水平滚动条是否始终显示。

● resizableColumns：用于设置用户能否更改列的尺寸。

● rowHeight：用于设置 DataGrid 组件中每一行的高度，其单位为像素。

● showHeaders：用于设置 DataGrid 组件是否显示列标题。

● sortableColumns：用于设置用户能否通过单击列标题单元格对数据网格中的项目进行排序。

● verticalLineSrollSize：当显示垂直滚动条时，单击滚动箭头按钮时垂直滚动条移动的数量。其单位为像素，默认值为 4 。

● verticalPageScrollSize：当显示垂直滚动条时，单击滚动滑块轨道时垂直滚动条移动的像素数。当该值为 0 时，该属性检索组件的可用高度。

● verticalScrollPolicy：用于设置垂直滚动条是否始终显示。

6．Label 组件

Label 组件将显示一行或多行纯文本或 HTML 格式的文本，如图 6–16 所示，这些文本的对齐和大小格式可以进行设置。Label 组件没有边框而且无法获得焦点。在舞台中添加 Label 组件后，可以通过“参数”面板设置其相关参数，如图 6－17 所示。

图 6-16　Label 组件

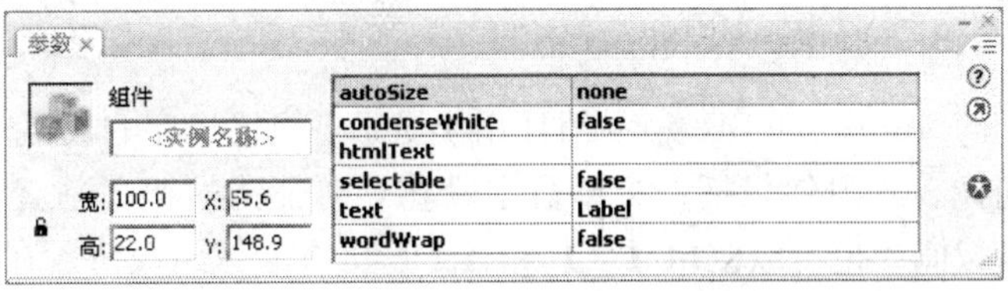

图 6-17　Label 组件的“参数”面板

● autoSize：用于设置如何调整标签大小和对齐标签以适合其 text 属性的值。

● condenseWhite：用于设置是否应从包含 HTML 文本的 Label 组件中删除额外空白，如空格和换行符。

● htmlText：用于设置 Label 组件显示的文本，包括表示该文本样式的 HTML 标签。

● selectable：用于设置 Label 组件显示的文本是否可选。

● text：用于设置 Label 组件显示的纯文本内容。

● wordWrap：用于设置文本是否换行。默认值为 true，表示可以自动换行。

7. List 组件

List 组件为下拉列表的形式，如图 6－18 所示。用户可以从下拉列表中选择一项或多项。在舞台中添加 List 组件后，可以通过“参数”面板设置其相关参数，如图 6－19 所示。

图 6-18　List 组件

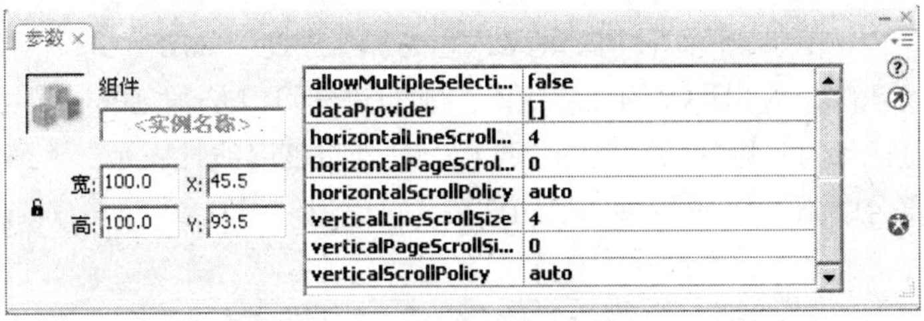

图 6-19　List 组件的“参数”面板

● allowMultipleSelection：用于设置能否一次选择多个列表项目，其参数为布尔值。true 值表示可以一次选择多个项目；false 值表示一次只能选择一个项目。

● dataProvider：用于设置下拉列表中显示的内容，以及传送的数据。

● horizontalLineScrollSize：用于设置单击滚动箭头按钮时水平滚动条移动的数量。其单位为像素，默认值为 4。

● horizontalPageScrollSize：用于设置单击滚动滑块轨道时水平滚动条移动的像素数。当该值为 0 时，该属性检索组件的可用宽度。

● horizontalScrollPolicy：用于设置水平滚动条是否始终显示。

● verticalLineScrollSize：用于设置单击滚动箭头按钮时垂直滚动条移动的数量。其单位为像素，默认值为 4。

● verticalPageScrollSize：用于设置单击滚动滑块轨道时垂直滚动条移动的像素数。当该值为 0 时，该属性检索组件的可用高度。

● verticalScrollPolicy：用于设置垂直滚动条是否始终显示。

8．NumbericStepper 组件

NumbericStepper 组件用于显示一组已排序的数字，如图 6−20 所示。用户可以从中进行选择。此组件包括一个单行字段和一对箭头按钮，前者用于文本输入，后者用于单步调试该组数值，也可以使用【↑】和【↓】键查看该组数值。在舞台中添加 NumbericStepper 组件后，可以通过“参数”面板设置其相关参数，如图 6−21 所示。

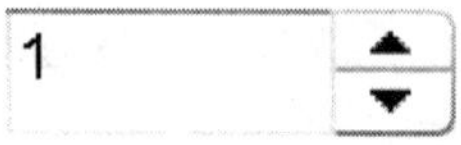

图 6−20　NumbericStepper 组件

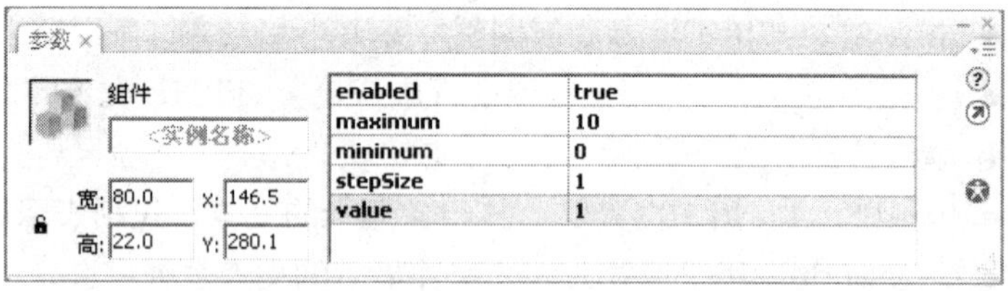

图 6−21　NumbericStepper 组件的“参数”面板

● enabled：用于设置组件是否可以接收用户交互。

● maximum：用于设置数值序列中的最大值。

● minimum：用于设置数值序列中的最小值。

● stepSize：用于设置一个非零数值，该值描述值与值之间的变化单位。

● value：用于设置 NumericStepper 组件的当前值。

9．ProgressBar 组件

ProgressBar 组件用于显示内容的加载进度，如图 6−22 所示。ProgressBar 组件通常用于显示图像和部分应用程序的加载状态。加载进程可以是确定的，也可以是不确定的。当要加载的内容量是已知时，则使用确定的进度栏，任务进度以线性表示。不确定的进度栏以条纹图案填充表示。在舞台中添加 ProgressBar 组件后，可以通过“参数”面板设置其相关参数，如图 6−23 所示。

图 6−22　ProgressBar 组件

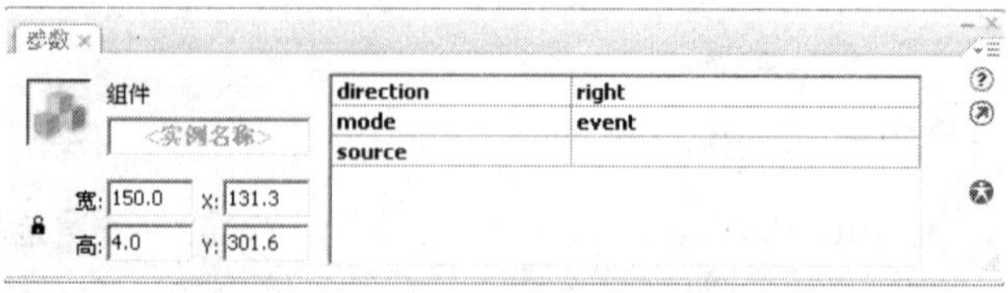

图 6−23　ProgressBar 组件的“参数”面板

● direction：用于设置进度栏的填充方向。

● mode：用于设置更新进度栏的方法。

● source：用于设置对待加载内容的引用，ProgressBar 组件将测量对此内容的加载操作的进度。

10．RadioButton 组件

RadioButton 组件为单选按钮组件，可以让用户从一组单选按钮选项中选择一个选项，如图 6−24 所示。在舞台中添加 RadioButton 组件后，可以通过“参数”面板设置其相关参数，如图 6−25 所示。

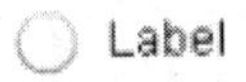

图 6–24　RadioButton 组件

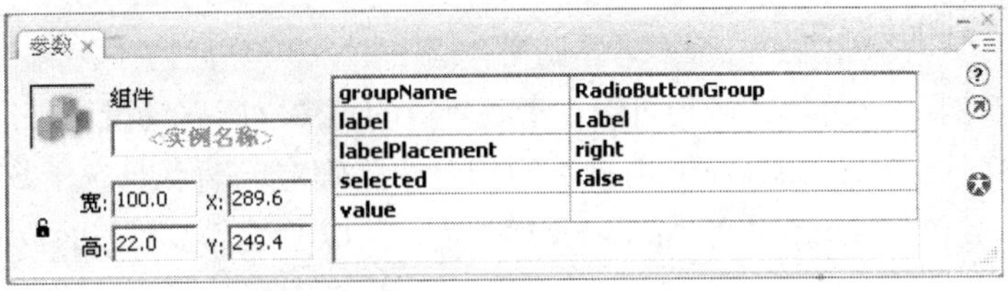

图 6–25　RadioButton 组件的“参数”面板

● groupName：用于设置单击按钮的组名称，一组单选按钮有一个统一的名称。

● label：用于设置单选按钮上的文本内容。

● labelPlacement：用于设置按钮上标签文本的方向。该参数可以是下列 4 个值之一，即 left、right、top 或 buttom，其默认值为 right。

● selected：用于设置单选按钮的初始值为被选中或未被选中。被选中的单选按钮中会显示一个圆点，其参数值为 true，一个组内只有一个单选按钮可以有被选中的值 true。如果将其参数值设置为 false，表示会取消选择该单选按钮。

11．ScrollPane 组件

ScrollPane 组件用于设置一个可滚动的区域来显示 JPEG、GIF 与 PNG 文件以及 SWF 文件，如图 6–26 所示。在舞台中添加 ScrollPane 组件后，可以通过“参数”面板设置其相关参数，如图 6–27 所示。

图 6–26　ScrollPane 组件

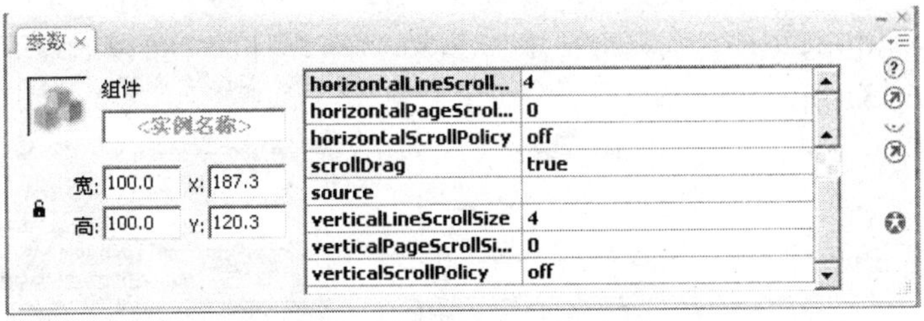

图 6–27　ScrollPane 组件的“参数”面板

● horizontalLineScrollSize：用于设置单击滚动箭头按钮时水平滚动条移动的数量。其单位为像素，默认值为 4 。

● horizontalPageScrillSize：用于设置单击滚动滑块轨道时水平滚动条移动的像素数。当该值为 0 时，该属性检索组件的可用宽度。

● horizontalScrollPolicy：用于设置水平滚动条是否始终显示。

● scrollDrag：用于设置当用户在滚动窗格中拖动内容时是否发生滚动。

● source：用于设置滚动区域内的图像文件或 SWF 文件。

● verticalLineScriollSize：用于设置单击滚动箭头按钮时垂直滚动条移动的数量。其单位为像素，默认值为 4 。

● verticalPageScrollSize：用于设置单击滚动滑块轨道时垂直滚动条移动的像素数。当该值为 0 时，该属性检索组件的可用高度。

● verticalScroPolicy：用于设置垂直滚动条是否始终显示。

12．Slider 组件

使用Slider组件，用户可以在滑块轨道的端点之间移动滑块来选择相应的数值，如图6−28所示。Slider组件的当前值由滑块的相对位置确定，端点对应于Slider组件的minimum和maximum值。在舞台中添加Slider组件后，可以通过“参数”面板设置其相关参数，如图6−29所示。

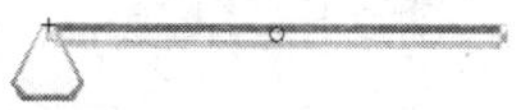

图6−28　Slider组件

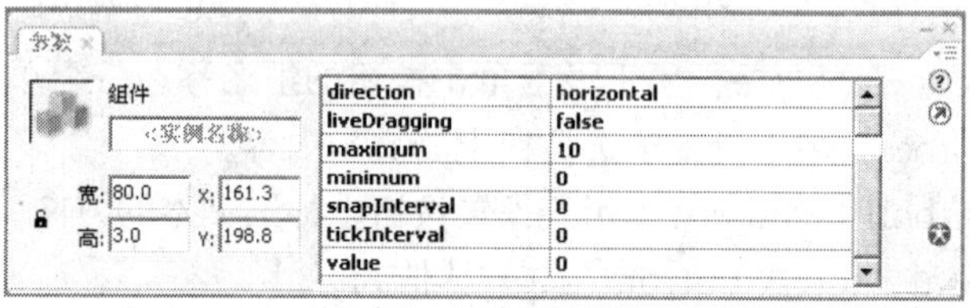

图6−29　Slider组件的“参数”面板

- direction：用于设置滑块轨道是水平或是垂直。
- maximum：用于设置Slider组件实例所允许的最大值。
- minimum：用于设置Slider组件实例所允许的最小值。
- snapInterval：用于设置用户移动滑块时值增加或减小的量。
- tickInterval：用于设置相对于组件最大值的刻度值间距。
- value：用于设置Slider组件的当前值。

13．TextArea 组件

TextArea组件为多行文本框，如图6−30所示。如果需要使用单行文本框，可以使用TextInput组件。在舞台中添加TextArea组件后，可以通过“参数”面板设置其相关参数，如图6−31所示。

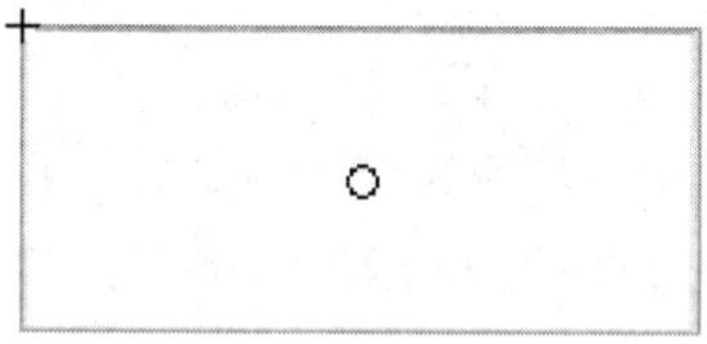

图6−30　TextArea组件

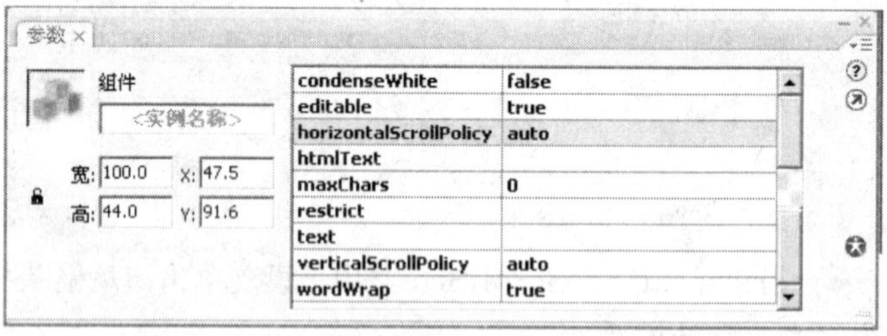

图6−31　TextArea组件的“参数”面板

● condenseWhite：用于设置是否从包含HTML文本的TextArea组件中删除额外空白。

● editable：用于设置TextArea组件是否为可编辑状态，参数值为true与false，表示可编辑与不可编辑，默认值为true。

● horizontalScrollBar：用于设置水平方向的滚动条，其包含auto、on和off等 3个参数值。auto用于设置自动显示水平滚动条；on用于设置始终显示水平滚动条；off用于设置不显示水平滚动条。

● htmlText：用于设置文本是否采用HTML格式，共包括truc和falsc两个参数值。如果将参数值设为true，则可以使用html标签来设置文本格式。

● maxChars：用于设置用户可以在文本字段中输入的最大字符数。

● restrict：用于设置文本字段从用户处接收的字符串。

● text：用于设置 TextArea 组件中的文本内容。

● verticalScrollPolicy：用于设置垂直方向的滚动条，其包含 auto、on 和 off 等 3 个参数值。auto 用于设置自动显示垂直滚动条；on 用于设置始终显示垂直滚动条；off 用于设置不显示垂直滚动条。

● wordWrap：用于设置文本是否自动换行，默认值为 true，表示可以自动换行。

14．TextInput 组件

TextInput 组件为单行文本框，如图 6-32 所示。在舞台中添加 TextInput 组件后，可以通过“参数”面板设置其相关参数，如图 6-33 所示。

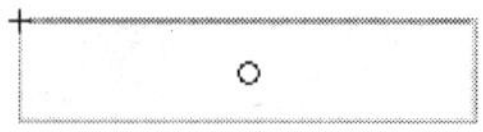

图 6-32　TextInput 组件

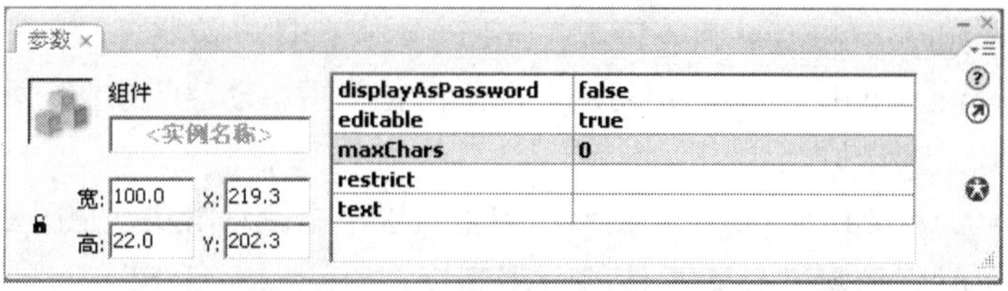

图 6-33　TextInput 组件的“参数”面板

● displayAsPassword：用于设置在 text 中的文本内容的显示方式。参数为 true 时，文本将以 * 号显示；参数为 false 时，文本将以正常方式显示。

● editable：用于设置 TextInput 组件是否为可编辑状态，参数值为 true 与 false，表示可编辑与不可编辑，默认值为 true。

● maxChars：用于设置用户可以在文本字段中输入的最大字符数。

● restrict：用于设置文本字段从用户处接收的字符串。

● text：用于设置 TextInput 组件中的文本内容。

15．TileList 组件

TileList 组件如图 6-34 所示。提供呈行和列分布的网格，通常用来以“平铺”格式设置并显示图像。在舞台中添加 TileList 组件后，可以通过“参数”面板设置其相关参数，如图 6-35 所示。

图 6-34　TileList 组件

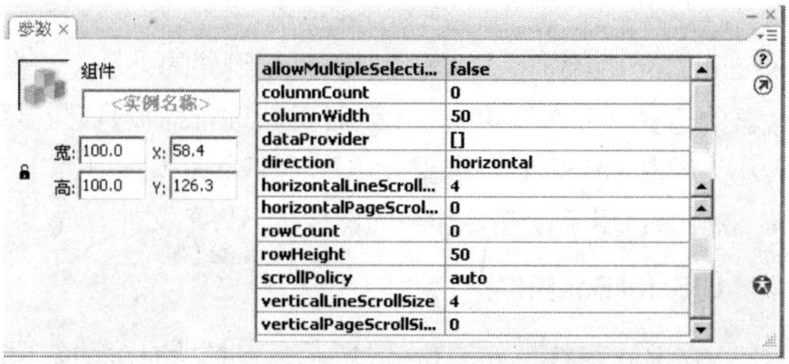

图 6-35　TileList 组件的“参数”面板

● allowMultipleSelection：用于设置是否一次选择多个列表项目，其参数为布尔值，true 值表示可以一次选择多个项目；false 值表示一次只能选择一个项目。

● columnCount：用于设置列表中可见的列的列数。

● columnWidth：用于设置应用于列表中的列的宽度，以像素为单位。

● dataProvider：用于设置要查看的项目列表的数据模型。

● direction：用于设置 TileList 组件是水平滚动还是垂直滚动。

● horizontalLineScrollSize：用于设置单击滚动箭头按钮时水平滚动条移动的数量。其单位为像素，默认值为 4 。

● horizontalPageScrollSize：用于设置单击滚动滑块轨道时水平滚动条移动的像素数。当该值为 0 时，该属性检索组件的可用宽度。

● rowCount：用于设置列表中可见行的行数。

● rowHeight：用于设置应用于列表中每一行的高度，以像素为单位。

● scrollPolicy：用于设置 TileList 组件的滚动策略。

● verticalLineScrollSize：用于设置单击滚动箭头按钮时垂直滚动条移动的数量。其单位为像素，默认值为 4 。

● verticalPageScrollSize：用于设置单击滚动滑块轨道时垂直滚动条移动的像素数。当该值为 0 时，该属性检索组件的可用高度。

16. UILoader 组件

UILoader 组件如图 6－36 所示。可以设置要加载的内容，然后在运行时监视加载操作。UILoader 组件同时还处理已加载内容的大小调整。在舞台中添加 UILoader 组件后，可以通过“参数”面板设置其相关参数，如图 6－37 所示。

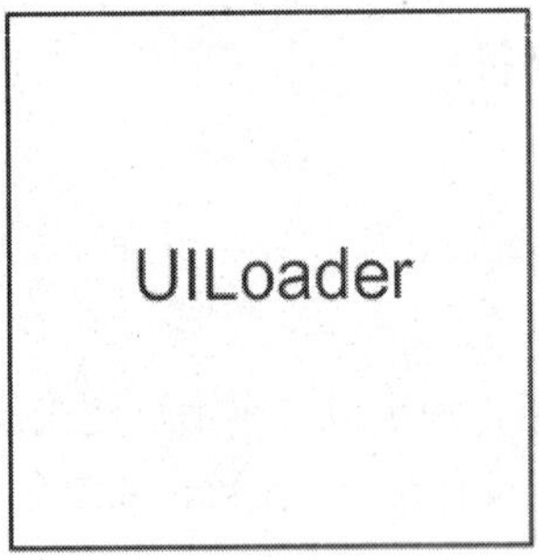

图 6–36　UILoader 组件

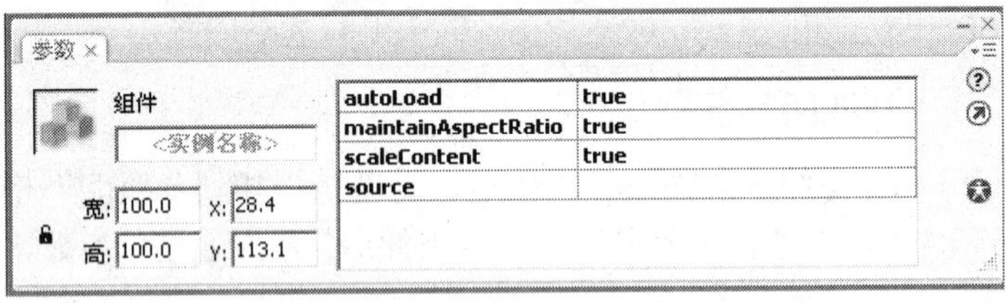

图 6–37　UILoader 组件的“参数”面板

● scaleContent：用于调整 UILoader 组件的大小。当参数为 true 时，内容会进行缩放以适合加载器的边界（并在调用 setSize 时重新进行缩放）；当参数为 false 时，组件的大小固定为内容的大小，并且 setSize 和调整大小属性都会失去作用。

● source：用于设置要加载的图像或 SWF 文件。

17. UIScrollBar 组件

UIScrollBar 组件，如图 6–38 所示。包括所有滚动条功能，此组件可以被附加到 TextField 组件实例。在舞台中添加 UIScrollBar 组件后，可以通过“参数”面板设置其相关参数，如图 6–39 所示。

● direction：用于设置滚动条是水平或是垂直。

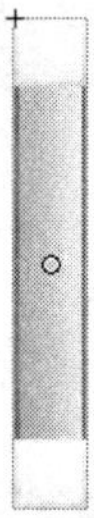

图 6–38　UIScrollBar 组件

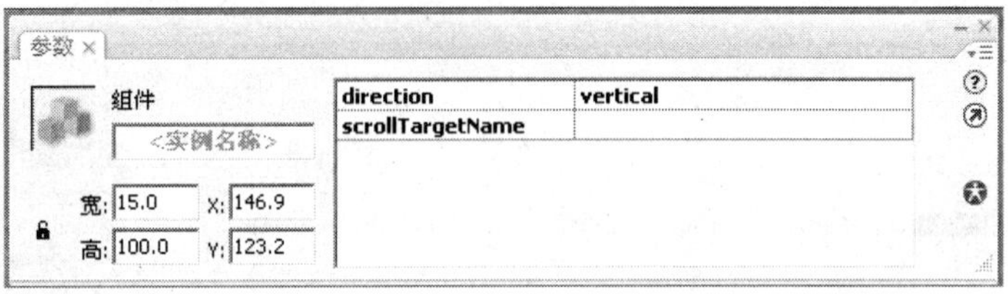

图 6–39　UIScrollBar 组件的“参数”面板

- scrollTargetName：用于设置被附加滚动条的对象的实例名称。

6.4　实 例 讲 解

本节将通过“制作青岛崂山旅游图片的幻灯片”和“制作模拟 QQ 效果”两个实例来讲解 Flash 的模板和组件在实践中的应用。

6.4.1　制作青岛崂山旅游图片的幻灯片

要点

本例将制作一个共有 10 张图片的青岛崂山旅游图片的幻灯片，如图 6-40 所示。通过本例学习应掌握根据幻灯片模板创建自己需要的幻灯片的方法。

图 6–40　青岛崂山旅游图片的幻灯片

操作步骤：

（1）执行菜单中的“文件”|“新建”命令，在弹出的对话框中选择“模板”选项卡，然后在左侧“类别”列表中选择“照片幻灯片放映”选项，在右侧“模板”列表中选择“现代照片幻灯片放映”选项，如图 6–41 所示，单击“确定”按钮，从而根据该模板创建一个新文件，如图 6–42 所示。

（2）我们要制作的幻灯片需要 10 张图片，而目前模板默认只有 4 张图片，下面在时间轴选择所有图层的第 10 帧并按【F5】键插入普通帧，从而使所有图层的总帧数延长到第 10 帧，如图 6–43 所示。然后分别在放置图片的 picture　layer 层的第 6～10 帧按【F6】键插入关键帧，如图 6–44 所示。

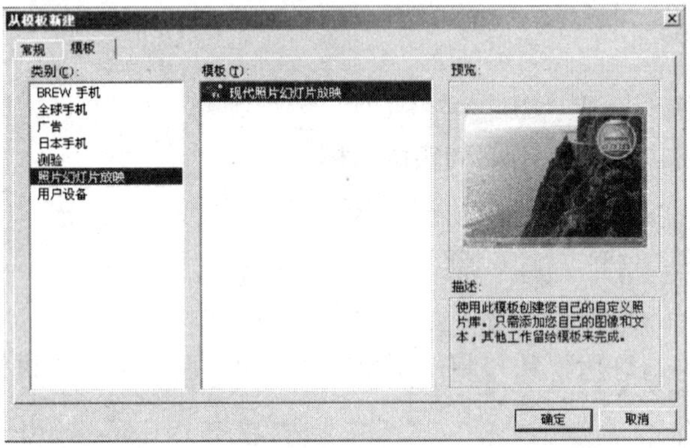

图 6-41　选择“现代照片幻灯片放映”模板

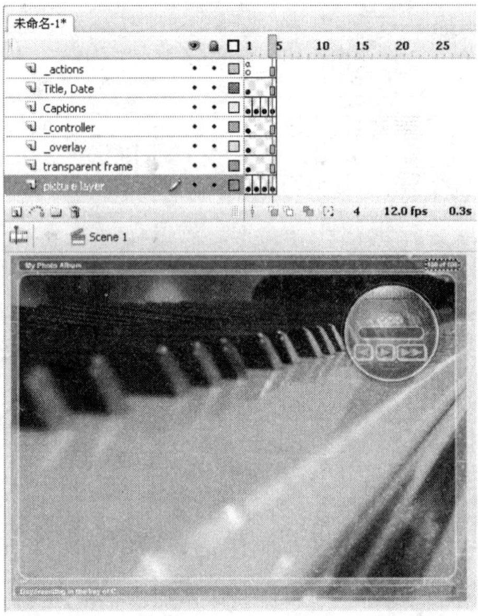

图 6-42　根据模板创建文件

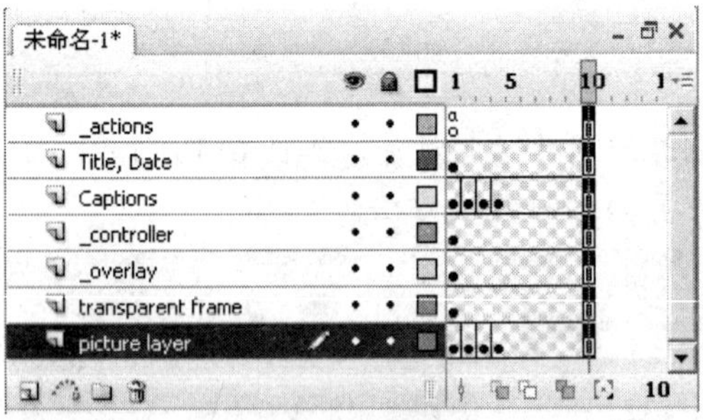

图 6-43　将所有图层的总帧数延长到第 10 帧

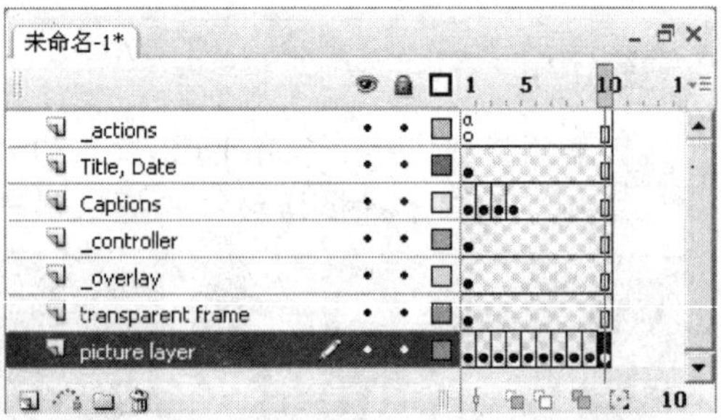

图 6-44　在 picture layer 层的第 6～10 帧插入关键帧

（3）替换模板中的图片。方法：执行菜单中的“文件”|“导入到库”命令，导入配套光盘“素材及结果\6.4.1 制作青岛崂山旅游幻灯片\青岛崂山图片\图片 1～图片 10.jpg”图片，然后为了便于操作，锁定 picture layer 层以外的其他层，接着单击 picture layer 层的第 1 帧，再右击舞台中第 1 帧的图片，从弹出的快捷菜单中选择“交换位图”命令，最后在弹出的对话框中选择“图片 1”选项，如图 6-45 所示，单击“确定”按钮，效果如图 6-46 所示。

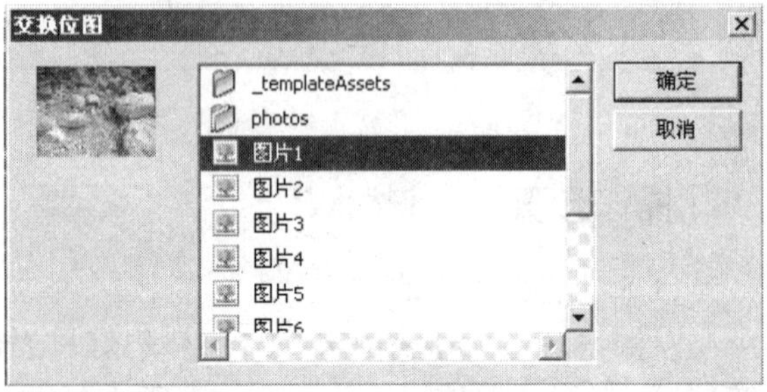

图 6-45　选择“图片 1”选项

（4）同理，将第 2～10 帧的图片分别替换为“图片 2～图片 10.jpg”。

（5）将幻灯片自动播放的时间间隔设为 6s。方法：解锁锁定的图层，然后选择舞台右上角的圆形播放器，执行菜单中的“窗口”|“组件检查器”命令，调出“组件检查器”面板，接着将“值”设为 6，如图 6-47 所示，单击“确定”按钮。

（6）执行菜单中的“文件”|“保存”命令，对其进行保存。至此，整个动画制作完毕。

下面执行菜单中的“控制”|“测试影片”（快捷键【Ctrl+Enter】）命令，打开播放器窗口，单击播放器中的▶▶按钮，即可看到自动播放幻灯片的效果。

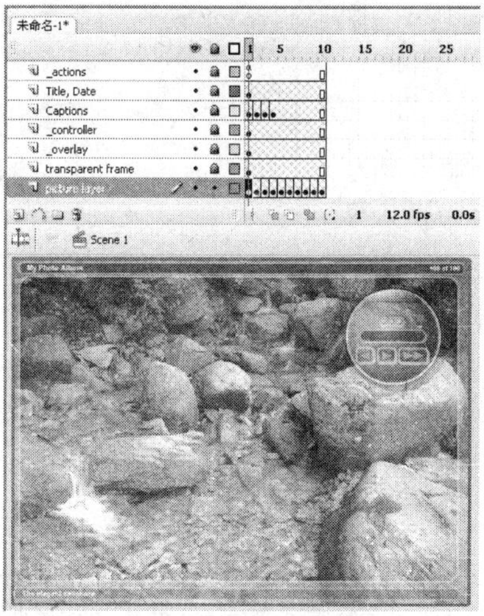

图 6–46　替换图片效果

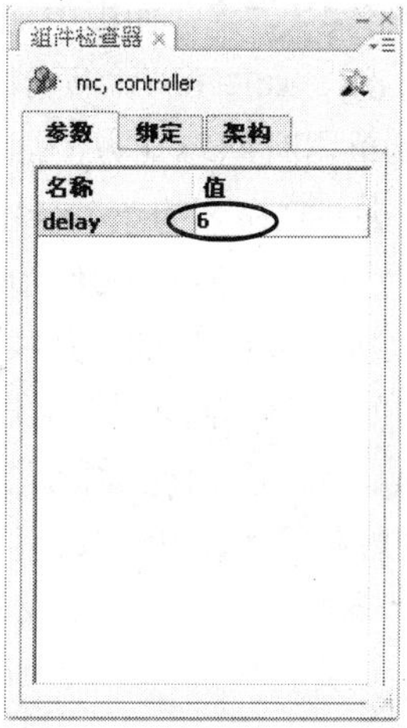

图 6–47　将时间间隔设为 6s

6.4.2　制作模拟 QQ 效果

要点

本例将制作单击不同选项卡，会显示出相关选项卡中的不同头像，而且当单击相关头像时会显示与之相对应的信息的模拟 QQ 效果，如图 6-48 所示。通过本例学习应掌握 Accordion 和 TextArea 组件的综合应用。

图 6–48　模拟 QQ 效果

操作步骤：

1．制作单击不同的 QQ 选项卡显示不同信息的效果

（1）启动 Flash　CS3，新建一个 Flash 文件（ActionScript　2.0）。然后在“属性”面板中

设置文档大小为400px × 540px，背景色为白色。

（2）执行菜单中的“文件”|“导入到库”命令，导入配套光盘“素材及结果\6.4.2　制作模拟QQ效果\背景.jpg”图片，然后将其从“库”面板中拖入到舞台左侧，接着将“图层1”重命名为bg，如图6-49所示。

（3）单击时间轴下方的（插入图层文件夹）按钮，新建一个文件夹并重命名为components，然后在该文件夹中插入两个图层，并重命名为Accordion和TextArea。

（4）执行菜单中的“窗口”|“组件”命令，调出“组件”面板，如图6-50所示。然后在Accordion层将“组件”面板中的Accordion组件拖入舞台，放置位置及大小设置如图6-51所示。接着在TextArea层将“组件”面板中的TextArea组件拖入舞台，放置位置及大小设置如图6-52所示。

（5）在舞台中选择Accordion组件，然后在“参数”面板中将其实例命名为myac，如图6-53所示，下面在脚本语言中就要引用这个实例名并对其进行操作。

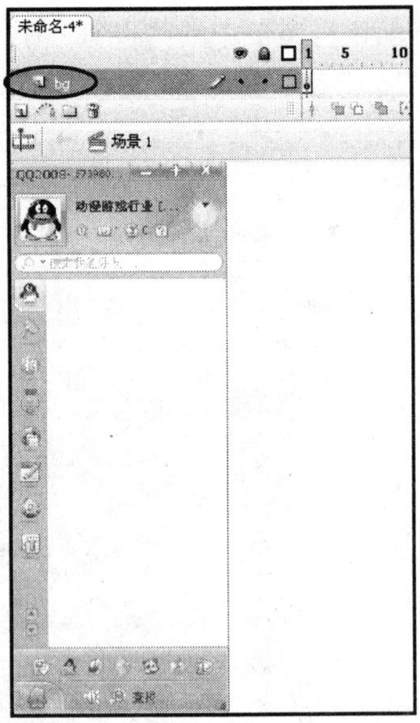

图6-49　将背景.jpg拖入舞台并重命名图层

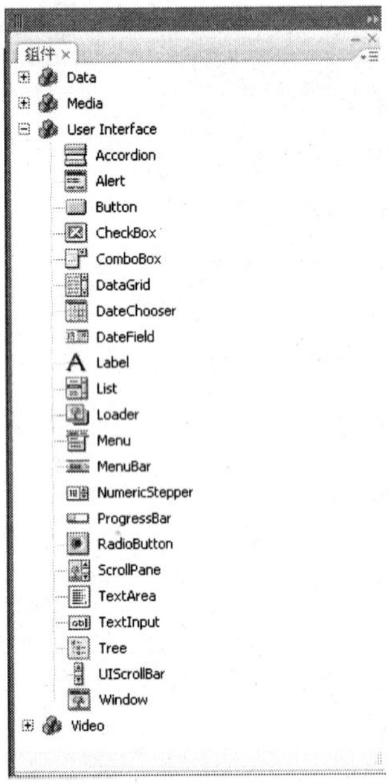

图6-50　“组件”面板

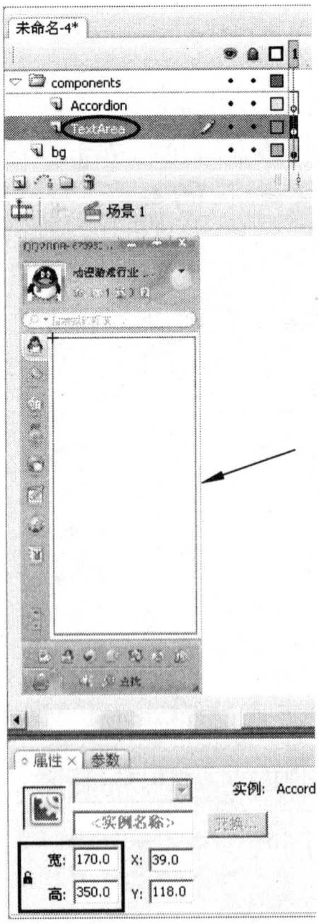

图6-51　放置Accordion组件并设置大小

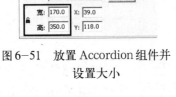

图6-52　放置TextArea组件并设置大小

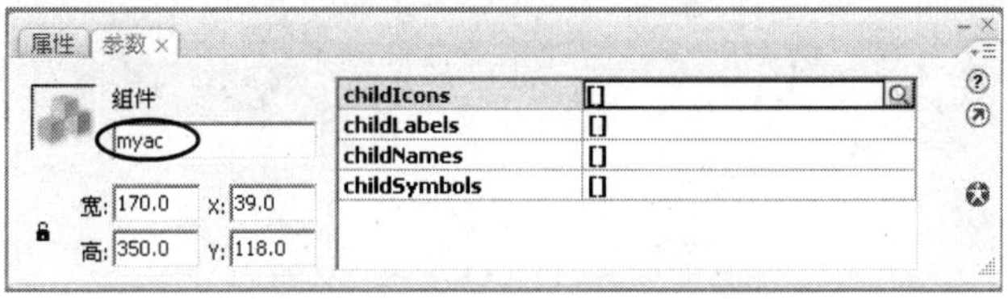

图 6-53　设置 Accordion 组件的实例名为 myac

（6）设置 Accordion 组件的参数。在 Accordion 组件的“参数”面板中，childIcon 用于设置 4 个选项卡中的图标；childLabel 用于设置 4 个选项卡的文字；childNames 用于设置 4 个选项卡的实例名称，当需要用 ActionScript 来控制子菜单时就能用到这些名称；childSymbols 用于设置 4 个选项卡中需要加载的影片剪辑。下面单击 childIcons 右侧的按钮，从弹出的“值”对话框中设置参数如图 6-54 所示，单击“确定”按钮，效果如图 6-55 所示。同理设置其余参数，如图 6-56 所示。

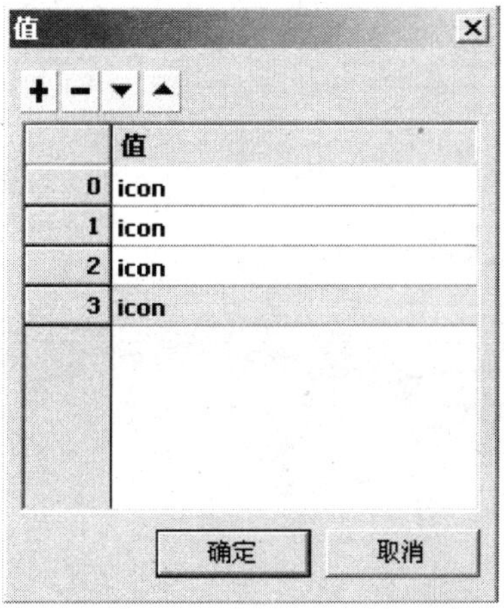

图 6-54　设置 childIcons 参数

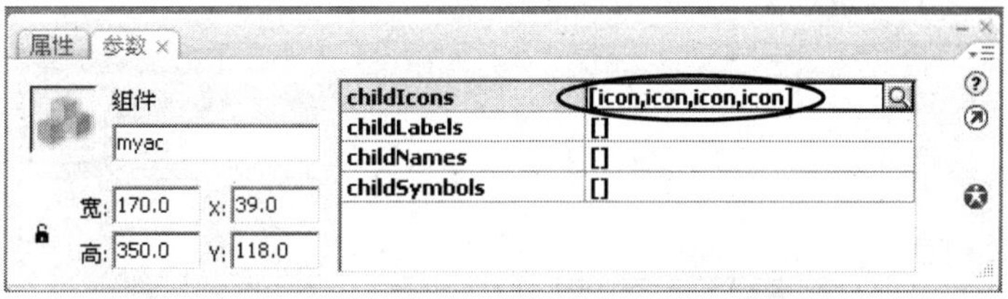

图 6-55　设置 childIcons 参数后的面板

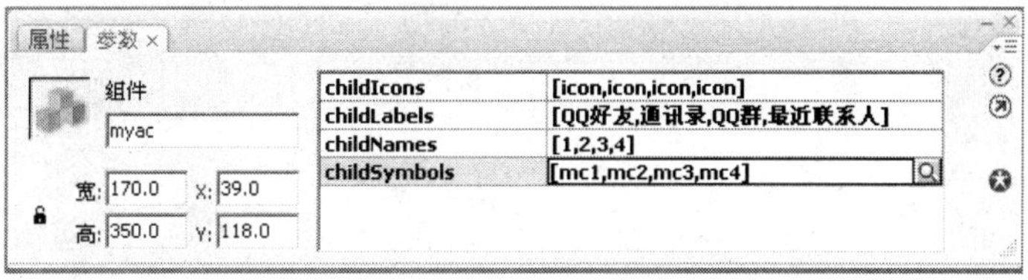

图 6-56　设置 Accordion 组件的其余参数

（7）在舞台中选择 TextArea 组件，然后在“参数”面板中将其实例命名为 mytxt。

（8）设置 TextArea 组件的参数。在 TextArea 组件的“参数”面板中，editable 用于设置 TextArea 组件是否响应用户的输入；html 用于设置文本是否可以用 html 语言编写；text 用于设置组件内显示的文字；wordWrap 用于设置是否当超过组件设置的宽和高时显示滚动条。下面在 text 右侧输入初始文本，如图 6-57 所示，此时舞台中的 TextArea 组件中会显示出初始文本，如图 6-58 所示。

（9）为了便于管理，下面在“库”面板中创建两个名称分别为 components 和 images 的文件夹，然后将所有图片放入 images 文件夹，将所有组件放入 components 文件夹，如图 6-59 所示。

（10）制作选项卡中的小图标。方法：执行菜单中的“文件”|“导入到库”命令，导入配套光盘“素材及结果\6.4.2　制作模拟 QQ 效果\icon.jpg”图片，然后执行菜单中的“插入”|“新建元件”（快捷键【Ctrl+F8】）命令，在弹出的对话框中设置如图 6-60 所示，单击“确定”按钮，进入 icon 元件的编辑状态。接着从库中将 icon.jpg 图片拖入舞台，并将其 x、y 坐标设为 0，如图 6-61 所示。最后为了便于管理，在库中新建一个名称为 movieclip 的文件夹，然后将 icon 元件拖入该文件夹中，如图 6-62 所示。

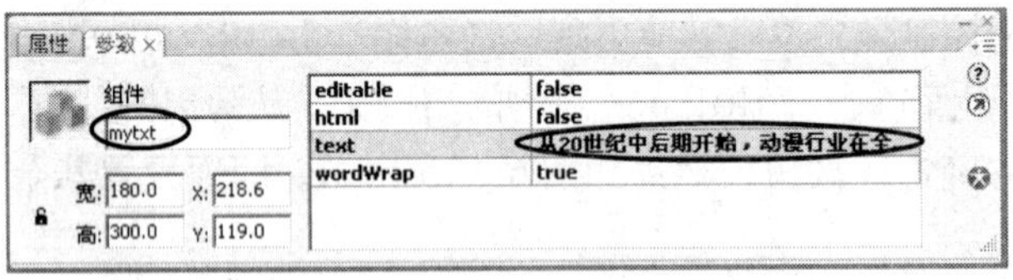

图6-57　设置Accordion组件的实例名为mytxt

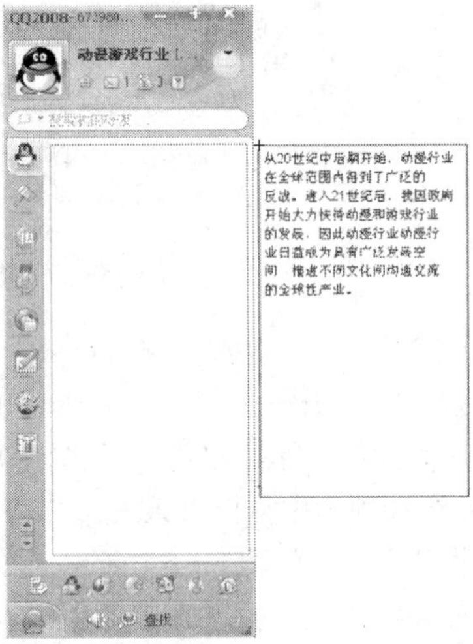

图6-58　在TextArea组件中显示输入的文本信息

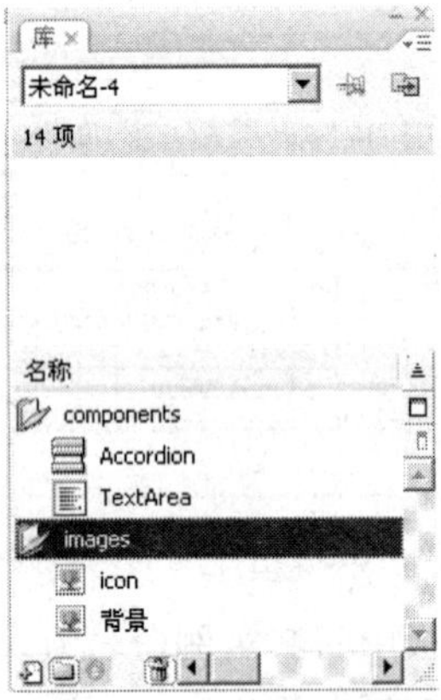

图6-59　创建文件夹

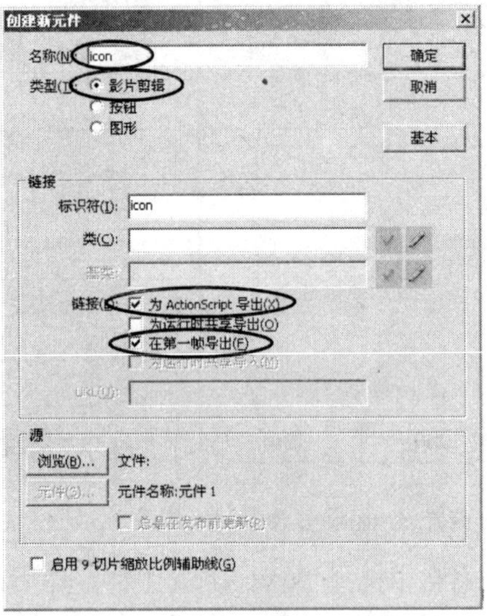

图6-60　新建icon元件

图6-61　将x、y坐标设为0

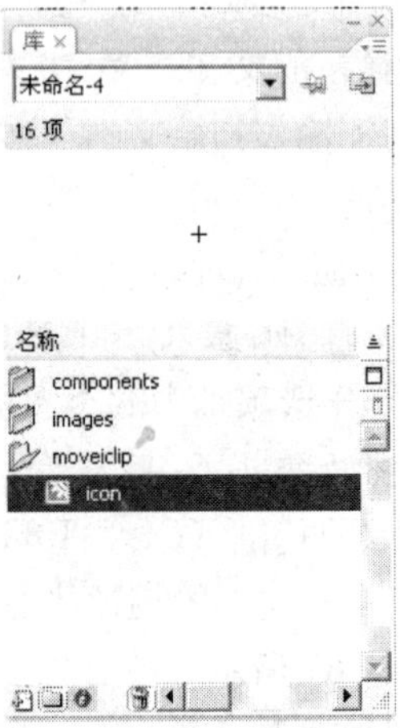

图6-62　将icon元件拖入movieclip文件夹

（11）制作 4 个选项卡中要加载的头像按钮。方法：执行菜单中的“文件”|“导入到库”命令，导入配套光盘“素材及结果\6.4.2 制作模拟QQ效果\face1.jpg～face8.jpg”图片。然后执行菜单中的“插入”|“新建元件”（快捷键【Ctrl+F8】）命令，新建face1 按钮元件，并进入其编辑状态。接着从“库”面板中将face1.jpg 拖入舞台，并将其 x、y 坐标设为0，如图6-63 所示。最后分别在时间轴“指针经过”、“按下”和“点击”帧按【F6】键插入关键帧，如图6-64 所示。

图 6-63　将face1.jpg 拖入舞台并将坐标设为0

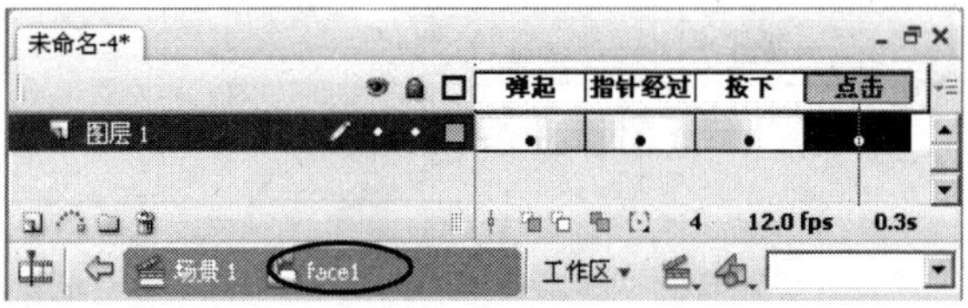

图 6-64　face 按钮元件的时间轴分布

（12）同理，创建出face2～face8 按钮元件。然后为了便于管理，在“库”面板中新建名称为button 的文件夹，并将face1～face8 按钮元件拖入该文件夹中，如图6-65 所示。

（13）制作mc1 影片剪辑作为第一个QQ 选项卡的内容。方法：执行菜单中的“插入”|“新建元件”（快捷键【Ctrl+F8】）命令，在弹出的对话框中设置如图6-66 所示，单击“确定”按钮，进入mc1 按钮元件的编辑状态。然后将face1 和face2 按钮元件分别拖入该元件，并将face1 按钮元件的 x、y 坐标设为（20，10）；将face2 按钮元件的 x、y 坐标设为（20，75），效果如图6-67 所示。

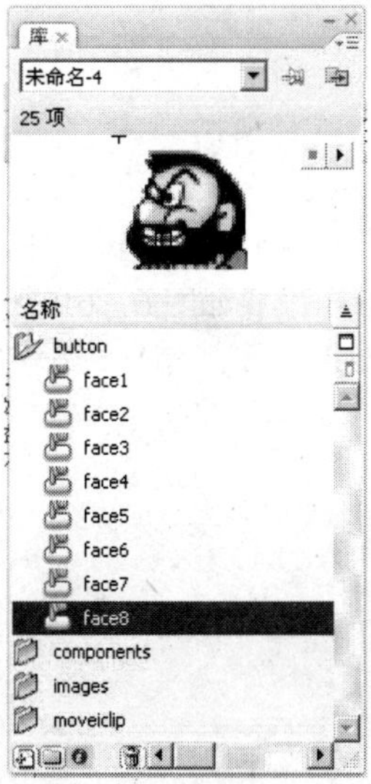

图 6-65　将元件拖入button 文件夹中

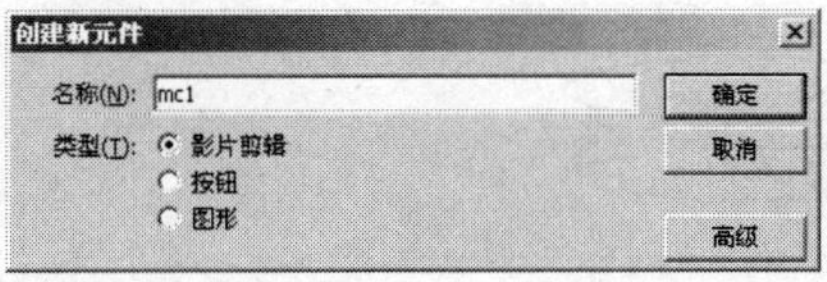

图 6-66　新建mcl 元件

图 6-67　在mc1 元件中放置face1 和face2 按钮元件

（14）同理，新建mc2～mc4影片剪辑元件。然后将face3和face4按钮元件拖入mc2元件；将face5和face6按钮元件拖入mc3元件；将face7和face8按钮元件拖入mc4元件，效果如图6-68所示。

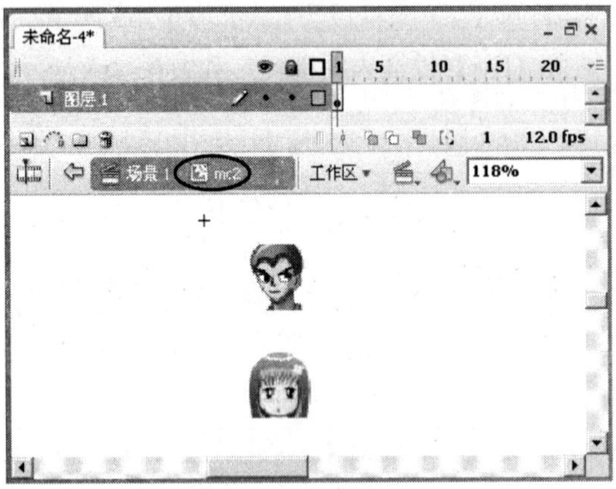

(a) mc2影片剪辑元件

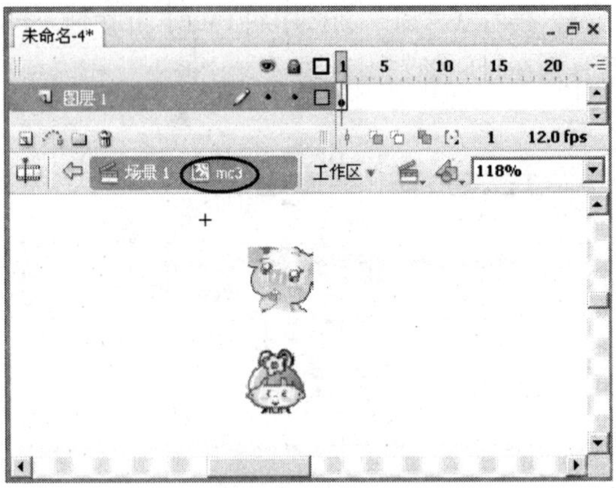

(b) mc3影片剪辑元件

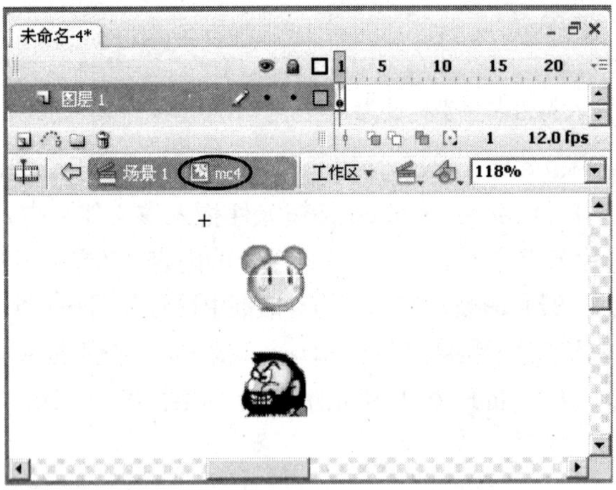

(c) mc4影片剪辑元件

图6-68　mc2～mc4影片剪辑元件

（15）为了在预览时看到相关内容，下面分别在“库”面板中右击mc1～mc4影片剪辑元件，从弹出的快捷菜单中选择“链接”命令，然后在弹出的“链接属性”对话框中设置如图6-69所示，单击“确定”按钮。

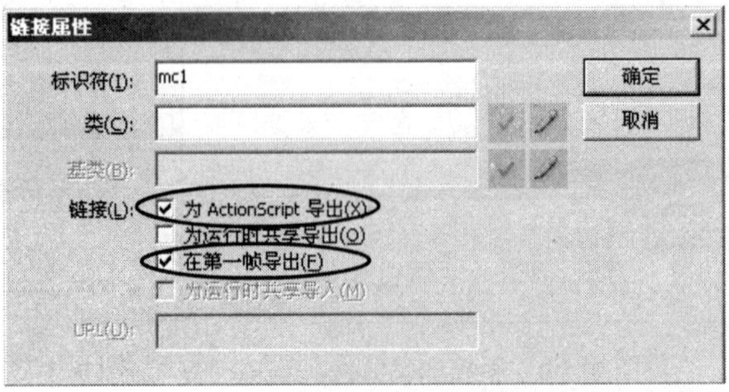

图6-69　设置“链接属性”参数

（16）按【Ctrl+Enter】组合键预览动画，即可看到制作单击不同的 QQ 选项卡显示不同信息的效果，如图 6−70 所示。

（a）QQ 好友　　（b）通讯录　　（c）QQ 群　　（d）最近联系人

图 6−70　单击不同的 QQ 选项卡显示不同信息的效果

2．制作单击不同头像按钮后在右侧显示不同信息的效果

（1）进入 mc1 影片剪辑的编辑模式，然后右击舞台中的 face1 按钮元件，从弹出的快捷菜单中选择“动作”命令。接着在弹出的“动作”面板中输入：

```
on (release) {
    _root.mytxt.text ="让我们为我国动漫产业的发展共同努力吧！ "
}
```

（2）同理，右击舞台中 mc1 影片剪辑中的 face2 按钮元件，从弹出的快捷菜单中选择“动作”命令。然后在弹出的“动作”面板中输入：

```
on (release) {
    _root.mytxt.text ="我国二维传统动画的发展现状"
}
```

（3）同理，分别为 mc2～mc4 影片剪辑元件中的相关按钮元件设置动作。

（4）至此，整个模拟 QQ 效果制作完毕。下面执行菜单中的“控制”|“测试影片”（快捷键【Ctrl+Enter】）命令，打开播放器窗口，即可测试单击不同头像按钮后在右侧显示不同信息的效果。

6.5　课 后 练 习

一、填空题

（1）运行 Flash 后，从启动界面右边的__________栏中，可以看到模板类型列表。

（2）__________组件用于显示内容的加载进度；__________组件为单选按钮组件。

二、选择题

(1) ActionScript 2.0 和 ActionScript 3.0 "组件"面板中的组件是不同的，下面（　　）属于 ActionScript 2.0 特有的组件。

A. Label　　B. Menu　　C. CheckBox　　D. ComboBox

(2) ActionScript 2.0 和 ActionScript 3.0 "组件"面板中的组件是不同的，下面（　　）属于 ActionScript 3.0 特有的组件。

A. List　　B. ColorPicker　　C. TextArea　　D. Slider

三、问答题

(1) 简述 Button 组件中各参数的含义。

(2) 简述 List 组件中各参数的含义。

第 7 章 动画发布

本章重点

在 Flash 动画制作完成后，可以根据播放环境的需要将其输出为多种格式。比如可以输出为适合于网络播放的.swf 和.html 格式，也可以输出为非网络播放的.avi 和.mov 格式，还可以输出为.exe 格式的 Windows 放映格式。通过本章学习应掌握以下内容：

- 将 Flash 发布为网络上播放的动画
- 将 Flash 输出为非网络上播放的动画

7.1 发布为网络上播放的动画

Flash 主要用于网络动画，因此默认发布为.swf 和.html 格式的动画文件。

7.1.1 优化动画文件

由于全球用户使用的网络传输速度不同，在这种情况下，如果制作的动画文件较大，常常会让那些网速不是很快的用户失去耐心，因此在不影响动画播放质量的前提下尽可能地优化动画文件是十分必要的。优化 Flash 动画文件可以分为在制作静态元素时进行优化、在制作动画时进行优化、在导入音乐时进行优化和在发布动画时进行优化 4 个方面。

1. 在制作静态元素时进行优化

（1）多使用元件。重复使用元件并不会使动画文件明显增大，因此对于在动画中反复使用的对象，应将其转换为元件，然后重复使用该元件即可。

（2）多采用实线线条。虚线线条（如点状线、斑马线）比实线的线条复杂，因此应减少虚线线条的数量，而多采用实线线条。

（3）优化线条。矢量图形越复杂，CPU 运算起来就越费力，因此在制作矢量图形后可以通过执行菜单中的“修改”|“形状”|“优化”命令，将矢量图形中不必要的线条删除，从而减小文件大小。

（4）导入尽可能小的位图图像。Flash CS3 提供了 JPEG、GIF 和 PNG 等 3 种位图压缩格式。在 Flash 中压缩位图的方法有两种：一是在“属性”面板中设置位图压缩格式；二是在发布时设置位图压缩格式。

在“属性”面板中设置位图压缩格式具体操作步骤如下：

① 执行菜单中的“窗口”|“库”命令，调出“库”面板。

② 右击要压缩的位图，在弹出的快捷菜单中选择“属性”命令，弹出图 7-1 所示的“位图属性”对话框。在该对话框中显示了当前位图的格式以及可压缩的格式，此时该图为.tif 格式，压缩类型为“照片（JPEG）”。如果取消选择“使用文档默认品质”复选框，还可以对其压缩品质进行具体设置，如图 7-2 所示。

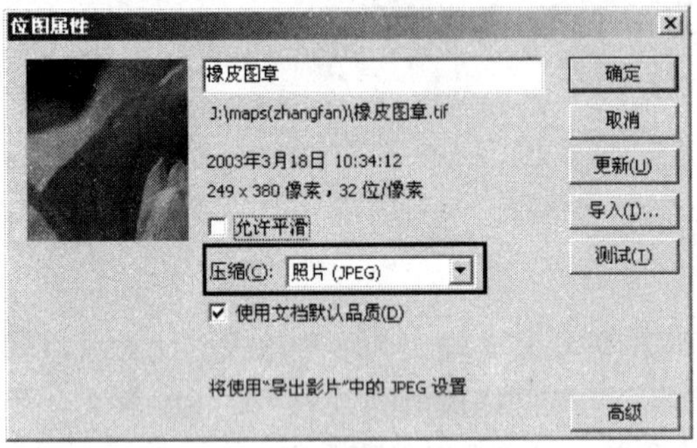

图 7-1 “位图属性”对话框

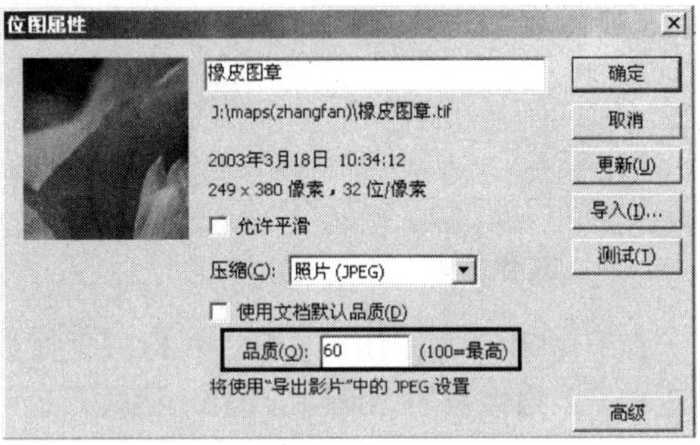

图 7-2 对其压缩品质进行具体设置

③ 如果选择压缩类型为“无损（PNG/GIF）”，则可对位图进行 20%～55% 的压缩。图 7-3 所示为对原图进行 20% 的压缩。

在发布时设置位图压缩格式的具体操作步骤如下：

① 执行菜单中的“文件”|“发布设置”命令。

② 在弹出的对话框中选择 Flash 选项卡，如图 7-4 所示。然后选择“压缩影片”复选框，在“JPEG 品质”文本框中输入相应的数值，单击“确定”或“发布”按钮即可。

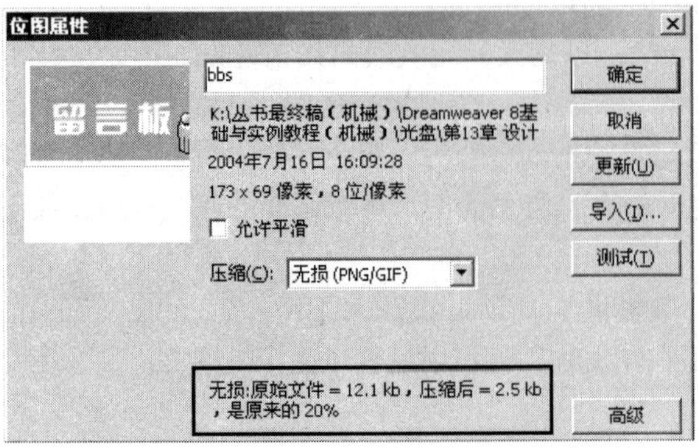

图 7-3 对原图进行 20% 的压缩

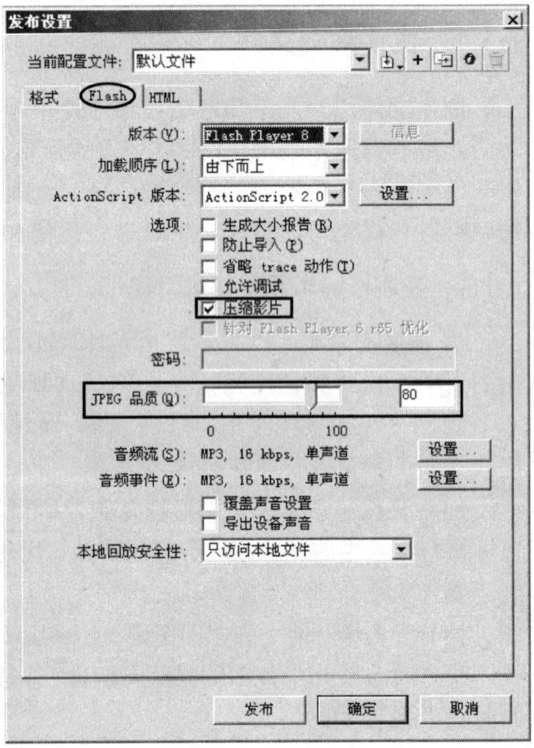

图 7-4 Flash 选项卡

（5）限制字体和字体样式的数量。使用的字体种类越多，动画文件就越大，因此应尽量不要使用太多的字体，而尽可能使用Flash内置的字体。

2．在制作动画时进行优化

（1）多采用补间动画。由于Flash动画文件的大小与帧的多少成正比，因此应尽量以补间动画的方式产生动画效果，而少用逐帧方式生成动画。

（2）多用矢量图形。由于Flash并不擅长处理位图图像的动画，通常只用于静态元素和背景图，而矢量图形可以任意缩放而不影响Flash的画质，因此在生成动画时应多用矢量图形。

（3）尽量缩小动作区域。动作区域越大，Flash动画文件就越大，因此应限制每个关键帧中发生变化的区域，使动画发生在尽可能小的区域内。

（4）尽量避免在同一时间内多个元素同时产生动画。由于在同一时间内多个元素同时产生动画会直接影响到动画的流畅播放，因此应尽量避免在同一时间内多个元素同时产生动画。同时还应将产生动画的元素安排在各自专属的图层中，以便加快Flash动画的处理过程。

（5）制作小电影。为减小文件，可以将Flash中的电影尺寸设置得小一些，然后将其在发布为HTML格式时进行放大。下面举例说明一下，具体操作步骤如下：

① 在Flash CS3中创建一个400px × 300px的载入条动画，然后将其发布为SWF电影，如图7-5所示。

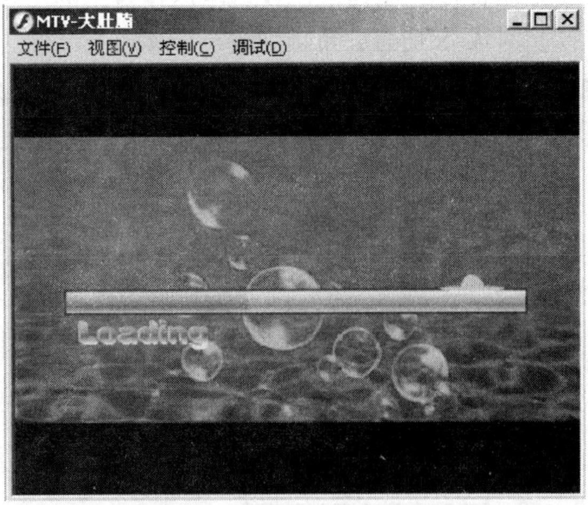

图7-5 发布为SWF电影

② 执行菜单中的“文件”|“发布设置”命令，在弹出的“发布设置”对话框中选择HTML选项卡，然后将“尺寸”设为“像素”，大小设为800px × 600px，如图7-6所示。单击“发布”按钮，将其进行发布为HTML格式。接着打开发布后的HTML，可以看到在网页中的电影尺寸放大了，而画质却丝毫无损，如图7-7所示。

3．在导入音乐时进行优化

Flash支持的声音格式有波形音频格式WAV和MP3，不支持WMA、MIDI音乐格式。WAV格式的音频品质比较好，但相对于MP3格式比较大，因此建议多使用MP3的格式。在Flash中可以将WAV转换为MP3，具体操作步骤如下：

（1）右击“库”面板中要转换格式的.wav文件。

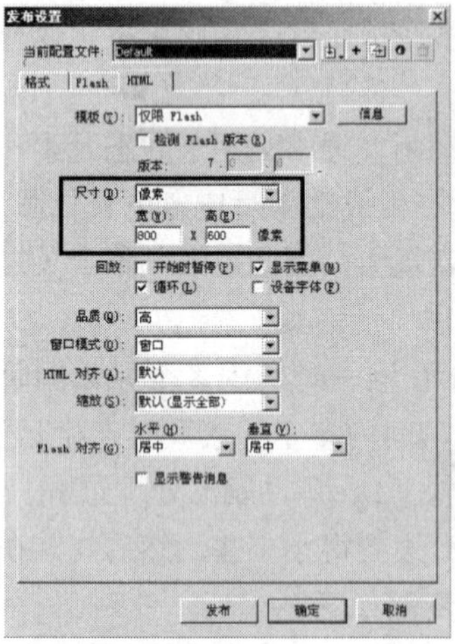

图 7-6　设置文件尺寸

图 7-7　放大文件尺寸后的画面效果

（2）在弹出的快捷菜单中选择“属性”命令，然后在弹出的“声音属性”对话框中设置“压缩”类型为“MP3”，如图 7-8 所示，单击“确定”按钮。

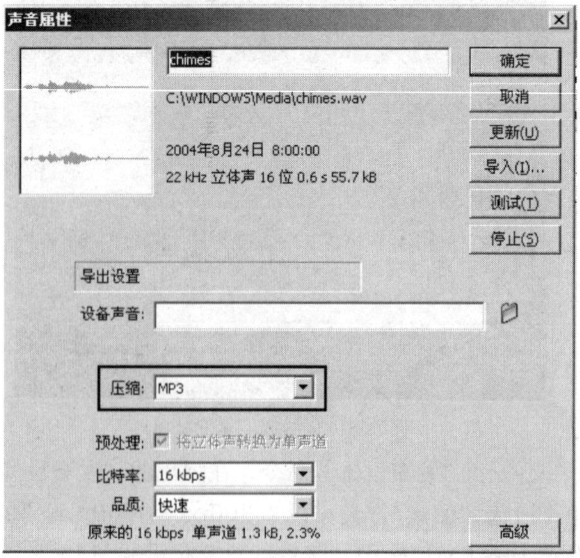

图 7-8　设置“压缩”类型为 MP3

7.1.2　发布动画文件

Flash CS3 默认发布的动画文件为.swf 格式，具体发布步骤如下：

（1）执行菜单中的“文件”|“发布设置”命令，在弹出的对话框中选择“格式”选项卡，然后选中 Flash（.swf）复选框，如图 7-9 所示。

（2）选择 Flash 选项卡，如图 7-10 所示。

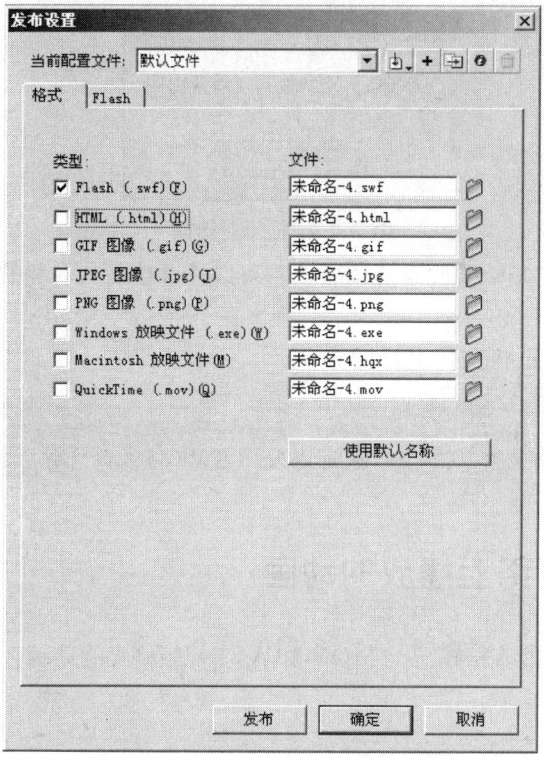

图7-9 选择Flash (.swf) 复选框

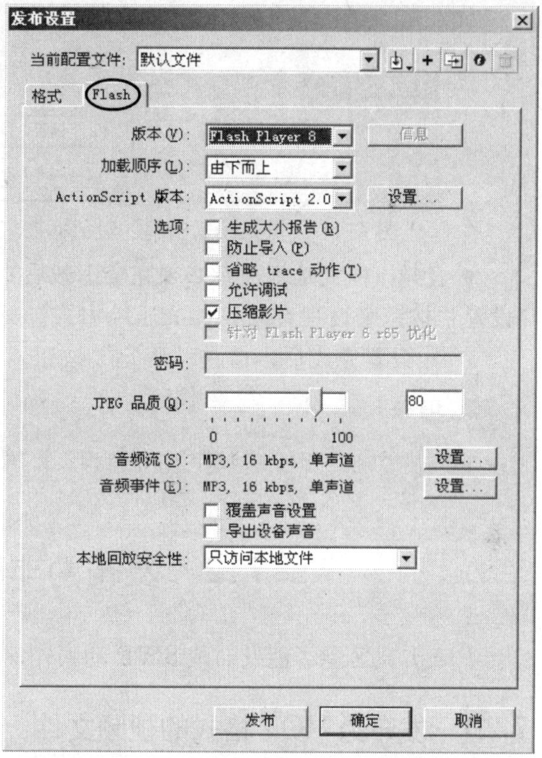

图7-10 选中Flash (.swf) 复选框

其参数含义如下：

● 版本：用于设置输出的动画可以在哪种浏览器上进行播放。版本越低，浏览器对其兼容性越强，但低版本无法容纳高版本的Flash技术，播放时会失掉高版本技术创建的部分。版本越高，Flash技术越多，但低版本的浏览器无法支持其播放。因此要根据需要选择适合的版本。

● 加载顺序：用于控制在浏览器上哪一部分先显示。它有“由下而上”和“由上而下”两个选项可供选择。

● Action Script版本：与前面的“版本”相关联，高版本的动画必须搭配高版本的脚本程序，否则高版本动画中的很多新技术无法实现。它有“Action Script 1.0”、“Action Script 2.0”、“Action Script 3.0”三个选项可供选择。

● 选项：常用的有“防止导入”和“压缩影片”两个功能。选中“防止导入”复选框，可以防止别人导入自己的动画文件，并将其编译成Flash源文件。当选中该项后，其下的“密码”文本框将激活，此时可以输入密码，此后导入该SWF文件将弹出图7-11所示的对话框，只有输入正确密码后才可以导入影片，否则将弹出图7-12所示的提示对话框。“压缩影片”与下面的“JPEG品质”相结合，用于控制动画的压缩比。

● 音频流：是指声音只要前面几帧有足够的数据被下载就可以开始播放了，它与网上播放动画的时间线是同步的。可以通过单击其右侧的“设置”按钮来设置音频流的压缩方式。

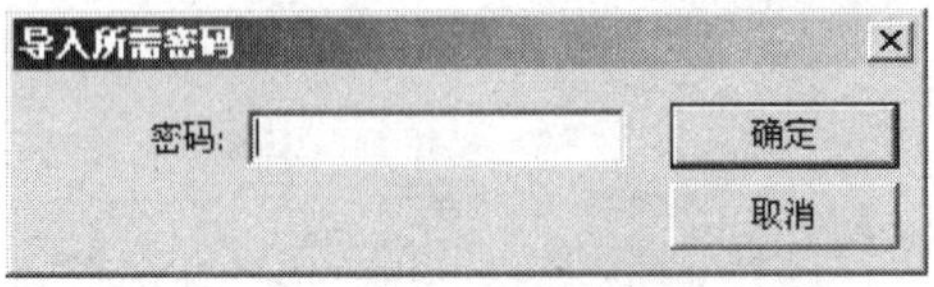

图 7-11 “导入所需密码”对话框

图 7-12 提示对话框

● 音频事件：是指声音必须完全下载后才能开始播放或持续播放。可以通过单击其右侧的“设置”按钮来设置音频事件的压缩方式。

(3) 设置完成后，单击“确定”按钮，即可将文件进行发布。

提示

执行菜单中的“文件”|“导出”|“导出影片”命令，也可以发布 SWF 格式的文件。

7.2 发布为非网络上播放的动画

Flash 动画除了能发布成 SWF 动画外，还能直接输出为 MOV 和 AVI 视频格式的动画。

7.2.1 发布为 MOV 格式的视频文件

发布 MOV 格式的视频文件的具体操作步骤如下：

(1) 执行菜单中的“文件”|“发布设置”命令，在弹出的对话框中选择“格式”选项卡，然后选中 QuickTime (.mov) 复选框，如图 7-13 所示。

(2) 选择 QuickTime 选项卡，如图 7-14 所示。

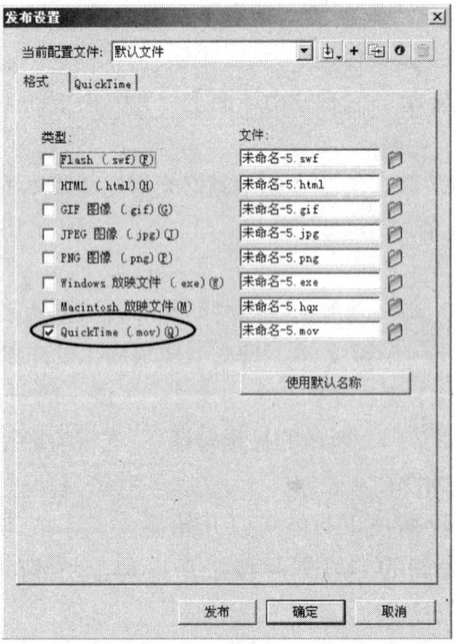

图 7-13 选中 QuickTime (.mov) 复选框

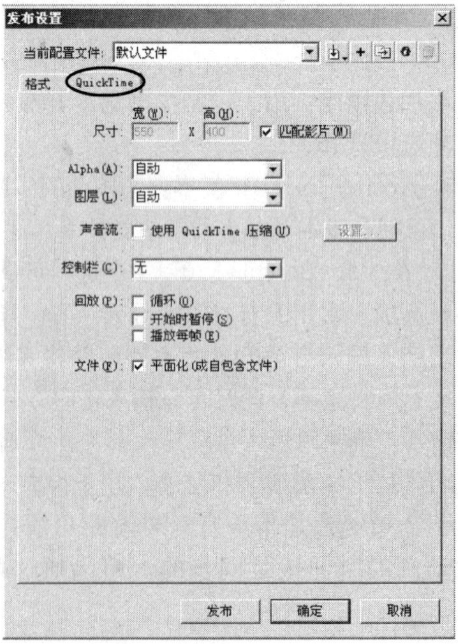

图 7-14 选择 QuickTime 选项卡

其参数含义如下：

●尺寸：用于设置输出的视频尺寸。当选中“匹配影片”复选框后，Flash 会令输出的 MOV 动画文件与动画的原始尺寸保持一致，并能确保所指定的视频尺寸的宽高比与原始动画的宽高比保持一致。

●Alpha：用于设置 Flash 动画的透明属性。它有“自动”、“Alpha 透明”和“复制”3 个选项可供选择。选择“自动”选项，则 Flash 动画位于其他动画的上面时，变为透明，Flash 动画位于其他动画的最下面或只有一个 Flash 动画时，变为不透明；选择“Alpha 透明”选项，则 Flash 动画始终透明；选择“复制”选项，则 Flash 动画始终不透明。

● 图层：用于设置 Flash 动画的位置属性。它有“自动”、“顶部”和“底部”3 个选项可供选择。选择“自动”选项，则在当前 Flash 动画中有部分 Flash 动画位于视频影像之上时，Flash 动画放在其他影像之上，否则将其放在其他影像之下；选择“顶部”选项，则 Flash 动画始终放在其他影像之上；选择“底部”选项，则 Flash 动画始终放在其他影像之下。

● 声音流：选中“使用 QuickTime 压缩”复选框，则在输出时程序会用标准的 QuickTime 音频设置将输入的声音进行重新压缩。

● 控制栏：用于设置播放输出的 MOV 文件的 QuickTime 控制器类型。

● 回放：用于设置 QuickTime 的播放方式。选中“循环”复选框，则 MOV 文件将持续循环播放；选中“开始时暂停”复选框，则 MOV 文件在打开后不自动开始播放；选中“播放每帧”，则 MOV 文件在显示动画时，要播放其每一帧。

● 文件：选中“平面化（成自包含文件）”复选框，则 Flash 的内容和输入的视频内容将合并到新的 QuickTime 文件中；如果未选中该复选框，则新的 QuickTime 文件就会从外面引用输入文件，而这些文件又必须正常出现，MOV 文件才能正常工作。

（3）设置完成后，单击“确定”按钮，即可将文件发布为 MOV 格式的视频文件。

提示

执行菜单中的“文件”|“导出”|“导出影片”命令，也可以将文件发布为 MOV 格式的视频文件。

7.2.2 发布为 AVI 格式的视频文件

发布 AVI 格式的视频文件的具体操作步骤如下：

(1) 执行菜单中的“文件”|“导出”|“导出影片”命令，在弹出的对话框中设置“保存类型”为“Windows AVI(*.avi)”，然后输入相应的文件名，如图 7-15 所示。

(2) 单击“保存”按钮，在弹出图 7-16 所示的对话框中设置相应参数后，单击“确定”按钮，即可将文件发布为 AVI 格式的视频文件。

图 7-15　设置保存信息

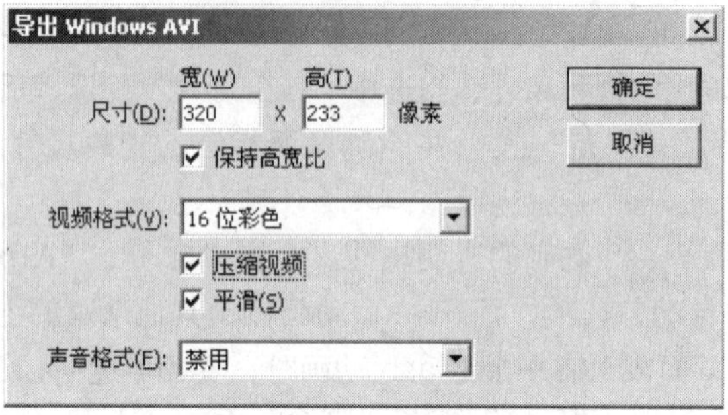

图 7-16　设置文件参数

7.3 课后练习

一、填空题

（1）Flash CS3 提供了________、________和________ 3 种位图压缩格式。在 Flash 中压缩位图的方法有两种：一是________；二是________。

（2）矢量图形越复杂，CPU 运算起来就越费力，因此在制作矢量图形后可以通过执行菜单中的“________”|“________”|“________”命令，将矢量图形中不必要的线条删除，从而减小文件大小。

二、选择题

（1）下列（　　）选项属于非网络播放的格式。

A．.avi　　B．.swf　　C．.mov　　D．.html

（2）下列（　　）属于在“位图属性”面板中可以对位图进行压缩的设置。

A．照片（JPEG）　B．无损（PNG/GIF）　C．照片（PSD）　D．照片（TIF）

三、问答题

（1）简述对 Flash 的动画文件进行优化的方法。

（2）简述将 Flash 动画输出为.avi 和.mov 格式的方法。

第8章 综合实例

本章重点

通过前面7章的学习，大家已经掌握了Flash CS3基础知识，基础动画，图像、声音与视频，交互动画，行为，模板与组件，动画发布方面的相关知识。在实际工作中通常要综合利用这些知识来设计和处理图像。下面就通过几个综合实例来帮助大家拓宽思路。通过本章学习应掌握以下内容：

- 制作动漫网站
- 制作“趁火打劫”动作动画
- 制作“能源与环境”公益广告动画

8.1 制作动漫网站

要点

本例将制作一个生动活泼的Flash站点，如图8-1所示。通过本例学习应掌握网页的架构和常用跳转页面脚本的使用方法。

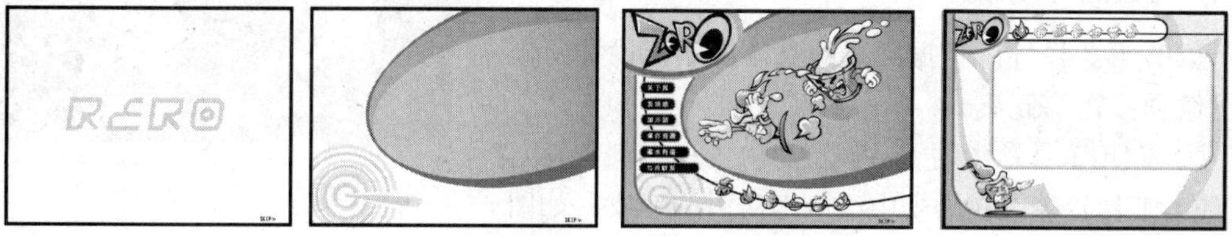

图8-1 Flash站点

操作步骤：

全Flash网站基本以图形和动画为主，所以比较适合做那些文字内容不太多，以平面、动画效果为主的应用。如企业品牌推广、特定网上广告、网络游戏、个性网站等。

1. 站点结构规划

制作全Flash网站和制作HTML网站类似，事先应先在纸上画出结构关系图，包括：网站的主题、要用的元素、需要重复使用的元素、元素之间的联系、元素的运动方式、音乐风格、是否打算用Flash 创建整个站点或是只用其做网站的前期部分等。

2．Flash 场景规划

（1）根据网站的具体需要和手稿，规划出主、次场景和各个元素所在位置，如图 8-2 所示。

（2）其他的次页面也可以根据页面上具体的元素进行规划，如图 8-3 所示。

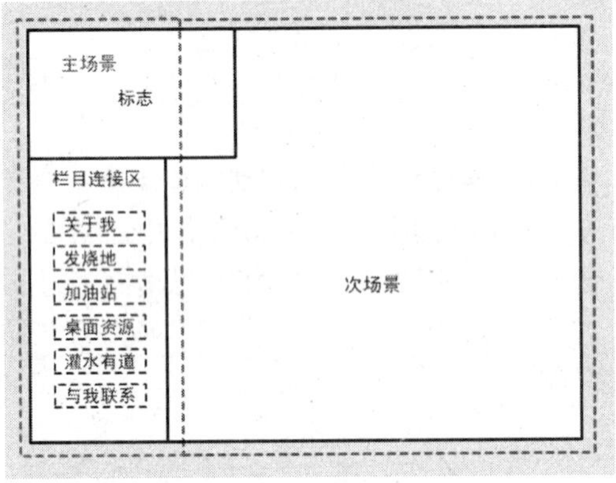

图 8-2　规划出主次场景及每个元素所在位置

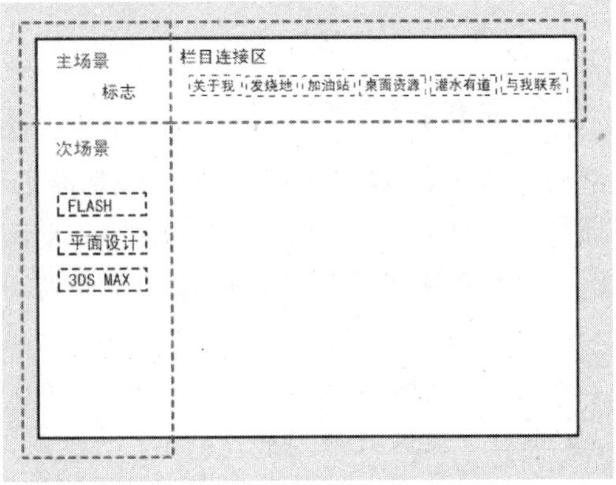

图 8-3　对其他次页面的元素进行规划

3．素材准备

将所需的素材，如图片和文章等整理放置到同一个文件夹中，尽量避免使用画幅巨大、色彩艳丽的图片，这会令最终输出的SWF 文件硕大无比，如图 8-4 所示。

图 8-4　画幅过大的桌面用图

4．具体制作阶段

（1）形象设计。根据网页的整体规划，设计所需的图像和按钮等元素。

① 利用工具箱中的（铅笔工具）、（椭圆工具）、（线条工具）等，在场景中绘制出所需的形象，如图 8-5 所示。

② 根据主题动画形象设计按钮，如图 8-6 所示。

提示

可以将已经设计好的元素分别进行存储，为正式的制作作好前期工作。

图 8-5 绘制所需形象

图 8-6 绘制主体动画形象设计按钮

（2）首页制作。

① 按【Ctrl+N】组合键，新建 Flash 文档。

② 按【Ctrl+J】组合键，在弹出的“文档属性”对话框中设置如图 8-7 所示，单击“确定”按钮。

③ 按【Ctrl+S】组合键，保存新建文档为“网页制作.fla”。

④ 根据先前的场景规划和已经设计出的形象，先设计出网页首页，将各个元素放置到所规划的位置上，如图 8-8 所示。

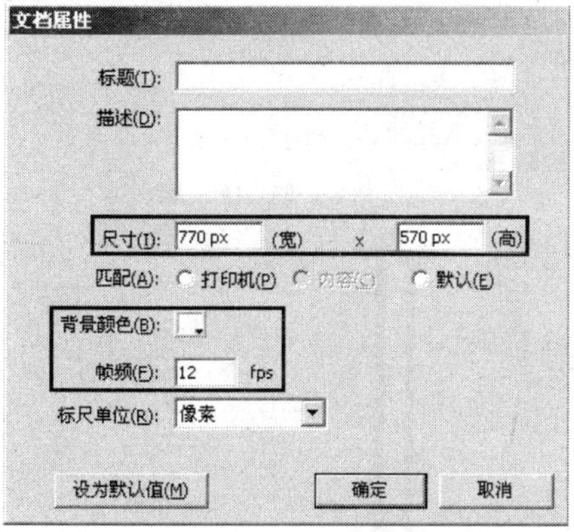

图 8-7 设置文档属性

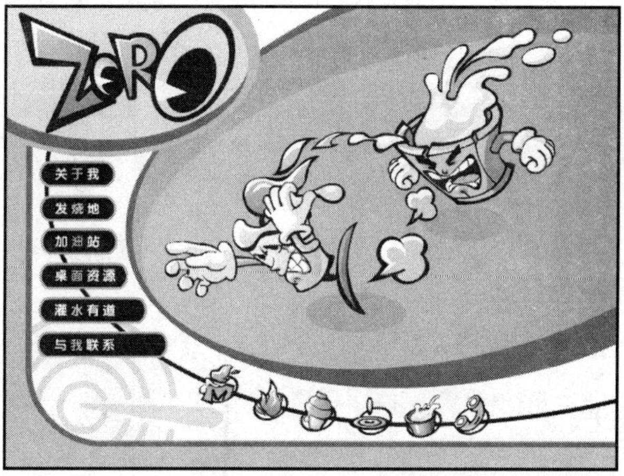

图 8-8 设计主页

⑤ 为了以后元件的重复利用，按【F8】键将页面上所用的按钮都定义为按钮元件，其他元素都先定义成图形元件。

（3）网站片头制作。

① 根据已经设计的首页来进行片头的设计。首先把首页上的各个动画元素根据上下的遮盖顺序分层放置。然后制作文字淡入的效果，将所需的单个文字分别制作成图形元件，分层放置，并设置为动画补间动画，如图 8-9 所示。

② 新建一个图层，在第 19 帧按【F7】键插入空白关键帧。然后在工作区左右两边各绘制一条直线，如图 8-10 所示。然后在第 22 帧按【F6】键插入关键帧，将两条直线移到工作区中间。接着在第 25 帧按【Ctrl+Shift+V】组合键把它原位粘贴到当前位置。最后在这 3 个关键帧之间创建形状补间动画，如图 8-11 所示。

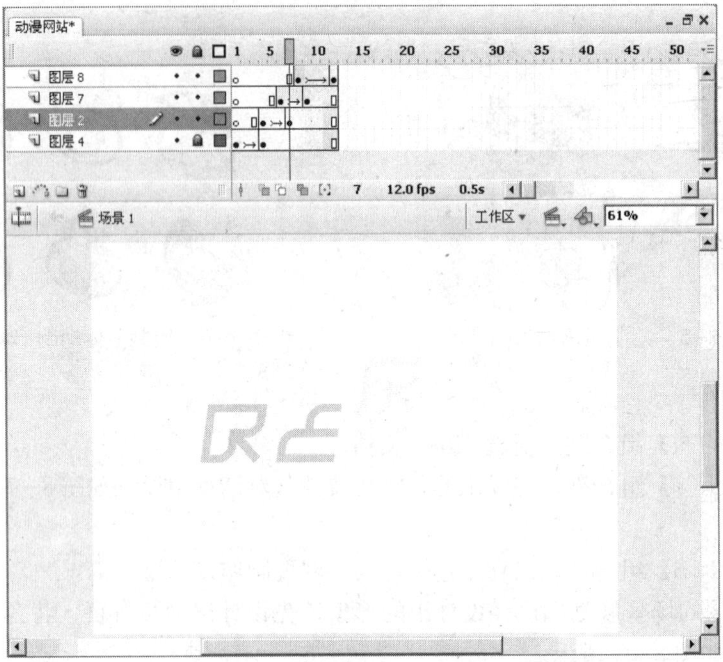

图 8-9　制作片头的文字淡入效果

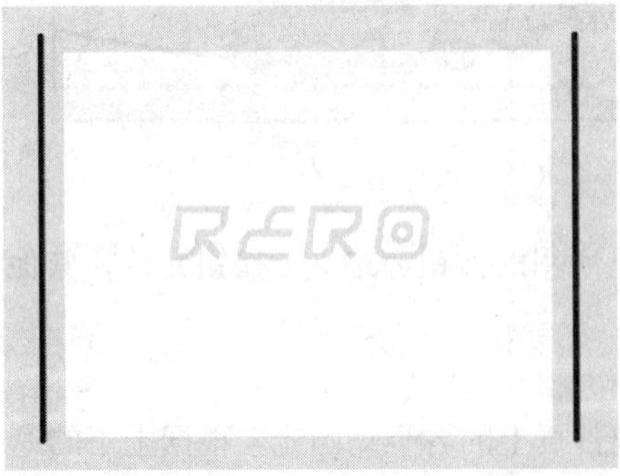

图 8-10　绘制直线

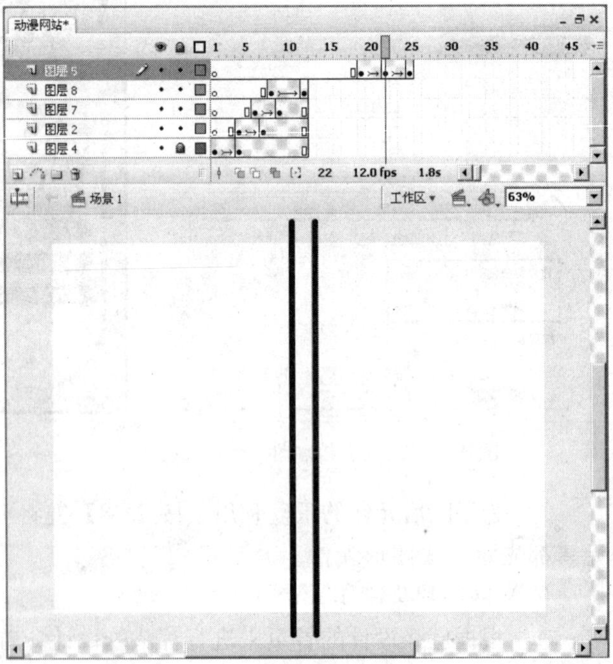

图 8-11　制作直线运动动画

③ 随后增加 3 个动画。一是两根线条的运动变形；二是图案的淡入，并进行原位置的旋转动作；三是颜色的渐变效果。这 3 个动作几乎同时进行，但在制作时要充分掌握它们的速度，以便更好地控制节奏感，如图 8－12 所示。

④ 在线条运动变形动画的后面切入最后舞台上所需的大的场景色块，并对其中的一根线条做进一步的处理，使其自然地淡出舞台，如图 8－13 所示。

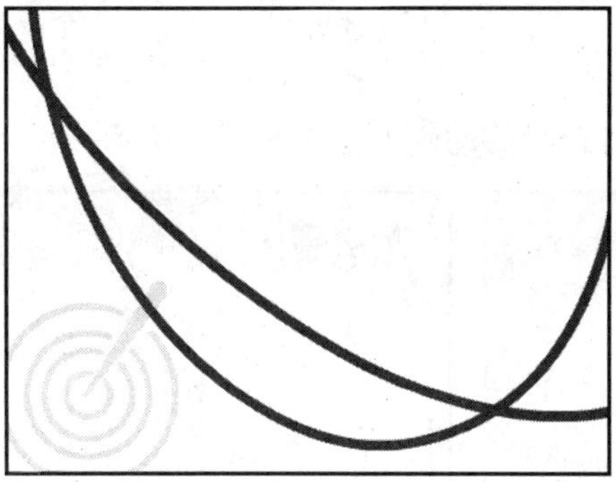

图 8–12 添加 3 个动画效果

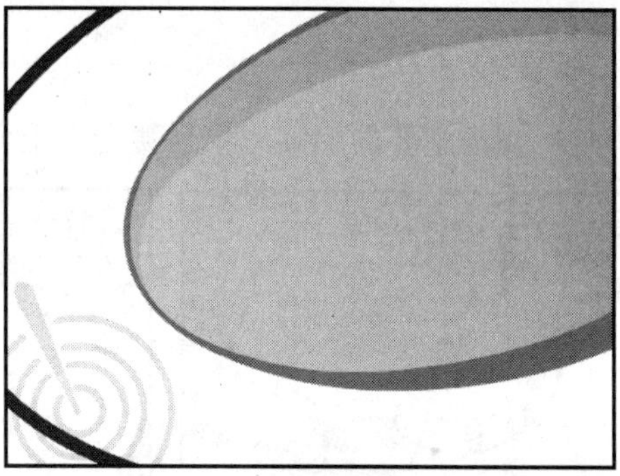

图 8–13 加入色块并制作直线淡出效果

⑤ 运用动画补间动画和形状补间动画，分别制作网页的边框进入舞台的效果。

⑥ 制作网站 logo 的背景和每个字母逐个跳入舞台时的动画，这里的动作比较细腻，要掌握好 logo 中各个相关字母之间的关系，如图 8－14 所示。

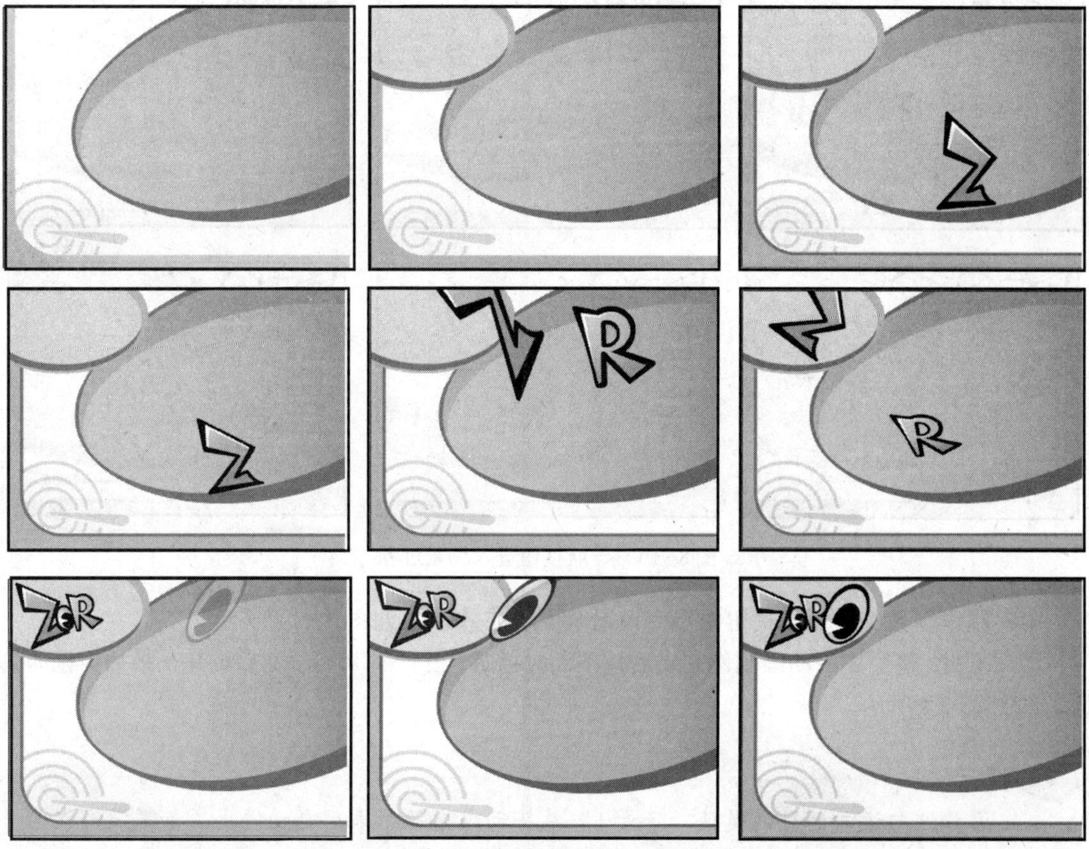

图 8–14 网站 logo 跳入舞台的过程

提示

logo 中的字母跳入舞台是一个富于动感的动画，读者也可以根据自己的感觉进行设置。

⑦ 制作主要的动画形象从舞台右上角逐个进入舞台时的动画，如图 8-15 所示。

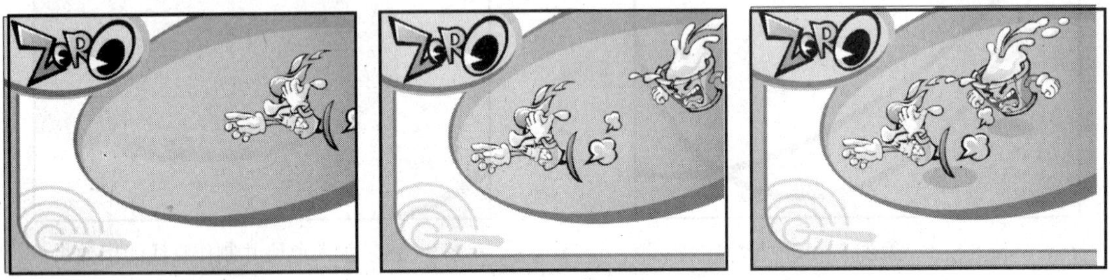

图 8-15 动画形象跳入舞台的过程

⑧ 制作左侧导航按钮依次从左侧进入场景的淡入效果，如图 8-16 所示。

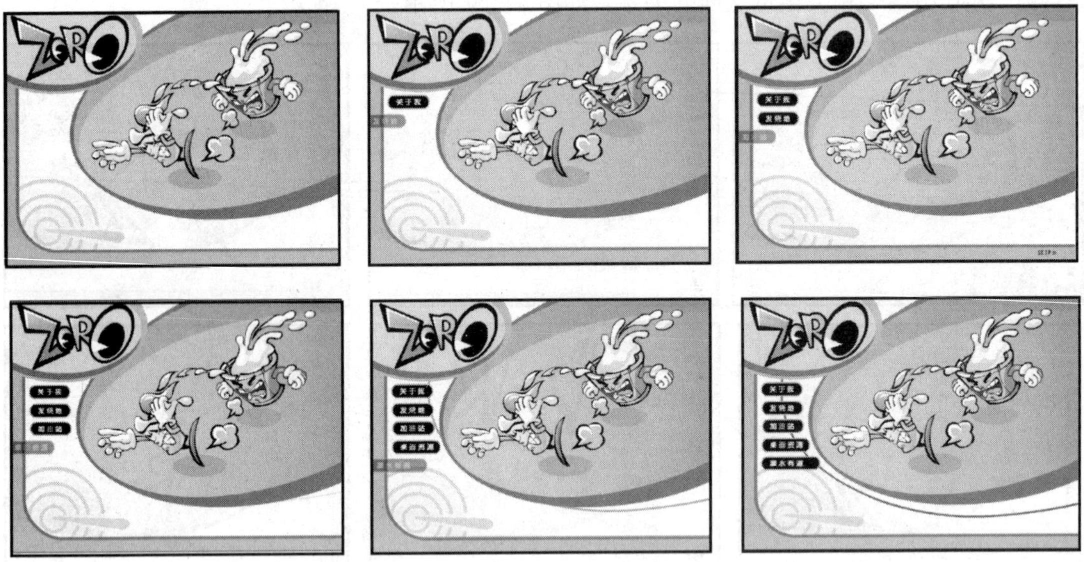

图 8-16 导航按钮进入场景过程

⑨ 制作场景底部形象按钮由小变大逐个出现的效果，如图 8-17 所示。

⑩ 至此，整个片头动画制作完成后，下面再增加一个 Action 命令层，并在最后 1 帧添加语句如图 8-18 所示。

提示

添加这句语句的目的是使“场景 1”片头动画播放结束后自动停止，如果没有这句脚本，“场景 1”动画播放完毕后将自动跳转到“场景 2”。

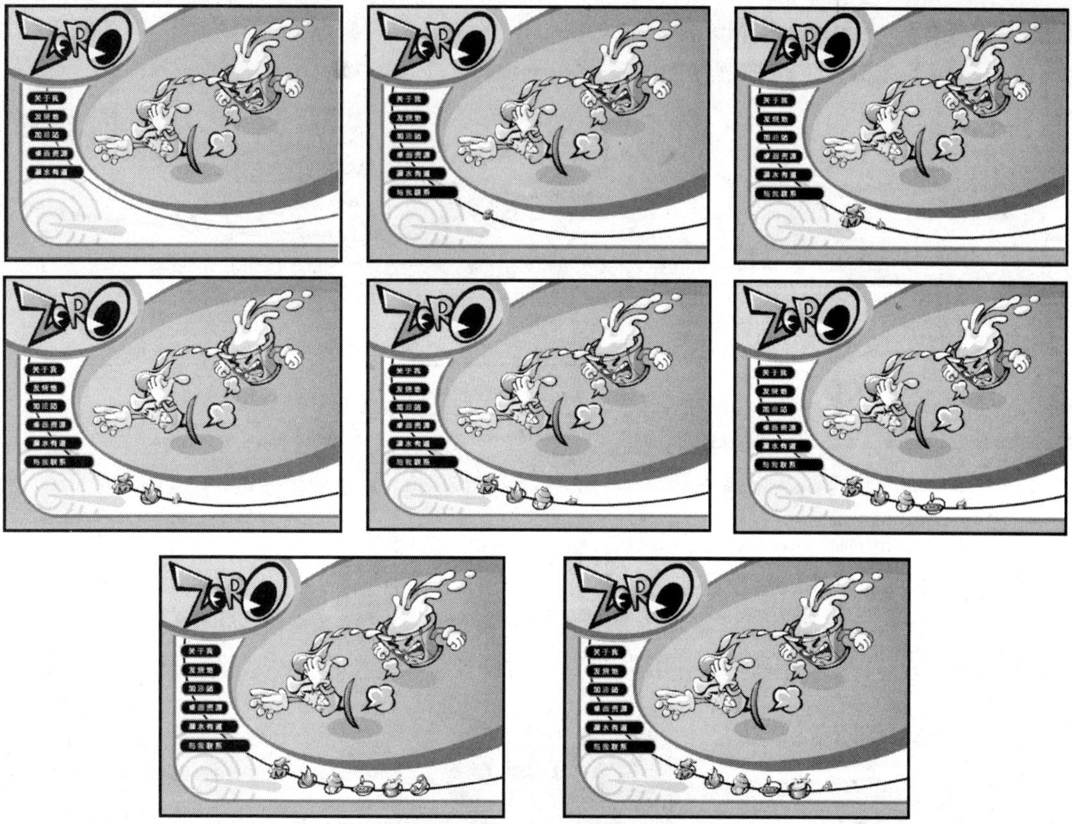

图 8-17　形象按钮跳入舞台的过程

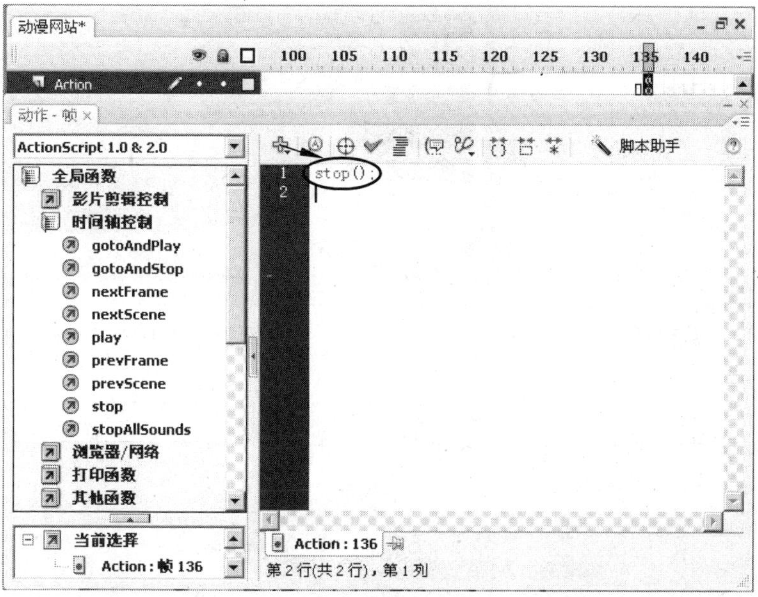

图 8-18　输入脚本

⑪ 上一步设置了“场景 1”片头动画播放完毕后自动停止的效果，但有时浏览者想直接跳过片头动画，下面制作通过单击 skip 按钮可以直接跳转到“场景 1”片头动画结束帧的效

果。方法：创建一个skin按钮元件，如图8－19所示，然后将其拖入“场景1”，并放置到舞台右下角。接着在按钮上添加语句如图8－20所示。

图8－19　创建skip按钮

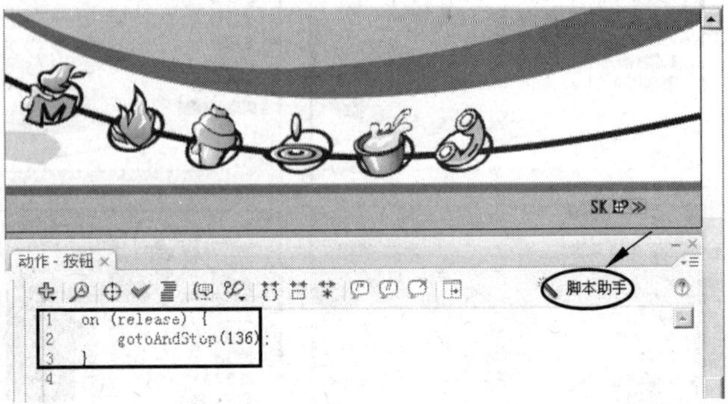

图8－20　放置skip按钮并设置脚本

（4）子页面的制作。

① 根据首页的整体风格设计其他的页面。首先按【Shift+F2】组合键调出“场景”面板，单击“场景”面板右下角的（添加场景）按钮，添加新的“场景2”，如图8－21所示。

② 在“场景2”中制作“关于我”栏目中的场景画面，如图8－22所示。

图8－21　添加“场景2”

图8－22　绘制“关于我”的场景画面

提示

可以通过单击（编辑场景）按钮，从弹出的下拉列表中选择相应的场景，如图8-23所示，从而实现在不同场景间进行切换。

图8－23　切换场景

③ 在“场景”面板中添加新的“场景3”，在其中制作“加油站”栏目所需的页面，如图8-24所示。

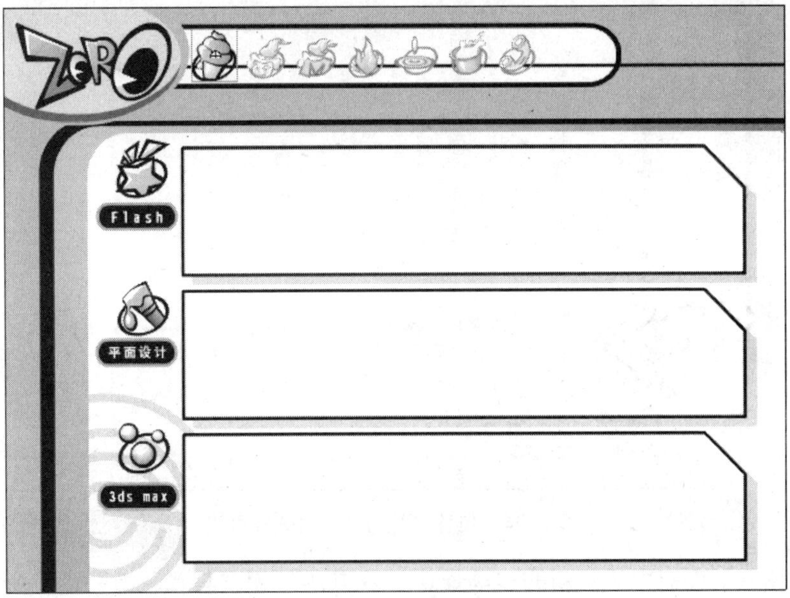

图8-24　绘制“场景3”的场景页面

④ 在“场景”面板中添加新的“场景4”，在其中制作“桌面资源”栏目所需的页面，如图8-25所示。

图8-25　制作“场景4”的场景页面

⑤ 在“场景”面板中添加新的“场景5”，在其中绘制“发烧地”栏目所需的页面，如图8-26所示。

图 8-26　制作“场景 5”的场景页面

⑥ 在“场景”面板中添加新的“场景 6”，在其中绘制“与我联系”栏目所需的页面，如图 8-27 所示。

图 8-27　制作“场景 6”的场景页面

（5）各部分内容之间的连接。

① 将各个“场景”同相应的按钮进行连接。例如，在“场景 1”中选中“关于我”按钮，然后在“动作　按钮”面板中添加语句，如图 8-28 所示。

② 同理，将其他按钮设置相应的连接。

图 8−28　设置按钮连接

5．整体整合

至此，整个动漫网站制作完毕，按【Ctrl+Enter】组合键，即可测试动态的网站效果。

8.2　制作“趁火打劫”动作动画

要点

本例将综合利用前面各章知识来制作一段角色打斗时的动作动画，如图 8-29 所示。通过本离学习应掌握综合利用 Flash 的知识制作动作动画片的方法。

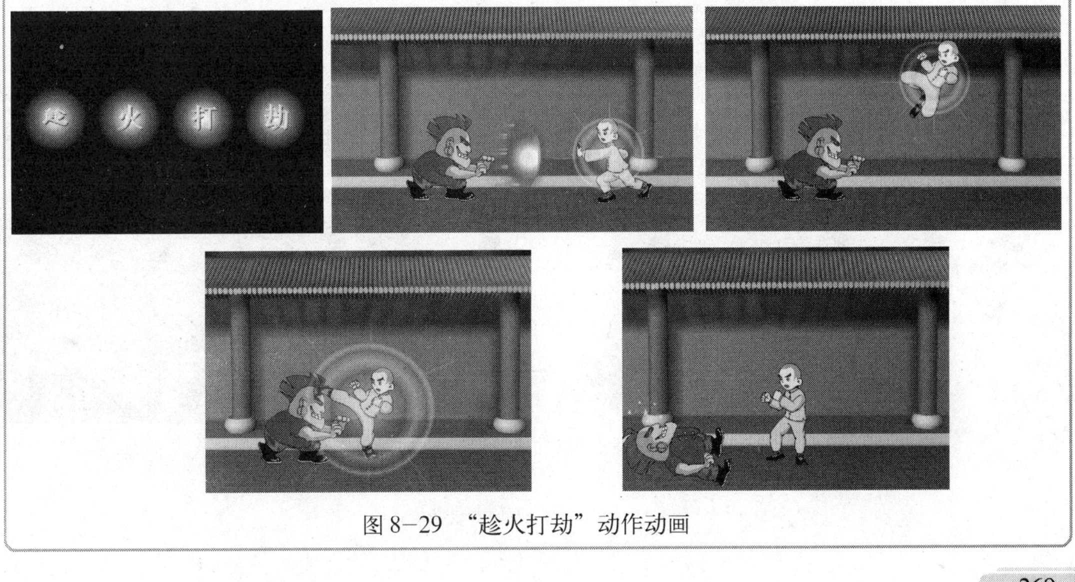

图 8−29　“趁火打劫”动作动画

操作步骤：

1．剧本编写

（1）富于动感和视觉冲击力的字幕“趁火打劫”出现。

（2）切入故事情节。夜晚，恶人放火烧寺庙，在寺庙红色院墙内恶人与小和尚相遇，双方拉开架势。

（3）恶人首先发功打向小和尚。

（4）小和尚跃起躲过恶人。

（5）小和尚落地后连续踢了恶人两腿，紧接着打了恶人一拳，恶人没有倒地。

（6）小和尚再次飞腿踢了恶人一腿，恶人倒地，眼冒金星。

2．角色定位与设计

一部动画片中，角色造型起着至关重要的作用。从某种角度上说，动画片中的角色造型相当于传统影片中的演员，演员的选择将直接关系到影片的成败。

本动画包括恶人和小和尚两个角色。其中恶人是反面角色，我们给他配以奇特的发型、红色的头发、胖大的身躯，为了进一步表现他凶狠的一面，我们在设计时使之始终呲着牙；小和尚是正面人物，我们使他穿着朴素，身手敏捷，为了表现其疾恶如仇，我们在设计时使之两眼圆睁，紧盯恶人。

3．素材准备

本例素材准备分为角色、场景两个部分。素材可以在纸上通过手绘完成，然后通过扫描仪将手绘素材转入计算机后再作相应处理。也可以在Flash中直接绘制完成。本例中的两个角色是手绘完成的，场景比较简单，使用的是三维软件渲染输出的一幅图片。其中角色素材的头部表情是一致的，因此将两个角色的头部转换为元件，再将其组合到角色身上，这样既方便又可以减少文件大小。所有素材处理后的效果如图8－30所示。

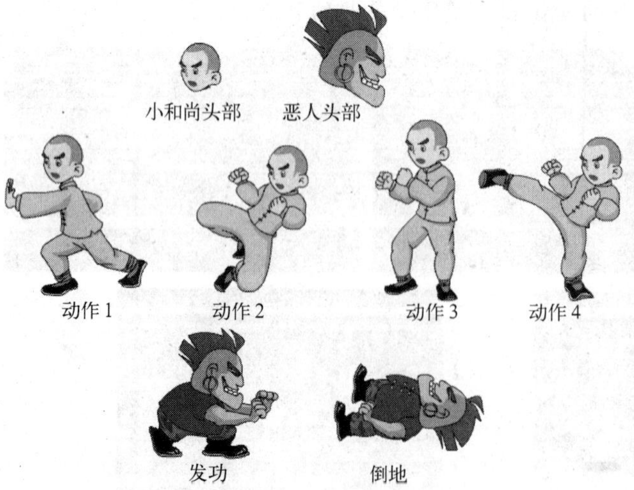

(a) 角色素材准备

(b) 场景素材准备

图8−30　素材准备

4．制作阶段

在剧本编写、角色定位与设计都完成后，接下来就是Flash制作和发布阶段。Flash制作阶段又分为绘制分镜头和原动画制作两个环节。

（1）绘制分镜头。文学剧本是用文字讲故事，而绘制分镜头就是用画面讲故事。分镜头画面脚本是原动画以及后期制作等所有工作的参照物。图8－31所示为本动画的几个主要分镜头效果。

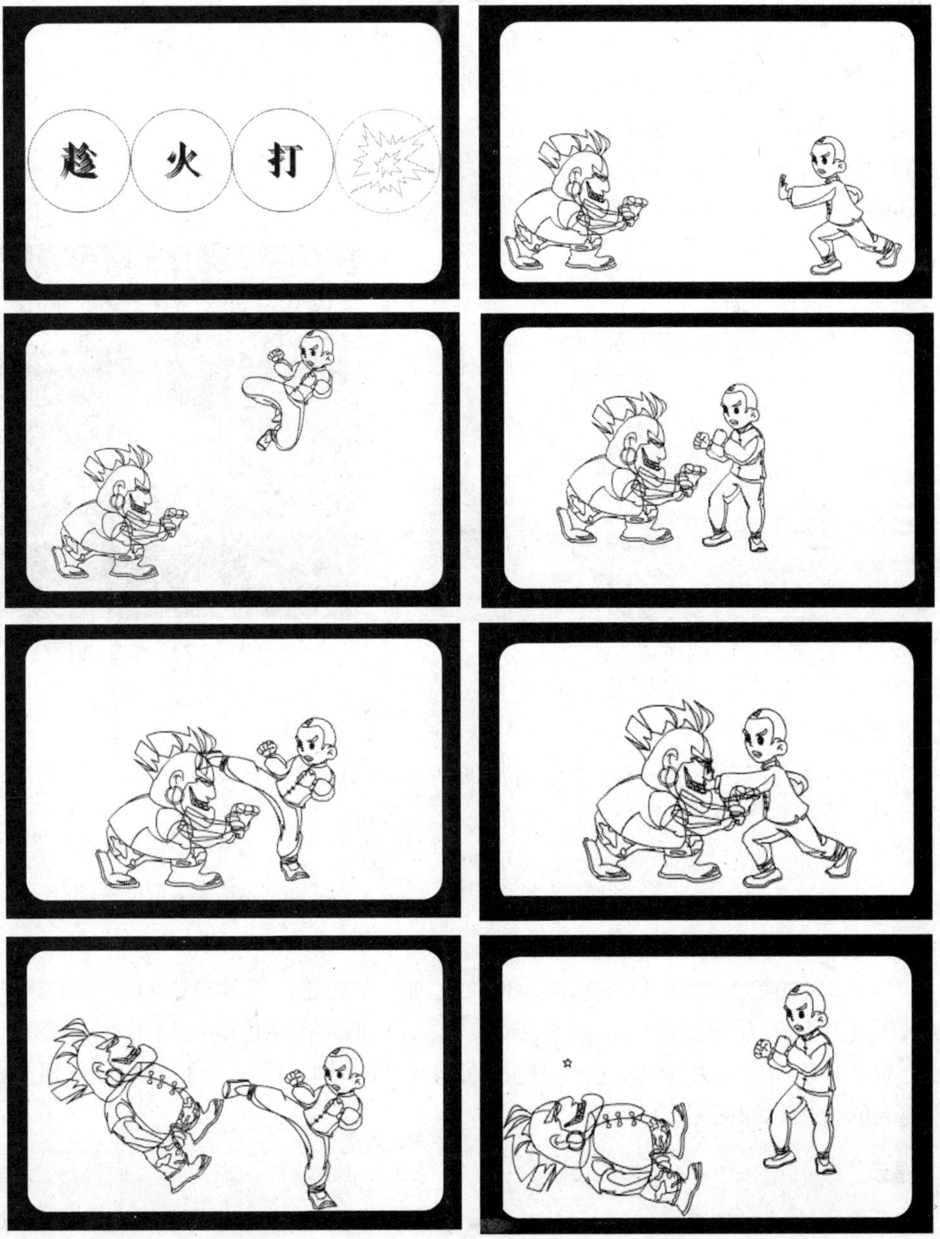

图8–31　分镜头

（2）制作原动画。本例原动画的制作分为字幕动画和角色动画两部分。

① 制作字幕动画。字幕动画分为“制作字母出现前的效果”和“制作字幕出现的效果”两部分。

制作字幕出现前的切入效果：

a．按【Ctrl+J】组合键，在弹出的“文档属性”对话框中设置如图 8-32 所示，单击“确定”按钮。

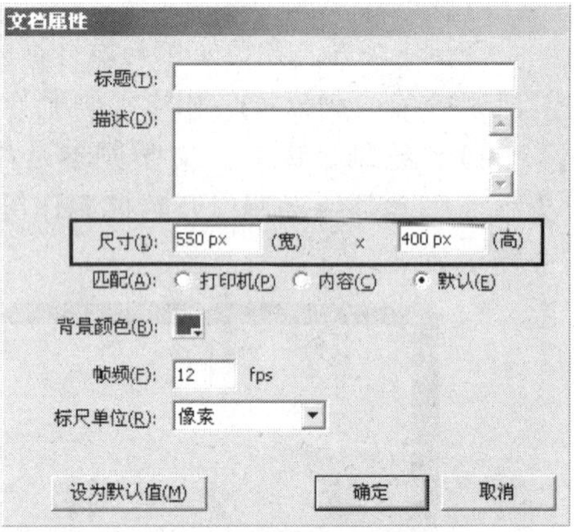

图 8-32　设置文档属性

b．执行菜单中的“插入”|“新建元件”（快捷键【Ctrl+F8】）命令，新建“切入”图形元件。

c．选择工具箱中的（椭圆工具），在“颜色”面板中设置参数如图 8-33 所示，然后在舞台中绘制圆形如图 8-34 所示。

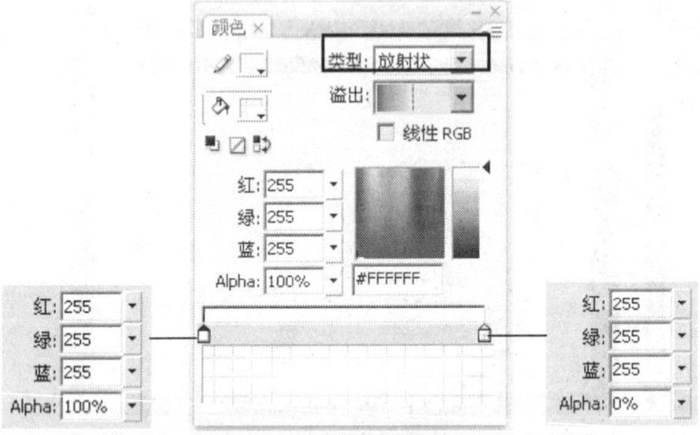

图 8-33　设置渐变色

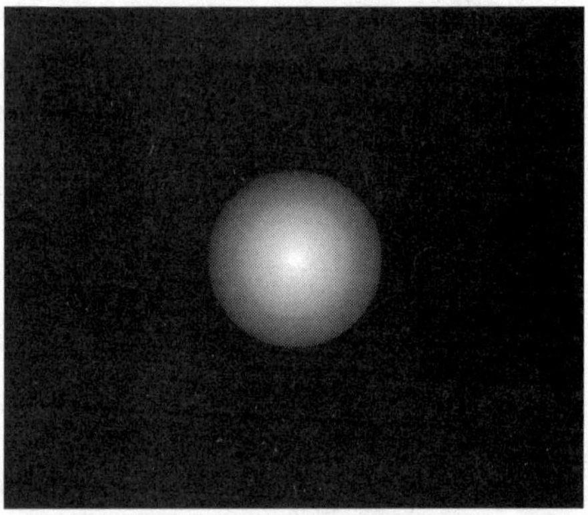

图 8-34　绘制圆形

提示

圆形两端的颜色虽然一致，但 Alpha 值一端为 100%，一端为 0%，从而产生出边缘羽化的效果。

d．单击按钮（快捷键【Ctrl+E】），回到“场景 1”，将“切入”元件从“库”面板中拖入工作区中，并利用“对齐”面板将其居中对齐。

e．在时间轴的第 5 帧按【F6】键插入关键帧。然后选择工具箱中的（自由变形工具）将“切入”元件拉大并充满舞台。接着在第 1 帧上右击并在弹出的快捷菜单中选择“创建补间动画”命令，从而在第 1～5 帧之间创建补间动画。此时按【Enter】键即可看到“切入”元件由小变大的效果，如图 8-35 所示。

提示

这种效果具有强烈的视觉冲击力，在动画片中经常应用，大家一定要熟练掌握。

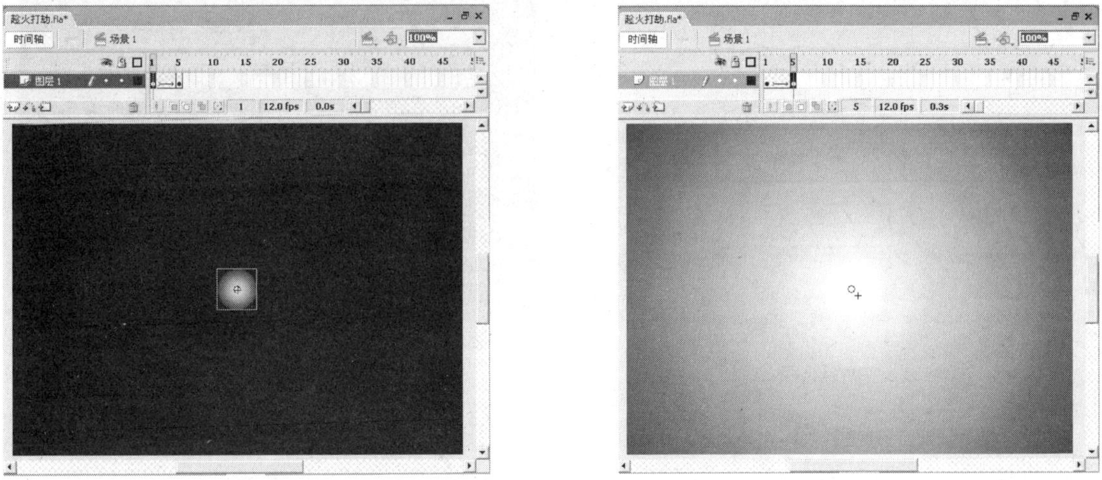

（a）第1帧　　　　　　（b）第5帧

图8–35　“切入”元件由小变大的效果

制作字幕出现的效果：

a．制作文字“趁”出现前的橘红色光芒突现效果。方法：在“场景1”中新建“图层2”，然后在第6帧按【F6】键插入关键帧。接着按【Ctrl+F8】组合键，新建“爆炸光”图形元件。具体的制作过程与前面相似，在此不再详细说明，效果如图8–36所示。

按【Ctrl+E】组合键，重新回到“场景 1”。将“爆炸光”元件从“库”面板中拖入舞台，放置位置如图8–37所示。

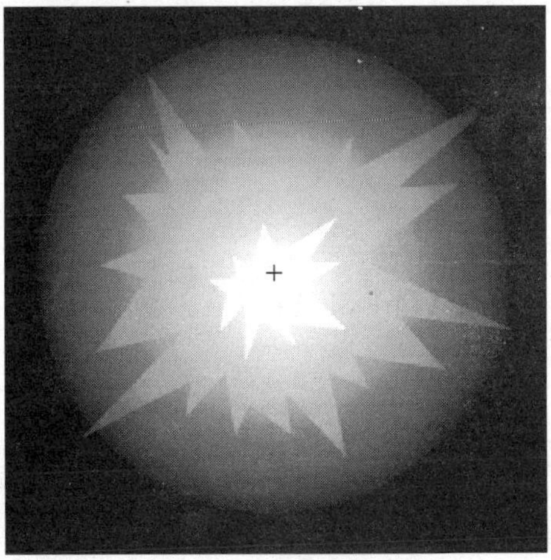

图8–36　制作“爆炸光”元件

图8–37　在“场景1”中放置“爆炸光”元件

在第8帧按【F6】键插入关键帧。然后单击第6帧，使第6帧的“爆炸光”处于被选中的状态。接着按【Ctrl+T】组合键，在弹出的“变形”面板中修改参数使之变小，如图8–38所示，效果如图8–39所示。此时按【Enter】键，即可看到橘红色光芒突现的效果。

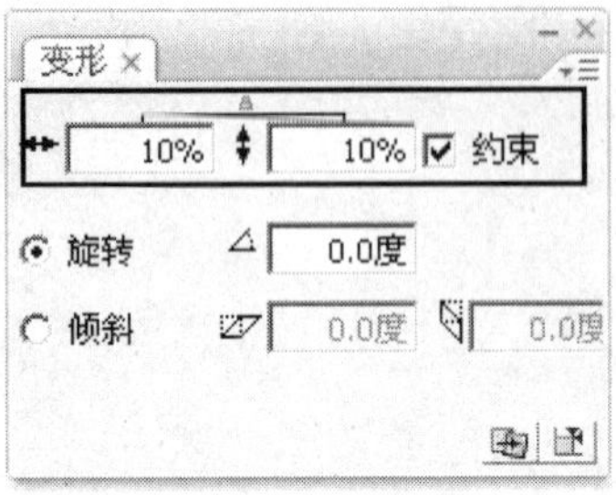

图 8-38　调整大小

图 8-39　调整后效果

b. 按【Ctrl+F8】组合键，新建 word1 图形元件。然后选择工具箱中的 T （文本工具），参数设置如图 8-40 所示，然后在工作区中输入文字“趁”，如图 8-41 所示。

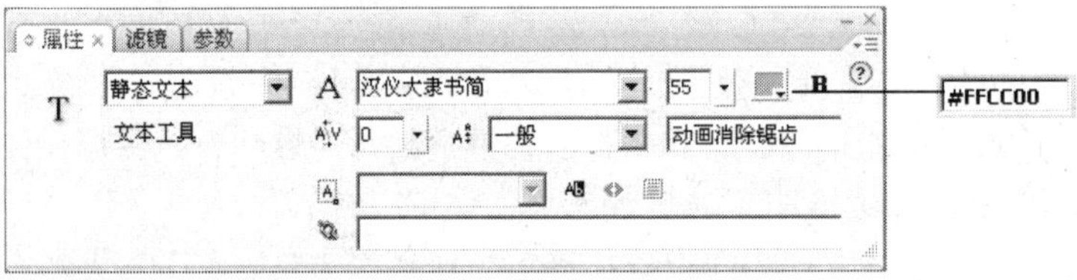

图 8-40　设置文字属性

图 8-41　输入文本

c. 制作文字重影效果。方法：使文字处于选中状态，按【Ctrl+C】组合键复制文字，然后新建“图层 2”，按【Ctrl+Shift+V】组合键将文字原位粘贴。再使用方向键使刚粘贴上的文字向左移动到合适的位置，并改变其颜色。接着将“图层 2”移到“图层 1”的下方，效果如图 8-42 所示。

提示

快捷键【Ctrl+Shift+V】可将图形复制到原位。快捷键【Ctrl+Shift】只是单纯的复制，不能原位复制。

d. 同理，新建“图层 3”，按【Ctrl+Shift+V】组合键将文字原位粘贴。然后改变其颜色和位置，效果如图 8-43 所示，此时时间轴分布如图 8-44 所示。

e. 制作文字“趁”突现效果。方法：按【Ctrl+E】组合键，回到“场景 1”。然后在“图层 2”的第 10 帧按【F7】键插入空白关键帧。再将 Word1 图形元件从“库”面板中拖入舞台。

图 8-42　制作第 1 个重影

图 8-43 制作第 2 个重影

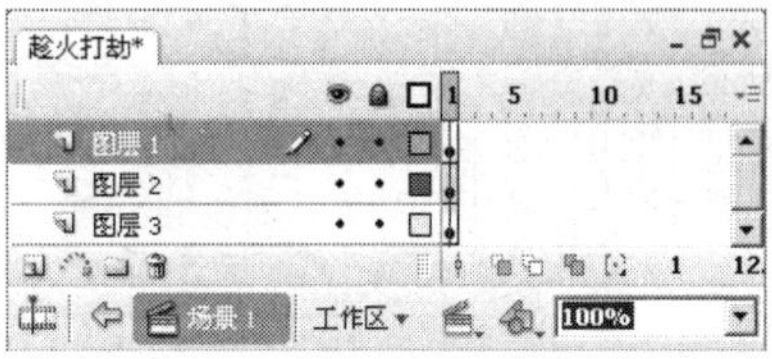

图 8-44 时间轴分布

为了保证文字“趁”位于前面的爆炸形光芒的中央，下面单击第 10 帧，激活 (编辑多个帧）按钮，将文字与光芒对齐，效果如图 8－45 所示。

提示

通过这一步的制作，就可以看到图 8-45 所示的阴影了。

在第 13 帧按【F6】键插入关键帧。然后在“变形”面板中将数值改为 85%，从而使其缩小。接着在第 10～13 帧之间创建补间动画，此时时间轴分布如图 8－46 所示。

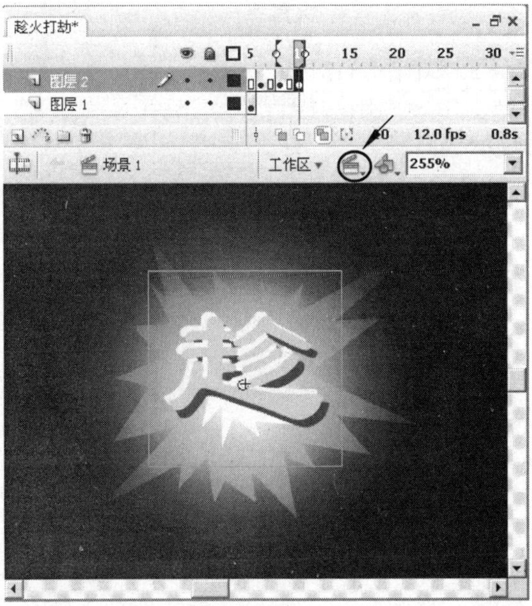

图 8-45 将文字与光芒对齐

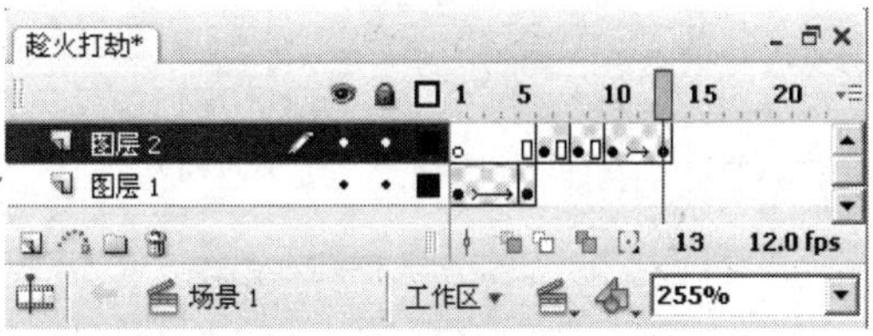

图 8-46 时间轴分布

f．前面通过激活 (编辑多个帧）按钮来显示前面的帧画面，从而实现文字与橘黄色爆炸形光芒对齐，但此时文字后面是没有光芒的，下面制作文字出现后光芒。方法：在“图层 1”上方新建“图层 3”，然后在第 10 帧按【F6】键插入关键帧。然后选择工具箱中的 (椭圆工具)，设置渐变色如图 8－47 所示，绘制圆形如图 8－48 所示。

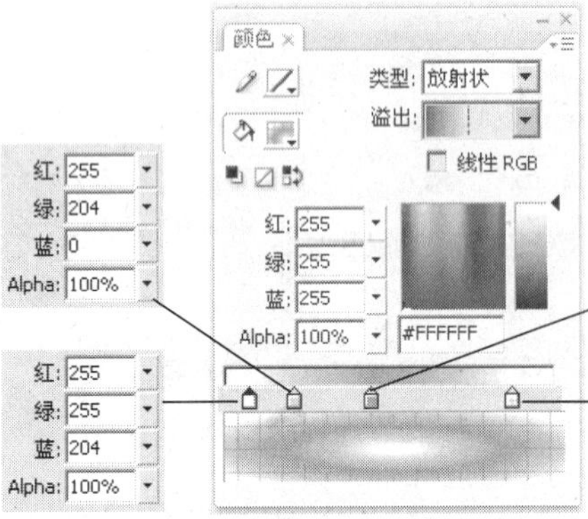

图 8-47 设置渐变色

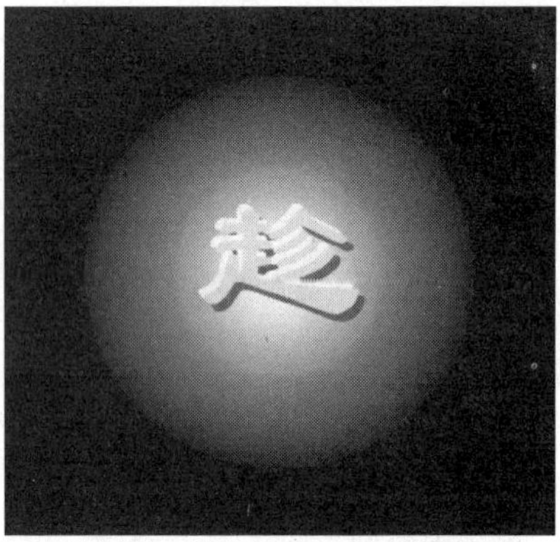

图 8-48 绘制圆形光芒

选中新绘制的圆形，按【F8】键将其转换为“光芒”元件。然后在第 13 帧按【F6】键插入关键帧。接着在第 10 帧，选中舞台中的“光芒”元件，在“属性”面板中将 Alpha 值设为 0%，如图 8-49 所示。再在第 10～13 帧之间创建补间动画，最后按【Enter】键，即可看到文字“趁”由大变小的过程中橘红色圆形光芒渐现的效果。此时时间轴分布如图 8-50 所示。

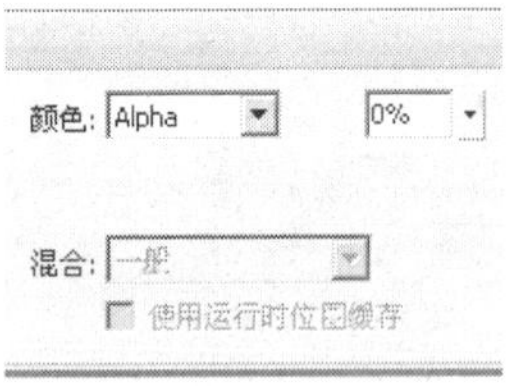

图 8-49 将 Alpha 值设为 0%

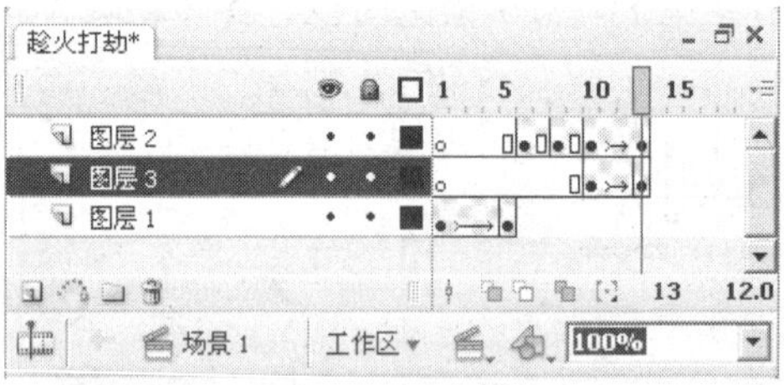

图 8-50 时间轴分布

g．同理，制作“火”、“打”和“劫”的文字效果。为了保证后面文字出现时前面的文字不消失，下面选择“图层 1”以外的所有层，在第 37 帧按【F5】键将它们的总长度延长到第 37 帧。此时时间轴分布如图 8-51 所示。

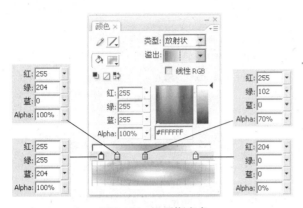

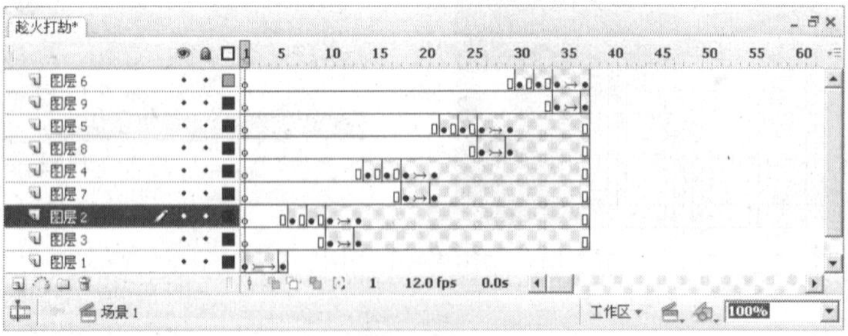

图 8-51 “场景 1”的最终时间轴分布

h．按【Ctrl+Enter】组合键，即可看到富于视觉冲击力的文字逐个出现的效果。

② 制作角色动画。角色动画分为“制作角色打斗过程”、“制作小和尚发出的光波”、“制作恶人所发出的光波”、“制作恶人倒地时的金星效果”和“添加背景”5 部分。为了便于管理，角色动画是在另一个场景中制作的。

制作角色打斗过程：

a．执行菜单中的“窗口”|“其他面板”|“场景”命令，调出“场景”面板，然后单击面板下方的 + (添加场景）按钮，添加“场景2”，如图8－52所示。

提示

“场景”面板中的场景在预览时是按排列的先后顺序出场的。双击场景名称就可以进入编辑状态。

b．从“库”面板中将“发功”和“动作1”元件拖入舞台，放置位置如图8－53所示。

图8–52　新建“场景2”

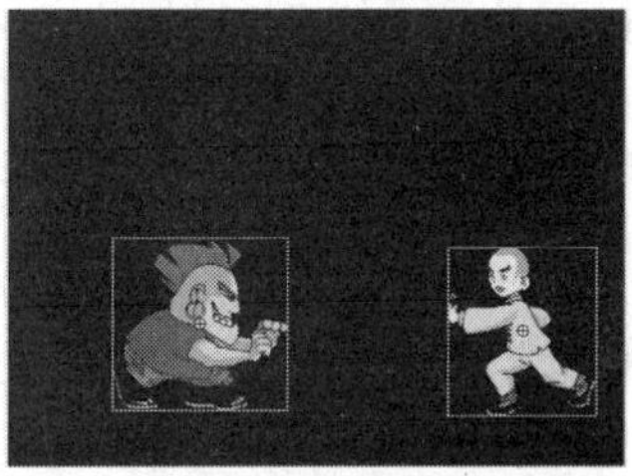

图8–53　在第1帧放置元件

c．分别在第6、8、10、12、14、16、18、20、22、26帧按【F6】键插入关键帧，然后从“库”面板中将前面准备的相关元件拖入舞台，放置位置如图8－54所示。接着在第40帧按【F5】键使时间轴的总长度延长到第40帧，此时时间轴分布如图8－55所示。

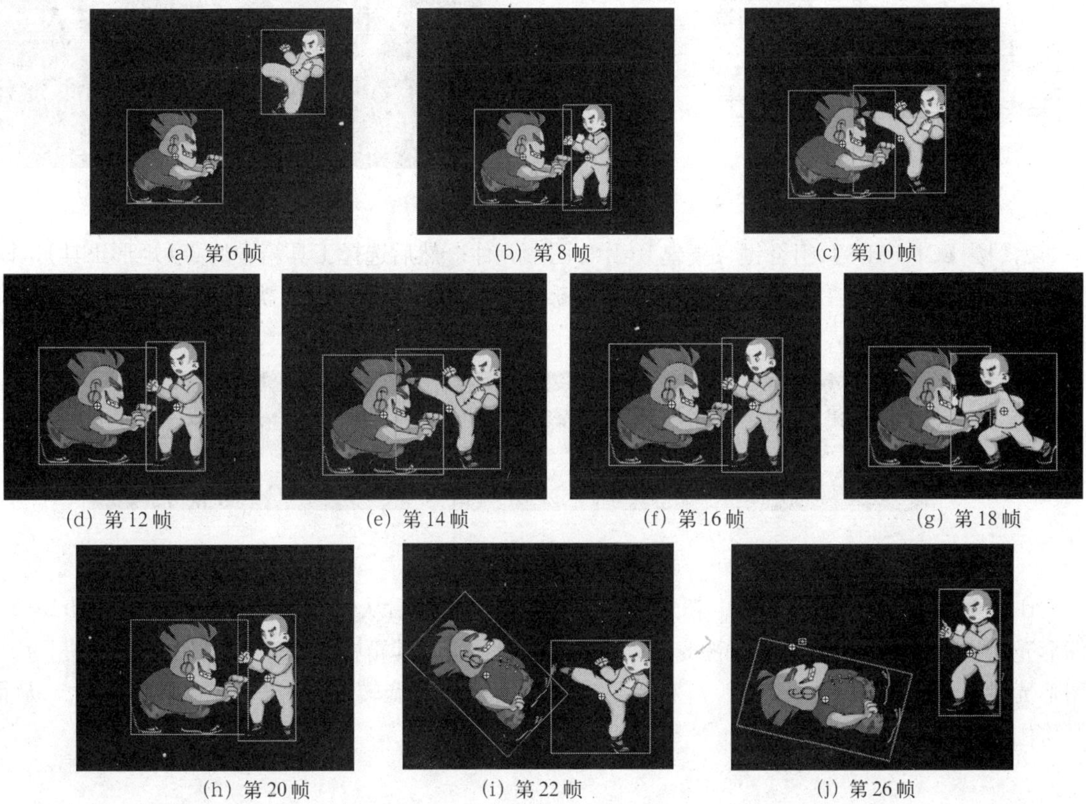

(a) 第6帧　(b) 第8帧　(c) 第10帧

(d) 第12帧　(e) 第14帧　(f) 第16帧　(g) 第18帧

(h) 第20帧　(i) 第22帧　(j) 第26帧

图8–54　在不同帧放置不同元件

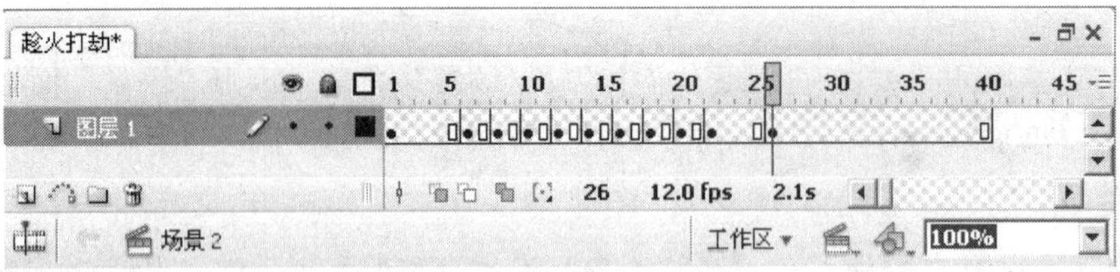

图 8-55　时间轴分布

制作小和尚周围的光芒：

a. 按【Ctrl+F8】组合键，新建 light1 图形元件。

b. 选择工具箱中的 (椭圆工具)，设置线条为 ，在“颜色”面板中设置渐变色如图 8-56 所示，接着在舞台中绘制圆形，如图 8-57 所示。

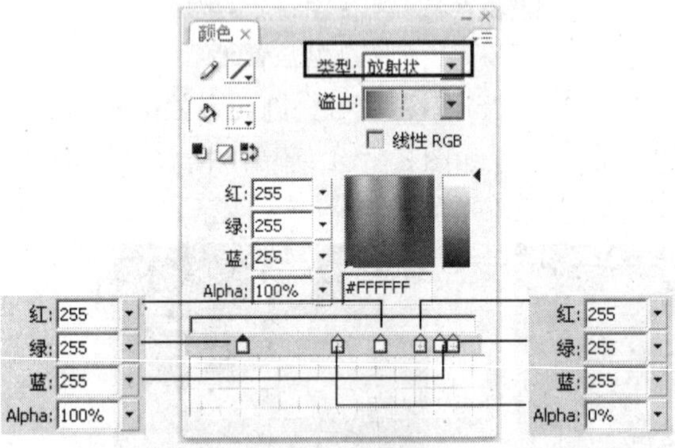

图 8-56　设置渐变色

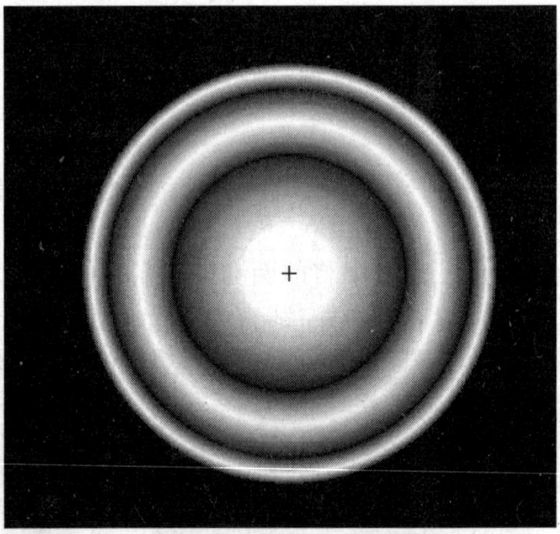

图 8-57　创建圆形

c. 按【Ctrl+F8】组合键，新建 light2 图形元件。然后选择工具箱中的 (矩形工具)，设置矩形线条为 ，在“颜色”面板中设置渐变色如图 8-56 所示，类型选择“线性”，绘制矩形如图 8-58 所示。

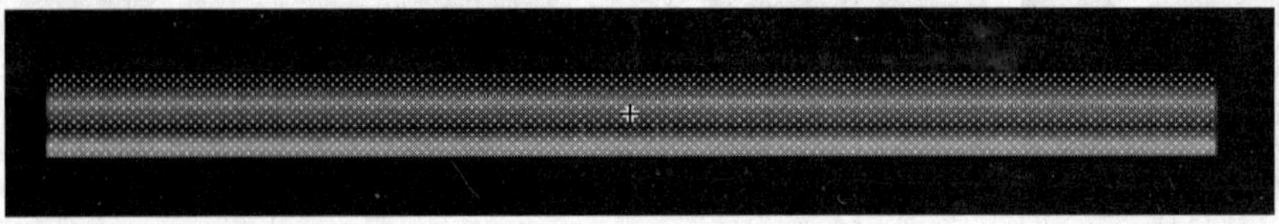

图 8-58　创建矩形

d. 按【Ctrl+F8】组合键，新建 light3 图形元件。然后从“库”面板中将 light1 和 light2 图形元件拖入舞台，放置位置如图 8-59 所示。接着利用工具箱中的 (任意变形工具)，将 light2 图形元件的中心点放置到圆心，再利用“变形”面板将其旋转 45° 进行反复复制 7 次，从而制作出光芒四射的效果，效果如图 8-60 所示。

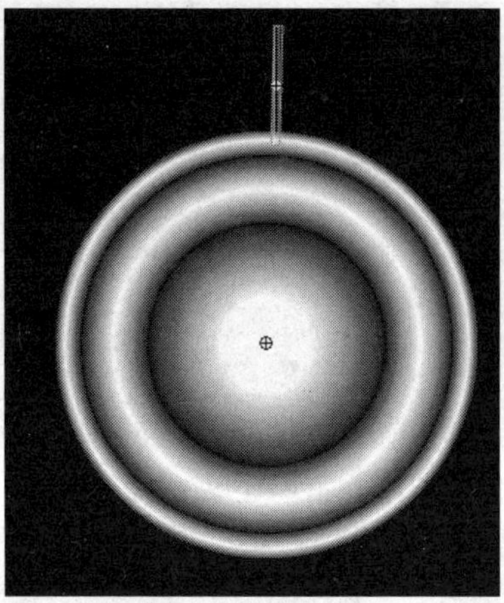

图 8-59　组合元件

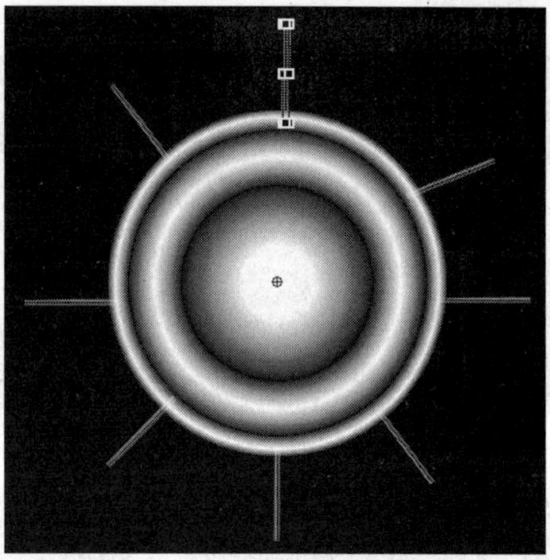

图 8-60　光芒四射的效果

e．制作光芒四射的光环渐现并逐渐放大的效果。方法：按【Ctrl+F8】组合键，新建 light4 图形元件。然后从“库”面板中将 light3 图形元件拖入舞台，并在“属性”面板中将其 Alpha 值设为 30%，接着在第 5 帧按【F6】键插入关键帧，再将其放大，并将 Alpha 值设为 100%。最后在第 1～5 帧之间创建补间动画，如图 8-61 所示。

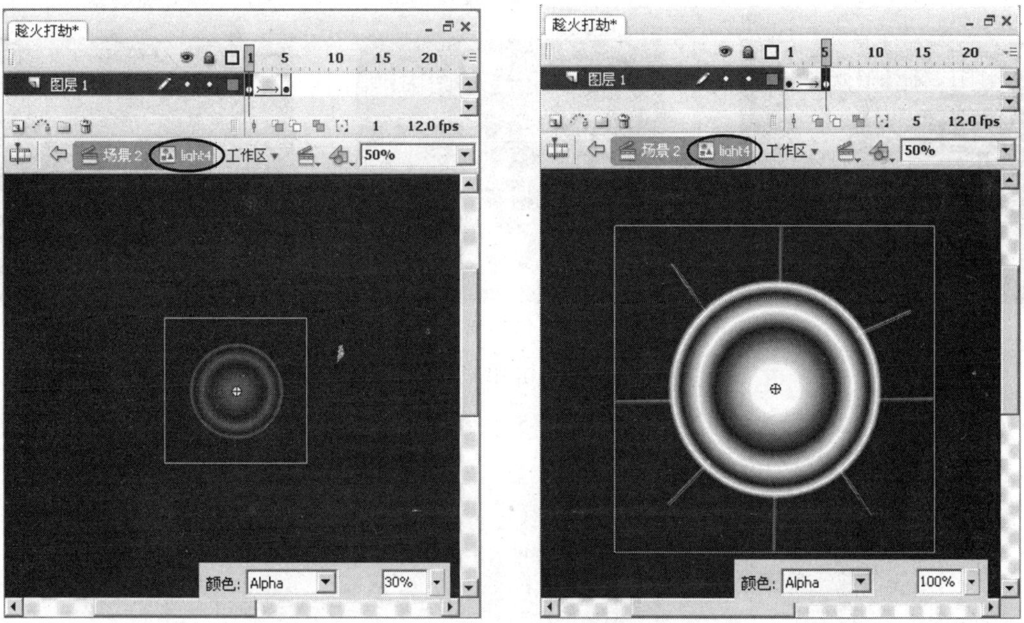

(a) 第 1 帧　　(b) 第 5 帧

图 8-61　制作光环渐现并逐渐放大效果

f．回到“场景 2”，新建“图层 2”，然后从“库”面板中将 light4 元件拖入舞台，放置位置如图 8-62 所示。然后在第 6 帧按【F7】键插入空白关键帧，从“库”面板中将 light3 元件拖入舞台，放置位置如图 8-63 所示。接着分别在第 8、10、12、14、16、18 帧按【F6】键插入关键帧，并调整 light3 元件的大小，如图 8-64 所示。

图 8-62　在第 1 帧放置 light4 元件

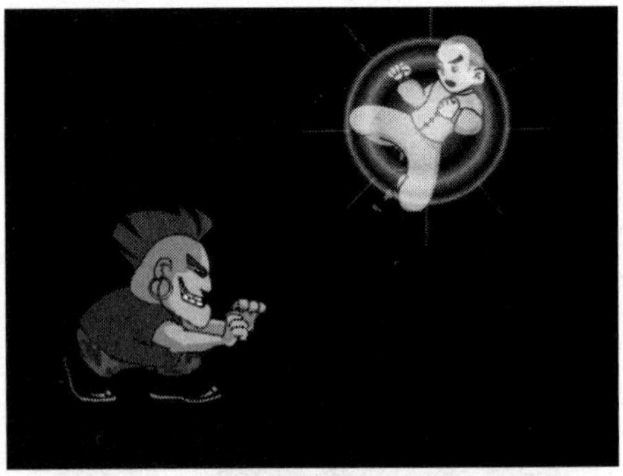

图 8-63　在第 6 帧 放置 light3 元件

(a) 第 8 帧

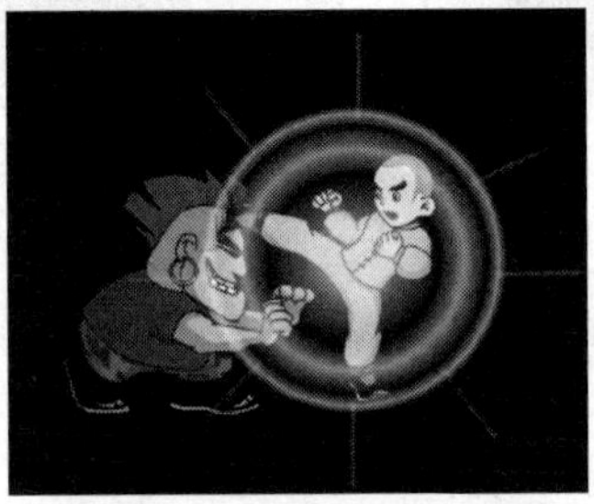

(b) 第 10 帧

(c) 第 12 帧

(d) 第 14 帧

(e) 第 16 帧

(f) 第 18 帧

图 8-64　调整 light3 元件的大小

g．在时间轴“图层 2”的第 21 帧按【F5】键插入普通帧，从而将时间轴的总长度延长到第 21 帧，此时时间轴分布如图 8-65 所示。

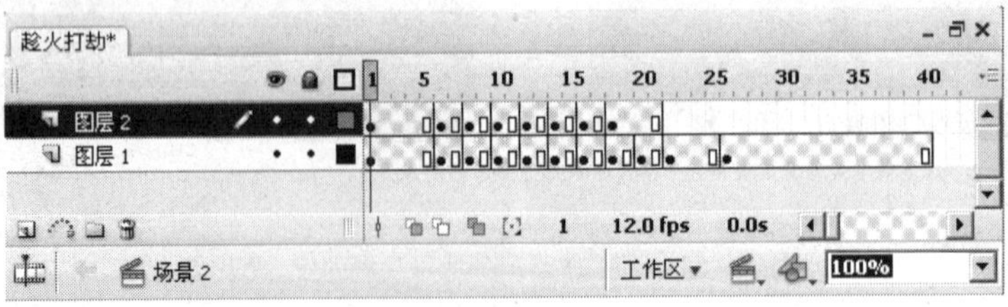

图 8-65　时间轴分布

制作恶人所发出的光波：

a．按【Ctrl+F8】组合键，新建 light5 图形元件。然后选择工具箱中的 (椭圆工具)，设置线条为 ，在“颜色”面板中设置如图 8-66 所示，再在舞台中绘制椭圆形，并用 (填充变形工具) 对其进行调整，效果如图 8-67 所示。

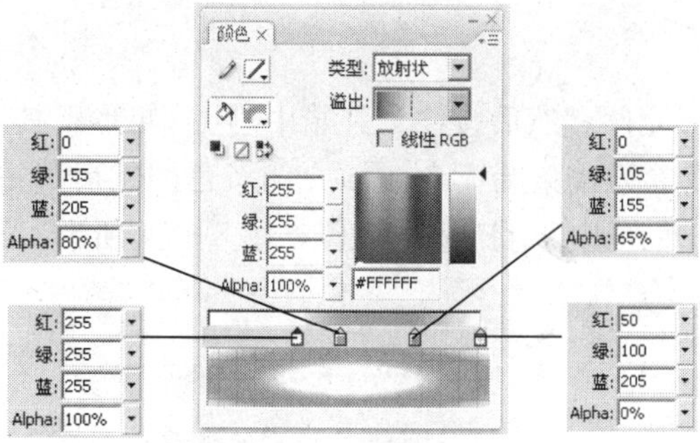

图 8-66　设置渐变色

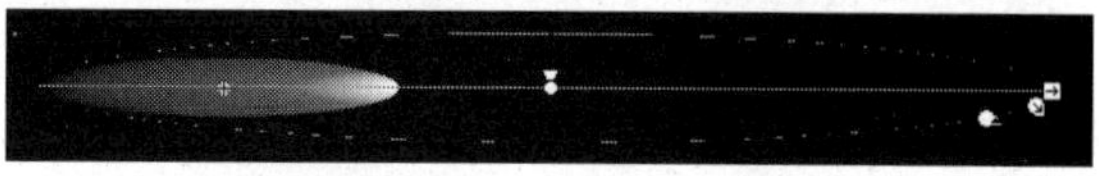

图 8-67　绘制椭圆并调整渐变色

b．按【Ctrl+F8】组合键，新建 light6 图形元件。然后选择工具箱中的〇（椭圆工具），设置线条为 ，然后绘制图形并调整渐变方向，如图 8-68 所示。接着从“库”面板中将 light5 元件拖入舞台并配合【Alt】键复制，效果如图 8-69 所示。

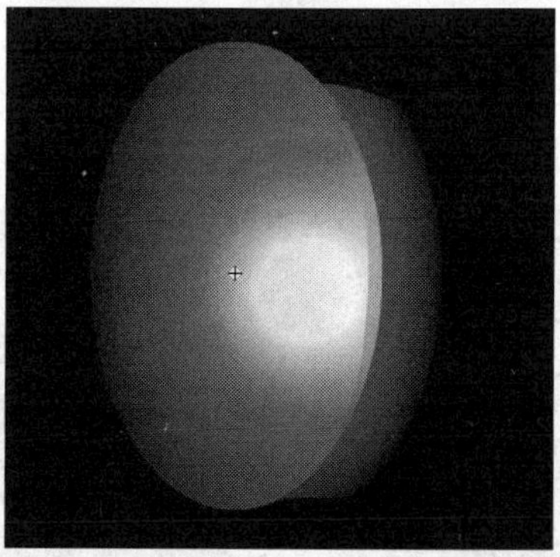

图 8-68　绘制图形

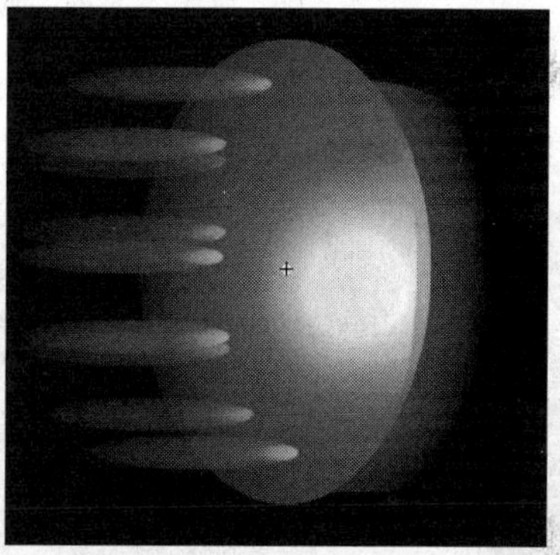

图 8-69　组合图形

c．制作恶人发功效果。方法：回到“场景 2”，然后新建“图层 3”，再从“库”面板中将 light6 元件拖入舞台，放置位置如图 8-70 所示。接着在第 5 帧按【F6】键插入关键帧，将 light6 元件水平向右移动到小和尚的位置，并适当缩放，如图 8-71 所示。最后创建“图层 3”第 1～5 帧之间的动画补间动画。此时时间轴分布如图 8-72 所示。

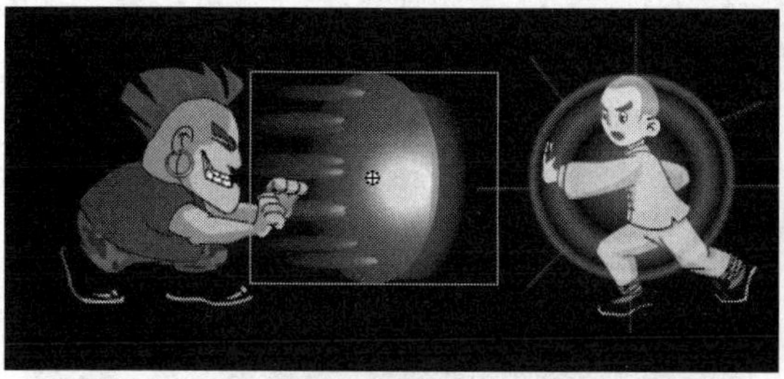

图 8-70　在第 1 帧将 light6 元件拖入舞台

图 8-71　在第 5 帧移动并缩放 light6 元件

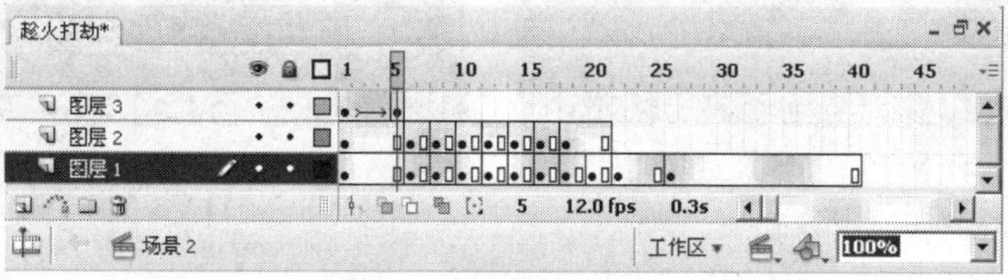

图 8-72　时间轴分布

制作恶人倒地时的金星效果：

a．按【Ctrl+F8】组合键，新建“星星”图形元件。然后按住工具箱中的□（矩形工具）不放，从弹出工具中选择○（多边形工具）。接着设置为线条为无色，填充为黄色。然后单击“属性”面板中的“选项”按钮，如图8－73所示，在弹出的对话框中设置如图8－74所示，单击“确定”按钮。

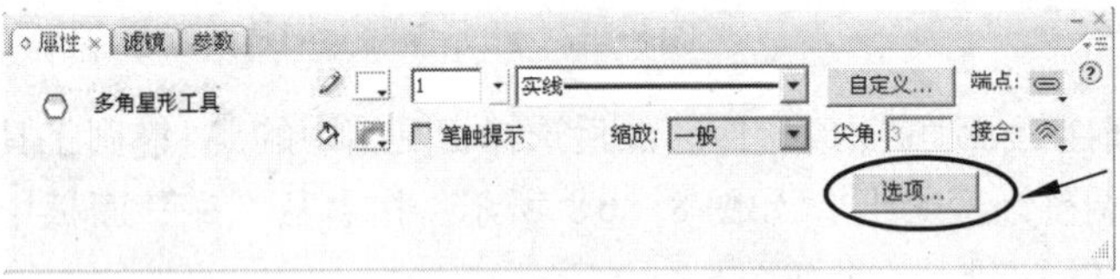

图8－73　单击“选项”按钮

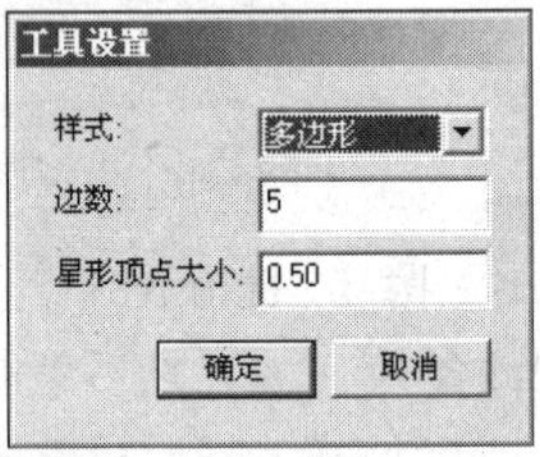

图8－74　设置多边形参数

b．在工作区中绘制五角星，效果如图8－75所示。

c．单击时间轴的第3帧，按【F6】键插入关键帧。然后绘制其他星星，如图8－76所示。

图8－75　在第1帧绘制五角星

图8－76　在第3帧绘制五角星

d．同理，分别在时间轴的第5帧和第7帧按【F6】键插入关键帧，然后调整位置，如图8－77所示。

(a) 第5帧　　(b) 第7帧

图8－77　在第5帧和第7帧绘制五角星

提示

也可以改变第 3 帧和第 7 帧星星的颜色，从而使星星在运动时产生一种闪烁的效果。

e．回到“场景 2”，在时间轴“图层 1”的第 26 帧，从“库”面板中将“星星”元件拖入舞台，放置位置如图 8－78 所示。

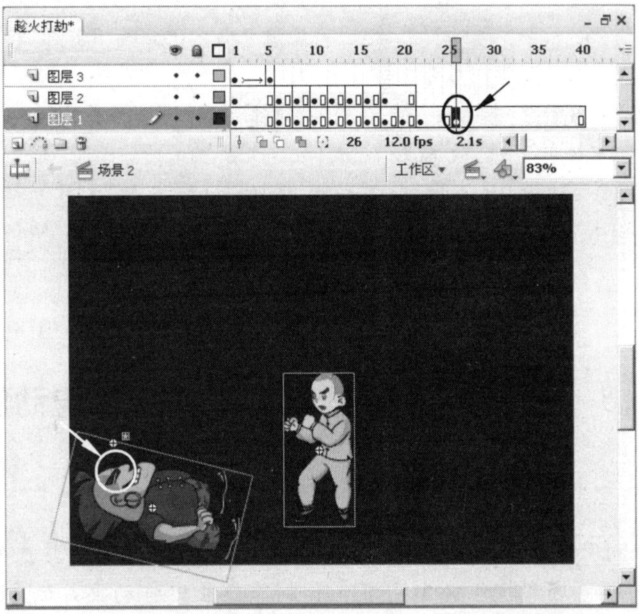

图 8－78 在第 26 帧放置“星星”元件

添加背景：

a．新建“图层 4”，然后执行菜单中的“文件”|“导入”|“导入到舞台”命令，导入“配套光盘\素材及结果\8．2 制作“趁火打劫”动作动画\背景.jpg”图片，效果如图 8－79 所示。

b．至此，“场景 2”制作完毕，此时时间轴分布如图 8－80 所示。

图 8－79 添加背景后效果

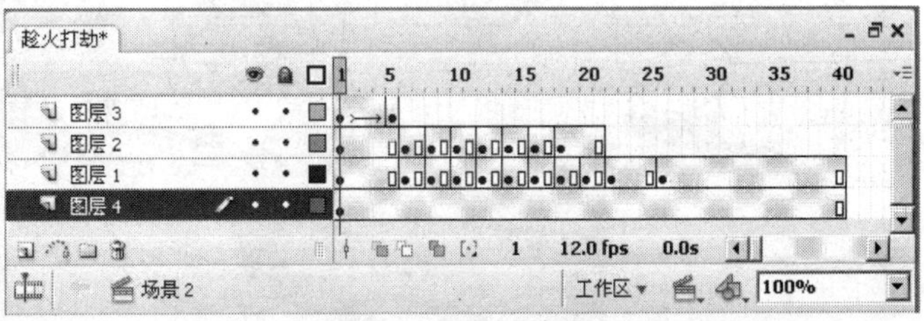

图 8－80 “场景 2”最终时间轴分布

5．作品合成与发布

执行菜单中的“文件”|“发布设置”命令，在弹出的对话框中选中“Windows 放映文件（.exe）”复选框，如图 8-81 所示，单击“确定”按钮，从而将文件输出为可执行的程序文件。

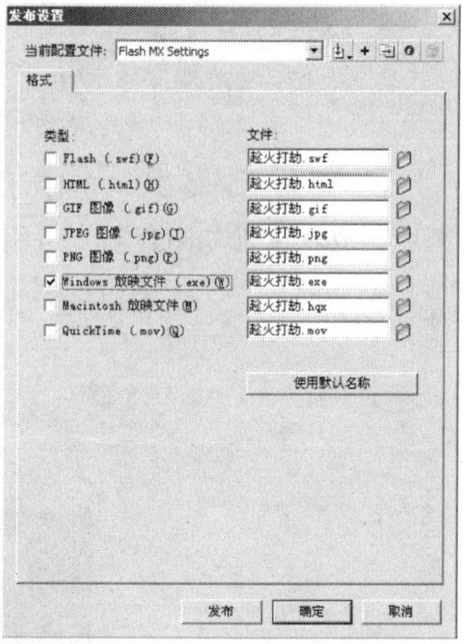

图 8-81　发布设置

提示

在这个动画的制作过程中，使用的全部是“图形”元件，而没有使用“影片剪辑”元件，这是为了防止输出为.avi 格式的文件时可能出现的元件旋转等信息无法识别的情况。这一点大家一定要记住。

8.3　制作“能源与环境”公益广告动画

要点

本例将综合利用前面各章知识来制作一段“能源与环境”公益广告动画，如图 8-82 所示。通过本例学习应掌握综合利用 Flash 制作公益广告动画片的方法。

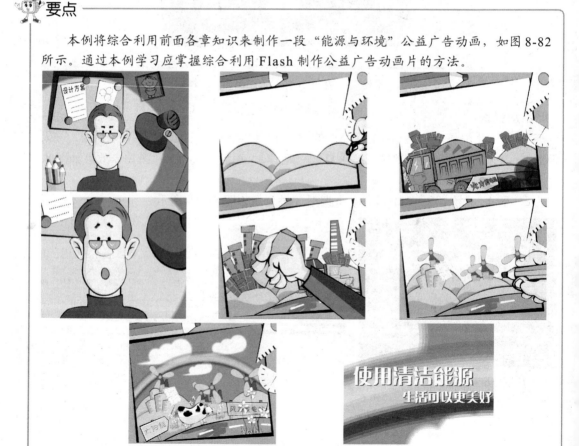

图 8-82　“能源与环境”公益广告动画

操作步骤：

1．剧本编写

就公益广告类动画的策划来说，设计者需要更多考虑的是怎样让观众在观看动画之后，认同自己提出的观点。为了达到这样的效果，除了在画面方面要多下功夫，还要注意表达观点的方式，不能以凌驾于观众之上的姿态对观众指手画脚，不能以上级或长辈教训的口吻对剧中角色指指点点。比较极端的方式都是不可取的，因为剧中的现象或情节都是现实生活的真实写照，很多观众就是剧中人物的缩影。因此，在表现形式上，需要多花些心思，否则会与设计初衷背道而驰。下面是我们制作多年公益动画总结出的一些经验。

（1）要完全贴近日常生活。所谓“公益”，从字面上讲就是公共利益，是大家的利益。而不是个人的私人利益，我们所提倡的公益活动就是指人们在公共场合要注意自己的言谈举止，不能因为自己的不良习惯而影响他人，给他人造成不便或伤害。这些事一般都不是什么大事，比如不随地吐痰、不骑车带人、不在公共场所吸烟、不乱丢废物等，都是生活中的一些小细节。如果倡议不要和外星人说话，别人一定会认为你不正常！因为这些情节只有在电影中才会出现，在日常生活中不可能发生。这类事就超出了公益的范畴。

（2）要完全站在观众的角度上去想。这一点就是前面提到的观众看了之后要有所领悟。虽然“忠言逆耳”，但要尽力去做到“忠言不逆耳”，否则即使建议和创作意图都是好的，但由于方式不对，观众也可能根本就不买账，甚至会产生逆反心理。所以在写剧本的时候，不能用命令的方式来写，而要以朋友交谈的方式，用讲故事的方式，让观众发自内心的感觉到自己的某些不良习惯（做法）是错误的，会给他人带来不好的影响或伤害。

（3）条理清楚，故事结构一目了然。因为公益广告通常比较短，动画的目的是要给观众以劝告，所以，要一针见血直击问题的所在。千万不要故弄玄虚，让动画播完了别人都不知道要表达什么内容。

本剧剧本大致如下：

① 深夜，大楼的灯逐渐熄灭，只剩下一个房间还亮着灯。

② 镜头推进至这个房间，一个年轻的设计师正在为一个工业开发区做设计方案。

③ 设计师拿起笔，在纸上画了一个传统的工业区。

④ 纸上的一切自己动了起来，大量的工厂和汽车排放的废气、噪音令设计师感到惊诧。

⑤ 设计师认识到必须更新能源的结构，他用橡皮擦掉了这些产生污染的工厂。

⑥ 设计师提笔在纸上又绘制了一个以太阳能和风能等清洁能源为主的工业区。

⑦ 纸上的一切自己又动了起来，大地变绿了，鲜花盛开了，蓝天、白云、彩虹……奶牛悠闲自在地吃着草，享受着眼前一切美景。

⑧ 设计师满意地笑了。

⑨ 镜头重新回到纸上，并逐渐推进到彩虹处，出现了公益广告语：“使用清洁能源，生活可以更美好”。

2．角色定位与设计

因为公益动画的创作意图是给人以启迪，所以设计的人物应该贴近生活。本部动画只有设计师一个角色。他的特征是：年轻、精力充沛、富于想象力，但又略显幼稚，如图8－83所示。

图8－83 角色设定

3．素材准备

本例素材准备分为角色和场景两个部分。都是通过Flash绘制完成的。

（1）角色素材准备。设计师所有镜头都只有上半身，所以角色素材只需准备上半身即可，设计师角色基本素材处理后的效果如图8－84所示。角色的其他素材如图8－85所示。

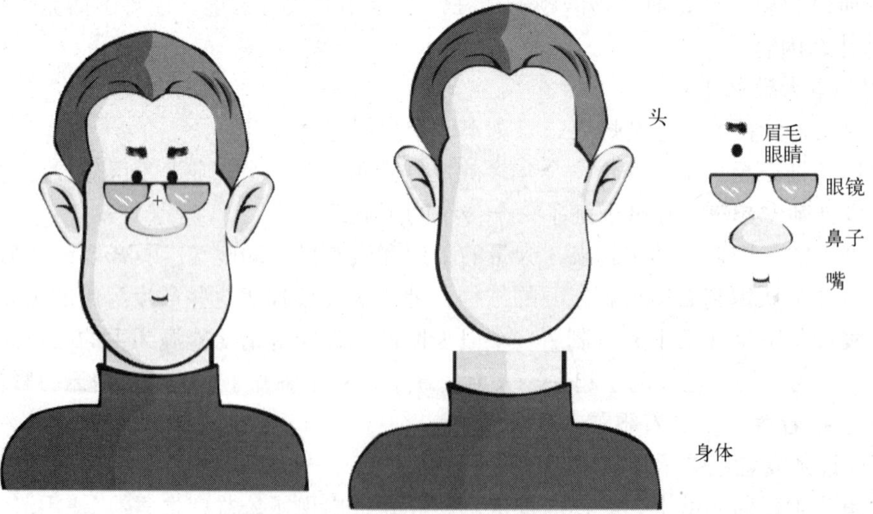

图8－84 设计师角色基本素材

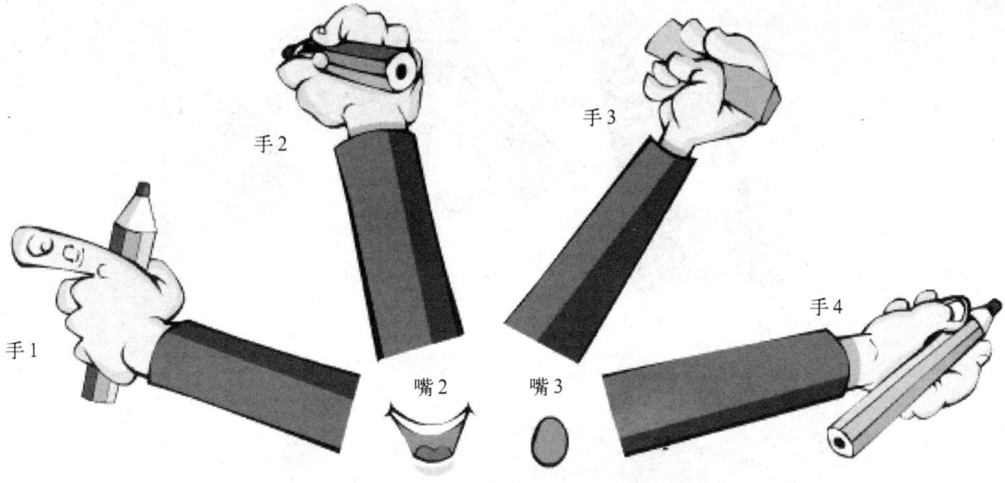

图 8-85　设计师角色其他素材

（2）场景素材准备。本例中表现的是能源和环境，需要大量的场景素材，图 8-86 所示为本例中的场景素材。

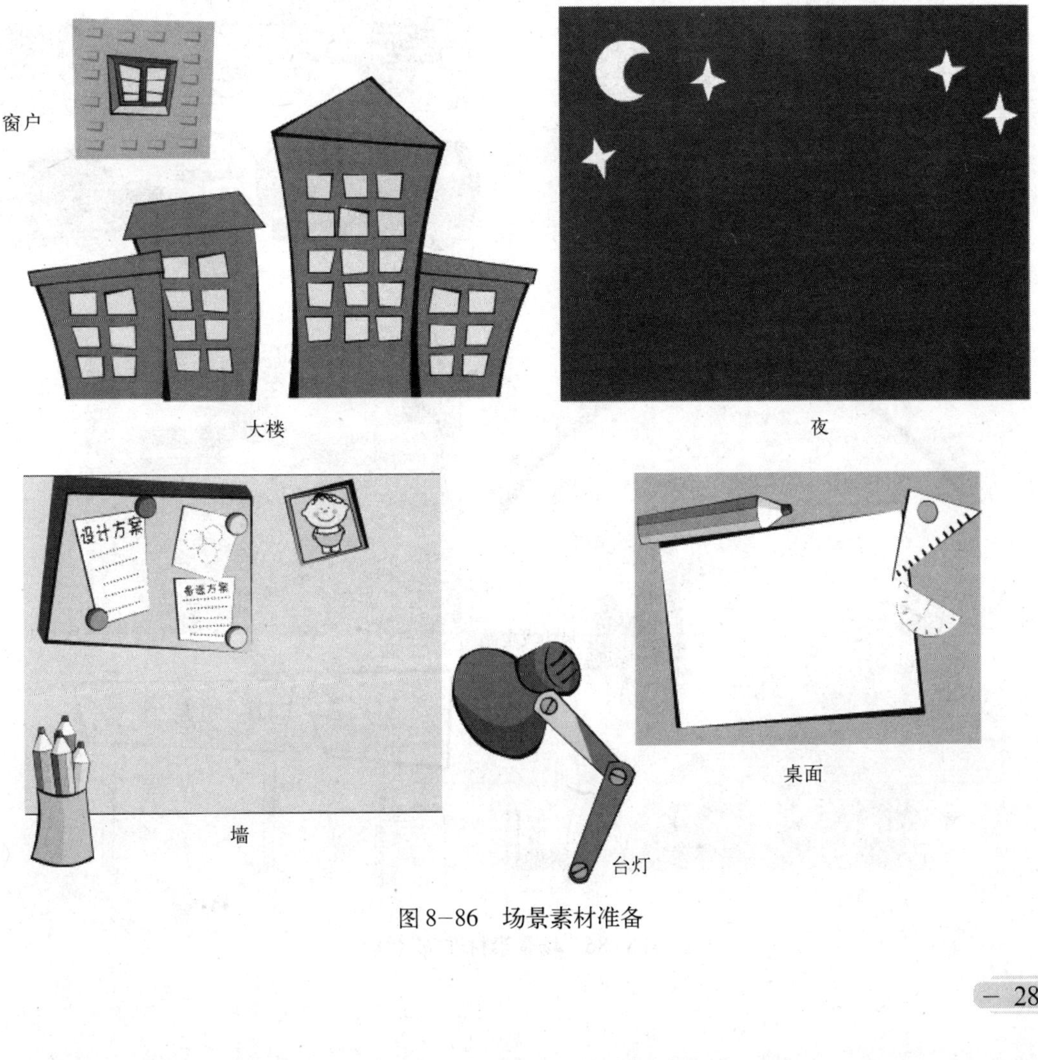

图 8-86　场景素材准备

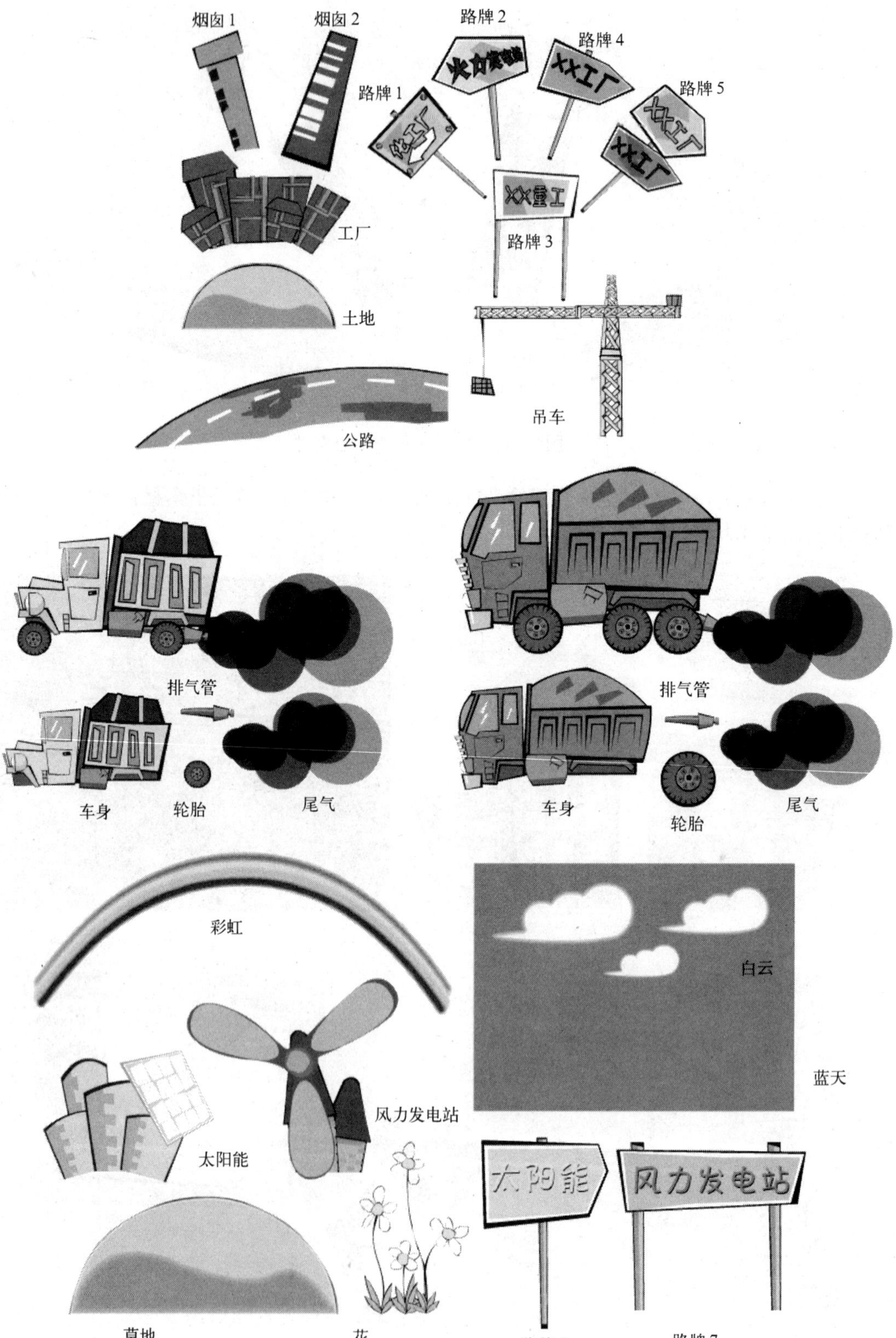

图 8-86 场景素材准备（续）

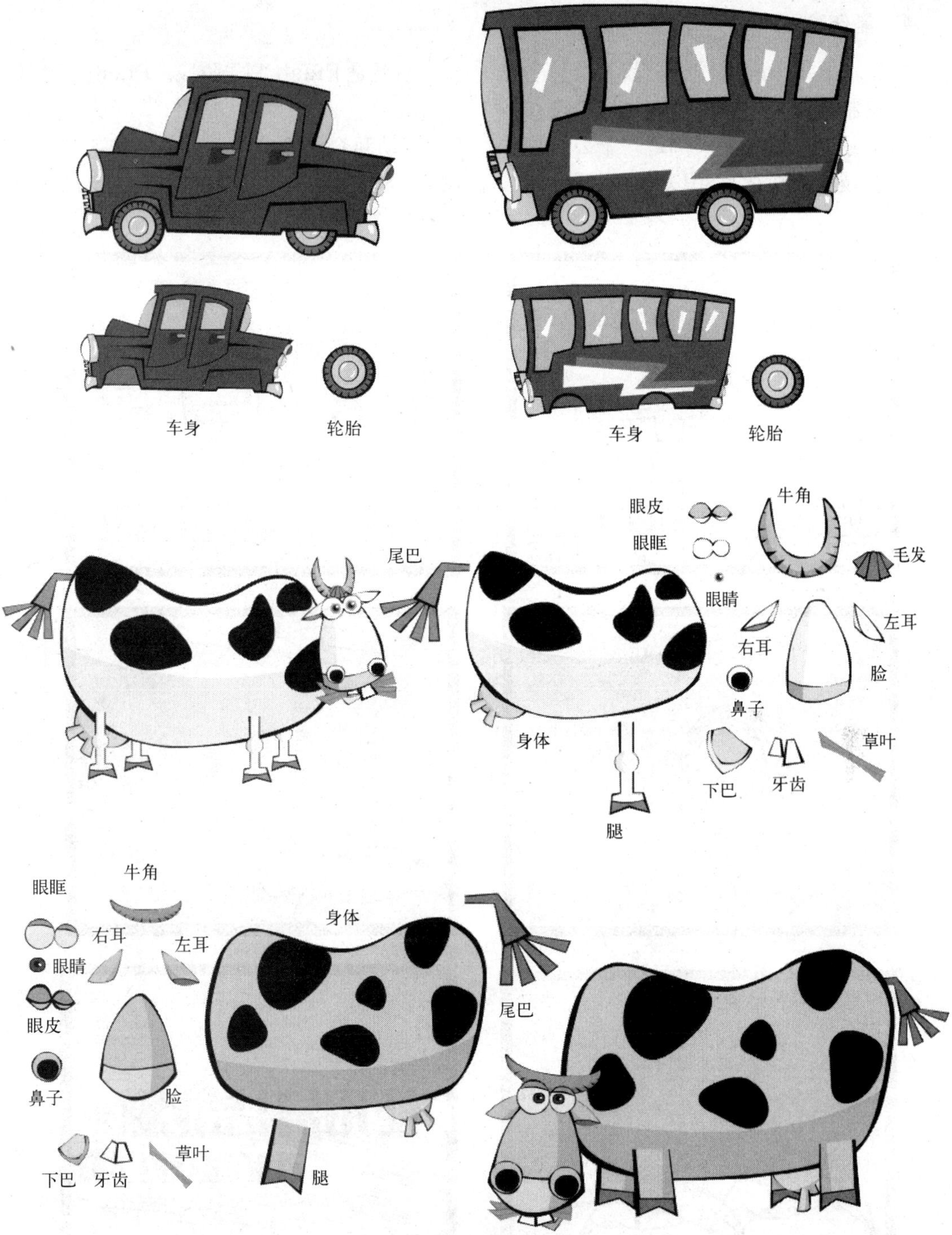

图 8-86 场景素材准备（续）

提示

在给 Flash 元件命名时，应避免元件重名，如果需要有相同的名称，可以将其放置到不同的文件夹中。本例中的汽车和牛就采取了这样的方法。

4．制作阶段

在剧本编写、角色定位与设计都已完成后，接下来就是Flash制作阶段。Flash制作阶段又分为绘制分镜头和原动画制作两个环节。

（1）绘制分镜头。本例是一个公益广告，为了打动观众，能获得更好的广告效应，在分镜头上有较大的变化，用以增强视觉冲击力。图8-87所示为本实例的几个主要的分镜头效果。

图8-87　主要的分镜头效果

(2) 原动画制作。本例原动画的制作分为序幕、设计1、设计2和尾声4部分。

① 制作“序幕”场景动画。

制作背景和文字淡入淡出动画：

a．本例制作的动画是要在PAL制电视上播放，因此要将文件大小设为720px × 576px。具体设置方法如下：执行菜单中的“修改”|“文档尺寸”命令，在弹出的“文档属性”对话框中设置如图8-88所示，单击“确定”按钮。

b．将“图层1”重命名为“夜空”，然后从“库”面板中将“外景”文件夹中的“夜空”元件拖入舞台，并放置到适当位置，如图8-89所示。

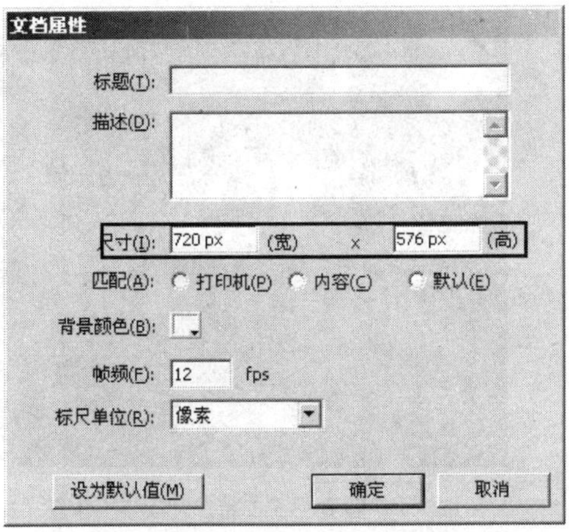

图8-88 设置文档大小

图8-89 将“夜空”元件拖入舞台

c．制作夜空的推镜效果。方法：在第134帧和第156帧按【F6】键插入关键帧，然后将第156帧的“夜空”元件放大，效果如图8-90所示。接着创建第134～156帧之间的动画补间动画。最后在第170帧按【F5】键，从而将该层动画总长度延长到第170帧，此时时间轴分布如图8-91所示。

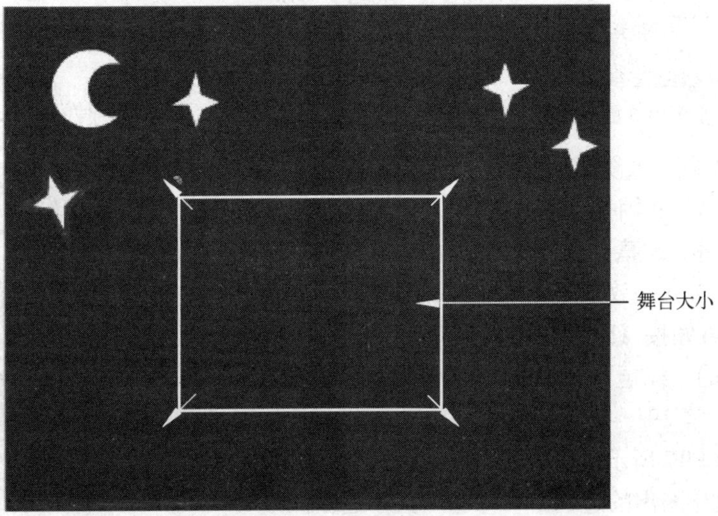

图8-90 放大元件

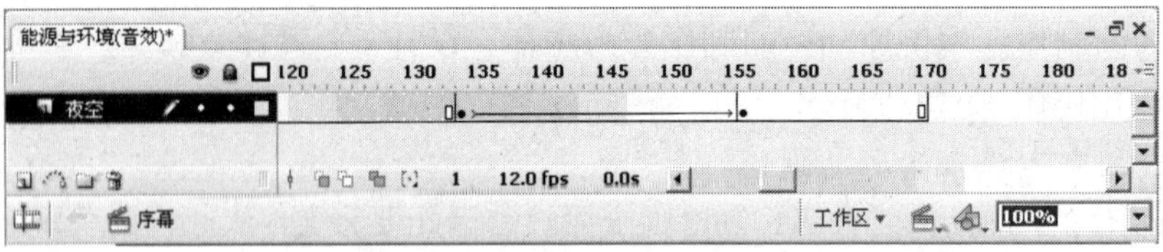

图 8-91　时间轴分布

d．新建“字幕”层，然后在第 5 帧按【F7】键插入空白关键帧，从库中将“字幕”文件夹中的“字幕”元件拖入舞台，并利用“对齐”面板将文字居中对齐，如图 8-92 所示，效果如图 8-93 所示。

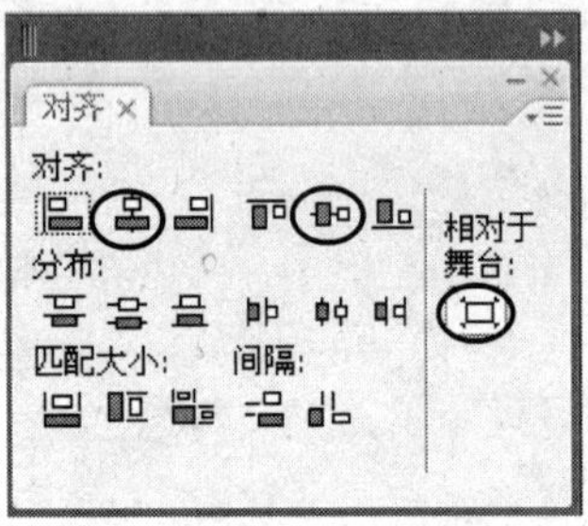

图 8-92　设置对齐参数

图 8-93　将文字居中对齐

e．制作字幕文字淡入淡出效果。方法：分别在“字幕”层的第 15、29、40 帧按【F6】键插入关键帧，然后将第 5 帧和第 40 帧的“字幕”元件 Alpha 值设为 0，如图 8-94 所示。接着创建“字幕”层第 5～15 帧、第 29～40 帧的动画补间动画，此时时间轴分布如图 8-95 所示。

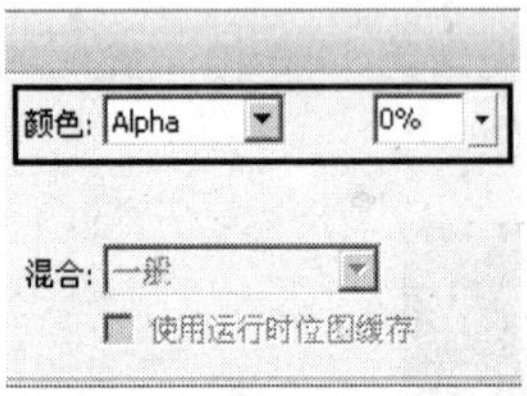

图 8-94　将 Alpha 值设为 0

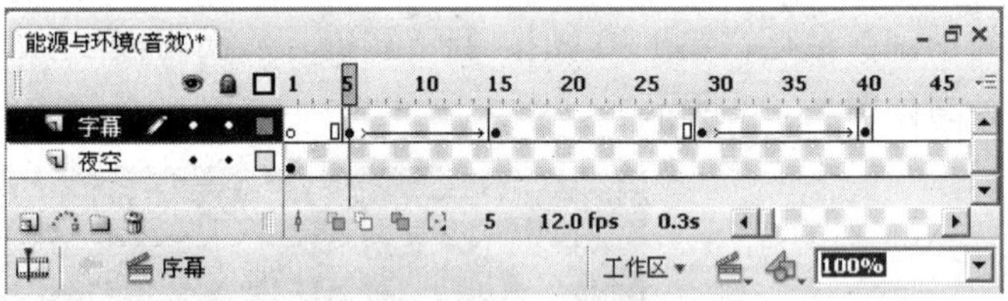

图 8-95　时间轴分布

f．制作标题淡入淡出动画。方法：新建“标题”层，然后在该层的第 29 帧按【F7】键插入空白关键帧，从“库”面板中将“字幕”文件夹中的“标题”元件拖入舞台，并居中对齐，效果如图 8-96 所示。接着分别在第 40、55、66 帧按【F6】键插入关键帧。最后将第 29 帧和第 66 帧的“标题”元件 Alpha 值设为 0，并创建第 5～15 帧、第 29～40 帧的动画补间动画，此时时间轴分布如图 8-97 所示。此时按【Enter】键，可以看到“字幕”文字淡出的过程中“标题”文字逐渐淡入的效果。

图 8-96　将“标题”元件拖入舞台

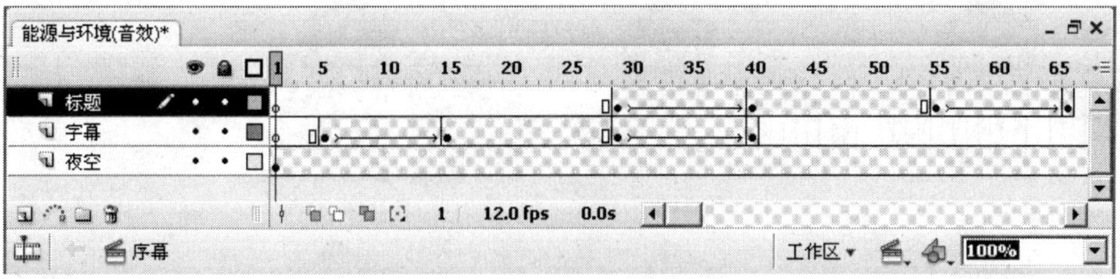

图 8-97 时间轴分布

制作楼群动画。这段动画描写的是楼群淡入，然后房间逐个熄灯，再推进镜头至设计师房间的情节。

a．制作楼房淡入效果。方法：在“夜空”层上方新建“大楼”层，然后在该层的第55帧按【F7】键插入空白关键帧，将“库”面板中“外景”文件夹中的“大楼”元件拖入舞台，如图8-98所示。接着在第66帧按【F6】键插入关键帧，并将第55帧“大楼”元件Alpha值设为0。最后创建第55～66帧的动画补间动画。

图 8-98 将“大楼”元件拖入舞台

b．制作房间逐个熄灯效果。方法：在第94帧按【F6】键插入关键帧，然后按【Ctrl+B】组合键将该元件分离为图形，如图8-99所示。再按【F8】键将其转换为“熄灯”元件，如图8-100所示。接着双击该元件进入编辑状态，并逐个在前一关键帧的基础上按【F6】键插入关键帧，并用（颜料桶工具）将大楼房间的窗口逐个填充为黑灰色（#333333）。添加的关键帧的位置分别为第5、10、15、20、23、25、27、30、33、35、38、40帧，动画过程如图8-101所示。最后在第80帧按【F5】键，将时间轴的总长度延长到第80帧。此时时间轴分布如图8-102所示。

提示

此时将时间轴延长到第80帧是为了让灯光在第40帧之后保留第40帧的状态（即只有设计师所在屋子的灯还亮着的状态），以便切入下一个景。如果只有40帧，则熄灯动画在第40帧后又会重新开始逐个熄灭。

图 8-99 将“大楼”元件分离为图形

图 8-100 转换为“熄灯”元件

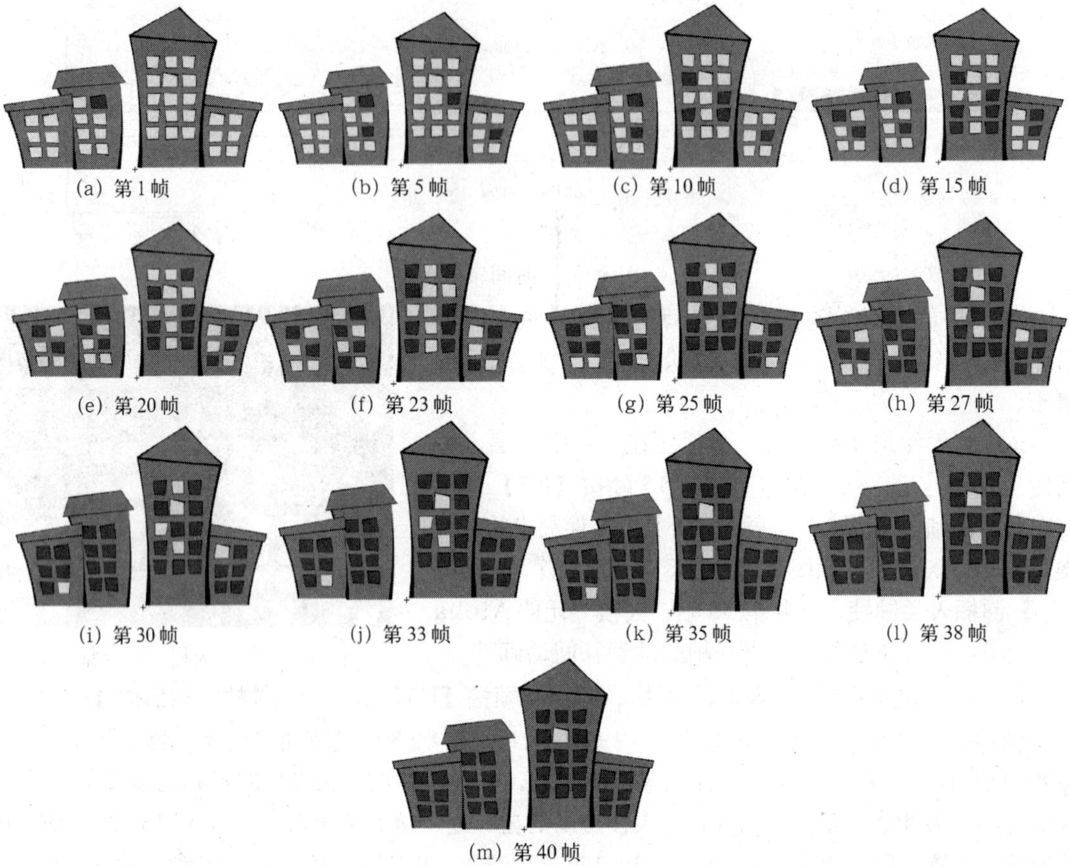

(a) 第1帧　(b) 第5帧　(c) 第10帧　(d) 第15帧

(e) 第20帧　(f) 第23帧　(g) 第25帧　(h) 第27帧

(i) 第30帧　(j) 第33帧　(k) 第35帧　(l) 第38帧

(m) 第40帧

图 8-101　熄灯动画过程

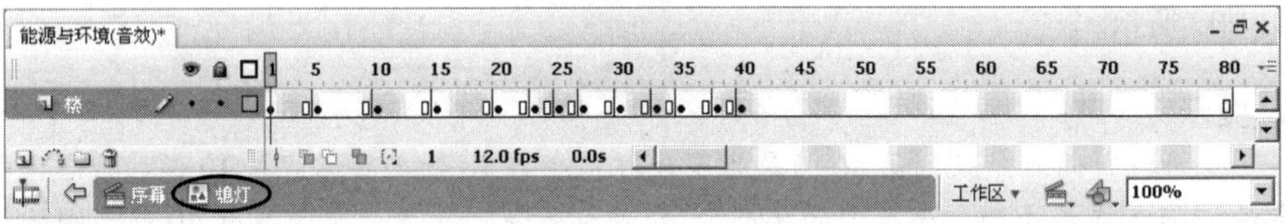

图 8-102　时间轴分布

c．制作推进镜头的效果。方法：单击 序幕 按钮，回到“序幕”场景，然后在第134帧和第156帧按【F6】键插入关键帧，并将第156帧的“熄灯”元件放大。接着在第170帧按【F6】键插入关键帧，并将“熄灯”元件继续放大，并将其Alpha值设为0。最后在“大楼”层创建第134～170帧的动画补间动画。此时时间轴分布如图8-103所示。

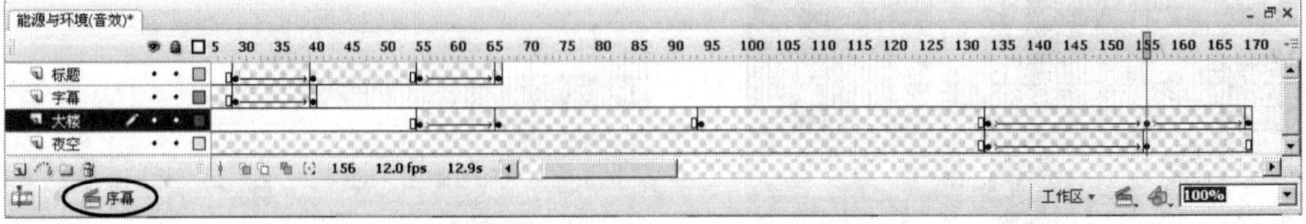

图 8-103　时间轴分布

d．制作窗户淡入淡出动画。方法：在“大楼”层下方新建“窗户”层，然后在第156帧按【F7】键插入空白关键帧，再从“库”面板中将“外景”文件夹中的“窗户”元件拖入舞台，并放置到适当位置，如图8-104所示。接着在第170帧按【F6】键插入关键帧，并将“窗户”元件放大，如图8-105所示。再在第187帧和第202帧按【F6】键插入关键帧。再将第156帧和第02帧“窗口”元件的Alpha值设为0。最后在第156～170帧、第187～202帧之间创建动画补间动画，此时时间轴分布如图8-106所示。

图8-104　将“窗户”元件拖入舞台

图8-105　将“窗户”元件放大

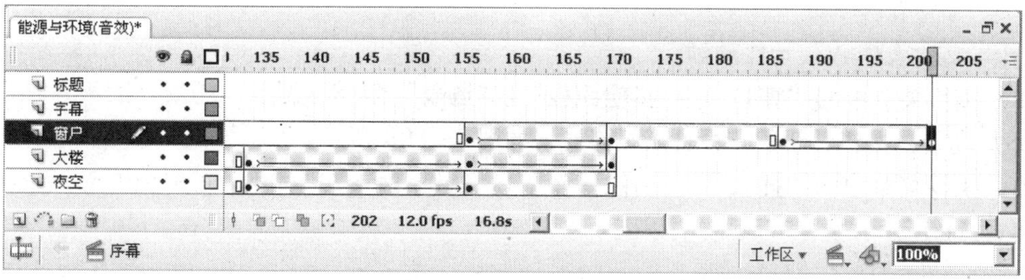

图8-106　时间轴分布

e．在“窗户”层下方新建“书房”层，然后在第187帧按【F7】键插入空白关键帧。然后从“库”面板中将“书房”文件夹中的“墙”、“台灯”、“光影”元件和“设计师”文件夹中的“设计师”元件拖入舞台，并放置到适当位置。接着将“光影”元件的Alpha值设为20%，从而产生灯光阴影效果，如图8-107所示。最后在“书房”层的第215帧按【F5】键将该层总长度延长到第215帧。

至此，“序幕”场景制作完毕，此时时间轴分布如图8-108所示。

图8-107　组合元件

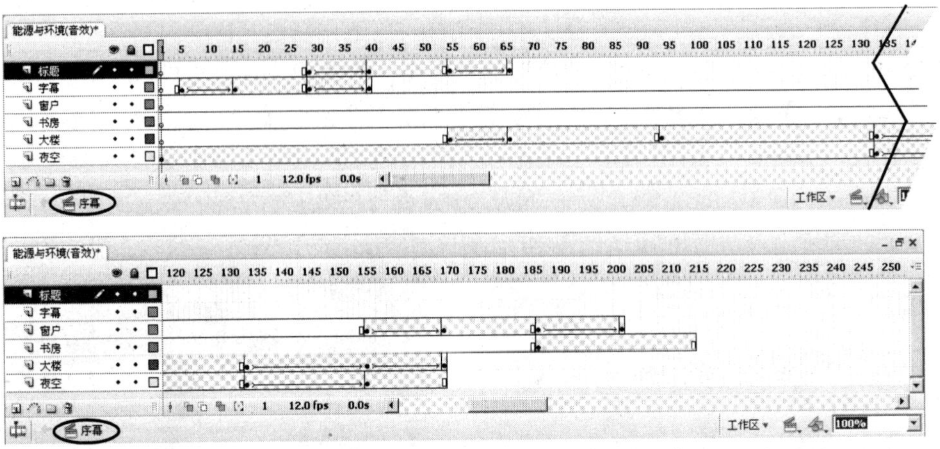

图 8-108 “序幕”场景时间轴分布

② 制作“设计 1”场景动画。在 Flash 动画中为了便于动画制作和文件管理，可以将一个大的场景动画分配到若干元件中完成，再在场景中进行组合。具体到这段动画，是在“1.表情 A”、“2.画画－工厂”和“3.工业污染”3 个元件中完成的。这段动画描写的是设计师有了一个创意，在纸上绘制出传统工业区，然后纸上的一切自己运转了起来，造成了极大工业污染的情节。

制作“1.表情 A”元件动画。

a. 执行菜单中的“窗口”|“其他面板”|“场景”命令，调出“场景”面板。然后单击 + (添加场景）按钮，新建“设计 1”场景，如图 8-109 所示。

b. 执行菜单中的“插入”|“新建元件”（快捷键【F8】）命令，在弹出的对话框中设置如图 8-110 所示，单击“确定”按钮。

图 8-109 新建“设计 1”场景

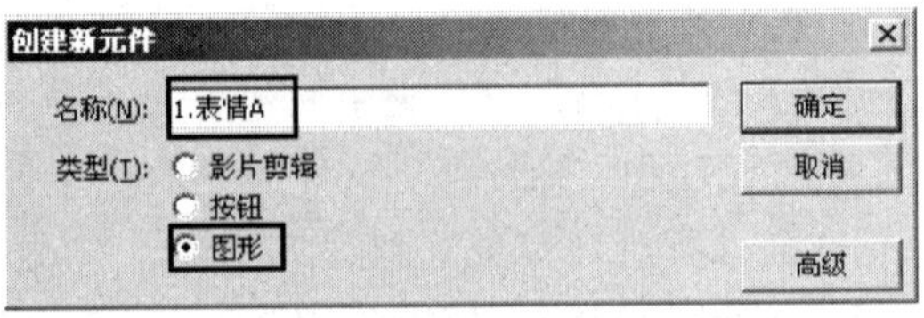

图 8-110 新建“1.表情 A”元件

c. 为了保持动画的连续性，进入“序幕”场景，右击“书房”层的最后一帧（第 215 帧），然后从弹出的快捷菜单中选择“复制帧”命令。接着回到“1.表情 A”元件，右击第 1 帧，从弹出的快捷菜单中选择“粘贴帧”命令。最后按【Ctrl+B】组合键将其分离为小元件。

d. 粘贴后的帧中包括“墙”、“台灯”、“光影”和“设计师”4 个元件。为了便于操作，将“墙”和“设计师”分散到不同的层中。方法：分别右击舞台中的“墙”和“设计师”元件，从弹出的快捷菜单中选择“分散到图层”命令，如图 8-111 所示。此时“墙”和“设计师”元件被分离到新的图层上，并且图层会自动以该元件的名称来命名图层，如图 8-112 所示。

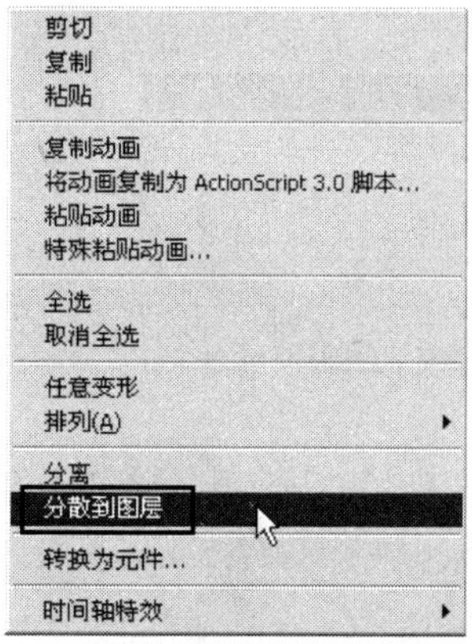

图 8-111 选择“分散到图层”命令

图 8-112 将“墙”和“设计师”元件分离到新的图层上

e．制作设计师的表情动画。方法：选择“设计师”层的第 1 帧，按【Ctrl+B】组合键将其继续分离为小元件，如图 8-113 所示。

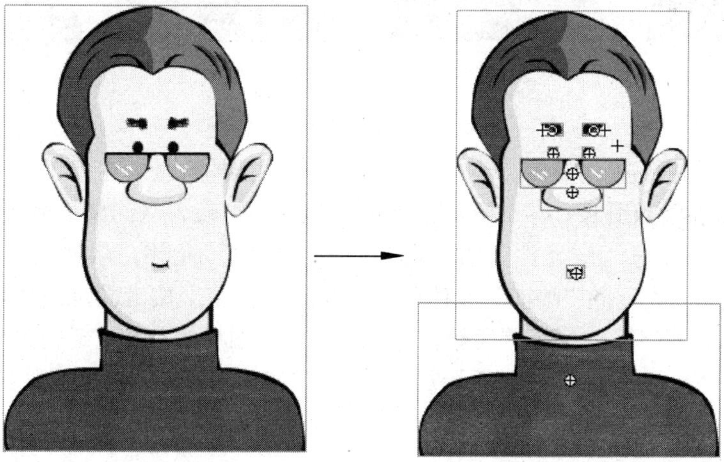

（a）分离前　　（b）分离后

图 8-113 将“设计师”元件分离为小元件

分别在“设计师”层的第 6、8、11、25 帧按【F6】键插入关键帧。然后右击第 6 帧的“眼睛”元件，从弹出的快捷菜单中选择“交换元件”命令，如图 8-114 所示。接着在弹出的对话框中选择“闭眼”元件，如图 8-115 所示，单击“确定”按钮。最后单击第 8 帧，将所有元件进行压扁处理。同理，将第 11 帧的“嘴 1”元件替换为“嘴 2”元件。动画过程如图 8-116 所示。

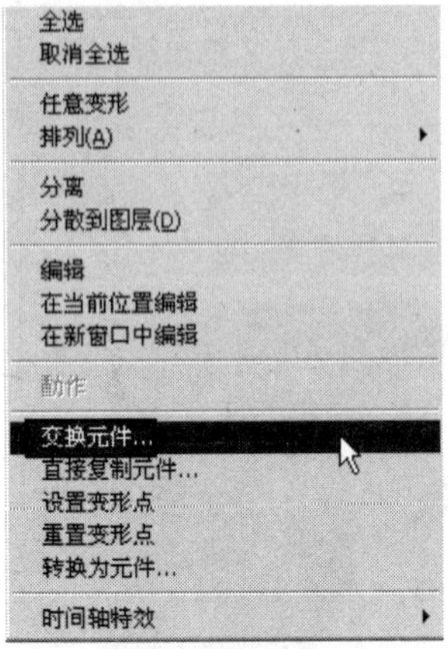

图 8-114 选择“交换元件”命令

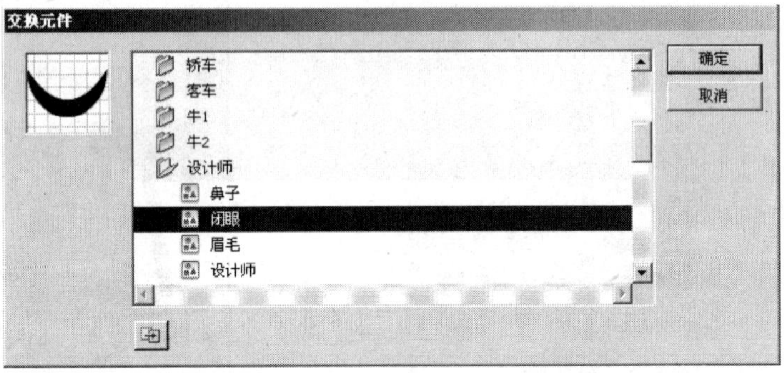

图 8-115 选择“闭眼”元件

(a) 第1帧　(b) 第6帧　(c) 第8帧　(d) 第11帧

图 8-116 设计师的表情动画

f. 制作设计师推眼镜的动画。为了减少该元件中图层的数量，在第25帧按【F8】键，在弹出的对话框中设置如图8－117所示，单击“确定”按钮，从而将该帧元件转换为“推眼镜”元件。然后双击进入该元件，右击舞台中的“眼镜”元件，从弹出的快捷菜单中选择“分离到层”命令，从而将“眼镜”元件分离到新的图层上。接着同时选择“头”和“眼镜”层的第55帧，按【F5】键插入普通帧，从而将这两个图层的总长度延长到第55帧，时间轴分布如图7－118所示。最后新建“手”层，从“库”面板中将“手1”元件拖入舞台，并放置到适当位置。

图 8-117 转换为“推眼镜”元件

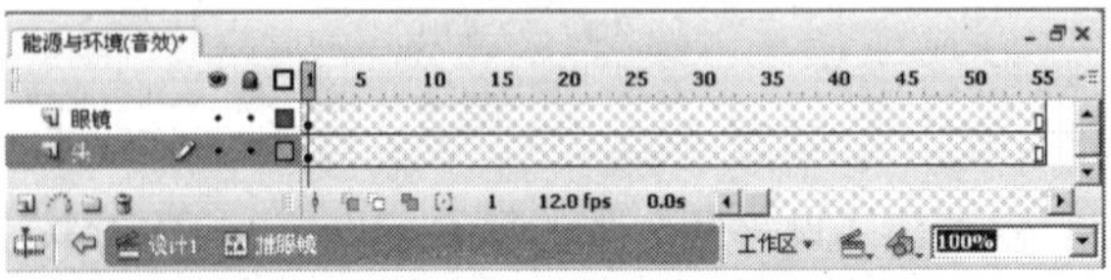

图 8-118 时间轴分布

分别在“手”层的第9、12、15、21帧和“眼镜”层的第12、15、18帧按【F6】键插入关键帧，并调整各帧中元件的位置，如图8－119所示。

(a) 第1帧　(b) 第9帧　(c) 第12帧　(d) 第15帧　(e) 第18帧

图8-119　不同关键帧的眼睛和手的位置关系

在“手”层的第1～9帧、第12～21帧和“眼镜”层的第12～18帧创建动画补间动画。至此，“推眼镜”元件制作完毕，此时时间轴分布如图8-120所示。

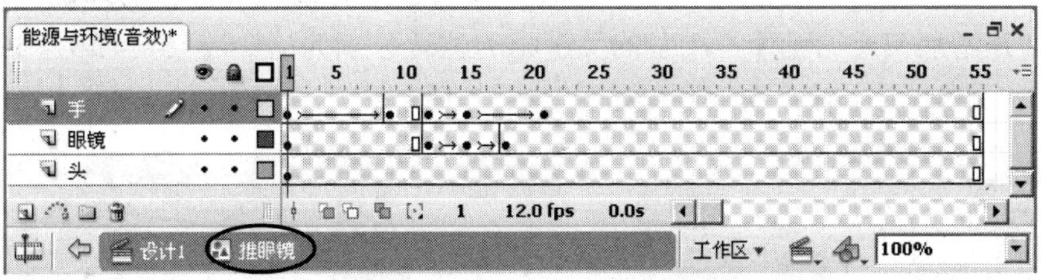

图8-120　“推眼镜”元件的时间轴分布

g．回到“1.表情A”元件，同时选择“台灯”、“设计师”和“墙”层的第60帧，按【F5】键将这3个图层的总长度都延长到第60帧。

至此，“1.表情A”元件制作完毕，此时时间轴分布如图8-121所示。

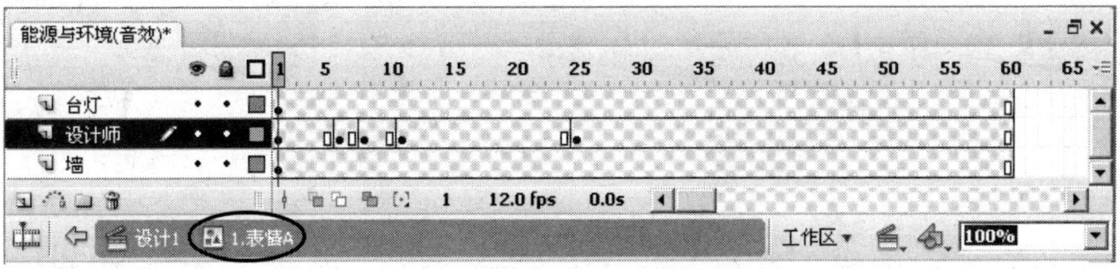

图8-121　“1.表情A”元件的时间轴分布

提示

利用Flash制作动画，经常会让元件之间形成嵌套结构，即一个动画元件中包含另一个动画元件，从而使动画制作更简便。本段动画中的“1.表情A”元件就嵌套了“推眼镜”元件。

制作“2.画画-工厂”元件动画。这段动画制作的是设计师提笔在纸上画出传统工业区的过程。

a．执行菜单中的“插入”|“新建元件”（快捷键【F8】）命令，在弹出的对话框中设置如图 8-122 所示，单击“确定”按钮。

b．将“图层 1”重命名为“纸”，然后从“库”面板中将“桌面”图形元件拖入舞台，并放置到适当位置，如图 8-123 所示。接着在该层的第 170 帧按【F5】键插入普通帧，从而将该层的时间轴总长度延长到第 160 帧。

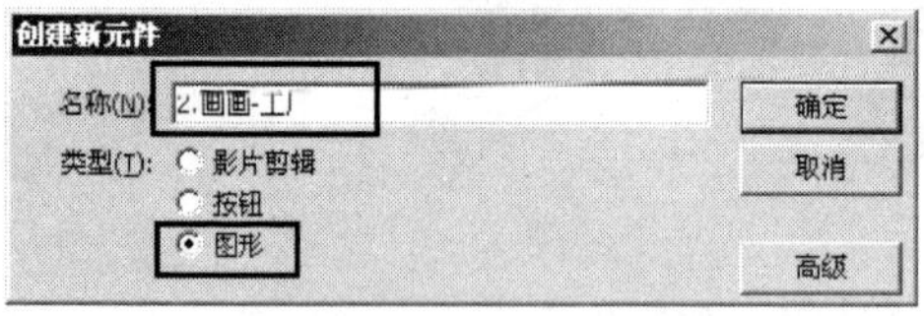

图 8-122 新建“2.画画－工厂”元件

图 8-123 将“桌面”元件拖入舞台

c．新建“内容”层，然后在第 24 帧按【F7】键插入空白关键帧。接着从“库”面板中将“土地”元件拖入舞台，并放置到适当位置。接着逐个在前一关键帧的基础上按【F6】键插入关键帧，并增加相应的元件。添加的关键帧的位置分别为第 24、27、33、39、45、68、83、92、101、109、131 帧，动画过程如图 8-124 所示。

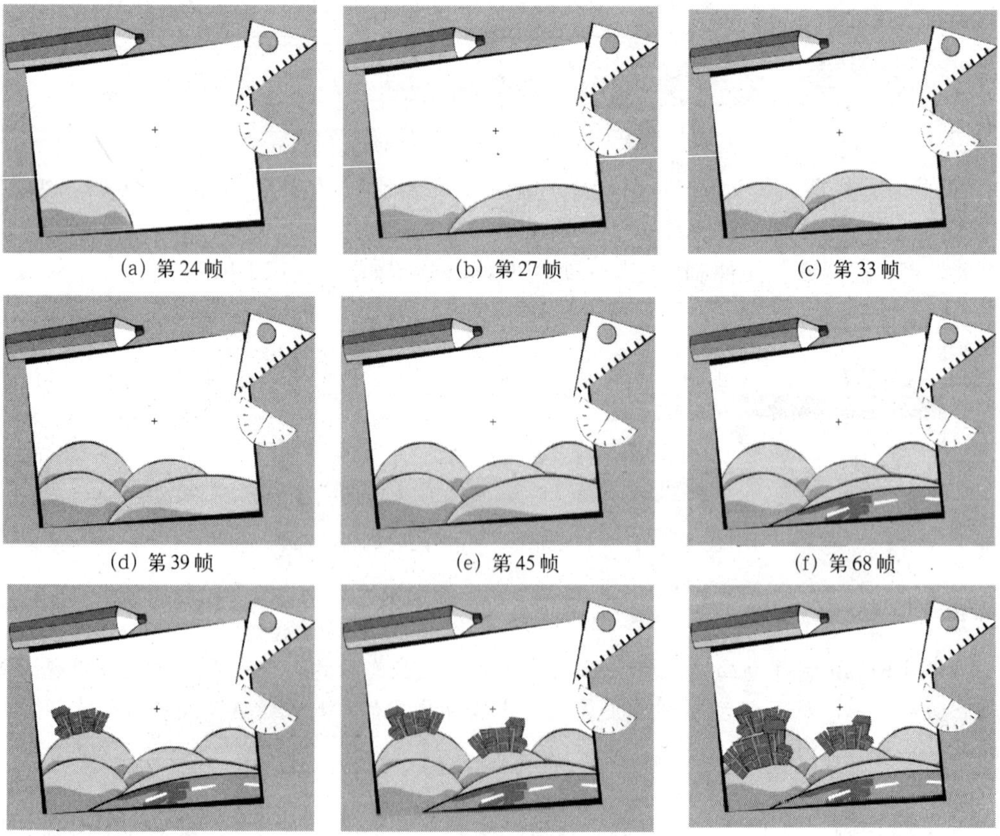
(a) 第 24 帧　(b) 第 27 帧　(c) 第 33 帧
(d) 第 39 帧　(e) 第 45 帧　(f) 第 68 帧
(g) 第 83 帧　(h) 第 92 帧　(i) 第 101 帧

图 8-124 传统工业区在纸上出现的过程

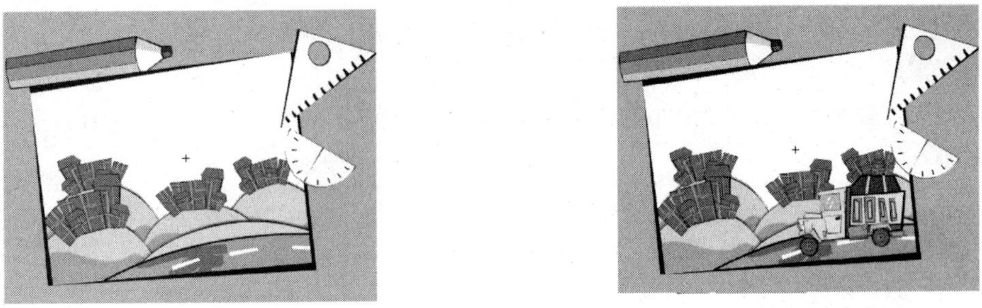

(j) 第109帧　　(k) 第131帧

图8-124 传统工业区在纸上出现的过程（续）

提示

“纸”层位于“内容”层上方，为了不遮挡“内容”层的内容，可以在创建“桌面”元件时就将纸的白色部分删除。

d．制作手在纸上的绘画动画。这段动画表现的是设计师的手非常流畅地在纸上勾勒出一个传统的工业区的过程，由于要表达更丰富的动画细节，所以需要添加大量的关键帧。方法：新建“手”层，然后在第10帧按【F7】键插入空白关键帧。接着从“库”面板中将“手2”元件拖入舞台，并放置到适当位置。最后逐个在前一关键帧的基础上按【F6】键插入关键帧，并调整元件的位置。添加的关键帧的位置分别为第20、22～27、30～33、36～39、42～45、60、64～71、79、82～86、90～94、97、100～104、107～111、114、125、129、130～135、138、142帧，图8-125所示为部分关键帧手的位置。

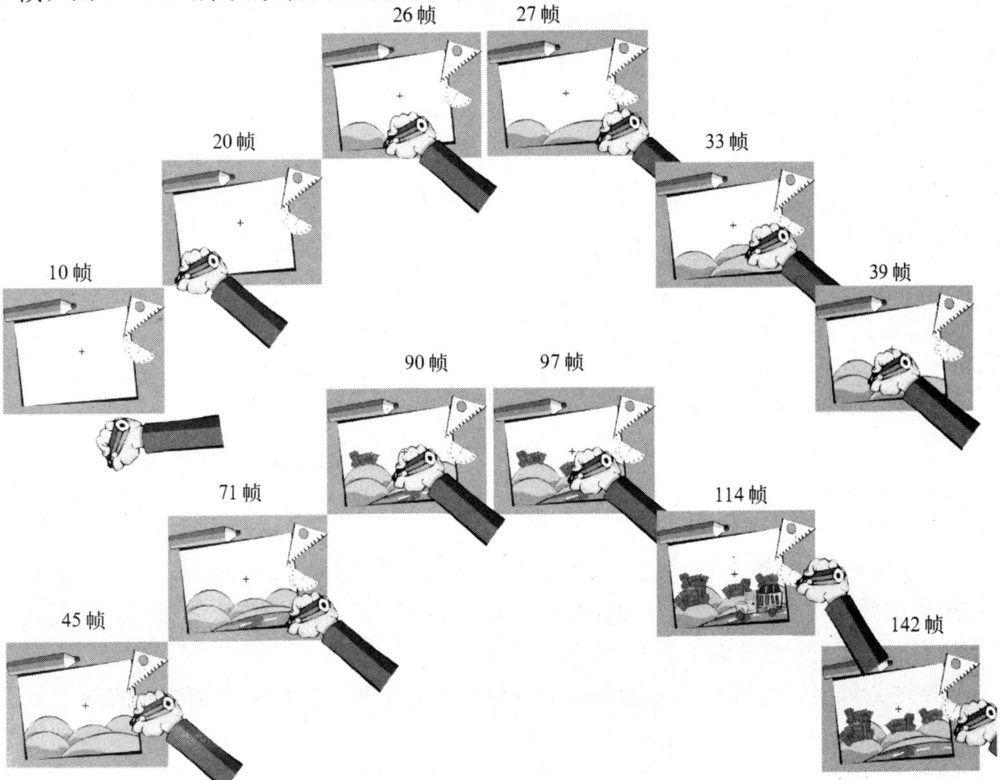

图8-125 部分关键帧手的位置

在第10～20、27～30、33～36、39～42、60～64、79～82、86～90、97～100、104～107、111～114、125～129、138～142帧创建动画补间动画。

至此，“2.画画－工厂”元件制作完毕，此时时间轴分布如图8-126所示。

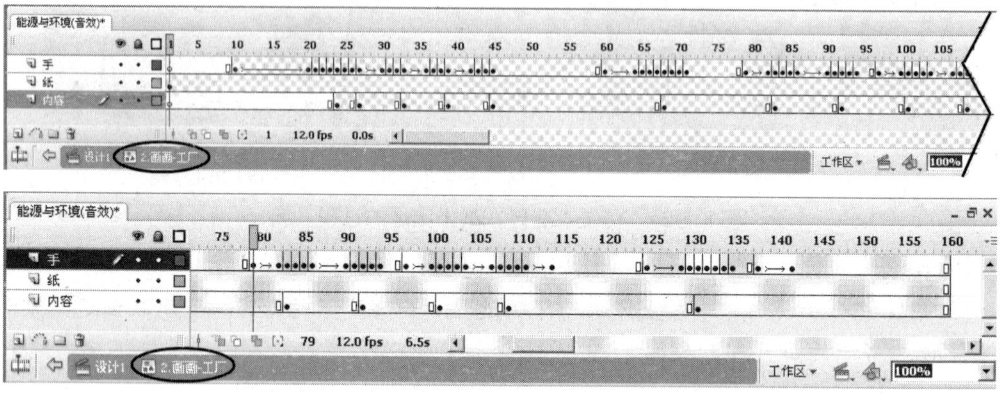

图8-126 “2.画画－工厂”元件时间轴分布

制作“3.工业污染”元件动画。这段动画描写的是设计师在纸上绘制的工业区运转后造成的大量工业污染的画面。

a. 执行菜单中的“插入”|“新建元件”（快捷键【F8】）命令，在弹出的对话框中设置如图8-127所示，单击“确定”按钮。

b. 为了使“3.工业污染”元件的开头与“2.画画－工厂”元件的结尾进行连接，下面双击库中的“2.画画－工厂”元件，进入编辑状态。然后同时选择“内容”和“纸”层的最后1帧(第160帧)，右击并从弹出的快捷菜单中选择“复制帧”命令。接着回到“3.工业污染”元件的第1帧，右击并从弹出的快捷菜单中选择“粘贴帧”命令，此时“3.工业污染”元件中会自动出现“内容”和“纸”层。

c. 为了后面动画的需要，下面分别选择“背景”层中的“小卡车－静止”和“公路”元件，右击并从弹出的快捷菜单中选择“分散到图层”命令，从而将其分散到不同图层上。此时图层分布如图8-128所示。

图8-127 新建“3.工业污染”元件

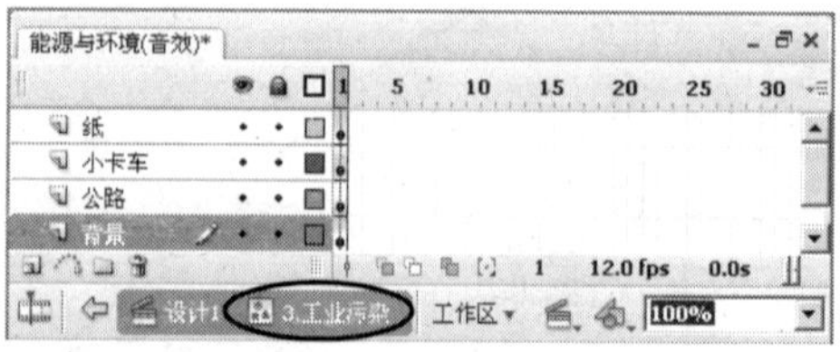

图8-128 图层分布

d. 右击“小卡车－静止”元件，从弹出的快捷菜单中选择“交换元件”命令。接着在弹出的对话框中选择“小卡车－启动”元件，如图8-129所示，单击“确定”按钮，从而将“小卡车－静止”元件替换为“小卡车－启动”元件。

e. 制作远景烟囱、路牌和吊车逐个跳出的效果。为了便于操作，下面将“背景”层以外的图层进行锁定并隐藏，如图8-130所示。然后选择“背景”层，逐个在前一关键帧的基础上按【F6】键插入关键帧，并增加和缩放元件。添加的关键帧的位置分别为第12、14、15、

17、19、20、22、24、25、27、29、30、31、33、34、36、38、39、42、44、45、46、48、49、51、53、54、70、72、73、77、81、85、89 帧，图 8-131 所示为部分关键帧的画面效果。接着同时选择“纸”、“公路”和“背景”层，在第 180 帧按【F5】键插入普通帧，从而将这些层时间轴的总长度延长到第 180 帧。

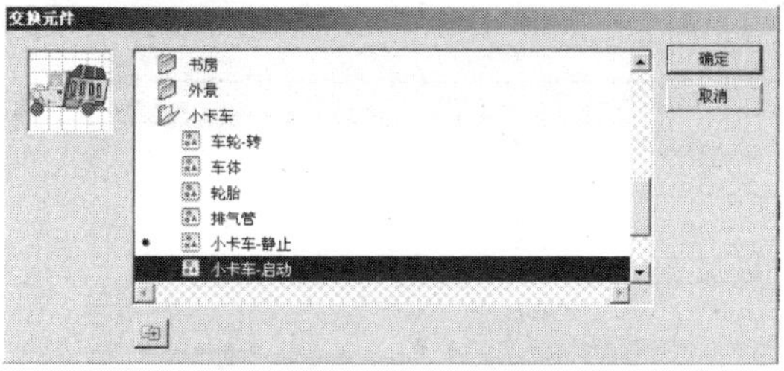

图 8-129　选择“小卡车－启动”元件

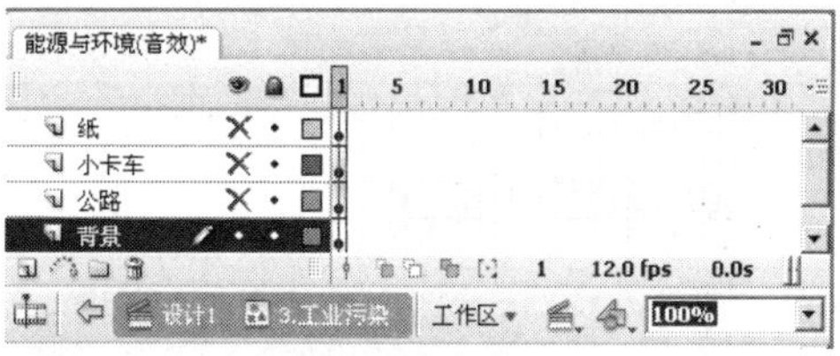

图 8-130　隐藏并锁定背景层以外的图层

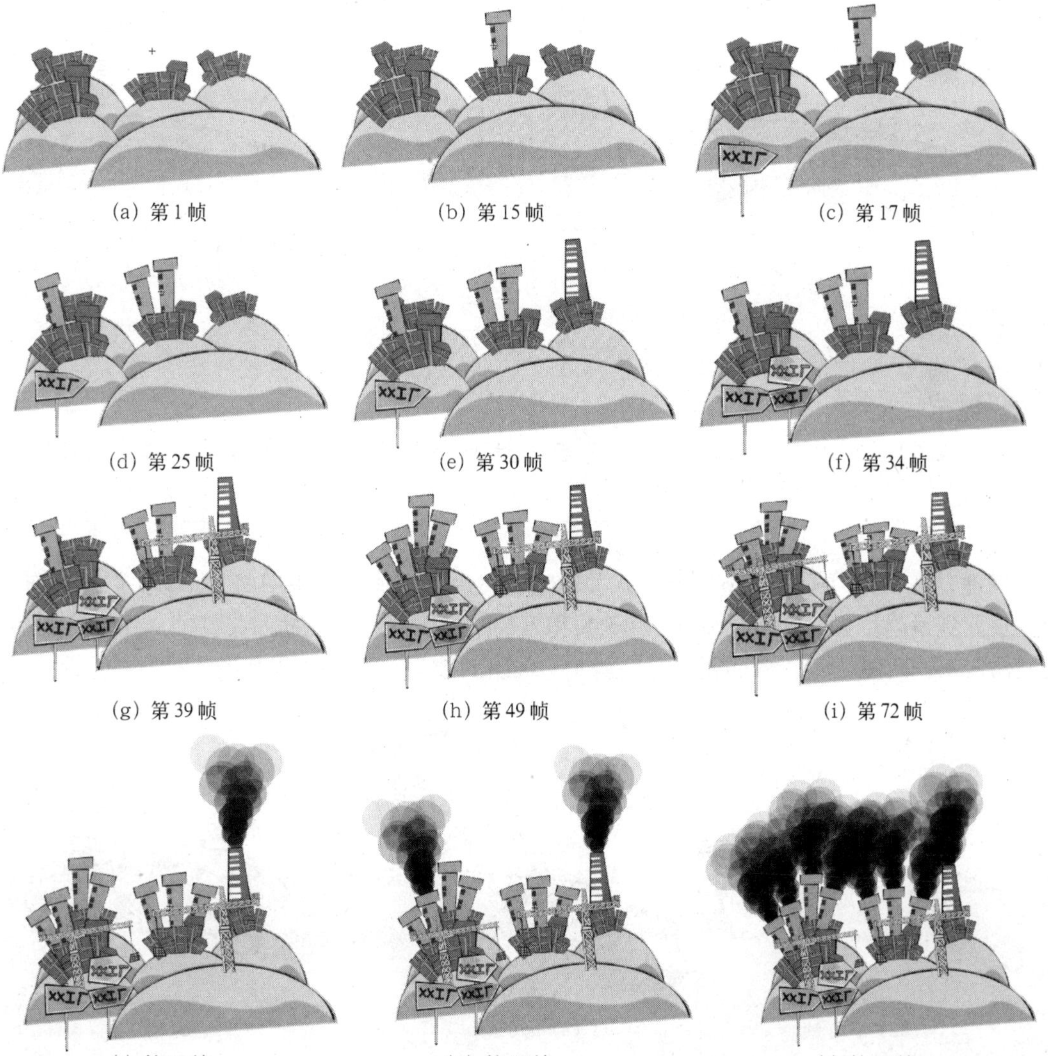

(a) 第 1 帧　(b) 第 15 帧　(c) 第 17 帧

(d) 第 25 帧　(e) 第 30 帧　(f) 第 34 帧

(g) 第 39 帧　(h) 第 49 帧　(i) 第 72 帧

(j) 第 73 帧　(k) 第 77 帧　(l) 第 89 帧

图 8-131　烟囱、路牌和吊车逐个跳出的效果

f．制作近景的路牌跳出的效果。为了便于参照，下面隐藏“背景”层，而将“公路”层显示出来，如图 8–132 所示。然后在“3．工业污染”元件中新建“路牌”层，并在第 48 帧按【F7】键插入空白关键帧，再从“库”面板中将“路牌 2”拖入舞台，并放置到适当位置。接着分别在第 50 帧和第 51 帧按【F6】键插入关键帧，并将第 50 帧“路牌 2”元件进行拉长，从而得到“路牌 2”跳出的效果。动画过程如图 8–133 所示。

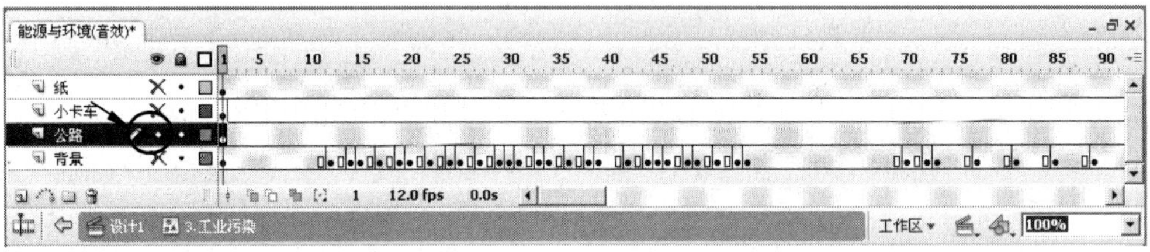

图 8–132　时间轴分布

(a) 第 48 帧　　(b) 第 50 帧　　(c) 第 51 帧

图 8–133　“路牌 2”元件拉伸过程

提示

在 Flash 中，经常利用元件前后帧拉伸的变化来增强物体的动律，使画面更生动。

同理，在第 61 帧按【F6】键插入关键帧，然后从“库”面板中将“路牌 1”元件拖入舞台，放置到适当位置。接着分别在第 63 帧和第 64 帧按【F6】键插入关键帧，并将第 63 帧中的“路牌 1”元件拉长，从而得到“路牌 1”跳出的效果。动画过程如图 8–134 所示。

(a) 第 61 帧　　(b) 第 63 帧　　(c) 第 64 帧

图 8–134　“路牌 1”元件拉伸过程

g．制作前景的烟雾效果。方法：将“纸”层以外的其余图层显示出来，然后在“3．工业污染”元件中新建“烟雾”层，接着在第 125 帧按【F7】键插入空白关键帧，从“库”面板中将“冒烟”元件拖入舞台，并放置到适当位置，同时将其 Alpha 值设为 60%，如图 8-135 所示。最后在第 132 帧按【F6】键插入关键帧，将“烟雾”元件向上移动，并创建第 125～132 帧之间的动画补间动画。动画过程如图 8-136 所示，此时时间轴分布如图 8-137 所示。

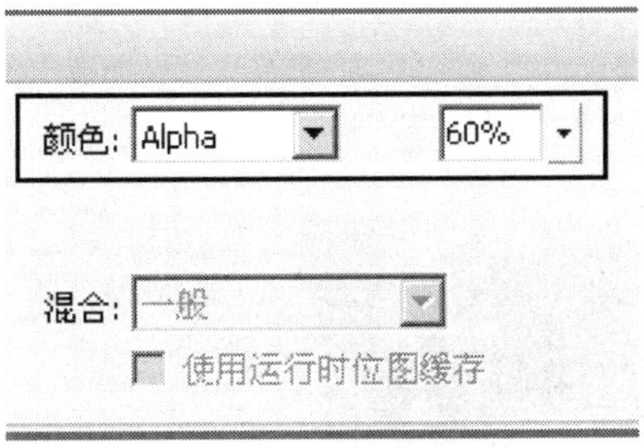

图 8-135　将 Alpha 值设为 60%

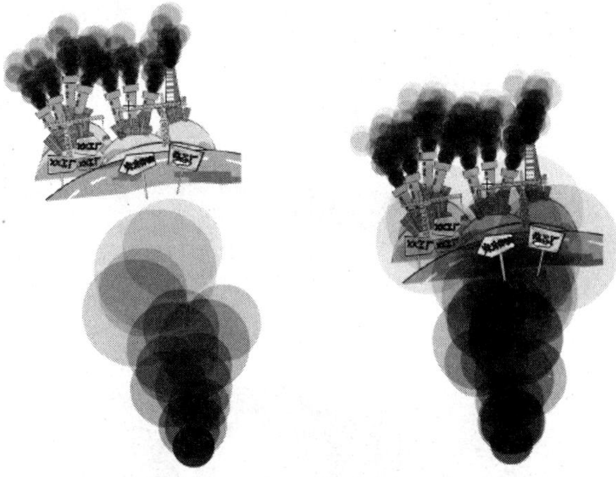

（a）第 125 帧　　（b）第 132 帧

图 8-136　不同帧“冒烟”元件的位置

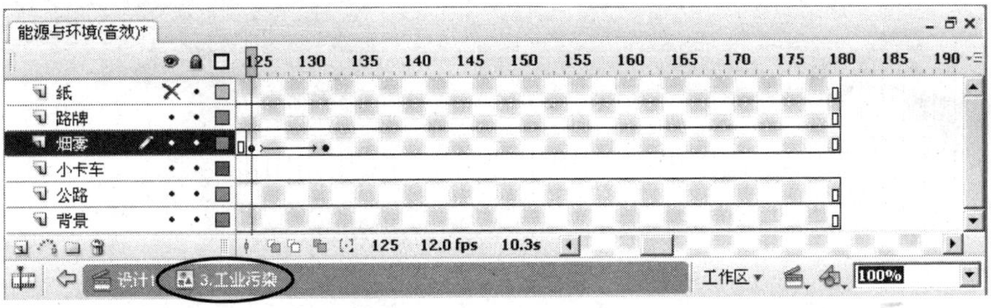

图 8-137　时间轴分布

h．制作小卡车在公路上穿梭行驶的动画。方法：为了观察，下面将“烟雾”层进行隐藏，然后在“小卡车”层的第 20 帧按【F6】键插入关键帧，接着右击该帧舞台中的“小卡车－启动”元件，从弹出的快捷菜单中选择“交换元件”命令。最后在弹出的对话框中选择“小卡车－行驶”元件，如图 8-138 所示，单击“确定”按钮，从而将“小卡车－启动”替换为“小卡车－行驶”元件。

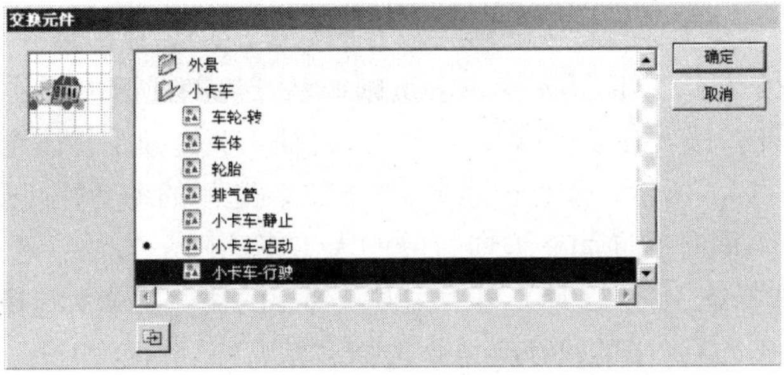

图 8-138　交换元件

分别在“小卡车”层的50、110、137帧按【F6】键插入关键帧。然后在第65帧按【F7】键插入空白关键帧。接着在第50帧将“小卡车－行驶”元件向左移动，在第110帧利用（任意变形工具）将其水平翻转，在第137帧将其向右移动，动画过程如图8－139所示。最后在第20～50帧、第110～137帧创建动画补间动画。并在第180帧按【F5】键插入普通帧，从而将该层时间轴的总长度延长到第180帧。此时时间轴分布如图8－140所示。

(a) 第20帧　(b) 第50帧

(c) 第110帧　(d) 第137帧

图8－139　小卡车穿梭行驶动画

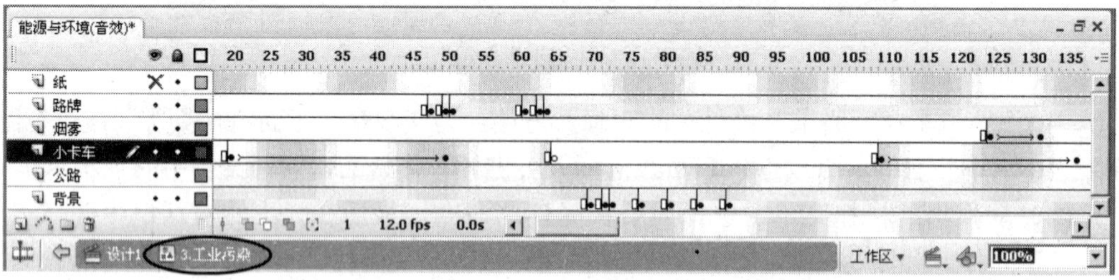

图 8－140　时间轴分布

i．制作大卡车在公路上穿梭行驶的动画。方法：在“3．工业污染”元件中新建“大卡车”层，然后在第38帧按【F7】键插入空白关键帧，从“库”面板中将“大卡车”元件拖入舞台，并放置到舞台右侧。接着在第73帧按【F6】键插入关键帧，将该元件向左移动到舞台左侧，动画过程如图8－141所示。最后创建第38～73帧之间的动画补间动画。

下面制作两辆在不同时间向同一方向行驶的大卡车动画。方法：选择“大卡车”层，然后配合【Shift】键选择第38～73帧，再右击并从弹出的快捷菜单中选择“复制帧”命令。接着右击该层的第87帧，从弹出的快捷菜单中选择“粘贴帧”命令即可。最后确保该层的时间轴总长度为180帧。多余的时间长度利用【Shift+F5】组合键进行删除。

（a）第 38 帧　　　　（b）第 73 帧

图 8-141　大卡车穿梭行驶动画

至此，“3.工业污染”元件制作完毕，此时时间轴分布如图 8－142 所示。

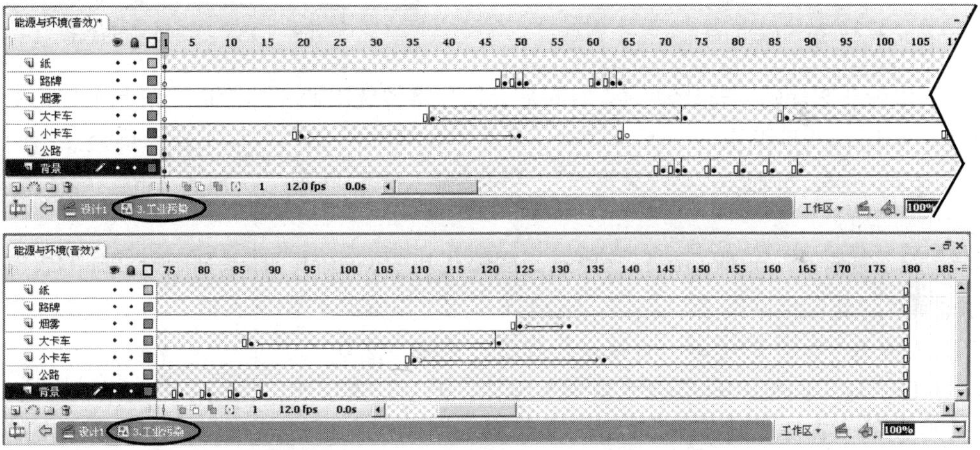

图 8-142　“3.工业污染”元件的时间轴分布

j．组合“设计 1”场景。方法：单击 设计1 按钮，回到“设计 1”场景。然后从“库”面板中将“1.表情 A”元件拖入舞台，并放置到中心位置。接着在第 10 帧按【F6】键插入关键帧，并对其进行放大处理，从而得到推镜效果。动画过程如图 8－143 所示。

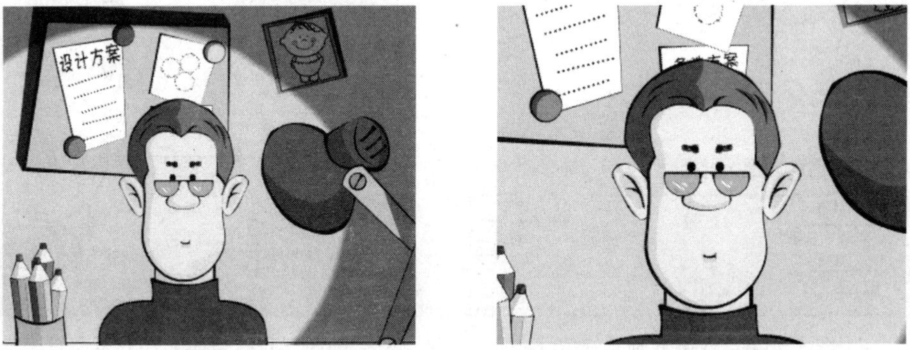

（a）第 1 帧　　　　（b）第 10 帧

图 8-143　推镜效果

在第 50 帧按【F7】键插入空白关键帧，然后从“库”面板中将“2.画画 - 工厂”元件拖入舞台，放置位置如图 8－144 所示。接着在第 206 帧按【F7】键插入空白关键帧，再将“3.工业污染”元件拖入舞台，并与前一帧位置对齐，如图 8－145 所示。最后在第 376 帧按【F5】键插入普通帧，从而将时间线的总长度延长到第 545 帧。

至此，“设计 1”场景制作完毕。

图 8－144　第 50 帧的画面

图 8－145　第 206 帧的画面

③ 制作设计 2 动画。这段动画描写的是设计师将传统工业区擦除后，绘制出使用新能源的环保型工业区，然后纸上的一切再次动了起来，展现出一幅与前面工业污染截然不同的环境优美的画面。这段动画是在“4.表情 B”、“5.擦除”、“6.画画 - 新能源”和“7.环境变化”4 个元件中完成的。

制作“4.表情 B”元件动画。这段动画的镜头和前面相同，都是刻画设计师的表情，只不过前面描写的是设计师的喜悦表情，这里描写的是设计师的惊讶表情。为了简化操作，可以在“1.表情 A”元件的基础上直接进行修改。具体方法如下：

a. 右击“库”面板中的“1.表情 A”元件，然后在弹出的快捷菜单中选择“直接复制”命令，在弹出的“直接复制元件”对话框中设置如图 8－146 所示，单击“确定”按钮。

b. 为了突出惊讶表情的速度变化，分别将“4.表情 B”元件“头”层的第 6 帧移动到第 4 帧、第 8 帧移动到第 6 帧、第 11 帧移动到第 8 帧。然后将第 8 帧舞台中的“嘴 2”元件交换为“嘴 3”元件，并根据设计师惊讶的表情来调整眉毛元件的位置，如图 8－147 所示。

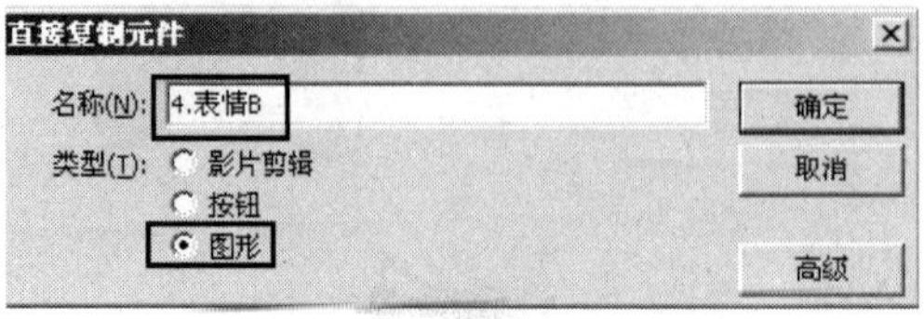

图 8－146　直接复制元件

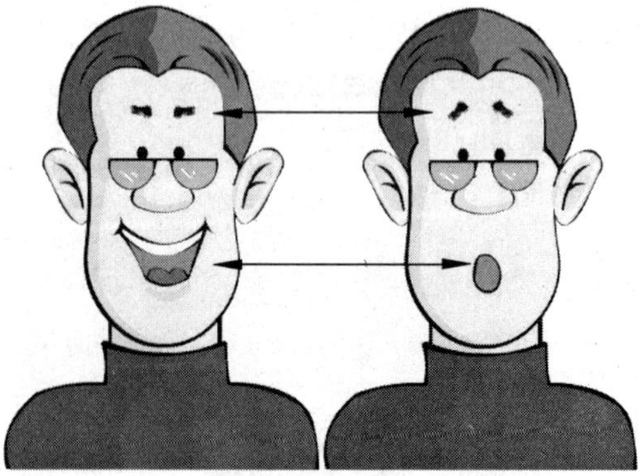

图 8－147　交换元件的表情对比

至此，“4. 表情 B”元件制作完毕，此时时间轴分布如图 8－148 所示。

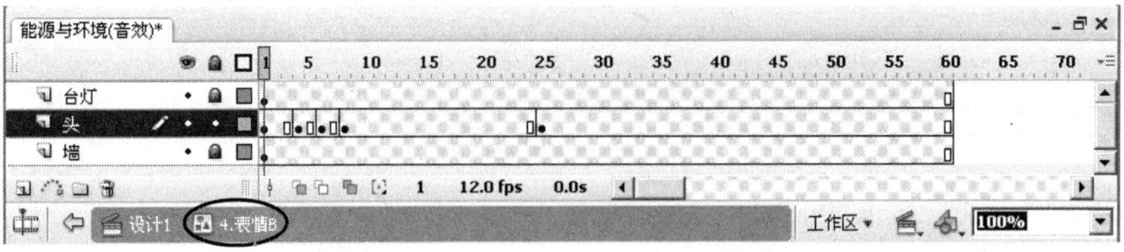

图 8－148　“4. 表情 B”元件的时间轴分布

制作“5. 擦除”元件动画。这段动画描写的是设计师逐个擦除传统工业区中的污染物的画面。

a. 执行菜单中的“插入”|“新建元件”（快捷键【F8】）命令，在弹出的对话框中设置如图 8－149 所示，单击“确定”按钮。

图 8－149　新建“5. 擦除”元件

b. 为了使“5. 擦除”元件的开头与“3. 工业污染”元件的结尾进行连接，双击“库”面板中的“3. 工业污染”元件，进入编辑状态。然后同时选择“内容”和“纸”层的最后 1 帧（第 180 帧），右击并从弹出的快捷菜单中选择“复制帧”命令。接着回到“5. 擦除”元件的第 1 帧，右击并从弹出的快捷菜单中选择“粘贴帧”命令，此时“5. 擦除”元件中会自动出现“内容”和“纸”层。

c. 在“内容”层的第 12 帧按【F6】键插入关键帧，然后将舞台左上角的冒烟元件进行删除。接着逐个在前一关键帧的基础上按【F6】键插入关键帧，并减少相应的元件，从而得到污染源被逐个擦除的效果。添加的关键帧的位置分别为第 13～15、17、19、21、22、38、40、42～44、46、60、63、65、67、78 帧，图 8－150 所示为擦除过程中部分关键帧画面。最后同时选择“内容”和“纸”层，在第 120 帧按【F5】键插入普通帧，从而将这两个层的总长度延长到第 120 帧，此时时间轴分布如图 8－151 所示。

（a）第 19 帧　　（b）第 60 帧　　（c）第 78 帧

图 8－150　擦除过程中部分关键帧画面

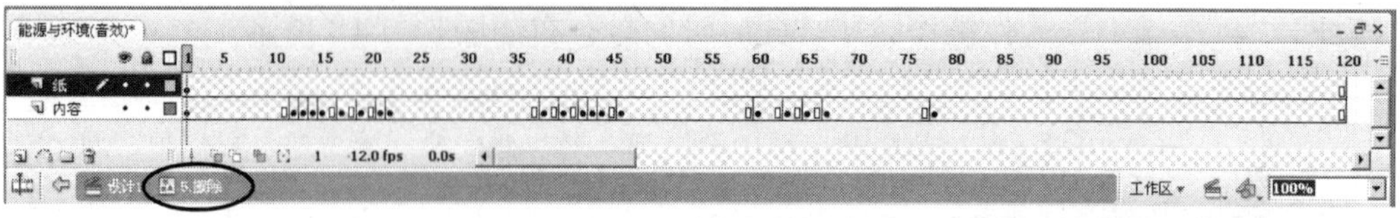

图 8–151　时间轴分布

d．制作手擦除画面的效果。方法：新建“手”层，然后在第 5 帧按【F7】键插入空白关键帧。再将“库”面板中的“手 3”元件拖入舞台，放置位置如图 8–152 所示。接着逐个在前一关键帧的基础上按【F6】键插入关键帧，并调整元件的位置。添加的关键帧的位置分别为第 10～21、25、30、37～47、53、58～67、71、74～79、85 帧，图 8–153 所示为手擦除画面的部分关键帧位置。

图 8–152　将“手 3”元件拖入舞台

(a) 第 25 帧

(b) 第 45 帧

(c) 第 65 帧

(d) 第 78 帧

图 8–153　手擦除画面的部分关键帧位置

至此，“5．擦除”元件制作完毕，此时时间轴分布如图 8–154 所示。

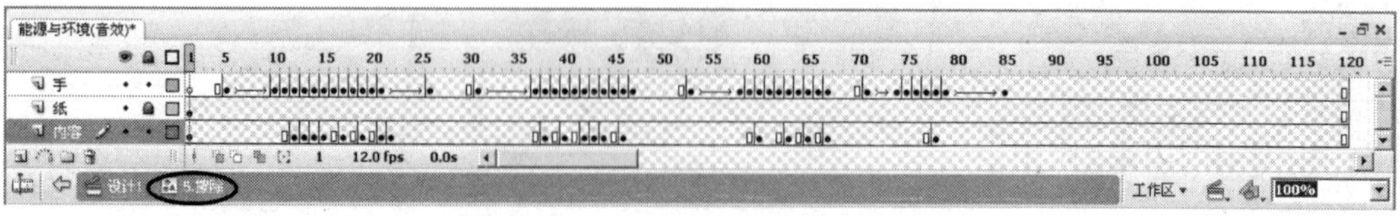

图 8–154　“5.擦除”元件时间轴分布

制作“6．画画 – 新能源”元件动画。这段动画描写的是设计师再次拿起笔，绘制了一个使用新能源的环保型工业区的情节。

a．执行菜单中的“插入”|“新建元件”（快捷键【F8】）命令，在弹出的对话框中设置如图 8－155 所示，单击“确定”按钮。

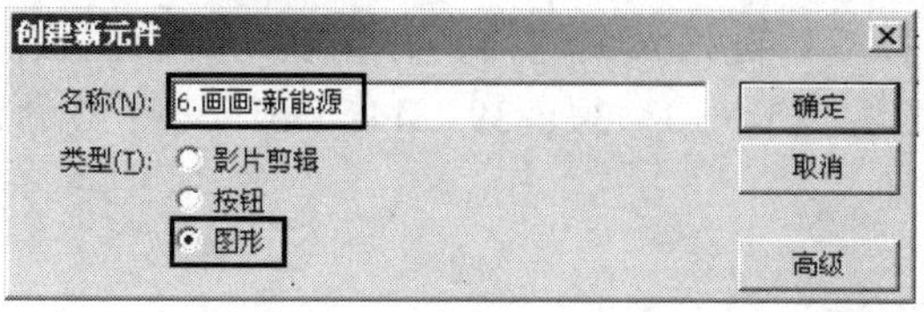

图 8－155　新建“6.画画－新能源”元件

b．为了使“6.画画－新能源”元件的开头与“5.擦除”元件的结尾进行连接，双击“库”面板中的“5.擦除”元件，进入编辑状态。然后同时选择“内容”和“纸”层的最后 1 帧（第 120 帧），右击并从弹出的快捷菜单中选择“复制帧”命令。接着回到“6.画画－新能源”元件的第 1 帧，右击并从弹出的快捷菜单中选择“粘贴帧”命令，此时“6.画画－新能源”元件中会自动出现“内容”和“纸”层。

c．制作太阳能、风力发电站、环保汽车等逐个出现的动画。方法：选择“内容”层，然后逐个在前一关键帧的基础上按【F6】键插入关键帧，并增加相应元件。添加的关键帧的位置分别为第 8、16、27、36、64 帧，图 8－156 所示为不同关键帧的画面效果。接着同时选择“纸”和“内容”层，在第 90 帧按【F5】键插入普通帧，从而将这些层时间轴的总长度延长到第 90 帧，此时时间轴分布如图 8－157 所示。

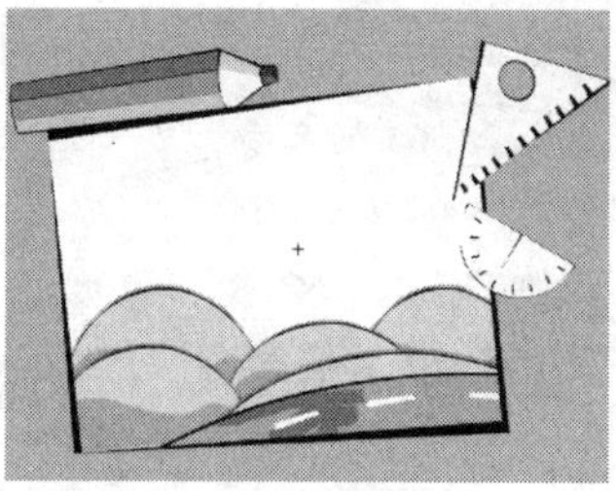
（a）第 1 帧

（b）第 8 帧

（c）第 16 帧

（d）第 27 帧

（e）第 36 帧

（f）第 64 帧

图 8－156　不同关键帧的画面效果

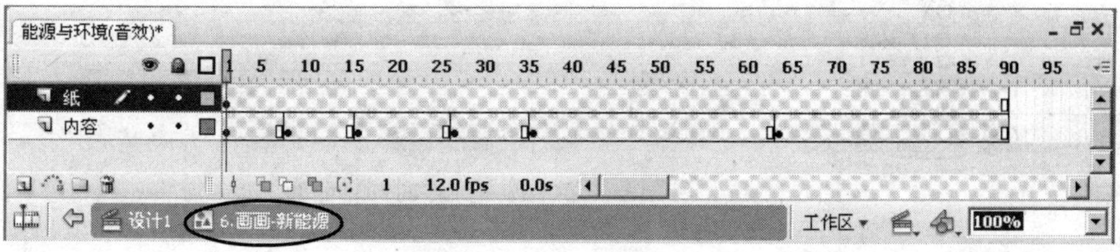

图 8－157　时间轴分布

d. 制作设计师的手再次绘制画面的效果。方法：在“6.画画－新能源”元件中新建“手”层，然后从“库”面板中的“手 4”元件拖入舞台，放置位置如图 8－158 所示。接着逐个在前一关键帧的基础上按【F6】键插入关键帧，并调整元件的位置。添加的关键帧的位置分别为第 5～10、14～18、22、25～30、34～39、44、55、60～70 帧，图 8-159 所示为手的部分关键帧位置。

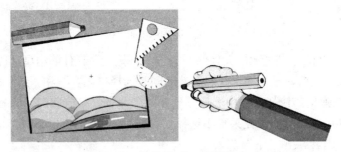

图 8-158　将“手 4”元件拖入舞台

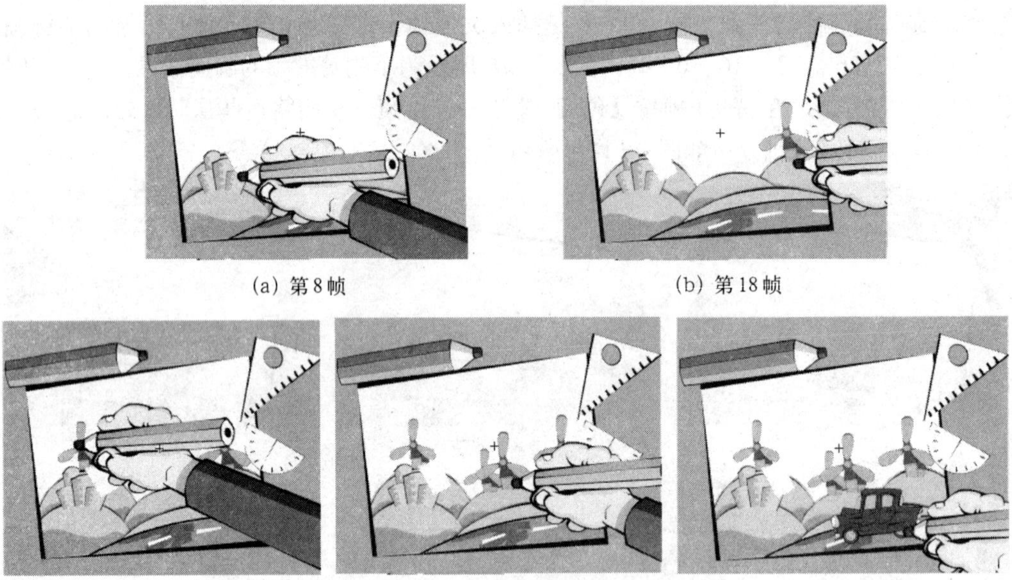

(a) 第 8 帧　(b) 第 18 帧　(c) 第 27 帧　(d) 第 36 帧　(e) 第 68 帧

图 8-159　手的部分关键帧位置

分别在第 1～5、10～14、22～25、30～34、39～44、55～60 帧创建动画补间动画。至此，“6.画画－新能源”元件制作完毕，此时时间轴分布如图 8－160 所示。

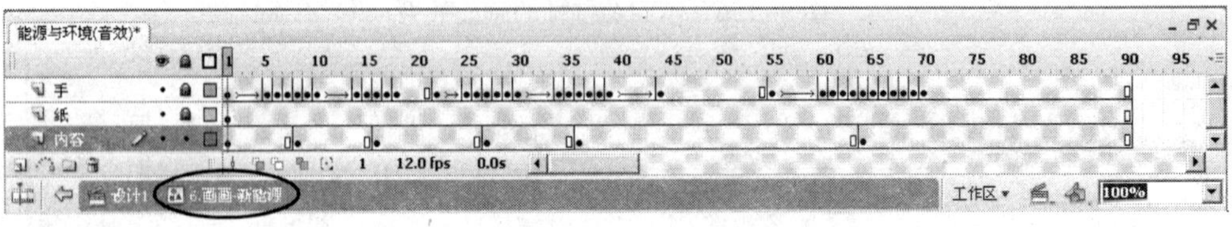

图 8-160　“6.画画－新能源”元件时间轴分布

制作“7.环境变化”元件动画。这段动画描写的是纸上的一切自己又动了起来，大地变绿了，鲜花盛开了，蓝天、白云、彩虹……，奶牛悠闲自在地吃着草，享受着眼前一切美景的画面。这段动画中动画元素较多，为了便于制作，将动画元素分配在不同图层中来完成。

a．执行菜单中的“插入”|“新建元件”（快捷键【F8】）命令，在弹出的对话框中设置如图8-161所示，单击“确定”按钮。

图8-161 新建“7.环境变化”元件

b．为了使“7.环境变化”元件的开头与“6.画画-新能源”元件的结尾进行连接，双击“库”面板中的“6.画画-新能源”元件，进入编辑状态。然后同时选择“内容”和“纸”层的最后1帧（第180帧），右击并从弹出的快捷菜单中选择“复制帧”命令。接着回到“7.环境变化”元件的第1帧，右击并从弹出的快捷菜单中选择“粘贴帧”命令，此时“7.环境变化”元件中会自动出现“内容”和“纸”层。接着同时选择两个图层，在第300帧按【F5】键插入普通帧从而将这两个图层的总长度延长到第300帧。

提示

由于这段动画没有手的动画，因此不必复制“6.画画-新能源”元件中的“手”层。

c．将“内容”层重命名为“土地”，然后选择舞台中的“公路”和“小轿车-静止”元件，右击并从弹出的快捷菜单中选择“分散到图层”命令，从而将其分散到新的图层，此时时间轴分布如图8-162所示。

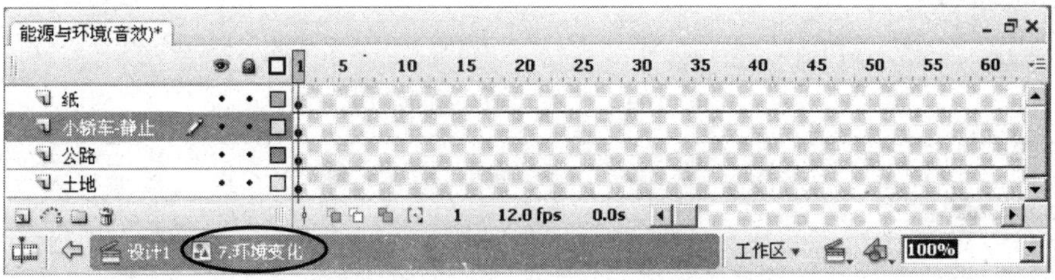

图8-162 时间轴分布

d．制作小轿车在公路上穿梭行驶的动画。方法：右击“小轿车-静止”元件，从弹出的快捷菜单中选择“交换元件”命令，然后在弹出的对话框中选择“小轿车”元件，如图8-163所示。单击“确定”按钮，从而将“小轿车-静止”元件替换为“小轿车”元件。接着分别在第20、40、171、191帧按【F6】键插入关键帧，并将第40、171、197帧的“小轿车”元件进行移动，如图8-164所示。最后创建第20～40、171～197帧的动画补间动画。此时时间轴分布如图8-165所示。

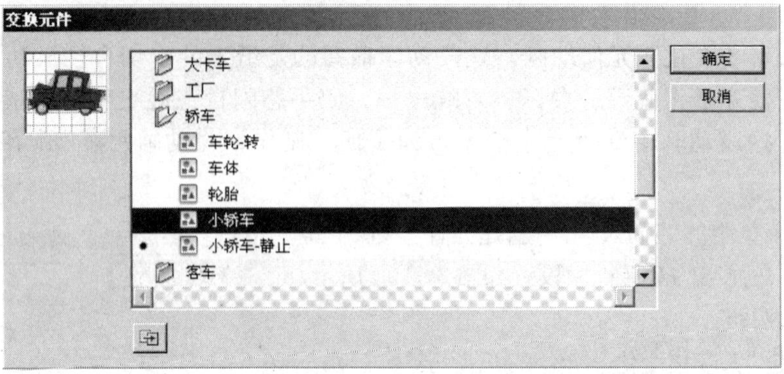

图 8-163　交换元件

(a) 第 20 帧

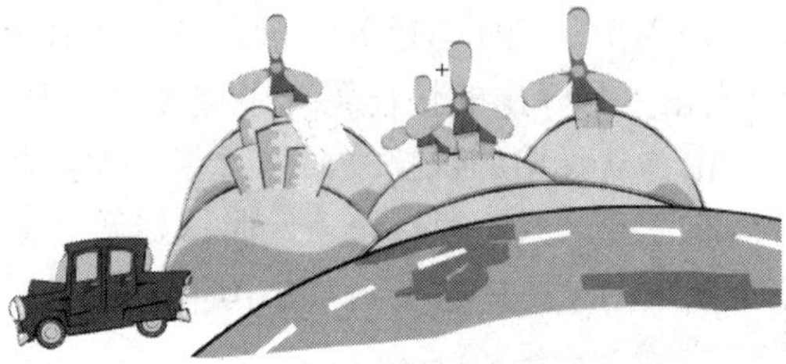

(b) 第 40 帧

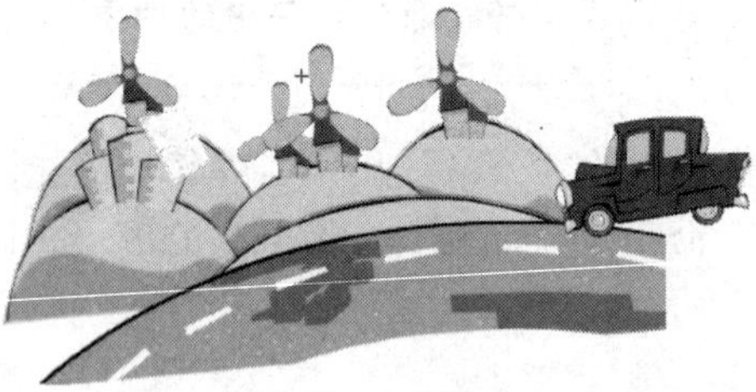

(c) 第 171 帧

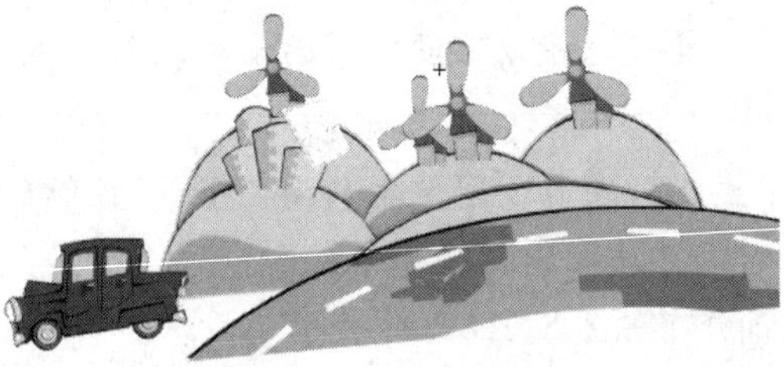

(d) 第 197 帧

图 8-164　在不同帧小轿车的位置

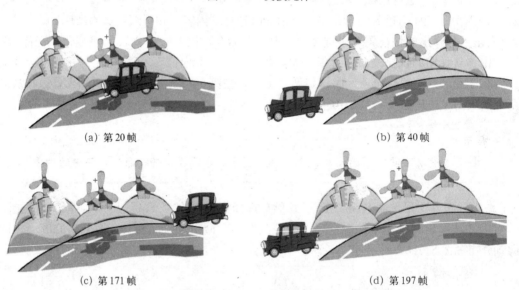

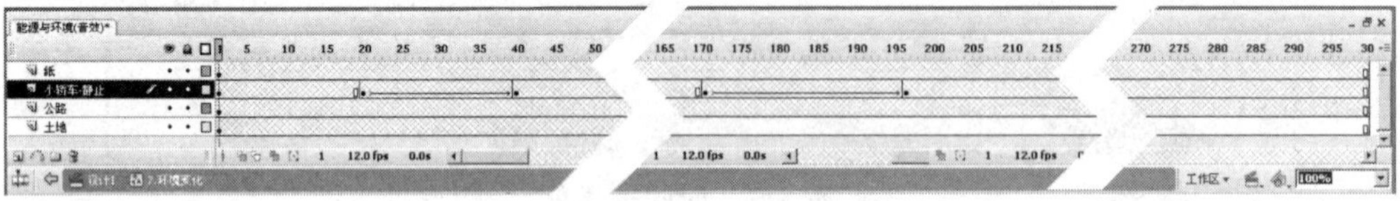

图 8-165　时间轴分布

e．制作风车逐个旋转的动画。方法：在“7．环境变化”元件中新建“电站”层，然后选择“土地”层中的“太阳能”和所有“风力发电站－静止”元件，按【Ctrl+X】组合键进行剪切，接着选择“电站”层的第 1 帧按【Ctrl+Shift+V】组合键进行原地粘贴。

在第 6 帧按【F6】键插入关键帧。然后将左侧的一个“风力发电站－静止”元件交换为“风力发电站－旋转”元件。然后逐个在前一关键帧的基础上按【F6】键插入关键帧，并交换元件。添加的关键帧的位置分别为第 12、25、39 帧，此时时间轴分布如图 8-166 所示。

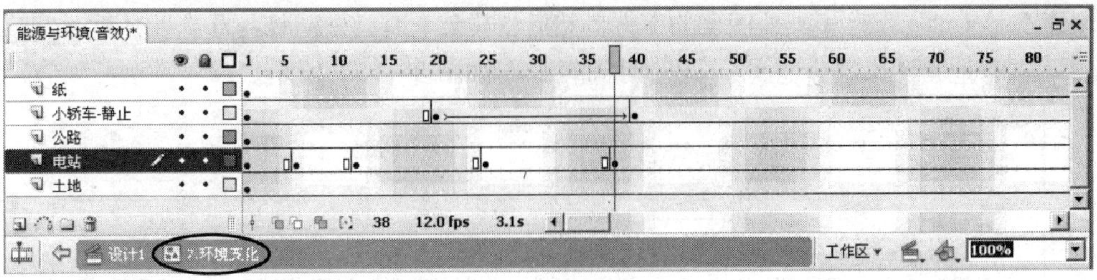

图 8-166 时间轴分布

f．制作小轿车在公路上穿梭行驶的动画。方法：在“7．环境变化”元件中新建“客车”层，然后在第 50 帧按【F7】键插入空白关键帧。接着从“库”面板中将“客车”元件拖入舞台，放置位置如图 8-167 所示，再在第 88 帧按【F6】键插入关键帧，将其移动到图 8-168 所示的位置。此时时间轴分布如图 8-169 所示。

图 8-167 第 50 帧客车的位置

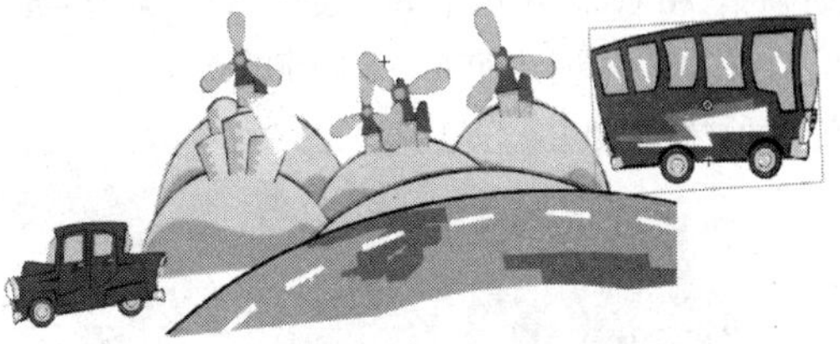

图 8-168 第 88 帧客车的位置

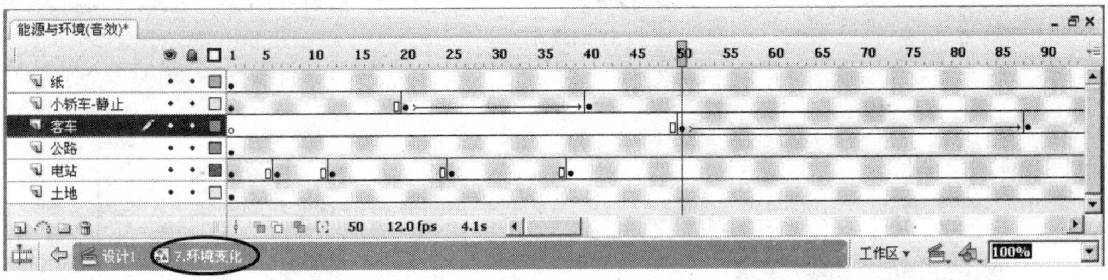

图 8-169 时间轴分布

g．制作大地逐步变绿的效果。由于在此处需要使用动画补间的技术来实现这一效果，所以需要将“土地”层的所有“土地”元件分配到不同图层上。方法：选择“土地”层中的所有元件，按【Ctrl+C】组合键进行复制，然后按【Ctrl+Shift+V】组合键进行原地粘贴，此时“土地”层的所有内容被原地复制了一份。下面在不取消选择的情况下右击，从弹出的快捷菜单中选择“分散到图层”命令，此时时间轴分布如图 8-170 所示。

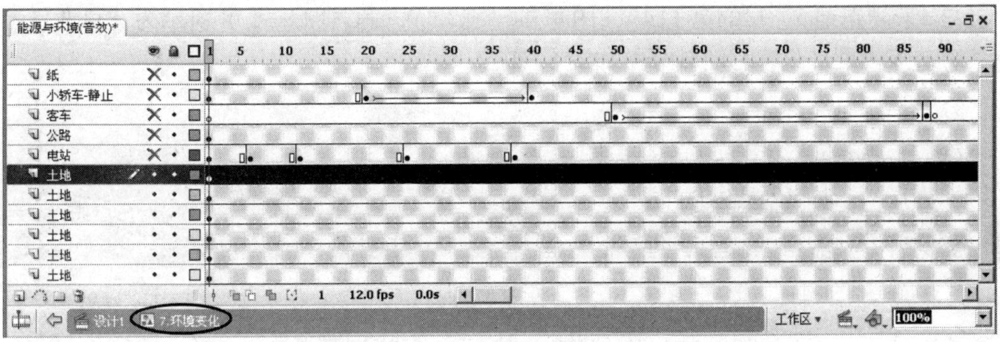

图 8-170 分散到图层后的时间轴分布

将原有“土地”层移至其他图层的下方，然后将其余土地层分别命名为“草地 1”、“草地 2”、“草地 3”、“草地 4”和“草地 5”，此时时间轴分布如图 8－171 所示。

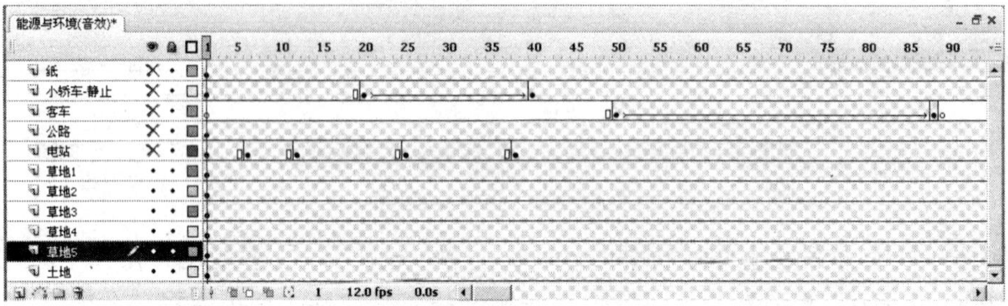

图 8－171　调整顺序并重命名后的时间轴分布

分别将所有草地层的“土地”元件交换为“草地”元件。然后将“草地 1”层的第 1 帧移动到第 76 帧，并在第 81 帧按【F6】键插入关键帧。接着将第 76 帧的“草地”元件的 Alpha 值设为 0，并创建第 7～81 帧的动画补间动画。图 8－172 所示为土地逐渐变绿的过程。此时时间轴分布如图 8－173 所示。

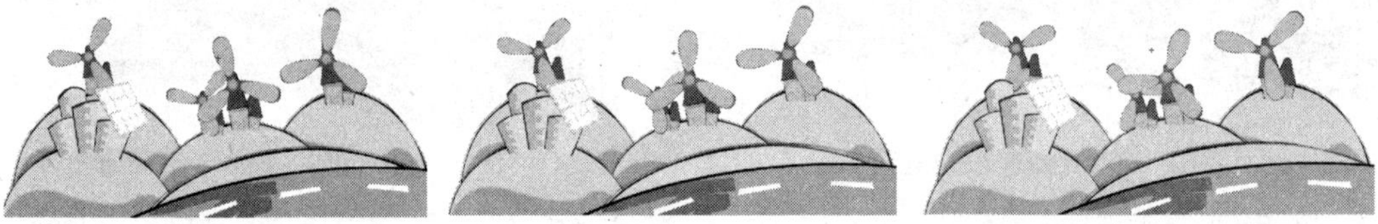

（a）第 76 帧　　（b）过渡帧　　（c）第 81 帧

图 8－172　土地逐渐变绿的过程

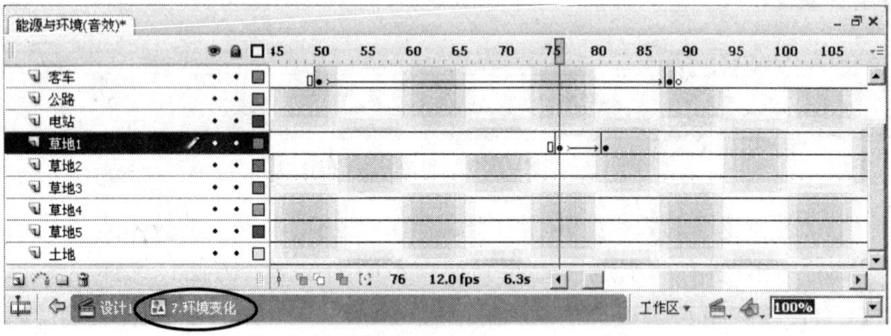

图 8－173　时间轴分布

同理，创建“草地 2”层的第 85～90 帧、“草地 3”层的第 98～103 帧、“草地 4”层的第 106～111 帧、“草地 5”层的第 114～119 帧的动画补间动画。图 8－174 所示为“草地”元件逐个变绿的动画效果。此时时间轴分布如图 8－175 所示。

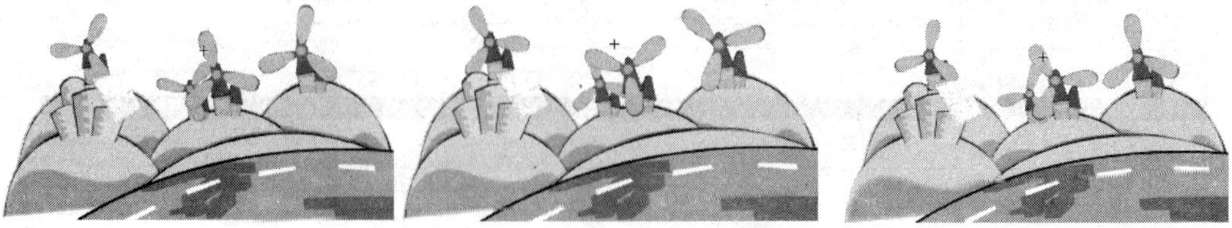

（a）第 76 帧　　（b）第 85 帧　　（c）第 90 帧

图 8－174　“草地”元件逐个变绿的动画效果

(d) 第 103 帧　　(e) 第 111 帧　　(f) 第 119 帧

图 8-174　"草地"元件逐个变绿的动画效果（续）

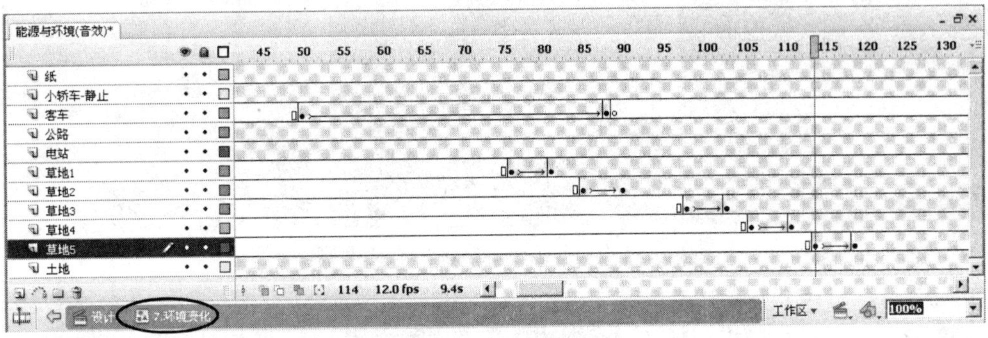

图 8-175　时间轴分布

h．制作天空变蓝的效果。方法：在"7.环境变化"元件中新建"天空"层，并将它置于底层。然后在第 75 帧按【F7】键插入空白关键帧。接着从"库"面板中将"天空"元件拖入舞台，并放置到适当位置。最后在第 90 帧按【F6】键插入关键帧。再将第 75 帧的"天空"元件的 Alpha 值设为 0%，并创建第 75～90 帧之间的动画补间动画。图 8-176 所示为天空逐渐变蓝的动画过程，此时时间轴分布如图 8-177 所示。

(a) 第 75 帧　　(b) 过渡帧　　(c) 第 90 帧

图 8-176　天空逐渐变蓝的过程

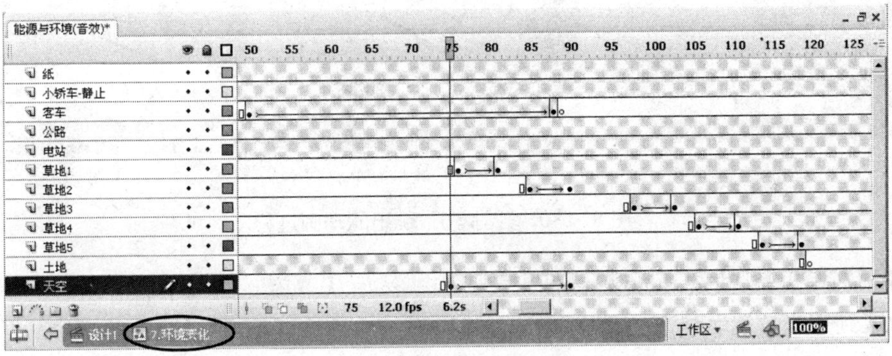

图 8-177　时间轴分布

i．制作天空中出现朵朵白云的效果。方法：在“天空”层上方新建“白云”层，然后在第151帧按【F7】键插入空白关键帧。接着从“库”面板中将“白云”元件拖入舞台，并放置到适当位置。最后在第159帧按【F6】键插入关键帧。再将第151帧的“天空”元件的Alpha值设为0，并创建第151～159帧之间的动画补间动画。图8－178所示为天空中逐渐出现白云的动画过程，此时时间轴分布如图8－179所示。

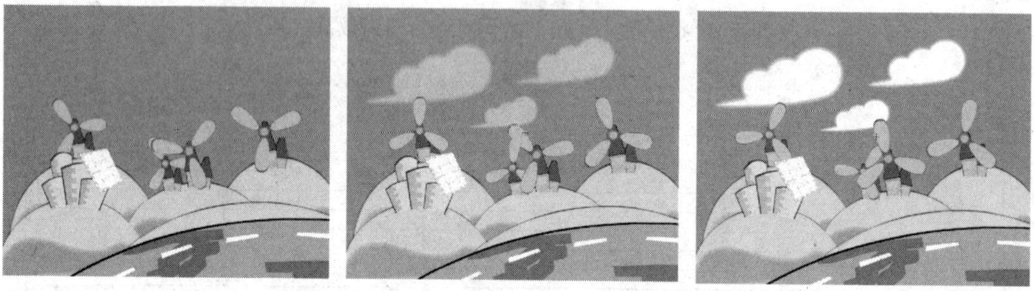

图8－178 天空中逐渐出现白云的动画过程

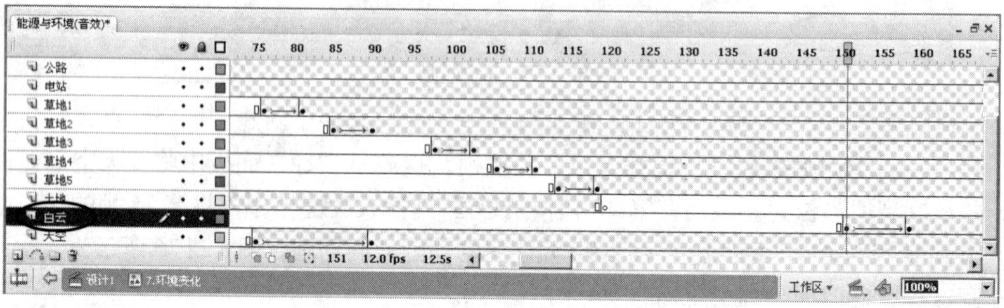

图8－179 时间轴分布

j．制作路牌逐个跳出的效果。方法：新建“路牌”层，然后在第116帧按【F7】键插入空白关键帧。接着从“库”面板中将“路牌6”元件拖入舞台，并放置到适当位置，接着分别在第118帧和第119帧按【F6】键插入关键帧，并将第118帧“路牌6”元件进行拉长，从而得到“路牌6”跳出的效果。动画过程如图8－180所示。

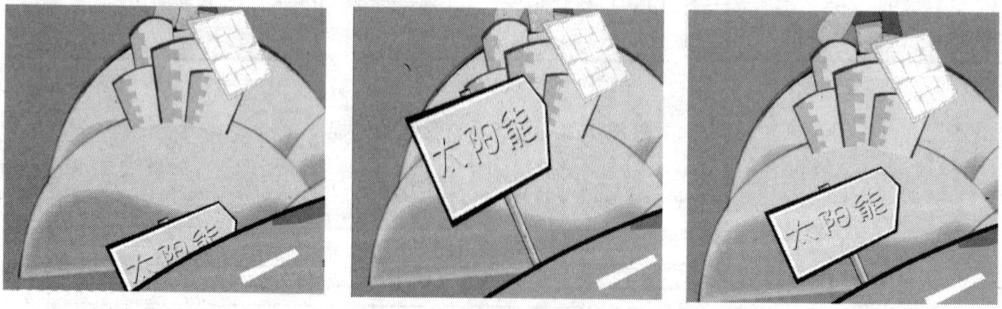

(a) 第116帧　(b) 第118帧　(c) 第119帧

图8－180 “路牌6”跳出的动画过程

同理，在第121帧按【F6】键插入关键帧，然后从“库”面板中将“路牌7”元件拖入舞台，放置到适当位置。接着分别在第123帧和第124帧按【F6】键插入关键帧，并将第124

帧中的“路牌 7”元件拉长，从而得到“路牌 7”跳出的效果。动画过程如图 8－181 所示。此时时间轴分布如图 8－182 所示。

(a) 第 121 帧　　(b) 第 123 帧　　(c) 第 124 帧

图 8－181　“路牌 7”跳出的动画过程

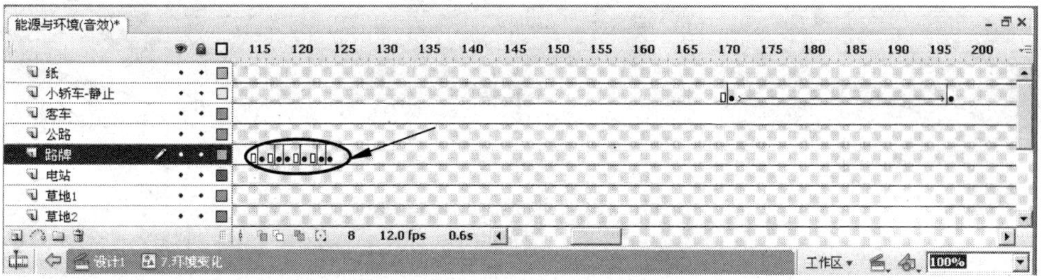

图 8－182　时间轴分布

k．制作花跳出的效果。方法：在“7.环境变化”元件中新建“花”层，然后在第 130 帧按【F7】键插入空白关键帧。接着从“库”面板中将“花”元件拖入舞台，并放置到适当位置，接着逐个在前一帧按【F6】键插入关键帧，并增加和缩放“花”元件。添加关键帧的位置分别 132～134、136～138、140、141 帧。图 8－183 所示为花的部分关键帧的画面效果。此时时间轴分布如图 8－184 所示。

(a) 第 130 帧　　(b) 第 141 帧

图 8－183　花的部分关键帧的画面效果

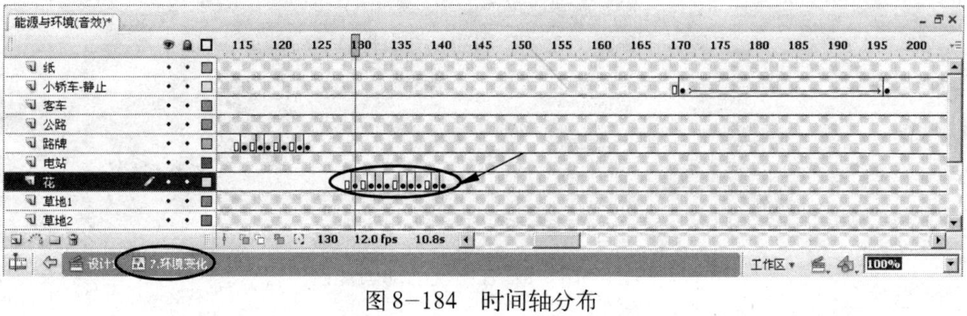

图 8－184　时间轴分布

l．制作在草地上出现的效果。方法：在“7．环境变化”元件中新建“牛”层，然后在第145帧按【F7】键插入空白关键帧，从“库”面板中将“牛－吃草1”元件拖入舞台，并放置到适当位置。接着分别在第147帧和第148帧按【F6】键插入关键帧。最后将第147帧的“牛－吃草1”元件拉长，从而得到“牛－吃草1”跳出的效果。动画过程如图8－185所示。此时时间轴分布如图8－186所示。

(a) 第145帧　　(b) 第147帧　　(c) 第148帧

图8－185　牛跳出的动画过程

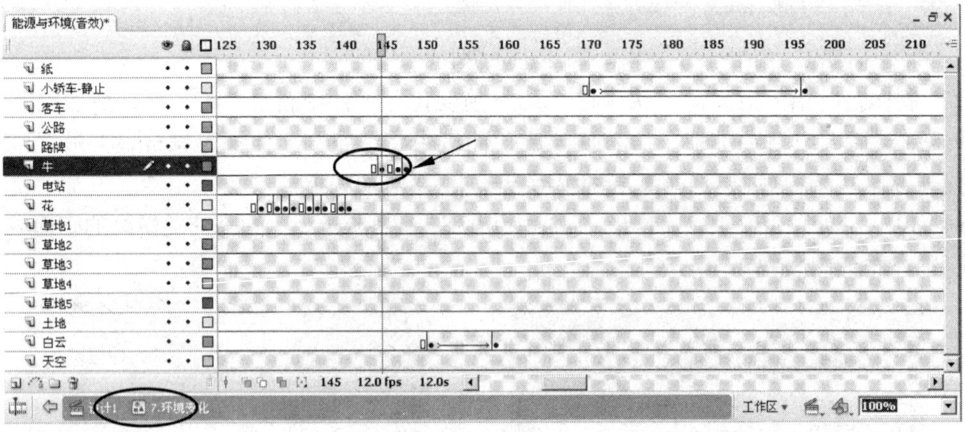

图8－186　时间轴分布

m．制作彩虹出现的效果。方法：新建“彩虹”层，然后根据分镜头的需要，在第177帧按【F7】键插入空白关键帧，从“库”面板中将“彩虹”元件拖入舞台，并放置到适当位置。接着在第184帧按【F6】键插入关键帧，再将第177帧的“彩虹”元件的Alpha值设为0。最后创建第177～184帧之间的动画补间动画。图8－187所示为彩虹出现的动画过程，此时时间轴分布如图8－188所示。

图8－187　彩虹出现的动画过程

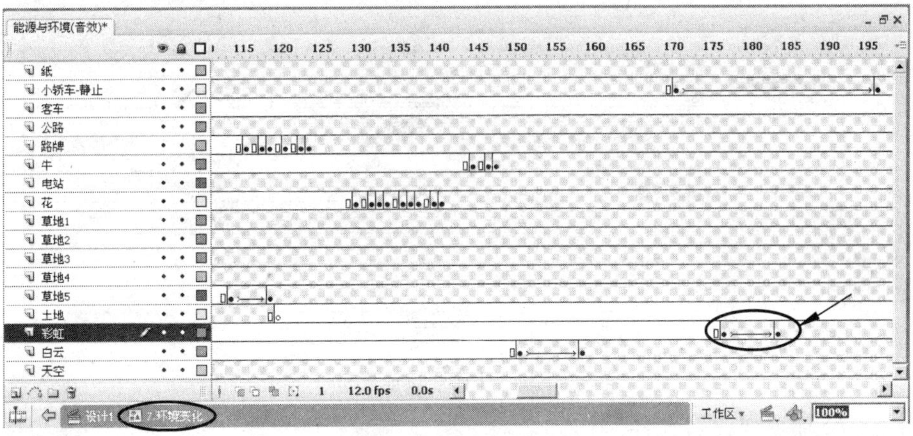

图 8-188　时间轴分布

n. 制作近景的花和牛出现的效果。方法：在“7.环境变化”元件中新建“前景”层，然后根据分镜头的需要，在第136帧按【F7】键插入空白关键帧，从“库”面板中将“花”元件拖入舞台，并放置到适当位置。接着在第138帧和第139帧按【F6】键插入关键帧，再将第138帧的“花”元件拉伸，从而获得花跳出的效果。图8－189所示为前景中花出现的动画过程。

(a) 第136帧

(b) 第138帧

(c) 第139帧

图 8-189　前景中花出现的动画过程

在第200帧按【F6】键插入关键帧，从“库”面板中将“牛－吃草2”元件拖入舞台，并放置到适当位置。接着在第202帧和第203帧按【F6】键插入关键帧，再将第202帧的“牛－吃草2”元件拉伸，从而获得牛跳出的效果。图8－190所示为前景中牛出现的动画过程。此时时间轴分布如图8－191所示。

(a) 第200帧

(b) 第202帧

(c) 第203帧

图 8-190　前景中牛出现的动画过程

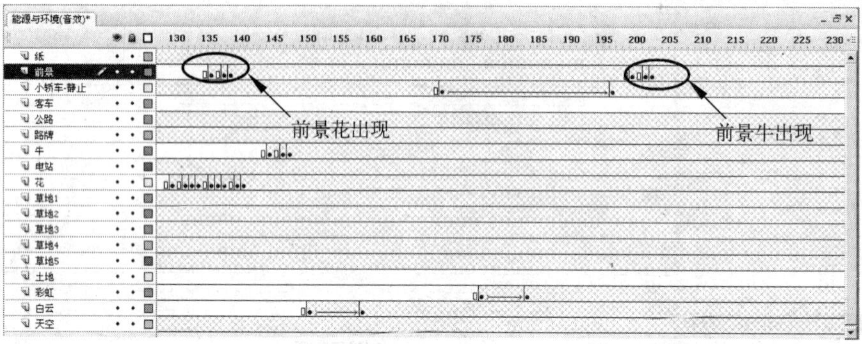

图 8-191　时间轴分布

至此，“7. 环境变化”元件制作完毕。

o. 将前面制作的“4. 表情 B”、“5. 擦除”、“6. 画画 - 新能源”和“7. 环境变化”进行组合。方法：单击设计2按钮，回到“场景 2”，然后从“库”面板中将“4. 表情 B”元件拖入舞台，放置位置如图 8-192 所示。接着在第 46 帧按【F7】键插入空白关键帧，从“库”面板中将“5. 擦除”元件拖入舞台，放置位置如图 8-193 所示。再在第 165 帧按【F7】键插入空白关键帧，从“库”面板中将“6. 画画 - 新能源”元件拖入舞台，放置位置如图 8-194 所示。最后在第 246 帧按【F7】键插入空白关键帧，从“库”面板中将“7. 环境变化”元件拖入舞台，放置位置如图 8-195 所示，并在第 545 帧按【F5】键插入普通帧，从而将时间线的总长度延长到第 545 帧。

图 8-192　第 1 帧“4. 表情 B”元件位置

图 8-193　在第 46 帧“5. 擦除”元件位置

图 8-194　第 246 帧“6. 画画 - 新能源”元件位置

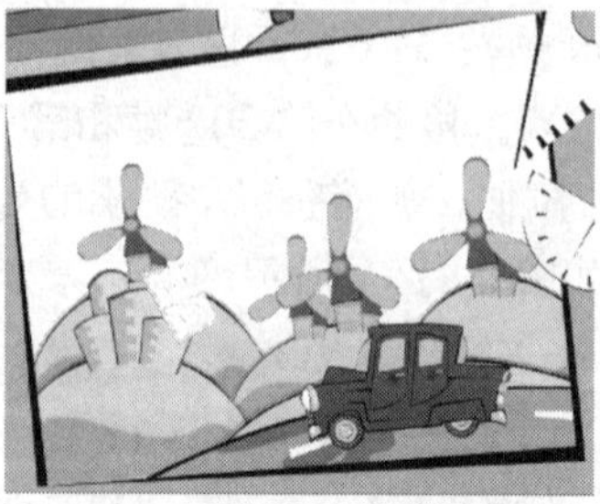

图 8-195　第 545 帧将“7. 环境变化”元件位置

至此，“设计 2”场景制作完毕。

④ 制作尾声动画。这段动画是整个公益广告的画龙点睛之处。描写的是由纸上画面的美景推进到蓝天，然后再美丽的彩虹上映衬出公益广告语：“使用清洁能源　生活可以更美好”的画面。这段动画由“1. 表情 A”和“8. 美景”两个元件构成。其中“1. 表情 A”元件前面已经制作过，这里主要制作“8. 美景”元件。

a．新建“尾声”场景，如图 8−196 所示。

b．执行菜单中的“插入”|“新建元件”（快捷键【F8】）命令，在弹出的对话框中设置如图 8−197 所示，单击“确定”按钮。

图 8−196 新建“尾声”场景

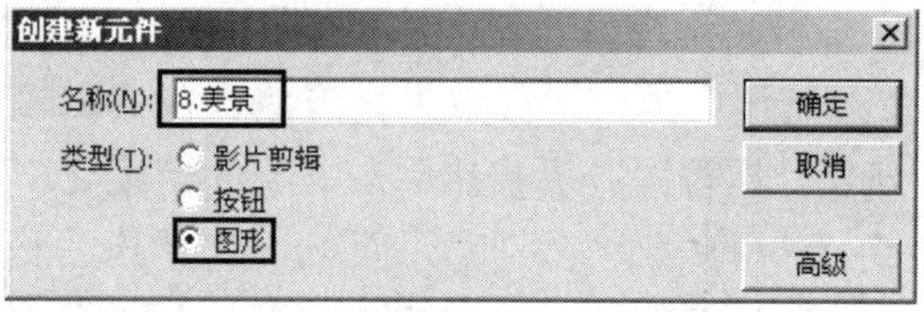

图 8−197 新建“8.美景”元件

c．在“库”面板中双击“7.环境变化”元件，进入元件编辑状态。然后选择所有层的最后 1 帧（第 300 帧），按【Ctrl+C】组合键进行复制，接着回到“8.美景”元件，单击第 1 帧，按【Ctrl+Shift+V】组合键，从而将“7.环境变化”元件的所有图层最后 1 帧中的内容，原地粘贴到“8.美景”元件的第 1 帧，此时时间轴分布如图 8−198 所示。

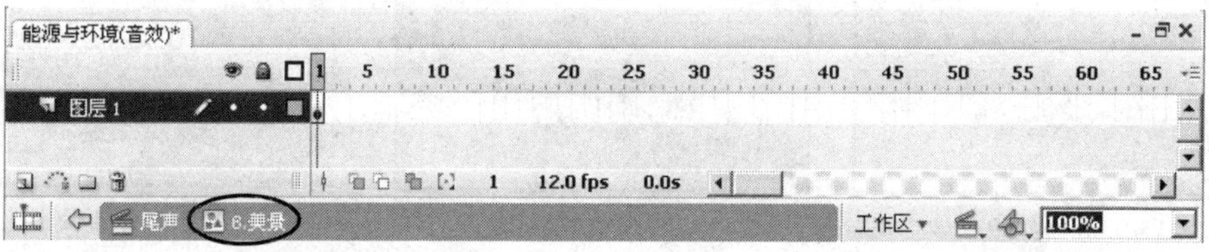

图 8−198 时间轴分布

提示

在进行多个图层的复制和粘贴操作时，“复制帧”和“粘贴帧”命令与快捷键【Ctrl+C】和【Ctrl+Shift+V】是两种不同的方式。前者会自动生成多层，后者只有一层。

d．在第 120 帧按【F5】键插入普通帧，从而将时间轴的总长度延长到第 120 帧。至此，“8.美景”元件制作完毕。

e．组合场景。方法：单击尾声按钮，回到“尾声”场景。然后将“图层 1”重命名为“景色”，再从“库”面板中将“1.表情 A”元件拖入舞台，放置位置如图 8−199 所示。接着在第 24 帧按【F7】键插入空白关键帧，并从“库”面板中将“8.美景”元件拖入舞台，放置位置如图 8−200 所示。

图 8−199 第 1 帧“1.表情 A”元件位置

图 8−200 第 24 帧“8.美景”元件位置

f．制作镜头逐渐推进到彩虹的效果。方法：分别在“景色”层的第 60 帧和 143 帧按【F6】键插入关键帧。然后将第 143 帧的“8.美景”元件进行放大，如图 8-201 所示。接着创建第 60～143 帧之间的动画补间动画。最后在该层的第 154 帧按【F5】键插入普通帧，从而使该层的总长度延长到第 154 帧。

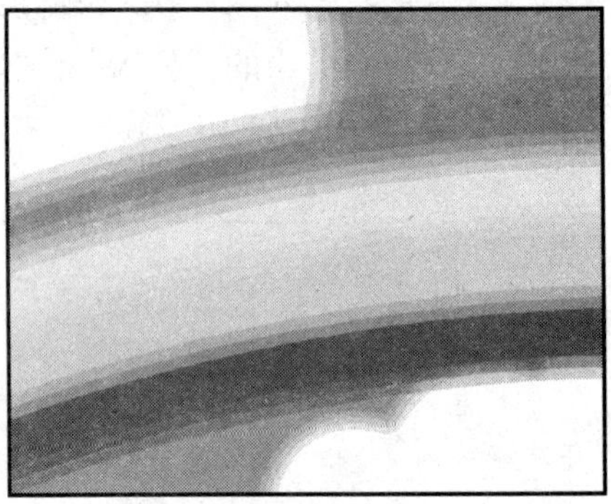
图 8-201　放大“8.美景”元件

g．制作广告语渐现效果。方法：在“8.美景”元件中新建“广告语”层，然后在第 143 帧按【F7】键插入空白关键帧，再从“库”面板中将“广告语”元件拖入舞台。接着在第 154 帧按【F6】键插入关键帧，并将第 143 帧的“广告语”元件的 Alpha 值设为 0。最后创建第 143～154 帧之间的动画补间动画。图 8-202 所示为广告语渐现的动画过程。

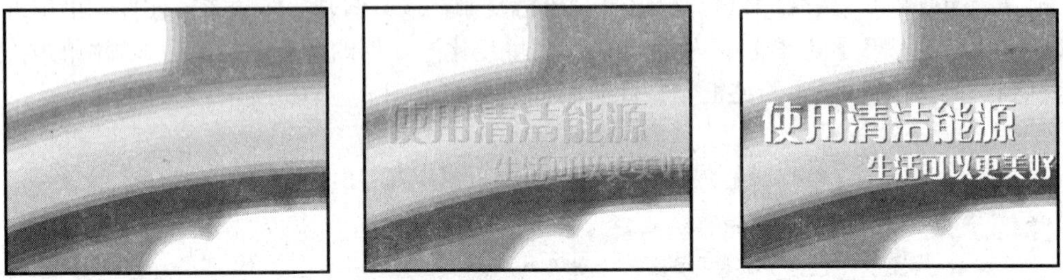

(a) 第 143 帧　　(b) 过渡帧　　(c) 第 154 帧

图 8-202　广告语渐现的动画过程

h．制作画面定格效果。方法：右击“广告语”层的第 154 帧，从弹出的快捷菜单中选择“动作”命令，然后在出现的“动作”面板中设置动作如图 8-203 所示。

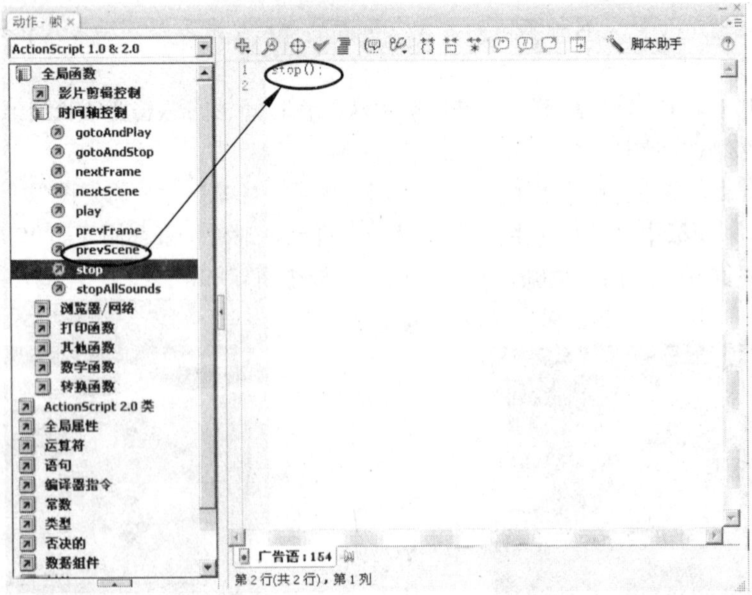

图 8-203　设置动作

至此，“尾声”场景制作完毕，此时时间轴如图 8-204 所示。

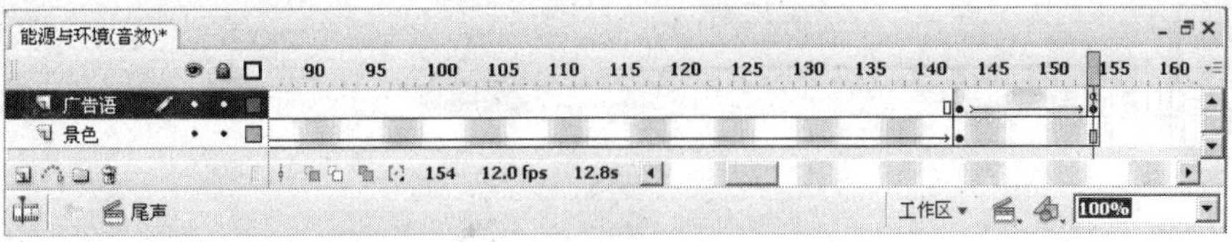

图 8-204　“尾声”场景时间轴分布

5. 作品合成与输出

执行菜单中的“文件”|“发布设置”命令，在弹出的对话框中选择“Windows 放映文件(.exe)”复选框，如图 8-205 所示，单击“确定”按钮，从而将文件输出为可执行的程序文件。

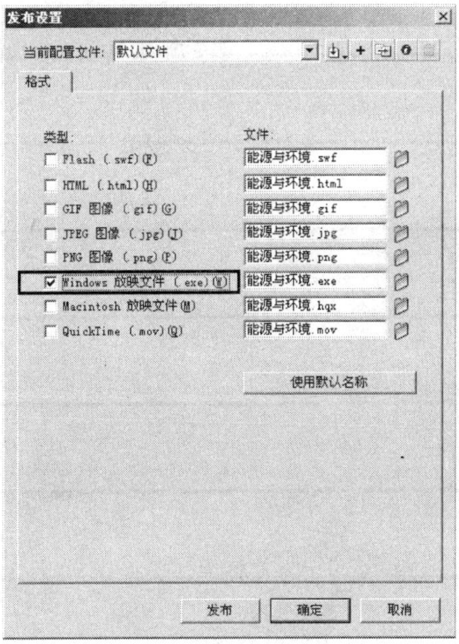

图 8-205　发布设置

提示

在这个动画的制作过程中使用的全部是“图形”元件，而没有使用“影片剪辑”元件，这是为了防止输出为.avi 格式的文件时可能出现的元件旋转等信息无法识别的情况。

8.4 课 后 练 习

从编写剧本入手制作一个公益广告的动画，并将其输出为.exe 格式文件。制作要求：剧情贴近生活、且要有时尚感，角色设计要有个性，画面色彩搭配合理。

Learn more about it!

笔记栏